蓝色经济下的水技术策略

郝晓地 著

科学出版社

北 京

内 容 简 介

　　本书是一部将"蓝色经济"与"水科学技术"有机融合的学术专著。本书基于蓝色经济的生态内涵，指出未来水科学技术应以纳入物质生态循环为主要目标；阐述水源、水质与排涝方面的生态方式；详述有机能源回收与温室气体排放及控制技术；阐明污水资源化的未来方向与前景；介绍与之相应的可持续水处理技术及方向。

　　本书可供城市水务、环境工程、化学工程、生物工程、生态经济、农业生产等领域的专家学者、技术人员、管理机构及大中专院校师生学习、参考。

图书在版编目（CIP）数据

蓝色经济下的水技术策略/郝晓地著. —北京：科学出版社，2020.6
ISBN 978-7-03-065331-4

Ⅰ. ①蓝⋯　Ⅱ. ①郝⋯　Ⅲ. ①海洋经济学②水利建设　Ⅳ. ①P74
②TV

中国版本图书馆 CIP 数据核字（2020）第 091073 号

责任编辑：朱　丽　郭允允　白　丹/责任校对：樊雅琼
责任印制：吴兆东/封面设计：蓝正设计

科 学 出 版 社 出版
北京东黄城根北街 16 号
邮政编码：100717
http://www.sciencep.com
北京虎彩文化传播有限公司 印刷
科学出版社发行　各地新华书店经销
*
2020 年 6 月第　一　版　　开本：787×1092　1/16
2021 年 1 月第二次印刷　　印张：27 3/4
字数：655 000

定价：228.00 元
（如有印装质量问题，我社负责调换）

序

我曾两次荣幸受邀为知名水科学学者郝晓地博士的中文著作《可持续污水-废物处理技术》与《污水处理碳中和运行技术》写序。《蓝色经济下的水技术策略》一书再次显示，他在学术写作方面目光敏锐、风格独特，对国际水科学领域热点理论与实践均能及时把握到位。

第四届水研究国际会议(蓝色经济中水技术革新的作用，2017 年 10 月 10~13 日，加拿大安大略省滑铁卢市)首次将"蓝色经济"与水技术联系在一起。蓝色经济实际上是指纳入生态系统的"循环经济"。因此，生态水与污水处理将是未来水科学的一个重要主题。郝晓地博士这本新作对未来水处理技术具有非常重要的作用，值得读者一读。

随着中国经济快速发展，水污染问题变得日益严重。为此，中国目前正在寻求净化饮用水和处理污水的新技术。某种程度上说，中国目前正面临欧洲二三十年前出现的问题，在地表水质日益需要提升的压力下，将既有污水处理设施改进为脱氮除磷工艺是当务之急。实际上，生物脱氮除磷技术早已在欧洲和世界其他地方成功研发与应用。但化学除磷常常被视为有效方式，这主要是因为人们普遍认为脱氮与除磷在碳源需求方面彼此冲突。针对中国进水碳源相对较低的特点，工艺设计与运行人员均倾向于使用外加碳源助力反硝化脱氮、投加化学药剂进行磷沉淀。事实上，脱氮与除磷可借助于"反硝化除磷(DPB)细菌"有效合二为一，唯一需要做的就是在流程中建立起一种聚集 DPB 细菌生长的人工环境。为此，脱氮除磷工艺应该建立在微生物生态学基础之上。一种变型 UCT 工艺较其他工艺(如 A^2/O)可以很好地聚集 DPB 细菌。如果进水中碳源先天不足，在厌氧区之外实施侧流磷沉淀不仅可以实现磷回收，而且可相对提高后续生物脱氮除磷 C/P 与 C/N。

基于这样的目的，我们在荷兰研发出了 BCFS® 工艺。在此期间，也出现一种具有低 SS 出水的膜分离(MBR)生物处理工艺。但是，MBR 对强化生物脱氮除磷并没有明显贡献，况且，与传统活性污泥法相比，MBR 工艺的可持续性较差，除非污水处理的出水目标是饮用水水源。所以，只要对传统脱氮除磷工艺进行小小变型(如侧流磷回收)便可以大大改善生物脱氮除磷效果，同时也是污水处理厂升级改造中资源回收的一种范例。

关于磷回收，存在比鸟粪石更多的选择，应予以深入探讨，以便回收进水中更多的磷。其中，可以考虑以"蓝铁矿"形式回收磷；然而，污泥焚烧后从残余灰分中回收磷的效果似乎最为明显。关于从污水中回收有机碳源，传统能量(甲烷，CH_4)回收方式不应该是今后研究与应用的发展方向，原因有二：①污水中蕴含的有机能量远不如所含热能那么多；②将有机碳以新材料形式回收比回收能量更具有可持续性。

正因如此，我们在有机物回收方面的侧重点正转向具有高附加值的精细化工产品，如 PHA、类藻酸盐多聚物等。其他一些可回收有机物，如纤维素，可能并不具有太大的经济价值，但回收纤维素有助于优化和提升污水处理厂的能力。被回收的纤维素(卫生纸)

目前已应用于沥青生产，用于透水和弹性路面铺设。资源回收在循环经济框架下将是未来污水处理的重点目标。

郝晓地博士的新作不仅对资源回收进行了全面综述，而且也含有他本人对于蓝色经济的水技术研究的新颖思路。作为 *Water Research* 区域主编，郝晓地博士很好地与世界水研究紧密联系在了一起，这为他提供了及时了解世界各地水科学技术与进展的良好机会，成书后又能帮助读者了解水科学的最新进展。

我希望这本新作能像他之前出版的著作一样，继续悦飨读者。在他的第一部著作《可持续污水-废物处理技术》于 2006 年出版之后，郝晓地博士曾向我透露，一些中国专家对此书内容表达了他们的看法：概念与思路虽然新颖，但成为中国现实恐怕得一二十年之后。然而，5 年前我应邀参加中国"概念污水处理厂"论证时发现，"概念污水处理厂"的技术框架与郝晓地博士第一部著作内容竟极度相似！这说明，他著作中的观点在当时是超前的，准确地把握了世界水技术的发展方向。

近年来，我常常来到中国，一直与郝晓地博士及其他伙伴保持着学术合作关系。似乎中国在水处理方面一直跟踪着西方国家动态。然而，如上所述，西方国家一些传统做法目前正在改变，甚至已被推翻。对此，中国在一些新工程项目规划开始需要及时了解这些变化，以便将这些工程以"蛙跳"方式发展到一种新的水平，不仅仅要在技术上更新，还要在理念方面革新。

实际上，资源回收也不一定是不经济的，如上面提及的侧流磷回收能避免生物脱氮除磷时大量投加碳源和化学药剂。在农村地区，黑水不应该通过处理而去除营养物，而是应该直接考虑作为肥料回田，这实际就是水科学领域实践蓝色经济的最基本和真正的意义。

我认为，郝晓地博士的新作将会给中国读者带来水与污水处理技术的全新视野，我也渴望帮助中国在此方面取得进步，共同建设我们的新未来。

Mark C. M. van Loosdrecht[①]　博士、教授

荷兰代尔夫特理工大学 Kluyver 生物技术实验室

2019 年 11 月 28 日

中国，北京

---

① 中国工程院外籍院士(2019)、美国国家工程院院士(2015)、荷兰工程院院士(2007)、荷兰皇家艺术与科学院院士(2004)；瑞典斯德哥尔摩水奖(2018)、新加坡李光耀水源荣誉大奖(2012)获得者。

Foreword

I have been twice honoured in the past by being invited to write prefaces for Dr. Xiaodi Hao, the celebrated author on the science of wastewater treatment-for his books, *Sustainable Treatment Technologies of Wastewater-Wastes* and *Wastewater Treatment Technologies towards Carbon-Neutral Operation*. Now, in his latest book entitled *"Technical Strategies for Water in the Blue Economy"* Dr. Hao again shows his keen and engaging style of writing and his excellent grasp of the key arguments and evidence in this most important of issues, wastewater treatment around the world.

The Fourth Water Research Conference was linked with the blue economy (The Role of Water Technology Innovation in the Blue Economy, 10-13 October 2017, Waterloo, Ontario, Canada). The "Blue Economy" actually refers to the circular economy incorporated into ecology. Therefore, harnessing both water and wastewater treatment will be a theme of great importance in the near future. This new book by Dr. Hao is most helpful in orienting us towards the future technologies of water and wastewater treatment, and is worthy of being on anybody's reading list.

As the issue of water pollution becomes ever more pressing, China-with its accelerating economic development-is searching for the best technologies for purifying and treating wastewater. In some ways, it might be said that China faces similar problems to Europe some two decades ago-how to upgrade its wastewater treatment plants (WWTPs) towards nutrient removal, while working under the pressure of demands for increased water quality. In practice, techniques for biological nutrient removal (BNR) have been developed and successfully applied in Europe and other continents. Chemical-P removal is often promoted as the preferred choice, supposedly because N and P removal would conflict with each other. Facing relatively low carbon-resource influents in China, process designers and operators tend to prefer external carbon methods of denitrification, as well as adding chemicals for P-removal. In fact, N and P removal can effectively be associated by denitrifying phosphate-removing bacteria (DPB), and the only significant challenge is to build up a process environment accumulating DPB. Here, the process design of nutrient removal processes should be based on microbial ecology. A modified UCT process is much better for accumulating DPB than the alternatives (for example, the A^2/O process). If carbon resources in influents are intrinsically inadequate, a side-stream P precipitation outside the anaerobic zone can achieve both P-recovery and relative enhancement of C/P and C/N ratios for following BNR.

For this purpose, we created the BCFS$^®$ process in the Netherlands. MBR is an advanced process with a low-SS effluent, but membrane separation makes little contribution to BNR.

Furthermore, MBR is not a truly sustainable process when compared with conventional activated sludge (CAS), unless direct water reuse as drinking water is the aim. So a small modification (the side stream P-recovery) can facilitate BNR, which is also an example of resource recovery in upgrading WWTPs.

As for P-recovery, more options than struvite formation should be explored to recover all phosphate in influents. One option is the considering of recovery as vivianite, but recovery following sludge incineration is even more efficient. With respect to organic carbon recovery, conventional energy (CH$_4$) recovery is not a promising avenue of research, for two main reasons: i) organic energy contained in wastewater is far less than its thermal energy; ii) recovery of organic material as new chemicals is more sustainable than recovery as energy.

For these reasons, our focus on organic conversion is now turning towards recovering high-value organic products, such as PHA, and alginate-like polymers. For some recoverable resources such as cellulose it is unlikely that they will have much economic potential, recovery aids in the optimization of the treatment capacity of a treatment plant. Recovered cellulose (toilet paper) is currently applied in asphalt production for road construction. Resource recovery will be one of the top priorities of the future wastewater treatment technologies within a circular economy.

Dr. Xiaodi Hao's book not only provides an excellent overview of progress in resource recovery, but also contains his own invaluable ideas for working towards a blue economy. As an editor of *Water Research*, Dr. Xiaodi Hao is well connected to the world of global research, which gives him invaluable insights into the trends and technologies of wastewater throughout the world, which, in turn, helps readers understand developments within wastewater treatment.

I hope that, like his previous books, will be helpful to Chinese readers in particular. After his first book, *Sustainable Treatment Technologies of Wastewater-Wastes*, was published in 2006, Dr. Xiaodi Hao confided in me that some Chinese experts had expressed the opinion that his ideas were, very interesting, but would only be practical for China in ten or twenty years. And now, seeing the conceptual designs for new WWTPs of China, I observe that their technical outlines are very similar to those in Dr. Xiaodi Hao's first book, indicating how ahead of its time it was, and how relevant his writings are to today's world.

I have often come to China in recent years, and have collaborated with Dr. Xiaodi Hao and other partners on a number of occasions. Although it may seem that China is following in western footsteps in its water and wastewater treatment, common sense suggests that some conventional actions need to be upgraded, or even completely rewritten. China needs to know about these changes now, at the very start of new projects, so that it might be able to leap forward to a new applied process level, not only in technologies but also, importantly, in ideas.

In fact, the concept of resource recovery is not necessarily expensive. For example, the side-stream P-recovery process mentioned above is able to avoid adding external carbon and chemicals for BNR. In villages, black water, which should not be destroyed by treatment, can be applied directly to farmlands as fertilizer, which is a very basic and real action of the blue economy in the water field.

I sincerely believe that this new book by Dr. Xiaodi Hao can give a new view of water and wastewater treatment for Chinese readers, and I am excited about helping him and China to make progress, as we work together to build our new future.

Mark C. M. van Loosdrecht, Prof. Dr. Ir.

Kluyver Laboratory of Biotechnology

Delft University of Technology

November 28, 2019

Beijing, China

前　　言

光阴似箭，弹指一挥间。15 年间相继出版了《可持续污水-废物处理技术》(中国建筑工业出版社，2006 年 6 月出版)、《磷危机概观与磷回收技术》(高等教育出版社，2011 年 8 月出版)、《污水处理碳中和运行技术》(科学出版社，2014 年 11 月出版)三部专著，它们算是我从事专业工作三十多年来积累成的三部曲，也是自己对未来污水处理技术走向的理解与把脉，可归结为：一个中心(可持续)，两个基本点(磷回收与碳中和)。

只要地球存在，人类总是想无限生存，继续繁衍。然而，人类在给自己带来现代文明的同时也对地球其他生物(动物、植物等)和自然环境、资源带来超乎想象的摄取，甚至是破坏，以至于人类赖以生存的生态环境与自然资源双双受到不同程度的消耗和破坏，动植物多样性较史前大幅减少(Rothman, 2017)，数亿年形成的不可再生资源(煤炭、磷矿等)在短短 100 年时间里几近耗竭(Asrar, 2019; Chu, 2017; USGS, 2020)。于是，21 世纪以来可持续发展、绿色发展、绿色经济、循环经济、生态文明建设等一系列政治或技术术语不断涌现。显然，人类已从政治高度认识到，现代文明给自己带来获得感、愉悦感、幸福感的同时，也正以空前速度破坏着生态环境和人类赖以生存的物质基础。

动物确实没有我们人类活得那么有“质量”。然而，动物的生存方式与自然生态完全融为一体，没有过分扰动生态环境并破坏自然资源。自然界存在着“泥土营养→杂草树木→食草动物→食肉动物→弱肉强食(物竞天择、适者生存、优胜劣汰)→生老病死→死亡回土”这样的自然法则和生态规律(Harari, 2011; Tuttle, 2019)，但宏观上并不会对自然环境产生太大影响和破坏，也不会对自然资源造成损耗，相反，它正是我们人类今天强调的“生态循环”。这种“轮回”更加适合动物，但当人类出现后，这种生态循环规律似乎已被改变，出现许多逆生态行为，已可能导致人类生存危机。

从 45 亿年前地球形成开始，已出现过五次生物大灭绝(Chu, 2017; Rothman, 2017)。前四次大灭绝(奥陶纪大灭绝、泥盆纪大灭绝、二叠纪大灭绝、三叠纪大灭绝)主要起因是环境(温度遇冷或升温)或地质(大陆漂移、海平面升降)因素发生了变化(Chu, 2017; Rothman, 2017)。第五次大灭绝距离人类最近，即，我们熟知的存在于地球长达 1.6 亿年的恐龙大灭绝(Jaggard, 2019; USGS, 2019)。目前，较为普遍的一种假说是认为恐龙 6 500 万年前的消失源于一颗小行星(直径 10 km)撞击地球；产生的大火烟尘遮日达 2 年之久，使植物、藻类光合作用停止，切断了恐龙的食物来源；更严重的是导致地球陆地温度下降 28 ℃，海洋表面温度下降 11 ℃(Rothman, 2017)。地球大规模集群灭绝有一定的周期性，平均 6 500 万年会发生一次(Rothman, 2017)。

前五次生物在地球上存活时间及灭绝原因可归结为：①时间漫长；②外因灭亡(Chu, 2017; Rothman, 2017)。换句话说，如果不是环境与地质条件改变、外星球撞击等，地球生物更新换代有可能不会那么“频繁”，甚至连恐龙都不会出现，更别说人类了。这揭示出，动物以“原生态”方式生存应该才符合真正意义上的生态文明。因为前五代生物并未对生态环境过分扰动和对自然资源形成破坏，所以这让每代生物至少在地球上存活了 4 500 万年以上(Rothman, 2017)。

起源于约 500 万年前的非洲南猿被认为是现代人类的鼻祖(Harari, 2011; Tuttle, 2019)，人类依次经过了猿人类→原始人类→智人类→现代人类四个阶段(Harari, 2011)。大概在距今 200 万年至 180 万年左右，应该是非洲的"能人"，甚至"匠人"走出非洲，进入亚洲和欧洲(Harari, 2011)。但原始人类在动物界地位十分卑微，根本不具备捕猎能力，只有等着捡漏，去吃大型食肉动物(狮子、鬣狗)吃剩的残渣，于是人类的"先祖"逐渐学会了用石头敲骨取髓获取仅有的残食，"石器时代"便在 150 万至 100 万年前诞生了(Harari, 2011)，这时的"能人"也逐渐演化为早期直立人(Harari, 2011)。约 80 万年前，我们的"先人"学会了用火，不仅偶然发现森林大火烧死的动物的肉食用起来更加美味，还用火来捕杀其他动物，算是在自然界有了小小的本领(Harari, 2011; Tuttle, 2019)。真正意义上的"智人"，也就是现代人类的祖先，出现在 7 万年前(Harari, 2011)，那时的人类已具备抽象思维能力，可以有组织地进行围猎而获取食物(Harari, 2011; Lear, 2012)。正因为如此，在接下来的短短 5 万年时间里，大型陆生哺乳动物灭绝了 50 %(Rothman, 2017)。幸亏人类发明火枪要晚得多，否则，现在地球上有没有野生动物都很难说。那时的"智人"不仅捕杀异类，而且也很快将同类竞争对手尼安德特人、佛罗勒斯人赶尽杀绝(Harari, 2011)。从那时起，"智人"作为唯一的人类走向了食物链顶端，加速繁衍、生育了更多后代，并开始向世界上其他角落迁徙、扩张(Harari, 2011)。"智人"所到之处，"杀生放火"，不仅灭绝了猛犸象、乳齿象、剑齿虎、巨型地懒、巨熊，连本土马、骆驼等大型动物也几近被清除，大部分树种也被消灭殆尽(Chu, 2017; Harari, 2011)。

在 12 000 年前迁徙中，居住在西亚新月沃土的人类除了学会了驯化动物供自己食用以外，还发现了一种可以复种、收获果实的"野草"(即现在的小麦)，人们再也不需要奔波采集野果、饥一顿饱一顿地生活，这就是历史上影响深远的人类发现和创造，农业文明由此诞生(Harari, 2011)。随后更多植物被人类移植、栽培，人们开始将原来的森林、草地夷为平地，各种果园、菜园、农场出现在地球上(Lear, 2012)。今天人类的耕地面积已高达 1 800 万 km^2，比俄罗斯的国土面积还大，这意味着同等面积的草原、森林、湿地消失了，就连一些原来不宜耕种的土地也被开垦成农田，人类开始操纵着植物的命运(Lear, 2012)。

从农业文明起，定居成为人类的选择，从木头、石块或泥巴建起的简易房子，直到现在砖瓦、混凝土筑起的高楼大厦(Tuttle, 2019)。从此，人类视建筑之内为家，之外便是"外面"，从心理上第一次和大自然有了隔阂(Tuttle, 2019)。为防止自然力入侵，包括各种杂草、野生动物，人们无所不用其极，一旦发现闯入者(也包括后来的"外人")，要么赶走，要么就地消灭(Tuttle, 2019)。随后，村庄向城镇、城市发展，并开始筑路、建坝、挖河、修墙。农业、畜牧业的出现为人类提供了稳定的食物供给，人类的贪婪之心也油然而生，人类需要更多、更好的生活：拥有永远穿不完的衣服，佩戴富贵的金银饰品，居住奢华的房屋，享受奢华的旅行，甚至连墓地也被建得富丽堂皇，幻想着死后的日子比活着时更加美好(Harari, 2011; Tuttle, 2019)。

如果说精神层面信仰的出现多少约束了一些人类永不休止的欲望，那 500 年前出现的"科学"则成为人类彻底改变世界、给自己带来更大幻想和欲望的加速器(Harari, 2011)。在科学的推动下，地球上出现的新生事物远超之前 500 万年，电灯、电话、电视、火车、汽车、飞机、火箭等科学产物——被发明出来供人类享用。相应地，制造这些现代文明的东西便需要大量工厂，人类便开始对地表进行大规模硬化，钢铁、水泥取代了之前的泥土、木材和稻草，与自然界隔离变得泾渭分明。在科学的鼓舞下，人类尝试"改天换地"，于是，开发矿山、建造超级城市、修筑高速铁路和公路、筑坝拦河、修建水库、异地调水、探索太空，极尽能事。然而，这些行为引起了严重的后果，出现了超级矿坑、大量垃圾、污浊空气、黑臭水体、变色海洋、太空垃圾等逆自然现象(Asrar, 2019; Harari, 2011)。

人类发展简史表明，时间短、进化快、毁灭多、影响大、消耗多、持续难，特别是在现代自然科学出现的不到 200 年的时间里，除了让自己的生活变得方便、舒适、快捷以外，地球已变得面目全非，早已脱离其原始状态。从这个意义上说，科学其实是一把双刃剑，它在给我们带来空前获得感、舒适感、幸福感的同时，也正加速破坏着生态环境，并不断耗尽人类赖以生存的物质条件。科学研究显示，人类赖以生存的营养基础——磷矿将在 100 年后消耗殆尽；对石油、煤炭等化石能源的过度掘取导致的 CO_2 排放将在 100 年后诱发第六次地球物种大灭绝(Chu, 2017; IPCC, 2019; Rothman, 2017)。

确实，人类以目前"高铁"般速度发展下去，显然难以与前五代生物存活时间相提并论，可能连那些已灭绝的前五代生物的零头都够不上。到头来，人类恐怕是聪明反被聪明误，走向自我毁灭。地球承载生物发展历史表明，地球并非需要人类，而人类却离不开地球(Root et al., 2003)。因此，人类想长久地存活下去，必须约束自己的"私利"与行为，需要在发展与生态保护之间找到一种平衡，不能再像过去那样一味向大自然索取和制造非生态物质。聪明的人类应该顺应自然、敬畏生态、自我克制，将自己的一举一动完全纳入生态体系，而不是破坏之。反思科学之下的现代文明，生态学家、环境学家，乃至政治家及时提出了可持续发展的理念，反省人类固有发展模式的破坏性和危害性，转而倡导绿色发展和生态文明建设。

众所周知，水是生命之源，是维持生态系统正常运转不可或缺的宝贵资源。人类现代文明活动严重影响了水质并改变水的时空分布。目前，人类想要就近获得不进行任何处理便能直接饮用的水源已变得十分困难，在现代交通可以触及的范围内几乎很难找到未受人类污染的水源，就连南极也发现了微塑料的踪迹(Waller et al., 2017)。这就需要以科学、技术方式去帮助我们处理、净化水质，特别是那些已普遍受到污染的水源。因水源已普遍受到不同程度污染，所以，现代饮用水处理实际上已将传统污水处理和水处理技术合二为一，冠以"水处理技术"，简称为"水技术"。现代水处理技术虽然仍以物理、化学、生物科学为基础，但其组合复杂程度早已今非昔比，带来的往往是大物耗、高能耗及残留物。

虽然"绿色经济"强调低能耗、少物耗技术，也要求生产过程中不能存在产生二次污染的副产品，但是这种清洁生产方式自成一体，并不要求将其与生态循环有机结合。人类只有将自己的行为规范再次纳入前已述及的生态循环中，方能有更长的生存时间，这就是国际上新近提出的"蓝色经济"的全部内涵。所谓蓝色经济，其实质就是纳入生态的循环经济。在生态系统中，一个过程产生的副产品总是会被输入到另外一个过程之中。从这个角度来说，生态系统中是不应该产生废弃物的。有关绿色经济与蓝色经济的关系见下图。简言之，废纸回收再利用只是绿色经济，而粪尿返田用作肥料才是蓝色经济，因为前者没有被纳入生态循环中，而后者则与生态融为一体。

　　可见，蓝色经济下的水技术既不是对现有工艺的否定，也不提倡盲目求新，而是"强迫"人类不断向大自然取经，让人类自身发展再次与自然、生态融为一体。为此，我们需要重新审视原生态文明下的朴素"技巧"与现代文明中的高超技术。可以肯定的是，当下提倡的农村污水处理与蓝色经济理念是不符的，目前国内趋之若鹜的一些现代技术（如 MBR）也不属于蓝色经济的范畴。一句话，顺应自然、敬畏生态就是发展蓝色经济的内涵。因此，我们应以遵循自然水文循环为前提，水量上忌"巧取豪夺"、水质上要"完璧归赵"。要实现蓝色经济，其实技术并非关键，关键是人们的意识和观念转变。只有制定出符合生态原则的政策、法规和经济奖惩措施，才能调动水行业，乃至整个社会对发展蓝色经济的积极性和接纳程度。

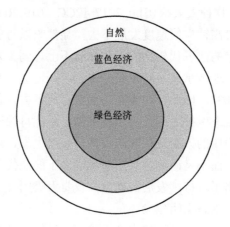

　　作为前三部专著的后续，这部以蓝色经济为背景的水处理技术专著从理念入手，介绍蓝色经济下的水处理技术的基本概念、技术方向、管理政策（第 1 章）；通过生物多样性和水文循环规律阐述水质保障基础、水源利用原则及其归宿、用水问题及技术对策（第 2 章）；以碳中和运行为目标审视污水有机潜能开发、障碍与消除、碳排放关系，并论述热能与有机能的蕴含量（第 3 章）；以从污水中回收高附加值资源角度介绍新的资源（藻酸盐、蓝铁矿、可沉藻富集油脂、蛋白、多糖等）回收方向（第 4 章）；在评价 MBR 工艺可持续性基础上介绍可持续污水处理技术及其发展方向（第 5 章）。

　　本书内容多以论文形式发表于国内主流期刊，大多得到了读者直接或间接肯定，系统成书为了方便更多读者了解未来水处理走向。虽然书名似乎有些"超前"，但内容绝非高深莫测，许多只是理念和政策问题，并非"高大上"的硬技术。书的主题是国际上刚刚兴起的思潮与实践，这是否也将成为我国水处理技术的未来方向，就让时间去检验吧！

本书主要获得北京未来城市设计高精尖创新中心(2019、2020)及国家自然科学基金面上项目(51578036、51878022)资助出版。在书稿整理、编辑、校对过程中还得到了研究生陈峤同学的大力协助。在此，对这些支持深表谢意！

2019 年 11 月 1 日

于北京建筑大学

本书所涉及彩图及内容信息请扫描右侧二维码扩展阅读。

主要参考文献

Asrar S. 2019. How rise in Earth's average global temperature is affecting our planet. [2019-11-13]. https://economictimes.indiatimes.com/news/environment/global-warming/how-rise-in-earths-average-global-temperature-is-affecting-our-planet/articleshow/72039042.cms?from=mdr.

Chu J. 2017. Mathematics predicts a sixth mass extinction. [2017-10-20]. http://news.mit.edu/2017/mathematics-predicts-sixth-mass-extinction-0920.

Harari Y. 2011. Sapiens: A brief history of humankind. Jerusalem, Israel:Harper Publishers.

Jaggard V. 2019. Why did the dinosaurs go extinct?. [2019-7-31]. https://www.nationalgeographic.com/science/prehistoric-world/dinosaur-extinction/.

IPCC. 2019. Global warming of 1.5°C. [2019-6-02]. https://www.ipcc.ch/site/assets/uploads/sites/2/2019/06/SR15_Full_Report_High_Res.pdf.

Lear J. 2012. Our furry friends: The history of animal domestication. [2012-2-1]. https://www.jyi.org/2012-february/2017/9/17/our-furry-friends-the-history-of-animal-domestication.

Root T L, Price J T, Hall K R, et al. 2003. Fingerprints of global warming on wild animals and plants. Nature, 421(6918): 57-60.

Rothman D H. 2017. Thresholds of catastrophe in the Earth system. Science Advances, 3(9): e1700906.

Tuttle R H. 2019. Human evolution. [2019-4-24]. https://www.britannica.com/science/human-evolution.

USGS(United States Geological Survey). 2019. When did dinosaurs become extinct?. [2019-12-31]. https://www.usgs.gov/faqs/when-did-dinosaurs-become-extinct?qt-news_science_products=0#qt-news_science_products.

USGS(United States Geological Survey). 2020. Phosphate rock statistics and information. [2020-1-15]. https://www.usgs.gov/centers/nmic/phosphate-rock-statistics-and-information.

Waller C L, Griffiths H J, Waluda C M, et al. 2017. Microplastics in the Antarctic marine system: An emerging area of research. Science of the Total Environment, 598:220-227.

目　　录

第 1 章 蓝色经济与生态循环

人类发展历史与地球形成时间相比短暂，但人类进化速度之快是地球现有和曾有其他生物无法比拟的。聪颖的人类在科学指导下给自己带来方便、快捷、舒适生活的同时，对地球自然与生态的影响也很大，很多是毁灭性和难以恢复的，特别是在现代自然科学出现不到 200 年时间里，地球几乎脱离其原生态状态，对包括恐龙在内的前五代生物都未曾动过的不可再生资源不断进行着掠夺性的消耗和破坏。

"绿色发展"固然有助于遏制人类上述不可持续行为，但是人类最大限度的可持续发展应该是将自己的生产、生活各个环节尽可能纳入"生态循环"模式，即转向"蓝色经济"。海洋生物众多，但在它们形成的数十亿年间，除了人为因素，并没有造成任何污物、闲物积累，海洋总是保持蔚蓝的原始状态，这就是其中众多生物形成的生态循环作用使然。可见，人类只有遵循生态规律，将自己的生产、生活方式纳入生态循环过程中方能最大限度地保持可持续发展。

水是生命之源，人类用水、排水方式更应融入生态循环中方能使自己走得更远。因此，绿色经济下水技术的发展需要重新审视和定向。本章介绍蓝色经济下的水技术概念、发展方向。通过与绿色经济的对比，强调蓝色经济的生态属性，继而定向水技术的研发方向和目标。以粪尿返田习俗揭示这种做法非陋习而是原生态文明，是蓝色经济下水技术的基本雏形，应该继承和保留而非用其他代之。即使是城市卫生系统也应该走生态循环之路，最大限度地发掘和利用排水中有用的资源和能源。其中，污水所含磷资源和其中蕴含的潜能是循环利用的重点。为此，各国政府已及时出台鼓励从污水中回收资源与能源的行动政策。

1.1 蓝色经济与水技术

1.1.1 引言

万物生长皆离不开自然界中的水、营养物、能源这三种基本要素。其中，营养物与能源之间的相互串联保证了生态系统的稳定性与持续性，而水作为一种最重要的溶剂与基质，无疑在这一串联的循环过程中扮演了极为重要的角色。在生态系统中，一个过程产生的副产品总是会被输入到另外一个过程中。从这个角度来说，生态系统中应该是没有废弃物产生的。蓝色经济的概念便由此而出。蓝色经济，从生态设计角度出发，在生态系统中寻找改变高度浪费的生产和消费模式之灵感，像大自然一样将营养物和能源串联利用，以保持人类发展的可持续性。其实，蓝色经济在广义上指的就是循环经济，它撇弃对废物的传统认识，提出一种模拟自然的经济发展模式，可以提高人类对自身需求所做出的反应。显然，蓝色经济与环境产业未来趋势有着非常高的契合度。

首先地球上的自然水文循环是万物生长皆离不开的最基本要素(基质);其次水又充当着生物所需养分与能量的溶剂和传输介质的角色。然而,因人口增长、财富积累、气候变化及社会对清洁产品的迫切需求与资源有效利用等,地球目前正面临着日益加剧的水资源危机大挑战。一方面,满足增长需求并避免全球灾难性水危机需要水技术变革;另一方面,也需要水技术行事方式的某些变革。这些推动/供给与拉动/需求因素理论上应齐头并进,但是,现实中缺乏的却是体制–经济协调与管理架构。此外,尽管在诸如循环经济等概念上增加了一些政策与政治方面的兴趣,但是基于面向"蓝色经济"的成本效益与有效经济政策手段之显见转变策略似乎还未真正出现。

为此,国际水协会(International Water Association,IWA)及旗下 *Water Research*(《水研究》)与 *Water Resources and Economics*(《水资源与经济》)共同举办了主题为"水技术变革在蓝色经济中的角色"的第四届水研究国际会议(2017 年 10 月 10~13 日,加拿大滑铁卢),旨在交流、讨论向着蓝色经济转型发展的成熟思路与相应研究。本次会议特别强调水科学与技术变革及相应的体制–经济环境配套政策,以促进人类在水利用方面向可持续方向转变。本节围绕会议主题及其重点内容,总结蓝色经济下目前国内外水技术变革的内容、思路与技术。

1.1.2　水与蓝色经济

长期以来,水行业偏公益性,鲜与经济发展挂钩。然而,现今地球水资源问题不断加剧,并逐渐演变为遏制经济发展的重要瓶颈。加之人类一味强调经济发展,导致资源过度消耗,使未来社会经济发展急需向蓝色经济方向转变。在此背景下,水行业与蓝色经济需要紧密联系起来,如图 1.1 所示。水行业与蓝色经济之间存在多元素、跨学科,以及互相关联的内在关系,涉及技术、经济、社会及管理等多方面内容,特别是城市、农村水系统基础设施与技术理念转变和技术变革是向着蓝色经济转型发展的关键所在。

宏观上,蓝色经济下的水技术变革应基于好的管理体制和政策保障等软性环境。微观上,水技术的研发应回顾人类文明中所创造出的原生态文明习惯,并以现存技术手段尽可能恢复和保护人类几千年来所缔造的、具有朴素可持续性的原生态文明,这就构成了如图 1.1 所示的蓝色经济框架下的水技术变革方式,即以水技术变革为中心,调整经济运行模式并提升社会普遍接纳程度(即宏观上的一个中心、两个基本点)。具体来说,首先应建立、健全有效的管理体制和相关政策法规,鼓励维系原生态文明技术实践,转变"唯经济论"行政思维;以顺应自然为主旋律,从水文循环、农业循环入手,恢复水、营养物、能源的生态流动与循环,建设美丽乡村及生态城市。其次,应调整现有经济运行模式,采用监管框架、公私合营(public private partnership,PPP)模式、自愿协议和经济政策工具(如定价和全成本回收模式);引进全生命周期(life cycle assessment,LCA)分析、环境影响评价和其他决策分析方法,强化环境外部效应与收益的经济评价(如水质改善);通过新的经济、金融与商业模式大力支持向蓝色经济方向过渡与转型。最后,需要提升社会公众对蓝色经济的接纳程度,特别是公众的感知度、环境风险评估及公众健康与幸福指数等。

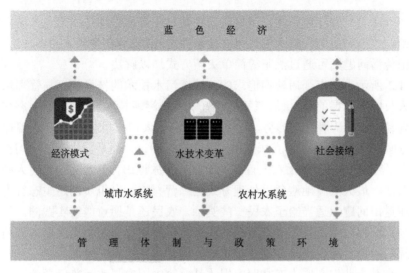

图 1.1 水行业与蓝色经济的相关关系(IWA, 2016)

1.1.3 水技术变革策略与方向

1. 转变技术理念

蓝色经济下水技术变革并非一次"废旧出新"技术革命的开始,而是一场回归生态、顺应自然的理念变革。在以"经济建设为中心"的年代,人们获取的幸福指数多半是以牺牲自然生态为代价的。当人们拥有别墅时,却发现周围水没了,有水时又黑臭了!这与生活水准提高后人们向往以水为邻、与湖为畔、亲水为悦的初衷背道而驰。于是,在"低"技术没有高效解决缺水与水污染的情况下,人们寄希望于强大的经济实力驱动"高"技术来解决现实问题。然而,高技术要么是逆自然的,要么是难以驾驭的,最后往往事与愿违,以至于污水设施普及的同时,黑臭水又开始肆虐。

其实,污水处理技术发展的最高目标也是一个中心(可持续)、两个基本点(碳中和、磷回收)(郝晓地和张健,2015)。这实际与人们几千年前创造的"粪尿返田"的原生态文明习惯殊途同归,差别只在技术难度与管理水平。因此,对量大、面广、被土地包围的农村来说,最大限度地恢复和维持"粪尿返田"的原生态文明习惯就是最朴实的蓝色经济。与其花钱去做农村污水处理技术,不如用同样的钱支持、鼓励农民"粪尿返田"。如果说连农民都不用粪尿种田了,生态文明最基本的元素岂不是荡然无存!诚然,农村旱厕

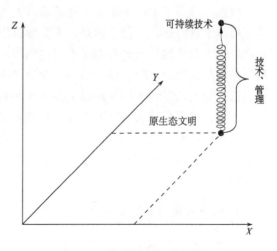

图 1.2 可持续技术与原生态文明

存在卫生和气味等一些环境问题，但这些问题相对于污水处理技术来说如汤沃雪，以源分离为基础的"生态卫生"排水方式可有效解决之(郝晓地和张健，2015)；卫生部门担心的病原菌传播问题则可通过沤肥等简单灭菌方式加以解决。

如图 1.2 所示，城市今后普遍追求的可持续污水技术的技术内涵与管理水平非一般专业技术人员所能掌握的(如厌氧氨氧化与好氧颗粒污泥技术)，绝非原生态文明来得那么简单和容易。若能认清这一形势，我国至少有一半人口有机会去维持/恢复原生态文明习惯。一方面，要教育农民，"粪尿返田"绝非生活陋习，而是原生态文明习惯；另一方面，政府应在经济上补贴/鼓励农民首先使用自家粪尿返田，更要奖励"他人肥水流进自家田"的做法，最大限度地避免以处理方式去除营养物、有机质的逆生态行为。其实，只要在粪尿返田问题上适当给予农民一些奖励，农民还是愿意继续实践的。尽管农家肥肥效不能与化肥相比拟，且作物产量相对偏低，但施用农家肥种出的庄稼却是目前市场上广受热捧的绿色食品，价格高过化肥农产品的几倍。

可见，维系农业生产原生态文明习惯才是解决中国农村水污染问题的重要手段，也正是蓝色经济呼唤的内容。这显然与现时人们追求的高技术趋势完全相反，首先需要的是转变观念，特别需要的是政府能够高屋建瓴。本来就存在的粪尿返田实践，加之限制化肥使用、鼓励农家肥施用等政策，才能真正以顶层设计方式鼓励和引导农民自觉自愿地去维系原生态文明的习惯。

对既有城市来说，集中式污水处理方式肯定是主流，但也绝非一味追求所谓"高大上"的新技术。在蓝色经济框架下，碳中和与磷回收可以有效解决生物污泥和化学污泥问题，使污水处理过程有望实现零排放。

2. 扼守水文循环规律

"生命之水天上来，条条江河归大海"，这就是简单的自然界水文循环。人类在满足自己的同时，不断试图改变人类出现前业已形成的水文循环自然规律。殊不知，自然对人类的重要性远超过人类对自然的重要性。

诚然，经历了 100 多年的工业革命，人类历史上前所未有的"现代文明"使人类生活变得越来越舒适、方便。但是，人类赖以生存的自然环境却遭到了前所未有的巨大破坏。尽管人类从地球消失可能是不可避免的，但人类的"智慧"若不加以遏制、收敛，最后恐怕是聪明反被聪明误，结果肯定是"英年早逝"，导致人类存活于地球的时间会远远低于前五代生物平均在地球上存活 6 200 万年的时长。

可见，如果只追求科学而不尊重自然规律的后果是多么可怕！对人类赖以生存的生命之水来说，科学地研究已被人类侵害、干扰的水文循环恢复手段，以及研发模拟水循环下的水流动与净化技术才是水科学技术今后的发展目标，也是蓝色经济框架下的水技术之路。

3. 顺应自然的水技术方向

水量上忌"巧取豪夺"、水质上应"完璧归赵"是顺应自然的未来水技术总体走向。在此方面，现代人类的做法似乎并不比自己的祖先好多少；很多时候人们不应一味地追求所谓的高技术,反而是祖先几千年沉淀下的生产、生活习惯值得深思和回味。

1) 水量调节

小规模拦水、筑坝行为对自然生态并无大碍,但是大规模拦水、筑坝行为肯定是逆自然、悖生态的,终将会受到大自然的惩罚。同理,小规模调水方式对水文循环的影响无足轻重,而大规模远距离调水肯定是有悖生态的。洪水肆虐不过是水文循环的自然属性,是水回娘家(海洋)的一种急迫表现形式。在这个问题上,是筑坝修堤使水为人让路,还是避水而居人给水让路?这其实是一个逆反自然还是顺应自然的问题。

近代,随着科学技术不断进步,人类"从高到低"居住的情况越来越多,甚至挤占了河道或洪水易发区域,这缘于防洪工程的兴建可以在很大程度上免除人们遭受洪水之灾。然而,密集的人工建筑及被硬化了的地面道路导致径流系数大增,而人类又"不舍得"将人工排水设施以百年一遇,甚至千年一遇的标准去兴建,以至于逢雨必涝、城市看海的现象频发。

显然,顺应自然的"避水"技术而非"水让人"的"防洪"技术才是今后水技术的发展方向。若不与水抢道,那就应"人往高处走";若想与水亲近而占据水道,那"避水"技术则势在必行。人类既然可以修建昂贵的立体交通系统,让自己的出行变得十分顺畅,那也完全可以修建让水流动十分通畅的人工立体通道(下水道)。帮助了"水回娘家"也就是帮助了人类自己"免受遭殃"。荷兰水利工程闻名于世,当年围海造田、填河占地的事例屡见不鲜。但如今,这些水利工程大多显示出其在自然生态上带来的负面效应。于是,筑"生态坝""还地于河"的行动已在荷兰悄然启幕(郝晓地等,2016a)。

在水量调节方面,我国四川的"都江堰"古代水利工程可谓是人类历史上以原生态方式利用水资源的伟大工程,它的修建变害为利,使人、地、水三者高度和谐统一,开创了中国古代水利史上的新纪元,在世界水利史上写下了光辉的一章。

目前,在我国城市雨洪利用与控制方面,思路多以"用而去其害"为主调,过分强调对雨水的截留、利用,而忽视了水文循环的基本规律;大气(陆地)降雨75%在自然水文循环下是要经蒸腾、蒸发回归大气的(郝晓地等,2016b),肆意截留雨水不仅造成大部分水量难以回归大气,而且剩余水量回归大海都成了问题。如果大规模实操,其后果不仅是对水文循环直接撕裂,更可怕的是还会出现"人工影响气候"现象。

2) 水质改善

农业文明之时的地表、地下水质借粪尿返田的原生态文明习惯及水体自净功能使水回归大海之前便可恢复如初、洁净无瑕。其中,粪尿返田对保护水质起到了举足轻重的作用。如上所述,在蓝色经济原则指导下,水处理技术应立足于营养物、能源和水的生态流动与循环。可持续污水处理技术目前追求的正是这一"最高境界"。而事实上,这一"最高境界"实际上早已被人类祖先实践了几千年。可见,高端的"境界"也能被低端的做法所满足,关键在于认识的高度和深度。从这个意义上说,面对人口约占我国总人口一半、污染当量与城市旗鼓相当的广大农村区域,目前还存在最后一次恢复和保留"粪尿返田"的原生态文明习惯的机会。况且,与"高大上"的可持续技术相比,粪尿返田毫无技术难度可言。

粪尿返田生态而不卫生，所以卫生部门担心病原菌传播的问题。其实，这只是粪尿返田习惯中存在的一个小瑕疵，与其巨大的生态效应和污水处理的经济性来比就是九牛一毛。传统的"沤肥"方式已在很大程度上可以消除病原菌传播问题。如果仍然担心"笨"办法解决不了全部问题，那也可以通过以源分离为基础的"生态卫生"排水方式加以解决(郝晓地和张健，2015)。不然，将城市污水处理技术引入农村，再简单、再便宜也是以"去除"为目的，其结果是将处理"干净"后的水用作灌溉，而再行施加化肥。况且，农村污水处理设施往往闲置、弃用现象较多。

远离土地的城市，显然不宜将既有集中式污水处理系统全部推倒去建设"生态卫生"分散式收集/处理系统。因此，集中式污水处理的目标必须定位于营养物、能源和水的人工循环，即追求可持续污水处理目标。视污水为资源载体的观念是可持续污水处理的基本原则，但是过分强调从污水中回收"万物"，在经济上、生态上并非可取，如果单一强调从污水中回收氮，技术上肯定不存在任何问题，只是因回收带来的经济成本远比从大气(70% N_2)中合成氨要高得多，不如污水通过硝化/反硝化将氨氮(NH_4^+)转化为氮气(N_2)而回归大气更实惠。因此，在以可持续为中心的指导原则下，未来集中式污水处理技术的资源回收目标定位于"碳中和"与"磷回收"最为迫切和实际。

从传统意义上说，市政污水处理以 COD、N、P 作为三大去除目标。作为第一污染物的 COD，其实是一种潜在的绿色含能物质，1 kg COD 约含 14 MJ 的代谢热(郝晓地，2006)。因此，传统污水处理技术不免被打上了"以能消能"的标签。对污水处理厂来说，污水中的有机能源(COD)、水温余热/冷实际上就是实现污水处理碳中和(能源自给自足)运行能量之所在(郝晓地等，2014a，2014b; Hao et al.，2015a，2015b)。从这个意义上说，在以活性污泥法为主流的污水处理工艺中，只要能满足污染物(COD、N、P)的回收/去除，则不必介意剩余污泥量的多寡，现行趋势甚至需要的是"污泥增量"，而非"污泥减量"(郝晓地等，2016c)。污泥厌氧消化是极其传统的污泥处置技术，只不过对木质纤维素、腐殖质等难降解有机物需要强化分解或屏蔽/抑制而已(郝晓地等，2014c，2014d)。此外，水源热泵也是非常成熟的能源利用技术，只用不到 1/5 的处理水量便可满足 50%以上的污水处理厂运行的能量需求(郝晓地等，2014b; Hao et al.，2015b)。在碳中和运行方面，国内外已存在一些成功或逼近目标的实践范例(郝晓地等，2014e，2014f，2014g; Hao et al.，2015b)。

与氮不同，磷是自然界难以再生的有限资源。自磷元素从磷矿中被开采后，磷通过"化肥→作物→人类/动物→河流→海洋"方式从陆地向海洋直线转移(郝晓地等，2011)。原本借"粪尿返田"的原生态文明习惯长期维持的人为磷循环几乎被完全阻断，绝大部分原本属于回归土地的磷最终全部流入海洋中。这使得全球磷矿储量日益减少，以至于只够维持人类不足 100 年的使用时间(郝晓地等，2010; 2011)。没有了磷便阻断了食物的来源，人类则面临"喝西北风"的风险。显然，磷危机远比水危机和能源危机来得更早、后果更可怕！因此，在不能恢复原生态文明习惯的情况下，应特别强调从市政集中污水处理厂与动物粪尿中回收磷，以最大限度弥补现代文明给人们所带来的生态缺陷。从污水或动物粪尿中回收磷的技术其实并不复杂，不算是所谓的高技术，只是包括我国在内的很多国家缺乏推动这一举措的管理措施和经济补贴政策。在这方面，欧盟走在了世界的前列，欧盟《肥料管理提案》为磷回收制定了统一标准，使回收产物既有保障又有出路(ESPP, 2016a)；瑞士则已立法，规定从 2016 年 1 月 1 日起，强制污水处理厂回收磷，并使之回归土地(Schenk, 2016)。

其实，当污水中的有机能源(COD)及氮、磷资源被回收后，污水随之变得"干净"许多，基本就是人们原来追求的"中水"水质。可见，在可持续理念下，中水不再是"主"产品而是一种"副"产品。这种理念的倒置便造就了荷兰有关未来污水处理厂的"NEWs"概念，即污水处理厂今后将演变为营养物(nutrient)、能源(energy)与再生水(water)三厂合一的工厂模式(郝晓地等, 2014h)。

农业文明时期，无论是地下水还是地表水均没有什么污染，井水、河水取用后可直接使用、烧开即饮。而工业革命后人类的饮用水源逐渐受到污染而变得不能直饮。面对此等情形，人类虽然发明了很多给水处理技术，但是这些技术不免要消耗能量和资源，而且还会产生难以处置的化学污泥。传统给水处理技术显然与蓝色经济所强调的内涵存在很大偏差。这就需要研发清洁、无二次污染的给水处理新技术。在此方面，风力发电、(反渗透)海水淡化、盐业化工三位一体(郝晓地等, 2016d; Hao, 2012)的生态方式极具应用潜力，这实际是一种跨领域的污染物"零排放"技术。

实际上，以混凝、沉淀、过滤、澄清为主要流程的传统地表给水处理工艺已很难满足日趋被污染的地表水净化处理需求，以至于各种前端预处理及后端高级处理技术不断涌现。第一，这样的补救措施拉长了水处理流程；第二，能耗、材料方面的需求不断加大；第三，解决不了化学污泥或产生其他副产品的问题。其实，效仿海水淡化膜处理技术，今后地表水处理可向"膜处理+高级氧化"这一模式迈进；膜处理可解决全部颗粒状污染物，高级氧化则能去除溶解性微污染有机物的残留问题。膜过滤后剩余的浓缩液，只要其中没有太多重金属存在，直接返回农田灌溉农作物未尝不可，因为其中大部分矿物质来源于与其接触的岩石和土壤。

1.1.4　调整经济运行模式

蓝色经济作为一种广义上的循环经济，强调经济的可持续性，这一发展理念其实早在 20 世纪 60 年代就出现了思想萌芽。我国幸好在 20 世纪末搭上末班车，从那时起就被政府确定为国家发展战略的重要组成部分(Mathews et al., 2011)。由于现实中缺乏完整的理论体系及技术框架，我国并没有因此从根本上改变以牺牲资源、环境为代价的粗放型传统经济发展模式(陆学和陈兴鹏, 2014)。尽管蓝色经济的本质仍是"经济"，但与环境产业未来发展趋势却有着非常高的契合度，因为蓝色经济强调的是循环经济发展模式。对于水行业而言，未来水技术变革思路与方向应以回归原生态文明、顺应自然规律和水文循环为基础，所以就技术层面来看，根本不存在任何实施难度，并不真正缺乏高技术。这对我国水技术变革来说，既简单又复杂，简单的是不需要太复杂的技术作为支撑，复杂的是"以经济建设为中心"下尝到甜头的"发展"理念难以转变，特别是那些刚开发或尚未开发的西部地区。因此，发展新型水经济运行模式便显得特别重要。

对此，应采用多维监管框架。首先，要将以往的"块块"管理变为未来的"条条(垂直)"管理(孙秀艳, 2015)，可以在很大程度上避免轻环保、重经济的地方保护主义。

其次，传统经济监管框架多以政府为主。然而，政府主导性越强，水务企业的积极性就越弱。传统经济监管形式的主要弊端在于过分弱化了市场的角色和作用，使企业过度依赖政府，失去了应有的主动性和竞争力。在此情形下，新型多维监管框架便显得十分必要。多维监管框架强调弱化政府主导性、增强市场灵活性和企业主动性而实现有效监管，以规范水务企业的行为，有利于水行业内部的良性竞争和发展。

与此同时，基于多维监管框架的 PPP 模式是近两年从欧洲引进的一种新型、强调政府与私人组织之间合作伙伴关系的经济模式；这种模式有助于让政府从项目的提供者变为参与者和监督者，也有利于激发企业的参与热情(贾康和孙洁, 2009)。众所周知，我国基础设施薄弱问题较为普遍，特别是城市水系统基础设施早就与城市快速发展不相适应。PPP 模式具有多主体供给和负责任的特点，采用该模式在理想情况下可以开辟新的资金来源，发挥政府资金"四两拨千斤"的杠杆作用，可提高公共物品供给的效率和质量，提升基础设施服务水平(马威, 2014)。因此, PPP 模式也为未来城市水系统基础设施升级、改造提供了一个新的思路。此外，在各主体利益驱动下，签订自愿协议不失为一种较好的节能激励方式。国外和国内试点实践均表明，合理的激励政策选择和设计是环境自愿协议成功的关键(董战峰等, 2010; Hu, 2007)。

再次，应考虑引进全生命周期(LCA)分析方法。近几年，LCA 在建筑材料、线源及环境管理行业应用非常广泛，市政工程中固体废弃物处理及污水处理项目引入 LCA 的范例也比比皆是(郝晓地等, 2016e; 刘洪涛等, 2013; 杨帆, 2014)，这种方法强调通过对能源、原材料消耗及气、液、固"三废"排放审核和计算来量化评估某种产品、过程或者其活动产生的环境影响，其评价周期为"从摇篮到坟墓"，贯穿从原材料开采到产品寿终正寝予以处置的全部过程(Jolliet et al., 2003)。同时，作为 LCA 的补充，环境影响评价和其他决策分析方法也应同时考虑，从而强化环境外部效应与收益的经济评价。在国内，多数有着高额投入的水质改善项目往往结果不尽人意。这很大程度上源于前期环境影响分析工作不充分，而一味盲目"埋头治理"，以至于到头来还是头痛医头、脚痛医脚，并没有从根本上找到产生的原因和医治的妙法。

最后，要大力支持新的经济、金融与商业模式向蓝色经济方向过渡与转型。政府应扶持水务企业发展蓝色经济，优先采购"蓝色产品"、鼓励引入"蓝色科技"，引导投资和消费方向向蓝色经济理念转变。同时，银行和信贷机构应实行差别利率等优惠政策，为"蓝色企业"提供更多的资金，帮助其解决融资难的问题，让"蓝色企业"带动"蓝色经济"的发展。这样一来，企业有了优惠政策支持和利益保障，便会为更多可持续生态技术与产品打开大门，一方面解决了令人长期头疼的污染治理和排放不达标的问题，另一方面又保证了水务企业的既得利益，可谓一举两得。总之，借助新的商业模式和鼓励政策有利于从根本上改变水行业固有的发展模式，推进水技术市场化，有利于水行业以多维度、立体化的方式向蓝色经济方向过渡。

1.1.5　提升社会接纳程度

宏观上，无论是转变水技术理念，还是调整经济发展模式，都离不开社会公众对蓝色经济理念的认可与接纳。这就需要政府加强对公众环保意识和生态意识的教育、说服、支持与鼓励力度，以调动全社会合理利用水资源的积极性。同时，通过改善既有水系统基础设施、策划环境文化项目等方式来提升居民幸福指数，建立蓝色经济意识。

微观上，提升社会对蓝色经济下生态发展的接纳程度，具体表现在水技术难度与利益分配两个层面。从技术角度而言，研发"高大上"的污水处理技术对社会公众并没有太大的影响，因为他们更在乎用水品质及水环境质量。事实上，技术进步影响的一般都是水务企业，过于"高大上"的新技术往往带来如图 1.2 所示的高难技术与管理水平，这虽然会提升企业的技术水平，但管理与工资成本定会攀升。显然，对于企业而言，技术并非越高越好，只要能解决问题，当然是技术含量与管理程度越低的技术越受青睐。在此方面，粪尿返田这种原生态文明习惯实际正合胃口，只是显得不上"档次"，似乎不具有技术含量。其实，只要撇弃技术人员的"失面子"与"丢饭碗"的心理，一切都不成问题！从这个意义上来说，转型蓝色经济需要的并非超前的技术，而是理念的回归。

在利益分配上，政府角色至关重要。水行业不能再停留在公益事业的范畴。因此，在市场经济作用下，政府需要协调好各方利益，才会提升整个社会对蓝色经济发展的接纳程度。其实，我国作为一个农业大国，目前仍有着近一半农业人口，而农民利益其实才是最广大的人民的利益。近二十年农民"抛弃"了延续几千年的粪尿返田习惯的直接原因莫过于化肥在短期内可为农民带来可观收益。这一短期效益背后不断积累的生态问题，农民一时还顾及不到，再加上卫生部门不断强调的旱厕卫生问题，农民误以为粪尿返田就是陋习，化肥种田才是"科学"之道。与其免费或资助农民去建所谓的农村污水处理设施，倒不如鼓励农民粪尿返田，或对化肥征税。污水处理的结果是用"净水"浇地，然后再施化肥。而粪尿返田是水、肥同施，生态效应显然大于前者。

发展蓝色经济，建立可持续水、营养物与能源的循环模式的最终目的实际上是保障人类可持续发展，寻求一种物欲与资源间的平衡点。因此，提升社会公众对蓝色经济的接纳程度不仅能够保障未来向蓝色经济转变的顺利推进，同时也能够反馈给公众更为积极和幸福的全新生活方式。

1.1.6　结语

绿水青山就是金山银山。在生态环境严重遭受破坏的今天，如果人类能够认识到自己的过错，及时悬崖勒马，采取必要的转型与补救方式，蓝色经济梦想并非十分遥远。蓝色经济的实质其实是循环经济，与未来环保产业发展趋势关联度极高。对于水而言，城市与乡村水系统是人类影响自然、干预生态的主要方面，需要在蓝色经济的框架下重新审视原生态文明下的朴素"技巧"与现代文明中的高技术。

"粪尿返田"的原生态文明习惯其实就是最为朴实的蓝色经济，或者说它是蓝色经济的基本要素与蓝本。城市可持续污水处理技术所追求的目标实际与粪尿返田的实践殊途同归，但技术水平与管理程度远远高于后者。因此，鉴于我国还有约一半农村人口、农村的污染当量与城市相当，目前还有保留、恢复粪尿返田习惯的机会，而非代之以所谓的农村污水处理技术。

顺应自然、敬畏生态是发展蓝色经济的全部内涵。为此，我们应以遵循自然水文循环为前提，在水量上忌"巧取豪夺"、水质上要"完璧归赵"。恢复和呵护自然水文循环，不再继续违背和破坏自然规律才是今后水技术变革与发展的主要方向。先有水、后有人，人类应该为水让路，而不是反其道而行之。

蓝色经济的实现，技术并非关键，关键是人的意识和思想观念，特别是政府的引导作用。只有制定出符合生态原则的政策、法规和经济奖惩措施，才能调动水行业乃至整个社会对发展蓝色经济的积极性和接纳程度。事实上，蓝色经济下的水技术变革既不是对现有工艺的否定，也不提倡盲目求新，而是"强迫"人类不断向大自然取经，让人类自身发展再次与自然、生态融为一体。

1.2　污水处理应回归原生态文明

1.2.1　引言

在"十三五"阶段，由国务院批准发布的《水污染防治行动计划》（即"水十条"）规定，全国七大重点流域水质到 2030 年时优良比例总体需达到 75%以上，城市建成区黑臭水体总体要得到消除。无疑，"水十条"的发布必将促进污水处理市场规模空前扩张，以及新技术不断涌现并及时应用。

"水十条"设定的 2030 年这一规划期限刚好与欧美国家倡导的未来污水处理技术路线图时限完全一致（郝晓地等，2014h; Hao et al., 2015b; McCarty et al., 2011; Roeleveld et al., 2011; Schaubroeck et al., 2015; van Loosdrecht et al., 2014），为此，我们有必要在系统了解国际污水处理技术发展理念的同时，首先剖析几千年来农耕文明所形成的粪尿返田这一原生态物质循环方式在可持续发展方面的意义，并以此对照当前与未来污水处理技术发展的理念与内涵，最终归纳、总结出当今世界高端技术研发与应用的目标。

本节从自然水循环基础入手，概括人类对水循环过程中水量与水质的影响，以及人类应该采取的对策。以原生态文明可持续意义为背景，审视现代文明中排水体制对生态基础的破坏，以及人工恢复所需要采取的技术手段。针对我国目前的城镇化及生态文明建设，指出原生态文明乃是应保留与发扬的分散式处理模式。对于既有城市，指明集中式处理的发展方向与重点目标。

1.2.2　顺应自然水循环

生命之水天上来，条条江河归大海，这就是所谓的自然水循环，早在人类诞生之前便已存在许久。人类出现后，对水的需求已不再是远古时代的延续生命，早已转变为使自己舒适的"奢侈"生活方式，以至于对自然水循环不满足于顺应，而是转向改造自然，已不再顾及水量乃至水质的变化。结果，出现了人类生活越舒适、水量越匮乏、水质越恶化的窘迫现象，由此还引发了一系列与水相关的生态环境问题，反过来又抑制了社会经济持续、健康发展，让人们的舒适生活充满尴尬。

降雨的自然归宿除一部分以下渗方式补充地下水、形成湖泊、蒸发以外，大部分以河流方式回归大海。在人类的干扰下，不仅水循环的路径被部分改变，而且天然水体的自净能力也大多被消耗殆尽。建筑物占地及路面硬化使得城市/城镇区域降雨下渗途径被阻断，不仅减少了地下水的补给来源，而且还导致降雨时内涝现象频发。人们现在固然已认识到城市降雨所引起的生态与内涝双重问题，并期望通过兴建雨水储蓄、下渗空间来予以解决，但庞大的储蓄设施所需的空间及建造费用并非轻而易举之事；特别是在城市黑臭水还未能解决的情况下，强化雨水下渗无异于让黑臭水下渗，导致地下水污染的风险增大。从这个意义上说，治水首先需要治污。所以，对水量调节与管理最终还要取决于对水质的控制。在此方面，污水经高级处理后回灌地下水似乎较雨水储蓄、下渗优势明显，因为它的水量、水质稳定、可控，且不需要庞大的储蓄空间。这方面美国加利福尼亚州奥兰治县水区具有丰富的经验，他们因此获得了 2014 年新加坡李光耀水源荣誉大奖。

远古时期，水体自净作用基本可以将人类污染后的水净化再回归海洋；而在目前人类"奢侈"的生活状态下，水体自净容量早已消耗殆尽，出现水"穿新衣服"离开海洋，然后"着脏衣服"再回归海洋的窘迫现象。久而久之，水的生态环境可想而知。

总之，人类要想可持续延续，必须遵循生态规律、顺应比自己生命更久的自然水循环，在水量上切忌"巧取豪夺"、肆意改变路径，必须顺其自然而后得；在水质上万不可有"天助我也"的侥幸心理，必须将污染后的水质恢复如初。

1.2.3 原生态与现代文明

我们的食物来自土地，而排泄物再回归土地，这就是我国几千年来在实践中形成的所谓农耕文明。正是几千年来我们祖先"面朝黄土背朝天"的劳作方式成就了先人缔造的朴素生态主义，即很多人所说的"原生态文明"。这种原生态文明生活方式使得营养物、能量和水在人与土地之间建立起一种良性人工循环，使地球上不可再生的磷等营养物未被过度消耗。尽管目前农村较为普遍的旱厕存在卫生等方面问题，但是粪尿收集作为原生态文明的基本元素，其主要方向是好的。

18 世纪源于欧洲的工业革命使得城市化进程加快，由此带来的城市排水卫生问题导致冲水马桶、下水道等城市现代文明产物出现，为人们带来卫生、方便、舒适的生活。然而，西方城镇化中未曾有人想到，冲水马桶和下水道打断了人与土地间业已建立的营养物循环，使磷等营养元素背离土地，走上一条流向海洋的不归之路。结果，陆地磷资源因化肥消耗越来越少，而水体中磷的含量却不断上升，以至于出现湖泊、近海富营养化现象(郝晓地，2006；郝晓地等，2011)。正因为如此，冲水马桶、下水道等正受到国际学界的普遍质疑；它们的问题主要出在了生态上，即卫生而不生态。

1.2.4 城镇化建设与既有城市排水体制选择

原生态文明下粪尿返田方式"生态而不卫生"，而现代文明中冲水马桶与下水道的使用又"卫生而不生态"。比较两种排水体制，就生态意义而言，原生态文明方式显然值得保留和提倡，这也是西方社会对中国农耕文明赞赏有加的地方，其在卫生方面的瑕疵可以通过以水冲或微水冲的源分离为基础的"生态卫生"(郝晓地，2006)方式加以解决。因此，在我国城镇化建设进程中原生态理念下的污水源分离方式理应保留并成为首选，这对靠近土地、易于实现粪尿返田的城镇来说实际上是最好的处理与资源利用工艺。我国目前还有近一半的农村人口，这意味着还有一半人口仍具有保留原生态文明下的分散式污水处理的机会。

原生态文明下的分散式处理方式在生态方面的意义固然重大，应当开展和推进该领域的科学研究，尤其是为高密度城镇排泄物减量化与资源化提供技术支撑。但是，对于既有城市来说显然不太适用，基础设施推倒重来要付出巨大的经济代价，况且城市远离土地也使得粪尿返田存在许多实际问题。所以，既有城市不得停留在当前已被锁定的集中式处理的范畴。

1.2.5　生态排水方式

原生态文明下生态而不卫生的问题可以通过粪、尿、水三者源头分离方式加以解决，即通过在卫生洁具或排水系统设计上进行粪、尿单独收集和分别输送方式，以及使之与灰水、雨水实现分离、返田，从而达到如图 1.3 所示的既生态又卫生的目的(张健等，2008，2011; Werner et al., 2014)。这种以源头分离为基础的分散式处理方式被称为"生态卫生"(Ecosan)，为一种生态排水方式，它是德国、瑞典等欧洲国家根据粪尿返田生态原理所设计的分散排水方式。Ecosan 在北京奥林匹克森林公园、清华大学环境楼、北京小汤山、河北邯郸南界河店村等处已有应用或示范。源分离下的生态卫生的核心内容就是强调营养物、能量与水三种物质在人与土地间实现良性循环。

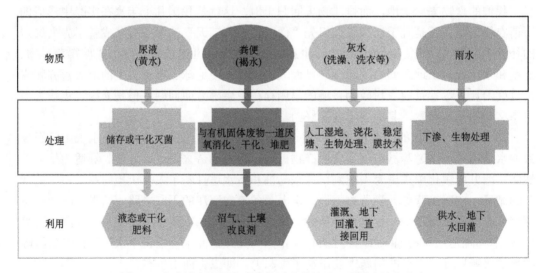

图 1.3　生态排水源分离后各物质及其处理、利用方法与方向

1.2.6　集中式污水处理发展方向

集中式污水处理的出现源于冲水马桶与下水道的应用，最早是为了解决卫生问题，目前已过渡到水资源保护乃至环境保护方面，未来则以资源回收为主要目标。污水处理目标虽然逐渐升级，但均向下兼容，这是人类走可持续发展（图 1.4)道路的发展必然。可持续发展自然也需要可持续污水处理技术，这就有必要首先对采用已久的传统技术的

弊端进行剖析，继而去除糟粕、取其精华，发展可持续污水处理技术。

1. 传统污水处理工艺缺陷

传统污水处理技术主要弊端总结于图 1.5 中，无论是有机物(COD)氧化还是氨氮硝化均需要消耗氧气，而工程中氧气提供则需要通过空压机消耗能量来完成。事实上，污水中的 COD 是一种潜在的绿色生物质能，每千克 COD 约含 14 MJ 的代谢热(郝晓地，2006)。从这个意义上说，传统污水处理实际上是"以能消能"。消耗化石燃料的结果是导致大量 CO_2 排放，甚至还会出现因 $PM_{2.5}$ 产生而导致的雾霾现象。结果，以能消能固然能使水变清，却污染了大气，无形中出现水污染演变为大气污染的"污染转嫁"现象。此外，反硝化及化学除磷需要日常消耗化学物质、产生大量剩余污泥、平面反应器占地过大等也是传统污水处理工艺与生俱来的缺陷。

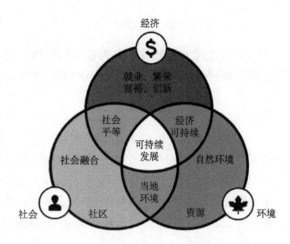

图 1.4 可持续发展：经济、社会、环境三者和谐、统一

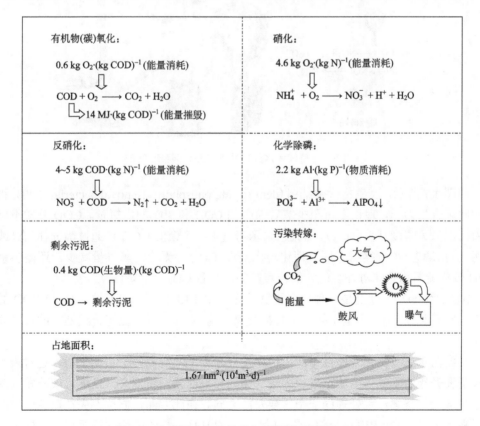

图 1.5 传统污水处理技术主要弊端(郝晓地，2006)

2. 可持续污水处理理念

可持续污水处理视污水为资源的载体，强调资源回收，且为回收资源而采用的技术所需资源消耗量应最低，并且不产生二次污染或污染转嫁，工艺占地也应较小。

3. 可持续污水处理技术基础

市政污水处理以 COD、N、P 为三大去除目标。按图 1.6 所示思路，COD 不应直接被氧化为 CO_2，而应该在满足脱氮除磷碳源需要前提下将多余的 COD 尽可能转化为能源(如 CH_4)使用。这样，传统污水处理以去除 COD 为主要目的的碳氧化便被弱化，甚至被阻止。为此，凡是在脱氮除磷过程中能够节省，甚至不消耗 COD 的技术便受到青睐。对此，反硝化除磷、厌氧氨氧化(ANAMMOX)技术自被认知以来，很快便被应用于工程中，如世纪之交首先在荷兰被应用的 BCSF 与 CANON 工艺(郝晓地, 2006)。

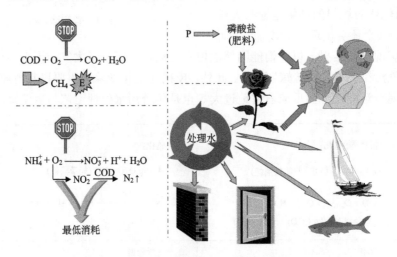

图 1.6　可持续污水处理基本思路(郝晓地, 2006)

如图 1.7 所示，反硝化除磷细菌(denitrifying phosphorus removal bacteria，DPB)将脱氮与除磷合二为一，理论上可至少节省 50%的 COD 和 30%的供氧量。COD 节省不仅意味着污泥量大幅度减少(50%)，而且也暗示着进水中多余的 COD 可通过筛分(固态)或转化污泥(溶解态)被直接用于厌氧消化转化能源(CH_4)。无论是曝气量减少，还是多余的 COD 转化能源均意味对外源能耗的依赖减弱，导致 CO_2 排量降低。

ANAMMOX 实际上是一种自养脱氮过程，如图 1.8 所示，在不需要 O_2 和 COD 的情况下，NH_4^+ 以 NO_2^- 作为电子接收体直接被氧化为 N_2，所以它在可持续性上的意义非同小可。

传统污水处理工艺一般以平面占地型反应器为主，需要占据大量土地，这对未曾规划或需要升级污水处理的城市来说困难。因此，反应器向空间方向发展，或研发紧凑型工艺也成为可持续污水处理的一个重要发展方向。在此方面，同样率先在荷兰应用的好氧颗粒污泥工艺(NEREDA)优势明显(郝晓地, 2014)。与传统活性污泥相比，好氧颗粒污泥工艺可节省占地 70%、能量 40%、投资 25%，它已被国际污水处理大师 Mark van Loosdrecht 教授喻为将取代传统活性污泥法的新生代污水生物处理技术（van Loosdrecht et al., 2014）。

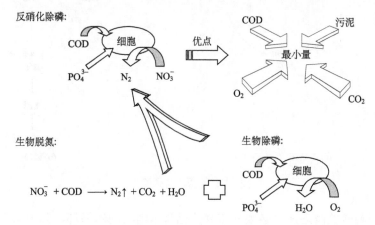

图 1.7　反硝化除磷细菌（DPB）脱氮除磷作用原理图解

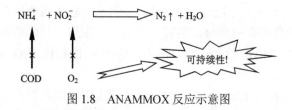

图 1.8　ANAMMOX 反应示意图

1.2.7　未来污水处理技术核心

发展以资源、能源回收为主的可持续污水处理是目前乃至今后很长时间内技术研发的核心。虽然从理论上看污水中可能含有万种潜在物质或元素，但是最为急迫和现实的当属磷回收。在能源回收方面，除有机能源以外，污水温度所含热量也不可小觑，它甚至可以产生比 COD 还多的能量，至少可以作为有机能源赤字的补充，使污水处理达到能量自给自足的"碳中和"状态（Hao et al., 2015b）。

1. 磷回收

磷像其他物质一样，主要存在于地壳中。农耕文明时期，人与土地之间建立起一种朴素的物质循环方式［图 1.9(a)］。工业革命后，人类发明了化肥，导致营养元素不可能再回归土地。结果，磷被送上一条"流放"海洋的不归之路，如图 1.9(b) 所示；同时，导致地表水体富营养化的现象增多。按每年对磷需求量增加 3% 来计算，全球可以经济开采的磷矿将会在 50 年内用完，而全球全部磷储量将在 100 年内耗尽，因此，磷实际上已成为国际战略性资源，即人类即将进入依赖磷发展的经济时代（Gilbert, 2009）。

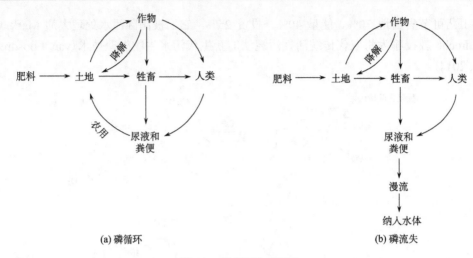

(a) 磷循环　　　　　　　　　　　　　　　　(b) 磷流失

图1.9　磷循环与磷流失

　　显然，控制磷的匮乏速度必须立刻恢复已基本消失的磷循环，其中从点源——污水中回收磷则成为最大的一种可能。为此，市政污水与动物粪尿中的磷(为污水中磷含量的5倍)已被看作"第二磷矿"(Gilbert, 2009)。对污水实施磷回收也意味着将水体富营养化防治与磷的可持续利用有机结合，具有一石二鸟之作用。目前磷回收目标产物对鸟粪石($MgNH_4PO_4 \cdot 6H_2O$，MAP)趋之若鹜，因为其中所含 P 折标 P_2O_5 后高达 51.8%(基于$MgNH_4PO_4$ 计算)。

　　10 年研究与调研表明(Hao et al., 2013)，从污水中以纯鸟粪石形式回收磷所需技术水平高、回收成本也很高，很可能出现买豆腐花了肉价钱的尴尬局面。况且，鸟粪石其实是一种缓释肥，并不适合直接用于粮食生产，较适合对果木、园林等施肥。事实上，磷回收产物的去向更多应是磷肥工业，而磷肥工业对磷矿石成分并无喜好，只求尽可能多的磷含量。不论何种磷矿石，在磷肥生产时，都会用湿法或热法溶解，只取其中的 PO_4^{3-}。这就是说，从污水中回收鸟粪石在技术上非常困难，而实际中也没有必要，完全可以因地制宜地回收其他形式的磷酸盐。

　　2. 碳中和

　　为避免甚至消除传统污水处理"以能消能""污染转嫁"的弊端，欧美学者于 21 世纪初提出污水处理应向碳中和目标方向发展。为应对这一挑战，美国计划 2030 年基本实现污水处理碳中和运行目标(Jim, 2009)。率先提出可持续污水处理概念的荷兰等欧洲国家也不甘示弱，为此早已制定了包括碳中和在内的 2030 年污水处理技术路线图(Roeleveld et al., 2011)。

　　污水处理碳中和的狭义目标就是能源使用要实现自给自足，广义目标还包括因资源回收利用导致厂外其他能耗下降实现 CO_2 减少。显然，污水处理要实现碳中和运行目标，唾手可得的能源当属剩余污泥厌氧消化产 CH_4。然而，剩余污泥产量的多寡又受进水有机物浓度的限制，并不一定能完全满足碳中和运行的需要，这就需要考虑利用污水余温中所蕴藏的可观热量。此外，国外一些污水处理厂甚至还采用风能和太阳能来满足能量的需求。表 1.1 总结了国际上一些致力于碳中和运行的污水处理厂情况(Hao et al.,

2015b)。这些实例表明，基于剩余污泥有机物能源可以满足或最大限度满足碳中和运行目标。此外，研究人员针对中国污水水质特点及常用工艺，以北京某大型市政污水处理厂(COD=400 mg·L^{-1})为例，详细计算得出该厂有机能源利用仅能满足 53%的碳中和运行目标，赤字能量可以通过水源热泵转换污水中热量予以实现(郝晓地等，2014a，2014b; Hao et al., 2015b)。

表 1.1　国外污水处理厂碳中和运行实际案例

厂名/国家	处理规模 /(m^3·d^{-1})	进水水质	工艺	能源形式	碳中和率[①] /%
As Samra/约旦	267 000	COD=1 449 mg·L^{-1}; TN=130 mg N·L^{-1}	缺氧-好氧活性污泥	水力发电；污泥厌氧消化	95
Aquaviva/法国	88 000 (m^3·h^{-1})	市政污水	UF+MBR	光伏发电 (PV：4 000 m^2)	100
Dokhaven/荷兰	121 000 (旱季流量)	COD=350 mg·L^{-1}; TN=35 mg N·L^{-1}; TP=4.8 mg P·L^{-1}	A/B + SHARON 与 ANAMMOX	污泥厌氧消化	46 (产电，2013 年); 115(产电与产热，2013 年)
Howard Curren /美国	363 400	BOD$_5$=159 mg·L^{-1}; TN=27 mg N·L^{-1}; TP=5.1 mg P·L^{-1}	好氧-好氧-缺氧活性污泥	出水回用; 污泥厌氧消化; 营养物循环	110
Köhlbrandhöft-Hamburg/德国	450 000	市政污水	传统活性污泥(1955年)；生物脱氮(1988 年在 2 km 外的 Dradennau 建设)	污泥厌氧消化；风力发电	80/100(污泥厌氧消化产电/热); 100(2 台 2.5MW 风机弥补，2011 年)
Sheboygan/美国	70 000	BOD$_5$=222 mg·L^{-1}; TP=4.9 mg P·L^{-1}	A/O	外源有机废物与污泥共消化; 设备更新	90～115
Steinhof /德国	60 650	COD=966 mg·L^{-1}; TN=67 mg N·L^{-1}; TP=11 mg P·L^{-1}	A^2/O	污泥厌氧消化; 出水回用; 营养物循环	79～
Strass/奥地利	27 500	COD=605 mg·L^{-1}; TN=44 mg N·L^{-1}; TP=7.5 mg P·L^{-1}	A/B + ANAMMOX	污泥厌氧消化(～2005 年); 厨余垃圾与污泥共消化(2006 年～)	108 (2005 年); 160 (2013 年)

①碳中和率(%)=(总回收能量/总消耗能量)×100%。

3. NEWs 概念与新生代污水处理技术

荷兰应用水研究基金会早在 2008 年以前便对可持续污水处理理念下的未来污水处理厂发展方向及核心技术绘制了路线图，并以"NEWs"一词高度概括了未来污水处理厂实际上将采用营养物、能源与再生水三厂合一模式(郝晓地等，2014h)。

在传统污水处理观念下，处理后的再生水被视为"主"产品，而在可持续污水处理理念下再生水实际上变成了"副"产品，因为将主产品磷回收与碳中和完成后，污水随之得到净化，这与传统目标异曲同工。减量化→稳定化→无害化→能源化是传统污泥处理/处置的四项基本原则与顺序。在强调碳中和运行的时代，这四项基本原则并没有改变，只是顺序颠倒，以能源为核心。事实上，只要能将剩余污泥最大限度地转化为能源，减量化、稳定化、无害化也会随之实现。可见，可持续污水处理理念的核心并不是研发"高大上"的技术，而是对传统观念的否定与转变。其实，大多数传统工艺在可持续理念下依然可以发挥它们的有效作用，即使在荷兰也没有一座全新 NEWs 理念下平地而起的污水处理厂，大多数既有污水处理厂一般都是根据现存工艺因地制宜地按 NEWs 目标逐渐完成升级改造的。

对目前国际上呈现的一些"高大上"技术，污水处理大师 Mark van Loosdrecht 教授将它们视为可以取代传统活性污泥法的新生代工艺，并已在 *Science* 撰文预测（van Loosdrecht et al., 2014）。总结 Mark van Loosdrecht 教授的预言，新生代处理工艺仍将定位于强调可持续性；在磷回收、碳中和两个基本着眼点上，也将考虑回收纤维素、藻酸盐、PHA、脂类、CO_2，甚至腐殖酸等。新生代核心技术以好氧颗粒污泥与厌氧氨氧化为主，分以下两种情形：①好氧颗粒污泥（主流）与厌氧氨氧化（侧流）；②COD 筛分/浓缩（预处理）与厌氧氨氧化（主流）。

然而，无论是好氧颗粒污泥还是厌氧氨氧化，其技术应用均绝非传统活性污泥那样简单和容易，并非一般专业技术人员所能掌握的，特别是主流厌氧氨氧化技术。所以说，这些"高大上"的技术成功应用的关键是工程控制技术；如果微观上缺乏对这些技术的深刻认识和全面把握，则难以设计完美并运行成功。否则，这两种技术在现象发现到机理研究 20 多年后早已遍地开花。

1.2.8　总结

从农耕文明时期对环境资源的文明朴素利用，到工业革命时代对生态环境的干扰破坏，再到现代文明的今天生态环境遭到严重破坏，人类生活的舒适性确实得到了空前的提升，这一切完全依赖于人类较其他动物的灵性。但是，被破坏的生态环境将为人类生存带来严峻的后果。虽然人类已经开始反思这些行为可能导致的严重后果，但是行动总是落后于意识。在污水处理方面，人们总是寄希望于研发一些"高大上"的技术来为自己解围，但原生态文明完全可以解决排泄物与排水问题。这种模式将人类生存所需的营养物、能量与水非常简单和质朴地融入了生态循环中，虽然采用的方法技术含量低，但非常接地气。

纵观集中式污水处理技术理念与发展方向，无外乎是一个中心（可持续）、两个基本点（磷回收与碳中和），其内涵实质上与原生态文明殊途同归，只是技术难度与管理水平不同而已。换句话说，集中式处理技术发展方向是在原生态文明的基础上螺旋式上升。原生态文明与可持续技术的关系可用图 1.2 所示的三维坐标表示，原生态文明非常接地气地处于 Z 轴为 0 的 X、Y 平面，而可持续技术则沿 Z 轴方向被抬高。可持续技术被抬高的 Z 轴，实际上就是一种技术与管理的势能，其难度和水平非一般专业技术人员所能掌握。这一点绝非原生态文明来得那么简单和容易，特别是我国目前城市污水处理设施普及率虽然较高,但连黑臭水都难以治理的情况下。从这个意义上说,人们现在还不必去追求什么"高大上",只要维持并发扬光大原生态文明,就可以解决不少问题,至少不会出现农村污水处理难的问题。

1.3 市政水循环与资源利用

1.3.1 引言

工业革命的主要特征之一就是加速了城市化发展,这往往被认为是对人类社会进步有利的一面;但是,工业革命在所涌现出的新城市中确实也引起了卫生与水污染问题。为了应对这些问题,水冲厕所、下水道,甚至污水处理厂陆续被发明,并被广泛应用于城市区域。这些由收集、输送与处理构成的集中式系统曾一直被当作现代文明不可缺少的一个组成部分。

然而,从可持续角度看,这些集中式系统并不合理,因为它们难以就近回用/回收污水中的水资源、营养元素及能量。正因为如此,由现代文明所创造的上述科技进步在许多地区已遭到全球专家的严厉批评。所以一种新的水管理模式正在全世界范围内涌现,以应对全球普遍面临的水资源/营养元素/能源短缺、水体污染、气候变化及生物多样性丧失等资源/环境问题。

人们不仅质疑目前大管径供水、雨/污排水系统在生态及经济上的持续性,而且也正在寻求"低消耗/排放"的有效途径。为了达到这个目标,一种可持续的或分散式概念正在被探寻,这种概念可就近实现水、营养元素、能量回收/回用。近年来,一些可持续系统,如雨水收集、源分离/生态卫生、营养元素/能量回收、绿色建筑/基础设施等已经被广泛用于城市与乡镇;一些就近使用、处理、储存、再利用水、营养元素、能量的示范工程正在建设,旨在在可恢复的各种水文循环之中构建分散式设计理念。

1.3.2 中国在绿色发展方面的潜力

作为世界上最大的发展中国家,中国在经历了30余年快速发展之后正面临着广泛的城市化现象。城市变得越来越大;农村正向城镇化发展,传统农耕习惯正逐渐消失。然而,传统耕作习惯教会了人们什么是生态的可持续性。食物来之于土地与废物再利用(粪尿与污水),然后再返回土地,这是一种质朴的生态循环模式。这种传统模式不正是人们目前苦苦寻求的可持续方式吗?已经倡导至今的水冲厕所及下水道的确卫生而方便,但却有着使营养元素远离其源头的负面效应。正因为如此,一种保留传统农耕习俗的新的水管理模式对飞速城市化发展的中国便显得十分重要。摧毁已有城市集中式给水排水系统是一种不可取的方式,也不应该提倡。相反,保留农民传统耕作习惯,发展可持续的分散式系统却极为现实、可能。换句话说,中国在绿色城镇基础设施建设方面极具潜力,因为中国约50%的人口(2017年底总人口为13.9亿)为农业人口。中国目前也正在积极与一些国家合作来发展生态城市/镇,这将使中国在合作中从国际思考型社会中的理念、技术，甚至政策上大为受益。

中国正在建设新城市及在老城周边建设新的居住区，这就使得中国在发展的一开始便有机会设计可持续性基础设施。环境保护部于 2003 年 5 月颁布了《生态县、生态市、生态省建设指标》(试行，2007 年修订)，紧接着中国掀起了建设生态城市的浪潮。由于农业集约化(许多农民不再耕作)及城市中工业国民生产总值(GNP)占据较大份额，中国在未来 30 年需要为近 3 亿农业人口兴建城镇住所。毋庸置疑，管理农村人口向城市迁移将是可以预见的事情，以保障城镇中人口的增长；同样的经历在其他几个快速发展中国家，如巴西、墨西哥、印度等，已经成为令人头痛的事情。

1.3.3　生态城市概念的实施

在这种情况下，建设生态城市示范工程对中国来说显得十分迫切；中央政府、地方政府已经邀请许多外国政府和组织开始合作建设生态城市。上海市崇明区长江入海口的东滩区域规划一开始便将生态城市理念融入其中，并且勾勒出目前在美国盛行的传统低影响开发与以水为核心的生态城市概念。2007 年 11 月，中国政府与新加坡政府签署了一项有关合作建设生态城市的协议，新加坡政府将在天津市附近建设一个全新生态城(中-新生态城)。美国加利福尼亚大学伯克利分校与工业巨头西门子合作，为中国规划设计师在建设生态城市方面提供信息。瑞典正在为唐山市曹妃甸国际生态城建设(首钢新址)提供咨询。目前，从南到北，越来越多的中国城市都在规划生态城市建设项目，其中包括珠江三角洲城市群、成都、北京、沈阳、哈尔滨等。

原则上，生态城市概念由三个消耗/排放量构成：水消耗量、碳排放量、生态占有量(Novotny，2010)。目前，"未来的城市"关注实现循环代谢及减少生态占有量。以现代科学释义，这就需要集成/分散式处理技术。在众多可选择的技术中，Ecosan 实际上是一种较为理想的系统。实际上，北京奥林匹克森林公园在其所有服务区域中均采用了 Ecosan 系统。

根据绿色奥运口号，北京奥林匹克森林公园新陈代谢主要关注的是要形成一个健康、可持续的环境。大量的植物、闭合循环的 Ecosan 系统及来自附近污水处理厂补水的湖面均需要给游客传递一种绿色气息。对公园来说，利用粪尿中的营养元素与灰水就近为植物施肥与浇灌是既定的目标。整个公园中共安装了 27 座 Ecosan 公厕。所有公厕均配备有源分离粪尿收集系统。吸粪车将所收集的粪、尿转运至一座集中处理站，储存尿液、堆肥处理粪便，同时处理站设有一套 MBR 污水处理装置。公园水与营养元素循环流模式显示于图 1.10 中。

现今中国存在很多如前所述的正在建设或规划中的生态城市/镇，其中 3 个生态城市项目——东滩、天津、曹妃甸目前已成为全球关注的焦点。这 3 个项目均向国际社会开放，以期在建设中吸引国际理念、技术与经验；21 世纪初开始，它们分别与英国、新加坡和瑞典积极合作。

1.3.4　小汤山生态城市/镇示范工程

根据规划简介，上述合作项目均意识到从工业化国家直接引进卫生设施与规划、实施集中式"千篇一律"的解决方案在很多情况下既不恰当又不可持续。因此，规划方法

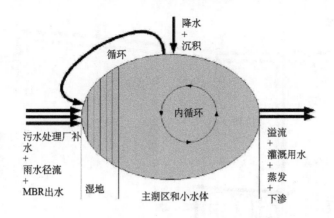

图 1.10　北京奥林匹克森林公园水与营养元素流模式(Gtz, 2008)

必须适合设计与实施综合解决方案，应强调在生态可持续性各种元素之间的综合管理。虽然在实施这些项目中存在着一些不同的方案，但这些项目均存在这样的共识，就近实现水、营养元素与能量 3 个闭合循环。很显然，可持续 Ecosan 系统在达到这一目标方面具有得天独厚的优势，如中-瑞曹妃甸国际生态城建设项目已经宣布将采用 Ecosan 的源分离理念。然而，这些项目的建设周期将会很长，需要 20～40 年才能完成。所以，这些生态城市项目的实际效果难以预测。为此，一个与生态城市/镇建设相关的小规模示范项目已经在北京以北 35 km 郊外的小汤山附近完成，水、营养元素与能量 3 个闭合循环在一块 2hm² 的土地上得以实现。

　　小汤山示范工程位于一块废弃的荒滩地。在这一有限的土地上，绿色建筑、尿液分离、沼气生产、雨水收集、生态湖塘、太阳能/风能利用均被涉及。在这个示范工程中，中国农民传统耕作习惯与生态城市/镇理念通过技术措施有机融为一体。虽然示范工程面积很小，但其中确实留有一些可耕作的农田；原则上，住户(通常少于 10 人)食物(粮食与肉食)可在有限土地上实现自给自足，人与饲养动物排泄物中的营养元素可原地循环，再返回农田。传统耕作习惯通过 Ecosan 系统而有效升级，其工作流程示于图 1.11 中。来自示范地块内外的雨水被收集利用，用于补充人工湖(生态湖)，甚至经过适当处理后用作饮用水。湖塘共有 2 个，分为生态塘和净化塘，塘水在两塘之间循环，并通过之间设置的人工湿地(2 个，分别净化湖水与灰水)加以净化。绿色屋顶(设置节能保温层/墙)上面安装太阳能板和小型风机，以提供夜间照明和冬季取暖。产生于人、动物粪便、庄稼秸秆的沼气用于做饭。在这样一个被隔离的地块中，污染物零排放模式充分而成功地得到演示。

　　以小汤山示范工程及其他几个生态项目为技术交流平台，一个名为"城镇/乡村未来可持续水基础设施"(SWIF2009)的国际会议于 2009 年 11 月 6～9 日在北京举办，旨在建立一个吸引国际顶尖研究与科学论文的学术平台，使之有助于推动水科学朝着可持续方向发展。在本次会议筹备和召开期间恰遇全球金融危机爆发，但是世界上许多顶级专家、学者(国际学者 30 人、国内学者 150 人，其中包括现任国际水协主席 Glen Daigger 博士与前任国际水协主席 David Garman 博士)积极参会，并展示了他们的观点、研究及

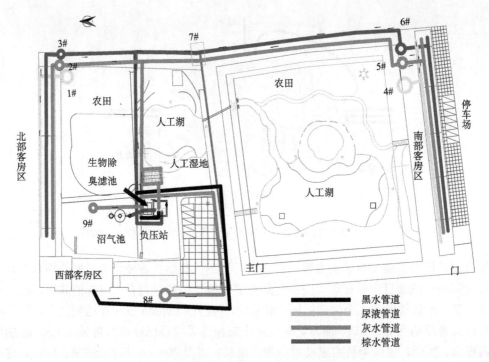

图 1.11   小汤山示范工程 Ecosan 系统规划图

示范项目,显示出他们对这一领域的积极热情和鼓舞人心的行动。在近 90 位会议发言者中,会议组委会筛选出一半论文由国际水协会出版社(IWA Publishing)于 2010 年 8 月冠以书名《可持续社会水的基础设施:中国与世界》出版。期望记录了国内外有关生态城市原理和实践的这本会议论文集能够说服并鼓励立法机构、政府部门、科学界,甚至农民和拥有别墅的市民(尽管中国比其他国家还较为少见)重新审视他们在选择基础设施时的考虑,尽可能在未来的城市/镇规划中采用综合处理系统,如生态卫生系统与分散式处理系统。

1.4   源分离生态效应及其资源化技术

1.4.1   引言

城市排水管网源于 19 世纪工业革命时期的欧洲,当时主要基于卫生方面的考虑,以减少经饮用水传播的疾病(如霍乱、痢疾等)(Ekama et al., 2011)。从那时起,象征"现代文明"的抽水马桶及集中式管道排水系统便一直延续至今,成为当今城市发展的一种普遍排水模式(张健等, 2008)。然而,这种"一冲了之"的"现代文明"在强调可持续发展、生态文明建设的今天显得有些倒行逆施,因为我们祖先"食物来自土地,排泄物回归土地"的这一生活习惯在现在看来恰恰是一种朴素的生态循环,已被国内外有识之士誉为"原生态文明"(郝晓地和张健, 2015)。

的确,当前主流集中式排水系统加剧了水危机、磷危机,甚至能源危机(郝晓地等,

2003; Vaccari, 2009)。冲水马桶用大量的水稀释、冲走排泄物，一方面加剧了水资源匮乏和水体污染的程度；另一方面导致排泄物中大量营养物质(N、P、K)及含能物质(COD)远离它们的"故土"，走上一条流向大海的"背井离乡"之路。与此同时，这种"现代文明"方式也增加了环境风险(Rossi et al., 2009)，增加了基础建设投资及维护费用与运行能耗(Gu et al., 2016)。研究表明，传统污水处理模式运行能耗高达 $50 \sim 100$ $kW \cdot h \cdot (ca \cdot a)^{-1}$($ca^{-1}$ 代表每人)(张健等, 2008)，这显得"现代文明"是一种不可持续的生活方式(郝晓地等, 2002)。

众所周知，磷在人及动植物体内无处不在；它是动植物生产、生长、生活过程中参与细胞内构成三磷酸腺苷(ATP)、磷酸肌酸等功能与储能的基本元素；它在能量产生、传递过程中扮演着重要角色，肩负着生命的责任与使命；人生旅途结束后唯有约 $600 \ g \cdot ca^{-1}$ 磷酸钙实型物仍然保留并重回生命循环(郝晓地和张健, 2015)。人体磷等营养物来自土地提供的食物，而大量未能吸收的磷则随粪便和尿液排出；一个正常人每天排泄 $1.6 \sim 1.7 \ g \ P \cdot ca^{-1}$，其中 60%从尿液中排出(Schouw et al., 2002)。进言之，城市污水中80%的总氮(TN)、70%的钾(K)和50%的总磷(TP)来源于尿液，而尿液体积还不及污水总量的 1%~2%(Larsen et al., 1996)。可见，在原生态文明习惯下本来可以回归土地的优质肥料元素——N、P、K 却被98%~99%的水稀释后带离了故土，人们转而使用化肥去满足农业再生产，导致磷矿等资源日益枯竭，已难以维持人类再使用 100 年(Liu et al., 2016)。

对此，"现代文明"下的集中式排水方式在其可持续性及生态效益方面日益受到学者的质疑(郝晓地, 2006)，以至于以源分离为主的分散式生态排水方式重获新生(郝晓地, 2006; 张健等, 2008)。源分离就是在源头上将排泄物与生活排水分开，一方面可以最大限度地收集、处置、回用排泄物质中的营养成分，使之用于可持续的农业生产；另一方面可以实现节水、节能的双重效果(董良飞等, 2007)。其实，农村旱厕及曾经缺乏卫生系统的城镇居民采用的夜壶方式都是源分离之雏形。然而虽然这些方式方便粪尿返田，增强物质循环的生态性，但其在卫生方面的缺陷确实令人望而生畏。完全回归原生态文明的生活状态显然不太现实，这便成就了源分离技术的产生与发展，在最大限度保留现代洁具卫生、舒适、便捷的前提下，通过新型卫生洁具实现粪、尿与生活污水的分离，最大限度恢复粪尿返田的原生态文明习惯。

原生态文明习惯这种朴素的生态习惯逐渐被国内淘汰，反而被"现代文明"的发源地——欧洲视为人类宝贵的文化遗产。结果，源分离的概念起源于欧洲、源分离的研究盛行于欧洲、源分离的技术也多来源于欧洲(张健等, 2008)。本节综述源分离产生的生态环境效应，总结源分离后对粪便、尿液收集、利用方式及使其资源化的技术。

1.4.2　源分离生态环境效应评价

源分离产生的直接生态环境效应可以有效截留、分离粪便、尿液所含磷等营养元素，使之尽可能返回土地。此外，直接生态环境效应还包括水资源节约和水污染减缓等方面的内容。源分离产生的间接环境效益是降低污水处理程度，以及由此导致的能耗降低和碳减排。

1. 直接生态环境效应

1）回收营养物

古时有"肥水不流外人田"的俚语，其实说的就是粪、尿中所含的氮、磷、钾、有机物等营养物回归土地，用于农业再生产；这种粪尿返田习惯是化学肥料问世前中国农业生产所需肥料的重要来源。有研究显示，在可持续发展的循环农业经济方面，粪尿返田同有机垃圾、剩余污泥农用相比，无论是在经济效益还是在生态效益及使用的安全性方面均具有显著优势（郝晓地，2006）。而源分离主要目的就是实现粪尿无害化处理，以及使其中 N、P、K 等有用资源原生态回归。在磷矿资源日益匮乏的情况下，源分离的作用和目的显而易见。

权威研究显示，如果维持全球农业生产对化肥 3% 的年增长量需要，目前全球剩余磷矿产资源已达不到再供人类使用 100 年的预期，最多仅够再维持 50 年左右的时间（Elser and Bennett, 2011; Gilbert, 2009）。对我国而言，每年消耗的磷单质为 1 200 万 t，其中磷肥的使用就达到了 750 万 t，若不采取任何措施，按照目前的消耗速度，现存的储藏量将只够维持 35 年（Liu et al., 2016）。尽管我国磷矿储藏量为世界第二（USGS, 2020），但实际储备不容乐观；而且我国磷矿储藏量中磷矿石元素品位并不高，经济开采价值低的三级磷矿构成（$P_2O_5<30\%$）占总储藏量的 59.6%（伊丽文，2009）。磷在粪尿不返田的现代生活方式下呈直线式流动，即从陆地向海洋运动，导致近两个世纪以来磷的流失状况不断加剧，已出现了严重的磷日益枯竭现象（Liu et al., 2016）。

在磷危机显现的这种处境下，最大限度地遏制磷流失已使人类处于必须面临并为之采取行动的危急关头。因此，从污水或动物粪便中回收磷便成为国际研究的热点（Sakthivel et al., 2012），以使之成为人类的"第二磷矿"（郝晓地等，2010）。其中，源分离作用不可小觑。虽然尿液体积不大，仅占生活排水量的 1%～2%（张健等，2008），但尿液中的磷含量却占生活污水磷含量的 50%（Larsen et al., 1996）。欧盟每年通过尿液、粪便排放的磷（单质）达 80 万 t，占欧盟全年总磷进口量的 33% 及磷肥进口量的 57%（van Dijk et al., 2016）。目前，欧盟采用源分离回收方式的比例约为 20%，每年有将近 16 万 t 的磷通过源分离回收并返田（van Dijk et al., 2016）。在我国，城市采用源分离技术的比例极低，仅局限在一些示范工程（如北京奥林匹克森林公园）上；原本农村普遍采用的旱厕粪尿返田习惯也几近消失，代之以所谓的各种"农村污水处理"设施，将营养物"原位"彻底消灭，不再回归土地，导致每年近 150 万 t 磷通过污水处理而流失（Liu et al., 2016）。如果源分离比例在欧盟和中国均能达到 80%，每年该技术将会为欧盟和中国分别节省 64 万 t 和 120 万 t 的磷资源。此外，畜牧业对磷元素的排放也是一个"黑洞"，我国畜牧业动物排泄物导致的磷流失每年便达 200 万 t（Fan et al., 2009）。可见，对畜牧业动物排泄物实施源分离并促使其返田利用对遏制磷资源匮乏的作用与意义甚至比人的粪尿还大。

从集式污水处理厂回收磷固然可行，这也是国内外一些现存污水处理厂开始付诸实施的工程实践。然而，基于分散式源分离技术直接利用尿液中和粪便或从尿液中回收磷存在明显的优势，甚至也是国外一些家畜养殖场开始效仿的做法（ESPP, 2015a）。直接从尿液和粪便中回收磷具有明显的优势：①尿液组成成分单一，沉淀、回收效率高，通过硝化/蒸馏和藻类吸收等方式处理尿液中的氮、磷时，回收率近乎 100%（Tuanteta et al.，2014; Udert et al.，2015）；②尿液中几乎不含重金属（Larsen et al.，2010），分离、回收后的磷直接用于农业生产环境风险低；③尿液源分离回收磷设备操作简便而灵活，具有适用性（Etter et al.，2011）；④黄水、黑水从源头分离，在回收磷的同时也可一并将氮和钾一起回收（Udert et al.，2015）；⑤高达 90%的氮、磷被分离回收后，从污水中生产再生水变得简单和可靠（郝晓地，2006）。

2）节约水资源

源分离另一个显著生态环境效应是对水资源的节约，主要节约的是冲厕水。现代城市民用建筑一般很少，甚至没有中水系统，冲厕水即市政自来水，约占居家总用水量的 30%。如果采用源分离非混合式 NoMix 马桶（Larsen et al.，2009），可节约 80%的冲厕水量。源分离有多种形式（杨艳和张健，2008），总结于表 1.2 中。表 1.2 中所列 4 种源分离形式节水效果与传统马桶对比如图 1.12 所示。

表 1.2　4 种常见源分离形式及主要特征

源分离形式	主要特征
尿液分离干厕	不冲水，在城市楼房应用有较大局限
重力流粪尿分离便器	尿液单独收集，粪便水单独处理或者与污水混合排放
真空厕所与粪尿负压输送	实现粪、尿单独收集，易于输送
粪尿分别收集节水真空便器	实现粪、尿单独收集

图 1.12 显示，源分离洁具具有节水优势，其中以尿液分离负压便器节水效果最好，冲厕用水量为传统节水便器的 20%，仅为传统便器的 3%。即使是负压便器、重力流粪尿分离便器与传统节水便器相比也能节省 3/4 的冲厕水量。这种源分离"厕所革命"显然对城市节水具有举足轻重的作用。

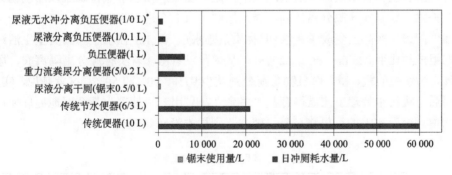

图 1.12　1000 当量人口使用不同卫生器具冲水量对比（杨艳和张健，2008）
*括号内的数字分别代表便器每次处理粪便和尿液的用水量

3）改善水环境质量

城市规模不断扩张导致城市病日益显现，其中城市黑臭水体最典型。一方面，城市污水处理厂因粪尿混入导致的过高氮、磷难以有效去除；另一方面，未截留污水或黑水私接乱排，直接进入地表水体中。这就使得有机物厌氧与富营养化导致的黑臭水现象普遍。如果能在源头以源分离方式将尿液和粪便分离、单独回收，生活污水中 80%以上的氮和 50%的磷则因此减少，可大大降低污水处理厂氮、磷处理压力，即使非截留污水直接进入水体也可减少相应氮、磷负荷，多少能减缓黑臭水发生的概率。

此外，尿液源分离还可以有效减少人体排出的激素和药物进入水体的机会，而这些药物和个人护理用品(pharmaceutical and personal care products，PPCPs)一旦进入污水处理厂则很难被降解处理。研究表明，尿液中含有生活污水中各类药物总量的 65%(Liner et al.，2007)；另外，人体新陈代谢过程中产生的一些生物激素(雌性激素、雄性激素、利尿激素等)也往往通过尿液排泄。进一步研究表明，激素和药物已经对环境中爬行动物、鱼类等生物的性别比例、生活习性等造成显著影响(Udert，2003)，导致自然水体环境风险增大。这类 PPCPs 本身含量就不高，再被大量污水稀释后就更难在传统污水处理工艺中被去除；实验显示，传统活性污泥法在污泥龄为 10 d 的条件下双氯酚酸和美托洛尔的去除率不到 25%，且主要以污泥吸附去除为主。显然，对尿液单独收集后，药物、激素这类 PPCPs 的浓度相应提高，有可能从尿液中将此类物质分离或去除(Wilt et al.，2015)。有人对源分离后单独收集的尿液采用藻类处理后发现，在回收氮、磷的同时对药物的去除效果也非常明显，其中对乙酰氨基酚、布洛芬的去除效率可达到 99%，对美托洛尔(高血压治疗药物)的去除效率最高可达 60%，对其他药物、激素的去除效果也明显优于污水处理(Wilt et al.，2015)。

2. 间接生态环境效应

1)降低污水处理程度

现代污水处理经历了从一级、二级向三级处理过渡与升级，特别是在以控制水体富营养化为主要目的的今天，三级处理似乎都难以彻底解决氮、磷的去除问题。究其原因，我国污水因有机物含量低而普遍出现碳源不足的现象，以至于氮、磷难以靠生物处理方式有效去除。如果实施源分离计划，粪、尿则不再混合进入生活污水，使污水一下变得"干净"起来，实际上变成了灰水(即优质杂排水)。表 1.3 显示了德国典型生活污水污染物的组成与比例(Gajurel et al.，2003)，从中可以看出，若实行源分离隔离粪、尿并单独处理，污水中的氮、磷、有机物负荷分别减少 97%、90%和 59%。这就是说，实施粪、尿分离后三级污水处理工艺显得有些"多余"，只用一级处理，甚至湿地处理便可以解决灰水中剩余近 40%的有机物，氮、磷去除则根本没必要。

表 1.3　德国生活污水典型特征

营养物负荷 /[kg·(ca·a)$^{-1}$]	25 000~100 000 L·(ca·a)$^{-1}$ 灰水/%	500 L·(ca·a)$^{-1}$ 尿液/%	50 L·(ca·a)$^{-1}$ 粪便/%
N(4~5)	3	87	10
P(0.75)	10	50	40
K(1.8)	34	54	12
COD(30)	41	12	47

国内外研究人员曾做过尿液源分离对污水处理厂脱氮处理效果的影响研究。荷兰研究显示,当尿液分离率达60%时可减少污水处理厂出水中70%的氮及近100%的磷(Wilsenach et al., 2004; 2007);国内模拟研究表明,对于A^2/O工艺而言,当尿液分离率达到13%时,污水处理厂出水中的总氮可达一级 A 标准,当尿液分离率提高到75%时,出水总磷便达一级 A 标准(徐康宁等, 2012)。因为尿液中氮、磷含量高而有机物含量低(表 1.3),所以尿液源分离后实际上会相对提高污水处理厂进水 C/N 和 C/P,相当于增加碳源的作用,从而可起到强化生物除磷脱氮的效果。

2)降低污水处理能耗与碳排放

污水处理能耗一般为 $5\sim10$ W·$(ca\cdot d)^{-1}$,而通常从污水中回收的能源却不足 0.02 W·$(ca\cdot d)^{-1}$(Svardal, 2011)。尿液分离可大大减少污水处理厂的氮、磷负荷,在很大程度上可降低因脱氮除磷所需的能耗。荷兰研究人员曾就尿液源分离对污水处理厂的能耗影响进行过模拟研究,尿液分离前后可使相同污水处理工艺(BCFS)能耗从 6 W·$(ca\cdot d)^{-1}$ 降低至 1 W·$(ca\cdot d)^{-1}$,降幅达 83%(郝晓地, 2006)。

污水处理工艺脱氮能耗确实占总能耗很大比例。如果实施尿液源分离,并在源头通过热泵回收污水中蕴含的能量,那就应该比集中式污水处理的能耗低很多。对此研究人员设计了三种脱氮方式并予以模拟比较:①集中式传统硝化、反硝化;②集中式厌氧氨氧化;③分散式源分离回收尿液(Larsen, 2015)。从污水处理碳中和运行及减少温室气体排放角度,三种脱氮方式中以源分离的碳排放量最低(在源头同时采用水源热泵回收灰水中的热量);每人每年因此可减少 CO_2 排放量 47 kg CO_2 当量$(ca\cdot a)^{-1}$(燃煤发电)或 95 kg CO_2 当量$(ca\cdot a)^{-1}$(天然气发电);但源头回收灰水热量可能会导致冬季污水处理厂硝化效果不佳(Larsen, 2015)。

1.4.3　源分离产物应用与资源化技术

源分离产物主要是尿液与粪便,其归宿是回归土地。然而,现代生活方式下的人们总是担心粪尿返田可能带来卫生问题,如病原菌传播疾病等,以及嗅味问题。事实上,当今受热捧的绿色食品或有机食物不就是原生态文明方式下耕种出的那些五谷杂粮吗?因此,只要将粪、尿中可能存在的病原菌有效灭除,原则上可以直接将其返田施用。

在 Ecosan 的理念下,可对尿液和粪便分别进行稳定处理和厌氧消化,尿液经 6 周罐存稳定处理,病原菌一般均可以被灭除,而粪便与其他生活有机废物一同消化不仅可以回收能源,也可取得灭菌的效果(Mules et al., 2016)。

在尿液不便直接作为肥料返田的情况下,也可以将尿液中的氮、磷等有用资源予以回收。较早文献报道最多的是从尿液中以鸟粪石(MAP)形式回收氮、磷(郝晓地, 2006)。然而,经过 10 年研究发现,鸟粪石并不是一种十分容易回收的磷酸盐化合物,因为纯鸟粪石回收的最佳 pH 条件实际上为中性至偏酸性(Hao et al., 2013),且所需反应时间甚长(以月为时间单位)。为此,目前国际上有关分离尿液资源化的研究已变得多样化,出现了尿液硝化/蒸馏、电解、藻类吸收等资源化技术。这些处理方式强调以有效、低廉方式同时回收尿液中的氮、磷等营养物质(Gu et al., 2016; Udert et al., 2015)。

1. 尿液硝化后蒸馏

对尿液硝化并蒸馏的主要目的是最大限度地回收其中的氮(>90%)和磷(>30%)(ESPP, 2015a)。可利用生物方法使尿液中约50%的氨氮(NH_4^+)通过硝化作用转化为硝酸氮(NO_3^-),然后通过蒸馏、浓缩方式达到回收氮的目的(Udert et al., 2015)。众所周知,硝化过程分别由亚硝化细菌(AOB)和硝化细菌(NOB)共同完成;随着硝化进行,pH下降至6.0左右时硝化过程受到碱度下降的抑制,此时约有一半NH_4^+转化为NO_3^-,形成NH_4^+:NO_3^-等于1:1的硝化尿液,并由此开始蒸馏、浓缩。

目前该研究仍属于实验项目,已分别在南非和瑞士完成,尿液硝化与蒸馏工艺分为A、B两个部分,如图1.13所示(Udert et al., 2015)。硝化过程(A)在一连续培养的生物膜反应器(填料体积约占60%)内完成;硝化反应器运行45 d后即达最大硝化速率(420 mg $N·m^{-3}·d^{-1}$);硝化后尿液通过泥-水分离装置分离后进入蒸馏器进行浓缩。硝化尿液蒸馏(B)采用德国生产的一种商用蒸馏器,蒸发量为20 $L·h^{-1}$;尿液中95%~97%的水分会被蒸发,得到的是一种高浓度硝酸铵液体肥料。

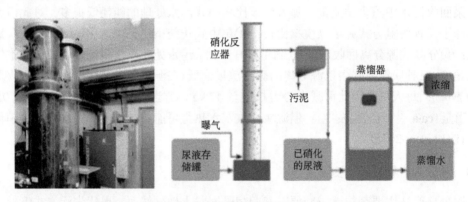

图1.13 尿液硝化/蒸馏反应实验过程(Udert et al., 2015)

这种尿液硝化、浓缩处理方式,除在蒸馏器中添加少量缓蚀剂外,不需要添加其他化学药剂;主要耗能是硝化过程所需曝气(0.15 $kW·h·L^{-1}$)及蒸馏所需热量(0.08 $kW·h·L^{-1}$,85%热能可获得回收),综合运行能耗约为0.14 $kW·h·L^{-1}$(Udert et al., 2015)。这种工艺对尿液中病原微生物有一定的杀灭作用,因为硝化反应器中存在的亚硝酸盐(NO_2^-)和蒸馏器中的高温可以将大部分病原微生物灭活。

2. 尿液电解

新鲜尿液中85%的氮以尿素形式存在(Mehta et al., 2015),但在尿素酶作用下极易发生水解,如下式所示:

$$CO(NH_2)_2 + 2H_2O \longrightarrow 2NH_3 + H_2CO_3 \tag{1.1}$$

水解后氨气分子(NH_3)会和水发生反应形成下列化学平衡:

$$NH_3 + H_2O \Longrightarrow NH_4^+ + OH^- \tag{1.2}$$

尿液中所含的铵离子(NH_4^+)、碳酸根离子(CO_3^{2-})、钙离子(Ca^{2+})等是一种天然电解质。因此，对尿液进行电解处理显然是一种可行的技术方案。实验表明，对尿液进行电解处理会在阴极产生氨气(NH_3)和氢气(H_2)，收集后用酸处理可回收尿液中 57%的氮(Luther et al., 2015)，实验过程如图 1.14 所示。尿液电解装置主要由电解池(EC)和气体吸收装置两部分组成。电解池阴、阳两级间由阳离子膜(CEM)分开；阴极材料为不锈钢网，阳极材料为表面涂有防护层(铱氧化物)的钛(Ti)。图 1.15 详细显示了尿液电解电极反应过程及离子在电解池内的运动情况；电解池在电场与阳离子膜的作用下，尿液中的阳离子会不断向阴极区移动并积累，同时水在阴、阳两电极上分别放电并生成 O_2 和 H_2 与 OH^-，使阴极区 pH 升高。

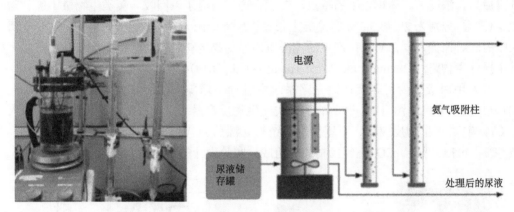

图 1.14　尿液电解实验装置(Udert et al., 2015)

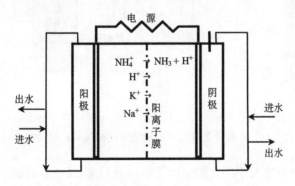

图 1.15　电极反应过程(Tuanteta et al., 2014)

阴极区因电解导致碱度上升后，积累在该区的 NH_4^+ 则以 NH_3 形式溢出，NH_3 和 H_2 混合气体在阴极区被真空泵抽吸至含有 H_2SO_4 的吸收装置内，吸收 NH_3 形成硫酸铵，残留气体则为较纯的 H_2，可用于电解能耗补给。虽然电解耗能较高，但考虑回收 H_2 能源的话，这种硫酸铵综合生产成本将低于工业合成氨。电解尿液固然不能全部去除尿液中的氮，但是可以降低污水处理43%的氮负荷，相应降低污水处理能耗。

此外，电解尿液也有其他方法，可在电解池中加入一对或是多对阴、阳离子膜，使电解尿液中铵离子(NH_4^+)和磷酸根(PO_4^{3-})分别在阴极区和阳极区富集浓缩。实验结果显示，这种电解方法可将氮、磷浓度提高 6～8 倍(Tice et al., 2014)。

阳极半反应：

$$2H_2O \longrightarrow 4H^+ + O_2 + 4e^- \tag{1.3}$$

阴极半反应：

$$2H_2O + 4e^- \longrightarrow H_2 + 2OH^- \tag{1.4}$$

3. 尿液藻类吸收

藻类凭借氮、磷可以迅速增长，已广泛用于污水处理中(Udert et al., 2015)。尿液源分离后具有浓度高、体积较小的特点，较适合通过藻类予以回收。藻类生物量中氮、磷含量(干重)分别为 2%和 3.3%；藻类生长过程所需碳源为 CO_2，可实现对尿液中氮、磷回收的同时捕捉，同化 CO_2；产生的藻类可用作动物饲料、农业肥料、厌氧消化产能，甚至提炼生物柴油(Mehta et al., 2015; Tuantea et al., 2014)。

有人用尿液作为培养液在短光路系统中进行小球藻去除氮、磷实验(Udert et al., 2015)，实验采用如图 1.16 所示的平板式光生物反应器；实验系统由进出水系统(出入 4 ℃冰箱)、光生物反应器、温度控制系统与光源(400 W 高压钠灯)、恒温水浴(35～38 ℃)、pH 传感器、CO_2 充气控制阀等组成；实验设计的平均水力停留时间为 1 d。

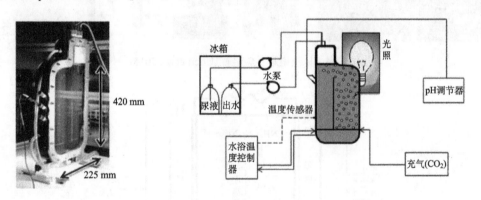

图 1.16　小球藻处理尿液实验装置(Tuanteta et al., 2014)

对尿液不同稀释程度及不同光照强度下小球藻对氮、磷的去除情况进行了对比实验。结果显示，尿液稀释程度越小、光照强度越大，则合成的小球藻生物量就越多；合成尿液稀释 20 倍、在光照强度为 490 lx 的情况下获得的小球藻合成生物量为 2.9 g·L^{-1}，而合成尿液稀释 5 倍、在光照强度为 990 lx 的条件下，小球藻合成生物量可达 6 g·L^{-1}(Udert et al., 2015)。尿液培养小球藻过程中磷元素的阈值为 225 mg P·L^{-1}，而人尿液中氮与磷的摩尔比为 34:1，从而尿液培养小球藻过程中几乎 100%的磷会被去除(Tuanteta et al., 2014)；但小球藻对氮的去除情形不同，尿液稀释率小，则氮去除率略有提高；在实验中观察到尿液在稀释 10 倍时总氮去除率为 47%，当稀释 5 倍时去除率仅提高到了 51%；10～50 倍的尿液稀释率对应 58%～62%的氮去除率(Tuanteta et al., 2014)。

4. 尿液太阳能浓缩

　　回收尿液中营养物质的方法其实有很多，如反渗透、生物硝化、化学沉淀、氨吹脱、电渗析、纳滤等，但这些方法都需要较高耗能和复杂的操作。研究人员设计了一种太阳能尿液浓缩装置，可较好地解决能耗与操作问题，特别对边远、电力无保障、经济欠发达地区具有较高的实用价值，如图 1.17 所示(Antonini et al., 2012)。

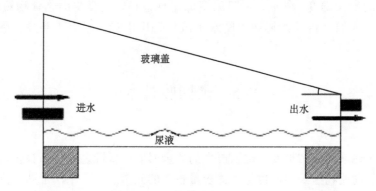

图 1.17　太阳能尿液浓缩装置示意图(Antonini et al., 2012)

　　实验装置底部面积为 2 m^2，并贴有黑色瓷砖，以最大限度地吸收太阳能；侧壁及顶部为玻璃材料，顶部玻璃盖板与水平面呈 11°夹角，以便于凝结水滴向下流动。从研究单位一非混合厕所内收集 50 L 尿液进行实验。尿液进入浓缩装置后，太阳辐射及温室效应导致温度升高，尿液中水分蒸发到玻璃盖时遇冷则凝结为水滴，水滴沿玻璃流至底部，经排水管从装置中移除。实验装置运行期间，浓缩器内最高温度为 45～62 ℃，夜晚温度则下降至 25 ℃，浓缩器内温度平均比环境温度高约 20 ℃。

　　分别进行 A、B 两组平行实验，一组未加任何化学药剂，直接进行尿液太阳能浓缩处理；另一组对尿液进行酸化(磷酸、硫酸)处理，以减少氮的蒸发流失。经 26 d 自然蒸发，两组 50 L 尿液最后均能获得 360 g 固体物质；其中，磷酸盐含量从初始时的 0.03%浓缩至最后固体中的 1.87%；A 组实验中氮元素从初始时的 0.5%增至浓缩固体中的1.84%；B 组实验因分别用磷酸和硫酸进行酸化处理，避免了约 32%的氮以 NH_3 流失空气，导致 B 组浓缩固体中氮含量分别高于 A 组 4.5 倍(磷酸酸化)和 3 倍(硫酸酸化)。

　　浓缩处理几乎可回收尿液中全部的磷，而酸化处理后能回收尿液中大部分的氮，所以回收固体具有很高的肥料价值。尿液经长达 26 d 暴晒，在高强紫外线照射下也可灭活大部分病原微生物，可大大降低环境风险。

1.4.4　结语

　　源分离其实基于原生态文明习惯，是对粪尿返田的营养物朴素循环的现代诠释。源分离带来的生态环境效应作用明显，不仅可以最大限度遏制不可再生的磷资源的匮乏速度，还可节约水资源、有效抑制水污染状况。进言之，粪尿源分离于污水还能大大降低污水处理的程度，有效减少污水处理能耗并实现碳减排。

粪尿源分离后，原则上被稳定、灭菌后可以直接返田，用于农业再生产的肥料。在直接利用条件受限时，也可通过一些技术手段将粪尿资源化。对粪便的资源化处理以与其他有机生活废物厌氧共消化为主，可以将粪便中的有机物转化为能量物质——甲烷。对尿液的资源化处理则有多种方法，如研发中的硝化/蒸馏技术、电解方法、藻类吸收、太阳能浓缩、化学沉淀等，无外乎是直接或间接回收尿液中的氮和磷，使之用作固体或浓缩液体肥料，或通过藻类转化为能源。源分离其实是一种理念，并不存在技术上的太大难度。然而，一旦磷资源出现危机，人类将面临食物短缺的饥饿状态。到那时，人们又将开始遵守"肥水不流外人田"和"没有大粪臭，哪有五谷香"的古训。

1.5　磷回收技术

1.5.1　引言

磷元素是地球上非常重要、难以再生的非金属矿产资源之一(van Dijk et al., 2016)。磷广泛存在于动植物组织中，也是人体含量较多的元素之一，稍次于钙而位于第六位，约占人体总重的 1%；磷存在于人体所有细胞中，是维持骨骼和牙齿的必要物质，几乎参与所有生理上的化学反应；磷还是使心脏有规律地跳动、维持肾脏正常机能和传达神经刺激的重要物质；没有磷时，烟酸(又称维生素 B_3)不能被吸收；磷也是能量载体 ATP 及遗传信息载体 DNA 等的重要参与因子(赵玉芬等，2005)。

磷元素在地球上的移动为从陆地向海洋转移的直线式流动(郝晓地等，2011)。首先，磷元素从磷矿中被开采后，主要用于生产磷肥，用作农业化肥；然后，未被作物吸收的磷因雨水冲刷会形成地表径流，食物中未被人和动物吸收的磷也会随排泄物进入地表水体(无污水处理情况下)；最后，磷随地表径流沿河流逐渐远离陆地而流入海洋。除海鸟在海边岩石上排泄粪便及人类捕食海鲜以外，从陆地进入海洋中的磷在人类可看到的地质演变期内很难再回到陆地。所以，磷元素和煤、石油一样均属于不可再生资源(van Dijk et al., 2016)。

截至 2020 年 1 月，全球磷矿藏基础储量为 690 亿 t。以磷矿藏储量排序，我国虽居世界第二位(占比 5%；摩洛哥居世界第一位，占比 73%)(USGS, 2020)，但主要由开采成本高的三级磷矿($P_2O_5 \leqslant 25\%$，约占 60%)构成(van Dijk et al., 2016)。专家预计，磷肥需求量每年将以 2.5%～3%的速度递增(Gilbert, 2009)。按照这个速度消耗，我国的一、二级磷矿储备将只能维持约 35 年的时间(郝晓地等，2011)。

遏制磷的匮乏速度唯有从污水或动物粪尿中回收磷方有效，所以发掘"第二磷矿"的污水磷回收技术为当今世界污水处理技术研发的一个新热点(郝晓地和甘一萍，2003)。实现污水磷回收还意味着将防治水体富营养化与磷的可持续利用合二为一，具有一石二鸟的作用。本节综述污水磷回收技术国际动态，同时也介绍磷回收相应政策。

1.5.2 磷回收技术动态

1. 从市政污水中回收磷

在市政污水处理过程中，可以从污水处理流程中的几个环节中回收磷：①含磷水相，如厌氧池富磷上清液及污泥消化液；②含磷固相，如消化污泥或脱水后消化污泥；③焚烧灰分，如污泥焚烧后的灰烬。

从液相中回收磷，回收率为 40%～50%；从污泥或焚烧后的灰烬中回收磷，总回收率可达到 90%(Cornel et al., 2009)。污水处理过程中磷回收的最适宜点位如图 1.18 所示。

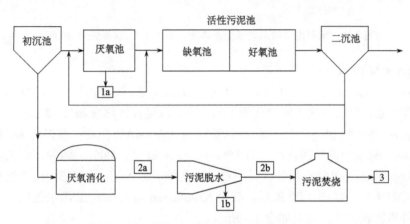

图 1.18　污水处理过程中磷回收最适宜点位(Desmidt et al., 2015)

1a 表示厌氧池富磷上清液侧流磷回收，回收后的厌氧上清液再回流至后续生物处理单元；1b 表示消化污泥脱水后的含磷液体；2a 表示消化污泥；2b 表示脱水后的消化污泥；3 表示污泥焚烧后的灰烬

2. 富磷上清液/污泥消化液磷回收技术

在生物除磷工艺的厌氧区(图 1.18 中 1a 位置)，聚磷菌(PAOs)往往可以释放出大量的 PO_4^{3-}，最高可达 50～60 mg P·L^{-1}(Cornel et al., 2009)。污泥厌氧消化液中的 PO_4^{3-} 浓度更是高达 75～300 mg P·L^{-1}(Çakır et al., 2013)。因此，从厌氧区富磷上清液或污泥消化液中回收磷的效果和实用性明显。

近年来从污水中回收磷的工艺有荷兰的 BCFS、Anphos、Crystalactor 和 Phospaq 工艺(Abma et al., 2010; Cornel et al., 2009; Lodder and Meulenkamp, 2011; van Loosdrecht et al., 1998)，德国的 NuReSys(Moerman et al., 2009)工艺和日本的 Phosnix(Ueno, 2004)工艺。

1) BCFS 工艺

BCFS 工艺研发于荷兰，结合了 Pasveer 氧化沟与 UCT 工艺的特点，以反硝化除磷菌(DPB)作用原理为设计依据，如图 1.19 所示。BCFS 工艺从厌氧区末端引出富磷上清液，以侧流方式进行磷回收。回收磷后的上清液再回到主流生物处理流程，接着完成生物脱氮除磷功能。BCFS 工艺的最大特点是将化学除磷宏量效果好与生物除磷微量效果佳的优点合二为一，即将磷回收与强化生物除磷有机结合，特别适合低碳源污水除磷、脱氮。

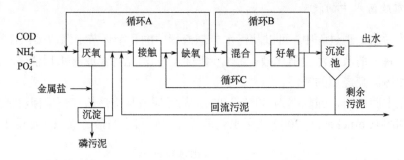

图 1.19　厌氧池富磷上清液侧流磷回收 BCFS 工艺(郝晓地, 2006)

2) Anphos 与 Phospaq 工艺

Anphos 与 Phospaq 工艺均以完全混合(CSTR)反应器回收污泥消化液中的磷为目的。第一步，首先通过曝气方式去除消化液中的 CO_2，以提升消化液 pH。第二步，向消化液中投加 MgO，并控制 pH 在 8.2~8.3，以获得鸟粪石(MAP)沉淀；获得的 MAP 结晶颗粒约 0.7 mm，总量约占总回收产物的 75%(Driessen et al., 2009)。两种回收工艺存在不同之处，Anphos 工艺单独将曝气设置在 CSTR 之外，而 Phospaq 工艺则将曝气与结晶反应同置于 CSTR 中，如图 1.20 所示。荷兰 Kruiningen 与 Olburgen 污水处理厂已经成功运行这两种磷回收工艺，效果如表 1.4 所示。

3) NuReSys 工艺

NuReSys 工艺为德国公司研发，采用 2 个反应器回收污泥厌氧消化液中的磷，如图 1.21 所示。与间歇运行的 Anphos 工艺不同，NuReSys 工艺为连续运行，且 NuReSys 工艺使用 $MgCl_2$ 作为镁源，并添加 29%的 NaOH。结晶槽(CSTR)配备了全自动控制系统，以保证 MAP 最优反应 pH(8~8.5)得以实现。控制系统还可以根据浓度调整搅拌强度，使 MAP 结晶不会被叶片打碎(Moerman et al., 2009)。NuReSys 工艺已经在德国 Harelbeke 污水处理厂投产运行，磷回收效果如表 1.4 所示。

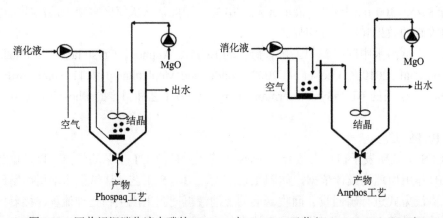

图 1.20　回收污泥消化液中磷的 Phospaq 与 Anphos 工艺(Driessen et al., 2009)

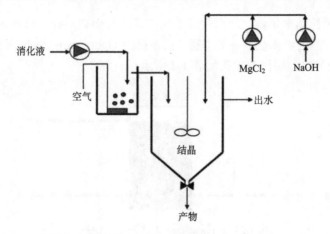

图 1.21　回收污泥消化液中磷的 NuReSys 工艺(Moerman et al., 2009)

4) Phosnix 工艺

Phosnix 工艺是日本公司研发的。Phosnix 工艺同样以厌氧污泥消化液作为对象回收 MAP，如图 1.22 所示。消化液从流化床反应器底部进入；$Mg(OH)_2$ 和 NaOH 以 1∶1 比例投入反应器，调节 pH 至 8.2～8.8；反应器从底部曝气，一则吹脱 CO_2，二来增强提升与搅拌作用。回收的 MAP 结晶颗粒大小在 0.5～1.0 mm，可通过离心机分离后作为肥料。被回收的 MAP 广泛用于水稻、蔬菜和花卉生产，可以改善水稻的口感(Ueno, 2004)。Phosnix 工艺已在日本福冈市西污水处理厂投产运行，磷回收效果如表 1.4 所示。

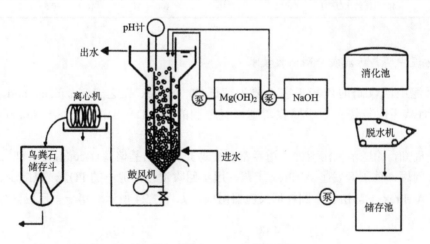

图 1.22　回收污泥消化液中磷的 Phosnix 工艺示意图(Ueno and Fuji, 2001)

5) Crystalactor 工艺

Crystalactor 反应器由荷兰公司所研发，是一种用于去除水中磷及金属离子的流化床结晶反应器，如图 1.23 所示。这一磷回收反应器的核心是在柱状反应器内填充适当数量的晶种，如砂粒或矿粒。富磷上清液由底进入反应器内，并在水流的作用下处于流化状态。通过投加化学试剂来调整 pH，使 PO_4^{3-} 在晶种上结晶析出。可以选择并控制最佳工艺条件，最大限度减少杂质析出，保证生成高纯度的磷酸钙$[Ca_3(PO_4)_2]$。随着$[Ca_3(PO_4)_2]$

结晶不断析出，颗粒越来越重，逐渐沉淀于反应器底部而被回收。该反应器起初并非应用于磷回收领域，但近年在业界备受重视，已在荷兰 Geestmerambachht 污水处理厂获得成功应用（Ueno, 2004），磷回收效果如表 1.4 所示。

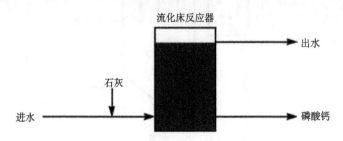

图 1.23 Crystalactor 工艺（吕斌, 1999）

表 1.4 富磷上清液与污泥消化液中磷回收效果

工艺	污水处理厂	所在国家	回收液流量 /(m³·d⁻¹)	液体磷含量 /(mg P·L⁻¹)	回收产物	回收量 /(t·d⁻¹)	回收率 /%
Anphos	Kruiningen	荷兰	4 800	58	MAP	2	80～90
Crystalactor	Geestmerambachht	荷兰	100～150	60～80	磷酸钙	0.55～0.82	70～80
Phospaq	Olburgen	荷兰	2 400～3 600	60～65	MAP	0.8～1.2	80
NuReSys	Harelbeke	德国	1 920～2 880	60～150	MAP	1.43	85
Phosnix	福冈市西污水处理厂	日本	650	100～110	MAP	0.5～0.55	90

3. 污泥中磷与污泥灰分磷回收技术

从污泥中回收磷的代表工艺主要为德国的 AirPrex 工艺（Heinzmann and Engel, 2006），而从污泥焚烧灰烬中回收磷则以奥地利的 AshDec 工艺为代表（Adam et al., 2008）。

众所周知，输送消化污泥的管道经常会被鸟粪石等结晶堵塞（Neethling et al., 2004）。针对这一问题，德国开发了 AirPrex 工艺，用于回收消化污泥里的 PO_4^{3-}，以减少管道结垢现象。AirPrex 工艺由 2 个圆柱形反应器组成，如图 1.24 所示。第一个反应器分内外

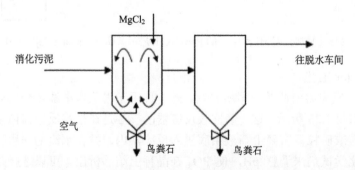

图 1.24 AirPrex 工艺（Heinzmann and Engel, 2006）

两层，消化污泥进入该反应器之后，投加适量的 $MgCl_2$，并在里层进行曝气，使其与污泥充分混合，以形成鸟粪石结晶并予以回收；随后污泥进入单层不曝气的第二个反应器，使较小粒径鸟粪石结晶、沉淀，以提高磷回收效率。AirPrex 工艺磷回收效果情况如表 1.5 所示。

AshDec 工艺主要可以分两步进行，如图 1.25 所示。第一步是焚烧污泥，以去除污泥中的有机污染物。第二步为热化学处理，往灰烬中加入 $MgCl_2$ 和 $CaCl_2$，并维持 1 000 ℃高温 20～30 min；在这一条件下，重金属（镉、铅、铜、锌）发生反应变为气态，从灰烬中挥发（Adam et al., 2008）；最后剩下的含磷灰烬可以直接用于磷肥生产。AshDec 工艺磷回收效果情况如表 1.5 所示。

表 1.5　从污泥与污泥焚烧灰烬中回收磷效果

工艺	污水处理厂	所在国家	回收污泥量/(t·d⁻¹)	污泥或污泥焚烧灰烬磷含量	回收产物	回收量/(t·d⁻¹)	回收率/%
AirPrex	Berlin	德国	150～250	150～250 (mg P·L⁻¹)	MAP	1～2.5	80～90
AshDec	Leoben	奥地利	7	0.046 (质量分数)	混合物	4.8	—

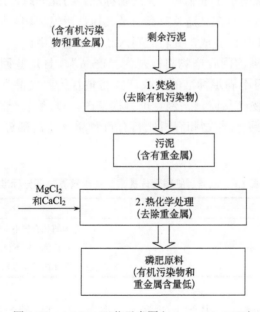

图 1.25　AshDec 工艺示意图（Adam et al., 2008）

4. 从牲畜粪尿中回收磷

近年来，除从市政污水中回收磷的技术以外，从牲畜粪便中回收磷的技术也得到了长足的发展。从牲畜粪尿中回收磷工艺以美国北卡罗来纳州猪粪尿磷回收工艺和荷兰

Putten 牛粪尿磷回收工艺为代表。目前这两种工艺均取得了良好的磷回收效益。

美国猪粪尿磷回收工艺首先对猪粪尿进行固、液分离，利用含磷量较高的废液进行磷回收。废液先进行消化，以去除可能干扰磷回收的碳酸氢根离子，然后再投加药剂回收 PO_4^{3-}。此项技术在美国北卡罗来纳州 10 家养猪场得到了较好运用，磷回收效率可达到 94%以上(Vanotti and Szogi, 2009)。

荷兰牛粪尿磷回收工艺先将收集的废液做脱氮处理，剩下的富 PO_4^{3-} 废液再投加 MgO，以 MAP 形式回收。在荷兰 Putten 养殖场，每天可以回收 125 kg MAP，磷回收效率达 95%(Vanotti et al., 2007)。

1.5.3　磷回收政策《肥料管理提案》

磷肥以磷矿石为原料生产，欧盟以前的化肥监管条例仅以磷矿石为对象；而从污水/污泥或动物粪尿中回收的磷用于生产化肥并不在此条例的监管范围内，这就导致回收的磷不能够在欧盟各成员国之间流通，也无法被有效利用，结果造成对这种回收的二级原材料的浪费(EC, 2016a)。目前，欧盟只有 5%生物废料(污水/污泥或动物粪尿)实现磷回收，如果有更多生物废料实施磷回收，这将可以替代 30%磷肥，欧盟每年因此对 PO_4^{3-} 的进口量可以减少 600 万 t(EC, 2016a)。

2016 年欧盟提出了《肥料管理提案》(草案)，于 2018 年正式实施(ESPP, 2016a)。按发布的草案，欧盟又制定了堆肥和消化产物标准。与此同时，还启动了以欧盟联合研究中心为首的研究项目，旨在制定从鸟粪石及其他从污泥焚烧灰烬中回收营养物质的标准、规范，并计划在 1 年内完成，并将此写入新的法规之中。

满足管理条例标准的回收产物将被视为"产品"，且这些回收产物将被允许在欧盟各国流通和贸易，但不满足标准的回收产物将被视为"废品"，禁止流通。同时《废物框架指令》和《动物产品监管条例》也将被修改，以满足《肥料管理提案》的相关标准。标准、规范中关于营养物和有机肥料有毒物质含量的部分内容见表 1.6 和表 1.7 (ESPP, 2016a)。

表 1.6　欧盟《肥料管理提案》关于营养物部分标准

分类	标准
有机肥料	有机化合物不少于 15%
有机矿物肥料	有机化合物不少于 7.5%
无机肥料	氮含量不少于 10%或磷含量不少于 12%(P_2O_5)

有了统一的标准和规范，从污水/污泥或动物粪尿中回收磷的品质便可以得到保证，产品可以放心使用，经销商也可以从中获利(Moerman et al., 2009)。这样从污水处理厂到餐桌之磷的人工循环将有效建立，其作用类似于粪尿返田的原生态文明(郝晓地和张健, 2015)。

表 1.7 欧盟《肥料管理提案》关于有机肥料中有毒物质部分标准

分类	标准
隔 (Cd)	小于 1.5 mg·kg^{-1}
铬 (Cr)	小于 2 mg·kg^{-1}
汞 (Hg)	小于 1 mg·kg^{-1}
镍 (Ni)	小于 50 mg·kg^{-1}
铅 (Pb)	小于 120 mg·kg^{-1}
双缩脲 (Biuret)	小于 12 mg·kg^{-1}
沙门氏菌	在 25 g 样品中不得检出
大肠杆菌	小于 1 000 CFU·g^{-1}

1.5.4 结论

由上述综述可以得出以下结论。

面对已经出现的磷危机现象,以欧盟为主的先导国家已开发出很多从污水/污泥或动物粪尿中回收磷的工艺并用于工程实际。这些磷回收工艺着手于污水、污泥处理过程中的富磷液相环节,主要集中于生物除磷工艺的厌氧区污泥上清液和消化污泥分离液。同时,动物粪尿及养殖废水也是富磷之地,可采用类似污水/污泥磷回收方法予以回收。

磷回收技术与设备并不复杂,容易工程实施,难的是磷回收产物需要有政策和标准支持方能获得二次再生利用。在此方面,欧盟制定了新的专门针对从污水/污泥或动物粪尿中回收磷的《肥料管理提案》,为磷回收制定统一标准,使回收产物既有保障,又有出路。

1.6 磷回收欧洲政策与实践

1.6.1 引言

为了有效解决磷危机,从污水及动物粪便中回收磷并再利用无疑是最为有效的手段。时至今日,国内外科研机构已经研究开发了数十种磷回收工艺,并已取得较好的磷回收效果,磷回收率均可达 90%(Desmidt et al., 2015)。从技术层面来看,磷回收已经不再是什么限制应用的难题。目前,磷回收与再利用的阻力其实是很多国家和地区缺乏有效的政策支持和法律规定,使得诸多磷回收研发工艺成熟后往往被束之高阁,并没有太多实际应用。在此方面,欧盟及其成员国做得较好,率先颁布了各种法规、政策及项目计划,有效推动了磷回收与再利用的实施(Hukari et al., 2015)。欧盟出台的磷回收政策中既有欧盟层面的指南,也有国家层面的法律和计划。欧洲许多国家在政策、法规引导下已开始实施各类磷回收项目,并建立了磷回收协作信息平台。欧盟及其成员国为磷回收所制定的政策、法规及成立的专业组织正对磷回收产业起着积极的推动作用。本节介绍欧盟及主要欧洲国家颁布的磷回收与再利用政策、法规及其相关计划、专业组织,以供国内有关管理部门参考。

1.6.2　欧盟磷回收指南

早在 1991 年，欧盟就出台了旨在控制污水、畜禽粪便排放和化肥过度使用的《硝酸盐指南》，重点控制硝酸盐水污染现象。2000 年欧盟又出台了着重于流域综合治理的《水框架指南》，开始着手控制因磷污染引起的水体富营养化现象。2003 年欧盟接着出台了旧版《化肥管理条例》，开始统一和规范无机化肥制造与销售标准，但仍未涉及磷回收产物的再利用问题。2016 年底，新版《化肥管理条例》正式发布，把污水处理厂回收的鸟粪石等磷酸盐产物作为化肥生产的原料，并对此类磷肥形成标准规范。欧盟从开始时不重视磷，到将磷作为重点污染因子实施防治，再到把磷作为营养物予以回收并利用，其实反映的是政府部门认识上的转变。

1. 《硝酸盐指南》与《水框架指南》

1991 年出台《硝酸盐指南》主要目的是控制欧盟范围内地下水污染，主要涉及 3 项内容：①对硝酸盐污染区域予以确认；②欧盟成员国需针对硝酸盐污染区制定可行的控制计划；③农业施肥方式的选择(邓小云，2012；吴雨华，2011)。欧盟成员国需要制定相关准则和政策，以此来推动农民在农业生产中对资源、环境进行保护并建立一定的机制；同时，全力支持农民在生产过程中加以应用。

2000 年出台的《水框架指南》注重地表水—地下水—湿地—近海水体一体化管理和水量—水质—水生态系统一体化管理，这成为欧盟水管理与水立法的一个重要里程碑(石秋池，2005)。该指南将氮、磷等营养物列为主要污染物，给予了严格控制。

2. 旧版《化肥管理条例》

2003 年欧盟出台了旧版《化肥管理条例》，该条例要求每个成员国必须对化肥中的氮、磷等营养物的组分、化肥通用名称、甚至化肥包装都施以强制性规定。对化肥中的有毒物质含量也必须限定固定标准，特别是对镉等重金属含量标准的制定非常严格。化肥制造商如果违反以上规定，最高将被处以 10 倍于化肥价格的罚款(EC, 2003a)。

旧版《化肥管理条例》已开始对化肥中的磷等营养元素含量有了明文规定，但主要针对以磷矿石为原料的无机化肥，并未涉及回收磷制取磷肥。

3. 新版《化肥管理条例》

《硝酸盐指南》未涉及磷，《水框架指南》则将磷视为污染物加以严格控制，旧版《化肥管理条例》将磷作为重要营养元素，规定了其在化肥中的含量。将污染物控制与营养元素再利用有机结合便催生了新版《化肥管理条例》。欧盟先后出台的这四大指南、条例的管理作用与顺序及关系如图 1.26 所示。

新版《化肥管理条例》正式提出了以回收磷制取磷肥的标准。满足管理条例标准的回收产物将被视为"产品"，且这些回收产品将被允许在欧盟各国流通和贸易。不能满足条例标准的回收产物将被视为"废品"，禁止流通。目前欧盟只有约 5%的污水/污泥或动物粪尿实现了磷回收。新版《化肥管理条例》实施后，将替代 30%的传统磷肥原料(磷矿石)，欧盟每年的磷矿石进口量可以减少 600 万 t PO_4^{3-}(EC, 2016a)。与此同时，欧盟还将磷酸盐列为 20 种关键原料之一，并将其范畴从单一的化工行业延伸到水处理、食品和农业等行业予以全方位循环利用(ESPP, 2017)。新版《化肥管理条例》开启了从污水处理厂乃至餐桌上磷的人工循环，其作用与粪尿返田的原生态文明殊途同归(郝晓地和张健, 2015)。

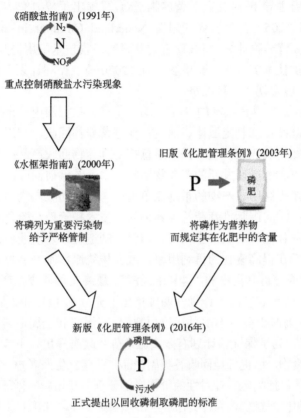

图 1.26　欧盟营养物控制四大指南、条例之间的相互关系

1.6.3　各国政策

在欧盟指南出台的同时，欧盟各成员国及欧盟外国家(如瑞士)也不忘制定各国磷的具体回收计划和相关政策，并付诸实施。其中既有一直引领世界水处理潮流的荷兰、瑞士等国，又有紧随其后的英国、法国、德国，更有齐心协力的北欧诸国。虽然欧洲各国磷回收政策和计划不尽相同，但大多围绕着磷回收和再利用这一中心内容展开。

1. 引领潮流的荷兰、瑞士

荷兰作为污水处理行业的全球领跑者，在磷回收理念与技术研发方面一直遥遥领先，其国家层面推动技术应用的政策、计划值得借鉴。瑞士作为世界上最发达和生态保护最好的国家，其磷回收计划已全面开始实施，令各欧盟成员国都望尘莫及。

1) 荷兰——国内行动,国际借鉴

2008 年,荷兰水研究基金(STOWA)已勾勒出未来污水处理厂 NEWs 框架,即未来污水处理厂将是营养物、能源与再生水的制造工厂(郝晓地等,2014h)。在这个框架中,营养物回收首当其冲,受重视程度空前。许多荷兰污水处理厂开始大规模应用磷回收工艺。同时,在荷兰政府主导下,依托荷兰营养物平台,又提出了"2018 营养物计划"(Ambitie Nutriënten 2018)和"2050 荷兰循环计划"(Nederland Circulair in 2050)(Jksma, 2016; NPNL, 2016)。"2018 营养物计划"将其现有的营养物回收技术应用提升到一个新的水平,并可向其他国家提供技术支持和经验借鉴。而"2050 荷兰循环计划"目标则更宏伟,计划 2050 年在荷兰全境实现"循环经济"。

"2018 营养物计划"具体实施的 7 项行动:①充分挖掘国内外市场,为市场提供最适宜的营养物回收产品;②制定法律、法规,促进营养物回收、利用,利用水务局等非政府组织普及相关知识和政策,说服民众愿意接受营养物回收产品;③成立相关基金,支持各类试点项目;④继续研发新的营养物回收技术;⑤调研回收产物生产化肥的社会公认度,并制定对策提高回收产物的市场竞争力;⑥建立回收产物的认证系统,设计相关肥料的绿色标志;⑦向国际推荐荷兰营养物回收技术和管理经验(NPNL, 2016)。

"2050 荷兰循环计划"着眼于生物质、塑料、制造业、建筑业和消费者五大领域的优化改革。该计划旨在提高废物的再利用率,改变传统原料制产品再到废物的"线性经济",实行提高原料成分再利用率的"再利用经济",最终实现零废物产生的"循环经济"。其中生物质再利用又首当其冲,"计划"明确指出要充分利用生物质中的营养物和能源,该计划将在 2030 年前减少荷兰 50%的矿物原料、化石燃料和金属原料的使用,并在 2050 年实现"循环经济"。为了保证该计划有效实施,荷兰政府提出以下 5 点具体措施:①立法保障,包括定义废物,以更好地回收各类副产品,并建立生产者担责、政府执法调查等制度;②市场激励,包括制定有针对性的价格激励计划,开拓新的循环经济模式等;③融资补助,分为政府和民间融资,为各类循环经济项目提供资金来源;④技术共享,促进循环经济网络中各部门、机构之间的技术、信息开放交流与共享;⑤国际合作,打造适宜的国际合作环境,包括法律环境和市场环境(NPNL, 2016)。

2) 瑞士——建立磷元素封闭循环系统

近年磷回收在瑞士变得越来越受国家重视。瑞士是欧洲第一个强制从污水/污泥、动物粪尿、动物骨粉中回收磷的国家,并于 2016 年 1 月 1 日起开始实施(Schenk, 2016)。其目的是在瑞士建立一个磷元素封闭循环系统,即从农业中以作物形式收获的磷,最终在使用后(形成污水/污泥、动物粪尿、动物骨粉等)均要进行磷回收,并以此作为磷肥的生产原料,使之再次进入土地,用作作物肥料。计算表明,瑞士全面实施磷回收后,此种方式完全可以取代其所依赖的磷矿石进口(Schenk, 2016)。

苏黎世州超前制定出自己的磷回收目标和方案。早在 2007 年,苏黎世州就通过了一项决议,认为磷回收是可行的。因此,该州制定了磷肥产业的转型计划,旨在最大化实现磷回收,并要达到以下目标:①保护现有矿产资源;②注重生态和资源使用效率;③污水和污泥的安全处置;④保护环境和生态多样性。

为此,苏黎世州对各类磷回收方法进行了一系列可行性研究,认为从污泥焚烧灰烬中回收磷是该州最适宜的磷回收方法。因此，该州建立以污泥焚烧灰烬为主要原料的磷回收系统，磷回收率可达到75%以上(Egle et al., 2016)。苏黎世州政府已经于2015开始行动，预计在8年内将合并其境内的小型污水处理设施，以便实施污泥处置和磷回收计划。该计划在实施初期将污泥焚烧灰烬分两部分处理，一部分直接用于磷肥生产，另一部分则暂时储存，待磷肥生产系统改进后再行利用，以省去中间储存环节，降低生产成本。

2. 英、法、德三驾马车

英国、法国、德国三国作为欧洲三巨头，在磷回收方面自然不甘落后，也纷纷推出各自磷回收政策和计划，并付诸实施，其阵势一点也不输上述荷兰、瑞士两国。

1) 英国——政策扶持与法律监管并行

磷是英国水环境污染的关键因子。同时，英国磷肥生产原料基本依赖磷矿石进口(ESPP, 2014a; Walker, 2015)。为此，英国环境保护局与各利益相关者协作，计划采取一系列措施(污水中回收磷、以堆肥等有机肥料替代矿物生产化肥等)，以最大化减少化肥的使用量(Gulland, 2015)。早在2012年，英国环境保护部就开始着手制定条例用以控制肥料使用和管理氮、磷等营养物，并根据英国国情对肥料的生产使用提出了3点原则：①避免污染水源；②保护环境和节约资源；③改进或提出新的肥料标准(EA, 2013)。依此3点原则，英国提出了许多磷回收与再利用计划。

在英国诸多磷回收和再利用计划中，以"零废物苏格兰"计划(Zero Waste Scotland)最具有代表性。"零废物苏格兰"计划由苏格兰当地政府主导，并与企业合作，旨在推动废物循环利用；在已确定的12种关键循环物中，磷排列首位(Walker, 2015)。磷循环利用是该计划的重点，苏格兰政府与高地和岛屿企业组织、创新英国等组织合作推出创新基金，并组织了奖金额高达80万英镑的技术大奖赛，旨在鼓励中小企业进军循环经济领域。

在积极扶持废物循环利用的同时，苏格兰政府也不忘推出强有力的措施，以保证"零废物苏格兰"计划有序进行。自2016年1月1日起，苏格兰当地已全面禁止餐厨垃圾随意排放，任何非农业组织和企业将餐厨垃圾直接排入下水道将被视为违法行为(RES, 2015)。苏格兰目前约有130万家庭餐厨垃圾被收集后用于厌氧消化(产甲烷并回收污泥中的磷)或制造堆肥(有机质及营养物同时利用)，让农民放心使用堆肥等回收肥料，最终实现"零废物苏格兰"计划(Rogers, 2016)。

2) 法国——建立磷回收网络系统

2014年，在法国布里塔尼亚首府——雷恩召开的法国"磷大会"提出，要在法国建立一个磷的网络系统，以促进磷的可持续利用。首先要评估磷回收给法国带来的直接利益，再借鉴欧洲可持续平台和肥料与环境管理系统等组织，最后在法国建立有关磷的信息网络系统。该网络系统的建立借鉴了荷兰、英国等国的相关经验，其不仅提供资源共享，还以促成国内外合作项目为目标(ESPP, 2014b)。法国磷回收网络系统除借鉴荷兰等国的经验以外，也参照了本国已有肥料与环境管理系统，活学活用，可有效促进法国磷回收有序进行。

与此同时，法国工业联合会表示，法国工业领域有兴趣将生物质废料(污泥、污泥焚烧灰烬及鸟粪石等)作为工业生产的原材料，并且将尽快在法国提出可回收利用的生物质废料清单(ESPP, 2014c)。法国工业联合会的表态为法国磷回收项目打消了销路顾虑，将进一步促进法国的磷回收产业。

3) 德国——磷回收法律框架

德国在磷回收研究领域也处于国际领先地位，尤其是近年来在大规模工业化工程项目实施过程中累积了许多实践经验。德国磷回收不但考虑了生态环保及经济因素，还制定了相应的法律框架和技术规范。

在目前的法律框架条件下，2022 年前德国将会建设大量工业化规模的磷回收装置。随着德国新版市政污泥规范出台，德国环保部明确要求，需要从含有营养物的市政污泥中进行磷回收。在这一管理框架下，德国《循环经济法》自 2012 年已开始生效，德国资源利用项目也于 2012 年 2 月 12 日开始实施(高颖, 2015)。

德国资源利用项目的目的是促进可持续开采和利用自然资源，同时尽可能降低环境污染的风险。在这一背景下，德国政府已开始执行以下计划：①对不存在污染问题的剩余污泥，应加强农用和土壤利用的力度，使污泥中磷元素重新返回人与土地之间的循环利用圈；②促进从污泥中进行磷回收的研究和工业开发利用项目；③提高回收磷在传统磷肥生产中的应用比例；④将市政污水处理厂除磷工艺升级改造为能够为磷肥工业提供磷源的生产工艺；⑤在污泥热处理、处置情况下，尽可能对污泥进行单独污泥焚烧工艺(卢志等, 2007)，以充分利用污泥中的磷；⑥对单独污泥焚烧后的灰烬也可单独填埋，以便于今后将其重新取出后进行磷回收、利用；⑦相对于进口磷矿石来说，德国在 2020 年之前将磷回收量提高至磷矿石进口总量的 50%(高颖, 2015)。

2016 年 9 月 26 日，德国环境部又出台了《污泥条例改革修正案》(草案)，于 2017 年 1 月将其提交给德国内阁裁定。该修正案的首要目标是回收污泥中磷等有再利用价值的成分，同时也限制了污泥传统土地直接利用方式继续使用，以减少土壤重金属等污染现象(FME, 2016)。

3. 齐心协力的北欧诸国

北欧国家经济水平居世界前列，环境保护也名列前茅，磷回收更是其环保事业的重要环节。北欧各国的磷回收计划不仅各具特色，还不忘资源共享和互相帮助。2016 年 10 月，各相关方在丹麦召开了北欧部长级会议，旨在使北欧国家更有效地共享磷回收相关技术及经验；同时，从循环经济视角来促进北欧乃至整个欧盟磷回收产业的发展(WRND, 2016)。

1) 丹麦——磷回收行业延伸

与其他欧洲国家不同，丹麦污泥处置方式以堆肥为主，经过巴氏消毒法处理后的堆肥在丹麦可以直接被作为肥料使用。但丹麦对堆肥质量和使用限度有严格要求，政府规定堆肥中的病原体数量应小于 100 个每克，使用上限为 $7 \text{ t} \cdot (\text{hm}^2 \cdot \text{a})^{-1}$。目前，丹麦市政污泥约有 50%直接用于农业生产，另外 50%以焚烧处理为主，焚烧灰烬大多也被用于磷回收。因此，丹麦有效控制了 85%以上的磷污染(Rein et al., 2015)。相对于其他国家，丹麦磷回收目标似乎已经完成。但是，丹麦并不满足于此成就；作为欧洲最大的渔业国，丹麦已开始着手实现其水产养殖业的磷循环。

为实现可持续水产养殖，丹麦已开发了被认为是最具有可持续性的完全再循环养殖系统（FREA）：这是一个基于水资源和营养物再利用和水体污染控制的封闭系统，主要由鱼苗池、成鱼池、水循环系统、生物过滤系统、沉淀池、排水系统、曝气系统和进料系统组成。封闭系统可以实现水资源和磷的内部"小循环"，该系统与传统做法相比，不但减少到约 1/100 的用水量，还可以回收 90%以上的磷；除系统渗漏部分以外，系统内的磷基本可以完全回收（Rein et al., 2015）。

2）芬兰——部门协作与信息共享

芬兰正致力于成为营养物循环利用的典范国家。通过营养物有效回收以改善水质，加强粮食安全生产并创造新的商机。目前，芬兰政府已经启动了一个循环经济的重点项目，目标是在 2025 年之前减少 50 %以上的粪尿及市政污水排放量（DMAF, 2016）。

为了达到目标，政府部门采取了以下措施：①为相关营养物回收项目提供资金支持；②促进磷和营养物回收信息的网络资源共享；③向基层操作人员提供技术支持；④收集最新科研成果；⑤确定磷和营养物回收过程中的瓶颈问题。

投资 1 200 万欧元，为期 3 年的试点工作已于 2016 年 6 月 16 日在芬兰南博滕区正式启动，将为随后全国性营养物回收计划提供实践经验。

3）瑞典——与时俱进并完善政策

早在 2002 年，瑞典环境保护局就发布了一个磷回收目标建议，目标是在 2015 年将来自污水中的磷回收与再利用率提高到 60%，这使得瑞典成为最早制定磷回收目标的国家之一。这项建议指出，至少 30%的回收磷需被作为肥料用于耕地施肥，剩余的将用于其他生产性用地（Haile, 2015）。但由于之后没有相关的法规监督约束，以及"其他生产性用地"的定义模糊不清，这个目标建议很难有效执行。

于是，2012 年瑞典政府委托瑞典环保局发布了一个新版磷回收目标建议，瑞典环保局于 2013 年 9 月公布了这份新的目标建议。该目标建议在 2018 年前至少回收废物中 40%的磷，并将其回归于耕地。与此同时，还提出了针对污泥的较为严格的指标，主要是限制重金属和有毒物质的含量，以鼓励污泥农用。污泥农用分为两个阶段实施，污泥初期指标将于 2023 年完成，远期指标将于 2030 年完成（Haile, 2015）。相比于 2002 年的目标建议，新版磷回收目标更加具体，并且有了明确的指标，更具有可操作性。

4）挪威——挖掘磷源并制定计划

虽然目前挪威有关磷回收的正式政策还未出台，但是挪威环境部拟建立一个全国性计划，以提高磷的利用效率，并实施兼顾磷污染和水质控制的磷回收策略（Miljødirektoratet, 2015）。与此同时，制定新的化肥贸易条例，将回收磷制取的磷肥纳入管理范围，促进对污水、动物粪尿等有机废弃物的分类管理。并将与农业部门联合，建立一个跨部门的委员会，以发掘更多磷回收来源，更好地控制污染；分析磷回收的经济效益，开发磷回收项目，最终实现磷元素自给自足；建立良好的法律框架，创建挪威磷平台或类似论坛；激发科研团体和企业采用新技术，以提高资源利用率，推动相关产业的发展。

对此，2015 年挪威环境保护部发出了一份磷回收报告。报告指出，挪威最大的回收磷来源包括：动物粪尿 11 600 t P·a^{-1}，水产业 9 000 t P·a^{-1}，污水处理厂 3 000 t P·a^{-1}（ESPP，2016a）。报告还认为，挪威目前还缺乏足够的信息来制定具体磷回收目标。因此，挪威环保部从 2016 年 6 月开始调查从农业、水产业、污水中处理剩余污泥和其他来源回收磷的成本和效益。最后在 2016 年底为相关各行业制定一个磷回收战略。

1.6.4 磷回收计划项目与信息平台

在欧盟指南指引下，欧洲国家政府层面开始转变观念，相继出台各自的计划与政策，已开始具体实施各类磷回收计划。其中，在磷回收计划中，信息沟通与交流尤为重要，旨在唤起全社会共同努力，及时应对可能出现的磷危机困境。

1. 磷回收相关计划

欧盟在即将颁布新的《化肥管理条例》的同时，与成员国也一道推出了许多有关磷回收的计划与项目，表 1.8 列举了部分计划项目的主要内容和基本信息（EC, 2013, 2014a, 2014b, 2015a, 2015b, 2016c）。

表 1.8　欧盟部分磷回收与再利用项目计划

项目代号	基本信息	实施年限
P-REX	欧盟的第一个全方位磷回收与再利用技术评估计划。评估将考虑技术可操作性、经济效益和生态效益，并补充市场分析。分析结果会在国际研讨会上予以分享，以促进各地区磷回收项目的发展	2012～2016 年
FERTIPLUS	认定哪些城市和农场有机废物可以用来回收营养成分，旨在开发创新型策略和技术，以减少矿物肥料的使用，并刺激堆肥和生物炭肥料的生产与应用	2011～2015 年
REFERTIL	改善堆肥与生物炭处理系统，实现营养物高效利用，并实现营养物"零排放"	2011～2015 年
BIOECOSIM	改变不科学的农业生产方式和化肥使用方法，回收动物粪便中的营养物和能源	2011～2015 年
VALUEFROMURINE	开发从尿液中回收氮、磷等营养物或者利用尿液燃料电池回收能源的技术，并用于工农业生产	2012～2016 年
EFFICIENTHEAT	旨在开发一个综合并具有良好成本效益的方案，以减少猪粪尿排放量并回收营养物及控制污染和节约能源	2011～2013 年

表 1.8 列举的计划中的绝大多数项目资金由欧盟提供，欧盟投资占比约为 70%。同时民间资本也有融入，而且还专门成立了诸如欧洲农村投资支持基金等专项基金，以支持可持续发展并保护环境（RISE, 2016）。

2. 磷回收信息交流与共享平台

欧盟在出台磷回收相关法案和制定磷回收项目计划的同时，也十分注重磷回收相关信息的交流和共享，已建立了欧洲可持续磷平台、德国磷平台、荷兰营养物平台等诸多平台，以共享信息；其中一些磷回收平台还设有专门的平台网站。表 1.9 列举了一些欧洲磷回收平台网站及其基本信息 (de Buck, 2013; ESPP, 2015b, 2016b;UKNP, 2015)。

表 1.9   欧洲磷回收平台及其基本信息

平台及网站	基本信息
欧洲可持续磷平台 (http://phosphorusplatform.eu/)	该平台旨在促进欧洲磷的可持续利用。网站可以进行知识共享与传输,以分享磷回收与管理相关经验,并促进市场、使用者和管理者间的沟通与交流
荷兰营养物平台 (http://www.nutrientplatform.org/)	该平台是一个管理营养物的跨部门网络组织,汇总水处理、农业、垃圾处理和化工等行业的养分循环计划。平台联合政府与非政府机构,旨在创建一个可持续营养物管理系统和营养物回收市场的平台,尤其是荷兰营养物平台致力于将可能浪费的部分"流失磷"转化为具有市场价值的新产品,以实现环境保护和磷回收并举
德国磷平台 (http://www.deutsche-phosphor-plattform.de/)	该平台汇集了利益相关者与各管理部门业已取得的技术、信息和经验,以促进磷的可持续利用
英国营养物平台 (暂无网站)	建立该平台的目的是建立一个跨部门的营养物平台,将所有利益相关者联系起来,以实现营养物的可持续利用和维护环境安全

　　磷回收项目计划受益于欧盟指南及政府层面的政策引领,也是指南和政策的直接表达方式。同时,欧盟及各国信息平台则为各类磷回收项目提供信息并指引方向。欧盟指南、成员国政策、项目计划与信息平台之间的关系总结于图 1.27 中。

图 1.27   欧盟指南、成员国政策、项目计划与信息平台间的关系

1.6.5   结语

　　欧洲国家的经验表明,磷回收与再利用首先是认识和观念上的转变,其次是政府、组织相应政策引导和法律规范(如《化肥管理条例》),最后方能在共享信息指引下应用技术予以实施。

　　磷既是营养物,又是污染物。无节制、滥用磷矿生产农业生产中使用的化肥,一方面会使磷这种不可再生的资源逐渐枯竭，另一方面农业面源及城市点源又会导致地表水体富营养化现象加剧。因此，从各种渠道(污水/污泥、动物粪尿、动物骨粉、渔业、水产养殖业等)挖掘可再生磷源已成为欧洲各国的共识,欧盟及各成员国和瑞士并为此出台了一系列相关鼓励和扶持政策，甚至用法律形式加以固化，目的是推动磷回收技术的研发和应用。

荷兰和瑞士在磷回收行动方面走在了欧洲各国的前列，荷兰不仅早已启动磷回收研发技术储备，而且政府相关组织也规划了污水处理厂今后作为营养物回收工厂的蓝图。在农业生产方面，荷兰早已规定每年磷的投入量不得高于当年作物收成总含磷量，以此限制磷肥使用量。"2018营养物计划"和"2050荷兰循环计划"将会把荷兰营养物回收技术与应用提升到一个更高的水平。瑞士于2016年1月1日起开始实施的从污水/污泥、动物粪尿、动物骨粉中强制回收磷并建立磷元素封闭循环系统的举动必将成为其他国家今后效仿的典范。

英、法、德作为欧洲三驾马车，在磷回收方面也不甘落后，纷纷推出各自磷回收政策和计划，并已开始付诸实施，且取得了一定的实际效果。其中，苏格兰的零废物计划、法国的磷回收网络系统、德国的《污泥条例改革修正案》等将助推各自磷回收技术实施。

作为小国，北欧各国在磷回收行动方面并不甘示弱，齐心协力、资源共享，各种政策、法律相继出台，已将磷回收场合拓展至渔业及水产养殖业。

实施磷回收行动计划离不开各国建立的磷回收信息平台，通过平台不仅可及时了解政策、法律方面的文件，更重要的是还能及时捕捉市场信息及技术体系。这就为磷回收顺利实施奠定了政策/法律、技术和市场方面的信息保障，使磷回收得以无瓶颈进行，直至完成建立磷元素封闭循环系统的最高目标。

1.7　污水中蕴含潜能分析

1.7.1　引言

污水作为资源与能源的载体越来越受到人们的广泛关注，特别是在《巴黎协定》签署与实施之后，开发利用其中蕴含的化学能(COD)和热能(余温)则显得非常重要，这有助于污水处理实现"碳中和"运行。

众所周知,污水中的有机物实际上是一种含能物质,含有大量化学能(郝晓地, 2006)。与其将COD"以能消能"方式去除，不如尽可能将其转化为能源物质(如甲烷)加以利用，反哺污水处理厂运行，直至逼近碳中和运行目标(郝晓地等，2014b)。这样就可以大大减少对外部能源(化石燃料)的消耗，减少因发电而间接产生的碳(CO_2)排放。

城市生活过程向污水中输入大量热量使其往往较环境温度高(冬季)或低(夏季)。污水余温一般在30℃以下，但蕴含的热量却很大。污水余温废热约占城市总废热排放量的40%(朱爱平，2008)；且因四季温差变化不大、流量稳定而具有冬暖夏凉的特点。所以，污水余温比较适合通过水源热泵交换回收，是一种可以利用的清洁能源(丁晓妹和李向阳，2010)。

　　有关污水化学能与热能的计算显示，城市污水中所蕴含的潜能(化学能+热能)值可达污水处理能耗的 9～10 倍(Shizas and Bagley, 2004)。同时也有人指出，城市污水中的化学能约占总潜能值的 10%，而 90% 的污水潜能由热量产生(水进展, 2016)；美国原污水中废热和化学能含量约为 1 500 亿 kW·h，其中 80% 为废热，20% 为化学能(Kenway, 2017)。McCarty 等计算得到理论最大有机化学能为 1.93 kW·h·m^{-3}(COD=500 mg·L^{-1})，热能理论最大值为 7.0 kW·h·m^{-3}(Δt=6 ℃)(McCarty et al., 2011)；也有以单位 COD 计算得到的理论化学能为 17.8～28.7 kJ·(g COD)$^{-1}$(Heidrich et al., 2011)。然而这些被定量的污水潜能值在文献中很难找到具体的估算方法，对大多数人来说似乎还是一个比较模糊的估计值，仍属于"定性"范围。

　　为详细说明和计算污水潜能值，本书试图通过已建立的能量平衡与计算模型，分别计算污水中蕴含的化学能与热能含量，以诠释污水潜能的蕴藏量及可以回收利用的价值，让业内人士真正了解污水潜能的来源与丰量，对污水处理实现碳中和运行怀有信心。

1.7.2　污水潜能理论计算

1. 化学能计算

　　化学能评估大多基于生活污水所含有机物 COD 的值，以两种方式表征：①单位 COD 含能值[kJ·(g COD)$^{-1}$]；②单位水量(m^3)化学潜能值，并转化为电当量值来表征(kW·h·m^{-3})(Khiewwijit et al., 2015)。两种表征方法本质上一致，仅与进水参数(COD)相关。污水有机物最大理论化学潜能值是指污水所含 COD 全部提取(不含微生物分解)并转化为甲烷(CH$_4$)的能量值，且不考虑转化过程的实际能量损失。所含化学能可按 CH$_4$氧化计量方程计算，见式(1.5)。

$$CH_4 + 2O_2 \longrightarrow CO_2 + 2H_2O \tag{1.5}$$

　　根据相关热力学参数(Lide, 1999)，$\Delta_f H$ CH$_4$=−74.81 kJ·mol^{-1}，$\Delta_f H$ O$_2$=0 kJ·mol^{-1}，$\Delta_f H$ H$_2$O=285.83 kJ·mol^{-1}，$\Delta_f H$ CO$_2$= −393.51 kJ·mol^{-1}，可以得到反应燃烧热为 $\Delta_f H$= −890.5 kJ·mol^{-1}。根据式(1.5)可知，0.25 g CH$_4$ 被氧化需要消耗 1 g O$_2$；换句话说，1 g COD 可以产生 0.25 g CH$_4$，即单位 COD 含化学能 13.9 kJ·(g COD)$^{-1}$；这个理论值与 Shizas 和 Bagley(2004)的计算相近，与 Heidrich 等(2011)计算的 17.8～28.7 kJ·(g COD)$^{-1}$ 的差别在于其考虑了 COD 可转化为热值更高的甲酸、草酸、乙炔等。据此，COD=400 mg·L^{-1} 的污水每立方米理论最大化学潜能值为 1.54 kW·h·m^{-3}，与 McCarty 等(2011)的计算完全一致。

　　污水化学能显然取决于进水 COD 的浓度，不同 COD 浓度下每立方米污水所含理论最大化学潜能值计算结果如图 1.28 所示。

2. 热能计算

　　污水处理厂出水流量、水质一般较稳定，且水温变化不大，夏季在 20～24 ℃(低于空气环境温度)，冬季处于 10～15 ℃(高于空气环境温度)。因此，非常适合应用水源热泵工程。城市污水中所赋存的理论冷/热量可用式(1.6)计算(尹军等, 2010)：

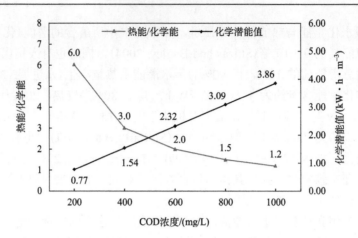

图 1.28　不同 COD 浓度下污水热能与化学能比值及每立方米污水所含化学潜能理论值

$$A=M \times \Delta t \times C \tag{1.6}$$

式中，A 为城市污水冷/热量，kJ；M 为污水质量，kg；Δt 为污水进出水源热泵机组温差，℃；C 为污水比热容，计算时取比热容 4.18 kJ·(kg·℃)$^{-1}$；污水密度为 1 000 kg·m^{-3}。

若取污水温差 Δt=4 ℃，则每立方米污水中所含理论热能值为 4.64 kW·h·m^{-3}，与 McCarty 等(2011)计算的 7.0 kW·h·m^{-3} 相近(Δt =6 ℃)。

3. 热能与化学能比值

化学能的多寡取决于进水 COD 浓度，而热能则相对固定。不同 COD 浓度下热能(温差 Δt=4 ℃)与化学能比值见图 1.28。其中，当 COD=400 mg·L^{-1} 时，热能与化学能的比值为 3.0。

1.7.3　污水处理厂潜能转换计算

上述计算显示，污水中所含理论总潜能值(COD=400 mg·L^{-1}；Δt=4 ℃)为 6.18 kW·h·m^{-3}，这与一些专家指出的污水中蕴含的潜能可达处理能耗(一般为 0.5~0.7 kW·h·m^{-3})的 9~10 倍一致。因此，一些学者误认为即使是单一的能量来源(化学能 1.54 kW·h·m^{-3} 或者热能 4.64 kW·h·m^{-3})也能完全满足碳中和运行需求。事实上，并非所有理论潜能都可以转化为可用电能，上述计算仅表征了污水理论潜能值，实际可获得化学能需以热电联产(cogeneration combined heat and power，CHP)方式进行转化计算；热能应以水源热泵转化利用，并以标准煤作为能量转化介质进行转化计算。

1. 化学能转化计算

不同污水处理工艺因运行工况和所需设备不同导致处理过程能耗及最终可回收的能量存在一定差异。本书以目前包括脱氮除磷在内而广泛使用的 A^2/O 工艺为蓝本，根据之前已构建的能量转化物料平衡(郝晓地等，2014b)，参考图 1.29 所示的流程编号建立计算公式。假设污泥厌氧消化产生的沼气以热电联产方式利用，并以此计算化学能转化值，主要计算公式列于表 1.10(郝晓地等，2014b；王福浩等，2012)中；其中，能量消耗定义为正，能量回收为负。

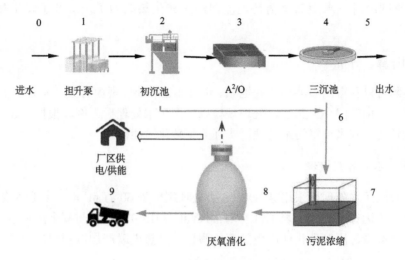

图 1.29　化学能转化模型参考工艺流程

表 1.10　化学能转化计算公式

项目	理论能量 消耗/回收/kJ	实际能量消耗/回收/kJ	备注
消化池 (加热)	$+c\rho Q_{7\text{-}8}$ $(35-T_0)\times10^{-3}$	$+I_1/\alpha$	c: 污泥比热容 ρ: 污泥密度 α: 系数(考虑池体散热和热交换效率) T_0: 污泥温度
热电联产	$-\dfrac{Q_{8\text{-}9}\cdot S_{\mathrm{m}}}{64}\times800\times1000$	$-I_2\eta_1\eta_2$	$Q_{8\text{-}9}$: 厌氧消化池进泥量，$\mathrm{m^3\cdot d^{-1}}$ S_{m}: 消化池中甲烷产量(以 COD 计) η_1: 消化池中 SCOD 实际降解率 η_2: 热电联产效率

2. 热能转化计算

水源热泵总供热量/制冷量可用式(1.7)计算：

$$A_{\mathrm{H/C}}=A\pm W \tag{1.7}$$

式中，$A_{\mathrm{H/C}}$ 为热泵总供热量/制冷量，kJ；下标 H、C 分别代表供热、制冷工况；W 为热泵所消耗电能对输出热能的贡献值。

根据相关研究(Chao et al., 2012; Meggers and Leibundgut, 2011)，W 可利用水源热泵供热/制冷系数 COP(表示输入 1 kW·h 电的热量，可以产生多少 kW·h 的热量，无因次)计算，即 $A：W：A_{\mathrm{H/C}}=$ COP $\pm 1：1：$ COP(供热时取 "–"，制冷时取 "+")；其中，COP 表征水源热泵消耗电能转化为热能的能力。式(1.7)中的 "±" 号选取根据不同目的而

异。冬季供热时，水源热泵消耗电能向污水转化热能，提高了输出热能值，所以取
"+"；夏季制冷时，水源热泵消耗电能向污水转化热能为负，降低了输出热能值，
所以取"–"。

1.7.4　案例计算、分析

污水实际可以获得的潜能与所处地域、选择工艺、处理规模有关。本书以北京为例，
选择目前广泛采用的 A^2/O 工艺，处理规模以大型污水处理厂为例，根据上述列出的化
学能、热能转化公式来计算污水处理厂实际能量转化潜能值。

1. 案例污水处理厂概况

北京某市政污水处理厂采用 A^2/O 工艺，处理规模为 60 万 $m^3 \cdot d^{-1}$。该厂全年平均进/
出水水质及相关运行参数列于表 1.11 中 (Hao et al., 2015b)。初沉与剩余污泥经过厌氧消
化稳定后脱水减量，厌氧消化池产生的沼气假设通过热电联产加以利用。

表 1.11　案例污水处理厂水质及运行参数

项目	进水	出水
COD/$(kg \cdot m^{-3})$	0.4	0.042
SCOD/$(kg \cdot m^{-3})$	0.312	0
TKN/$(kg \cdot m^{-3})$	0.037	0.005
NO$_3$-N/$(kg \cdot m^{-3})$	0	0.013
TP/$(kg \cdot m^{-3})$	0.005	0.001
外回流比/%	100	
内回流比/%	150	
曝气池 DO 浓度/$(kg \cdot m^{-3})$	0.002	
厌氧消化污泥停留时间/d	20	

2. 化学能转化计算

根据之前已经建立的物料平衡模型(郝晓地等, 2014b)，物料平衡计算中不考虑污泥
外回流和混合液内回流，忽略初沉池和二沉池排泥对水量的影响，并假定初沉池对 COD
的截留不影响后续脱氮除磷效果，也不考虑曝气池内 COD 的挥发损失，对案例厂进行
物料平衡计算，得出厌氧消化池中产生的甲烷量 S_m=23.64 kg COD·m^{-3}。

据此，再根据表 1.10 中相关计算公式，可对化学能转化进行计算，其中 c=4 200
$J(kg \cdot ℃)^{-1}$, ρ=1 020 kg·m^{-3}, α=0.8。案例厂厌氧消化池设计进泥量为 3 000 $m^3 \cdot d^{-1}$,
Q_{8-9}=Q_{7-8}=3 000 $m^3 \cdot d^{-1}$。因为消化池中的溶解性 COD(SCOD)并不能完全被降解(我国
SCOD 在消化池中的平均降解率为 0.6)(郝晓地等, 2014b)，厌氧消化产沼气热电联产效
率取 80%(Verstraete and Vlaeminck, 2011)，所以最后可得出案例厂化学能转化计算结果，
见表 1.12。

表 1.12　案例污水处理厂工艺化学能转化计算结果

项目	理论能耗/(kW·h)	实际能耗/(kW·h)
消化池加热	53 611	66 945
热电联产	−246 111	−118 056

表 1.12 计算结果显示，污泥厌氧消化产 CH_4 如果采用热电联产方式，所产生的能量远高于厌氧消化池加热所投入的能量，即污泥厌氧消化确实是一种能量转化并输出的必要单元。产生的净能量，也就是污水有机物在完成基本污染物去除功能(脱氮除磷兼 COD 去除)后所获得的实际化学能，可以抵消曝气、回流、消化池加热等环节的能量消耗，减少对外部能源的依赖。

3. **热能转化计算**

案例厂出水流量、水质均较为稳定；水温变化不大，夏季在 20～24 ℃(低于空气环境温度)，冬季处于 10～15 ℃(高于空气环境温度)。因此，非常适合应用水源热泵。利用式(1.6)，取用案例厂处理后的出水(60 万 m^3)，提取温差设定 $\Delta t=4$ ℃(尹军等, 2010)，则案例厂每天出水所含热量计算如下：

$$A=1\,000\ kg \cdot m^{-3} \times 60 \times 10^4\ m^3 \times 4\ ℃ \times 4.18\ kJ \cdot (kg \cdot ℃)^{-1}=10.03 \times 10^9\ kJ \tag{1.8}$$

根据式(1.7)和 COP 定义得到热泵实际供热量/制冷量的变形计算公式(1.9)：

$$A_{H/C实际}=A \pm W=A \pm \frac{A}{COP\mu_1} \tag{1.9}$$

计算中，分别取热泵机组供热 COP 为 3.5、制冷 COP 为 4.8，利用式(1.8)和式(1.9)及表 1.13 中的能源换算关系(郝晓地等, 2014a)，可计算系统每单位出水可获取的热/冷量、系统供热/制冷时机组实际能耗(胡谦, 2013)，计算结果见表 1.12。

表 1.14 显示，水源热泵系统在供热工况下，每消耗 494 211 kW·h 电量，可产生 1 556 544 kW·h 的电当量，热泵机组每天净产出电当量为 1 062 333 kW·h。在制冷工况下，每消耗 213 022 kW·h 电量，可产生 920 179 kW·h 电当量，热泵机组每天净产能电当量为 707 157 kW·h。可见，案例厂如果采用水源热泵系统，节能与能量回收效果会非常明显。

表 1.13　能源换算关系

能源	关联系数	
	能量转换系数	煤耗/(kg·MJ^{-1})
煤炭	33.85 MJ·kg^{-1}	—
电能	3.6 MJ·(kW·h)$^{-1}$	0.074

表 1.14　水源热泵系统利用案例厂单位出水可产生的当量电量

用途	可获取热/冷量/kJ	电当量/(kW·h)	机组能耗/(kW·h)	净产能电当量/(kW·h)
供热	14.04×10^9	1 556 544	494 211	1 062 333
制冷	8.3×10^9	920 179	213 022	707 157

综上所述，将水源热泵系统从污水中获取的热能与污泥厌氧消化产 CH_4 后热电联产转化的化学能相比，热能显著高于化学能；供热时热能与化学能的比值为 1 062 333/118 056≈9.0，制冷时热能与化学能的比值为 707 157/118 056≈6.0。

4. 潜能评价与碳中和运行

为评价污水可获潜能与污水处理碳中和运行的可行性，将上述案例厂每天经转化可获得的潜能值与实际运行耗能(郝晓地等，2014b)进行比较，数据列于表 1.15 中，其中输入为正，输出为负。

表 1.15　案例厂能耗及可获化学能

电当量	耗/产能单元			
	提升/回流泵	鼓风机	消化池加热	热电联产
电当量/(kW·h)	40 833	114 167	66 945	−118 056

表 1.15 显示，案例厂实际运行时每天总能耗为 221 945 kW·h。这表明，经热电联产产生的化学能只能满足该厂曝气、回流、厌氧池加热等主要耗能单元的 53.2%，并不能涵盖全部运行能耗。但是，如果用水源热泵弥补 46.8%碳中和运行能量赤字，每天只需使用 5.9 万 m^3(供热时)和 8.8 万 m^3(制冷时)的出水，仅相当于 60 万 $m^3 \cdot d^{-1}$ 处理水量的 9.8%和 14.7%，也就是说，只需利用不足 15%的出水热量即可弥补化学能在实现碳中和运行时的能量赤字。可见污水余温所含能量之巨大，85%的热/冷能可供厂外周边供热/制冷用户使用。

案例厂实际运行能耗为 0.37 kW·h·m^{-3}；热电联产转化的化学能为 0.20 kW·h·m^{-3}；供热/制冷时(全部出水)热能电当量分别为 1.77 kW·h·m^{-3} 和 1.18 kW·h·m^{-3}。电当量折算表明，供热时化学能与热能潜能值合计为 1.97 kW·h·m^{-3}，制冷时合计为 1.38 kW·h·m^{-3}。

1.7.5　结语

污水有机物化学能与余温热能计算表明，污水中确实蕴含着巨大的潜在能量。虽然污水所含化学能、热能理论值前者小于后者，但相差倍数不大，取决于进水 COD 浓度。如果进水 COD=400 mg·L^{-1}，与获取 4 ℃余温差热量相比，热能约为化学能的 3.0 倍。

然而，有机物化学能在实际能量转化过程中有相当一部分不能被回收(如 COD 氧化分解至 CO_2 部分，即分解)或散失(受限于能量转化效率)。实际案例计算表明，以水源热泵转化同样温差(4 ℃)热能实际可获取的热/冷量分别是污泥厌氧消化产 CH_4 后热电联产可获得化学能的 9.0 倍(供热)和 6.0 倍(制冷)，即供热时污水热能与化学能所占污水总潜能的比例大约为 90%和 10%，与国际专家声称值(90%和 10%)完全一致。

污水潜能折算电当量后显示，热电联产转化的化学能电当量为 0.20 kW·h·m^{-3}，而供热/制冷时(全部出水)电当量分别为 1.77 kW·h·m^{-3} 和 1.18 kW·h·m^{-3}。电当量折算表明，供热时化学能与热能潜能值合计 1.97 kW·h·m^{-3}，制冷时合计 1.38 kW·h·m^{-3}。

案例厂实际运行能耗为 0.37 kW·h·m^{-3}，上述经转化后可获得的有机物化学能(0.20 kW·h·m^{-3})仅能满足碳中和运行能量需求的 53.2%。碳中和赤字能量(46.8%)利用不足 15%（供热 9.8%/制冷 14.7%）的出水量中的热能即可获得满足。

污水潜能计算结果预示着我国污水处理行业若要实现碳中和运行，仅靠有机物化学能是远远不够的，必须考虑利用其潜在、巨大的污水余温热能。诚然污水热能是一种低品位能量，不可能用于发电，只能直接、近距离热/冷量利用。这就需要市政热力规划进行全盘考虑，将污水处理厂大部分热能提取而供出厂外，用以交换自身碳中和运行赤字电量。

1.8　污水余温利用技术与现状

1.8.1　引言

生活过程因热量输入致排放污水出口温度（平均为 27 ℃）比自来水温度高出 2～17 ℃（Dürrenmatt and Wanner, 2014; Hepbasli et al., 2014; Hofman et al., 2011; Felix, 2008）。这意味着，污水余温所含热能较多，约占城市废热排放总量的 15%～40%（Felix, 2008; Hofman et al., 2011）。城市污水四季温差变化不大、流量稳定，具有冬暖夏凉的特点，可以成为居家、楼宇空调的冷、热交换源，并以日趋成熟的水源热泵技术予以实现，不仅可以在市政污水处理厂实现集中交换，也可以居家分散方式交换提取。

然而从污水余温热能中提取的热量属于低品位能源（40～70 ℃），难以用于发电，只能被直接利用，且热量有效输送半径仅为 3～5 km（Alekseiko et al., 2014; Fiore et al., 2014; Hofman et al., 2011; Zhang et al., 2010）。这就决定了污水源热泵技术有限的应用距离只能在污水处理厂内或周边用户中加以利用，或直接在居家水平原位利用。事实上，污水源热泵 COP（能效比）（3.5～4.6）要比空气源热泵（COP=2.8～3.4）和地源热泵（COP=3.3～3.8）高（Shen et al., 2018; Çakır et al., 2013; Hofman et al., 2011; Zhang et al., 2010），这意味着交换同等热量比其他两种热源方式更省电。正因为如此，国外对污水源热泵利用的兴趣方兴未艾。

西方国家对污水源热泵的利用始于 20 世纪 70 年代。目前，仅北美洲和欧洲，每天便有超过 3.3 亿 $m^3 \cdot d^{-1}$ 的污水用于供热和热水加热，可节省 15 亿 $GW \cdot d^{-1}$ 天然气消耗量（ShARC Energy, 2018）。世界范围内现有至少 500 个污水源热泵应用实例，热功率为 10～20 000 kW（Zogg, 2008）。欧洲、北美洲及日本在污水源热泵技术方面走在了世界前列。本书介绍这些国家在污水热能利用及污水源热泵技术方面的现状与进展，详述相关国家在污水热能利用方面的扶持政策及相应的经济补贴。针对中国污水源热泵有限利用现状，结合中国污水处理厂多位于城乡接合部且周边住宅较少的特点，建议热能用于周边农业大棚供热，或根据剩余污泥处理、处置发展未来趋势，提出污水热能原位用于污泥干化的技术构思。

1.8.2　污水热能利用国际现状

在化石燃料日渐稀缺与气候变化双重压力之下，可再生能源利用日渐获得青睐。其中污水余温热能唾手可得，水源热泵热交换技术已日趋完善，且已在一些发达国家中普遍获得应用，可以在一定范围内满足居民供热、制冷需要，甚至出现了以居家原位利用的分散利用方式。

1. 集中利用

欧洲研究者很早便发现，污水处理厂出水比原污水具有更高的潜热值（Felix, 2008），通过水源热泵系统提取热能也相对容易。况且污水处理后在出水口利用热能对冬季污水处理运行没有任何性能影响。污水热能在污水处理厂内用作供热、制冷，显然热量利用空间有限，而向污水处理厂周边辐射则是欧洲国家对污水热能利用的主要方向，表 1.16 列举了欧洲部分集中利用工程案例。

瑞士和瑞典早在 20 世纪七八十年代便建成超过 50 个污水处理厂余温热能利用工程，不仅满足厂内利用，还兼顾周边民宅供热、制冷需要。为此，瑞士设计了电子多步热泵功率控制系统和低温区域管网输送系统，成为当时的领先技术（Zogg, 2008）。瑞典首都斯德哥尔摩 40%采用水源热泵技术供热的建筑物中有 10%的热源来源于污水处理厂出水（Averfalk et al., 2017）。

表 1.16　欧洲近 20 年部分污水处理厂出水热能利用工程

国家	服务范围	交换热量水源	用途	建成年份	制热量/kW	制冷量/kW	参考文献
瑞士	布雷姆加滕 1/4 的住宅	伯尔尼污水处理厂	区域供热	2007	1 400	—	(Felix, 2008)
芬兰	图尔库公共建筑和住宅区 12 000 户家庭	Kakola 污水处理厂	空调冷热源	2009	19 500	13 000	(Niemela and Saarela, 2018)
芬兰	艾斯堡住宅区 17 000 户家庭	艾斯堡某污水处理厂	空调冷热源、工业水冷却	2016	23 500	17 300	(Fortum, 2015)
俄罗斯	莫斯科乌赫姆斯基小区	柳别列兹克渗滤场	空调冷热源、冷水加热、路面融雪	1999	600 000	150 000	(刘光远和陈兴华, 2001)
奥地利	Stadtwerke Amstetten 大厦和邻近发电厂	Amstetten 污水处理厂	空调冷热源	2012	230	230	(EPHA, 2013)
荷兰	代尔夫特新开发住宅区 1 600 户家庭	Harnaschpolder 污水处理厂	区域供热	2010	—	—	(Eneco, 2015)

欧洲其他国家也对污水处理厂出水集中热能利用进行了研究。奥地利学者通过地理信息系统（geographic information system，GIS）对三类不同处理能力的污水处理厂周边可消纳热能用户进行了分析；他们以可持续过程指数（SPI）作为指标，对沼气热电联产和热泵系统进行能量输出全生命周期影响评价，得出使用可再生能源发电供给热泵系统交换热量对环境影响最小的结论；总计 173 个污水处理厂中约 3/4 的出水潜热可以利用，并可以在厂外找到稳定的热源用户（Neugebauer et al., 2015a）。欧洲甚至有人提出，出水热能可用于农业、林业产品脱水和满足水产养殖业的更大热量需求（Neugebauer and Stöglehner, 2015b）。英国学者分析了英格兰南部污水处理厂利用出水热能方式的经济性，得出集中利用热能用于维持 55 ℃厌氧消化进行热电联产应该具有更高的经济回报率（Hawley and Fenner, 2012）。荷兰在建立了小规模的出水热能集中利用工程后，计划于

2021 年在乌特勒支 De Stichtse Rijnlanden 污水处理厂建成 25 MW 的水源热泵系统，为 10 000 户家庭提供供热服务(Duurzaam, 2018)。

在日本，东京市政府污水处理局自 1987 年开始进行污水余温热能利用工程 (Funamizu et al., 2001)。初期建设热能利用项目主要供污水处理厂自行使用(建筑物空调)，稍后在政府支持下逐步形成了较为成熟的商业化服务体系。截至 2018 年，日本建成污水余温利用工程项目共计 43 个(MLITT, 2018)，其中利用污水处理厂出水热能向厂外范围提供服务的工程共有 5 个(表 1.17)。此外，札幌市为解决冬季街道、居住区积雪堆放和处理问题，他们还直接利用污水处理厂出水余温在调节池内融化运输而来的积雪；每立方米出水可融化 0.085 m^3 积雪，融雪水不需要处理而直接排放下水道(Funamizu et al., 2001)。

表 1.17　日本污水处理厂出水热能利用商业工程

地区	服务范围	交换热量水源	用途	建筑面积 /m^2	热源水供给量 /($m^3 \cdot d^{-1}$)	参考文献
名古屋	笹岛演奏厅 24 地区	露桥污水处理厂	空调冷热源	280 000	30 000	(MLITT, 2015)
名古屋	爱知县番茄种植园	丰川污水净化中心	农业温室供暖	—	10 000	(MLITT, 2018)
千叶	幕张新都心商务区	花见川污水处理厂	空调冷热源	947 000	12 802	(MLITT, 2015)
大阪	堺市大型商业设施	三宝污水处理厂	空调冷热源、热水加热		1 500	(MLITT, 2015)
东京	索尼总部大楼	芝浦再生水厂	空调冷热源	162 888	30 000	(MLITT, 2015)

2. 原位利用

污水余温集中利用存在远距离输送热量损失及系统输送费用问题，这就催生了从用户端原位利用污水热能的水源热泵系统。污水热能原位利用系统分居家形式和管道形式两种，如图 1.30 所示。与集中式利用不同，原位利用腐蚀热泵机组问题较为严重。因此，原位利用对热交换器的防污、防堵、防腐能力存在特殊要求。污水热能原位利用必然导致进入污水处理厂的水温降低，冬季可能会影响污水生物处理效果。对此，瑞士有关部门规定原位利用热交换系统出口水温不得低于 10 ℃。同时，考虑到输送热损失问题，要求原位利用取水设施与建筑物间的距离不应超过 200 m(Culha et al., 2015)。

1)居家原位利用

生活污水中所含热能主要来自灰水，居家排水出口温度可达 30~65 ℃(Mazhar et al., 2018)。因此，原位利用污水余温可最大限度(理论上,可以回收污水所含热能的 70%~90%)避免热能的无谓损失。同时，原位利用还可降低投资成本和施工难度。然而，居家污水热能原位利用一般需要与污水源分离系统联系在一起，以避免粪尿的介入，这就需要考虑污水源分离效果和分离后热能短时储存问题。在此方面，潜热蓄热技术和相变材料应用于灰水热能回收则可以较好地提升传输热密度。

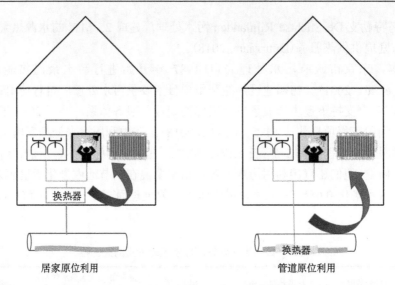

图 1.30　污水热能原位利用形式示意图

　　美国拥有较多灰水热能回收技术专利，对美国等具有较多分散式住宅的国家具有技术推广应用价值。2012 年 Nolde ＆ Partner 水概念公司在德国联邦环境基金会资助下完成了第一个分散式建筑灰水余热回收项目（BAFA, 2018），并在汉堡、法兰克福结合污水源分离技术建立了污水余热回收示范样板（Zimmermann et al., 2018）。此外，苏格兰 SHARC 公司在加拿大温哥华 Seven 35 大楼 60 户家庭中安装了居家污水余热回收试验系统，并采用美国 FHP 热泵和双壁通风换热器，并实时监控、记录系统运行情况。

　　2）管道原位利用

　　欧洲在管道原位利用污水热能方面起步较早。挪威从 1980 年开始便专注于建设管道原位利用污水热能的热泵系统，并开发了淋水式换热器，用以解决换热器堵塞问题。目前，挪威已建成两个利用市政管道污水交换热源的供热工程。

　　瑞士在热泵系统清洁、防堵技术上进行了很多研究，以降低热泵系统运行成本。1981年瑞士人发明"FEKA"箱式系统，通过沉淀和筛分分离固体进行管道原位热能利用，工程应用一直持续至 21 世纪（Zogg, 2008）。20 世纪 90 年代，瑞士人还利用排水管道底部一体化沟槽式换热器发明了"Rabtherm"系统，并在瑞士 Basel-Bachgraben 体育场稳定运行了 25 年；该系统 2001 年在宾宁根的安装到现在也未出现污垢堵塞现象。

　　德国对污水热能的利用主要以分散方式进行，并针对换热器结垢现象发明了不同类型的清洗技术，其中琥珀公司发明的 Huber Thermwin 在线自动清洗热泵系统被用于多个德国小区热泵系统（Alexander, 2012），同时也在瑞士一些中小型建筑污水热能原位利用项目上获得应用。

　　苏格兰 SHARC 公司也在积极推广商业化民用污水热能利用设备，为苏格兰、英格兰不少学校和民宅提供了能源利用改造服务，并将业务范围延伸到北美地区（如前所述，在温哥华的服务）。在北美洲，加拿大率先通过分散式系统利用污水热能。2010 年温哥华"东南福溪"新区冬季奥运村开始使用邻里能源设施（NEU）就近回收原污水中的热能，整个城区在 2020 年完全建成时，中心将向约 32 hm^2 建筑物供热，年供热量将达 62 000 MW·h，可满足 16 000 位居民的供暖需求（Vancouver, 2014）。美国热泵技术发展也十分成熟，但主要应用的是地源热泵。2012 年费城水务局与 Nova Thermal Energy 公司合作开发了污水热能原位利用系统，利用污水处理厂内的污水管道为建筑物提供热能（James, 2012）。芝加哥也在同年启动了类似的原污水热能回收系统，与伊利诺伊大学芝加哥分校展开合作，获得伊利诺伊州清洁能源社区基金会 87 500 美元的资助（Erica, 2012）。

　　为系统化原位利用污水中的热能，获取相关数据信息对设计与建设者来说十分重要。为此，瑞士几个城市编制、标记出可以进行污水热能利用的点位图，并将列入市政建设规划中。日本大阪大学和 Sogo Setsubi 咨询股份有限公司共同建立了用于评估城市区域下水道潜热的分布图，并计算出建筑物所需热量、分析地理信息数据库中下水道的位置，以判断原位利用污水热能的可行性（Togano et al., 2015）。日本国土交通省和环境省还于 2013 年建立了《污水潜热能图制作指南》，用于仙台、浦安、丰田、茨城、神户和福冈 6 个城市未来下水道热能利用工程（MLITT, 2015）。

1.8.3　发达国家和地区污水热能利用政策

　　污水余温热能借日臻完善的水源热泵技术，工程应用在技术上已不存在太多问题，关键取决于政府对这一可再生清洁能源的认识、态度，以及相应的政策、法律和经济补贴。因此，有必要了解上述发达国家和地区在这一方面的做法与经验。

　　1. 相关法律

　　1）欧洲

　　虽然欧洲国家为减少化石燃料使用，鼓励利用可再生能源（至 2014 年，欧盟成员国家庭供热和制冷能源约有 18 %来源于可再生清洁能源）（Tomescu et al., 2016），但欧盟对于污水热能回收还没有制定出十分准确的政策规定，主要还是在宏观上建立了应对气候变化的弹性能源联盟，主要应对能源供应安全、内部能源市场、节能减排和相关技术研究。欧盟从 2009 年开始颁布一系列相关法律文件（表 1.18）（Gaigalis et al., 2016），似乎并没有微观规定至采用热泵技术回收污水热能。但是，宏观内容在一定程度上鼓励了一些国家对热泵技术的发展，并制定出一些相应的政策和补贴细则。

表 1.18　影响欧洲热泵技术发展的法律文件

发布年份	名称	针对目标
2009	可再生能源指令（RED）	可再生能源
2009	能效标签指令	能量效率
2009	能源产品相关生态设计-框架指令（ErP）	能量效率
2010	建筑能效指令（EPBD）	可再生能源能量效率
2010	能源效率指令（EED）	能量效率
2013	加热器和热水器生态设计法规	能量效率
2013	加热器和热水器能源标签法规	能量效率

发布年份	名称	针对目标
2014	含氟气体法规	温室气体排放
2014	生态标签框架指令：热泵、液体循环加热系统和办公楼生态标签认证	能量效率、可再生能源、温室气体排放
2014	政府绿色公共采购	能量效率、可再生能源、温室气体排放
2016	欧洲供热制冷战略	家庭/企业费用、温室气体排放

在欧盟可再生能源及能量效率法律框架之下，一些欧盟成员国相继出台了各自的法律细则。2015 年德国颁布了《可再生热法》，明确指出利用热泵技术回收环境热量属于可再生能源；德国联邦环境、自然保护、建筑和核安全部于 2016 年 12 月 19 日颁布了《促进制冷和空调系统准则》，已涉及废热和余热回收设备补贴措施(BUNBR, 2016)；2018 年 2 月 21 日德国又发布了《促进与市场相关的气候保护产品的指南》，明确对建筑物灰水分散热回收提供经济补贴的措施(BUNBR, 2018)。

2014 年挪威政府通过新的税收法案，对氢氟碳化物制冷剂税额增收 44 %，并且提高供热所消耗燃油、天然气的价格，以推进污水源热泵技术的发展和对旧的供热系统的升级改造。

虽然瑞士不属于欧盟，但其对污水热能回收给予了相当的重视，并为之立法。早在 2004 年，瑞士联邦能源办公室便发布了《污水热能回收指南》，提倡利用污水热能；随后，又相继出台了《能源法》(2014)和《能量调节法》(2015)。前者在宏观上构建了能源供应框架，后者则从微观角度详细规定、规范了对污水处理厂余温热能的利用。

2) 日本

日本在推进城市污水余温热能利用方面已颁布了相关的法律。1972 年颁布的《热供给事业法》对污水余温热回收事业化、发展服务业进行了相关规定；2012 年修订《下水道法》，对下水道管路换热器等部件安装和不同单位获取下水道水源许可进行了规定；2011 年修订的《都市再生特别措施法》和 2012 年颁布的《促进城市低碳化法》分别对特定城市再生能源使用地区和低碳城市规划区建立了民间、企业利用下水道获取污水余温热能许可证制度；2016 年修订的《道路法》对地下供热导管配置给予占用许可。可见，日本在法律上对城市污水余温热能回收事业化发展和规划相当重视。

2. 协作机制

在日本，下水道管理、相关企业、城市规划等部门间建立了三方协作关系(MLITT, 2015)，本质上为 PPP 协作模式，已在诸多工程得到有效运用，各部门职能如图 1.31 所示。

在技术开发管理上，日本于 1980 年成立了新能源开发组织，该组织在 2003 年成为国家独立行政机构。在城市污水热能回收项目规划阶段中以公募资金形式汇集产业单位、学术界、政府等优势资源，在项目运行阶段实施严格审查，不仅以协作方式推动了政府部门出台扶持政策，同时也提高了企业的竞争力。

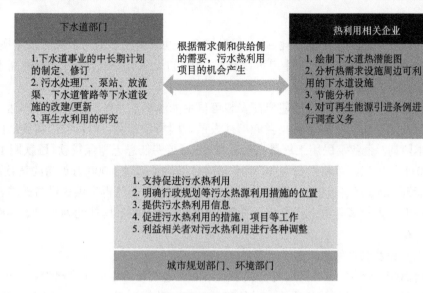

图 1.31　下水道污水热能三方协作(PPP)模式

　　欧盟 25 个成员国的热泵和零部件制造商、大学/研究机构、测试实验室和能源机构总共 128 个成员组成了欧洲热泵协会，向欧盟及其成员国，以及地方当局在立法、监管和能源效率方面提供法律内容、技术支持和经济投入，旨在克服市场壁垒，传播信息，以加快热泵市场发展，推动污水热能用于供热、冷却和热水加热领域。

　　德国在推进家用分散式灰水热能回收基础设施建设方面采用相关利益者参与制度。为顾全各方相关利益，政府已筹备 3 次研讨会，利益相关者代表与科学家和技术管理部门一道举行圆桌讨论会，目的是确立统一的评价方法和标准。相关工作已在法兰克福和汉堡一些示范地区展开(Zimmermann et al., 2018)。

　　加拿大建立了一种未来城市优质能源系统。作为一个合作网络组织，其成员主要来自能源、技术和基础设施行业，也涵盖天然气与电力公司、各级政府、民间社会团体和社区负责人、研究人员和咨询机构。该组织鼓励并组织各参与方进行能源问题平等对话和信息交流，支持在加拿大各地发展综合社区能源系统，以提高专业知识和建设能力。该系统部分已开始涉及利用城市污水热能(Comeault, 2011)，开展独立、包容的应用研究，为社区和关键利益相关者建立一个协作框架，以尝试发掘仍未涉足的可再生能源。

3. 经济政策

1) 设备补贴

　　德国在 2015 年开始实行市场激励计划，为企业和住户使用可再生能源供热提供资金支持。在热泵补贴方面，开始只考虑对地源热泵和空气源热泵进行补贴，接着增加对新式高效热泵、有废热和余热回收的空调设备和建筑灰水热能回收系统进行补贴。达到规定输出热量的污水源热泵系统可获得 6 000 欧元补贴；带有灰水换热器的淋浴设施也可获得补贴，根据换热器安装数量不同可以得到 200~250 欧元补贴；安装第二套灰水换热器时获得的补贴额度可增至 500~550 欧元；符合要求的热泵系统升级也可一次性获得

200 欧元固定补贴(BUNBR, 2016)。

瑞典为减少家庭供暖电能消耗,政府提供资金补助来鼓励使用污水源热泵交换供热;2006~2010 年住宅和相似楼宇住户可以获得 30%的设备和安装费用补贴(最高不超过30 000 克朗)(SEPASEA, 2007)。

英格兰、苏格兰和威尔士的住户在安装可再生能源供热系统时也可获得高达 1 250 英镑的政府补贴(EST, 2018)。苏格兰政府还发放取暖贷款基金,用以解决实施地区供热财政和技术障碍;企业及民用工程最高可获得 50 万英镑低息无担保贷款(还款期10~15年)。自 2011 年以来,苏格兰已向 40 个不同项目提供了超过 1 000 万英镑的贷款。

美国能源部通过气候辅助计划向各州发放补助金,用于可再生供热设备改造,主要是用以提高低收入家庭能源利用效率;在降低住房能耗上的平均补助为每户 6 500 美元(USDE, 2016)。

2)税收减免及其他优惠

瑞典自 2005 年 5 月 15 日开始对公共事业中商业建筑可再生能源供热设备(含污水源热泵)投资实施 30 %税收减免政策,单体建筑最高补助额为 5 000 000 克朗(SEPASEA, 2007)。

美国国家税务局发布了《商业能源投资税收抵免》《节能商业建筑减免》条例,对企业使用可再生能源供热、制冷设备予以 3~19 美元/m² 税收减免(USDE, 2018a)。《住宅能效税收抵免》条例规定对使用热泵交换热水器 COP 达到 2.0 以上的给予 300 美元税收抵免(USDE, 2018b)。

1.8.4　我国污水热能利用情况

我国部分城市已开始尝试利用污水余温热能供热、制冷工程,虽然仍属于起步阶段,但发展速度较快;有关污水源热泵系统设计的研究也多集中在中国(Hepbasli et al.,2014);通过污水处理厂出水实现厂内集中供热、制冷的案例已屡见不鲜,商业建筑原位利用污水的工程也开始显现(表 1.19)。在北京、哈尔滨、长春、沈阳、天津、大连等 47 个大中城市每天排放的污水中,可利用的余温热能总量可达 $1.26\sim132.72$ GJ·h^{-1}(张亚立等, 2006)。

表 1.19　我国城市部分商业建筑污水余温热能利用项目

地点	热源类型	制热量/kW	制冷量/kW	建筑面积/m²	换热器形式	参考文献
山西国瑞大厦	原污水	1 880	2 994	66 945	管壳式	(侯亚芹和司建伟, 2010)
哈尔滨望江宾馆	原污水	1 110	1 040	18 000	管壳式	(徐猛等, 2009)
哈尔滨太古商城	原污水	1 600	1 260	34 000	管壳式	(徐猛等, 2009)
重庆朝天门基良广场	原污水	1 834	8 369	32 140	浸没式	(刘义坤等, 2010)
北京悦都大酒店	原污水	1 176	1 113	14 000	间接式	(侯亚芹和司建伟, 2010)
北京奥林匹克村	再生水	21 000	23 180	413 250	直接式	(宋孝春等, 2017)
大连星海广场	再生水	126 380	167 160	2 000 000	直接式	(Fiore et al., 2014)
天津公馆	原污水	2 797	1 070	54 000	喷淋式	(侯亚芹和司建伟, 2010)
呼和浩特温馨家园小区	原污水	10 700	5 640	238 200	管壳式	(侯亚芹和司建伟, 2010)

我国为降低建筑能耗出台了相关政策框架文件。其中，补贴政策文件有《节能技术改造财政奖励资金管理办法》，规定每节省 1 t 标准煤享受中央财政奖励 200～250 元，并对示范城市节能项目提供大额资金支持。然而，煤改电补贴对象多为空气源热泵，还未涉及污水源热泵。

1.8.5　污水热能集中利用设想

上述国内外污水余温热能利用综述表明，已实施的工程以原位管道在线利用原污水为主，即使国外已开始倡导的居家原位利用污水热能的概念也基于源分离后的灰水。这就需要对热泵换热器堵塞、防腐、除垢等防护措施进行特别设计，以最大限度减少热泵运行异常情况并延长热泵的工作寿命。

事实上，污水处理后的出水水质相对干净，基本不存在利用原污水时需要考虑的换热器上述问题，况且大规模管道原位在线利用污水热能在冬季时不利于随后进入污水处理厂的生物处理设施，可能导致生物处理冬季运行时的效果变差，如北京地区冬季进入污水处理厂的水温最低为 12～14 ℃；如果前端管道普遍在线取 5 ℃温差用于热泵交换热量，则会使取用热量后进入污水处理厂的进水温度降至 10 ℃以下，这样势必对生物处理造成极大的负面影响。从这个意义上说，城市楼宇大规模采用管道原位利用污水热能的方式并不可取，也不应鼓励。

这可能会催生污水处理厂利用处理后出水集中交换热、冷量的实践，然而从污水/出水中交换出的热量属于低品位能源，难以用于发电，只能直接利用热量，用于厂内或周边近距离(3～5 km)供热、制冷目的。固然，污水处理厂周边已有或在建住宅小区/工企建筑就近利用集中交换出的热/冷能源为最佳选择，荷兰等欧洲国家也开始实践。如果这种应用因建筑或热力规划而受限，出水中巨大热量输出则需要有庞大而稳定的出路或用户。

对此，结合污水处理剩余污泥未来处理/处置路线，研究人员提出了"污泥干化后直接焚烧"的技术设想(郝晓地等，2019)。从出水中集中交换出的热量可用于脱水污泥热干化，使脱水污泥含水率从 80%降至 40%～70%(取决于有机质含量)后直接焚烧，产生的高热热量可用于发电、灰分提磷后可用作建筑材料。污泥干化后直接焚烧可采用污水处理厂内分散干化、集中至远离人口密集区焚烧的方式，最大限度降低人们对污泥焚烧产生的主观担忧。从某种程度上看，污泥干化后焚烧相当于将低品位热能转化为可发电的高品位热能。污泥焚烧厂也可吸纳厨余等有机固体垃圾混烧，以增加热值并减少垃圾焚烧重复投资。污泥焚烧厂实际将会变为发电厂和磷资源回收与建材制造厂。

此外，出水集中交换热能后用于周边农业大棚/温室供热也不失为一种潜在选择。从城市规划及居住喜好角度看，污水处理厂周边少有民用建筑，污水处理厂往往都在城乡接合部位置。因此，在污水处理厂周边农田建设大棚/温室实施农业、花卉种植不仅可以就近获得加温热能，而且可以直接利用污水处理厂出水用于灌溉作物，一举两得。

1.8.6　结语

污水中含有巨大余温热能，在可持续发展的全球主题下已渐渐被国际社会所关注，然而污水热能为低品位能源，难以用于发电，只能就近用于热交换后的供热、制冷。水源热泵技术被用于交换污水中的热能，但是热交换器原位利用污水时存在堵塞、腐蚀、除垢等问题，对实际应用有些阻碍。因此，原位利用污水热能的国内外工程尽管屡见不鲜，但发展较缓慢，多为获得政府经济补贴支持的示范工程，维持长期运行存在争议。

尽管欧洲等一些国家提出了居家水平原位利用污水热能的设想，甚至已建设了示范工程，但这种分散式利用方式需以粪尿源分离为基础，往往在对生态循环认识水平达到相当高度的国家才能获得应用。日本直接利用污水余温融化冬雪的做法虽然简单、直用，但应用范围和时间有限。

污水经集中处理后在污水处理厂集中交换热能较分散式便于集中管理运行，水质已变得不堵塞、不除垢，甚至无腐蚀，有利于热交换器长期正常工作。重要的是，在污水处理末端回收热能不会在冬季时节降低进水温度而影响生物处理效果。在污水处理厂集中回收热能的唯一缺陷是交换出的热量消纳问题，这就需要在厂内和厂周边找到稳定的热量消纳用户。

出水集中热能利用的首选作用是服务于周边住宅或工业企业空调热量交换。从污水处理剩余污泥终极处理、处置角度看，交换热量用于污泥热干化后焚烧则是一种不错的出路。此外，在污水处理厂周边农田建设大棚/温室，接收污水处理交换热能也是一种潜在的、稳定的出路。

1.9　污水潜能开发国际政策与实践

1.9.1　引言

传统污水处理以能消能、污染转嫁，不可持续。事实上，污水中含有大量化学能（COD）与热能（余温），其潜在所含能量可达污水处理所消耗能量的 9～10 倍之多（郝晓地等，2014b）。其中，有机物（COD）所含能量约占污水潜能的 10%，而其余的 90% 污水潜能均为污水余温热量（Shizas and Bagley, 2004）。

转化污水有机物中的化学能已是常规技术，传统厌氧消化工艺即可将剩余污泥或高浓度污水中的有机物转化为可再生能源——沼气或甲烷，并以热电联产方式对沼气予以利用（郝晓地，2006）。对污水中热能的利用也有成熟的水源热泵技术，可将污水热能作为低品位能量直接以供热或制冷方式利用（郝晓地等，2014a）。

然而看似简单又成熟的厌氧消化与水源热泵技术在我国污水处理行业虽有应用，但范围有限，工程并不普及。究其原因，技术显然不是首要因素，管理层面认识滞后及相应宏观政策缺乏实为污水潜能利用的瓶颈。在这一问题上，发达国家或区域组织的做法值得借鉴。通过政府政策或行政立法鼓励或强制污水潜能利用，同时给予一定经济补偿或进行市场调节。为此，介绍发达国家或地区有关污水潜能利用方面的方针政策、法律法规及经济补贴/回报等做法与经验将有助于我国污水潜能的利用和技术普及。

1.9.2　国内概况

我国对污水潜能开发、利用起步较晚，但技术发展已经相对成熟，也曾出台过一些政策、法规。但至今为止，污水潜能利用并不普及，污水源热泵多用作示范，剩余污泥仍以填埋为主(李雄伟等, 2016)。污水潜能开发进程较慢，污水处理厂多担心"买豆腐花了肉价钱"而没有主动去发掘污水潜能。即使是一些利用政府补贴建成的能量回收示范项目(污水源热泵、污泥厌氧消化)也常因运行费用无法维持而"半途而废"。

尽管我国已出台一些相关政策、法规，如 2005 年颁布的《中华人民共和国可再生能源法》、2008 年颁布的《污水处理厂污泥处理处置最佳可行技术导则》(征求意见稿)、2010 年 3 月发布的《城镇污水处理厂污泥处理处置污染防治最佳可行技术指南(试行)》及 2012 年公布的《可再生能源发展"十二五"规划》，但是这些政策法规大多是定性的，并没有相应的经济补贴或税收减免定量措施。这便导致污水处理企业对其经济效益没有深入认识。只有从宏观层面看清污水潜能开发对低碳经济，甚至碳中和运行的好处，实施必要的经济补贴政策，才能真正推动污水潜能开发。

1.9.3　国际背景

世界上许多国家和地区主要是通过促进清洁能源、可再生能源发展而推动污水潜能开发与利用的。图 1.32(罗承先, 2016; GoA, 2014; Hai and Shao, 2014)显示了一些国家和地区可再生能源现状。

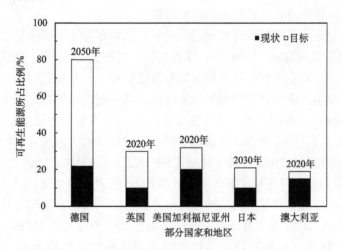

图 1.32　一些国家或地区可再生能源现状(罗承先, 2016; GoA, 2014; Hai and Shao, 2014)

在发展清洁能源与可再生能源的双双推动下，欧美等国家较早便开始了对污水潜能的开发与利用，其中欧盟国家在欧盟政策框架指令下走在了世界前列。欧盟可再生能源利用的基础是 1997 年欧盟理事会和欧洲议会通过的《白皮书社区战略和行动计划》(Wilkin, 1997)。2003 年欧洲议会又颁布了《生物燃料指令 2003/30/EC》(EC, 2003b)，要求欧盟国家到 2010 年时交通运输能耗中可再生能源和生物质能源的比例至少达到

4.4%。欧盟委员会后续又出台了《欧洲能源政策 COM（2007）》（EC, 2007）、《欧洲 2020 战略智能、可持续和包容性增长 COM（2010）2020》（EC, 2016b）等政策、法令，对可再生能源比例做出了强制性要求。2015 年，欧盟《可再生能源行动计划》分析显示，欧盟国家可再生能源使用预计从 2005 年的 4 181 PJ（1 PJ=1 015 J）达到 2020 年时的 10 255 PJ（EC, 2015c）。

此外，欧盟还设立了欧盟区域发展基金，用于组织和发展与可再生能源相关的教育性项目和多媒体竞赛，这也促进了人们对污水潜能的开发。2016 年底，波兰政府利用该项基金在格但斯克（Gdansk）投资 560 万欧元建设了新型污水处理厂，该厂剩余污泥通过厌氧消化产甲烷后以热电联产形式回收能量，能源贡献相当于年发电量为 2.864 GW 的发电厂（1 GW=109 W）（EC, 2016d）。

1. 政策、法律、法规

欧盟在污水潜能开发方面更加关注污泥利用和热电联产技术，而利用污水热能方面（污水源热泵）的特定政策、法规则显得薄弱。欧盟《能源效率指令政策（2012/27/EU）》（EC, 2016e）以构建测量能源效率的共同框架去实现 2020 年能源效率提高的目标；该指令的关注点旨在能源供应方面，并没有单独提及污水余热利用。在此之前的《可再生能源指令（2009/28/EG）》（OJEU, 2009）和《能源指令（2010/31/EU）》（EC, 2010）也没有提及对污水余热的利用。有关污水余热利用的内容目前尚未被列入欧洲立法（Kretschmer, 2016）。尽管如此，一些发达国家在发展可再生能源的大框架下先行一步，在污水潜能开发方面制定了各自相应的政策和相应的法律保障。

瑞典是世界上最早认识环境污染问题，并制订相应环保法规的国家之一。在《迈向 2020 的无油国家》宣言（GoS, 2006）中，瑞典提出其将在 2020 年成为全球第一个不使用石油的国家。这个行动宣言也直接促进对污水潜能的开发，并使之迈入一个新的阶段。

德国的沼气发电产业一直处于世界领先地位，这主要得益于其完善的政策支持和有效的法律保障。2002 年德国开始实施《热电联产法》，主要目的是鼓励 CHP 大规模工程应用（FMGCP, 2014）。经多次修订，该法适用范围由最初的火力发电不断扩展至垃圾、废热、生物质能等领域。2012 年再一次对 CHP 法进行了修订，主要是对经济补贴的额度（有效期延长至 2020 年）进行了修改，旨在 2020 年 CHP 发电量比例达 25%（孙李平等, 2013）。2015 年《可再生热法》明确提及通过热泵技术利用的环境热也是一种可再生能量（Saxonia, 2015）。2016 年 7 月 8 日，德国又出台了《2017 年可再生能源法案》，预示着德国能源转型将进入全新阶段，其投资利益回报将完全由市场进行调节（FMGCP, 2014）。全新的《可再生能源法案》已于 2017 年 1 月 1 日开始生效，不再以政府指导价格收购电量，而是通过市场竞价来发放补贴，竞价最低的企业便可以按此价格获得新建设施入网补贴（Lülsdorf, 2016）。

英国环境协会发布的《污水处理设施碳减排举证》（EA, 2009）要求提高污泥厌氧消化普及率；该文件指出，最佳污泥厌氧消化+CHP 每年可减少 102 000 t 二氧化碳排放量（前提是 50%英国污水处理厂进行升级改造）；该文件同时对沼气燃烧监控、后续科研、技术投入提出了建设性意见。

苏格兰于 2014 年 6 月成立了 SHARC 能源系统组织，专门从事污水热量回收技术工作。该组织在英国和欧洲独树一帜，专门为商业建筑、民用建筑制冷、供热提供兼顾节能、成本与环保的综合解决方案。这个组织推广的热能系统即采用污水源热泵提取能量，以达到节能、碳减排的目的。目前，这种系统在苏格兰已有一些实际应用案例。

2010 年颁布的《英格兰和威尔士环境容量规定》（2010 年修订，EPR）（EPA，2016）规定了设置污泥厌氧消化甲烷燃烧设备的污水处理厂均需要燃烧许可证。这导致许多企业无法申请到适合热量输出<3 MW 的燃烧许可证而严重阻碍了污泥厌氧消化的广泛应用。为解决这一许可证限制弊端，英国环境机构准备发布新的财务状况监管表，这将有利于燃烧许可证的发放，并会根据可能出现的实际情况继续修订，以利于污泥厌氧消化产能利用（Kent and Mercer，2006）。

法国于 2010 年发布《国家可再生能源行动计划》（IEA，2016），对 2020 年可再生能源在能源结构、制冷/制热、交通运输、电力结构中所占的比例提出了具体要求，并对现行政策进行了修订。行政程序的修订克服了可再生能源发展的行政壁垒，同时增加了增值税减免政策，以发展建筑节能、提高能源效率。与此同时，法国还增加了赠款资助研究、开发项目，并提出在铁路等基础设施投资方面考虑利用可再生能源。该计划从可再生能源角度促进了污水潜能的开发与利用。

荷兰在有机废水厌氧消化领域研发与应用中处于世界领先地位，从污水、废物中收集资源和能源乃荷兰一种循环经济模式，也有相应政策、法律支持。2010 年荷兰发布了《面向 2030 年的污水管理路线图》（WM，2013），预测未来污水处理厂将转变为能源工厂（郝晓地等，2014h），并列出了 2010～2030 年具体发展目标和侧重点，有效地促进了污水潜能开发。该"路线图"指出，通过将污水中的化学能（COD）转换为电能、热能将使污水处理厂产生超过其自身能耗的能量；利用动物粪便与污泥共消化将提供更多的沼气发电量，相关立法也将随即修订。同时，污水中的热能也是非常重要的潜能。夏季可通过水源热泵提取污水中的热量并将其存储于地下水系统中，冬季再利用热泵交换出热量为建筑物提供高质量的热能。荷兰自 2011 年起实行《可再生能源支持计划（SDE+）》（Lexology，2013），向利用可再生能源发电的企业和其他组织提供赠款（包括水务局在内的非营利组织），以鼓励可再生能源发展。

作为欧盟成员国之一，爱尔兰对污水潜能的开发相对滞后。为了改善这一状况，爱尔兰《全国污水污泥管理计划》（EPA，2016）给出了利用污泥的政策和指导方针；明确指出，污水污泥除了用作肥料和土壤改良剂之外，其因富含能量而可被视为一种宝贵资源。该计划要求增加对污泥能量的回收，并从中提取其他有用资源；明确提出污泥厌氧消化产 CH_4 发电可显著降低污水处理厂的能源成本。

瑞士虽然不在欧盟成员国之列，但是其独立的法律体系比欧盟国家更加支持对污水潜能的开发。早在 2004 年，瑞士联邦能源办公室便发布了《污水热回收处置指南》（BFE，2004），提倡污水热能利用。后期又出台了《能源法（2014）》（SFOE，2016）、《能量调节法（2015）》（罗承先，2016）。前者在宏观上构建了能源供应框架，后者从微观角度详细规定、规范了对污水处理厂余热的利用。

美国惯以立法形式对能源比例做出要求，收效显著，如《2009 年美国清洁能源与安全法》(CEC, 2009)中包括清洁能源、能源效率、减少全球变暖与污染、向清洁能源经济转型 4 个方面的内容。该法律规定,从 2012 年开始,年发电量在 100 万 MW·h 以上的电力供应商每年必须有 6%的电力供应来自可再生能源,直至增加至 2020 年的 20%;同时要求至 2020 年时,各州电力供应中至少有 15%以上电力供应必须来自可再生能源。在该法律的规定下,预计美国到 2020 年生物质发电量将高达 200 TW·h(姚向君, 2005)。在鼓励污水处理厂 CHP 方面,美国于 2009 年启动了《复苏与再投资法案》(DOE, 2009),建立了美国环境保护署(EPA)清洁水状态周转基金项目。该项目可向初次安装 CHP 系统的污水处理厂提供为期 20 年利率为 1.625%的低息贷款。CHP 融资通常来自国家或地方债券、当地公用事业或第三方业主/运营商或州/联邦的贷款和赠款。

　　早在 2001 年 4 月,澳大利亚就制定了《强制性可再生能源目标》(Kent and Mercer, 2006);2009 年又对该目标进行了修订,确定到 2020 年可再生能源电力生产要占其总电力供应的 20%。近年来,澳大利亚政府还多次修订了《可再生能源(电力)法》(GoA, 2014)和《可再生能源(电力)(收费)法》(GoA, 2001)。《2010 年可再生能源(电力)法》(GoA, 2010)则要求签发可再生能源证书,并要求电力特定购买者提交法定数量证书,以获取年度电力来促进可再生能源的发展。

2. 技术扶持

　　虽然污水中含有大量化学能(COD)、热能(余温),但技术转化效率、操作管理水平有限,使得能源化利用效果在实践中不理想,这也从另一角度挫伤了污水处理企业开发潜能的积极性。因此,发达国家普遍高度重视可再生能源的研发,并为此制定了许多技术扶持政策,这对我国具有很好的借鉴意义。

　　1) 研发政策

　　德国是最早鼓励新能源研发与示范的国家,多项可再生能源技术专利数量居世界第一,其中包括含污水潜能开发在内的生物质能技术、风力发电技术等。

　　英国政府为履行可再生能源义务责令成立了"国家能源研究中心",以汇集各方精英协调研发活动,并实行数据共享。同时,英国正在筹备"可持续能源政策办公室",负责监督和评价现行政策,并顺应形势进行战略修订。

　　倡导"能源独立"的美国对生物质能科研投资力度非常大。截至 2007 年,美国对包括污泥厌氧消化产 CH_4 发电在内的生物质能利用的研发投入已经超过 10 亿美元(孙勇等, 2013),并于 2011 年 3 月 31 日发布了《未来能源安全蓝图》,提出了确保美国未来能源供应和能源安全的三大战略:①注重在清洁能源领域开展全球合作;②推广节能减排,提高能源利用效率;③激发创新精神,加快发展清洁能源(TWH, 2011)。该内容的颁布有效推动了污水潜能研发和投资进程。

　　日本是亚洲较早开发污水潜能的国家。早在 1997~2008 年日本建有污泥厌氧消化设施的污水处理厂已达 310 座,占其污水处理厂总数的 16%(朱芬芬等, 2012)。为了进一步促进污水潜能开发,日本国土交通省在 2005 年推出了由其主导、为期 3 年的"下水道污泥资源化技术和先端技术引导"项目(久保田文, 2006)。该项目包括"下水道污泥生物质燃料化""下水道污泥和生物质同时处理回收能源""促进消化污泥减量和沼气发电"等，极大地推动了污水潜能开发的工程应用。

2) 产业化政策

传统厌氧消化产 CH_4 的单一利用模式会限制污水潜能进一步开发。为此，瑞典、瑞士等国家开发了沼气提纯、净化后用作车用燃料和民用天然气等利用新途径，实现了能量开发产业化和商品化应用。

自 1996 年起，瑞典开始提纯沼气并将其作为汽车燃料使用，并制定了相关标准，已成功地将沼气用作汽车、火车燃料，也形成了良好的运作模式(陈子爱等,2013)。此外，将污水热能直接用作供热或制冷应用也比较普遍。瑞典是利用污水源热泵对城市供热取暖最早的国家。1981 年 6 月世界上第一座污水源热泵系统便在斯德哥尔摩 Sala 镇投入运行，装机容量为 3.3 MW(Lindström, 1985)。斯德哥尔摩楼宇建筑物供热方式中约有 40%采用热泵系统，其中约 10%利用的是污水处理厂二级出水转换的热量。从处理后污水中交换的能量十分可观：一个处理能力为 1 万 $m^3 \cdot d^{-1}$ 的污水处理厂，冬季从污水中提取 7 ℃温差的热量，可满足 8.37 万 m^2 建筑物供暖需要；夏季向污水中释放 12 ℃温差的能量，可为 6.5 万 m^2 的建筑物供冷(郝晓地等,2014a)。

瑞士效仿瑞典模式，近年来其在生物天然气车用方面的技术突飞猛进。利用剩余污泥加入其他有机废弃物共消化生产沼气，不仅解决了污泥、固体废弃物二次污染问题，又可取得相当可观的 CO_2 减排效果。以首都伯尔尼(30 万居民)为例，2010 年已有 1.5 万多辆汽车(主要为大型公交车)使用生物天然气，其中一部分则来自该市污水处理厂生产、提纯的沼气(Hai and Shao, 2014)。

3. 经济政策

污水含能利用成本和发电电价较高，相对于化石能源价格缺乏市场竞争优势。为了鼓励潜能开发，可再生能源发电量或电价补贴政策已成国际惯例，税收优惠和其他费用减免也较为常见。

1) 生产及上网补贴

德国是固定上网电价政策的发源地，也是欧盟中可再生能源补贴支出最高的国家之一。德国从 FIT(固定价格)制度发展演变成 FIP(奖励+市场价格)制度，现已被欧洲国家广泛采用(罗承先, 2016)。FIT 制度是根据发电装机容量从小到大分类递减上网收购电价，也就是说发电规模越小收购电价越高，旨在保护处于发展初期的微小企业。逐渐更新后的 FIP 制度废弃了原 FIT 制度中发电量全额义务收购的条例，转为要求可再生能源发电量直接进入电力市场销售，对长期维持一定水平电价的企业进行"售后"奖励。自 2009 年起，德国沼气工程基本发电并网补助为 0.0779~0.1167 欧元·$(kW \cdot h)^{-1}$。利用动物粪便、生物垃圾(餐饮、市政固体垃圾)等作为原料的沼气发电力工程可额外获得最少 0.03 欧元·$(kW \cdot h)^{-1}$ 补助，较 2004 年增加了 0.01 欧元·$(kW \cdot h)^{-1}$；此外，还享有技术创新补助 0.02 欧元·$(kW \cdot h)^{-1}$。装机容量低于 70 kW 的沼气发电工程还可获得 15 000 欧元的补助金或低息贷款(Poeschl et al., 2010)。

2011 年以来，法国开始实行沼气工程发电注入天然气电网的政策(IEA, 2011)，并规定保持固定税率在 0.05~0.15 欧元·$(kW \cdot h)^{-1}$ 15 年不变。这里所指的沼气可以被任何燃气供应商或上级买家购买，这种自由交易模式增加了市场活力。法国 2016 年颁布了《能源过渡法案》(IEA, 2015)，建立了包括 FIP 方案在内的支持可再生能源发电计划，相对于原有政策增加了细节性内容。法案指出实行 FIP 方案的两种途径：一是与能够签订 15～20 年合同的合格技术方直接签订合同；二是通过竞争性招标签订合同。对签订合同的企业也设置了准入门槛，规定从垃圾填埋场、污水处理厂获得的沼气发电量在 500 kW 以上的企业具有直接承包的技术资格；生物质沼气发电量在 500 kW 以上的单位则具有技术招标资格。

如上所述，荷兰在有机废水厌氧消化领域研发与应用方面处于世界领先地位，这完全依赖于政府财政在污水能源回收/利用(沼气发电)方面的经济补贴。自 2005 年 1 月起，从动物粪便、剩余污泥等底物中厌氧消化产生的沼气发电量，可获得政府 0.091 欧元·(kW·h)$^{-1}$ 现金补贴，成为一种富有成效的发展可再生能源激励措施(陈晓夫和王飞，2005)。上文提及的《可再生能源支持计划》也有相应的财政补贴规定；2014 年该计划发放专项资金总额达 35 亿欧元；2017 年该计划预算高达 60 亿欧元，面向风能、太阳能、地热能、水能和生物质能等各种可再生能源项目，而最高补贴额度从 2016 年的 0.15 欧元·(kW·h)$^{-1}$ 降至目前的 0.13 欧元·(kW·h)$^{-1}$，旨在激励企业尽可能以低成本生产更多的可再生能源。

2) 税收抵扣及其他优惠

丹麦 Marselisborg 污水处理厂是全球首个能单纯从污水中回收能量并实现能量盈余的成功案例(Kata, 2016)。污水处理之所以扭亏为盈，与丹麦财政支持是分不开的。2010 年丹麦制定的《2050 年能源发展战略》(王仲颖等，2013)中提及，丹麦将大力发展可再生能源，计划在 2050 年完全摆脱对化石燃料的依赖。根据 2012 年的《能源协议》，丹麦给予沼气发电工程建设的补助由原来的 20%提高至 39%，2013～2015 年政府投资 7 000 万丹麦克朗(约合 1 000 万美元)用于混合燃料汽车加气站等基础设施建设(Olsen, 2013)。

瑞典对建设沼气发电工程的企业/农场给予工程投资 30%的补贴，对沼气纯化后替代车用燃料免征化石燃油使用税，减征沼气企业增值税，免征车辆拥堵税(仅限斯德哥尔摩等大城市)(陈子爱等，2013)。对 CO_2 超过一定排放量的车辆征收车辆附加税，排放低限由 2012 年的 120 g·km^{-1} 降低至 2013 年的 117 g·km^{-1}，而可再生能源环保车辆起征点放宽至 150 g·km^{-1}。使用环保型燃料的车辆也可享受国家购车补贴及一些区域性优惠政策，如免费停车等。2013 年起，瑞典开始实行对使用包括"人造"天然气(CH_4)在内的环保车辆免征 5 年车辆税的政策(陈晓夫和王飞，2005)。

为促进污水潜能开发的迅速发展，欧美等发达国家还采用了约束性指标、配额、绿色证书等方面的措施。在此方面，英国实行比例配额和义务证书(ROC)制度(罗承先，2016)；比例配额指用电企业从电力企业购买的电量必须包含规定比例的"绿色电能"，否则企业将面临 10%的罚款；而 ROC 制度重点在于可再生能源(电力)义务证书，电力供应商有义务供应一定比例的可再生能源电力，提交 ROC 或购买 ROC，以履行义务。瑞典、意大利、比利时、波兰、挪威等国家也实行了类似的比例配额制度。

4. 日趋完善的污水潜能开发政策

作为污水潜能发展的风向标，政府政策具有极强的时效性和针对性。污水潜能开发政策从无到有、从略到细，实现了以无害化处理污泥为主，到以获取优质可再生能源为目的的战略性转向，反映出政府部门高屋建瓴，认识水平不断提高和转变，污水潜能开发政策也与时俱进。

2013 年 12 月 8 日，英国《能源法》正式引入差额支付合同制度，要求可再生能源电力企业有义务在电力市场销售电力，并与交易方(电力购买者)签订差额支付合同。当市场价格超过合同基准价格时，政府补贴电力企业合同差额，即相对于合约价格实行"多退少补"。另外，对正在采用某种技术进行可再生能源电力生产的企业，规定用竞标形式确定基准价位，进而制定最大补助额值。英国改革方案的实施弥补了 ROC 政策下电力供应商购买可再生能源义务证书积极性较差的缺陷。

德国自出台相关政策以来，又进行了多次修订和补充，现行鼓励污水潜能开发的政策如表 1.20(罗承先, 2016)所示。

2016 年 4 月 1 日起，日本全面放开电力零售市场，允许所有用户自由选择供电商；取消批发市场的价格管制，鼓励供电商、十大区域电力公司和售电商同时进入交易市场，在交易中进行余缺电力的交易。市场化的改变为可再生能源发电入网注入新的活力。

表 1.20　德国鼓励沼气发电产业发展的法律及政策措施

措施	热电联产	供热	人造天然气并网	车用人造天然气
目标	2020 年可再生能源发电占总发电量的 20%	2020 年 14%来自可再生能源	2020 年注入 60×10^8 m³	生物燃油替代化石燃油路线图
立法手段	REL 促进法:可再生能源发电量占 17.1%	市场推进计划:拨款、低息贷款	地位视同天然气	2015 年分别替代 4.4%和 3.6%柴油和汽油
经济激励	根据《可再生能源法》(EEG)免除能源税	免除能源税	免除能源税	免除能源税,零售价低于柴油和汽油(等量当量)
基础设施	现成电网	—	扩建现有天然气管网	由天然气/保险公司提供服务

1.9.4　横向思考

纵观各个先行国家在污水潜能开发方面的举措，从方针政策到法律法规，再到补贴纳税等，总体上体现了政府通过制定政策、法律、法规而实施的宏观调节作用，相应的经济补贴、税收减免措施则显示了经济上"四两拨千斤"的效果，也体现了社会的公平性。上有政策，下有好处；政策定位了企业的发展方向，经济补贴/税收减免则保证了企业的收益；立法又能确保公平交易，且能根据实际情况及时做出改进和修正。在此方面，德国经验值得借鉴；他们结合国情，从硬性规定过渡到软性激励；当发展到一定阶段时，又通过逐年减少，甚至取消补贴优惠政策来刺激电力供应商不断更新能源技术以降低成本(王仲颖等, 2013)，带动可再生能源向更成熟阶段发展。

我国对污水潜能开发起步较晚，目前基本处于劣势状态。政府相关政策颁布不及时、内容不适时、无相应经济补贴措施将使污水潜能发展进一步受阻。现行有关政策、法律也只是给出了一个大致框架,企业实际操作性很弱。由于缺乏细节性内容,对补贴和优惠等激励政策还没有明确标准,很难取得预期效果。可见,我国开发污水潜能首先要从国家和地方层面制定出适时的补贴、优惠政策,其次从科技层面上鼓励和指导污水潜能技术研发。

1.9.5　结语

污水中蕴含着巨大的化学能(有机物)与热能(余温),是一种潜在的可再生能源。然而污水潜能开发不是一蹴而就的,需要更新观念,特别是政府层面的宏观意识和认识。只有政府在宏观政策上把握方向,以立法形式引导企业入列,并后续跟进相应的经济补贴措施,才能促进污水处理企业自觉实践污水潜能开发,随之从市场需求带动科研机构的技术研发(企业出资为主体)。否则,会陷入政府科研投以巨资,科研单位盲目研究,而最后企业不愿“接单”的科技不能转化为生产力的恶性循环中。换句话说,政府技术资金应投下而不投上(基础研究基金应相反),将同样的钱投到不同的位置则会有截然不同的实际效果!

在此方面,欧美等发达国家的做法和经验值得我们学习和借鉴。鼓励可再生能源、清洁能源发展是欧美等国未来能源利用的重要方针。制定区域联动政策是欧盟一贯的行为方式,各国则根据各自国情规划出适合自己发展的政策、计划、法律、法规,同时在经济利益方面让企业感到有利可图,这样才能激发市场的活力,最终走向以市场调节为机制的污水潜能开发模式。一句话,政府的微力量能刺激企业、撬动市场,具有“四两拨千斤”的功效。

欧美实践表明,污水潜能开发并非一种“赔本赚吆喝”的噱头,只要路子对头,采用“软硬兼施”的适时补贴政策,从污水中开发的潜能完全可以反哺污水处理厂运行,甚至逼近碳中和目标,真正让污水处理企业“扭亏增盈”。

参 考 文 献

陈晓夫, 王飞. 2005. 荷兰可再生能源技术的考察及其启示. 可再生能源, (6): 79-81.

陈子爱, 邓良伟, 王超, 等. 2013. 欧洲沼气工程补贴政策概览. 中国沼气, 31(6):29-34.

邓小云. 2012. 农业面源污染防治法律制度研究. 青岛: 中国海洋大学.

丁晓妹, 李向阳. 2010. 城市污水热能的回收利用. 甘肃科技, 26(3): 74-75.

董良飞, Hansruedi S, 王利平. 2007. 未来城市排水工程中的尿液分离处理技术. 中国给水排水, 23(16):105-108.

董战峰, 王金南, 葛察忠, 等. 2010. 环境自愿协议机制建设中的激励政策创新. 中国人口: 资源与环境, 20(6): 118-124.

高颖. 2015. 磷回收技术在欧洲污水处理厂的工程应用. [2017-4-12]. http://www.water8848. com/news/201502/02/24015. html.

郝晓地. 2006. 可持续污水-废物处理技术. 北京:中国建筑工业出版社.

郝晓地. 2014. 污水处理碳中和运行技术. 北京:科学出版社.

郝晓地, 曹兴坤, 胡沅胜. 2014c. 预处理破稳污泥木质纤维素并厌氧降解实验研究. 环境科学学报, 34(7): 1771-1775.

郝晓地, 陈奇, 李季, 等. 2019. 污泥干化焚烧乃污泥处理/处置终极方式. 中国给水排水, 35(4): 48-55.

郝晓地, 程慧芹, 胡沅胜. 2014e. 污水处理碳中和运行的国际先驱——奥地利 STRASS 厂案例剖析. 中国给水排水, 30(22): 1-5.

郝晓地, 甘一萍. 2003. 排水研究新热点——从污水处理过程中回收磷. 给水排水, (1): 20-24.

郝晓地, 黄鑫, 刘高杰, 等. 2014a. 污水处理 "碳中和" 运行能耗赤字米源及潜能测算. 中国给水排水, 30(20): 1-6.

郝晓地, 金铭, 胡沅胜. 2014h. 荷兰未来污水处理新框架——NEWs 及其实践. 中国给水排水, 30(20): 7-15.

郝晓地, 李季, 曹达啟. 2016c. 污水处理碳中和运行需要污泥增量. 中国给水排水, 32(12): 1-6.

郝晓地, 李天宇, 曹达啟. 2016d. 北京给水水源的历史变迁与终极选择. 中国给水排水, 32(8): 1-7.

郝晓地, 李天宇, 胡沅胜. 2016b. 北京聚水/排涝策略计算分析. 中国给水排水, (20): 4-9.

郝晓地, 刘然彬, 胡沅胜. 2014b. 污水处理厂 "碳中和" 评价方法创建与案例分析. 中国给水排水, 30(2): 1-7.

郝晓地, 任冰倩, 曹亚莉. 2014f. 德国可持续污水处理工程典范——Steinhof 厂. 中国给水排水, 30(22): 6-11.

郝晓地, 宋鑫, 曹达啟. 2016a. 水国荷兰——从围垦排涝到生态治水. 中国给水排水, (16): 1-7.

郝晓地, 汪慧贞, 钱易, 等. 2002. 欧洲城市污水处理技术新概念——可持续生物除磷脱氮工艺(上). 给水排水, 28(6): 6-11.

郝晓地, 王崇臣, 金文标. 2011. 磷危机概观与磷回收技术. 北京: 高等教育出版社.

郝晓地, 魏静, 曹达啟. 2016e. 废铁屑强化污泥厌氧消化产甲烷可行性分析. 环境科学学报, 36(8): 2730-2740.

郝晓地, 魏静, 曹亚莉. 2014g. 美国碳中和运行成功案例——Sheboygan 污水处理厂. 中国给水排水, 30(24): 1-6.

郝晓地, 衣兰凯, 王崇臣, 等. 2010. 磷回收技术的研发现状及发展趋势. 环境科学学报, 30(5): 897-907.

郝晓地, 张健. 2015. 污水处理的未来: 回归原生态文明. 中国给水排水, (20): 1-7.

郝晓地, 张璇蕾, 胡沅胜. 2014d. 剩余污泥转化能源瓶颈与突破技术. 中国给水排水, 30(8): 1-7.

侯亚芹, 司建伟. 2010. 污水源热泵的研究进展. 建筑节能, (10): 32-33.

胡谦. 2013. 污水源热泵在长沙市的应用研究. 长沙: 湖南大学.

贾康, 孙洁. 2009. 公私伙伴关系(PPP)的概念、起源、特征与功能. 财政研究, 10: 2-10.

久保田文. 2006. 下水道污泥可作为生物质进行再利用. 生物技术产业, (6): 12-12.

李雄伟, 李俊, 李冲, 等. 2016. 我国污泥处理处置技术应用现状及发展趋势探讨. 中国给水排水, 32(16): 26-30.

刘光远, 陈兴华. 2001. 俄罗斯热泵新技术简介. 能源研究与利用, 3: 17-19.

刘洪涛, 郑海霞, 陈俊, 等. 2013. 城镇污水处理厂污泥处理处置工艺生命周期评价. 中国给水排水, 29(6): 11-13.

刘义坤, 康侍民, 冷先凯, 等. 2010. 重庆市污水源热泵系统的工程应用与分析. 制冷与空调, 24(4): 61-67.

卢志, 张毅, Hanssen H. 2007. 德国汉堡污水处理厂污泥循环处理模式探讨. 中国给水排水, 23(10): 105-108.

陆学, 陈兴鹏. 2014. 循环经济理论研究综述. 中国人口·资源与环境, 24(5): 204-208.

罗承先. 2016. 世界可再生能源支持政策变迁与趋势. 中外能源, 21(9): 20-27.

吕斌. 1999. Crystalactor™ 粒丸反应器. 中国给水排水, 15: 11-12.

马威. 2014. 我国基础设施采用 PPP 模式的研究与分析. 北京: 财政部财政科学研究所.

石秋池. 2005. 欧盟水框架指令及其执行情况. 中国水利, (22): 65-66.

水进展. 2016. 年终盛宴 I 荷兰 Mark 大师学术论文成果梳理及苏州专题讲座现场回放. [2017-1-10].
　　http://mp. weixin. qq. com/s/hfhgTE8KY6gnJZ9SXufbLg.

宋孝春, 张亚立, 劳逸民, 等. 2017. 北京奥运村再生水热泵冷热源系统设计. 暖通空调, 47(1): 74-79.

孙李平, 李琼慧, 黄碧斌. 2013. 德国热电联产法分析及启示. 供热制冷, (8): 34-35.

孙秀艳. 2015. 环保垂直管理, 执法挺直腰杆. 人民日报. [2016-7-10]. http://sx. people. com. cn/n/2015/
　　1121/c189130-27146847. html.

孙勇, 姜永成, 王应宽, 等. 2013. 美国生物质能源资源分布及利用. 世界农业, (10): 39-45.

王福浩, 李慧博, 陈晓华. 2012. 青岛麦岛污水处理厂的污泥中温消化和热电联产. 中国给水排水,
　　28(2): 49-51.

王仲颖, 任东明, 秦海岩, 等. 2013. 世界各国可再生能源法规政策汇编. 北京: 中国经济出版社.

吴雨华. 2011. 欧美国家地下水硝酸盐污染防治研究进展. 中国农学通报, 27(8): 284-290.

徐康宁, 张驰, 汪诚文. 2012. 黄水源分离排水技术对我国城镇生活污水氮磷减排的作用. 南宁: 中国环
　　境科学学会 2012 学术年会.

徐猛, 徐莹, 孙德兴. 2009. 原生污水源热泵的关键技术与工程实践. 节能技术, 27(1): 74-77.

杨帆. 2014. 生活垃圾堆肥过程污染气体减排与管理的生命周期评价研究. 北京:中国农业大学.

杨艳, 张健. 2008. 源分离一节水与污水资源化的替代方案. 中国环保产业, (4): 42-45.

姚向君. 2005. 生物质能资源清洁转化利用技术. 北京: 化学工业出版社.

伊丽文. 2009. 中国磷矿资源分布及开发建议. 资源与人居环境, (10): 26-27.

尹军, 陈雷, 白莉. 2010. 城市污水再生及热能利用技术. 北京: 化学工业出版社.

张健, 高世宝, 章菁, 等. 2008. 生态排水的理念与实践. 中国给水排水, (2): 10-14.

张健, 章菁, 高世宝, 等. 2011. 关于资源型排水系统的探索与实践. 给水排水, 11(37): 155-159.

张亚立, 孙德兴, 张吉礼. 2006. 污水水源热泵供热技术经济性分析. 建筑热能通风空调, 25(4): 64-66.

赵玉芬, 赵国辉, 麻远. 2005. 磷与生命化学. 北京: 清华大学出版社.

朱爱平. 2008. 污水源热泵技术浅析. 科技创新导报, (24): 102-103.

朱芬芬, 高冈昌辉, 王洪臣, 等. 2012. 日本污泥处置与资源化利用趋势. 中国给水排水, 28(11):
　　102-104.

Abma W R, Driessen W, Haarhuis R, et al. 2010. Upgrading of sewage treatment plant by sustainable and
　　cost-effective separate treatment of industrial wastewater. Water Science & Technology, 61: 1715-1722.

Adam C, Peplinski B, Michaelis M, et al. 2008. Thermochemical treatment of sewage sludge ashes for
　　phosphorus recovery. Waste Management, 29: 1122-1128.

Alekseiko L N, Slesarenko V V, Yudakov A A. 2014. Combination of wastewater treatment plants and heat
　　pumps. Pacific Science Review, 16(1): 36-39.

Alexander S. 2012. 从污水中回收热能——应用在德国 Straubing 市的污水热能回收再利用技术. 流程工
　　业, (4): 34-35.

Antonini S, Nguyen P T, Arnold U, et al. 2012. Solar thermal evaporation of human urine for nitrogen and
　　phosphorus recovery in Vietnam. Science of the Total Environment, 414(1): 592-599.

Averfalk H, Ingvarsson P, Persson U, et al. 2017. Large heat pumps in Swedish district heating systems.
　　Renewable and Sustainable Energy Reviews, 79: 1275-1284.

BAFA. 2018. Für dezentrale Wärmerückgewinnung aus Grauwasser. [2019-1-10]. https://nolde-partner.
　　de/2018/03/01/bafa-foerderung-ab-01-03-2018-fuer-waermerueckgewinnung-aus-grauwasser/.

BFE(Bundesamt für Energie). 2004. Wärmenutzung aus Abwasser-Leitfaden für Inhaber, Betreiber und
　　Planer von Abwasserreinigungsanlagen und Kanalisationen. BFE.

BUNBR(Bundesministerium für Umwelt, Naturschutz, Bau und Reaktorsicherheit). 2016. Richtlinie zur Förderung
　　von Maßnahmen an Kälte- und Klimaanlagen im Rahmen der Nationalen Klimaschutzinitiative. [2018-5-10].

https://www. bundesanzeiger. de/ebanzwww/contentloader?state. action=genericsearch_ loadpublicationpdf& session.sessionid=ec2251f61e73beaf208deb869c8297f6&fts_search_list.destHistoryId=76672&fts_search_list. selected=89d3aeca9fd4eafa &state. filename=BAnz%20AT%2019. 12. 2016%20B7.

BUNBR (Bundesministerium für Umwelt, Naturschutz, Bau und Reaktorsicherheit). 2018. Richtlinie zur Förderung von innovativen marktreifen Klimaschutzprodukten im Rahmen der Nationalen Klimaschutzinitiative. [2019-2-3]. https://www. klimaschutz. de/sites/default/files/180221%20 Kleinserien-RL_21. %20Februar%202018_BAnz. pdf.

Çakır U, Çomaklı K, Çomaklı Ö, et al. 2013. An experimental exergetic comparison of four different heat pump systems working at same conditions: As air to air, air to water, water to water and water to air. Energy, 58: 210-219.

CEC (Committee on Energy and Commerce). 2009. House passed historic Waxman-Markey clean energy bill.[2015-6-18]. https://www. markey. senate. gov/news/press-releases/2009/06/26/june-26-2009- house-passes-historic-waxman-markey-clean-energy-bill.

Chao S, Jiang Y, Yang Y, et al. 2012. Experimental performance evaluation of a novel dry-expansion evaporator with defouling function in a wastewater source heat pump. Applied Energy, 95 (2) :202-209.

Comeault C. 2011. Integrated community energy system business case study southeast false creek neighborhood energy utility. Retrieved February, 2: 2013.

Cornel P, Schaum C. 2009. Phosphorus recovery from wastewater: Needs, techniques and costs. Water Science & Technology, 59: 1069-1076.

Culha O, Gunerhan H, Biyik E, et al. 2015. Heat exchanger applications in wastewater source heat pumps for buildings: A key review. Energy & Buildings, 104: 215-232.

de Buck W. 2013. Over Nutrient Platform. [2014-8-10]. https://www. nutrientplatform. org/over- nutrient-platform.

Desmidt E, Ghyselbrecht K, Zhang Y, et al. 2015. Global phosphorus scarcity and fullscale P-recovery techniques: A review. Critical Reviews in Environmental Science and Technology, 45 (4) : 336-384.

DMAF (Danish Ministry of Agriculture and Forestry). 2016. Making use of agricultural nutrients. [2018-3-4]. http://mmm. fi/en/recyclenutrients.

DOE (Department Of Energy). 2009. The American Recovery and Reinvestment Act (ARRA) of 2009. [2015-9-30]. https://www1. eere. energy. gov/wip/solutioncenter/pdfs/DOE_EECBG_Planning_and_Strategy_Webcast_052909. pdf.

Driessen W, Abma W, van Zessen E, et al. 2009. Sustainable treatment of reject water and industrial effluent by producing valuable byproducts. 14th European Biosolids and Organic Resources Conference. UK, Leeds: Aqua Enviro Technology Transfer, 2009:1-11.

Dürrenmatt D J, Wanner O. 2014. A mathematical model to predict the effect of heat recovery on the wastewater temperature in sewers. Water Research, 48: 548-558.

Duurzaam A. 2018. Eneco en Hoogheemraadschap De Stichtse Rijnlanden ontwikkelen grootste warmtepomp van Nederland. [2019-1-8]. https://duurzaam-actueel.nl/eneco-en-hoogheemraadschap-de-stichtse-rijnlanden-ontwikkelen-grootste-warmtepomp-van-nederland.

EA (Environment Agency). 2009. Evidence: Transforming wastewater treatment to reduce carbon emissions. [2017-3-6].https://assets.publishing.service.gov.uk/government/uploads/system/uploads/attachment_data/file/291633/scho1209brnz-e-e. pdf.

EA (Environment Agency). 2013. Nutrients, fertilisers and manures. [2015-4-17]. https://www. gov. uk/guidance/managing-nutrients-and-fertilisers#nutrient-management-and-cross-compliance.

EC (European Commission). 2003a. Regulation (EC) No 2003/2003 of the European parliament and of the council. Official Journal of the European Union, (11): 1-194.

EC (European Commission). 2003b. Directive 2003/30/EC of the European parliament and of the council. [2017-4-2]. http://www. ebb-eu. org/legis/JO%20promotion%20EN. pdf.

EC (European Commission). 2007. An energy policy for Europe, Communication from the Commission to the Council and the European Parliament. [2015-2-8]. https://www. mendeley. com/research-papers/ communication-commission-european-council-european-parliament-energy-policy-europe-1/.

EC (European Commission). 2009. Directive 2009/28/EC of the European parliament and of the council. [2017-4-12]. https://www. mendeley. com/research-papers/directive-200928ec-european-parliament-council/.

EC (European Commission). 2010. Directive 2010/31/EU on the energy performance of buildings (recast). [2017-4-12]. http://eur-lex. europa. eu/legal-content/EN/TXT/?qid=1490406988068&uri=CELEX: 32010L0031.

EC (European Commission). 2013. Bioecosim (An innovative bio-economy solution to valorise livestock manure into a range of stabilised soil improving materials for environmental sustainability and economic benefit for European agriculture). [2017-4-13]. https://cordis. europa. eu/project/id/308637/reporting.

EC (European Commission). 2014a. Efficientheat (Integrated and cost-effective solution to reduce the volume of pig slurry, minimize pollutant emissions and process energy consumption). [2017-4-13]. http://cordis. europa. eu/result/rcn/145876_en. html.

EC (European Commission). 2014b. Valuefromurine (Bio-electrochemically-assisted recovery of valuable resources from urine). [2017-4-13]. http://cordis. europa. eu/result/rcn/150218_en. html.

EC (European Commission). 2015a. Improvement of comprehensive bio-waste transformation and nutrient recovery treatment processes for production of combined natural products. [2017-4-13]. http://cordis. europa. eu/project/rcn/101165_en. html.

EC (European Commission). 2015b. P-REX (Sustainable sewage sludge management fostering phosphorus recovery and energy efficiency). [2017-4-13]. http://cordis. europa. eu/project/rcn/105528_en. html.

EC (European Commission). 2015c. Renewable energy policy framework and bioenergy contribution in the European Union. [2017-4-13]. http://www. sciencedirect. com/science/article/pii/S1364032115006346.

EC (European Commission). 2016a. Circular economy: New Regulation to boost the use of organic and waste-based fertilisers. [2017-4-13]. http://europa. eu/rapid/press-release_IP-16-827_en. htm.

EC (European Commission). 2016b. The EU research and development framework programmes and Horizon 2020.[2017-4-13].http://www.welcomeurope.com/european-funds/horizon-2020-framework-programme-research-innovation-810+710. html#tab=onglet_details.

EC (European Commission). 2016c. Fertiplus (Fertiplus reducing mineral fertilisers and agro-chemicals by recycling treated organic waste as compost and bio-char products). [2017-4-13]. http://cordis.europa. eu/result/rcn/181447_en. html.

EC (European Commission). 2016d. New plant to produce heat and energy from biogas recovered from sewage sludge built in Gdansk. [2017-4-13]. http://ec.europa.eu/regional_policy/en/projects/poland/new-plant-to- produce-heat-and-energy-from-biogas-recovered-from-sewage-sludge-built-in-gdansk.

EC (European Commission). 2016e. Consultation on the review of directive 2012/27/EU on energy efficiency. [2017-4-13]. http://ec. europa. eu/energy/en/consultations/consultation-review-directive-201227eu- energy-efficiency.

Egle L, Rechberger H, Krampe J, et al. 2016. Phosphorus recovery from municipal wastewater: An integrated comparative technological, environmental and economic assessment of P recovery technologies. Science of the Total Environment, 571: 522-542.

Ekama G A, Wilsenach J A, Chen G H. 2011. Saline sewage treatment and source separation of urine for more sustainable urban water management. Water Science & Technology, 64(6): 1307-1316.

Elser J, Bennett E. 2011. Phosphorus cycle: A broken biogeochemical cycle. Nature, 478(7367):29.

Eneco. 2015. The new local district heating company. [2017-5-30]. http://www. energie-cites. eu/db/delft_
582_en. pdf.

EPA(Environment Protection Agency). 2016. Ireland's environment-An assessment 2016. [2017-5-30].
http://www. epa. ie/pubs/reports/indicators/irelandsenvironment2016. html.

EPHA. 2013. HP city of 2013 application overview. [2014-7-8]. https://www. ehpa. org/fileadmin/red/05.
Projects/Heat Pump City of the year/2013/20130403 HP City award Applications overview final. pdf.

Erica G. 2012. Hot poop, sewage heat to warm building. [2015-7-8]. https://www. forbes. com/sites/ericagies/
2012/04/12/hot-poop-sewage-heat-to-warm building/#31225b95a8a9.

ESPP(European Sustainable Phosphorus Platform). 2014a. The future for phosphorus in England.
[2017-4-12]. http://www. phosphorusplatform. eu/images/download/ScopeNewsletter106%20Vision%20
for%20Sustainable%20Phosphorus%208-2014. pdf.

ESPP(European Sustainable Phosphorus Platform). 2014b. Mise en place d'un réseau d'utilisation durable du
phosphore en France. [2017-4-12].http://www.phosphorusplatform.eu/component/jifile/download/
MjRjMDI0MGI1NjYwOWY3ZDcwNTNkMmU0MzYyYzQxZmQ=/invitation-espp-france-rennes-7-7-
2014-pdf.

ESPP (European Sustainable Phosphorus Platform). 2014c. Fertiliser industry action. [2017-4-12].
http://www.phosphorusplatform.eu/component/jifile/download/OWE1ZDk4OWFjMzJhYTE2MGQzMm
I3MWVlMTdhZWY2ZGE=/scopenewsletter107-espp-pdf.

ESPP(European Sustainable Phosphorus Platform). 2015a. EU Investment plan support nutrient recycling.
[2017-4-12]. http://www. phosphorusplatform. eu/images/scope/ScopeNewsletter114. pdf.

ESPP(European Sustainable Phosphorus Platform). 2015b. National phosphorus platform founded.
[2017-4-12]. http://www. phosphorusplatform. eu/images/DPP_Launch_press_release_12-2-2015. pdf.

ESPP(European Sustainable Phosphorus Platform). 2016a. EU Fertiliser Regulation proposal released.
[2017-4-12]. http://www. phosphorusplatform. eu/images/scope/scope-current-issue. pdf.

ESPP(European Sustainable Phosphorus Platform). 2016b. ESPP regulatory activities. [2017-4-12].
http://phosphorusplatform. eu/platform/2015-09-09-10-54-12/regulatory-activities.

ESPP(European Sustainable Phosphorus Platform). 2017. EU Critical Raw Materials. [2017-4-12].
http://www. phosphorusplatform. eu/images/scope/ScopeNewsletter123. pdf.

EST(Energy saving trust). 2018. Support for social housing providers.[2019-2-3].http://www. energysavingtrust.
org. uk/scotland/businesses-organisations/social-housing.

Etter B, Tilley E, Khadka R, et al. 2011. Low-cost struvite production using source-separated urine in Nepal.
Water Research, 45(2): 852-862.

Fan Y, Hu S Y, Chen D J, et al. 2009. The evolution of phosphorus metabolism model in China. Journal of
Cleaner Production, 17: 811-820.

Felix S. 2008. Sewage water: Interesting heat source for heat pumps and chillers. Geneva: Swiss Energy
Agency for Infrastructure Plants.

Fiore S, Genon G, Nedeff V, et al. 2014. Heat recovery from municipal wastewater: Evaluation and proposals.
Environmental Engineering & Management Journal, 13(7): 1595-1604.

FME (Federal Ministry for the Environment). 2016. Ordinance reorganising sewage sludge recovery
(Sewage Sludge Ordinance). [2017-01-01]. https://ec.europa.eu/growth/tools-databases/tris/en/ search/%3
ftrisaction%3dsearch. detail%26year%3d2016%26num%3d514.

FMGCP (Federal Ministry of Justice and Consumer Protection). 2014. Gesetz für den Ausbau-erneuerbarer

Energien (Erneuerbare-Energien-Gesetz-EEG2017).[2017-4-12].http://www.gesetze-im-internet.de/bundesrecht/eeg_2014/gesamt. pdf.

FMJCP (Federal Ministry of Justice and Consumer Protectin). 2007. Current trends. [2017-4-12]. https://www. bundesregierung. de/Content/EN/StatischeSeiten/Schwerpunkte/Nachhaltigkeit/ nachhaltigkeit-2007-04-13-aktuelle-weiterentwicklung. html?nn=709674.

Fortum. 2015. Utilising waste heat with 2 Unitop 50 FY heat pumps. [2017-4-12]. https://www. friotherm. com/wp-content/uploads/2017/11/E10-15_Suomenoja. pdf.

Funamizu N, Iida M, Sakakura Y, et al. 2001. Reuse of heat energy in wastewater: Implementation examples in Japan. Water Science & Technology, 43 (10): 277-286.

Gaigalis V, Skema R, Marcinauskas K, et al. 2016. A review on heat pumps implementation in Lithuania in compliance with the national energy strategy and EU policy. Renewable & Sustainable Energy Reviews, 53: 841-858.

Gajurel D R, Li Z, Otterpohl R. 2003. Investigation of the effectiveness of source control sanitation concepts including pre-treatment with Rottebehaelter. Water Science & Technology, 48 (1): 111-118.

Garcia C, Rieck T, Lynne B, et al. 2013. Struvite recovery: Pilot-scale results and economic assessment of different scenarios. Water Practice & Technology, 8 (1):119-130.

Gilbert N. 2009. The disappearing nutrient. Nature, 461 (8): 716-718.

GoA (Government of Australian). 2001. Renewable energy (Electricity) (Charge) Act 2000. [2017-4-12]. https://www. legislation. gov. au/Details/C2004C01143.

GoA (Government of Australian). 2010. Renewable energy (Electricity) Amendment Bill 2010. [2017-4-12]. https://www. legislation. gov. au/Details/C2010B00086.

GoA (Government of Australian). 2014. Australian renewable energy law under the renewable energy (electricity) Act 2000 (Cth). [2017-4-12]. https://www. legislation. gov. au/Details/C2014C00229.

GoS (Government of Sweden). 2006. Making Sweden an OIL-FREE society. [2017-4-12]. http://www. government. se/information-material/2006/06/making-sweden-an-oil-free-society/.

Gtz. 2008. Efficient nutrient management—A key component of ecological sanitation for the green Olympics and long term sustainable maintenance of the Olympic forest park. [2008-3-18].https://www.susana. org/en/knowledge-hub/resources-and-publications/library/details/956.

Gu Y, Dong Y N, Wang H T, et al. 2016. Quantification of the water, energy and carbon footprints of wastewater treatment plants in China considering a water-energy nexus perspective. Ecological Indicators, 60: 402-409.

Gulland I. 2015. Chemical reaction. [2017-4-12]. http://www. zerowastescotland. org. uk/content/ chemical-reaction.

Hai L, Shao J. 2014. The enlightenment of the evolution of European and American energy policy on the energy strategy in China. Xiamen: International Conference on Management and Engineering (CME 2014): 1288-1296.

Haile H D. 2015. Sustainable phosphorus management in Sweden. Sweden: Linköping University.

Hao X, Batstone D, Guest J S. 2015a. Carbon neutrality: An achievable goal for sustainable wastewater treatment plants (Editorial). Water Research, 87: 413-415.

Hao X, Liu R B, Huang X. 2015b. Evaluation of the potential for operating a carbon neutral WWTP in China. Water Research, 87: 424-431.

Hao X, Wang C C, van Loosdrecht M C M, et al. 2013. Looking beyond struvite for P-recovery. Environmental Science & Technology, 47 (10): 4965-4966.

Hao X. 2012. A megacity held hostage: Beijing's conflict between water and economy. Water, 21 (S10):

39-42.

Hawley C, Fenner R. 2012. The potential for thermal energy recovery from wastewater treatment works in southern England. Journal of Water and Climate Change, 3 (4): 287.

Heidrich E S, Curtis T P, Dolfing J. 2011. Determination of the internal chemical energy of wastewater. Environmental Science & Technology, 45 (2): 827.

Heinzmann B, Engel G. 2006. Induced magnesium ammonium phosphate precipitation to prevent incrustations and measures for phosphorus recovery. Water Practice & Technology, 1 (3): 511-518.

Hepbasli A, Biyik E, Ekren O, et al. 2014. A key review of wastewater source heat pump (WWSHP) systems. Energy Conversion and Management, 88: 700-722.

Hofman J, Hofman-Caris R, Nederlof M, et al. 2011. Water and energy as inseparable twins for sustainable solutions. Water Science & Technology, 63 (1): 88-92.

Hu Y. 2007. Implementation of voluntary agreements for energy efficiency in China. Energy Policy, 35 (11): 5541-5548.

Hukari S, Hermann L, Nättorp A. 2015. From wastewater to fertilisers-Technical overview and critical review of European legislation governing phosphorus recycling. Science of the Total Environment, 542: 1127-1135.

IEA (International Energy Agency). 2011. Biomethane injection into the natural gas grid. [2017-4-12]. http://www. iea. org/policiesandmeasures/pams/france.

IEA (International Energy Agency). 2015. Support scheme for electricity produced from renewable energy sources. [2017-4-12]. http://www. iea. org/policiesandmeasures/pams/france.

IEA (International Energy Agency). 2016. National renewable energy action plan (NREAP). [2017-4-12]. https://ec. europa. eu/energy/en/topics/renewable-energy/national-renewable-energy-action-plans-2016.

IWA (International Water Association). 2016. The role of water technology innovation in the blue economy. [2017-4-12]. http://www. waterresearchconference. com/.

James L. 2012. Heat pump systems use wastewater to lower HVAC costs. [2017-4-12]. https://www. waterworld. com/home/article/16193098/heat-pump-systems-use-wastewater-to-lower-hvac-costs.

Jim F. 2009. Encouraging energy efficiency in US wastewater treatment. Water, 21 (6): 32-34.

Jksma D. 2016. Aftrap ambitie nutriënten 2018. [2019-1-8].https://www. nutrientplatform. org/aftrap-ambitie-nutrienten-2018-door-staatssecretaris-dijksma/.

Jolliet O, Margni M, Charles R, et al. 2003. IMAPCT 2002: A new life cycle impact assessment methodology. International Journal of Life Cycle Assessment, 8 (6): 324-330.

Kata K. 2016. World's first city to power its water needs with sewage energy. [2017-4-12]. https://www. newscientist. com/article/2114761-worlds-first-city-to-power-its-water-needs -with-sewage-energy/.

Kent A, Mercer D. 2006. Australia's mandatory renewable energy target (MRET): An assessment. Energy Policy, 34 (9): 1046-1062.

Kenway S. 2017. How big is the distributed energy opportunity for water and wastewater utilities. The source. [2019-1-8]. https://www. thesourcemagazine. org/big-distributed-energy-opportunity-water-wastewater-utilities/.

Khiewwijit R, Temmink H, Rijnaarts H, et al. 2015. Energy and nutrient recovery for municipal wastewater treatment: How to design a feasible plant layout. Environmental Modelling & Software, 68: 156-165.

Kretschmer F. 2016. Thermal use of wastewater—Policy instruments for initialization and potential operating models/Thermische Nutzung von Abwasser — Instrumente zur Verbreitung und mögliche Betreibermodelle. Die Bodenkultur Journal of Land Management Food & Environment, 67 (3): 173-183.

Larsen T A, Alder A C, Eggen R I L, et al. 2009. Source separation: Will we see a paradigm shift in wastewater handling. Environmental Science & Technology, 43 (16): 6121-6125.

Larsen T A, Gujer W. 1996. Separate management of anthropogenic nutrient solutions (human urine). Water Science & Technology, 34 (3-4): 87-94.

Larsen T A, Maurer M, Eggen R I, et al. 2010. Decision support in urban water management based on generic scenarios: The example of NoMix technology. Journal of Environmental Management, 91 (12): 2676-2687.

Larsen T A. 2015. CO_2-neutral wastewater treatment plants or robust, climate-friendly wastewater management? A systems perspective. Water Research, 87: 513-521.

Lexology. 2013. Dutch renewable energy subsidy scheme (SDE+) 2014. [2017-4-12]. https://www. mondaq. com/Energy-and-Natural-Resources/278708/Dutch-Renewable-Energy-Subsidy-Scheme-SDE-2014.

Lide D R. 1999. CRC handbook of chemistry and physics. 80th ed. Boca Raton: CRC Press.

Lindström H O. 1985. Experiences with a 3. 3 MW heat pump using sewage water as heat source. Journal of Heat Recovery Systems, 5 (1): 33-38.

Liner J, Bürki T, Escher B I. 2007. Reducing micro-pollutants with source control: substance flow analysis of 212 pharmaceuticals in faeces and urine. Water Science & Technology, 56 (5): 87-96.

Liu X, Sheng H, Jiang S, et al. 2016. Intensification of phosphorus cycling in China since the 1600s. Proceedings of the National Academy of Sciences, 113 (10):2609.

Lodder R, Meulenkamp R. 2011. Fosfaatterugwinning in communale afvalwaterzuiveringsinstallaties (Recuperation of phosphate in communal wastewater treatment plants). Amersfoort: STOWA.

Lülsdorf T. 2016. Die novellierten Ausschreibungen nach dem EEG 2017. Natur Und Recht, 38 (11): 756-761.

Luther A K, Desloover J, Fennell D E, et al. 2015. Electrochemically driven extraction and recovery of ammonia from human urine. Water Research, 87: 367-377.

Mathews J A, Tang Y M, Tan H. 2011. China's move to a circular economy as a development strategy. Asian Business and Management, 10 (4): 463-484.

Mazhar A R, Liu S, Shukla A. 2018. A key review of non-industrial greywater heat harnessing. Energies, 11 (2): 386.

McCarty P L, Bae J, Kim J. 2011. Domestic wastewater treatment as a net energy producer—Can this be achieved. Environmental Science & Technology, 45 (17): 7100-7106.

Meggers F, Leibundgut H. 2011. The potential of wastewater heat and exergy: Decentralized high-temperature recovery with a heat pump. Energy & Buildings, 43 (4):879-886.

Mehta C M, Khunjar W O, Nguyen V, et al. 2015. Technologies to recover nutrients from waste streams: A critical review. Environmental Science & Technology, 45: 385-427.

Miljødirektoratet. 2015. Bedre utnyttelse av fosfor i Norge. [2017-4-12]. https://www. miljodirektoratet. no/globalassets/publikasjoner/M351/M351. pdf.

MLITT (Ministry of Land, Infrastructure, Transport and Tourism). 2015. Guide for Using Sewage Heat. [2017-4-12]. http://www. mlit. go. jp/common/001088742. pdf.

MLITT (Ministry of Land, Infrastructure, Transport and Tourism). 2018. 下水熱利用に係る取組事例集. [2019-1-18]. http://www. mlit. go. jp/common/001233624. pdf.

Moerman W, Carballa M, Vanderkerckhove A, et al. 2009. Phosphate removal in agro-industry: Pilot and full-scale operational considerations of struvite crystallization. Water Research, 43: 1887-1892.

Mules A O, Mihelič R, Walochnik J, et al. 2016. Composting of the solid fraction of black water from a separation system with vacuum toilets e Effects on the process and quality. Journal of Cleaner Production, 112: 4683-4690.

Neethling J B, Benisch M. 2004. Struvite control through process and facility design as well as operation strategy. Water Science & Technology, 49(2): 191-199.

Neugebauer G, Kretschmer F, Kollmann R, et al. 2015a. Mapping thermal energy resource potentials from wastewater treatment plants. Sustainability, 7(10): 12988-13010.

Neugebauer G, Stöglehner G. 2015b. Realising energy potentials from wastewater by integrating spatial and energy planning. Sustainable Sanitation Practice, 22: 15-21.

Niemela M, Saarela R. 2018. The Wastewater Utilization in Kakola Heat Pump Plant. [2019-1-14]. http://www. districtenergyaward. org/wp-content/uploads/2012/e10/New_scheme_Finland_Turku. pdf.

Novotny V. 2010. Global focus: Footprint tools for cities of the future. Water 21, 8: 14-16.

NPNL (Nutrient Platform NL). 2016. Nederland circulair in 2050. [2017-4-12]. https://www. nutrientplatform. org/wpcontent/uploads/2016/09/bijlage-1-nederland-circulair-in-2050. pdf.

OJEU (Official Journal of the European Union). 2009. Directive 2009/28/EC of the European parliament and of the council. [2010-03-20]. https://www. mendeley. com/research-papers/directive-200928ec- european-parliament-council/.

Olsen D S. 2013. Analysis of biofuels policy in the nordic countries. Sweden: The IIIEE Publications.

Poeschl M, Ward S, Owende P. 2010. Prospects for expanded utilization of biogas in Germany. Renewable & Sustainable Energy Reviews, 14(7):1782-1797.

Rein A, Wu Y, Yemelyanova M. 2015. Phosphorus project: Sea breeze IV. [2017-4-12]. http://phosphorusplatform. eu/images/download/Report%20PhosphorusProject%20 Denmark%20for%20ESPP. pdf.

RES (Resource Efficient Scotland). 2015. Scotland's waste regulations. [2017-4-12]. http://www. resourceefficientscotland. com/regulations.

RISE (Rural Investment Support for Europe). 2016. What is RISE. [2017-4-12]. http://www. risefoundation. eu/.

Roeleveld P, Roorda J, Schaafsma M. 2011. News: The Dutch roadmap for the WWTP of 2030. [2017-4-12]. http://www. stowa. nl/bibliotheek/publicaties/NEWS__The_Dutch_roadmap_for_the_wwtp_of_2030.

Rogers M. 2016. Farmers use of renewable fertilisers to be revolutionised by new research. [2017-4-12]. http://www. zerowastescotland. org. uk/content/farmers%E2%80%99-use-of-renewable-fertilisers-be- revolutionised-new-research.

Rossi L, Lienert J, Larsen T A. 2009. Real-life efficiency of urine source separation. Journal of Environmental Management, 90(5): 1909-1917.

Sakthivel S R, Tilley E, Udert K M. 2012. Wood ash as a magnesium source for phosphorus recovery from source-separated urine. Science of the Total Environment, 419: 68-75.

Saxonia. 2015. Erneuerbare-Wärme-Gesetz (EWärm2015). [2017-4-12]. http://www. devriesboeken. nl/boeken/ recht-algemeen/staats-en-bestuursrecht/erneuerbare-w01rme-gesetz-(ew01rmeg-2015)-9783944210773/.

Schaubroeck T, Clippeleir H D, Weissenbacher N, et al. 2015. Environmental sustainability of an energy self-sufficient sewage treatment plant: Improvements through DEMON and co-digestion. Water Research, 74:166-179.

Schenk K. 2016. Revidierte technische verordnung über abfälle: Schritt zur ressourcenschonung. [2017-4-12]. https://www. admin. ch/gov/de/start/dokumentation/medienmitteilungen. msg-id-59785. html.

Schouw N L, Danteravanich S, Mosbaek H, et al. 2002. Composition of human excreta一A case study from Southern Thailand. Science of the Total Environment, 286 (1-3): 155-166.

SEPASEA (Swedish Environmental Protection Agency and the Swedish Energy Agency). 2007. Economic instruments in environmental policy. [2017-4-12]. http://www. naturvardsverket. se/Documents/publikationer/ 620-5678-6. pdf?pid=3288.

SFOE (Swiss Federal Office for Energy). 2016. Bericht zuhanden der UREK-N zur Förderung der

Wasserkraft (2014), [2017-4-12]. https://link. springer. com/chapter/10. 1007%2F978-3-319-44645- 5_10.

ShARC Energy. 2018. Changes in world natural gas consumption trends. [2019-1-14]. http://www. sharcenergy. com.

Shen C, Lei Z, Wang Y, et al. 2018. A review on the current research and application of wastewater source heat pumps in China. Thermal Science and Engineering Progress, 6: 140-156.

Shizas I, Bagley D M. 2004. Experimental determination of energy content of unknown organics in municipal wastewater streams. Journal of Energy Engineering, 130 (2): 45-53.

Svardal K. 2011. Energy requirements for waste water treatment. Water Science & Technology, 64 (64): 1355-1366.

Tice R, Kim Y. 2014. Energy efficient reconcentration of diluted human urine using ion exchange membranes in bioelectrochemical systems. Water Research, 64: 61-72.

Togano K Y, Ueda K, Hasegaway, et al. 2015. Advanced heat pump systems using urban waste heat "Sewage Heat". Mitsubishi Heavy Industries Technical Review, 52 (4): 80.

Tomescu M, Moorkens I, Wetzels W, et al. 2016. Renewable energy in Europe 2017: Recent growth and knock-on effects. London: Imperial College.

Tuanteta K, Temminka H, Zeemana G, et al. 2014. Nutrient removal and micro-algal biomass production on urine in a short light-path photobioreactor. Water Research, 55: 162-174.

TWH (The White House). 2011. White house: Blueprint for a secure energy future. [2017-4-12]. https://obamawhitehouse. archives. gov/issues/blueprint-secure-energy-future.

Udert K M, Buckley C A, Wächter M, et al. 2015. Technologies for the treatment of source-separated urine in the eThekwini Municipality. Water SA, 41 (2): 212-221.

Udert K M, Fux C, Münster M, et al. 2003. Nitrification and autotrophic denitrification of source-separated urine. Water Science & Technology, 48 (1): 119-130.

Ueno Y, Fuji M. 2011. Three years experience of operating and selling recovered struvite from full scale plant. Environmental Technology, 22: 1373-1381.

Ueno Y. 2004. Full scale struvite recovery in Japan//Valsami-Jones E. Phosphorus in environmental technology: Principles and applications. London: IWA Publishing.

UKNP (UK Nutrient Platform). 2015. UK Nutrient Platform: Edinburgh Meeting. [2017-4-12]. http://link2energy. co. uk/uk-nutrient-platform- september-2015.

Ulrich A E, Schnug E, Prasser H M, et al. 2014. Uranium endowments in phosphate rock. Science of the Total Environment, 478 (478): 226-234.

USDE (U.S. Department of Energy). 2016. Weatherization assistance program. [2017-4-12]. http://energy. gov/eere/wipo/weatherization-assistance-program.

USDE (U.S. Department of Energy). 2018a. Business energy investment tax credit. [2019-1-14]. http://programs. dsireusa. org/system/program/detail/658.

USDE (U.S. Department of Energy). 2018b. Residential renewable energy tax credit. [2019-1-14]. http://programs. dsireusa. org/system/program/detail/1235.

USGS (U.S. Geological Survey). 2020. Phosphate rock statistics and information.[2020-1-15].https://www. usgs.gov/centers/nmic/phosphate-rock-statistics-and-information.

Vaccari D A. 2009. Phosphorus: A looming crisis. Scientific American, 300(6): 54-59.

van Dijk K C, Lesschen J P, Oenema O. 2016. Phosphorus flows and balances of the European Union Member States. Science of the Total Environment, 42: 1078-1093.

van Loosdrecht M C M , Brandse F A , De Vries A C. 1998. Upgrading of waste water treatment processes for integrated nutrient removal the BCFS® process . Water Science & Technology, 37 (9): 209-217.

van Loosdrecht M C M, Brdjanovic D. 2014. Anticipating the next century of wastewater treatment . Science, 344(6191): 1452-1453.

Vancouver C O. 2014. Southeast false creek neighborhood energy utility. [2015-01-01]. https://vancouver. ca/home-property-development/southeast-false-creek-neighbourhood-energy-utility. aspx.

Vanotti M B, Szogi A A, Hunt P G, et al. 2007. Development of environmentally superior treatment system to replace anaerobic swine lagoons in the USA. Bioresource Technology, 98: 3184-3194.

Vanotti M B, Szogi A. 2009. Technology for recovery of phosphorus from animal wastewater through calcium phosphate precipitation//Ashley K, Mavinic D, Koch F. International Conference on Nutrient Recovery: Nutrient Recovery from Wastewater Streams. London: IWA.

Verstraete W, Vlaeminck S E. 2011. Zero WasteWater: Short-cycling of wastewater resources for sustainable cities of the future. International Journal of Sustainable Development & World Ecology, 18(3): 253-264.

Walker L. 2015. New report highlights raw material risks for Scotland's economy. [2017-4-12]. http://www. zerowastescotland. org. uk/content/new-report-highlights-raw-material-risks-scotland%E2%80%99s-economy.

Werner C, Panesar A, Bracken P, et al. 2014. Evaluating the role of ecosystem services in participatory land use planning: Proposing a balanced score card. Landscape Ecology, 29(8): 1435-1446.

Wilkin P. 1997. Energy for the future: renewable sources of energy-white paper for a community strategy and action plan. [2017-4-12]. http://aei. pitt. edu/1130/.

Wilsenach J A, Schuurbiers C A. H, van Loosdrecht M C M. 2007. Phosphate and potassium recovery from source separated urine through struvite precipitation. Water Research, 41(2): 458-466.

Wilsenach J A, van Loosdrecht M C M. 2004. Effects of separate urine collection on advanced nutrient removal processes. Environmental Science & Technology, 38(4): 1208-1215.

Wilt A D, Butkovskyi A, Tuantet K, et al. 2015. Micro-pollutant removal in an algal treatment system fed with source separated wastewater streams. Journal of Hazardous Materials, 304: 84-92.

WM (Wastewater Management). 2013. The Netherlands waste water management roadmap towards 2030. [2017-4-12]. https://www. uvw. nl/wp-content/files/Roadmap%20Wastewater%20management. pdf.

WRND (Waste and Resource Network Denmark). 2016. Phosphorus a limited resource-closing the loop. [2017-4-12]. https://dakofa. com/conference/conference/programme/.

Zhang M Y, Sun L Y, Jiang Y Q, et al. 2010. Comprehensive evaluation of sewage source heat pump system applied in Shanghai. Kaifeng: International Conference on E-Product E-Service and E-Entertainment: 1-4.

Zimmermann M, Felmeden J, Michel B. 2018. Integrated assessment of novel urban water infrastructures in Frankfurt am main and Hamburg, Germany. Water, (10): 211.

Zogg M. 2008. History of heat pumps-Swiss contributions and international milestones. Zürich, Switzerland: 9th International IEA Heat Pump Conference.

第 2 章　水源、水质与排涝生态方式

水源、水质及排涝方式也存在顺应自然的生态方式。以前人们对水的需求大多是依靠河水、湖水而已。然而，近代人类无休止的工业活动导致居所附近地表水和地下水严重不足，于是又采用筑坝蓄水(水库)、远距离调水方式来满足自身需要。与打井相比，筑坝蓄水和远距离调水规模一般都很大，对生态环境的潜在影响也十分明显。因此，这些本身逆生态(阻碍水循环或改变循环路径)的取水行为应该得到有效遏制。我们完全可以模拟自然水循环向大海借水(海水淡化)。

自然水体中生物多样性对保持和净化水质具有不可替代的自净作用。然而超出人类生活基本需求导致的污染物排放天然水体中的多样性生物显然不能承受。换句话说，水体自净存在一个容许范围，即所谓的"环境容量"。因此，凡是超出自净容量的人为污染物需要采用人工方式予以去除，即所谓的"污水处理"。因此，人类在水质利用上需做到"完璧归赵"，采用的处理方法尽可能趋于生态方式(如生物处理法)。

人类学会定居后从山林移居平坦之地，甚至侵占河道和洪水必经之路。现代城市建设多注重地上而忽视地下，被大面积硬化了的地面降雨之时完全失去下渗作用，形成的大量径流又没有足够的吸纳空间和排放容量，结果，"城市看海"现象时有发生。这一切也是源于逆生态。

本章内容从水源、水质乃至排涝角度介绍顺应自然的近生态方式。以北京为例，不仅从水源变迁方面述及未来可持续的用水方式，也对保障水质介绍了相应的国际理念与新技术。同时，借鉴国外生态排水经验，指出聚水、排涝、水质维护的新思路。

2.1　生物多样性决定水资源的未来

2.1.1　引言

《世界资源》统计，全球总储水量中仅有 3%为淡水，而这其中只有 0.4%以地表淡水(河流、湖泊和湿地)形式存在，剩余 99.6%的淡水被储存在水盖、冰川、地下水和土壤水中(IIED, 1987)。地表淡水水量虽然小，却是人类赖以生存的最为重要的资源之一，关系到饮用、生活、灌溉、工业、渔业、航运和发电等重大民生问题。随着世界人口迅速增长、工农业及市政用水量急剧增加、人类活动造成的大量污水/废物肆意排放，目前全球约有 1/3 人口缺少清洁饮用淡水，以至于淡水资源短缺已成为影响人类可持续发展的严重危机之一。

人们的目光往往集中于治理、恢复淡水资源本身，很少涉及对淡水资源起决定性作用的淡水生态系统。很少有人意识到，丰富的淡水生物多样性是维持淡水功能的基本前提。在自然状态下，淡水生态系统中各种各样的生物与非生物因素相互关联、相互作用，

进行着一系列复杂的物理、化学和生命活动，生态系统内外广泛进行着物质循环、能量交换及信息传递，以维持淡水生态系统结构和各种功能的正常运作，保持自身的生态平衡。淡水生物多样性不仅为人类提供淡水、鱼虾等物质财富，而且也为人们提供着文化娱乐等非物质财富，更重要的是它还有着维持淡水生态系统内养分循环、实现水体自净、控制洪涝/干旱、调节小气候等生态价值。

长期以来，人们对淡水生物多样性的关注大多集中在经济性鱼类角度，忽视了其对淡水资源水质、水量的调节作用。事实上，保护淡水生物多样性其实就是保护人类有限的淡水资源，也就保证了人类的可持续发展。

本节首先分析淡水生物多样性与淡水资源的关系，强调淡水生物多样性对于淡水资源的重要意义，以引起人们在保护水环境时的特别关注；进而从重要价值、目前现状、人为因素、保护措施等几个方面论述有关淡水生物多样性的概况。

2.1.2　淡水生物多样性与淡水资源的关系

生物多样性是指一定时空范围内生物物种及其所携带的遗传信息和其与环境形成的生态复合体的多样化及各种生物学、生态学过程的多样化和复杂性。生物多样性包含 4 个层次内容(丁圣彦, 2004)。

(1)物种多样性：生物物种的丰富性及其形成、发展、演化、时空分布格局和生态分化与适应机制等的多样化。

(2)遗传多样性：所有生物所携带的遗传信息及其种内、种间可遗传变异的多样化。

(3)生态系统多样性：各级各类生态系统类型的丰富性及各级各类生态系统内与生态系统之间生境类型、生物群落和各种生态过程的多样化。

(4)景观多样性：景观生态系统类型的丰富性及各景观生态系统中不同类型的景观要素在空间结构、功能机制、时间动态方面的多样化和复杂性。

在所有层次生物多样性中，物种多样性是最基础的，因为物种既是基因的载体，又是构成生态系统和景观的基本组成部分；物种丧失不仅消灭了其携带的基因，也破坏了其组成的生态系统和景观。遗传多样性是生物多样性的核心，高的遗传多样性才能保证高的物种多样性；丰富的物种多样性又会促进生态系统多样性和景观多样性。生态系统多样性为物种生存提供适宜的环境，是物种多样性、遗传多样性和景观多样性的前提和保证。景观多样性构成了其他层次生物多样性的背景，并制约着这些层次生物多样性的时空格局及其变化过程。总之，生物多样性的 4 个层次是紧密联系、相互作用的，不能将生物多样性狭义地理解为物种的多样性。

在自然状态下，少量污染物被排入水体后，会在物理、化学和生物过程的共同作用下得到转化与降解，使水质得到改善。物理净化过程，如稀释、扩散、混合、挥发、沉淀等，主要与接纳水体的水量和流速有关；接纳水体的水量越大，水体结构越复杂，生态系统和景观多样性越丰富，物理净化效果就越好。化学净化过程包括氧化还原、酸碱反应、分解化合、凝聚等，其中以氧化还原反应为主，因此溶解氧就成了化学净化过程的首要限制条件。除大气复氧以外，水体中植物进行光合作用产生的氧气也是溶解氧的重要来源，换句话说，光合植物物种和基因越丰富，化学净化效果就会越明显。

水体自净以生物作用最重要。天然水体中栖息着各种各样的生物，其中微生物能把水中的有机污染物分解成 CO_2、NH_4^+、NO_2^-、NO_3^-、PO_4^{3-}、H_2S 等无机物；藻类、水草等植物通过光合作用吸收利用水中的无机物，合成自身组织；鱼类一方面以微生物、藻类为食物，另一方面作为大型动物和人类的食物；人类又不断地将各种污染物排入水体中，水体中的微生物再次将它们分解成无机物，如此循环。除了有机物和无机营养物，水生生物还能使 Hg、Pb、Cr、As 等有毒重金属盐类或其他有毒、难降解物质进行转化和富集。这一过程在实现物质循环、能量传递的同时，还完成了生物量生产、降解了污染物、净化了水体。因此，水体中物种越多、基因越丰富，水体自净速度就越快、效果也越好。

除此之外，多样的生态系统和景观，即丰富、结构复杂的河流、湖泊和湿地也有利于容纳地表水、补充地下水，具有蓄洪、涵养水源、调节水量的功能。总之，生物多样性可从水质和水量上双双保障淡水资源的可持续利用。可以说，在很大程度上，生物多样性决定着淡水资源的未来！

事实上，当代污水处理工艺广泛采用的生物处理方法，如活性污泥、生物膜、氧化塘法、人工湿地等，其原理就是模拟和强化自然水体中环境微生物的转化、降解机理。但是，人工构建的污水处理设施中只有微生物的单独作用，并没有后续更高等级的生物作用，所以难以实现完整的物质循环，从而在处理过程中产生大量剩余污泥。处理这些剩余污泥不仅需要花费大量资金，还有可能引起次生环境问题。

然而，自然水体中生物多样性十分丰富，不仅有微生物存在，还生活着各种植物和动物，能够实现如上所述的完整的物质循环，而且不会产生次生环境问题，所以水体自净无疑是一种更健康、更加可持续的水的净化方式。

现代社会中，人类虽然发明了工程化污水处理这一人为末端处理措施，却在很大程度上忽略了水体自净这种免费、强大的净化作用。因此，保护水生生物多样性、充分调动水体自净的积极因素，不但可以减轻人工污水处理的经济负担，还可以保证水体的正常功能，如美国有很多地方生活污水经简单处理后就直接排入附近水体或土壤中，利用天然水体/土壤的自净作用就完全可以将生活污水净化。当然，利用水体自净功能的前提是水体生物多样性丰富、功能完整、没有受到过度污染、还具有容纳空间，否则污水的排入只会加重水体污染，而达不到净化的目的。

2.1.3　淡水生物多样性的重要价值

生物多样性的价值在于它为生态系统服务，也就是人类从生态系统中获得的所有惠益。联合国环境规划署在千年生态系统评估中将生态系统服务分为 4 类(Covich, 2004; MEA, 2003)：①供给服务：指大自然为人类提供的各种资源，如清洁饮用水、鱼虾等；②支持服务：指维持水生态系统水分循环、养分循环的生态系统过程，如生物量生产、有机物质降解等；③调节服务：包括调节水文、微气候，净化水质，调控自然灾害等；④文化服务：指为人类提供休闲娱乐场所，精神和美学享受，激发灵感，或作为科研对象。

又可以将生态系统服务分为直接价值和间接价值。生物多样性的直接价值是指生物多样性作为生活资料或生产原料被直接利用的价值，即供给服务和文化服务，如 1999年世界范围内收获 820 万 t 淡水鱼类，占总渔获量(不包括水产养殖)的 9%(FAO, 2001)；

美国每年从狩猎、钓鱼等休闲娱乐业中所获取的收益就高达 41 亿美元之多(Pimentel et al., 1997)。进言之,淡水生物作为科学研究对象给人类所带来的利益更难以估算,有时一个小小的基因发现就能使我们的生活发生翻天覆地的变化。

长久以来,人们一般只关心淡水生物多样性的直接价值,而忽视了其间接价值,即潜在的生态价值,也就是支持服务和调节服务。事实上,淡水生物多样性的间接价值远远超过其直接价值,这是因为淡水生物多样性的生态功能是保证淡水生态系统正常运转的前提。只有淡水生态系统保持相对平衡,才可能为人类提供供给和文化服务,才有可能为人类提供足够的清洁淡水。

人类对绝大多数物种的认知程度还很低,甚至许多物种在还没有被发现之前就已被灭绝。自然界是环环相扣、息息相关的,作为自然界中生物的一部分,人类对自然界的任何伤害都可能威胁到人类自身。其实,地球上任何一个物种都应该受到人类的尊重,无论其对人类是否具有直接的经济价值,它们都应该被视为人类的好邻居、好伙伴。生物多样性是地球上生命支持系统最重要的组成部分,是复杂、不可分割的一个有机整体,其系统价值和功能是无限的,远远超出了人类的经历和认知。从长远来看,生物多样性对人类的最大价值可能就在于它为人类提供了可适应区域和全球环境变化的各种机会(Chapin et al., 2000)。

2.1.4　淡水生物多样性现状

生物多样性这一概念于 20 世纪 80 年代被提出后,很快就引起了全球广泛关注,因为它的提出实际上已预示着一种潜在危机即将来临,即目前人们所面临的生物多样性锐减问题。生态学者估计,目前物种灭绝速度是正常灭绝速度的 100~1 000 倍,全世界每一分钟都有一种植物灭绝,每天都会有一种动物灭绝(Wilson, 2002),所以有人形象地称其为第六次物种大灭绝。与前五次物种大灭绝不同的是,那些物种灭绝事件主要是由地质灾难和气候变化造成的,而这次物种大灭绝的罪魁祸首却是人类自己。

与陆地和海洋相比,淡水生态系统的范围相对狭小、不连续,具有极高的封闭性,淡水生物不易突破陆地的阻隔,迁入、迁出都非常困难。淡水生态系统的这些特点一方面使得淡水生物多样性通常高度特化,物种、基因、生态系统和景观多样性也异常丰富。尽管地表淡水水域面积只占地球表面的 0.8%,但所包含的物种数却占全球所有已知物种数量的 2.4%,其平均物种密度远高于陆地或海洋(Reaka et al., 1997; McAllistr et al., 1997),如表 2.1 所示。

表 2.1　生态系统物种丰富度

生态系统	占地表面积的比例/%	已知物种的分布[①]/%	相对物种丰富度
淡水	0.8	2.4	3
陆地	28.4	77.5	2.7
海洋	70.8	14.7	0.2

①总和不等于 100,因为有 5.4%的共生物种被排除在外。

另一方面，淡水生态系统的封闭性又限制了其自我调节能力，其更容易受到人为因素的干扰，即生态稳定性较差。因此，淡水生物多样性下降速度远远高于陆地和海洋，而且如果目前的退化趋势得不到控制，物种灭绝速度将成倍增长（Ricciardi and Rasmussen, 1999），如表 2.2 所见。仅 2003～2010 年，列入自然保护联盟淡水濒危物种红色名录的数量已从 2 000 种上升至 6 000 多种（Gessner, 2010）。然而，这些数字只能说明调查覆盖的物种和地区范围在不断扩大，并不能反映实际的数量变化。这些例子只是最直观的物种多样性变化，而其中所隐含的遗传、生态系统和景观多样性的损失已无法估量。

表 2.2　对北美大陆动物灭绝速度（每 10 年）的估计　　　　（单位：%）

淡水动物	现在	未来	陆地和海洋动物	现在	未来
鱼类	0.4	2.4	鸟类	0.3	0.7
虾类	0.1	3.9	爬行动物	0.0	0.7
贝类	1.2	6.4	陆地哺乳动物	0.0	0.7
腹足类	0.8	2.6	海洋哺乳动物	0.2	1.1
两栖动物	0.2	3.0			
平均	0.5	3.7	平均	0.1	0.8

资料来源：Ricciardi and Rasmussen, 1999。

尽管淡水生物多样性退化现状如此严峻，却一直未得到应有的重视，至今只有零星研究报道，而且主要涉及经济鱼类。鉴于淡水生物多样性的丰富度、脆弱性及重要价值，特别是其保障淡水资源的特殊功能，重视甚至优先保护淡水生物多样性的任务已经迫在眉睫。

2.1.5　造成淡水生物多样性锐减的人为因素

造成淡水生物多样性锐减的人为因素有很多（于永刚, 2009; Dudgeon et al., 2006; Harrison and Stiassny, 1999），如工程项目、生物入侵、环境污染、围湖造田和水土流失、过度捕捞和不合理养殖、气候变化等。在发达国家，工程项目和生物入侵是主要因素，而在发展中国家，环境污染、围湖造田和水土流失、过度捕捞和不合理养殖的情况比较常见。

1. 工程项目

随着社会发展，人类改造自然的能力越来越强，水利（如大坝、堤岸、涵洞、运河、灌渠）、水电（如水电站）工程等在带来巨大经济和社会效益的同时，也带来了难以恢复的生态灾难。水利水电工程截留蓄水、河流沟渠化和管道化改造，一方面使得下游流量不足、河流长度缩短、河道宽度减少，导致水生生境萎缩、丧失；另一方面，造成河水流动缓慢、富氧率低下，蓝藻、绿藻等浮游植物生长，增加了富营养化风险。水利水电工程往往将水位抬高，出于航运目的，许多河流主干道被人为加深，阻断了洄游性鱼类的洄游通道，使它们的生长、繁殖受到限制，甚至造成洄游性鱼类的绝迹；堤岸及防洪设施使那些既需要水生栖息地又需要陆地栖息地来完成其生命周期的物种无法生存，如两栖类和水生昆虫(Bunn and Arthington, 2002; Peter and Tockner, 2010)。

在发达国家，这一现象尤其严重，如我们一般认识上的世界大花园——瑞士。据估计，现在瑞士只有54%的河流保持着近自然状态(Peter and Tockner, 2010)。瑞士的一个重大人为干预工程是 1868~1891 年进行的汝拉水域改造。截至目前，汝拉水域已有 8 种鱼类(原共有 55 种)被列入瑞士联邦环境办公室的灭绝名单——它们中的大部分都有着复杂的栖息地要求和迁徙行为(Gessner, 2010)。

近年来，针对以上问题提出了一些解决措施，如运用水库调度产生人造洪峰，设置过鱼设施等措施。然而这些方法治标不治本，要想从根本上保护淡水生物多样性，需要建立一套全新的、生态友好的流域工程管理方法，将生物多样性作为一个重要的组成部分优先考虑。

2. 生物入侵

经济全球化加大了国家之间的文化贸易往来，消除了地理阻隔，这也为生物入侵创造了条件：出于经济、观赏等目的主动引入外来物种；通过货船的压仓水，外来物种被吸附在运输工具中或夹带在商业水产品中而传播外来物种；为连通河流而开凿的人工水路为生物入侵提供了通道，如欧洲莱茵河—美因河—多瑙河运河的建设；气候变化引起的温度升高或雨情变化也可能导致生物迁移；此外，生物也可以借助风、雨、河流等自然条件和自身生物学特性而自然传播(Kopp, 2010)。

在一个经过长期进化而达到相对平衡的生态系统中，任何一个物种的缺失或侵入都可能造成系统结构与功能的改变。很多外来物种进入新环境后生态适应性极强，能够迅速繁殖和传播，引起一系列不良的连锁反应。外来物种的大量繁殖往往会改变食物链的结构，过度消耗下一级别生物；挤占原有本地物种生存空间，使得本地物种种类和数量减少，甚至灭绝；携带自身可免疫的病毒，造成本地物种大量被感染死亡；水生植物疯长并覆盖水面，从而堵塞航道(Kopp, 2010; Moyle and Light, 1996)。生物入侵对水体生态的破坏有时是灾难性的，如 19 世纪末，为了促进小龙虾繁殖，欧洲引入了三个北美小龙虾物种，70 年后这些外来物种扩散至瑞士，其超强繁殖能力及所携带的致病真菌造成本地小龙虾大量死亡，并逐渐取代了本地小龙虾(Kopp, 2010)。

通常情况下，外来物种先在局部范围内生长，然后指数倍增并扩散。一般只有在扩张阶段入侵者才会被发现，而且几乎不可能彻底消除已经扩散的入侵物种。因此，防止生物入侵的工作重点应放在避免引进新物种、尽早发现入侵物种及阻止入侵物种的蔓延上。对于人为引入的外来物种，需要进行长期的安全监测和评估，对贸易运输和出入境物品应加强检验、检疫工作；对河流和湖泊进行定期监测、建立入侵物种信息库、开展对入侵生物的生态和遗传特征的研究(Kopp, 2010; Moyle and Light, 1996)。这些措施将有助于尽早发现外来物种、预测扩散趋势并控制生物入侵。

3. 环境污染

由于工业生产废水、城市生活污水、农药、化肥及矿山排水等不断激增，水体污染问题日益严峻。有机物、氮、磷等营养物质的排入加速了水体富营养化程度。重金属和农药都会引起生物体急性、慢性中毒，甚至死亡，而且很容易在生物体内积累并通过食物链逐级放大，最后直接危及人类健康。大气和土壤污染也会间接引起淡水生态系统恶化，如酸雨会使水体 pH 下降，污染土壤经雨水径流冲刷会将污染物带入水体中。尽管各种污染的影响途径和方式不尽相同，但结果都是毒害水生生物，导致生境的单一化，最后又进一步导致水生生态系统的结构与功能遭到破坏。

发达国家经过一段惨痛的历史教训后，水体污染问题已经得到明显改善，但这在发展中国家还是造成水生生物多样性退化的一个重要原因。根据对中国 131 个主要湖泊的调查显示，Ⅰ类水质的湖泊已不复存在，可作为饮用水和生活用水的Ⅱ、Ⅲ类水质的湖泊仅占湖泊总面积的 46.18%，非饮用水的Ⅳ、Ⅴ类，甚至超Ⅴ类水质的湖泊占湖泊总面积的 54.31%（沈韫芬和蔡庆华，2003）。

不难看出，淡水生物多样性与水体污染是一种此消彼长的关系：水体污染严重就会加速淡水生物多样性的退化，淡水生物多样性丰富就会减缓水体污染。因此，推进地表水体修复，就是促进水生生物多样性，水生生物多样性增加又会进一步改善水质，也就是促进淡水资源的丰富度。

4. 围湖造田和水土流失

迫于经济发展和食物压力，许多发展中国家过度开垦土地、砍伐森林，就使得围湖造田和水土流失现象非常严重。长期围湖造田及水土流失使淡水水域面积迅速缩小，水生生物栖息地大幅丧失，造成淡水生态系统退化和生物多样性衰减。据统计，号称"八百里"的洞庭湖水域面积被围去 1.7 万 hm^2，太湖水域被围去 1.6 万 hm^2，鄱阳湖水域被围去 0.6 万 hm^2（阳含熙和李飞，2002）。

用技术解决水土流失并非难事，只要退耕还林、恢复植被便可实现，但是围湖造田和水土流失更多的是体制问题，对于那些急于发展经济的发展中国家来说，要想在短期内解决还不太现实。

5. 过度捕捞和不合理养殖

在食物需求和经济增长刺激下，过度捕捞及不合理养殖现象日益严重，使已经不堪一击的淡水生态系统更加脆弱，陷入难以逆转的恶性循环中。涸泽而渔、非法捕鱼、电（毒、炸）鱼等现象肆虐，导致鱼类资源严重减退，淡水生物多样性急速下降；养殖面积盲目扩大，挤占了水体中原有本地物种的生存空间；放养水产生物品种单一、结构不合理，严重改变了水体中的生物群落结构；化肥养鱼产生过多的 NH_4^+，是水体老化的重要诱因；剩余饵料导致营养物质过剩、水体富营养化（于永刚，2009）。60 年前长江中游极为多见的龟、鳖、蟹类和其他珍稀种类，如胭脂鱼、鲥鱼、鳗鲡、白鳍豚、江豚、中华鲟等，现在已经罕见（王海英等，2004）。

发展中国家为了满足食物需求，不可避免地要进行捕捞和水产养殖，但是只要捕捞和养殖方式科学合理，不但可以获得高质量的水产品，维持水体正常功能，甚至可以人为调节水中生物群落结构，保证水体生态系统平衡。

6. 气候变化

工业革命以来，由于人类活动，大气中 CO_2、CH_4 和 N_2O 等温室气体含量大幅上升，这就使得全球气候变暖成为一个毋庸置疑的事实。据估计，2030 年 CO_2 浓度将会倍增，届时全球大气和土壤温度会升高 1.5～4.5 ℃。

气候变化对淡水生态系统的影响是一个复杂的过程，所造成的最直接的变化就是极地、高山冰川融化及海平面上升，使得地球淡水资源进一步减少。全球变暖导致大气环流和海平面气压场的变动，进而改变了全球水文循环，加剧洪涝、干旱和其他气象灾害；气温升高还会引起水体温度升高、溶解氧下降，影响物种生长、繁殖和迁移，使生物入侵向高纬度地区倾斜；温度升高必然也将加剧水体富营养化现象，造成淡水生态系统退化（Ficke et al., 2007; Prowse et al., 2006）。

温室气体排放主要取决于人口增长、经济增长、能效提高、技术进步、各种能源相对价格等众多因素，作用范围广泛，前景不容乐观。现在，气候变化越来越显著，对水生生物多样性的影响将会越来越大，甚至可能超出其他所有因素的作用（Gessner, 2010）。

一般情况下，上述引起淡水生物多样性锐减的因素并不是单独存在的，它们或相互牵连，或相互叠加。从深层次角度来看，生物多样性锐减实际上归因于人类对大自然的不可持续的利用方式。随着人口迅速增长，经济活动加剧，人类不断地从自然界中获取各种各样的资源，甚至以掠夺方式加以开发和利用，这必然造成生物多样性难以逆转的损失。事实上，人类改造自然所获得的利益往往还不够抵消其引起的自然灾害所造成的损失，所以更多时候是得不偿失。近年来地表水体修复项目不断增加，如泰晤士河水质恢复，所投入的资金可能比当时利用这条河发展经济的收益要高出许多。

越来越多的生态学家和生物学家认为，生物多样性丧失的根源不在于物种和生境本身，而在于当今不完善的经济发展体系。因此，我们应该开创一种革命性的发展思路和经济运作模式，即在发展经济的同时，优先考虑生态平衡，做到经济与环境友好共进，不能一味地重复发达国家先污染后治理的老路。

2.1.6　淡水生物多样性的保护措施

人类社会的可持续发展从根本上取决于生态系统及其服务的可持续性，因为如果连人类赖以生存的自然环境都不复存在，还何谈生存与发展？因此，保护生物多样性就是保护我们人类自己。由于全球范围内的生物多样性锐减危机，联合国于 1992 年通过了《生物多样性公约》。2001 年举行的可持续发展全球峰会上曾提出，到 2010 年前扭转生物多样性快速退化的趋势。然而现在看来这一目标并没有实现！2010 年在日本名古屋举行的联合国生物多样化全球峰会上又通过了"保护全球濒危动植物计划"，承诺到 2020 年前将保护的范围涵盖至全球陆地地表的 17% 及海洋的 10%。然而这一政治宣言远低于科学界的期望。面对世界人口的不断增长，生物多样性保护的前景的确不容乐观。除了尽可能减少以上人为破坏因素外，以下归纳总结出全球范围就淡水生物多样性保护所提出的一些具体行政与技术措施。

（1）从政治层面上提高对淡水生物多样性保护的重视，制定国家级生物多样性保护战略。生物多样性保护是一项复杂而艰巨的任务，涉及众多学科，涉及各级部门，需要国家和国际水平上的持续合作。显然，只有各国政府才有能力承担起这一重任。为了实现生物多样性保护，政府需从宏观上进行整体调控，把保护生物多样性与发展经济综合考虑，将生物多样性保护纳入国家发展的总体规划中，制定一个涵盖经济、法律、技术、教育等全方位的国家级生物多样性保护战略，如瑞士已建立一套完整的国家级生物多样性保护战略(Guignet, 2010)。

(2)建立和完善生物多样性保护的法律法规，广泛开展环境保护教育。法律无疑是对生物多样性保护最有力的保障。针对淡水生态系统，需要从生物多样性、水资源、水利工程、渔业和农业土地利用几个方面全面配套地实行改革(Peter and Tockner, 2010)。有了法律法规，关键还在于贯彻落实，生物多样性保护也应该像污染者付费原则那样实行奖惩制度，遵循"谁污染、谁治理，谁破坏、谁保护，谁受益、谁分摊"的基本原则(姬亚芹和鞠美庭, 2000)。此外，还应加强公众教育、宣传及公共机构的责任感，尽力减少人为破坏。

(3)建立自然保护区是生物多样性保护最有效的方法与途径。对于那些物种丰富或者具有重要类群和濒危物种的水体就应建立保护区。但是注意不能形成隔离，要与主要水体联通，形成半封闭的故道。另外，还应在保护区内布设生态监测网点，将生物多样性的研究与保护结合起来(章继华和何永进, 2005; Pittock et al., 2008)。

(4)减少水体污染，推进地表水体修复。实现生物多样性，需要物种产生与物种灭绝保持一个动态平衡(Seehausen, 2010)，也就是说，不仅要保护现有物种的多样性，还要为新物种的产生创造有利条件。现在的情况是，不仅物种灭绝的速度加快了，物种形成的速度也减慢了。生态系统多样性显然有利于新物种的产生，所以进行地表水体修复具有重要意义。这样一方面可促进生态系统多样性、减缓物种灭绝，另一方面又能够促进新物种的产生。此外，有必要进行物种形成过程研究，加速物种形成就如同减缓生物多样性衰退。

(5)加强生物多样性本底调查和编目，建立生物多样性信息库。在保护淡水生物多样性之前，最基本的是要知道水体中存在哪些物种、变化趋势和变化程度。然而，我们目前对许多物种，特别是水生生物的基本信息掌握极少，甚至真实的淡水生物多样性下降程度都可能被低估了。因此，迫切需要开展区域水生生物多样性的调查和监测，对物种进行鉴定与描述，保存濒危种的基因、精子和胚胎，建立基因库，了解生物多样性减少的程度、原因和后果，建立起一个生物多样性现状和变化健全的资料库(Ficetola et al., 2008; Peter et al., 2010)，这将大大有利于生物多样性的有效管理。

(6)正确量化生物多样性的价值，优先保护濒危种、关键种、本地种和特有种。现在的普遍趋势是优先保护更具有经济价值的经济种，而不是濒危种、关键种、本地种和特有种，但是它们在维护生物多样性和生态系统稳定方面起着重要作用，其生态价值远高于经济价值，是无法以金钱来衡量的。因此，不能以经济价值衡量物种的保护意义，应该从生态价值的角度去量化，这将为未来生物多样性保护提供一个可靠依据。

(7)目前对生物多样性的科学认识远远不足，往往局限于物种数目的减少，而忽视了遗传多样性、生态系统多样性和景观多样性的重要作用。针对淡水生物多样性的研究更是少之又少，而且主要集中于经济性鱼类和养殖角度。鉴于淡水生物多样性与淡水资源息息相关，重视甚至优先保护淡水生物多样性就显得尤为必要。

2.2 北京水源历史变迁与终极选择

2.2.1 引言

围水修池、围池成园、围园筑宅、围宅建城是古人从散居至聚居的演变过程，由此给我们带来的启示是水乃城市出现和发展的基础与灵魂。北京，这座已有 850 多年历史的文化古都(自金朝 1153 迁都起)正是经历了这样的历史变迁。然而，随着北京城市规模不断扩大、人口剧增，这座屹立于世界东方的古都业已沦为水的"人质"，缺水程度(人均水资源拥有量已不足 100 m³)已赶超国际公认的严重缺水国家——以色列(Hao, 2013)。

那么北京的开都之水在哪里？随后又经历了哪些给水水源变迁？未来存在可持续水资源再滋润北京 800 年吗？对这些问题的思考形成本节之命题。谈古论今、未雨绸缪、高瞻远瞩可能会对一代又一代向往一泉清水的北京人起到醍醐灌顶的作用，用持续可得的水资源继续维持北京下一个 800 年。

2.2.2 孕育古都的命脉——玉泉山泉

展开北京地图，会发现西北五环内有一潭形如寿桃的静水，即北京颐和园内的昆明湖。昆明湖西侧有一座占地面积不大的小山——玉泉山，它与颐和园毗邻；发源于玉泉山的山泉正是北京历史上的开都之水，它源源不断地滋润了北京 800 多年，是北京的古老生命之泉。

玉泉山泉的发现要感谢古代金人对北京局部区域水系的建设与探索。金人在开凿金口河引卢沟水失败之后，偶然发现了高粱河(今北京展览馆一带，源于紫竹院平地泉)西北方向的泉水。高粱河与西北玉泉山之间的地带被称为海淀台地，如图 2.1 所示。海淀台地地势较高，从而阻隔了南北水系，海淀台地之北的玉泉山泉沿清河自然向东北方向流去，而海淀台地以南的高粱河则向东南流动，使得南北两个水系原本没有任何交集。

金人为了把玉泉山中的这股清泉引向大宁宫为己所用，于 1205 年在北长河下游的青龙桥一带建闸拦水、雍高水位，使玉泉山泉不得不掉头向南，注入七里泊(即今昆明湖一带)。与此同时，金人又开凿了一条千余米长、穿越海淀台地的河道，即从七里泊至紫竹院的引河，与古高粱河上源接通，于是便形成了如今的南长河(李裕宏，2013)。从此，西山玉泉山泉水便源源不断地流入老北京城。这一古老水利工程不仅开辟了一条向老北京城输水的生命渠道，而且也激活了整个老北京城区的水系，奠定了老北京作为历朝古都的生存基础。

古时，玉泉山泉流量充沛，泉眼中有名称记载的便多达 30 余处(李裕宏，2001)。清冽甘美的山泉从山间石隙中喷涌而出，宛如玉虹，在明代以前便有"玉泉垂虹"之说，并被列为燕京八景之一(李裕宏，2003a)。然而，中华人民共和国成立后，北京城内地下水开采量激增，以及在玉泉山和永定河上游修建了包括官厅水库在内的若干水利工程，使玉泉山泉补给来源入不敷出，导致其昔日风光不复存在。图 2.2 显示了玉泉山泉至断流前近 50 年的流量变化趋势；从 1928 年的 2.01 $m^3 \cdot s^{-1}$ 下降为 1949 年时的 1.54 $m^3 \cdot s^{-1}$，再到六七十年代中的 0.80 $m^3 \cdot s^{-1}$，直至 1975 年 5 月最后一眼泉穴完全停止喷涌。从 1975 年起，滋润北京城 800 多年的玉泉山泉彻底断流了。玉泉山泉的喜、悲历史充足以引起我们现代人的必要反思。

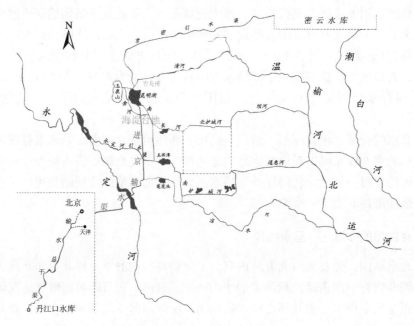

图 2.1　北京水源与水系简图

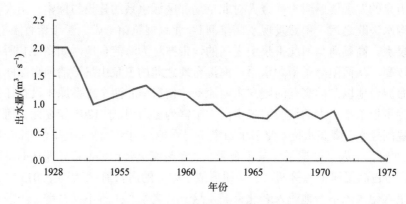

图 2.2　玉泉山泉秒流量递减趋势（李裕宏，2004）

2.2.3　承前启后的地表水源——密云水库

如图 2.2 所示，玉泉山泉流量在中华人民共和国成立初期便一直呈锐减趋势。为应对玉泉山泉可能出现的断流现象，在北京市内寻找新水源的设想便早早被提上议程，并于 1958～1960 年在北京东北方向的密云县兴建了库容达 43.75 亿 m³ 的密云水库（王泽勇，2013）。1966 年 4 月 27 日，密云水库的水借京密引水渠成功被引入颐和园昆明湖，为北京日常生活、工业生产、园林湖泊带来了丰沛的水源（李裕宏，2003b）。从那时起，密云水库便成为北京最大的地表水源供应地，年供水量约 10 亿 m³·a⁻¹（王泽勇，2013）。

　　然而好景不长，密云水库开始供水后不久便遇到了需水量过大和蓄水量不足的现实问题。北京市统计局（2015）发布的数据显示，1966 年北京市常住人口仅为 770 万人，到 2015 年末则达到了 2 170 万。密云水库从建成初期到现在短短 50 年间，北京市常住人口竟增加 1 400 万之多！单单从人口角度来看，目前需水量就比水库建成初期增加了近两倍。此期间，密云水库上游小型水利工程、土地利用和地下水开采等活动频繁，导致流域内原有径流特性和自然气候条件发生了明显的改变，这成为密云水库入流量减少的主因（王泽勇，2013）。图 2.3 分别显示了密云水库径流系数与降雨量的变化（王泽勇，2013）。从图 2.3 中可明显看出，径流系数变化幅度远大于降雨量，这意味着即使在同等降雨情况下，目前形成的入库径流量也远远小于过去，可谓今不如昔。事实上地下水的过度开采，导致地下水位下降，进而导致土壤含水率降低，并使得这种情形下雨水基本都被土壤吸收而入渗地下，很难再形成地表径流补给水库。换句话说，径流系数减小意味着雨水入地，但并没有流失域外。尽管如此，抽取地下水的速度还是远远大于雨水下渗补给的速度，净结果还是使地下水位下降。

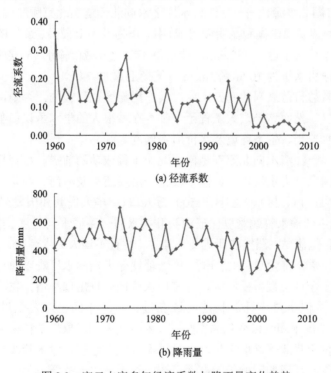

图 2.3　密云水库多年径流系数与降雨量变化趋势

　　总的来看，1956～2000 年的 40 多年里，北京多年平均水资源总量（补给水量）能够保持在 37.4 亿 m³·a⁻¹ 左右（邓琦，2013）。但是，自 1999 年北京进入连续枯水期以来，仅密云水库年均补水量已经减至 4 亿 m³·a⁻¹（王泽勇，2013）。伴随着城市的发展和人口的增加，近几年北京市平均用水总量已经达到约 36 亿 $m^3 \cdot a^{-1}$，而年均水资源总量(补给水量)却仅为 21 亿 $m^3 \cdot a^{-1}$，较多年平均值减少了近 40%，水量缺口达到 15 亿 $m^3 \cdot a^{-1}$(邓琦，2013)。

密云水库作为北京最大的地表水源地，曾经对解决 20 世纪北京继玉泉山泉断流后的缺水问题起到了举足轻重的作用。然而，进入 21 世纪后，面对新一轮严重缺水危机，密云水库显然已不能再满足城市发展对水的需求，由于每年 15 亿 $m^3 \cdot a^{-1}$ 的用水赤字，已不得不从周边同样面临缺水现象的河北，甚至山西调水，同时也需要靠过度开采地下水来救急。事实上，从 20 世纪 70 年代初大规模打井开采地下水以来，北京地下水位就一直处于负增长态势。近几年北京顺义、昌平西部、通州及朝阳东部地区已经形成了一处面积超过 1 000 km^2 的地下水降落漏斗，使这一区域地下水位下降速率平均达 2.66 $m \cdot a^{-1}$(陈蓓蓓等，2012)。地下水位下降还导致该区域发生了地面沉降现象，这就给北京敲响了不能再过度依赖地下水发展的警钟，也成就了北京境外远距离调水的决心。

2.2.4 权宜之计的应急水源——南水北调

面对水危机与城市发展之间的矛盾，国家战略框架下的南水北调中线工程在一片争议声中开工建设。经历 11 年之久的艰苦建设，中线工程终于在 2014 年 12 月 12 日正式建成通水，成功将湖北水源地——丹江口水库之水向北输送至北京颐和园内的团城湖(颐和园内的湖由团城湖、西南湖和昆明湖组成)中。作为世界上最大、最长的跨流域调水工程，中线工程管渠总长度达 1 432 km，计划每年向北方城市输水 95 亿 $m^3 \cdot a^{-1}$，其中输水末端的北京的净引水量为 10.58 亿 $m^3 \cdot a^{-1}$(吴扬王意，2014)。

南水北调对救急日益衰竭的密云水库，其作用无疑是积极的。否则，北京将变成名副其实的"旱城"。然而这一宏大工程至今都存在着很大的学术争议；争议的焦点主要在输水污染、供水安全、生态环境及水价成本问题等。

的确，保证"一江清水向北流"是南水北调工程成功的前提。尽管目前公布的南水水质能够保持在国家 II 类水质以上，但中线工程沿线还涉及河南、湖北、陕西共计 3 省 8 个地(市)43 个县(市、区)，总计 1 500 万人口(中华人民共和国发展和改革委员会，2014)，以明渠为主的输水管线难以保证源头 II 类水质一路清水到北京。输水沿线污水明排固然不敢为之，但偷排、漏排在所难免。其实，暂且不谈人为水污染，南水进入河南、河北及北京后，仅雾霾降尘(特别是雨季时)一项便令末端净水厂难以应付。

此外，供水安全性一直备受质疑，丹江口水源地一旦出现旱情，岂不是会出现南、北争水的局面？看似水量丰沛的长江流域在过去 10 年间已经发生过两次严重干旱(Bamett，2015)；受调水和气候变化的影响，水源地缺水的现象恐怕在未来只能会更加频繁。再者，河北位于华北平原地震带，一旦再次发生大地震，输水管线势必受到威胁。

南水北调对生态环境的影响最为高深莫测，这不是以人的意志为转移的，也不是理论和试验所能预测出来的。自然环境是没有人类时便已存在于地球的东西；民间有一句话说得好，自然不需要人类，而人类却离不开自然。宏观上看，人类这一物种要想相对、较为长久地存在于地球，就必须顺应自然。否则，人类聪明反被聪明误，最后会因过多逆自然问题而被地球所淘汰。

对南水北调来说，巨额工程投资问题及输水成本核算问题是令人较为关注的问题。南水北调中线工程从开工之时工程预算就不断加码；截至 2017 年 4 月，中线一期工程建设累计完成投资 2 627.4 亿元(其中贷款 475.9 亿元)(中华人民共和国水利部, 2017)。单就工程建设总投资一项，中线工程便已超过可行性研究总报告中预算的 1 倍(中华人民共和国水利部长江水利委员会, 2005)。目前，南水北调至北京口门输水水价被定价为 2.33 元·m^{-3}；这一定价与 2005 年《南水北调中线一期工程可行性研究总报告》中有关水价估测值完全一致(中华人民共和国水利部长江水利委员会, 2005; 徐鹤, 2013)，而工程建设投资却早已翻了一番。可见，2.33 元·m^{-3} 的北京口门输水水价是考虑居民承受能力而采取的偏公益性水价标准，并非工程投资全成本核算水价。

参照基本水价与计量水价结合的两部制水价构成(宁春鹏, 2008)及徐鹤(2013)对南水北调水价的研究，南水北调进京全输水成本水价的成本构成(不含北京市配套工程成本)如图 2.4 所示。

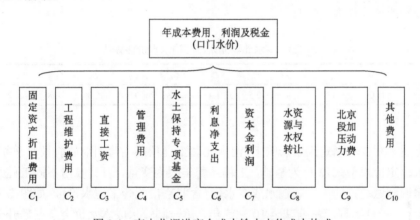

图 2.4　南水北调进京全成本输水水价成本构成

根据图 2.4 全输水成本水价构成，可以得到北京区段使用外调水的口门输水水价定价模型(成本回收)，如式(2.1)(徐鹤, 2013)所示。

如果调水工程经营期限为 50 年，按照水量距离法将南水北调中线一期工程建设项目总投资进行分摊，北京则需分摊 571.78 亿元；固定资产综合折旧年限与工程经营期限一致，残值率取 3%，则需要年偿还固定资产折旧费用(C_1)11.09 亿元。工程维护费用(C_2)按照分摊到北京工程总投资的 1.5%计算，则年费用为 0.17 亿元。直接工资(C_3)按照每人年均 3 万元计算，在编人员按 4 933 人计，计入 14%福利、10%住房公积金和 17%劳保统筹，则年费用为 2.09 亿元。水土保持专项基金(C_5)分摊到北京为 69.6 亿元，摊销年限取工程经营期限 50 年，则每年 1.4 亿元。利息净支出(C_6)按年利率 6.25%、还贷期 25 年计，则分摊到北京每年利息支出为 10.26 亿元。

$$P = \frac{C_1 + C_2 + C_3 + C_4 + C_5 + C_6 + C_7 + C_8 + C_9 + C_{10}}{U} \tag{2.1}$$

式中，P 为北京市口门输水水价；U 为设计调水量，按照北京年净引水量 10.58 亿 m^3·a^{-1} 计；C_1、C_2、C_3、C_5、C_6 参照徐鹤计算模型，代入最新公布数据重新核算；C_4、C_7、C_8、

C_9、C_{10} 直接采用徐鹤估算数据。

　　根据口门水价定价模型式(2.1)，结合上述核算结果，在设定调水工程经营期限为 50 年的情况下，所计算出的南水北调北京的口门输水水价如表 2.3 所示。可以看出，在假设南水北调工程稳定运营 50 年的情况下，以成本回收原则计算出的实际北京市口门输水水价为 3.95 元·m^{-3}，比国家发展和改革委员会公布的 2.33 元·m^{-3} 高出 1.62 元·m^{-3}。事实上，除了分摊主体工程成本之外，北京市还全部承担了 380 亿元市内配套工程费用，其成本组成同样包括固定资产折旧费用、工程维护费用、直接工资、贷款利息偿还等，但不包括水土保持专项基金(C_5)、水资源与水权转让(C_8)和北京段加压动力费(C_9)这 3 项内容。将 380 亿元市内配套工程费用再次按式(2.1)计算，配套工程导致的相应的水价则为 2.50 元·m^{-3}(徐鹤，2013)。结果，最后产生的单一制输水成本水价竟高达 3.95 + 2.50 = 6.45 元·m^{-3}，再加上市内供水处理成本及输水至用户的成本，以南水计算居民自来水价格，保守估计应在 10 元·m^{-3} 以上，因为在南水进京之前北京市居民水价已达 5 元·m^{-3}(北京市发展和改革委员会，2014)。

表 2.3　南水北调北京口门输水水价核算值

项目	C_1	C_2	C_3	C_4	C_5	C_6	C_7	C_8	C_9	C_{10}	P
费用/亿元	11.09	0.17	2.09	2.5	1.4	10.26	0.9	12.38	0.8	0.2	3.95

　　注：P 单位为元·m^{-3}。

　　在上述不利或不确定因素影响下，南水北调工程预期经营期限的前景似乎并不乐观。以上述水价定价模型式(2.1)为基础，工程经营年限为变量，可计算出不同工程经营年限下南水北调到达北京的单一制输水成本水价(含北京市配套工程水价)，如图 2.5 所示。图 2.5 显示，一旦工程寿命缩减至 10~25 年，单一制输水成本水价会急剧攀升至 8.37~14.07 元·m^{-3}；即便南水北调可以稳定供水 100 年，在不考虑通货膨胀的情况下，输水成本仍然高于 5.5 元·m^{-3}。

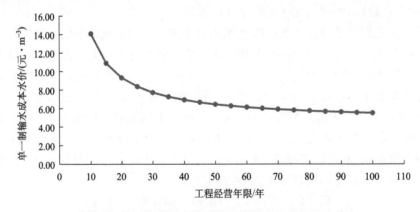

图 2.5　工程经营年限与单一制输水成本水价的关系

纵观北京供水水源历史变迁，虽然古老的玉泉山泉滋润了北京 800 多年，但近代密云水库才维持了不到 50 年便入不敷出。南水北调的寿命能超过密云水库显然仅仅是理论上的推测，恐难以维持百年大计。因此，要想可持续地解决北京长期缺水问题仍需要另辟蹊径。

2.2.5 可持续水源终极选择——海水淡化

我国经济快速发展的同时也引起了一系列严重的环境问题，对于北京来说，雾霾和缺水首当其冲。如何有效解决北京经济发展与生态环境之间的矛盾？有人戏谑地称，只要可以做到"呼风唤雨"！确实，北京的雾霾没有 3 级以上的西北风是难以消散的，而近 15 年来北京降雨量明显减少[图 2.3(b)]又是有目共睹的。"呼风"似乎比较困难，而"唤雨"则不是没有可能。这就需要我们仔细琢磨水的自然循环规律、路径和特点。

"生命之水天上来，条条江河通大海"这句话其实便涵盖了水循环的全部内容。降雨由海洋蒸发运动至陆地冷凝形成，它的归宿除了满足下渗、入湖、蒸发、涵养植物、生灵这些必要生态作用外，最后与海洋蒸发量完全相等的水量是要回归大海的，人类大规模窃为己有、肆意改变循环路径的截水行为无疑会给生态环境带来灾难。因此，人类作为地球上偶然出现的一种过客，要想持续性生存下去，必须顺应自然，决不能与自然抢水。实际上，人类与其费九牛二虎之力、并不讨好地与自然间接抢夺海水，真不如在沿海及近海区域直接利用海水(海水淡化)，其作用与水的自然循环异曲同工，对生态环境影响也最弱(因为与浩瀚的海洋比，人类用水量微不足道)，尤其不影响自然水循环，如图 2.6 所示。也就是说，自然水循环之水从海洋经天空降落而来，而海水淡化则是在处理后经陆地输送。

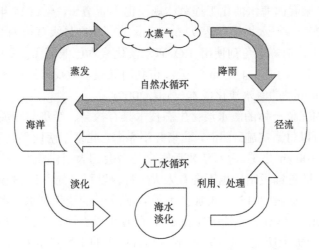

图 2.6 异曲同工的人工水循环(陆行)与自然水循环(天降)

有关海水淡化技术层面并不存在太大争议，无论是蒸馏和反渗透都不存在太多技术难点(Bennett, 2015a; Hao, 2013)，争议在于海水淡化的制水成本及经济的输送范围。在世纪之交，$6 \sim 8$ 元·m^{-3}(陈坤, 2007)的海水淡化成本着实让居民水价仅为 $1.3 \sim 1.6$ 元·m^{-3}

（徐鹤，2013）的北京不敢有半点奢望。于是，南水北调上马之初 2 元·m⁻³ 左右的乐观口门水价肯定颇具说服力。然而，上述对南水北调全成本（单一制输水成本水价）计算结果显示，南水北调至北京口门输水价格竟与 21 世纪之初海水淡化成本旗鼓相当，甚至已高过海水淡化成本。事实上，目前占市场主要份额的反渗透（reverse osmosis，RO）技术日臻完善；如今随着水泵机组的改进和能量回收技术的应用与提高，RO 技术能耗（占运行成本 30%～50%）已经从 1978 年的 9 kW·h·m⁻³ 降至 2014 年的 3 kW·h·m⁻³，甚至还低（Bennett，2015b）。RO 技术能耗的大幅下降使其制水成本也明显降低，目前淡化成本保守估计已在 5 元·m⁻³ 左右（赵国华和童忠东，2012）。

其实单独的海水淡化技术并非理想之举。海水淡化最重要的特点是耗能，且会产生不能再回流海洋的浓缩液（会影响海洋生态环境）。鉴于此，可考虑将风力发电、盐业化工与海水淡化融为一体的集成方式，形成如图 2.7 所示的三位一体的生态技术，即以 RO 技术为核心，上游连接政府目前大力扶持的风电技术，下游嵌入传统的晒盐实践或提取有用矿物质的化工工艺。据美国风电经验，风电成本早已降至 0.03 美元·(kW·h)⁻¹（Brown，2001）；欧洲风电最高成本也不过 0.05～0.06 欧元·(kW·h)⁻¹。2016 年 1 月 1 日起中华人民共和国国家发展和改革委员会（2015a；2015b）最新调整了陆上风电上网电价，渤海湾地区属于Ⅳ类风能资源区，上网电价为 0.60 元·(kW·h)⁻¹；若计入政府优惠，则上网电价实际仅为 0.35 元·(kW·h)⁻¹。据此，以 RO 海水淡化技术采用风能的淡水成本估算为：①不计政府优惠为 3.6～6 元·m⁻³；②计入政府优惠为 2.1～3.5 元·m⁻³。再考虑到下游盐业化工对浓缩液的利用，海水淡化全成本（不计政府补贴）≤4 元·m⁻³ 的目标不会太远。

目前海水淡化技术在以色列、澳大利亚、美国、英国、西班牙、法国、日本、新加坡等国已经相当发达，万吨级海水淡化厂比比皆是（DD，2015），已相继形成了各自的海水淡化产业。近年来我国海水淡化工程总体规模也不断增长，至 2014 年底，全国已建成海水淡化工程 112 个，产水规模已达 92.69 万 m³·d⁻¹（单产最大规模为 20 万 m³·d⁻¹）（国家海洋局，2015）。目前，以色列使用 RO 海水淡化成本已低至 0.5～0.6 美元·m⁻³（DD，2015；PIA，2015），相当于 3～4 元·m⁻³。天津市利用低温多效反渗透技术也在一示范工程中实现了低于 5 元·m⁻³ 的海水淡化成本（马恒，2005）。

图 2.7 所示的三位一体的海水淡化生态技术具有社会、经济与环境的和谐统一，不需要太多研发便可以付诸实施。然而，北京并不靠海，北京东南地界到最近的渤海湾（天津塘沽附近）也有 100 km 之遥。海水淡化后输京是否会加大淡化成本？其实，对于 100 km 的淡化输水管线，即使铺设暗管也不会有太大工程，以百万 m³·d⁻¹ 规模输水量计，管线成本不到 1 元·m⁻³（张宇，2015）。再加上不足 4 元·m⁻³ 的淡化制水成本，海水淡化全成本有望控制在 5 元·m⁻³ 以内（不计政府补贴），而且可以直饮，不需要再做处理。这个价格显然比南水北调（如上所述，≥10 元·m⁻³）具有更大的市场竞争力。

况且，海水淡化技术领域创新研发惊喜不断。美国麻省理工学院（MIT）有研究人员利用石墨单原子层代替普通多聚物膜进行海水淡化，发现前者的透过率是普通滤膜的 103 倍；按目前最高 50% 的能量回收率计算，膜法海水淡化理论能耗可以进一步降至 1.5 kW·h·m⁻³（Cohen et al.，2015）。还有一则惊喜是我国的一名年过半百的"发明达人"研发了一种减压蒸馏海水淡化装置；在相同供热前提下，海水淡化产量比现有热法高 3 倍以上，成

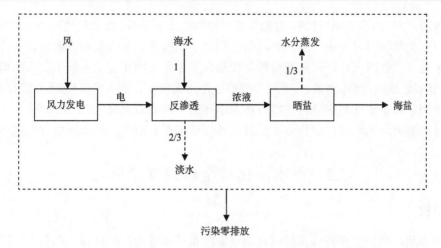

图 2.7　三位一体的海水淡化生态技术构想(郝晓地和李会海，2006)

本控制在 2 元·m^{-3} 以内(孔令斌，2015)。总之，随着能耗与制水成本的进一步降低，海水淡化的应用前景将十分广阔，至少可适用于 500 km 的输水范围。目前，在首钢新址——曹妃甸，一座日处理量为百万吨级的海水淡化厂已获得河北省发展和改革委员会立项批复，旨在为北京供应淡水(耿建扩和张丹平，2014；张宇，2015)。

海水淡化产生的浓缩液应是海水淡化可持续发展不可忽视的重要一环。最简单的方法是浓缩液用于传统方式晒盐，至少可以提高 60%～70%晒盐效率(加速水分蒸发)，也可通过化工过程提取海水中蕴藏的丰富矿物质；通过离子交换膜电渗析方法可从海水中提取溴素，用海水生产氯化钾、硫酸镁等研究也已在我国开展多年(袁俊生等，2006)。总之，从海水中提取矿物质是一项有着无限应用前景的朝阳产业。

综上所述，北京持续性地解决长期缺水问题的出路应着眼于海水淡化，特别是"风力发电+海水淡化+盐业化工"这样的三位一体生态模式。

2.2.6　结语

古老的玉泉山泉在孕育了古都北京 800 多年后彻底断流；密云水库仅仅供水京城 50 年便出现了入不敷出的现象；南水北调虽然已开始接济北京，但鉴于其可依赖性、水价成本及其对生态的潜在影响，都难以想象它的寿命会比密云水库更长。虽然海水淡化貌似价格高，且北京距离海又远，但对南水北调的全成本(50 年经营期内输水+处理成本≥10 元·m^{-3})计算揭示，目前和未来海水淡化成本肯定会控制在 4 元·m^{-3} 之内；即使加上 100 km 输水管线(暗管)成本价格，也不会使淡水进京的口门水价超过 5 元·m^{-3}；况且，淡化水几乎就是直饮水，不需再进一步处理；若采用"风力发电+海水淡化+盐业化工"三位一体的生态模式，其经济、社会、环境效益更佳，可进一步降低海水淡化的综合成本。

纵观北京给水水源的历史变迁及终极选择，给水位置非常有趣、耐人寻味：无论是古老的玉泉山泉，还是过渡性、持久性水源，如图 2.1 所示，均处在北京上下左右的 4 个角上。从古老的西北角(玉泉山泉)开始，给水水源先向东北方向(密云水库)转移，接着又向西南方向(南水北调)过渡,最后可能要落脚于东南方向(海水淡化)。在人类进化、发展的历史上尽管有时充满一些巧合,但终归要回归自然,至少是模拟自然。与自然抢水的后果是人类自取灭亡,而顺应自然、模拟自然才是人间正道。对解决北京急迫的生态环境(雾霾、缺水)问题来说,"呼风"似乎显得不太现实,而"唤雨"(海水淡化)则相对容易一些。海水淡化其实就是模拟自然水循环的一种有效途径(人工水循环),人类所取水量与浩瀚大海的水容量相比微不足道,其行动并不会对生态环境造成过大扰动。

2.3 海水淡化与全球发展趋势

2.3.1 引言

众所周知,世界上许多国家目前正面临着严重淡水资源短缺问题。随着人口的不断增加,生活标准的日益提高,以及工业、农业生产活动范围不断扩大,这一问题更加突显。虽然地球水资源总量非常丰富,但淡水资源总量占地球水资源总量的 2.53%,而人类可以直接利用的淡水资源仅为地球水资源总量的 0.5%左右。相当数量的淡水资源在地下埋藏较深,不易开采利用,再加上储藏在地球两极及高原冰川上的难以直接利用的固态淡水,使本来就少得可怜的淡水资源雪上加霜(Khawaji et al., 2008)。相反,海水占地球水资源总量的 96.53%,约是地球淡水资源的 38 倍。可见,仅限于在淡水资源方面开源在水量上的局限性很大。因此,向海洋要水,将海水淡化后为人类所用已成为沿海国家一劳永逸地解决淡水资源问题的共识。换句话说,海水淡化成水资源开源方面的终极目标已越来越受到各国有识之士的追捧。随着海水淡化技术的发展,海水淡化在全球范围内的工程应用正方兴未艾,且其工程规模和应用范围也在不断日益扩大。因此,有必要及时了解海水淡化目前在国内外的应用情况与发展趋势。

海水淡化也称海水脱盐,是一个通过各种除盐技术去除海水中盐分与矿物质并保留水分的工程过程。目前脱盐技术众多,主要可分为热处理法(多级闪化蒸馏法——MSF、多效应蒸馏法——MED、蒸汽压缩蒸馏法——VC)和膜法(反渗透——RO、电渗析——EDR)两大类(Lamei et al., 2008)。热处理法一般用于高盐度海水的脱盐,但此法通常将发电与脱盐(余热用于蒸发)相结合,如果发电产生的余热与需水量不匹配,就会对脱盐产生消极影响。如果以取用淡水为主要目的,目前膜法中以反渗透为主要代表的工艺可以选用独立的动力源(如风电、潮汐电、太阳能、核电等),而不必与发电厂匹配、合建。从能量消耗方面考虑,热处理法($13 \ kW \cdot h \cdot m^{-3}$)要高于反渗透($5 \ kW \cdot h \cdot m^{-3}$)。因此,反渗透技术在单纯的海水淡化方面突显优势。再加上膜质量不断提高而成本却逐渐下降、反渗透预处理技术不断进步,以及操作经验的日趋成熟等,反渗透已成为当今世界应用最为广泛的海水淡化技术(Stedman, 2008)。

本节根据全球主要应用海水淡化技术的国家工程实例,重点以反渗透技术为主,介绍海水淡化在全球的工程应用现状及发展趋势。

2.3.2 中东地区

中东是世界上水资源极度匮乏的地区，为缓解水资源不足的窘境，以海水淡化为主的脱盐技术早在数十年前就在该地区得到了蓬勃的发展。截至 2007 年 6 月，该地区以海水淡化为主的脱盐能力几乎已经占全球脱盐总能力的 3/4(Lis, 2008)。一份 2005 年的报告指出，目前拟建、在建与已经投入运行的世界上最大的 38 座淡化工厂中，有 35 座位于中东(Sauvet, 2007)。其中，以色列、沙特阿拉伯，甚至阿尔及利亚等国都是该地区海水淡化应用的先驱。

1. 以色列

海水淡化占据了以色列 55 %的饮用水来源(Jacobsen, 2016)。为此，以色列海水淡化管理局(Water Desalination Administration，WDA)于 2000 年发起海水淡化总体规划；该规划计划于 2020 年底通过在地中海沿岸建造大型海水淡化工厂，每年生产 6.5 亿 m^3 淡水(WT, 2019a)。截至 2013 年底，该机构已建成总生产能力为 1 464 000 $m^3 \cdot d^{-1}$ 的 6 家反渗透海水淡化厂，分别为 Shomrat 厂(84 000 $m^3 \cdot d^{-1}$)、Hadera 厂(274 000 $m^3 \cdot d^{-1}$)、Palmachim 厂(84 000 $m^3 \cdot d^{-1}$)、Ashdod 厂(124 000 $m^3 \cdot d^{-1}$)、Ashkelon 厂(274 000 $m^3 \cdot d^{-1}$)和 Sorek 厂(624 000 $m^3 \cdot d^{-1}$)。目前，以色列最大的反渗透海水淡化厂——Sorek 厂已于 2013 年 10 月投入运行，服务 150 万人口，满足以色列国内 10%的饮用水消耗和 20 %生活用水消耗(Aquatech, 2019; Safrai et al., 2008)。同时，以色列正在进行 Sorek 二厂的开发建设，计划产量为 548 000 $m^3 \cdot d^{-1}$(Aquatech, 2019)。

政策的支持也是海水淡化能在以色列蓬勃发展的原因，以色列环境保护部积极鼓励海水淡化工厂的兴建，并且已将它们视为一项重要的国家发展目标(Safrai, 2008)。

2. 沙特阿拉伯

沙特阿拉伯是世界上最大的海水淡化饮用水生产国；在中东地区，沙特阿拉伯拥有约 35 %的海水淡化能力；其产量约占世界总产量的 18 %(Badran, 2017)；海水淡化已占据沙特阿拉伯 50 %的饮用水水源。沙特阿拉伯拥有多种规模海水淡化工厂 33 座，分别位于波斯湾和红海沿岸，可生产 6 500 000 $m^3 \cdot d^{-1}$ 淡水(SWCC, 2020)。已于 2019 年底完工的 Shuaiba 三厂，以 1 282 000 $m^3 \cdot d^{-1}$ 生产能力居全球海水淡化工厂之首；Ras Al-Khair 厂生产能力同样高达 1 036 000 $m^3 \cdot d^{-1}$，位居世界第二。此外，Al Jubail 二厂(815 185 $m^3 \cdot d^{-1}$)、Rabigh IWP 三厂(600 000 $m^3 \cdot d^{-1}$)和 Shuaiba 三厂(390 909 $m^3 \cdot d^{-1}$)等在世界范围内的生产能力也均名列前茅(Aquatech, 2019)。由于海水淡化需要消耗大量能源，沙特阿拉伯将 25 %石油和天然气产量用于热电联产发电和生产淡水(余热蒸馏法)。预计到 2030 年，沙特阿拉伯将有 50 %的石油和天然气会被用于满足快速增长的淡水需求(Badran, 2017)。

3. 阿尔及利亚

随着生活和工业需水量的增加及大量乡村居民移居到阿尔及尔(阿尔及利亚首都)，该市水资源短缺问题日益突出，大多数居民家中一天只有几个小时有自来水供应，严重时多天处于全天断水状态。为了解决阿尔及尔淡水短缺的窘境,一座非洲最大的海水淡化工厂——Hamm 已于 2008 年 2 月在该市落成。Hamma 是北非第一家公私合营的反渗透海水淡化工厂,由国营阿尔及利亚能源公司(Algerian Energy Company,出资 30 %)和私营 GE 公司(GE Water and Process Technologies,出资 70 %)共同出资兴建,共投资 2.5亿美元,生产能力为 200 000 m^3·d^{-1},承担着为该市大约 900 000 户居民供水的任务(Stedman, 2008)。

Hamma 海水淡化工厂位于阿尔及尔港口东部的废弃地上,具有临近城市配水管网、电网及输水线路的优势。海水首先通过两根 550 m 进水管道进入预处理系统(去除悬浮固体),然后通过双层滤料滤池进入清水池中,随后再通过 5 个微型筒式过滤器和 9 个单元的单级 GE 反渗透装置,最后经再矿化和消毒进入配水管网中(Stedman, 2008)。

自 2003 年以来,阿尔及利亚已经建造了 11 座海水淡化厂,目前可生产 2 106 000 m^3·d^{-1}淡水(WDR, 2018);规模最大的 Maacta-Oran 厂生产能力达 500 000 m^3·d^{-1}。2018 年底该国又开始招标 Algiers 和 Blida 两个 300 000 m^3·d^{-1} 规模海水淡化厂工程建设,将使其海水淡化占全国饮用水比例从原先的 17 %提升至 25 %(WDR, 2018)。

然而目前很多人对像阿尔及利亚这样的非洲国家是否有能力为海水淡化买单提出了质疑。对此,有专家指出,非洲实际海水淡化工程的成功应用已足以给出质疑者肯定的回答。水是人类生活的必需品而不是奢侈品,非洲是一个物产丰富的地区,最近几年其工业已经取得了长足发展。因此,其需要更多的水来创造更多的财富,这些事实足以让海水淡化在非洲具有广阔的应用前景,如尼日利亚某组织已经提出了一项利用淡化海水作为首都阿布贾周边地区淡水资源的建议(Stedman, 2008)。

4. 其他国家

除上述国家以外,海水淡化在阿联酋、约旦、伊朗等国也得到了飞速发展。如阿联酋一家生产能力为 600 000 m^3·d^{-1} 的 Jebel Ali M 海水淡化工厂已于 2011 年投入运行;该国耗资 9 亿美元的 Taweelah 海水淡化厂将于 2022 年建设完成(生产能力为 909 200 m^3·d^{-1}),将成为世界第三的海水淡化厂(Njoroge, 2019)。此外,约旦也将兴建一座耗资 3 000 万美元、生产能力为 14 000 m^3·d^{-1} 的海水淡化工厂。伊朗也已兴建一座将多效应蒸馏法和反渗透法相结合的海水淡化工厂,该厂的优势是可以对所产生的能量进行优化利用(Lis, 2008)。目前,伊朗在沿海地区约有 60 个小型海水淡化厂,生产能力达 250 000 m^3·d^{-1};同时计划在 Mazandaran 等地区再新建 25 个海水淡化厂,在 2022 年完工时其生产能力将达 500 000 m^3·d^{-1}(Pakrouh, 2019)。

中东地区被认为是海水淡化的先驱,但随着海水淡化成本的下降,以及世界其他地区水资源的逐渐耗竭,海水淡化业也被世界其他地区作为解决水危机的一种理想选择。

2.3.3　大洋洲

1. 澳大利亚—珀斯

澳大利亚已于 2006 年 11 月在珀斯市建成了一家生产能力为 143 700 m^3·d^{-1} 的反渗透

海水淡化工厂。该厂目前是澳大利亚最大的反渗透海水淡化工厂,总共投资 3.87 亿美元,每天负责珀斯市 17 %的供水量。这个海水淡化工程使用可再生能源——风电,这成为海水淡化的一大工程亮点;一个 82 MW 的风场每年可为该市电网提供超过 272 GW·h 的电能,其中 185 GW·h 的电能用于该厂海水淡化。海水淡化后的浓缩液通过 40 个排放口(每个出口间隔 5 m)分散排放到距离岸边 470 m 的海洋之中,因此,浓缩液排放对海洋生态环境影响较小(Bonnelye et al., 2007; Crisp, 2007; Stedman, 2008; Mccann, 2007)。

同时,一家位于珀斯南部的海水淡化厂于 2007 年开始建设,该厂设计生产能力为 50 亿 $m^3·a^{-1}$;到 2012 年项目完工时,实际年产量已翻倍,达到了 100 亿 $m^3·a^{-1}$。

2. 澳大利亚—悉尼

随着气候变化、人口增长和干旱加剧,澳大利亚目前正计划在悉尼市建设一座大规模的反渗透海水淡化工厂,以此来保证悉尼市充足的淡水供应。2005 年 1 月悉尼水务公司(Sydney Water)对此项工程进行了可行性研究,当时即明确指出,大规模海水淡化将是该市解决淡水资源匮乏问题的有效途径。为此,新南威尔士州政府已将海水淡化纳入悉尼市供水计划。2007 年 2 月,新南威尔士州政府开始在 Kurnell 地区就建设海水淡化工厂问题进行招标;同年 7 月,悉尼水务公司与蓝水合资公司(Blue Water Joint Venture)签订了一项 9 亿美元的合同,委托蓝水合资公司承担该工程的设计与建设任务。这一海水淡化工厂预设计生产能力为 250 000 $m^3·d^{-1}$;在未来需要的情况下,其生产能力也可调整至 500 000 $m^3·d^{-1}$。该项工程于 2009 年底完工,电能同样采用可再生能源——风电,因此,不存在温室气体——CO_2 排放问题,社会、环境效益同样显著(Stedman, 2008)。

在工程设计上,引入的海水首先以较低流速进入工厂,以避免对海洋生物造成不利影响;在工厂内,对海水进行过滤和预处理,以去除颗粒物和悬浮固体。为了达到最优的预处理效果,悉尼水务公司还进行了一项为期 10 个月的预处理中间试验,试验结果显示,预处理可使运行成本大为降低。反渗透工艺由筒式过滤器和一个两级反渗透系统组成。该厂还采用了能量回收装置,以减少运行中的能量消耗和运行成本。悉尼水务公司声称,该厂的净能量消耗(不包括淡水输出泵能耗)将低于 4.2 $kW·h·m^{-3}$。海水淡化后添加石灰、CO_2、氟,使水质达到澳大利亚饮用水标准 (Australian Drinking Water Guidelines) 和新南威尔士健康标准 (NSW Health)后被直接输送到城市供水系统中。海水浓缩液将被均匀排放到海洋中,在排放点 50~70 m 的范围内,水的盐度和温度将会恢复到海水的正常水平(Stedman, 2008)。

除珀斯与悉尼以外,澳大利亚昆士兰州正在其东南地区兴建一座生产能力为 125 000 $m^3·d^{-1}$ 的反渗透海水淡化厂,该厂于 2009 年初投入实际运行(Stedman, 2008; Maccann, 2007)。

2.3.4 美洲

1. 美国—加利福尼亚州

在美国,严重的干旱使该国许多州面临淡水资源短缺的困境,如北达科他州、亚拉巴马州、佐治亚州、南卡罗来纳州、得克萨斯州、佛罗里达州和加利福尼亚州等。为了解决淡水资源不足的问题，许多州的政府已经将目光转向了海水淡化技术，加利福尼亚州便是该技术成功应用的范例之一。

目前，有 17 座规模各异的反渗透海水淡化厂正在加利福尼亚兴建，详见表 2.4 所示（Voutchkov, 2007），其中最大的一座预计生产能力可高达 303 000 $m^3 \cdot d^{-1}$，这也将是迄今为止美国最大的反渗透海水淡化工厂。但由于目前加利福尼亚许多反渗透海水淡化工厂规模较小（<2 000 $m^3 \cdot d^{-1}$），所以该州淡水供应中只有不到 1 %来源于海水淡化。然而，到 2015 年时，这一数字变为 10 %。显然，这是加利福尼亚淡水资源严重短缺形势对此技术应用推动的结果（Stedman, 2008）。

表 2.4   加利福尼亚州的反渗透海水淡化厂

反渗透海水淡化工厂（项目地）	生产能力/($m^3 \cdot d^{-1}$)	竣工日期	成本/(美元·m^{-3})
Huntington Beach	200 000	2010	0.70~0.75
Carlsbad	200 000	2010	0.70~0.75
Playa Del Rey	45 000	2015	0.85~1.0
El Segundo	76 000	2015	0.80~0.90
San Onofre	95 000	2015	0.90~1.1
Dana Point	100 000	2013	0.85~0.95
Long Beach	34 000	2015	0.75~0.95
Bay Aera Regional	76 000~303 000	2011	0.85~1.20
LEAD	5 700	2010	0.95~1.15
Sand 市	1 000	2010	1.10~1.30
San Rafael	38 000~57 000	2011	0.80~0.90
Cambria	1 500	2012	1.10~1.30
Moss Landing	45 000	2012	1.10~1.20
Santa Cruz	10 000~17 000	2010	0.85~1.00
Monterey Bay Regional	76 000~95 000	2012	0.90~0.95
San Luis Obispo	7 100	2015	1.00~1.20
Marina 沿海水域	5 000	2012	0.90~1.10

反渗透海水淡化厂在加利福尼亚的兴建非常有必要，因为该州的水源主要来自旧金山湾/三角洲或科罗拉多河，且水量分配受到严格管理。最近几年，科罗拉多州持续干旱，河中水源不足，从旧金山湾/三角洲中取水也造成了鱼类等水生动物、植物死亡现象，所以从旧金山湾/三角洲取水也被禁止。因此，为了满足当地居民对该州水资源的需求，该州必须另辟蹊径，这就使得反渗透海水淡化成为一种理想的选择（Stedman, 2008）。

2. 美国其他州

因为美国人口的 50 %都居住在沿海地区，因此海水淡化对这些沿海地区的州来说吸引力越来越大。佐治亚州、北卡罗来纳州和马萨诸塞州也正在考虑海水淡化的可能性，其中马萨诸塞州也是唯一一个具有官方海水淡化政策的州。即使是那些淡水资源相对丰富的州，也对海水淡化表现出了浓厚兴趣(Stedman, 2008)。

3. 其他国家

除了美国，墨西哥也在 Baja California Sur 地区兴建了一个利用太阳能供能的反渗透海水淡化厂。该厂充分利用该地区海岸线广阔的优势兴建，为解决该地区水资源短缺问题做出了巨大贡献(Bermudez et al., 2008)。同时，在加勒比海地区，海水淡化厂也屡见不鲜(Stedman, 2008)。

2.3.5 欧洲

1. 西班牙

在欧洲，西班牙是一个淡水资源比较匮乏的国家，水资源分布极不均匀。每逢夏季，巴利阿里群岛、加那利群岛和地中海地区都会由于旅游业和农业而面临水资源短缺的境况。为此，西班牙政府积极采用海水淡化方式来弥补其淡水资源的不足。据统计，目前西班牙海水淡化工厂的总生产能力已达到 376 000 $m^3 \cdot d^{-1}$(Munoz and Fernandea, 2008)。

西班牙早在 40 年前就建造了欧洲第一座海水淡化工厂，从此将欧洲带入了海水淡化兴起时代。西班牙海水淡化产业从那时起得到了蓬勃发展，如生产能力为 40 000 $m^3 \cdot d^{-1}$ 的 Emaya 反渗透海水淡化工厂、生产能力为 120 000 $m^3 \cdot d^{-1}$ 的 Carboneras 反渗透海水淡化工厂、生产能力为 68 500 $m^3 \cdot d^{-1}$ 的 Bahia de Palma 反渗透海水淡化工厂和生产能力为 50 700 $m^3 \cdot d^{-1}$ 的 Alicante 反渗透海水淡化工厂等相继落成。2009 年 7 月，加泰罗尼亚地区生产能力为 200 000 $m^3 \cdot d^{-1}$ 的 Barcelona 反渗透海水淡化工厂正式落成，为该地区约 130 万居民提供饮用水，满足该地区 20 %的人口需求，目前它是欧洲地区最大的反渗透海水淡化工厂(WT, 2019b)。

2. 其他国家

德国、意大利、英国、法国等国也面临着淡水资源不足的境况，在这些国家，海水淡化也得到了一定的发展(Fritzmann, 2007)，如英国政府已经同意在泰晤士河边兴建海水淡化工厂，该厂将耗资 2 亿英镑，将为伦敦市供应 140 000 $m^3 \cdot d^{-1}$ 的淡化海水(Stedman, 2008)。

2.3.6 东亚

1. 中国

我国是世界上严重缺水的国家之一，淡水资源日益短缺乃至水危机已成为制约我国经济社会可持续发展的重大瓶颈之一，并已严重影响到民众的正常生活和经济社会的发展。为此，国家提出"开源节流并举，节约优先"的节水方针，积极支持海水利用产业，并于 2005 年 8 月颁布实施了《海水利用专项规划》。该规划指出，我国在 2010 年、2020 年建成和在建的海水淡化工程的生产能力将分别达到 1 000 000 $m^3 \cdot d^{-1}$ 和 2 800 000 $m^3 \cdot d^{-1}$。

截至 2018 年底，我国已建成海水淡化工程 142 个，淡水产量为 1 201 741 m³·d⁻¹。其中，已建成万吨级以上海水淡化工程 36 个，工程规模 1 059 600 m³·d⁻¹；千吨级以上、万吨级以下海水淡化工程 41 个，工程规模 129 500 m³·d⁻¹；千吨级以下海水淡化工程 65 个，工程规模 12 641 m³·d⁻¹(中华人民共和国自然资源部，2018；2019)。全国已建成的单体规模最大的海水淡化工程是天津市北疆电厂海水淡化工程，两期合计生产力共 200 000 m³·d⁻¹(武云甫，2009)。全国已建成海水淡化工程部分见表 2.5。

表 2.5 我国已建成的海水淡化工程(>20 000 m³·d⁻¹)分布

海水淡化工程	规模/(m³·d⁻¹)	海水淡化工程	规模/(m³·d⁻¹)
辽宁大连松木岛石化园区海水淡化工程	20 000	辽宁大连化工集团大孤山热电站	20 000
天津北疆电厂 I 期 I 海水淡化工程	100 000	天津北疆电厂 I 期 II 海水淡化工程	100 000
天津大港新泉海水淡化工程	100 000	河北国华沧电黄骅电厂 I 期海水淡化工程	20 000
河北首钢京唐钢铁厂海水淡化工程	50 000	河北曹妃甸北控阿科凌海水淡化工程	50 000
河北国华沧电厂 III 期海水淡化工程	25 000	山东青岛百发海水淡化工程	100 000
山东青岛董家口海水淡化工程	100 000	浙江台州玉环华能电厂海水淡化工程	35 000
浙江温州乐清电厂海水淡化工程	21 600	浙能舟山六横电厂海水淡化工程	24 000
浙江舟山普陀区六横岛海水淡化工程	20 000	广东汕尾华润海丰电厂海水淡化工程	20 000

2007 年我国首台单体容量最大、技术含量最高、单机占地面积最小的海水淡化设备——10 000 m³·d⁻¹ 反渗透海水淡化装置在青岛经济技术开发区黄岛发电厂正式投入运行，其所产淡化水水质符合并超过国家饮用纯净水水质标准。这是该厂继 3 000 m³·d⁻¹ 低温多效和 3 000 m³·d⁻¹ 反渗透海水淡化设备运行后的第三台现代化海水淡化设备。至此，该厂淡化海水生产能力将达到 16 000 m³·d⁻¹，可完全满足发电用水和职工生活饮用水的需求。

2009 年，首钢京唐公司海水淡化设备也已吊装到位，这标志着首钢京唐公司海水淡化工程项目(热处理法)进入新阶段。海水淡化是首钢京唐公司解决缺水问题、实现水资源可持续利用的重要方面，其淡化海水接近纯净水，可满足炼钢、炼铁、轧钢等生产使用高品质冷却水的需求，可节约淡水 20 000 000 t·a⁻¹。

2. 日本

日本某些地区也时常面临淡水资源不足的处境，因此海水淡化在日本也如雨后春笋般得到了发展。在过去的 30 多年里，日本已建成海水淡化工厂 2 000 多家，所有海水淡化工厂的总生产能力为 1 090 000 m³·d⁻¹，大约占世界总海水淡化能力的 1/7，其中反渗透海水淡化占日本海水淡化总能力的 90 % 以上。近年来，日本平均每年以新建总生产能力为 50 000~60 000 m³·d⁻¹ 的海水淡化工厂的速度发展反渗透海水淡化技术(Uemura and Kondou，2003)，其中，1996~1997 年建成的生产能力为 40 000 m³·d⁻¹ 的反渗透海水淡化工厂被誉为当时最大的海水淡化工厂(Uemura and Kondou，2003)，而 2005 年建成的生产能力为 50 000 m³·d⁻¹ 的 Fukuoka 反渗透海水淡化工厂则是迄今为止日本最大的海水淡化工厂。这些厂的兴建为解决日本部分地区淡水资源短缺问题做出了积极贡献(Atkinson, 2005)。

3. 新加坡

新加坡也对反渗透海水淡化表现出了浓厚的兴趣,新加坡已于 2005 年 9 月建成该国第一座反渗透海水淡化工厂。该厂总共投资 2 亿新加坡元(约合 1.47 亿美元),生产能力为 113 000 $m^3 \cdot d^{-1}$,可以满足该国 10%的用水需求。该厂的建成也标志着该国第四“水龙头”正式开启(Teo, 2005)。此外,由西拉雅能源公司投资 2 000 万新加坡元(约合 1470 万美元)建成的生产能力为 10 000 $m^3 \cdot d^{-1}$ 反渗透海水淡化工厂也已于 2008 年在新加坡正式启用。

2.3.7　发展前景

海水淡化在全球的广泛应用得益于反渗透膜成本的降低与技术的发展。目前,反渗透系统正变得越来越小,而膜生产淡水能力不断提高。据统计,现在同样面积膜的生产能力为 20 年前的 20 倍,依此推断,10 年之后,此数字至少将会变为 30 倍(Stedman, 2008)。目前,已经具有可供海船使用的便携式反渗透系统。专家预测,可装入电脑包的反渗透系统可能在 5 年之后成为现实(Stedman, 2008)。

与此同时,将微碳纳米管(tiny carbon nanotube)嵌入到膜中的膜系统也正处于研发阶段,首个样品每平方英尺(约 0.093 m^2)的生产能力为普通膜的 2 倍。荷兰代尔夫特理工大学目前正在研发一种利用可再生能源——风能为反渗透系统提供能量的装置;此系统目前正处于试验阶段,风能装置必将成为降低反渗透淡化成本的助力器(Stedman, 2008)。

专家指出,目前反渗透海水淡化成本为 0.5~1.2 美元·m^{-3}。随着反渗透膜与技术的不断发展,相信淡化成本将会变得越来越低。GE 公司目前承接的一项反渗透工程正着力使淡化成本向 0.1 美元·m^{-3} 方向努力(Stedman, 2008)。如果能将反渗透海水淡化与上游的风力发电及下游的浓缩液(提取矿物质或晒盐)利用相结合,则完全可以形成一种清洁生产工艺(或生态经济)链,不仅可以使海水淡化的综合成本大为降低,同时也做到了产业链的零污染排放,使社会、环境、经济利益三者和谐统一(郝晓地, 2006; 郝晓地和李会海, 2006; 郝晓地等, 2008a)。

卡塔尔科技园(Qatar Science and Technology Park)和 Texas A & M 大学目前也正共同投资(40 万美元)研究一种“零液体排放”(zero liquid discharge, ZLD) 技术。该技术通过向淡化水副产物——盐水浓缩液中添加石灰和铝的混合物达到去除盐水浓缩液中盐分的目的,进而避免了盐水浓缩液排回大海可能对海洋环境造成的不利影响。目前,Texas A & M 大学正对该技术进行小试,以确定这项技术的有效性,以及对能量的需求和生产成本等。在可持续发展成为当今时代主题的背景下,“零液体排放”技术的产生将对海水淡化的推广应用起到推波助澜的作用(Lis, 2008)。

2.3.8　结语

全球水资源的日益匮乏已成为制约社会发展的瓶颈之一。海水淡化是实现水资源开源增量、解决水危机的一种终极选择。世界各国缺水地区目前正积极采取这样的途径来弥补各自不足的水资源，工程应用数量与规模不断攀升。

由于反渗透海水淡化需要消耗电能，所以煤电等不可再生能源的大量使用不仅加剧这些能源的匮乏速度，还会导致温室气体——CO_2 的大量排放。因此，反渗透海水淡化应因地制宜地选择那些可再生能源，如风能、潮汐能、太阳能等。

膜技术近几年发展异常迅速，促使反渗透海水淡化成本相应降低。随着膜技术的进一步发展，海水淡化成本势必变得越来越低。可以预见，非常规水资源(如远距离调水)成本的不断攀升，必将使自来水生产成本超过海水淡化成本。日益攀升的城市水价必将推动海水淡化产业的蓬勃兴起。

2.4　未来美国分用途供水系统

2.4.1　引言

分质供水或直饮水的概念在我国已不再陌生。但分质供水对大多数专业人士而言不过是增加用于冲厕等用途的中水管道系统；而对于直饮水，多数人理解为在城市自来水入户前高档住宅区增设膜处理等小型高级处理单元。

美国针对传统供水管道系统的缺陷也提倡分质供水或直饮水的概念。但是与上述我们的理解不同，他们所指的分质供水实际上是指自来水厂到全部用户的直饮水系统和以消防等非饮用水为目的的第二供水系统。铺设较小管径、优质管材的直饮水管道不仅能使自来水厂达标的水被安全、快速地送到用户那里，而且铺设管道费用也较大管径的中水管道系统要低。更重要的是，对于以消防、冲厕等非饮用水为目的的低水质，在使用第二供水系统(原供水管道)后，水的综合处理成本会大为降低。因此，增设直饮水管道，保留可以接纳中水的传统管道已在美国倡导并形成应用趋势。

本节介绍美国供水系统的历史、应用中存在的问题及倡导中的分用途供水系统。

2.4.2　供水系统原始设计目的

早在 18 世纪末 19 世纪初，美国在设计城市供水系统时所考虑的主要是如何满足当时城市消防用水量需要。室外消火栓遍布城市的各个角落，在任何时刻，供水系统的水量和水压均需得到足够的保证，以此有效防止火灾的发生。在以消防为基础的城市供水系统基础上，城市生活及商业用水系统才逐渐发展起来，后来相继出现了建筑卫生系统和建筑污水处理系统(Okun, 2007)。因此，目前在美国应用最为广泛的城市供水系统的设计标准是以满足消防用水为首要前提的。第一部美国供水管道系统规范实际上也是由消防部门组织制订的。目前，消防部门仍然向美国自来水协会(American Water Works Association，AWWA)提供着一份名为《供水系统如何满足消防需要》的文件。

2.4.3　传统供水管网的弊端

管道直饮水目前在美国及世界各地均有着一定的应用基础。与建立在城市供水管网末端再行高级处理后供给用户的直饮水概念不同，美国及大多数国家强调以原供水管道作为直饮水管道使用。这对于以消防流量考虑设计供水管道管井的美国来说，即使在管网供水端可以满足直饮水水质的需要，但水在现有管道输送过程中难免受到这样那样的污染，以至于将目前供水管网作为直饮水管道系统变得很不现实。

现有供水管网作为直饮水管道系统的一个关键问题在于管径过大（Digiano et al.，2005；Okun，2007）。因城市消防需要，在建筑物内及其街道上要普遍设置消火栓，且需要城市供水系统在任何时间、任何地点发生火灾时均能提供充足流量，且能满足所需水头的水流。为了满足这种要求，美国供水管道的最小管径由原始的 150 mm 增大到了今天的 200 mm（Wagner，1992）。实际上，目前美国城市火灾频率很低，以至于在绝大部分时间里供水管网中的水流速度主要由居民和商业用水量决定，这就常常导致水在被处理后被输送到用户端的时间显得过长。北卡罗来纳州立大学最近对两个大城市展开了追踪调查，结果表明，水从自来水厂到用户端的停留时间竟长达 10 d 以上（Digiano et al.，2005；Duffy and Geldreich，1996）！在这种情形下，显然不可能保证管网末端水中存有足够的余氯，这就为细菌繁殖创造了机会。如果想要获得充足的余氯保证，势必需要加大消毒时的投氯量，但这样做的后果是会产生很多的消毒副产物，如三氯甲烷（THMs）、卤乙酸（HAAs）等（Miles et al.，2002）。

供水管道管壁上生长的生物膜是造成供水水质被污染的另一个重要原因。传统管道存在大量管道接缝点、阀门及消火栓等其他附件，这给生物膜在管壁繁殖创造了附着生长的良好条件（Percival et al.，1998）。生物膜的生长会大大降低管道中余氯的消毒效果，这主要是因为生物膜大量生长会使水中微生物与氯隔离。进言之，水在管道中停留时间过长会导致生物膜变厚，逐渐变厚的生物膜反过来也会妨碍水在管道中流动，使水流速度变得更加缓慢。管壁上生物膜脱落会影响水的色度、浊度，严重时还会形成"有色"水，导致细菌数量上升，使水质恶化。对此，研究人员称，如果居民能够身临其境地观察到供水管道管壁内的生物膜情况，他们宁愿购买瓶装纯净水，也不会再喝城市管网所提供的自来水（Miles et al.，2002）。

美国现有供水管网管材多为钢筋混凝土管和铸铁管（普通灰口铸铁管），每部分的长度为 16 ft（约 4.88 m）。这样，1 km 管线距离内需要有大约 210 个接缝点（包括需要设置消火栓的节点）。灰口铸铁管从材质上看属于脆性管材，其接口刚性强，易使管头被拉断或造成接头部位脱落，从而导致漏水现象。这些管线长时间深埋于土壤层中，管道接口处会由此发生水的渗漏。如果管道被埋设在地下水位较高的土壤层中，地下水中的一些潜在有毒物质也可能会从接缝处渗入管道中而形成对管道水质的污染（LeChevalier et al.，2003）。尽管供水管道长时间处于稳压之下，地下水一般不会渗入，但最近的研究表明，在阀门开/关和水泵开启/停止的瞬间，水流速度会发生明显的变化（Okun，1997）。水流速度上的变化往往会造成供水管内、外压力的变化，其后果是导致土壤中的地下水渗入管道，构成对供水水质的威胁。

可见将现有供水管道作为直饮水管网系统存在着明显的水质安全隐患。遗憾的是，由消防部门所起草的现行《供水系统如何满足消防需要》文件，强调的仍然只是水量和水压，并没有涉及任何水质被污染的问题。

2.4.4　分用途供水与管道系统

　　普通居民用水按用途可分为两类：饮用水和非饮用水。饮用、厨房、淋浴、洗衣等用水可列入饮用水范畴，而冲洗厕所用水、庭院绿化用水、消防用水等属于非饮用水范畴。在日常生活中，饮用水水质要求高但用水量少。虽然目前水处理技术已完全可以生产出适合直接饮用的优质饮用水，但沿用现有供水管道系统很难保证用户端有可以直接饮用的水。因此，在直饮水的问题上，首先需要改革现有供水管道系统，而不是强化自来水处理技术和工艺。在这种思路下，美国目前已开始寻求分用途供水方式，以改变传统的以消防为主确定整个供水管径的输水模式。

　　在整个供水系统中，水质、水压与水量是关键的 3 个基本决定因素。管道直饮水的水质要求高，水量、水压小，而消防用水等非饮用水水质要求低，但是水量和水压要求高。在传统管网输送过程中，直饮水与非饮用水显然存在不可调和的矛盾。对直饮水而言，由于水量和水压要求低，可以采用管径较小的管道进行供水，这相对于传统的以消防为主的大管径而言，不仅可以降低投资成本，还能保证较快的过水流速，防止管壁生物膜的滋生，同时也可保证到达用户端的余氯含量，而且由于直饮水管道管径小，完全可以采用不锈钢管材，以解决目前传统管材引发的生物膜附着、接缝处渗透与污染等问题。与此同时，对于消防用水等非饮用水（包括中水回用），仍然可以保留原有管道，满足水量和水压的要求即可。这样，供水管道系统实际上是一种双管道系统。

　　倡导中的美国分用途双管道供水系统如图 2.8 所示。一条是管径较小、可以输送直饮水的管道，另一条是以输送消防等非饮用水为主的大管径管道。直饮水以湖泊、河流或地下水作为水源，经自来水厂深度净化处理后达到饮用水水质标准，通过独立管网系统输送给用户，使用户可以直接获得优质饮用水。传统供水管道系统仍需要保留其主要的消防功能，但由于水质要求降低，完全可以采用未经处理或简单处理的湖泊、河流或

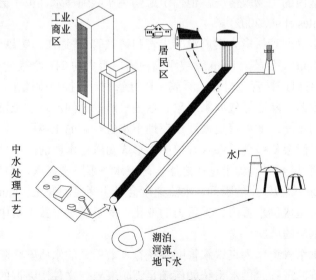

图 2.8　分用途双管道供水系统 (Okun, 2007)

地下水，甚至是海水。特别是在强调中水回用的今天，也可以考虑将污水处理厂处理达标的中水作为消防等非饮用水水源。非饮用水不仅可以用于消防，还可以用来冲洗厕所、清洗街道、清洗车辆、绿化园林，也可以作为工业冷却水使用。传统管道系统所输送的非饮用水水质要求低，可以大大降低原本要全部将供水水质处理到饮用水水质所需的处理费用，从而获得较高的经济效益。

40 年前美国倡导的分质供水系统为今天开展这种分用途供水管道系统体制变革奠定了基础。目前，美国及海外 2 000 多个城市正在采用分用途供水系统。最初这种供水体制变革只是在美国一些干旱地区进行尝试，但后来在水量最充足的俄勒冈州和华盛顿州也开始推广。

这种分用途供水系统正在世界范围内逐步得到应用。一些小规模水厂已具备了开展膜处理的技术条件，使得水质得到大幅度提高，所以这种双管道供水系统便显得优势突出，如 10 年前在澳大利亚悉尼郊区设计应用了一套双管道供水系统，此举使该社区内 25 万人中有 10 万余人因此而受益(Okun, 2007)。

2.4.5 结语

美国现有供水管网是在过去的两个世纪中在与火灾斗争中逐步建立起来的，然而今天的火灾早已不再像过去那样频繁和可怕。这就造成了同时也担负生活饮用水输送任务的传统供水管道中的水质常常由于水流在管道中长时间停留而下降，甚至受到污染。面对这样的问题，目前唯一的解决办法就是对管道定时冲洗，这无形中会浪费很多水资源。

分用途双管道供水系统可以解决直饮水与非饮用水在管径需求方面的不同，分门别类地供水不仅能使自来水厂提供的达标水质被直接、安全地输送到用户端，而且可以大大降低非饮用水过高水质的处理成本。更为有意义的是，缺水地区可以实现将中水纳入传统供水管道中，以铺设管径较小的直饮水管道取代专设的大管径中水管道。

下一步美国所面临的问题是如何将现存的旧的供水管道系统升级改造为新的双供水管道系统。因为直饮水管道的管材可以用不锈钢管材替代，所以还需要对管道铺设成本进行经济分析后做出合理的技术经济比较。

2.5 水中微污染物及其去除技术

2.5.1 引言

化学品早已经成为我们日常生活中不可缺少的一部分。2002 年"美国化学社会"化学摘要服务 CAS 目录中已注册的化学品物质总类为 1 800 万；到 2009 年增加到了 4 700 万，7 年间平均每天就增加 1.1 万种之多；产量也从 1930 年的 100 万 t 增加到了今天的 3 亿 t (Eggen, 2009)。近年来，纳米材料发展与应用非常迅速，目前已经在 800 多种产品中得到应用。

大量化学品在改善我们生活条件的同时不可避免地最终要进入自然环境中，可能对环境造成潜在污染与危害，特别是在水环境方面存在的问题。目前，工业和农业中所使用的很多化学品已开始在地表水、地下水，甚至某些地方饮用水中显现(Schirmer et al., 2007)。

市政径流雨水、污水处理厂出水与工业废水均含有大量化学物质，农业污染源主要来源于农药。长期以来，农业一直被视为农药进入天然水体的罪魁祸首(Wittmer and Burkhardt, 2009)。事实上，城市中市政绿地、绿色屋面每年也会使用大量杀虫剂和灭草剂。在瑞士，每年城市区域生物杀虫剂的使用量大约为 2 000 t(不包括酒精和含氯消毒剂)，这一使用量甚至高过农业中每年 1 300 t 的农药使用量(Bürgi et al., 2007)。虽然我国城镇化程度还远低于发达国家，但是随着近些年来我国城镇化的飞速发展，城市地区化学杀虫剂的使用数量定会与日俱增，因此应对其导致的潜在污染及早警惕。

广义化学污染物既包括传统污染物(如有机物和氮、磷营养物)，也包括目前尚未引起人们足够重视的微污染物(污染物在水中的含量极低，大约仅相当于 1 ng·L^{-1} 左右的浓度)。微污染物对环境的影响目前还没有较为深入的研究(Schwarzenbach et al., 2006)，所以污染物对水生生物和生态系统可能构成的潜在影响甚至危害目前还知之甚少。假如微污染物在一段时期内对生物不产生可以观测到的影响，他们便会随时间推移在环境中慢慢积累。由于微污染物对生物的影响在量变到质变前浓度依然很低，人类现有技术和检测手段很难发现并对其进行风险预测(Schirem, 2009)。因此，针对微污染物的这一特点，人们必须制定新的评价方法并研发必要的去除技术，以防患于未然。

本节以瑞士联邦水科学与技术研究所(Swiss Federal Institute of Aquatic Science and Technology, EAWAG)最新研究成果为主线，主要介绍微污染物评价方法及其有效去除技术。

2.5.2　微污染物特性

1. 持久性和生物体内积累

有些化学物质的化学性质非常稳定，他们进入自然环境后需要上千甚至上万年时间才能分解。他们会在人和动物体内积累，并通过食物链传播、富集，最终导致生物体组织慢性中毒，如 1929 年发明的多氯联苯(PCBs)(Schirem, 2009)，其正是因为其独特的稳定性而被广泛用于生产工业产品原料，他的热稳定性使变压器和电容器使用更加安全。然而，和许多其他含氯化合物一样，多氯联苯在环境中的分解速度异常缓慢，并会在人体组织内累积(如在脂肪和母乳中)，这种积累的危害不会立刻显现，而是在经历了多年由量变到质变的过程后才开始显现。由此引起的疾病包括皮肤疾病(氯痤疮)和免疫系统能力降低。此外，多氯联苯还可能对人类和动物内分泌系统产生干扰作用。

2. 伪持久性

伪持久性物质与传统持久性有机污染物不同，它们能通过生物或物化方法得以降解。尽管它们的半衰期较短，但由于这些物质在污水处理过程中并不能完全被去除，所以它们会不断被排入自然水体中。在一定程度上，这些物质在自然水体中的降解量与排入量总是保持着某种平衡，因此他们被称为伪持久性物质。

一种化学物质在环境中的降解并不总是能迅速而彻底得到矿化，相反降解过程中可能形成相对稳定的中间产物，特别是一些活性物质，如农药、医药和生物杀虫剂，他们的分子结构相对复杂，只能逐渐分解(Fenner et al., 2009)。这些转化物通常与母体结构相似，通常为多点极性物质，溶解性强，更容易进入自然水体中；转化产物通常还会与母体化合物结合，进而可能导致水生生态环境整体毒性提高。

3. 多重影响

自然环境是一个复杂的体系，污染物影响必须与其他影响因素一并考虑。那么，污染物如何在其他因素影响下在混合物或配合物中发生作用？对水生生物数量、种群有何影响？水生生物对综合因素能够适应到何种程度？

显然，鉴于错综复杂的问题，人类几乎不可能确定污染物与水生生态环境之间所有可能的相互作用。但是，我们可以确定物质属性与其在环境中影响和分布的普遍联系，这样就可以制定出将风险降至最低的技术控制策略。在这种情况下，化学品授权过程中的化学预防评价与人为微污染风险评价，以及寻求减少天然水微污染物排放量的措施同等重要。

2.5.3　微污染物评价

化学分析方法发展使人们对浓度很低，甚至对出现在复杂环境样本中的物质进行量化成为可能。然而如此程度的化学分析只涉及已知的个别药物，这使得其他大部分微污染物将在永远不被发现的情况下长期存在。相形之下，生物分析结合化学检测可以对某化学物质全部影响起到生物指示作用。通过将化学分析和生物分析相结合，就有可能确定大批化学品或某些特定化学品的生物效应。

1. 传统评价方法

传统上，对有毒污染物的影响主要是通过测量环境中该物质的浓度来量化和评价的，如用 50%测试生物(如鱼类或淡水甲壳类)受到影响的某种化学物质浓度(即有效浓度：EC50)或者使 50%测试生物致死的某物质浓度(即致死浓度：LC50)来描述。然而污染物对水生生物产生影响或致死浓度与时间之间的关联却很少被关注，毒性检测持续时间往往是随意确定的，如鱼的急性中毒试验，持续时间设定为 4 d，而这个时间的确定仅仅因为其可以在一个工作周内被完成。

2. 毒理学模型

传统评价方法显然是不完善的。污染物评价不能只是简单对污染物浓度进行描述，而应该确定其在一系列时间关系下的浓度。随着时间推移，污染物浓度自然不是常数，而是可以大幅度变化的值，会反复出现高峰期或者低谷。为此，EAWAG 研究人员旨在研发能够清晰描述毒性作用时间的实验方法和数学模型。EAWAG 研究人员认为TKTD(toxicokinetic toxicodynamic)毒理学模型(Ashauer et al., 2007a, 2007b, 2007c; Ashauer and Brown, 2008)是一种值得优先发展的评价模型。TKTD 模型以数学方程描述的毒性物质存在两个方面的作用：①有毒物质对有机体有什么作用，包括毒性何时显现及它的效率如何；②有机体对有毒物质有什么反应，涉及从吸收到消除的每个代谢过程。显然，传统 EC50 或 LC50 评价方法只是提供了某一时刻生物受污染的情况，而 TKTD 模型则覆盖了毒性作用的整个过程与各个时间段。

对毒理学模型的研究是十分必要的。实验表明，如果生物在下次中毒之前没有彻底恢复，则可能会引起潜伏毒性，如图 2.9(a) 所示。以蚤状钩虾为例，即使蚤状钩虾具有足够时间(14 d)去消除第一次所接触的农药，但它们的机体可能还没有恢复到正常范围；此时，再次中毒的话，后果则更严重，如蚤状钩虾第一次与农药毒死蜱(Chlorpyrifos)接触，结果有 16％ 的生物死亡；14 d 后再次接触该农药，死亡生物量则达 53％。这意味着，不论是受到相同还是不同的有毒物质的作用，化学物质的毒性不仅取决于药物剂量，还与其中毒后再次接触有毒物质的时间有关(Ashauer et al., 2007a, 2007b)。虽然蚤状钩虾两次接触有毒物质时间间隔了 14 d，但它们还没有从首次中毒状态中得到完全恢复。

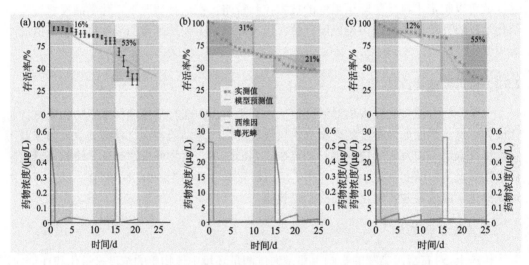

图 2.9　蚤状钩虾在药物浓度变化环境中的存活率(Ashauer, 2009)

接触不同毒性药物的顺序不同，其毒性强弱也不尽相同。以接触两种农药毒死蜱和西维因(Carbaryl)举例说明，如图 2.9(b) 和图 2.9(c) 所示。蚤状钩虾首先接触西维因，14 d 后再接触毒死蜱，前后死亡率分别为 31％ 和 21％[图 2.9(b)]。当顺序颠倒时，前后死亡率分别为 12％ 和 55％[图 2.9(c)]。两次与毒死蜱有关的死亡率(12％ 或 21％)增大并不明显，这表明蚤状钩虾接触西维因后能够较迅速地恢复活性；而两次与西维因有关的死亡率(31％ 或 55％)相对增幅较大，显示出蚤状钩虾接触毒死蜱后活性恢复较慢。

从图 2.9 中可以看出，TKTD 模型预测值与实测值趋势几乎一致，表明 EAWAG 所建立的毒理学模型能较好地预测毒性作用的持续性。除有关对农药的研究之外，TKTD 模型使用范围还应该扩大到更多种类化学物质，也应包括依靠模型假定毒性物质动力学参数的研究，如生物恢复速率等。这样的话，一些动力学参数可从模型中获得；反过来，也可以通过参数而建立模型。此外，为了使化学品风险评价不只适用于个别物种，而是涵盖整个水生生态系统，EAWAG 研究人员还在寻求将人口模型也嵌入 TKTD 模型的方法。这就使人们分析不同生物群落水生生物活性恢复情况成为可能。在此基础上，可以制定适当的环境保护措施。随着对生态毒理学基础研究的延伸，毒理学模型在不需要实验就能评价化学物质毒性作用方面潜力巨大。TKTD 模型的作用也非仅限于此，欧盟新的化学品监管标准的制定就参照了该模型的相关内容。

3. 纳米微污染

纳米材料是近年来新兴的一种材料。纳米材料是指三维空间尺度至少有一维处于纳米量级(1～100 nm)的材料，它是由尺寸介于原子、分子和宏观体系之间的纳米粒子所组成的新一代材料。纳米原料可以是金属、金属氧化物，也可以是有机含碳化合物，目前市场上有超过 800 种纳米材料产品应用于各种领域(Behra et al., 2009)。虽然工程纳米材料粒子跟天然粒子相比数量还很少(kaegi and Sinnet, 2009)，但它们作为一种新出现的微污染物已经引起人们的重视。

纳米材料会随着雨水、污水处理厂出水进入自然水体中。以二氧化钛(TiO_2)颗粒为例，建筑物表面 TiO_2 颗粒粒径符合高斯分布，平均值为 150 nm，其中有 10%的粒径小于 100 nm，符合纳米材料定义的尺寸范围。在地表径流和城市雨水径流中发现了和建筑物表面 TiO_2 大小、形状十分相似的 TiO_2 颗粒，这表明他们主要来自建筑物表面建筑材料，这是工程纳米材料进入自然环境的一种典型情况。

一些纳米粒子不但能够释放有毒离子，其本身也会产生毒性。在绿藻光合作用实验中，EAWAG 研究人员分别将绿藻放入用表面包裹着碳酸盐涂层(防止放出银离子，最多容许放出 1%银离子)的银纳米粒子配成的悬浮液和硝酸银溶液中，持续时间为 1～2 h，以测试银纳米粒子的毒性。通过实验发现，随着银总量增加，绿藻光合作用逐渐减弱，而硝酸银溶液毒性增强比银纳米粒子悬浮液更明显，如图 2.10(a)所示。为了进一步验证究竟是银纳米粒子还是银离子对藻类具有毒性作用，改用银离子和半胱氨酸进行实验。结果发现，氨基酸会与银离子形成非常稳定的化合物；绿藻细胞一旦与银离子结合，将会失去与其他对生理功能有用的离子结合的机会。如此看来，银离子在其中起着直接毒性作用。那么，银纳米粒子本身具有毒性吗？进一步实验表明，当银纳米粒子悬浮液和硝酸银溶液中银离子浓度相同时，前者比后者毒性更强[图 2.10(b)]。这表明，毒性并不单单与银离子浓度有关，银纳米粒子也会进入藻类细胞中，本身也会产生毒性。

作为一种微污染物，不管是对水环境有影响，还是对土壤有影响，纳米粒子潜在毒性不容忽视。由于纳米材料成分多种多样，其物理化学性质也各不相同，所以今后对微污染物的研究应扩大到各种纳米材料，并建立起标准检测评价方法。同时，纳米材料制造商应该担负起相应的环境责任，在产品上要注有相应标签和详细使用说明，以告知消费者该产品对人体和环境的潜在危害。

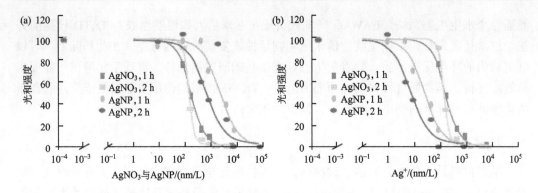

图 2.10　银纳米粒子与硝酸银溶液对绿藻光合作用的影响（Navarro et al., 2008）

2.5.4　微污染物去除技术

现有污水处理系统通常只涉及悬浮颗粒、有机物和营养物去除，并没有涉及药物和激素等微污染物去除。虽然通过活性污泥吸附、生物降解作用可能去除较多的微污染物（Joss et al., 2005），但是未被去除的残留药物和激素还是会给水环境带来潜在影响。对此，可以考虑在污水二级处理末端增加一个去除单元或流程，用来对付残余微污染物。为达到这样的目的，污水处理厂升级时目前有 3 种工艺可供选择：臭氧氧化、活性炭吸附、膜处理。

1. 臭氧氧化

臭氧氧化利用臭氧强氧化作用来降解微污染有机物，工艺流程如图 2.11 所示。二级出水首先进入臭氧反应池，经过一定的水力停留时间以后，出水一部分经过砂滤池被进一步处理后排放，另一部分回流到生物处理阶段，去除未能被完全氧化的微污染物。在臭氧反应池末端设置一个尾气处理装置，用以处理微污染物氧化过程中可能形成的挥发性有害气体，防止二次污染发生。此外，臭氧还能去除气味、色度和泡沫。少量臭氧就能使污水中多种有机微污染物得到去除，去除每克有机物只需零点几克的臭氧。

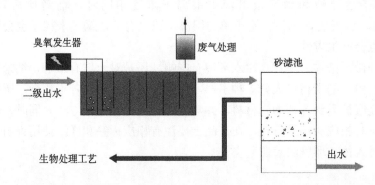

图 2.11　臭氧氧化去除微污染物工艺流程图（Abegglen et al., 2009）

2. 活性炭吸附

活性炭(PAC)吸附被认为是一种很有前景的微污染物去除方法。活性炭(粒径 10～50 μm)可以通过巨大比表面积($1\ 000\ \text{m}^2 \cdot \text{L}^{-1}$)吸附水中的有机微污染物；充分吸附有机物的活性炭经过脱水、干燥、焚烧使得被吸附的有机物彻底被氧化。活性炭处理效率极高，每吨二级出水只需要 10～20 g 活性炭就能使多种物质去除率达到 80%以上(Abegglen et al., 2009)。

活性炭吸附技术难点是炭与水分离问题，但可以通过重力沉淀与膜过滤方式(但要增加能耗)予以分离。为提高沉降速率，可以向反应池内加入沉淀剂和絮凝剂(聚合电解质)。吸附饱和后的活性炭通过在反应池后端设立一个专门沉淀池予以沉淀。沉淀池出水加入沉淀剂或絮凝剂后，可使未沉淀的粉末活性炭形成较大、易沉颗粒或絮凝体，然后让其中一部分随沉淀池中的沉淀物回流，另一部分则经砂滤池处理后排放，工艺流程如图 2.12 所示。

活性炭去除效率虽高，但缺点是去除速率慢，达到吸附平衡需要数小时。为了解决这一问题，可以像回流活性污泥一样，循环活性炭，以增加其停留时间，促进吸附过程。另一种加速吸附的方法是将反应一段时间的活性炭回流到生物处理工艺阶段，这是因为二级处理出水有机物浓度较低，活性炭后处理吸附能力不能被充分利用，而生物处理段有机物浓度高，活性炭回流到生物处理段后可使吸附能力得到充分利用。

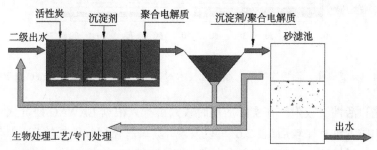

图 2.12　活性炭法去除微污染物工艺流程图(Abegglen et al., 2009)

3. 膜渗透法

膜渗透法是利用水渗透性远高于溶质渗透性的特点对二级处理出水进行过滤。二级出水经过渗透膜之前首先要经过预处理(微滤)去除一部分悬浮物。然后，加压至 0.4～5 MPa，预处理后的出水以高流速到达渗透膜后可对滤饼等滞留物(膜污染)产生冲洗作用，这样可以降低膜污染形成速率，加速过滤速率。通过渗透膜的水直接排放，滞留浓液再经过专门工艺单独处理(图 2.13)。

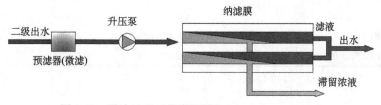

图 2.13　膜法处理工艺流程图(Abegglen et al., 2009)

4. 去除方法评价

根据 EAWAG 研究人员对磺胺类药物(如 sulfamethoxazole)、二甲基苯基吡唑酮 (phenazone)、双氯芬酸(diclofenac)、克拉霉素(clarithromycin)、酰胺咪嗪 (carbamazepine)、苯并三唑(benzotriazole)、氨酰心安(atenolol)等药物的去除率进行统计(图 2.14),上述 3 种处理方法对微污染物的去除率均可以达到较高程度。

对于膜法来说,75%~80%的水能通过渗透膜,但残余物(浓液)还需要单独处理,且膜法能耗较高,达 1~2 kW·h·m^{-3}(Abegglen et al., 2009)。考虑到膜法高能耗、高运行成本(分别高于活性炭法和臭氧法),以及需要增加独立浓液处理系统,这种方法一般只适用于严重缺水地区。

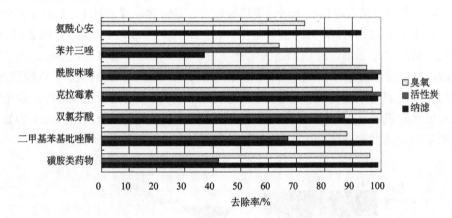

图 2.14　臭氧氧化、活性炭吸附、膜处理技术对药物的去除率(Abegglen et al., 2009)

臭氧氧化和活性炭吸附法在实际应用时较为可行。根据 EAWAG 研究人员对这两种方法的能耗和成本进行比较后(表 2.6)可以发现,臭氧氧化运行能耗较高,但是活性炭原料生产的原始能耗较高。虽然臭氧氧化综合成本较低,但是其通常不能使有机物完全被氧化,而是转化成其他有机物,甚至毒性更大的物质;活性炭吸附法运行成本虽然高,但可以通过焚烧使有机物得到完全氧化。所以,两种方法各有利弊。

表 2.6　臭氧氧化与活性炭吸附能耗、成本比较

能耗与运行成本(对比二级处理)	单位	臭氧法	活性炭吸附法
能耗增加(不含砂滤池)	kW·h·m^{-3}	0.05~0.15	<0.005
能耗增加(含砂滤池)	kW·h·m^{-3}	0.1~0.2	0.05
能耗增幅	%	20~50	10~20
水处理药剂制造能耗	kW·h·m^{-3}	0.3~0.5	0.4~0.7
运行成本(处理能力<15 000 PE[①])	瑞士法郎[②]/(PE·a)	32~36	42~47
运行成本(处理能力>100 000 PE)	瑞士法郎/(PE·a)	10~15	15~20

①人口当量;　②1 瑞士法郎相当于约 7.4 元人民币(2020 年 3 月 12 日汇率)。

2.5.5 结语

随着水资源日益紧缺和现有污水处理技术日益成熟，水体微污染越来越受到人们的重视。水体微污染目前已成为国际上公认的水污染问题。虽然传统污水处理经过升级能够有效去除污水中的微污染物，但污水处理厂出水并非唯一的微污染源，微污染源还包括农业、工业废水、雨水径流及下水管道泄漏等各个环节，其中面源污染是长期被人们忽视了的一个重要污染源。因此，传统污水处理工艺升级改造只能降低水体受污染的程度，而不能完全消除微污染。从源头控制微污染物排放才是最为有效和经济的方法。

为应对人为微污染挑战，研究人员、工程师及社会学家应当紧密合作，这不仅为了预防性风险评价和污水处理工艺升级改造，更重要的是应采取多种措施尽可能避免向环境中释放过多微污染化学物质。这就需要让消费者了解日用化学品环境污染知识，加强对农药的管理，优化城市垃圾管理等。

2.6 水中军团菌滋生与控制技术

2.6.1 引言

军团菌(legionella)是一种通过呼吸道感染人体，进而诱发军团菌肺炎的一类病原体。军团菌病(legionnaires' disease, LD)自 1976 年在美国费城确认以来，其因引起的病情严重和死亡率高而引起人们高度重视。大量研究表明，军团菌是诱发微生物肺炎的三大病原体之一(Barna et al., 2016)。世界上许多国家或地区均有暴发军团菌病的报道，近年欧洲军团确诊病例频率呈上升趋势；意大利军团菌病例每年确诊数从 2000 年的 192 例激增至 2010 年的 1 235 例和 2011 年的 1 008 例(Roat et al., 2013)。在我国，北京、广州等地也陆续在中央空调冷却塔中检出了军团菌的报道，军团菌检出率在 34%~82%(沈凡等，2015; 张健等, 2016)。

军团菌多存活于热水环境中。在其存在的热水环境周围，军团菌也能以气溶胶形式存在；气溶胶粒径一般<10μm，随波逐流，运动范围深达 6~7 km，且仍具有感染人群的能力(Nguyen et al., 2006)；人体一旦吸入，可直达肺泡(Roat et al., 2013)。除高温外，军团菌的环境适应能力较强，可在较宽 pH、盐度范围内存在，广泛生存于天然水体(如河流、湖泊)和各种人工水系统(如热水系统、空调冷却塔等)中(Völker and Kistemann, 2016)。有关研究表明，中央空调冷却塔和建筑热水系统已经成为军团菌最大的滋生地(Maisa et al., 2015)。中央空调、冷却塔、热水器等现代文明产物在不断改善人们生活品质的同时，因疏于认识、缺乏设计、不当管理等也往往成为军团菌的传播工具。

作为一种"城市文明病"，军团菌已经成为城市现代化发展中人们不得不面对的一个重要公共卫生问题，若不加以有效防范则可能爆发严重流行疾病。在此方面，欧洲国家较早便开展了基础研究与实际应用工作；早在 1986 年，欧洲便成立了军团菌感染工作组(European Working Group for Legionella Infections, EWGLI)；1987 年还建立了欧洲军团菌感染监测网(the European Working Group for Legionella Infections Net, EWGUNET)，采用统一病例定义和报告程序，对不同国家军团菌发病情况进行监测，是目前国际上比较完善的军团菌病监测网络。

此外，包括中国在内的其他国家学者也相继开展了对中央空调、冷却塔、热水器、温泉等人工水系统中军团菌控制技术的研究与应用工作。究其技术内涵，无外乎千篇一律的"除患于既成之后"的化学与物理灭菌技术：①化学消毒，主要有氯气、氯胺、二氧化氯、臭氧、铜/银离子、TiO_2/光催化等；②物理消毒，主要包括紫外线、超滤、热冲击等。这两类消毒方法中的某些技术在实际运行中已取得较好的军团菌控制效果。本节在综述军团菌的生理、生化特性、爆发起因及归纳现有各类军团菌有效控制技术基础上，展望未来"防患于未然"的军团菌抑制技术。

2.6.2　军团菌特性与人工环境下滋生

军团菌主要潜伏于中央空调、冷却塔、热水器、温泉等中高温水环境中；系统一旦被军团菌感染，则很难被彻底杀灭，二次爆发概率几乎为100%(Marchesi et al., 2011)。军团菌的这种行为与其生理、生化特征存在直接关系，也取决于其生存的环境。

1. 生理、生化特征

军团菌为专性好氧、异养细菌，但需要一定浓度(2.5%～5.0%)的CO_2存在。军团菌染色为革兰氏阴性，菌体呈多形性，视培养条件各异；常见的形状有杆状、两端钝圆、纺锤状等，大小一般为长2～20 μm、宽0.3～0.9 μm。在活性炭酵母浸膏琼脂固体培养基上培养5～7 d，菌落直径可达3～4 mm，菌落结构凸而圆，边缘完整，整体呈灰色且带有光泽。在液体培养基培养过程中观察发现，一些军团菌有较长的端生鞭毛，但没有观察到有荚膜、芽孢的形成。军团菌最适宜生长温度为32～42 ℃，温度过低及过高均难以存活；不同温度下军团菌生存状态示于表2.7(WHO, 2007)中。军团菌可适应的pH范围在6.5～7.5，最佳值为6.9±0.05。

表2.7　不同温度下军团菌生存状态

温度/ ℃	菌体状态
<20	休眠状态(但未失活)
25～32	生长速率缓慢
32～42	快速生长(最佳适宜温度)
42～45	生长速率缓慢
48～50	可生存，但数量不多
50	80～124 min内90%军团菌失活
60	2 min内90%军团菌失活
>70	军团菌即刻失活

在培养过程中发现，军团菌对半胱氨酸、胱氨酸(两者间可以相互转化)两类含硫氨基酸存在需求依赖；在缺乏半胱氨酸和胱氨酸条件下培养军团菌，发现其无法正常生长

（武建国，1990）。在自然环境中，半胱氨酸/胱氨酸这类含硫氨基酸可通过植物、藻类、真菌及大部分细菌在体内通过硫酸盐同化过程合成（宋超等，2012），以细菌胞外分泌物或死亡细胞形式被包括军团菌在内的其他微生物所利用。因军团菌与其他细菌及原生动物存在紧密的共生关系，所以军团菌暴发往往也伴随着其他微生物大量繁殖；特别是原生动物，它们是军团菌的天然宿主，它们的存在为军团菌提供了抵御不良环境和增殖的良好场所；这些原生动物在军团菌生存、抗药性、感染、毒性、繁殖等方面起着关键性作用。研究发现，能为军团菌提供胞内繁殖条件的原生动物达 16 种，包括纳氏属（*Naegleria*），哈氏虫属（*hartmanella*）等（Donald, 2002; Harb et al., 2000）。

2. 人工环境下的军团菌

军团菌可在多种水环境中生存，特别是在上述几类人工环境下。军团菌通常以气溶胶为载体来感染附近人群，最常见于淋浴喷头和冷却塔产生的雾气中。中央空调系统中的冷却塔的周围一旦出现含军团菌的气溶胶，其在很大程度上会被带入中央空调循环空气中，往往带来人群感染军团菌的潜在风险。

开放式冷却塔目前使用最为广泛，大多数冷却塔只能建在室外，与大气相通。在冷却塔运行过程中，空气中的粉尘、有机物、细菌孢子、藻类等自然会落入冷却水中。循环冷却水温度长期处于 32～37 ℃（贾予平等，2015），pH 又近于中性，而喷淋、凉水过程同时兼具充氧功能，这就为军团菌滋生创造了必要的生存环境。冷却塔中有藻类存在，也可以合成有机物，这也为异养菌生长提供了条件；冷却塔底部水槽中的淤泥、藻类和生物膜在为军团菌提供营养的同时，也能成为军团菌躲避各种消毒剂攻击的庇护所。研究显示，军团菌难彻底被消灭、二次复发率高等与生物膜有很大关系（WHO, 2007），此外，冬、夏间歇运行而未排空的冷却塔中会存在死水区，富含有机物的死水区易诱导军团菌滋生，因此冷却塔在设计、管理不当的情况下易成为军团菌滋生、繁殖的温床（贾予平等，2015）。

2.6.3 军团菌控制技术

军团菌具有抗逆性强、难以彻底去除、致病死率高、易集中暴发的特点，需要特殊灭菌手段方能杀灭之。美国环境保护署（EPA）、世界卫生组织（WHO）、欧洲军团菌工作组（European Working Group for Legionella Lifections, EWGLI）等一些政府部门和卫生组织对杀灭军团菌均给予了一些指导性建议，但无外乎两类灭菌/消毒技术：①化学灭菌方法，主要以氯气，二氧化氯，氯胺，铜、银离子，TiO_2/光催化等为代表；②物理消毒方法，以紫外线、超滤膜等为主导。

1. 化学灭菌技术

1）氯气

氯气（Cl_2）是目前使用最广泛的饮用水消毒剂。Cl_2 在水中可生成具有强氧化性的次氯酸（HClO）；HClO 通过破坏细菌细胞膜、致蛋白质变性等方式灭活细菌，对常规细菌等病原微生物具有良好的杀灭效果。鉴于此，研究人员对 Cl_2 灭活军团菌的消毒效果进行了相关研究(Cerveroaragó et al., 2015; Marchesi et al., 2011)。

在一项 Cl_2 灭活军团菌实验中发现，5 株不同类型军团菌中 ATCC33152 型表现出明显的抗氯性；在游离氯浓度为 0.2 mg $Cl·L^{-1}$ 的条件下并不能灭活该株军团菌；在游离氯浓度达 0.5 mg $Cl·L^{-1}$ 时，需要处理 6 min 才能对 ATCC33152 有效灭活(Cerveroaragó et al., 2015)。实验结果显示，Cl_2 短期内对军团菌杀灭较为有效，且随余氯浓度升高及处理时间延长，杀灭效果会更好。但是在实际消毒过程中有些军团菌会表现出较强的抗氯性，或者随着消毒进行而产生抗氯性，致消毒效果逐步下降。在 Cl_2 实际运用过程中确实也发现了类似的结果；有人在某医院热水系统中利用 Cl_2 控制军团菌时发现，在开始进行消毒的 1 周内军团菌数量开始下降，但在 2 周后军团菌数量开始回升，4 周后军团菌浓度恢复至消毒前水平(Marchesi et al., 2011)。在循环冷却水系统中，一方面 Cl_2 自身快速衰减，另一方面水体浊度大、有机物含量高，且在生物膜及原生动物的保护下，Cl_2 很难表现出持续消毒效果。有人对 7 个冷却塔采用 Cl_2 控制军团菌生长，运行结果显示，Cl_2 对军团菌控制虽有一定的效果，但其消毒效果只能维持 10~15 d(Caducei et al., 2010)。

Cl_2 在人工环境中军团菌长期消毒效果不佳的主要原因可归纳为：①Cl_2 在水中溶解度不高，导致其在水中的扩散效果不佳，无法有效穿透生物膜，难以彻底杀灭与其共生的微生物，特别是存在于原生动物体、生物膜等内部的军团菌。一旦余氯浓度下降，军团菌则立刻"卷土重来"，甚至恢复到消毒前的水平；②某些军团菌对氯具有一定抗药性，在持续余氯刺激下军团菌对氯的敏感性会降低，消毒效果随之下降。

此外，Cl_2 消毒会产生副作用，也会因其特性而增加运行成本：①Cl_2 会产生有毒副产物，如 Cl_2 会与有机物形成可致癌的氯代物；②Cl_2 不抗衰减，在水的冷却过程中存在大量氯溢散现象，而 Cl_2 逃逸则会带来环境风险和高额运行成本；③Cl_2 属于危险品，处理不当容易发生意外事故；④Cl_2 氧化原电势较高，容易腐蚀设备。

循环冷却水中易出现军团菌集中爆发状况。当军团菌集中爆发时，可以利用 Cl_2 对军团菌进行瞬间(1~30 min)消毒(Cerveroaragó et al., 2015)，以此作为应急处理措施，以在短时间内降低感染周围人群的风险。

2) 二氧化氯

二氧化氯(ClO_2)因其有较强的氧化性而消毒效果较好，且在消毒过程中不会产生有毒、有害副产物。早在 20 世纪 40 年代 ClO_2 就被用作饮用水消毒剂，美国环境保护署就将其列为饮用水中军团菌控制推荐消毒剂(Lin et al., 2011)。近年来，军团菌及军团菌病逐渐被重视，医院等很多公共场所便利用 ClO_2 对热饮用水系统中的军团菌进行控制，实际运行数据显示 ClO_2 能长期有效控制军团菌。

意大利某大学医院热水系统曾被军团菌高度感染，水样检测出 87.5%的阳性率，军团菌数量分布在 10^2~10^6 $CFU·L^{-1}$，其中，有 50%的样品浓度超过 10^4 $CFU·L^{-1}$(Marchesi et al., 2011)。为此，该医院采用 ClO_2 对军团菌进行控制；结果显示，在 ClO_2 处理 30 d后，军团菌数量便低于 100 $CFU·L^{-1}$，且在随后 3 年运行中军团菌浓度始终低于该值。ClO_2 消毒曲线表明，ClO_2 浓度在 0.3 mg $ClO_2·L^{-1}$ 时能将军团菌数量控制在 100 $CFU·L^{-1}$以下，当 ClO_2 浓度达 0.6 mg $ClO_2·L^{-1}$ 时则能将其控制在 25 $CFU·L^{-1}$ 以下(Marchesi et al., 2011)。ClO_2 对军团菌的有效控制在其他医院热水系统中也获得了类似的消毒效果，美国约翰斯·霍普金斯医院(Johns Hopkins Hospital)也采用 ClO_2 控制军团菌繁殖；长期检测表明，在长达 510 d 的运行中，军团菌检出率从 40%持续下降到 4%(Srinivasan et al., 2003)。在美国纽约某医院热水系统中采用 ClO_2 控制军团菌过程中发现，540 d 后该院热水龙头中军团菌阳性率由 60%下降至 10%(Zhang et al., 2007)。

　　然而许多研究结果表明，ClO_2 不存在 Cl_2 那种瞬间军团菌灭活效果。但因其消毒效果稳定，长期运行可使军团菌数量持续下降，所以比较适合于对军团菌的长期控制。ClO_2 控制军团菌的优势归纳如下：①穿透性能好，ClO_2 易溶于水，其溶解度为 Cl_2 的 5~8 倍，其扩散性能优于 Cl_2，能有效穿透生物膜，消毒效果较为彻底(Srinivasan et al., 2003)；②消毒效果稳定，长期运行经验表明，并没有出现军团菌抗药性现象，也没有出现军团菌数量回升现象；③适用宽广的环境范围，在较大 pH、温度范围均可能保持一定的灭菌效果；④无有害副产物出现，ClO_2 消毒副产物是亚氯酸盐(ClO_2^-)或是氯酸盐(ClO_3^-)，是无毒的，且不致癌(Zhang et al., 2007)；⑤在消毒过程中对管道及设备的腐蚀程度低于 Cl_2 消毒(Lin et al., 2011)。

　　ClO_2 虽在建筑热水系统中对军团菌具有较好的控制效果，且不产生有毒、有害消毒副产物，但是其用在循环冷却水中的杀菌效果另当别论，冷却循环水中往往含有一定量的有机物，是否会削弱其消毒效果，以及在开放式环境中如何保持有效的 ClO_2 灭菌浓度等还有待进一步探究。

　　3) 氯胺

　　氯胺消毒主要利用一氯胺(NH_2Cl)进行灭菌，是目前较为广泛使用的一种饮用水消毒方法。氯胺形成的反应如式(2.2)~式(2.5)所示，除一氯胺(NH_2Cl)以外，如上所述，次氯酸(HClO)也具有相当的军团菌杀灭能力。研究表明，氯胺可从多个方面灭活细菌，作用于细菌细胞膜、影响细胞运输，也可影响呼吸过程中底物脱氢等生物过程(Mancini et al., 2015)。氯胺目前也广泛用于循环冷却水、热水系统对军团菌的控制。

　　氯胺在消毒水体中存在下述 4 个化学平衡关系，所以在氯胺消毒过程中氯胺可在较长时间内保持稳定的浓度，其衰减慢、扩散性好，具有持续灭菌能力，效果比较稳定。2012 年一项长达 1 年的氯胺消毒效果监测显示，在一建筑面积为 8 500 m^2 的医院热水系统中，某公司产的自动氯胺发生器可使加入热水系统的氯胺浓度维持在 1.5~2 mg $NH_2Cl·L^{-1}$，管网末梢氯胺浓度则可维持在 0.15~0.5 mg $NH_2Cl·L^{-1}$；在开始消毒的第 15 d，热水中军团菌数量下降至原来的一半，运行 1 年后水体中军团菌数量持续下降至未检出水平(Mancini et al., 2015)。因军团菌和其他微生物存在共生关系，所以消毒剂能否有效穿透生物膜将直接决定其消毒效果。

$$Cl_2 + H_2O \rightleftharpoons HClO + HCl \tag{2.2}$$

$$NH_3 + HClO \rightleftharpoons NH_2Cl + H_2O \tag{2.3}$$

$$NH_2Cl + HClO \rightleftharpoons NHCl_2 + H_2O \tag{2.4}$$

$$NHCl_2 + HClO \rightleftharpoons NCl_3 + H_2O \tag{2.5}$$

　　尽管氯胺氧化性要低于 Cl_2 和 ClO_2，但是氯胺对生物膜的穿透性优于 Cl_2，可在生物膜内部维持一个较高的灭菌浓度。有人对冷却塔中生物膜内军团菌消毒效果进行过对比实验，观察发现，相同投量的条件下，NH_2Cl 对军团菌的杀灭效果优于 Cl_2(Turetgen, 2004)。氯胺对军团菌消毒效果优于 Cl_2 在实际应用中也得到了印证，美国有人将加利福尼亚州某建筑原来的 Cl_2 消毒热水系统更换为氯胺后，发现军团菌阳性率由之前的 60% 下降至 4%(Flannery et al., 2006)。这表明，氯胺抑制水体中军团菌的效果优于 Cl_2，适合对水体中军团菌的长期控制。此外，由于氯胺本身氧化性较弱，其对管道及设备腐蚀程度相对 Cl_2、ClO_2 而言小。

然而，氯胺消毒过程中对 pH 有一定要求，pH>7 时水中以一氯胺(NH_2Cl，消毒有效成分)为主，在 pH<6 和 pH<3 的条件下氯胺则分别以二氯胺($NHCl_2$)和三氯胺(NCl_3)形式为主($NHCl_2$、NCl_3 并无消毒效果，且具有异味)。因此，在实际运用过程中严格控制 pH 才能保证氯胺的消毒效果。此外，在氯胺消毒系统中会出现氨氮(NH_4^+)，这会导致氯胺消毒管网系统中普遍出现硝化现象，而硝化产物——亚硝酸氮(NO_2^-)和硝酸氮(NO_3^-)可能在人胃中诱发可致癌的仲胺。对此，相关学者也提出了解决方案，如可加入预先生成的氯胺，折点加氯，根据环境条件实时优化 Cl_2/NH_3 比例等，以降低硝化风险(张永吉等, 2008)；若在循环冷却水系统中采用氯胺消毒则不需要考虑这一问题。

4) 铜、银离子

随着电解技术的突破，铜、银离子对水体消毒频繁出现；多领域研究成果已表明，铜、银离子消毒效果已被广泛认可(Lin et al., 2011)。银离子具有一定的氧化性能，可干扰细菌体内电子传递，抑制细菌的生长，此外，银还能结合 DNA，阻止细菌增殖。铜离子扩散进入细菌体内后能和一些蛋白质发生取代反应，破坏蛋白质结构及酶的活性。铜、银离子控制军团菌的效果较好，在很多国家都有运用实例(Liu et al., 1994, 1998)。

铜、银离子灭活军团菌的推荐浓度分别为 $0.2\sim0.8$ mg·L^{-1} 和 $0.01\sim0.08$ mg·L^{-1}，在该浓度范围内可对军团菌进行较为彻底的消毒(Lin et al., 2011)。有人就铜、银离子对军团菌控制效果进行了监测研究，对象为某医院热水系统；在进行铜、银离子消毒前，该系统中军团菌检测阳性率为 70%，消毒时控制水中铜、银离子平均浓度分别为 0.394 mg·L^{-1} 和 0.163 mg·L^{-1}；水中军团菌阳性率在消毒开始后便快速下降，运行至 12 周后军团菌数量下降至未检出水平，且在持续运行过程中军团菌浓度始终保持在未检出的状态(Liu et al., 1998)。为观察铜、银离子对军团菌的持续消毒效果，关闭电离设备，停止向水中注入铜、银离子，发现直到 8 周后军团菌阳性率逐步回升到 60%。铜、银离子控制军团菌的应用在美国匹兹堡(Pittsburgh)某医院也有案例，在铜、银离子浓度分别控制在 0.4 mg·L^{-1} 和 0.04 mg·L^{-1} 的条件下，4 个月内将军团菌阳性率从 75% 降至 0(Liu et al., 1994)。

铜、银离子控制军团菌效果出色，主要优点为：①消毒效果稳定，在消毒设备运行期间，军团菌数量持续保持未检出状态；②抗衰减，因为是非气体消毒剂，不会出现挥发、逃逸的现象，比较容易维持在一个稳定的杀菌浓度范围之内，且具有一定持续性，可应对检修、故障等停车现象；③适用范围较广，在各种温度条件下，铜、银离子均能保证有效的灭菌效果；④无有毒、有害消毒副产物，美国环境保护署(EPA)给出的饮用水中铜、银离子上限浓度分别为 1.3 mg·L^{-1} 和 0.1 mg·L^{-1}，而铜、银离子消毒浓度远低于这一标准；⑤装置简单，比较安全，不需要储药间。

当然，铜、银离子消毒液也存在一定的弊端，适用水体的碱度不能过高(pH<8.5)(Liu et al.，2011)。此外，在用于饮用水中军团菌控制时，若控制水体的前处理是采用氯系列消毒剂，在使用该技术消毒时水体中氯离子会消耗铜、银离子，导致运行成本升高。若将铜、银离子用于空调循环冷却水中军团菌控制，可以有效解决：①冷却循环水总水量较少，氯离子所消耗的铜、银离子量有限；②因不是饮用水，对 pH 可能过高问题可以向循环水中加酸来解决。

5) TiO_2/光催化

TiO_2/光催化消毒技术的核心是羟基磷灰石(HA)结合银(Ag)与 TiO_2 形成的一种特殊陶瓷复合材料，主要有效成分为 TiO_2，在光照条件下会被活化，并与水发生反应而生成自由基(羟基自由基 OH^+ 和氧自由基 O_2^-)，如式(2.6)、式(2.7)所示。氧化性极强，但并不稳定的自由基会把水中细菌体及其他有机物分子无选择地氧化为 CO_2 和 H_2O(Oana et al.，2014)。

$$TiO_2 + OH^- \xrightarrow{\text{光}} TiO_2^{2-} + OH^+ \tag{2.6}$$

$$TiO_2^{2-} + 2O_2 \xrightarrow{\text{光}} TiO_2 + 2O_2^- \tag{2.7}$$

有人采用日本某公司生产的陶瓷对家用雨水储存灌中军团菌去除进行了实验研究，向军团菌数量约为 $10^5 CFU \cdot mL^{-1}$ 的 100 $\cdot mL^{-1}$ 水中加入不同质量陶瓷后定时取样检测军团菌数量；实验结果表明，0.1 g 以上质量的 TiO_2 陶瓷均可有效降低军团菌浓度，且随着加入的陶瓷质量加大，军团菌降到未检出水平时所需时间便越短(Oana et al.，2014)。

上述实验条件下，TiO_2/光催化效果虽然较好，但在实际运用中存在较大局限性。TiO_2/光催化消毒中的有效成分是产生的自由基，而自由基在水中存在的时间极短(只有 10^{-9} s)；同时，两类自由基在水体中的扩散距离又有限，特别是当水中存在污染物的情况下扩散距离很难超过 1 μm(Kikuchi et al.，1997)。自由基存在时间和扩散距离决定了只有当细菌接触到光催化材料表面时才会被氧化灭活，而对于生长在生物膜内或与原生动物共生的军团菌，这种方法则很难奏效。由于光催化材料所形成的羟基自由基和氧自由基对有机物的氧化均不具有选择性，所以对浊度较高、存在有机物的循环冷却水而言，水中有机物便可能先于军团菌而消耗自由基，使军团菌逃过"劫难"。这种光催化材料无法贯穿于整个管网与设备系统，无法对管网末梢军团菌进行控制。此外，水的 pH 也会对光催化消毒效果造成影响，pH 变化会改变光催化材料表面电性，进而影响其吸附性能而影响消毒效果(Wu et al.，2008)。

2. 物理消毒技术

物理消毒技术通过物理作用将细菌灭活，常见的物理消毒技术有紫外线(UV)、热冲击、超滤膜等。

1) 紫外线

UV 杀菌、消毒是利用一定波长的紫外线破坏微生物细胞中的 DNA 或 RNA 分子结构，使细菌细胞体内基因无法表达、复制，从而对水进行消毒(Arago et al.，2014)。UV 消毒不产生任何消毒副产物，在医学消毒等领域应用广泛。

UV 应用于水体消毒时，水力停留时间、浊度、生物膜存在等因素会影响其消毒效果。文献资料表明，单独使用 UV 控制军团菌的效果较差(Triassi et al., 2006)。有人对与阿米巴(Acanthamoeba，原生动物)共生的军团菌消毒中发现，UV 对这种和其他微生物共生的军团菌并没有什么消毒效果，即使延长 HRT 达 72 h 也没有表现出应有的消毒迹象(Arago et al., 2014)。UV 消毒只是控制军团菌的一种辅助手段，一般需要与其他消毒方法配合使用，常见的有氯化/UV、超滤/UV 等组合方式(Leoni et al., 2015)。

利用氯化/UV 组合方式对某温泉配水管网中军团菌进行控制的实验表明，当消毒前水中军团菌数量在 $10^3 \sim 10^4$ CFU·L^{-1} 且组合消毒(紫外波长 254 nm、功率为 40 mJ·cm^{-2}；余氯保持 50 mg Cl_2·L^{-1})时，军团菌数量迅速下降，直至未检出水平；在随后 9 个月运行中军团菌也一直处于未检出状态；当 UV 消毒停止后，军团菌数量在 1 个月的时间内又回升至消毒前的水平(Costa et al., 2009)。实验结果表明，氯化/UV 组合方式对军团菌消毒效果虽好，但是也存在一定局限性；本例实验中氯化/UV 对象是地下温泉水，水质好、浊度较低，HClO 和 UV 均能较好地穿透水体；对冷却循环水等其他水质条件较差且长有生物膜的水体，则运行效果可能就另当别论了。

UV 消毒效果较差主要归结为：①UV 穿透能力不强，存在大量军团菌的水中一般也有生物膜的存在，UV 对生物膜内军团菌杀灭的效果有限，且水的浊度也会影响消毒效果；②难以保证足够的 HRT，UV 消毒效果需要一定的 HRT 予以保证，而持续流动的建筑热水系统或循环冷却水系统无法保证足够的 HRT。

2)其他物理消毒技术

物理消毒技术还包括热冲击、膜过滤等。表 2.7 显示，在高于 70 ℃的温度条件下军团菌会被立即灭活，所以利用高温冲击对军团菌进行消毒是完全可行的。然而，高温消毒耗能巨大，对循环冷却水来说显然不是首选消毒方式。

超滤膜可对军团菌有效分离，膜过滤不仅可去除水中细菌等病原微生物，还能去除大分子有机物。然而膜过滤需要相当压力，过高能耗带来的运行成本问题不可小觑。

除上述化学与物理消毒方法外，还有臭氧(O_3)、过氧化氢(H_2O_2)(WHO, 2007)等化学消毒技术。但这些消毒方法因能耗、成本、环境使用性等问题而未能成为军团菌控制的主流消毒技术，本节不再赘述。

2.6.4　军团菌

以上化学与物理方法控制军团的实质是军团菌出现后的杀灭方法，即"除患于既成之后"的技术。如果能从军团菌生理、生化特征及其所需的环境条件角度入手，审视其滋生限制的控制因子，则有可能出现"防患于未然"的军团菌预防技术。在此方面，需要对上述有关军团菌的生理、生化特征及其生长环境条件逐一分析，首先从理论上及可行性方面予以阐述，以产生新的军团菌预防技术，彻底改变军团菌一定存在于人工环境中的被动去除思路。

1. 气、液分离

在中央空调系统中，目前使用最为广泛的就是如图 2.15(a)所示的开放式冷却塔。这种开放式冷却塔依靠水与空气充分接触而实现热交换。但是，如上所述，空气中的尘埃、有机物、藻类、细菌孢子等也会随空气进入循环冷却水中，形成军团菌滋生的环境条件。着眼于"防患于未然"，可采用如图 2.15(b)所示的封闭式冷却塔(closed-circuit towers, CCT)，冷却水与空气并不接触，只用少量水以喷淋方式帮助空气从冷却盘管中交换出管内冷却水，这在很大程度上可以避免军团菌等微生物滋生。

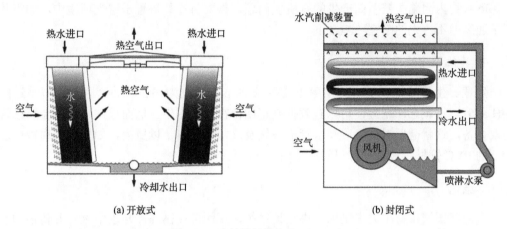

(a) 开放式　　　　　　　　　　　　(b) 封闭式

图 2.15　冷却塔结构(WHO, 2007)

2. 去除循环冷却水中的硫酸盐

胱氨酸与半胱氨酸是军团菌生长所必需的两类含硫氨基酸(武建国, 1990)，由藻类等微生物的硫酸盐同化作用而形成(宋超等, 2012)。可见，如果能从源头上杜绝含硫氨基酸的形成，便可能有效抑制军团菌的生长。一般而言，循环冷却水中对硫酸盐(SO_4^{2-})浓度要求不高，如 2008 年建设部发布的《工业循环冷却水处理设计规范》(GB/T 50050—2017)国家标准中对 SO_4^{2-} 的控制浓度仅为 2 500 mg $SO_4^{2-}\cdot L^{-1}$。这就为军团菌在循环冷却水中滋生埋下了巨大隐患！如果能从循环冷却水中将 SO_4^{2-} 全部去除或降低至其限制微生物硫酸盐同化作用的阈值，那军团菌预防则可能行之有效。

从循环冷却水中去除硫酸盐最省事的办法是使用去离子水，但这无疑会增加运行成本，需要经济比较，也可以通过向冷却水中加入钡盐、石灰等方法去除水中的硫酸盐，运行成本显然低于去离子水，但其抑制微生物硫酸盐同化作用的效果还有待实验验证。

3. 去除循环冷却水中的有机物

军团菌属于异养菌，需要有机物底物(COD)存在。循环冷却水原水一般为自来水，水中 COD 浓度应该很低，至少应满足《生活饮用水卫生标准》(GB 5749—2006)要求，即 $COD_{Mn}\leqslant 5$ mg·L^{-1}。如上所述，一方面，外源有机物随气、水热交换可以持续不断进入循环冷却水；另一方面，藻类繁殖也可形成有机质。因此，从抑制有机物进入循环冷却水入手，从根本上遏制军团菌滋生不失为一种"防患于未然"的技术手段。微量 COD消除可以采取目前研究中盛行的包括臭氧(O_3)在内的高级氧化技术(advanced oxidation processes, AOPs)（Kikuchi et al., 1997; Rueda et al., 2016），利用通过各种手段产生的自由基[羟基自由基(OH^+)或氧自由基(O_2^-)]的极强氧化特性氧化水中的 COD。其实，上述 TiO_2/光催化技术就是一种典型的 AOPs，虽对出现后的军团菌去除效果欠佳，但对水中 COD 的氧化应该不在话下，如水循环几次便 AOPs 一次，水中 COD 应该能较好地被消除。

就系统内因藻类繁殖而产生的有机质问题，需要将冷却塔置于避光环境中，如将其置于通风但不透光的暗室环境之下。

4. 其他预防性措施

生理、生化特征表明，军团菌正常生长的 pH 范围为 6.5～7.5。因此，似乎过酸（pH<6.5）、过碱（pH>7.5）便可以有效抑制军团菌在水中滋生。然而过酸、过碱会腐蚀管道及设备，这就需要对循环冷却水管道系统及冷却塔材料予以更换，如采用抗腐蚀性能较好的 PVC 管材、玻璃钢材料的冷却塔等。

2.6.5 结语

目前我国城市楼宇大多采用中央空调系统，军团菌在循环冷却水中滋生并传播的潜在风险日益增大。虽然目前国家还没有正式出台有关控制中央空调系统及热水系统军团菌出现的行业标准，但是一些公共建筑中央空调系统频繁检出军团菌的案例已是不争的事实。对此，我们应及早行动，首先了解军团菌的危害、生理/生化特征及其滋生所需要的环境因素。其次对现有国内军团菌控制技术进行全面分析和系统总结。最后，提出"防患于未然"的军团菌预防策略，并指出相应技术研发方向。

军团菌有着独特的生存环境，而中温的循环冷却水恰恰成为军团菌滋生的最适宜环境温度。常规军团菌控制技术无外乎是"除患于既成之后"的化学与物理灭菌技术，且都存在各自的优势和适用范围。Cl_2 消毒在短期内虽有立竿见影的瞬间消毒效果，但其穿透能力较差，持续使用还会出现军团菌的抗氯性。ClO_2 和氯胺对军团菌的长期控制效果要好于 Cl_2，但消毒效果随时间方能完全展现。铜、银离子消毒不会出现逃逸现象，其衰减速率较慢，可较好地维持一定的杀菌浓度，具有较好的长期消毒效果。TiO_2/光催化消毒中所产生的自由基存在时间及扩散距离有限，使其消毒效果大打折扣。UV 消毒不产生副产物，但对生物膜穿透能力有限，很难单独完成对军团菌的有效控制，常作为一种辅助消毒手段。热冲击及膜过滤固然可以有效杀灭或隔离军团菌，但所需能耗又限制了这些技术的广泛应用。

传统军团菌控制技术几乎全是被动地去灭除军团菌，各种方法虽然不算复杂，但具体应用则存在各自的使用范围和条件，并非都十全十美，需要审时度势地选择不同技术综合解决方有效。因此，从应用角度看，迫切需要从源头上遏制军团菌滋生的"防患于未然"的技术策略。在此方面，冷却塔气/液分离、去除循环冷却水中的硫酸盐（SO_4^{2-}）与有机物（COD）、水质微酸化/碱化并更换防腐管道/设备材料可能最具有研发、应用潜力。

2.7　瑞士饮用水安全保障技术措施

2.7.1　引言

众所周知，世界上很多国家正面临着饮用水安全问题。随着人口不断增加、生活标准日益提高，以及工业、农业生产活动范围的不断扩大，这一问题日益突显。在发展中国家，每年约有 80%的疾病是由饮用水污染所引起的(Laws, 2002)。因此，如何保障饮用水质安全一直是全球业内人士普遍关注的焦点。

威胁饮用水安全的因素众多，其中对人体健康威胁最大的就是致病微生物(病原体)。然而由于现有微生物检测方法缺乏时效性，以至于在微生物被检出之前就可能发生了病原体感染的现象(Janet, 2008)。此外，饮用水中地球成因污染物，如砷、氟等，以及人类活动对自然界的干预作用所产生的微污染物等也会对人类健康造成很大威胁(Janet, 2008)。因此，如何妥善解决上述问题是获得高质量饮用水所面对的一项重要课题。与此同时，对地下水进行保护，从根源上杜绝饮用水污染的发生，对饮用水水质安全也具有深远的意义。

EAWAG 研究人员为保障饮用水的安全做出了不懈的努力，研发出许多先进的技术措施。为了帮助国内读者更好地了解国际上饮用水保障措施的技术动态，本节基于瑞士 EAWAG 研究人员的最新研究成果，介绍瑞士在饮用水检测、处理与保护等方面的技术。

2.7.2　饮用水微生物检测

被致病微生物所污染的饮用水问题目前依然是水处理行业关注的焦点。因此，如何有效、快速地对水中致病微生物进行检测正日益受到有识之士的关注。目前，对微生物检测主要基于两种方法：异养菌平板计数(HPC)和大肠杆菌检测(WHO, 2003)。但是，这两种方法都需要耗费较长的时间才能获知结果。虽然分子生物学技术的发展克服了上述缺陷，但仍存在检出限高、分析费用昂贵、需对分析人员特殊培训等缺点(WHO, 2003)。基于流式细胞术的检测方法由于具有快速、准确等诸多优点已被 EAWAG 研究人员应用于饮用水微生物检测分析中。

1. 流式细胞术检测细胞数量

流式细胞术是一种快速检测微生物的技术，每秒能实时检测约 1 000 个细胞。其原理如图 2.16 所示。

首先将待测细胞或微粒进行荧光染色，染色后的细胞或微粒以流体形式通过流式细胞仪，经激发光(通常是激光)照射后产生的散射光和激发荧光可被光检测器接收。根据光检测器所接收信号的强弱，便可以对微生物进行检测分析。

EAWAG 研究人员发现，采用 HPC 方法检测水中细菌数量时，所得结果通常比真实值低 2 个数量级。然而应用流式细胞术不仅可以获得准确的结果，而且整个检测过程仅需 15 min 即可完成(Hammes et al., 2008; Thomas, 2008)。Siebel 等(2008)也发现，采用流式细胞术检测细胞时所检测到的细胞数量与细胞中 ATP 的浓度紧密相关。

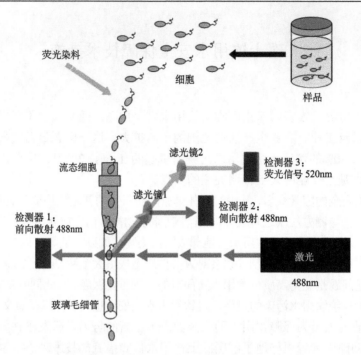

图 2.16　流式细胞术原理(Thomas, 2008)

2. 流式细胞术检测活细胞数量

由于水中存在相当数量的死细胞,所以如何对水中活细胞进行定量分析近年来正引起业内人士的广泛兴趣。通过荧光染料对细胞染色,再利用流式细胞术可以快速、有效地检测出水中活细胞的数量。目前用于检测细胞活性的荧光染料如表 2.8 所示。

EAWAG 研究人员采用流式细胞术对水中活细胞数量进行分析后发现,水中活细胞数量平均占细胞总数的 60%~90%;此比例远高于通过 HPC 方法所获得的结果(Berney et al., 2007, 2008)。其中,通过羧基二乙酸(caboxy fluorescein diacetate, CFDA)染色发现,被 CFDA 着色的细胞数量与水样中 ATP 浓度有着极好的相关性(Siebel et al., 2008)。这就进一步证明了用流式细胞术定量分析水中微生物的准确性。

表 2.8　标记活细胞与死细胞的荧光染料

荧光染料	染色对象	机理
碘化丙啶(propidium iodide)	DNA	能穿透死细胞的细胞膜,不能穿透活细胞的细胞膜
溴化乙啶(ethidium bromide)	DNA	仅着色死细胞
荧光染料菁(SYBR green I cyanine)	DNA	能同时着色死细胞与活细胞
DiBac4(3) Bis(1,3-dibutylbarbiturate) trimethine oxonol	蛋白质	仅穿透膜受到损坏及能量运输代谢受到损伤的细胞
CFDA	—	仅着色活细胞

3. 免疫磁珠——流式细胞术检测病原体

虽然水中细菌总数高达约每毫升 10 万(饮用水)～100 万个(湖水),但病原体总数却比细菌总数低多个数量级,这便使病原体的检测效率十分低下,如为了检测出 100 mL 饮用水中粪便指示生物大肠杆菌,通常需使流式细胞仪额外检测约 10 000 000 个非大肠杆菌细胞(Thomas, 2008)。EAWAG 研究人员(Keserue et al., 2008)通过免疫磁珠、流式细胞术相结合的方法,已克服了病原体检测效率低下的缺陷。

免疫磁珠是表面结合有抗体(此处选择能与病原体表面进行特异性结合的抗体)的磁珠。首先,将水样中的微生物以膜滤的方式浓缩;然后,将免疫磁珠添加到浓缩液中,浓缩液中的病原体在免疫磁珠抗体的作用下与浓缩液中的其他微生物分离;最后,将分离后的病原体在流式细胞仪下计数即可得到饮用水中病原体的数量。目前,该方法的检测限约为 10 个细胞/L 水(Thomas, 2008)。EAWAG 研究人员通过应用免疫磁珠已能将人体肠内寄生虫——贾第鞭毛虫的 95%分离出来。此外,该方法目前还可用于检测军团菌(Füchslin et al., 2007)、大肠杆菌 O157 菌株、隐孢子虫卵囊和霍乱细菌等。

4. 流式细胞术间接检测可同化有机碳

生物稳定性是饮用水的一个重要参数(Erich, 2008)。饮用水中微生物的生长通常会受到碳源不足的限制,所以饮用水中可同化有机碳含量与饮用水中天然微生物的繁殖存在密切的关系。可同化有机碳含量越低,微生物的繁殖速率越慢,饮用水的生物稳定性就越高。根据此原理,Thomas(2008)指出,可同化有机碳的含量可由采用流式细胞术所检测到的天然微生物的繁殖数量间接测定。这种方法为研究人员快速、低成本地检测 $\mu g \cdot L^{-1}$ 数量级范围内的可同化有机碳的浓度提供了崭新的思路。

2.7.3 污染物及其去除技术/应用实例

1. 地球成因污染物和微污染物

地下水并不总是极为纯净的饮用水水源。在一定的地球化学和地质条件下,某些对人体有害的物质可以活跃起来。目前,地下水中最普遍的地球成因污染物是氟和砷(Amini et al., 2008; Annette, 2008; Winkel et al., 2008)。当饮用水中出现这些污染物时,就会对人体健康构成威胁,如当饮用水中氟含量较高时,会使人体产生不可逆慢性氟中毒现象,出现如斑釉齿、骨骼畸形、偏瘫等症状。而砷则会引起人体紊乱,使人体出现如角化过度症、心血管疾病等问题,甚至可能诱发癌症等疾病(Annette, 2008)。

由于人类活动的影响,目前水中也出现了许多与人类活动密切相关的微污染物,如除草剂莠去津(atrazine)、燃料添加物(methyltert-butylether, MTBE)、抗生素(antibiotics)等(郝晓地等, 2008b; Andreas, 2008)。此外,水中还存在着许多天然微污染物,如海藻或细菌产生的 2-甲基异冰片(2-methylisoborneol)或土臭味素(geosmin)、蓝藻产生的微囊藻毒素(microcystin)等。

2. 氟去除技术——被改进的骨炭吸附法

过滤吸附法是除氟常用的方法，目前常用的滤料主要有活性氧化铝或磷酸钙。然而这些滤料主要被工业化国家所采用，在发展中国家的应用罕见，主要因为滤料价格昂贵。虽然骨炭价格相对便宜，但由于骨炭质量易受温度、氧含量及动物骨骼炭化时间的影响，所以生产高质量的骨炭往往需要依靠大量经验来实现。此外，骨炭还有使用周期短，且需经常更换的缺陷，这就使得它的应用相对不便(Annette, 2008)。为此，EAWAG 研究人员与 CDN(肯尼亚一个组织) 一起研发出一种能与骨炭结为一体的颗粒；该颗粒中也含有能除氟的钙和磷酸盐，并且颗粒中的钙和磷酸盐会自发地逐渐向水中释放。因此，此方法不仅能减轻骨炭除氟的负担，延长其使用周期，而且颗粒中钙和磷酸盐的自发释放也节省了大量的人力资源。Müller 等(2008)通过小试和中试研究表明，这种被改进的骨炭吸附法可以使骨炭的使用周期延长 5～7 倍。

3. 砷去除技术——氢氧化铁吸附法

砷去除技术的选择需视环境条件而定(Hug et al., 2008)。由于水中二价铁(Fe^{2+})极易被大气中的氧气(O_2)氧化成以氢氧化铁[$Fe(OH)_3$]形式存在的三价铁(Fe^{3+})，而 $Fe(OH)_3$又具有较强的吸附性，对砷有着很好的吸附作用。因此，在地下水中铁(Fe^{2+})含量较高的地区，砷可以通过地下水简单曝气及砂滤后去除。在地下水中铁(Fe^{2+})含量较低的地区，研究人员开发出了添加金属铁的砂滤池。通过此方法，砷也能得到一定程度的去除。但此方法目前还不成熟，尚需进行必要的小试和中试研究。

4. 活性炭过滤

Andreas(2008)采用 1.5 m 滤层厚度的活性炭滤池，研究活性炭对非极性物质——2-甲氧基-3-(1-甲基乙基)吡嗪(2-isopropyl-3-methoxypyrazine, IPMP)的去除效果。结果表明，在活性炭滤池已经使用半年之久，对天然有机物吸附已达饱和的状态下，活性炭仍能在 IPMP 仅通过滤层 0.5 m 时就将其去除殆尽。然而，在相同条件下，Andreas(2008)发现活性炭滤池对极性物质——燃料添加物的去除效果并不理想，这主要是由于天然有机物会与极性物质竞争滤料上的自由吸附位。因此，水中天然有机物的含量越高，活性炭滤池对极性污染物的去除效率就越低。活性炭滤池对天然有机物吸附具有有利的一面，因为活性炭表面常常会形成生物膜，生物膜的形成可以使水中可同化有机碳得以降解，进而剥夺了微生物的食物来源，提高了饮用水的生物稳定性。

5. 化学氧化

在饮用水处理中，化学氧化也是一种常用的污染物去除方法(Andreas, 2008)，常用的氧化剂主要有臭氧、羟基自由基、氯及二氧化氯。氧化剂的有效性不仅取决于其在水中的稳定性，还取决于其与污染物的反应速度。在这些氧化剂中，与水中大多数污染物反应速度由快到慢的顺序依次是：羟基自由基＞臭氧＞二氧化氯＞氯。

然而，化学氧化也会生成一些副产物，如某些氧化剂会与水中天然有机物反应生成可同化有机碳化合物，进而影响饮用水的生物稳定性。为了解决这一问题，目前主要采用生物滤池与化学氧化相结合的方法，使天然有机物在生物滤池阶段得以去除。此外，化学氧化也可能形成有毒物质（主要由氯及二氧化氯所引起），如卤化有机化合物、无机卤化物等。臭氧氧化由于具有氧化副产物毒性低的优点而日益受到人们的青睐，但当臭氧浓度较高时，也会形成毒性化合物溴酸盐。因此，当污染物与臭氧反应速度较慢，且需要采用加大臭氧浓度的方法加以去除时，此方法也并不是理想的选择。面对这一情形，高级氧化技术则可能成为一种必然的选择；有学者研究发现，高级氧化技术能使溴酸盐的形成达到最小化（郝晓地等，2008b；Andreas，2008）。

2.7.4　污染物去除工艺评价

为了对饮用水中的污染物进行有效的处理，瑞士苏黎世自来水厂采用了如图 2.17 所示的工艺流程（工艺 I）。

虽然膜滤，特别是超滤，是一种有效的微生物去除方法，但由于其对微污染物、气味化合物及可同化有机碳的去除率较低，所以其应用受到了一定程度的限制。为此，WVZ又对两种新的工艺（工艺 II 和工艺Ⅲ）分别进行了中试和小试试验，其基本流程如图 2.18 和图 2.19 所示。

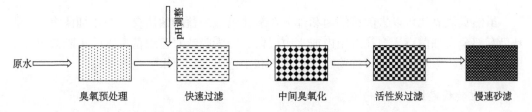

图 2.17　污染物去除工艺流程（工艺 I）（Wouter，2008）

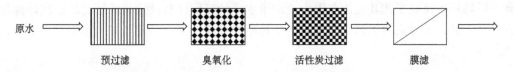

图 2.18　污染物去除工艺流程（工艺 II）（Wouter，2008）

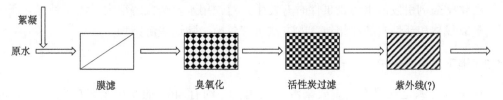

图 2.19　污染物去除工艺流程（工艺Ⅲ）（Wouter，2008）

为了深入认识上述工艺的特点，Wouter（2008）对工艺的试验结果进行了评价，要点总结如下。

1. 对贾第鞭毛虫的去除

工艺 I 对贾第鞭毛虫的去除率很高，几乎可达 100%。但贾第鞭毛虫的去除在一定程度上取决于砂滤池表面的生物滤膜(schmutzdecke)，而此滤膜在砂滤池运行一段时间后就需去除。这时，砂滤池的功能就会受到很大的影响，直到新的生物滤膜重新形成后才能得以恢复。工艺 II 和工艺III对贾第鞭毛虫的去除率比工艺 I 略低，但去除效果也相当显著，可达 99.99 %以上。

2. 亚硝酸盐的积累

在工艺 II 运行过程中，有时会出现亚硝酸盐(NO_2^-)积累现象，这主要是由于原水中的浮游植物经预过滤—臭氧氧化后释放出了蛋白质，在随后活性炭上附着的生物膜对蛋白质降解的过程中又有 NH_4^+ 形成。在 NO_2^- 氧化细菌(NOB)数量不足的情况下，NH_4^+ 就会被氨氮氧化细菌(AOB)氧化为 NO_2^-，从而产生积累现象。由于 NO_2^- 具有毒性，所以其会对饮用水安全造成很大威胁。而在工艺III中，由于原水首先经过膜滤，所以此单元可能已将浮游植物完全去除。因此，不会出现 NO_2^- 积累现象。

3. 蓝细菌毒素的形成

虽然臭氧氧化可以去除蓝细菌和部分在氧化过程中蓝细菌所释放的蓝细菌毒素，但是仍有部分蓝细菌毒素会在细胞内或水中残留。因为膜滤对蓝细菌毒素的去除效果并不显著，所以当原水中含有蓝细菌时，工艺 I 和工艺III的饮用水安全性更高。

4. 生物稳定性

在工艺 I 中，水中的可同化有机碳可在快速砂滤池、活性炭滤池及慢速砂滤池中得到三重降解，而在工艺 II 及工艺III中，由于水中的可同化有机碳只能经过活性炭滤池得到一重降解，所以采用工艺 I 时水的生物稳定性要高于采用工艺 II 和工艺III时水的生物稳定性。

5. 对化学药剂的去除

由化学药剂引发的水污染事件时有发生，对饮用水安全威胁很大。此三种工艺所采用的臭氧氧化和活性炭滤池相结合的方法可有效地去除这些污染物。

2.7.5 地下水资源保护

地下水资源是饮用水的重要来源。在瑞士，约有 40%的饮用水来自地下水(Olaf, 2008)。虽然对受到污染的地下水进行处理是保证高质量饮用水的一项重要举措，但是对地下水资源进行有效的保护才是保证饮用水安全的根本之策。地下水的补给来源之一为河水，在河水渗入含水层，再流经含水层到达取水泵站的过程中，河水中的细菌一般会被去除，天然和人为排放的有机污染物也可以得到降解。河水的行进时间(河水流到取水泵站所需的时间)越长，河水中的污染物被净化得越充分。地下水保护的主要目标是确保水中的污染物在行进过程中能得以去除。研究表明，为了达到这样的目标，水的行进时间至少应为 10 d(Olaf, 2008; Ursvon, 2008)。因此，足够长的行进时间是保证地下水资源安全性的一个重要参数。此外，由于河水可能是地下水的污染源，所以准确、定量地获取水泵站出水中河流地下水水量占地下水总量(河流地下水、陆地地下水等水量的总和)的比例对实现地下水资源的保护同样具有深远意义(Olaf, 2008)。

1. 行进时间的确定

1)根据水的物理化学性质确定行进时间

水中的化学成分变化可以被用来确定河水的行进时间。研究表明(Hoehn, 2007)，当河水的行进时间小于 15 d 时，其值可以通过检测水中溶解状态的氡-222 的浓度来确定。当河水的行进时间介于 2~40 年时，其值可以通过氚、氦的比值来确定(Olaf, 2008)。

由于河水与地下水的某些物理性质存在差异，所以测定水的物理性质也被认为是一种有效的确定行进时间的方法。Hoehn 和 Cirpka(2006)使用探针对水位和水温进行连续监测，探针广泛分布在河水、取水泵站及两者之间的许多监测点中。在经过长时间监测之后(一般为几个月)，就可以用收集到的监测数据对河水的行进时间进行确定。此外，该方法的另一作用是可以对河流地下水水量进行确定。

2)根据水的电导率确定行进时间

由于水的电导率会随水中离子浓度的变化而变化，所以测定水的电导率也是一种确定行进时间的有效方法。Cirpka(2007)采用此方法对瑞士 Thur 河的行进时间进行了有效的测定。

2. 量化河流地下水水量

若河流地下水与其他地下水的化学成分不同，就可以通过测定水中主要阴/阳离子、稳定同位素等的浓度来量化河流地下水水量。Hoehn 等(2007)通过测定氟氯碳化合物-11(CFC-11)、氟氯碳化合物-12(CFC-12)及六氟化硫(SF6)在水中的浓度，对河流地下水水量进行了有效的确定。

2.7.6　结语

饮用水安全与人类生活息息相关，保障高质量饮用水已成为全球关注的热点议题。饮用水安全的保障不仅应从改善检测方法、处理工艺着手，而且也要加大对饮用水水源的保护力度，做到"防患于既成之后"与"防患于未然"的有机统一。

瑞士 EAWAG 研究人员为保障饮用水水质安全做出了令全球瞩目的贡献。虽然他们所研发的有些技术目前尚不成熟，仍处于实验阶段，但可以预见，这些技术将把饮用水检测、处理与保护技术带入一个新的时代。毕竟，EAWAG 拓展了全球研究人员的视野，为之提供了必要的理论基础，并指明了技术研发方向。

2.8　未来饮用水处理技术展望

2.8.1　引言

饮用水处理技术直接关系到人类饮水卫生与安全。近年来，一方面，水源污染和采用传统处理技术产生有害消毒副产物的现象日趋严重；另一方面，世界范围内人们对饮用水质量的要求变得越来越严格。这些客观现象和人类需求不断推动着饮用水处理技术向前发展，导致现代饮用水处理技术日新月异。

针对混凝→沉淀→过滤→加氯消毒这一传统饮用水处理流程中存在的缺陷，各国研究人员已研发出一些新的适用性技术，如高级氧化技术（AOPs）（Cary, 1976; Fujishima and Honda, 1972; Ijpelaar et al., 2002; Kruithof et al., 2002; Murray et al., 2004a, 2004b, 2005; Suty et al., 2004）、饮用水消毒（膜消毒、紫外线消毒）技术（Jacangelo et al., 2005; Itoh et al., 2001; Lawryshyn and Cairns, 2003; Sommer et al., 1998）、膜处理技术（纳滤膜、反渗透膜）（Amy et al., 2005; Galjaard et al.,2005; Lee and Lee, 2005; Suzuki et al., 2005; Tomioka et al., 2004; Van der et al., 2001; Wiesner, 2006; Wilf et al., 2005）及电磁离子交换技术（MIEX®）（Chow et al., 2002; Morran et al., 2004; Wolfgang, 2005）等已引起业界人士的广泛关注。

然而，传统饮用水处理技术也并非一无是处，将其中值得保留的单元与一些新技术有机结合依然可以集成新的饮用水处理技术。目前，这些新的饮用水处理技术正在全球范围内得以研发并开始得到应用。

所有这些技术在国际水协（IWA）第三届"前沿技术"国际会议上已被定义为未来饮用水处理主流技术。本节就这些已被确定的未来饮用水处理技术研发动态与应用现状进行综述。

2.8.2　高级氧化技术

高级氧化技术的研发工作已经持续了将近 30 年，目前大多数工艺集中在 O_3/H_2O_2、O_3/UV、$O_3/$固体催化剂、H_2O_2/Mn^+、H_2O_2/UV、$H_2O_2/$固体催化剂、$H_2O_2/NaClO$ 和 TiO_2/UV 等方面。高级氧化技术在饮用水处理中主要应用于去除原水中的天然有机物和农药残留物（Murray et al., 2004b）。Murray 等所主导的高级氧化研究较为深入（Murray et al., 2004a; 2005），但是他们的研究大多停留在实验室阶段，在水处理实际工程中的应用较为少见。Murray 等（2005）的研究拓展了高级氧化技术中 TiO_2/UV 结合工艺在饮用水处理工艺中的应用范围，并将研究成果在三家英国水厂（Ewden、Langsett 与 Oswestry）进行了生产性试验。

1. TiO_2 光催化氧化与 UV 结合工艺

1）TiO_2 光催化氧化原理

1972 年，Fujishima 和 Honda（1972）首先在 n 型半导体 TiO_2 电极上发现了水的光电催化分解作用，从而引起国内外研究人员对 TiO_2 的关注。自从 Cary（1976）报道了在 UV

照射下纳米 TiO_2 可以使难降解的多氯联苯脱氯氧化以来，迄今已发现有数百种有机物可通过 TiO_2 光催化氧化得以去除。TiO_2 光催化氧化作用原理是，在 UV 照射下，纳米 TiO_2 表面吸附的 H_2O 和 O_2 会发生光化学反应，产生氧化能力极强的羟基自由基($\cdot OH$)，使水中的有机污染物被氧化、降解为无害的 CO_2 和 H_2O。

2)TiO_2 光催化氧化与 UV 结合工艺试验

Murray 等研究了利用 TiO_2 光催化氧化与 UV 相结合的工艺去除天然有机物(NOM)。在 Murray 等(2015)所采用的工艺中，UV 除了发挥光催化剂的作用以外还能够再生 TiO_2 颗粒。实验中将失效的 TiO_2 颗粒浸泡在 pH 为 8 的水溶液中，采用波长为 365 nm 和 254 nm 的 UV 分别照射进行再生。结果表明，再生后的 TiO_2 颗粒在去除天然有机物(NOM)工艺中效果良好。

目前，这一工艺流程已在三家英国水厂(Ewden、Langsett 和 Oswestry)进行了生产性试验。试验结果表明，此工艺对天然有机物(NOM)、溶解性有机碳(DOC)具有良好的去除效果，但其总去除率仍然低于目前水厂所采用的传统混凝方法。对此，Murray 等(2005)建议在饮用水处理中应将该工艺与传统混凝法相结合，以此达到在提高处理效果的同时尽可能减少混凝剂使用量和降低化学污泥产量的双重目的。

2. 高级氧化工艺在工程中的应用与问题

荷兰某水务集团技术负责人 Kruithof 认为，将高级氧化工艺工程化的困难在于如何将实验室的试验数据放大并应用于实际水处理厂(Kruithof et al., 2002)。该水务集团原来在一水厂中采用了粒状活性炭(GAC)去除原水中有机污染物的做法，但实际运行效果显示，这种方法难以奏效。在此情形下，该集团决定选取两种新方法(以 O_3 作为氧化剂的氧化法和以 O_3/H_2O_2 为基础的高级氧化法)去除水中含有的包括阿特拉津(atrazine)在内的 11 种农药。不幸的是，水中溴含量较高($300\sim500\ \mu g \cdot L^{-1}$)，导致水中产生了高浓度的溴化物，没有取得预期的效果。为此，他们又将注意力转向了 UV/H_2O_2 处理工艺(Kruithof et al., 2002)。

在 UV/H_2O_2 处理工艺中，UV 照射耗电量在 $1\ kW \cdot h \cdot m^{-3}$(UV 平均照射剂量为 2000 $mJ \cdot cm^{-2}$)，H_2O_2 投加量在 $15\ g \cdot m^{-3}$ 时，农药的去除率能达到 80%以上。试验数据显示，当 UV 照射耗电量在 $0.1\sim2.5\ kW \cdot h \cdot m^{-3}$、$H_2O_2$ 投加量在 $0\sim25 g \cdot m^{-3}$ 时，水中不会生成溴化物。残余的 H_2O_2 可通过后续活性炭工艺吸附去除(Kruithof et al., 2002)。

有报道称，Heemskerk 水厂将采用 UV 与过 H_2O_2 相结合的处理工艺用于有机污染物的控制，而 Ankijk 水厂将采用该工艺作为有机污染物控制与水体消毒的综合应用(Kruithof et al., 2002)。

另外，Suty 等(2004)认为高级氧化技术研究虽然已相当成熟，但是目前人们仍然不能确定它们在水处理工艺中究竟应该处于哪些环节和具体位置。实际上，这是高级氧化技术在工程应用中速度迟缓的主要原因(Suty et al., 2004)。

2.8.3　膜法消毒与紫外线消毒

Cl_2 消毒可能会产生具有三致(致癌、致畸、致突变)作用的消毒副产物(DBP)。此外，氯消毒还难以灭活水中的贾第虫、隐孢子虫等致病微生物。针对这种情形，一些替代氯消毒的方法（O_3、ClO_2、UV、超声波及膜法等）便应运而生。在替代消毒法中，国际上对膜法与 UV 消毒情有独钟，目前成为饮用水消毒技术中的主要研发方向。

1. 膜法消毒——低压中空纤维膜用于消毒的试验研究

实际上，膜最初是作为固-液分离工具应用于饮用水处理工艺的。随着对膜技术研究的日益深入，人们发现膜法不仅可以有效截留悬浮固体、溶解盐等，还可通过改变膜孔径尺寸达到截留细菌、病毒的消毒效果。膜法消毒机理不像 UV 或氯消毒法等可以直接杀灭细菌与病毒，它们通过"筛滤"作用截留尺寸大于膜孔径的细菌、病毒。

目前对于膜法消毒的研究主要集中在消毒效果上，即不同类型的膜中哪种膜消毒效果好、膜法消毒过程受哪些因素的影响等。Jacangelo 等（2005）的试验测定了不同种类的低压中空纤维膜对微生物的去除效果。

1）低压中空纤维膜测试系统及组成

低压中空纤维膜测试系统装置如图 2.20 所示。测试系统由膜组块、管道、压力表、储罐及泵组成。其中五个储罐分别为进水罐（含有测试用微生物所需的营养，又称微生物营养罐），用于药剂清洗及反冲洗的氯、硫代硫酸钠及磷酸盐缓冲罐（共 3 个），以及污水收集罐。系统中的氮气可在膜清洗时向罐内提供所需压力。

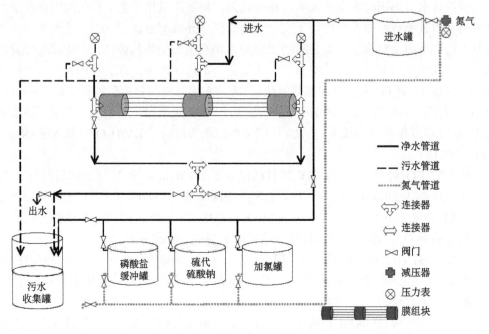

图 2.20　低压中空纤维膜测试系统装置示意图（Jacangelo et al., 2005）

2）试验运行结果分析

试验中选用的中空纤维膜种类及特性见表 2.9（Jacangelo et al., 2005），各种膜对不同微生物的去除效果见表 2.10（Jacangelo et al., 2005）。

表 2.9　测试用中空纤维膜种类及特性

膜特性	膜型号					
	mPs10kD	mPs100kD	mPs300kD	PVDF0.035μm	PVDF0.1μm	mPs0.2μm
表面积/m^2	0.1	0.1	0.1	1	0.1	0.1
内径/mm	0.38	0.38	0.38	0.4	0.39	0.35
外径/mm	0.72	0.72	0.72	0.7	0.65	0.72
最大渗透压/bar	2.4	2.4	2.4	0.7	1	2.4
产水量/(L·m^{-2}·h·bar)	60	200	160	200	370	400

注：mPs(modified polysulfone)：改性聚苯乙烯；PVDF(polyvinylidene fluoride)：聚偏氟乙烯。

表 2.10　被测微生物及膜去除率

被测微生物			膜消毒效果比较(微生物去除率)					
种类	名称	尺寸/μm	mPs10kD	mPs100kD	mPs300kD	PVDF0.035μm	PVDF0.1μm	mPs0.2μm
细菌	大肠杆菌	1~10	—	—			*7.2log*	
	假单胞菌	0.6~1	—	—			*6.3log*	
病毒	抗生素 MS2 型	0.027	3.8log	*5.7log*	*5.5log*	3.8log	0.3log	0.3log
	肝炎菌病毒 A 型	0.024	3.9log	4.8log			—	
	脊髓灰质炎病毒	0.025	3.2log	4.8log			0.5log	
	抗生素 PRD1 型	0.07	*5log*	*5.9log*			0.5log	

注：图中倾斜字体表明经膜法消毒后水中残余微生物数量低于分析检测限度。

2. UV 消毒技术

1) UV 消毒原理

UV 是指波长为 200~400 nm 的紫外线。根据波长不同，又可将其细分为紫外线 A(315~400 nm)、紫外线 B(280~315 nm)和紫外线 C(200~280 nm)。其中，紫外线 C 能够高效率地破坏生物体 DNA 结构，达到杀菌消毒的效果。

UV 与氯消毒趋势相反：氯消毒优先次序是病毒>细菌>原虫，而 UV 消毒次序为原虫>细菌>病毒。这表明，UV 对病毒的去除效果较差，尤其是对轮状病毒和腺病毒。目前世界性饮用水 UV 消毒标准的常规剂量为 40 mJ·cm^{-2}，该剂量可以使轮状病毒的灭活率达到 4 log(99.99%)。但要使腺病毒的去除率能达到 4 log，必须提高 UV 消毒剂量至 200 mJ·cm^{-2}。考虑到能量消耗及 UV 消毒的非持续性，最理想的办法是将氯与 UV 相结合进行消毒，这也符合水质安全保障中的多级屏障的概念。

2) UV 消毒发展前景及制约因素

与现有消毒技术相比，UV 消毒技术具有杀菌能力更强、不残留任何有害物质的特点。近年来，随着 UV 消毒技术的发展及一些发达国家(美国、日本等)对 UV 消毒的强力推广，UV 消毒在饮用水处理中的应用不断扩展。

尽管 UV 消毒应用前景和普及速度十分乐观，但是目前制约该技术推广及使用的因素依然有很多，如 UV 照射剂量的优化调节与控制问题、UV 消毒对病毒的杀灭作用、

UV消毒效果的非持续性、微生物被UV照射后的修复问题、UV光源能量消耗、使用寿命及维护成本问题等，因此需要开展进一步研发与优化（Lawryshyn and Cairnl, 2003; Sommer et al., 1998）。

2.8.4　膜分离技术新进展

在众多水处理技术中，膜分离技术的出现无疑为水工业带来革命性的变革。膜分离技术经历了从微滤膜（MF）、超滤膜（UF）、反渗透膜（RO）到纳滤膜（NF）的发展过程，随着膜技术的进一步发展，新的膜品种、膜材料、膜结构等不断出现，膜处理工艺在饮用水处理中的应用也日益广泛。目前人们将更多的研究焦点集中于纳滤膜及反渗透膜上。

1. 纳滤膜技术在饮用水处理中的应用

纳滤膜技术在饮用水处理中主要作为深度处理工艺去除水中残余的微量化学物质（如农药、杀虫剂等）及消毒副产物（Amy et al., 2005; Galjaard et al., 2005）。目前纳滤膜的去除机理及性能尚在研究之中，因为其去除有机物的性能随着化学物质及膜材料的不同而有所变化。Suzuki等（2005）的研究表明，在用纳滤膜技术去除有机物时主要依靠两种机理，吸附过程和阻隔作用，且与膜负荷大小无关。目前纳滤膜生产已经步入商品化进程中，其产品规格一致，孔径大小一致。但Suzuki等（2005）认为，正是孔径大小的一致性阻碍了纳滤膜的处理效果，如果纳滤膜孔径减少1 nm，其去除有机物的效率还会有更大的提高。

当然，目前也有一些专家就纳滤膜技术的安全性提出了质疑。Wiesner等（2006）指出，在纳滤膜的生产过程中使用了一些对人体健康有害的原材料，因此应该提前考虑纳滤膜技术对人体和环境造成的危害。

2. 反渗透膜应用于脱盐工艺的新进展

由于水源短缺问题日益严重，海水成为人类饮用水中继地下水、地表水后的又一主要饮用水源。另外，在过去20年中，反渗透膜技术的发展使得反渗透膜海水脱盐工艺在实际运行中的成本降低了约25%（Wilf and Klinko, 2005）。这就促进了反渗透膜脱盐工艺的发展与大规模应用。

反渗透膜技术依靠压力推动将水和离子分离，从而达到纯化和浓缩的双重目的；其用于脱盐工艺时产水水质较高，水质稳定性好。但是由于饮用水标准不断提高，反渗透膜脱盐工艺也需要不断完善。WHO已经提出在饮用水中，硼的含量必须低于 $0.5~\text{mg} \cdot \text{L}^{-1}$。虽然反渗透膜脱盐工艺中硼的去除率可达90%，但其出水中硼的含量还未能达到WHO的标准要求。为此，Tomioka等（2004）研发了一种新的反渗透膜脱盐工艺，可使硼的去除率达到94%~96%。

Stedman等（2005）指出，现在海水淡化成本及能量消耗已大为减少，或许未来技术的发展能使得全世界各地的海水仅通过一道反渗透膜处理后，其出水水质就能达到WHO的饮用水标准要求。

2.8.5 离子交换技术

离子交换技术是水处理中常用的软化除盐方法。由于其具有处理效果好、技术完善、设备简单等优点而得到了广泛应用，特别是在高硬度地下水软化方面。然而传统离子交换法也存在着不足，主要表现在离子交换剂再生过程复杂、不易控制，再生常常需要强酸或强碱化合物等。这就要求在工艺运行中具有较高的操作水平。

离子交换领域中的研究热点是使离子交换颗粒能够具有选择性地去除某种特定物质，针对不同的有毒化合物选用不同的交换剂(Wolfgang, 2005)。Vahala 等认为，离子交换中的颗粒分离技术正在向着专业服务方向发展；在未来水处理技术中，会根据去除物选用特定的离子交换颗粒，同时使处理过程中产生的废物量最少(Stedman, 2005)。目前发展的新技术中，电磁离子交换(magnetic ion exchange, MIEX®)法代表着一种未来水处理技术的发展方向。在 MIEX®-DOC 离子交换工艺中，MIEX®颗粒能够有选择性地去除水中的溶解性有机碳(DOC)(Morran et al., 2004)，且具有可再生性；通过再生过程可以使 MIEX®颗粒被反复利用，达到经济、环保的双重目的。

MIEX®颗粒是一种可重复使用的聚合物，粒径一般在 180 μm 左右，是由澳大利亚研究人员及企业合作研发出来的一种高科技专利技术。在 MIEX®-DOC 离子交换工艺中，MIEX®颗粒被置于搅拌的电流接触器中，在磁场作用下它们可快速吸附水中的 DOC。同时，在混频条件下，该颗粒可快速分离，提供最大限度的表面积来吸附水中的 DOC。图 2.21 所示为 MIEX®-DOC 离子交换工艺流程图。

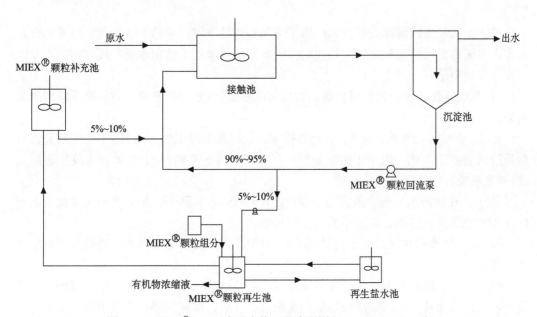

图 2.21 MIEX®-DOC 离子交换工艺流程图(Morran et al., 2004)

在 MIEX®-DOC 离子交换过程中，充满 Cl⁻ 的 MIEX®颗粒表面与原水中的 DOC 进行交换，从而大大降低了水中的 DOC，而处理水中的 Cl⁻ 含量只会有微小的上升(2~

4 mg/L)。同时，MIEX®颗粒具有可再生性。在其再生过程中，带有 DOC 的 MIEX®颗粒和水中的 Cl⁻离子进行反向置换，图 2.22 显示了 MIEX®-DOC 离子交换和再生过程。

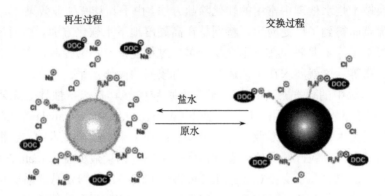

图 2.22　MIEX®-DOC 离子交换和再生示意图(Morran et al., 2004)

MIEX®-DOC 离子交换工艺最初作为饮用水预处理方法用于去除水中的天然有机物（NOM）。随着工艺的不断发展，研究人员目前正在研究如何将 MIEX®-DOC 离子交换工艺与传统饮用水处理工艺结合起来，以提高饮用水水质。Chow 等(2002)的研究表明，将 MIEX®-DOC 离子交换工艺与传统混凝工艺结合可显著降低水中的浊度和 DOC，并对后续氯消毒过程中消毒副产物三卤甲烷(THMs)产生明显的抑制作用。

2.8.6　总结

过去十几年来饮用水处理技术经历了突飞猛进的发展，带动了水工业的技术革命，现在许多国家采用的水处理技术是我们以前所不能想象的。饮用水处理技术的未来发展方向主要集中于以下几个方面。

(1)高级氧化技术的发展可以解决饮用水源水质日益下降、水源中有机物不断增加的难题。

(2)随着膜技术的不断发展，膜处理技术在饮用水处理中的应用日益广泛，从膜消毒到反渗透膜海水淡化，以至于污水处理厂三级出水通过双膜技术(微滤膜与反渗透膜结合)处理后能直接达到饮用水标准。

(3)UV 在饮用水处理中的应用日益广泛，从 UV 消毒到 TiO₂/UV 光催化氧化工艺及 H₂O₂/UV 高级氧化技术去除水中的天然有机物。

(4)离子交换技术取得了长足的进步，MIEX®的产生使得饮用水的处理变得更加高效、环保。

虽然许多新的水处理技术既经济又环保，但是这些技术在应用推广中却遇到了许多限制，主要原因是欧美国家水处理基础设施已经发展得非常完善，要选用新技术来取代这些已经成熟的工艺代价非常昂贵，这就意味着发展中国家将是水处理新技术最有潜力的拓展区域。

2.9　北京聚水、排涝技术策略

2.9.1　引言

集政治、经济、文化于一体的首都北京在看似蓬勃发展的背后却正在经历着一场前所未有的水资源浩劫。地下水位下降、河流污染、湖泊干涸，种种迹象都给北京这座每年用水缺口高达 15 亿 $m^3 \cdot a^{-1}$（邓琦，2013）的古都贴上了"旱城"的标签。与此同时，近年来夏季接连引发城市内涝、逢雨看海的现象又让人们不禁要问，为何不变雨为宝，既可缓解旱情，又能抑制内涝？于是，人们渴望能通过某种方式在有效解决聚集雨水的同时又可防止内涝。

有鉴于此，首先，量化审视自然水循环的详细过程；然后，结合北京疆域面积、气候特点，详细计算水资源量和总径流量；最后，从单次降雨过程角度分析并提出针对北京的聚水、排涝策略，以期对北京城市雨洪、水资源整体管理、规划提供一定的科学依据和清晰的思路。

2.9.2　自然水循环与蓄意截水

自然水循环是指地球上的水在太阳辐射和重力作用下，以蒸发、蒸腾、降水和径流等方式往返于大气、陆地和海洋之间周而复始运动的过程，如图 2.23 所示（Good et al.,2015）。总体而言，全球每年共有 $5.05 \times 10^5 \ km^3 \cdot a^{-1}$ 的水分蒸发/蒸腾进入自然水循环系统中（含陆地蒸发/蒸腾与海洋蒸发）；其中海洋蒸发量高达 $4.2 \times 10^5 \ km^3 \cdot a^{-1}$，且 $\geqslant 90\%$（约 $3.9 \times 10^5 \ km^3 \cdot a^{-1}$）的海洋蒸发量通过降水直接返回大海（Trenberth et al., 2011），只有约 10% 的海洋蒸发量（约 $3.0 \times 10^4 \ km^3 \cdot a^{-1}$）被大气环流输送至离海洋更远的陆地，并在陆地形成降水。最新研究发现，在陆地形成的降水中，全球近 75%（约 $8.5 \times 10^4 \ km^3 \cdot a^{-1}$）的水量会通过植物蒸腾（64%）、植物截留蒸发（27%）、土壤蒸发（6%）及河流湖泊蒸发（3%）等作用重新被提升回大气层中，最终只有 25% 的剩余降水量（即等于海洋蒸发中被环流带到陆地的蒸发量，约 $3.0 \times 10^4 \ km^3 \cdot a^{-1}$）以地表和地下径流的方式回归大海。

自然水循环的存在使人类赖以生存的水资源不断得到更新，使其成为一种可再生资源，保证了地球上一切生命的生存基础。图 2.23 显示，全部陆地降水中的 25% 最终形成地表径流、地下径流，并最终要回到海洋，这是人类出现在地球前便基本形成的水规律。然而在人类进化与演变过程中，为方便自己，开始筑坝拦水，截留本应回归大海的部分水量。这种行为如果规模不大且未形成气候，则不至于过多影响自然水循环及生态环境。遗憾的是，人类这些行为有时变得有些过分，甚至还有着截留大部分降水之蠢动。若真将降水全部截留，水文循环将被彻底阻断，完全逆生态的现象将会出现，人类也必将自食其果。

因此，人类不能逆自然而我行我素，必须顺水而行。人类要想持续性生存下去，必须顺应自然！与自然抢水导致的生态问题比比皆是（Fu and Li, 2015），全民皆兵式地截水势必进一步破坏自然水循环系统，造成更加严重的生态灾难。可见，人类在水资源利用上应顺应自然,回归"用后即还"（use it and let it go）的原生态方式。确实,海洋蒸发在陆地形成降水后,其自然归宿是海洋,但人类超自然用水行为所导致的水污染问题不能总是"交"给大自然帮助净化,而应在水回归海洋之前全部予以人工净化,真正做到用水方面的"好借好还、再借不难"。此外,又因为很多地方的降雨是有时令性的,多半集中于某一时段,雨水往往来势猛、走势快,排水不畅时就会引发山洪、内涝现象,所以临时性滞留、储存、供日后"用后即还"的方式才是城市水资源管理、规划与抑制内涝的关键所在。

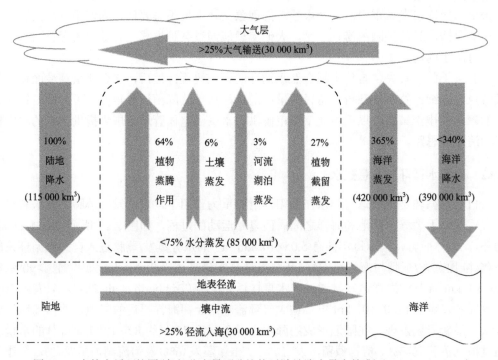

图 2.23　自然水循环简图（各部分水量百分比均以陆地降水量为基准）（Good et al., 2015）

2.9.3　北京水资源现状

北京市国土资源局 1996 年二次土地详查结果显示,北京市疆域总面积为 16 410 km^2,其中山区面积约为 10 072 km^2,平原区面积为 6 338 km^2。北京地势西北部高,为群山环抱;东南部低,是倾斜平原区;北京市主城区位于东南部小平原区,地势较为平坦。北京位于华北平原西北边缘,属于典型的暖温带半湿润大陆性季风气候,多年平均降水量为 585 mm,陆面和水面蒸发量分别为 467 mm 和 1 023 mm（北京市规划委员会, 2013）。因此,按水资源总量定义,若不计潜水蒸发量,则降水量（0.585 m·a^{-1} × 16 410 km^2 ≈ 96×10^8 m^3·a^{-1}）减去地表蒸发量（按图 2.24 所示比例分别取 99.15%陆面与 0.85%水面,得北京地表蒸发量为 472 mm: 0.472 m·a^{-1} × 16 410 km^2 ≈ 77×10^8 m^3·a^{-1}）即降水给北京地区带来的水资源总量（地表、地下总产水量）（张展羽和余双恩,2009）,平均约为 19 亿 m^3·a^{-1}。而一年当中,北京降水主要集中在 6～9 份,占全年总降水量的 85%（Hao, 2013）。这就是说，北京要想临时性滞留、储存全部降水，夏季需有约 16.15 亿 m^3·a^{-1}（0.85 × 19×10^8 m^3·a^{-1}）的消纳（滞留、储存）空间和容量，即从宏观角度讲，平均到北京全区面积，每一寸土地需有约 100 mm（16.15×10^8 m^3/16 410 km^2）的渗水能力或储水深度（径流深）。

具体到北京不同区域，山形地貌、地势走向不同会明显影响各地块渗水、储水能力。北京山区面积约占全市区域面积的 76%，而山区地形受植被、坡度影响导致地表径流系数很大，肯定难以完成在夏季滞留、储存 100 mm 的径流深的目标。与此同时，改革开放以来，北京城市化进程加快，城市/城镇内越来越多的建筑、道路等不透水下垫面侵占了原生态裸露、透水地面，也使平原城区原始地表径流系数大大增大，进一步导致城区土壤渗水和土地储水能力下降（Pan et al., 2012）。北京山区内的建筑与路面硬化因规模小而对原始径流量的影响不大，但平原区城区硬化地面不断扩张则是人为造成雨水下渗量减少、路面径流加大，甚至产生内涝的元凶。图 2.24 中显示的北京城市建设用地区域与北京市总面积相比，所占比例并不是很大，即使把这部分城区硬化地面全部"退屋还地"，能够恢复的水资源滞留、储存容量和空间也不是特别大。为此，有必要从北京土地构成现状出发，计算分析北京水资源聚水、排涝总径流量，从而提出应对策略。

2.9.4　北京聚水、排涝总径流量计算

2010 年北京市土地构成现状（图 2.24）显示北京山区与平原交界地带基本以林地、草地和耕地为主，城区硬化地面主要集中在北京市中心范围内，以城市建设用地（建筑、道

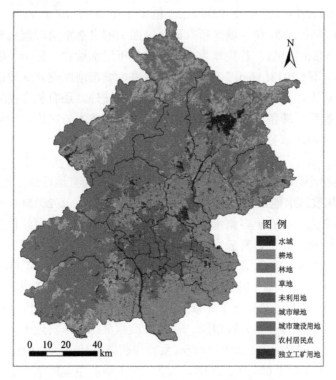

图 2.24　2010 年北京市土地构成现状（王静，2014）

路)为主。参照图 2.24,研究人员进一步对北京市近 30 年城市用地与各城区硬化地面(不透水下垫面)表面积进行了详细计算,数据列于表 2.11(王静等,2014)中。表 2.11 显示,从改革开放到 20 世纪末,北京城市用地面积中硬化地面比例增长速度过快,但步入 21 世纪后,增长比例开始趋缓;2010 年硬化地面表面积占城市用地面积的 64%,但平均到全市总面积也不过 5.11%。按照 2016 年《北京城市总体规划》的要求,到 2020 年时,北京城市用地面积需控制在 1 650 km² 以内;硬化地面比例如按 65% 计,则届时北京市各城区硬化地面表面积为 1 073 km²,约占北京市总面积(16 410 km²)的 6.54%。

表 2.11　近 30 年北京城市用地与不透水地表面积比例

年份	城市用地面积/km²	硬化地面表面积/km²	硬化地面比例/%	占市域总面积比例/%
1978	246.96	17.59	7.12	0.11
1992	557.97	297.11	53.25	1.81
2000	833.13	519.66	62.37	3.17
2010	1309.76	839.06	64.06	5.11

资料来源:王静等,2014。

以上述硬化地面比例及其径流系数 0.9(莫琳和俞孔坚,2012)为依据,可以计算得出 2010 年和 2020 年夏季从各城区硬化地面流失的水资源量分别约为 0.74 亿 m³(0.9 × 0.0511 × 16.15×10⁸ m³)和 0.95 亿 m³(0.9 × 0.0654 × 16.15×10⁸ m³),平均每寸城区土地分别损失约 88 mm(0.74×10⁸ m³/839.06 km²)和 89 mm(0.95×10⁸ m³/1 073 km²)降水量。换句话说,2010 年和 2020 年各城区所有硬化地面上的夏季水资源流失量分别仅占夏季水资源总量的 4.6%和 5.9%,若换算为占北京市全年用水量(36 亿 m³)的百分比,则只有 2.1%和 2.6%(邓琦,2013;Hao,2013)。如此看来,城市地面硬化导致的水资源可能流失量占比并不是很大,况且这部分水量即使全部流出城外,还有机会在郊外透水土壤或水库予以暂时性拦截、滞留,所需要的雨水滞留、储存成本肯定比在城内要低得多。其实,可能流出城区的这部分水资源的最大缺点就是其在雨季时会由于城市排水设施不足而引发城市内涝。

从另一角度看,因长期干旱、缺水而超采地下水影响,北京地区地下水位不断下降(平均每年>1 m),导致透水地表土壤含水率大为降低(Wang et al.,2015)。在此情况下,土壤吸水能力反而变强,会有更多雨水被土壤吸收而渗入地下,进而致使透水地面地表径流系数显著减小。研究表明,密云水库从建库以来因汇水区流域面积内径流系数不断减小而出现了水量持续减少的现象(王泽勇,2013)。目前,密云水库流域内径流系数已从 20 世纪 60 年代的 0.1~0.3 基本减至 20 世纪末的 0.03 左右,如图 2.25 所示(王泽勇,2013)。

在此基础上,研究人员又分析了北京近 50 年来水文要素变化数据,如表 2.12 所示(张士峰等,2012),结论也与上述分析相同。表 2.12 数据显示,尽管近十多年来城市不透水路面比例不断增大,但是北京疆域综合径流系数却在显著减小,从 1956~2000 年的 0.18 降到了 2001~2009 年的 0.09。与此同时,北京疆域土地的整体透水能力并未因路面硬化而下降,反而上升,入渗的地下水量占水资源总量的比例竟提升了约 13%(由 52.69%增长到了 65.40%)。这就是说，以径流形式流失北京域外的实际水量正在减少，而蓄存本地的水量逐渐增加，相当于每年夏季大约有 10.56 亿 m^3($0.654 \times 16.15 \times 10^8 \, m^3$)雨水通过下渗而补给地下水，即目前现状下有约 64 mm($10.56 \times 10^8 \, m^3 / 16\,410 \, km^2$)的降雨深可以补充地下水。这对夏季<90 mm 的降雨径流深来说已完成>70%的滞留、储存量，只需考虑将剩余<25 mm(即 1 英寸)降雨深储存或排放。

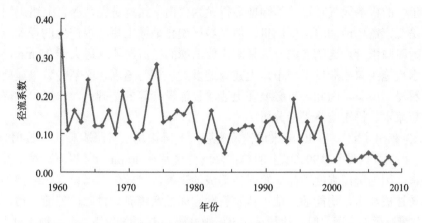

图 2.25　密云水库多年径流系数变化趋势(王泽勇, 2013)

表 2.12　北京近期水文要素变化

类别名称	1956~2000 年	占水资源总量比例%	2001~2009 年	占水资源总量比例%
降雨量/(mm·a⁻¹)	584.7	—	485.4	—
径流量/($10^8 \, m^3 \cdot a^{-1}$)	17.69	47.31	7.73	34.60
地下水/($10^8 \, m^3 \cdot a^{-1}$)	19.70	52.69	14.61	65.40
水资源总量/($10^8 \, m^3 \cdot a^{-1}$)	37.39	100	22.34	100
综合径流系数	0.18	—	0.09	—

资料来源：张士峰等, 2012。

其实，储蓄仅 25 mm 的降雨深对于北京疆域内广阔的非硬化路面来说还是很容易实现的。北京地形在整体向东南倾斜的地貌作用下，山区降雨顺坡形成的径流将逐渐转移到平原地带，与平原地表径流汇合后无疑最终将会被永定河、潮白河等天然河道水体所接纳，只要人类秉承"用后即还"的理念，这部分径流量则有可能在下游因地制宜地被储蓄并加以利用。即使下游无储水空间可用，直接放总水资源量不足 6%的雨水归海也是自然归宿，应该这样做。相比之下，在城市区域以自然或人工吸水方式截留这部分水资源与巨额投入(1~1.5 亿元·km⁻²)相比(伍业钢, 2016)，便显得投入与产出不成比例，只不过暴雨时节被"吸"走的这部分降雨在深理论上可缓解城市内涝而已。显然，与其在城市区域费九牛二虎之力在大多已经硬化了的路面拆、建渗水、储水设施，倒不如强化各类排水基础设施，将城市暴雨形成的短时强径流量及时引出城外，在城市以外的非硬化区域利用地形，因地制宜地截留、下渗、储水，甚至可以直接放水归海。

因此，以快速排涝为主、郊外储存为辅的策略应该是北京聚水、排涝的上策。

2.9.5　北京聚水、排涝策略分析

从自然水循环的"面"上来说,陆面降雨经过蒸发/蒸腾、入渗之后的剩余水量才会形成地表径流,也是上述北京聚水、排涝总径流量计算的根本出发点。但是,从单次降雨过程的"点"上来看,雨水蒸发与下渗则是一个相对缓慢的过程,尤其是遭遇降雨历时短、雨量大的极端天气时这一弊端便显得尤为突出。这就是说,尽管上述平均 25 mm 径流深才是北京需要消纳的水资源量,但是城区硬化地面上短时内产生的径流总量几乎等于全部瞬时降雨量,这就造成一场暴雨需要消纳的径流深就远远大于 25 mm。在此情形下,排水设施欠缺或滞后于城市地上建筑的发展规模与速度,必然导致"逢雨必涝"与"城中看海"现象。因此,有必要在上述总径流量计算的基础上,再以单次降雨过程对上述北京聚水、排涝策略进行分析。

表 2.13 列出了北京近 30 年来单次降雨强度、降雨场次及降雨频次等数据(章林伟,2015);表 2.13 数据显示,90%以上的单次降雨强度都在 40 mm·d^{-1} 以下。对多数中小强度降雨而言,因为降雨强度不高、短时内形成的洪峰流量较低,所以其一般并不会对城市排水系统造成冲击,均能通过地下排水管网和天然河道有效排除。然而城市内涝问题都出在高强度降雨的暴雨之时,往往是在 50~100 mm·d^{-1} 的情况下。北京地区过去 5 年就连续遭遇两次极端降雨事件;2011 年 6 月 23 日大暴雨,局部降雨强度超过 100 mm·d^{-1}(侯玉栋等,2012);2012 年 7 月 21 日北京更遭遇了 61 年来的最强大暴雨,全市平均降雨量达 170 mm·d^{-1},受灾面积达 1.6 万 km^2,死亡 77 人,造成的经济损失达上百亿(俞孔坚等,2015)。因此,对高强度单次降雨而言,雨水蒸发、下渗缓慢的特点就被无限放大,上述计算的平均径流量便无实际意义,结果是直接导致城市排水能力受限从而诱发城市内涝。可见,在短时间内有效排出大量积存的雨水才是城市聚水、排涝的关键。

表 2.13　北京近 30 年单次降雨信息统计

降雨强度/(mm·d^{-1})	降雨场次	累计降雨频次/%	设计降雨强度/(mm·d^{-1})	年径流总量控制率/%
0.1~2	998	—	2	13.9
2.1~10	639	58.2	10	49.8
10.1~20	213	77.6	20	71.0
20.1~30	119	88.4	30	82.4
30.1~40	46	92.6	40	88.8
40.1~50	28	95.2	50	92.9
50.1~60	19	96.9	60	95.6
60.1~70	17	98.5	70	97.2
70.1~80	6	99.0	80	98.2
80.1~90	1	99.1	90	98.8
90.1~100	4	99.5	100	99.3
100.1~160	6	100	160	100

资料来源:章林伟,2015。

显然，即使依靠人工渗水、储水方式，短时消纳 100 mm·d^{-1} 以上强降雨也几乎是不可能的(车伍等, 2013)，除非城市下方存在一个平均≥90 mm 深的"黑洞"。其实近年来极端降雨事件造成北京城市内涝的根本原因是老城区市政管网普遍老化(一些原本仅为胡同、四合院设计)，与突飞猛进的地上高楼大厦建设已完全不相匹配。如果一座城市的排水等基础设施能像欧美等国那样考虑到成百、上千年的规划预期(如荷兰水利设施及城市防洪标准最低为 4 000 年一遇)(金海等, 2015)，那还会存在城市内涝问题吗？欧洲伦敦、巴黎、柏林等大城市百年前兴建的下水道里面竟然能够开车、划船，甚至第二次世界大战时还用于打仗；如今这些欧洲城市百年后的发展规模仍未超出最初的规划设计，罕有听说这些城市有内涝现象发生。中国城市建设规划往往"与时俱进"，不断变化，常常导致最初规划铺垫的基础设施在后发扩张的城市发展中捉襟见肘；特别是在新城市建设规划中目光短浅，即使看到未来城市的发展规模，也不愿让前人栽树而让后人乘凉，铺就百年大计，甚至千年大计的排水管网。以北京为例，北京市中心城区雨水管网仍然只有 1～3 年一遇排水标准，相当于只能够应对 36～45 mm·h^{-1} 的降水，仅天安门广场和奥林匹克森林公园附近排水管线能达到 5 年一遇标准，而巴黎则是 5 年一遇、东京是 5～10 年一遇、纽约则是 10～15 年一遇标准(纪睿坤, 2012)。因此，单就防患于未然、抑制城市内涝问题而言，这并不是一个技术问题，而是一个经济问题。

综上所述，对北京这种已有城市而言，在城市中拆、建渗水、储水设施似乎并不恰当。与其花巨额投资费去拆、建渗水、储水设施，还不如尽可能将钱花在更新和扩建排水设施上，以快排方式解决城市内涝问题，以郊外非硬化地面土壤、水体来吸纳从城市中排除的多余水量，或干脆直排，放水归海。

2.9.6 结语

改革开放的短短 30 多年间，北京城市规模不断扩张，如今其俨然已是一副国际大都市的模样。然而水资源量不足严重制约了城市的可持续发展，再加上极端天气频发和薄弱的地下基础设施，以至于在水资源严重短缺的情况下还经常出现城市内涝现象，这与缺水局势形成了极大的反差。以北京目前的发展规模和人口来看，缺水是绝对的、长期的。自然水循环规律告诉我们，只能在水循环的某些环节上(地下、地表径流)顺应自然去利用水，而绝不能肆意截留、窃水，并要采取"用后即还"的方式让水以它本来的面目流归大海。

近年北京全区域面积因降雨而形成的平均水资源量约为 19 亿 m^3·a^{-1}。北京地下水超采导致地下水位下降的同时，地表综合径流系数减小了约 50%(0.09)，反而使 19 亿 m^3·a^{-1} 的水资源量中约 2/3(12.4 亿 m^3·a^{-1})下渗地下而补充地下水。剩余 6.6 亿 m^3·a^{-1} 的水资源才是形成的地表径流量，也就是我们想要临时滞留、储存的可使用的地表水量。各城区所有硬化地面导致的不可下渗、转而形成地表径流的水资源量仅占夏季总水资源量的 5.9%，才相当于全市总用水量(36 亿 m^3·a^{-1})的 2.6%。因此，如果在城区内花很大的代价滞留、存储这部分水量显然投入与产出不成比例。即使从防洪、控制内涝角度看，这种做法也未必妥当，还不如完善城市排水设施，将水快排至郊外非硬化地面，因地制宜地滞留、储存，甚至直接排放，放水归海。

　　因此，北京除需要以调水方式(包括海水淡化)补充绝对缺水量(约 15 亿 $m^3 \cdot a^{-1}$)以外，对降雨在各城区形成的地表径流应采取市区快排、郊外储存的方式予以滞留或排放，以充分利用郊外非硬化城市区域土壤、河流、水库对水的滞留和储存作用及环境的自净容量。这就是说，城市聚水/排涝应从区域，甚至流域的"面"上考虑问题，而不应仅仅聚焦城区单一"点"上。

2.10　荷兰围生态治水经验与技术

2.10.1　引言

　　荷兰位于欧洲西北部，东临德国、南接比利时，西北面濒临北海。荷兰南北长约300 km，东西宽约 170 km，国土总面积为 41 864 km^2，稍大于比利时，为德国面积的 1/9。荷兰境内 80%以上的国土面积为河网纵横的地形、地貌，因此，其常常被誉为"水国"；欧洲的三大河流——莱茵河、马斯河、斯海尔德河均从荷兰境内入海。荷兰 1/4 土地海拔不到 1 m，西部和北部大部分地区为低于海平面的低洼之地，约占其国土面积的 1/4(全国约 1 700 万人口中有 60%居住在该地区)，著名的阿姆斯特丹国际机场即位于海平面以下 4.5 m；荷兰最低洼之处位于鹿特丹附近，低于海平面 6.76 m；荷兰"屋脊"(瓦尔斯堡山)位于荷兰、德国、比利时三国交界之处，但海拔仅为 323 m。因此，荷兰的国名即"低洼之地"(holland)的意思。可见，如果没有沙丘和堤坝阻挡，荷兰多半土地将会被海水淹没(郝晓地，2006)。目前荷兰沿海有 1 800 多千米长的海坝和岸堤，而海岸线总长为 1 075 km。13 世纪以来，荷兰共围垦出约 7 100 多平方千米的土地，相当于荷兰陆地面积的 1/5，即如今荷兰有 18%的国土面积是靠人工填海造出来的。荷兰国土、地形及主要水利构筑物如图 2.26 所示。

　　地形低洼，河湖交错、海岸线长，再加上较为丰沛的降雨量(年均 760 mm)，荷兰这些特殊的地形地貌与气候条件使其在历史上经常处于被水围困的境地。为此，筑堤拦海和风车排涝在 1 000 多年的荷兰治水历史中成为整个国家的重要活动。简言之，荷兰历史就是一部与水抗争、与水共存、与水为乐的治水史。在与水的长期斗争与和平共处中，荷兰人积累了丰富的治水、管水经验；无论是早年筑堤、排水的排涝历史模式，还是当今与水为邻、与水为伴的生态治水方式都给世人留下了宝贵经验和技术积淀。荷兰上千年的治水经验与技术早已成为全球关注的焦点，无论是单一水量控制的水利技术，还是生态治水下的水质控制(处理)技术，都是各国争相学习和应用的典范。本节介绍荷兰从围垦排涝到生态治水的历史过程、理念转变、治水实例及管理经验，以供目前如火如荼的国内"海绵城市"建设参考与借鉴。

2.10.2　围垦排涝历史

　　早在公元 1000 年左右，荷兰西部便开始了围海造田活动。当时，陆地地面还高于河水水面约 1.5 m (图 2.27)，雨水完全可以依靠重力入河进海。但随后泥炭层沉降和排水系统恶化，加之 15 世纪围海耕地又逐渐荒废，导致从 16 世纪开始排水需借力提升，这就成就了原始动力——风车盛行一时，从此打下了荷兰重力排水的良好基础。16～18 世纪荷兰土地持续沉降、海平面不断上升（图 2.27），使得围垦区风车排水因提升扬程加大而变得越来越困难。工业革命后，18 世纪蒸汽机出现及随后 19 世纪电的应用逐渐导致水泵替代了风车的全部排水功能。

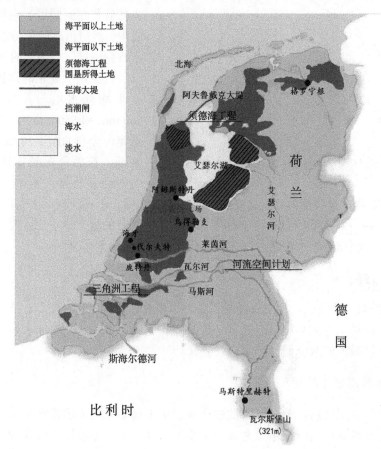

图 2.26　荷兰国土、地形及主要水利构筑物示意图

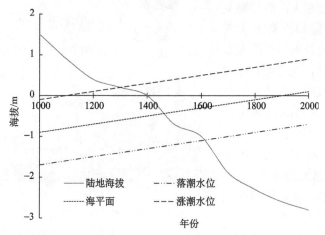

图 2.27　公元 1000 年以来荷兰西部区域陆地下沉与海平面上升情况

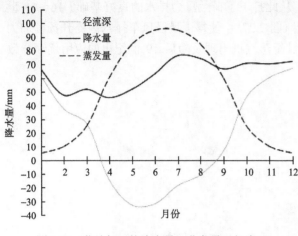

图 2.28　荷兰年平均降水量、蒸发量及径流深

几个世纪以来，荷兰排水重点一直在于排除多余而可能导致洪涝的降雨，以满足其农业生产。排水过程主要通过各类沟、渠收集径流，先使其积蓄到围垦区内低洼的湖泊之中，然后再靠风车/水泵将湖中蓄水排到围垦区堤坝外的北海中。

荷兰属于温带海洋性气候，全年平均降水量与蒸发量分别为 760 mm 和 550 mm，降水量与蒸发量年内分布如图 2.28 所示。图 2.28 显示，荷兰降雨量年内分布较均匀，而蒸发量则集中于 4～9 月（WBG, 2016）。降水量与蒸发量之差是降雨形成的径流量，即径流深，也即理论排水量。图 2.28 显示，荷兰排水旺季往往处于每年 9 月和来年 3 月的秋、冬季，这就使得冬季湖水水位通常要控制在夏季水位线以下 30 cm，以应对多余的降水量。

2.10.3　新排涝理念

从 21 世纪起，荷兰已从传统单纯排涝、防洪模式转变为滞留、储存、排放三步排水方式，而且城市排水方式与围垦区完全一致，互为连同，形成一个整体水系，以充分利用非硬化城市区域的储水空间与环境自净容量。

1. 围垦区排涝理念转变

第二次世界大战之后，荷兰因农业生产规模扩大而需要更大的排水量，以维持较低的湖泊水位。然而太低的湖泊水位会使地下水位下降，可能导致地势较高的地方出现旱情。与此同时，气候变化使得春、秋、冬三季降雨量增大，而作物生长期的夏季降雨量却没有太大变化，而且发生极端暴雨事件的概率也逐年增高。为此，从 2001 年 2 月起，荷兰中央政府、省政府、行政区及水务局广泛协商后达成一致，同意转换排水理念，从以往单一排水模式转变为如图 2.29 所示的滞留、储存、排放三步排水方式：①第一步，使过多的雨水滞留在土壤中；②第二步，将多余的雨水储存在田间或者田间排水系统中；

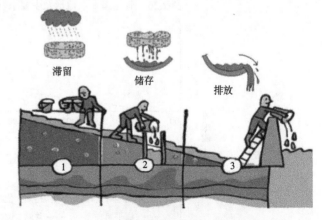

图 2.29　荷兰滞留、储存、排放三步
排水方式(Ritzema et al., 2015)

③第三步，将剩下的雨水排出围垦区。

在雨水滞留阶段，土壤好比是一块海绵，在雨水吸收量饱和之后，土壤中多余的水可就近被储存至附近的池塘或小湖中，而超过当地雨水储存量的多余降水则被引入围垦区最低洼的湖泊中，最后靠水泵排入外海。实施三步排水法后，获得了较好的效果：①大多雨水被储存导致排水规模大为减小，使得排水耗能明显降低；②排水量减少也使得地下水位控制变得容易，可有效缓解高地势地区出现的旱情；③雨水可更高效地被利用；④径流峰值被大大削减，排水系统压力随之减小；⑤随径流从土地中被冲刷出的氮、磷等营养物流失减少，有效控制了水体富营养化现象（Ritzema et al., 2015）。

2. 城市排水模式

荷兰城市与围垦区几乎没有严格的界限，城市/城镇星罗棋布地分布在各围垦区内，荷兰境内的大小湖泊通过河流（包括运河）、小溪、人工沟渠与城市水系（主要为运河或水渠）相通（褚冬竹，2011）。因此，对于荷兰城市/城镇排水，目前相关部门也同样采取了滞留、储存、排放三步排水方式，基本上已废除了尽快把雨水引导至雨水管网并将其排除的传统方式。

排水模式的转变意味着排水设施不会再像以前那样全都被埋入地下，而是将水体和水流请到了地表。新建居民区内通常设置开放的排水沟、渠，并使这些人工沟、渠与居民区中央水塘相连接，形成可以循环流动的城市水系。降雨时，雨水首先从屋面、路面被排入排水沟渠，入水塘后再溢流至城市水系（周正楠，2013）。不仅如此，周边水体堤岸在设计时也留有一定空间，使雨季居民区水系具有一定的储水能力，从而减少路面、绿地积水的排水压力。

荷兰城市/城镇水系与郊外、围垦区、农业区有机连为一体。连通的市内外水系可大大拓展城市原有水系范围，也可增强城市雨洪调节能力，而且能补充城市水系的自净功能。正常情况下，城市与郊外水系靠水闸阻断，并不连通。当暴雨来临时，水闸开启，使城市水系多余水量被引流至郊外水系。当旱季出现时，城市水系水量匮乏，则需要从郊外水系补水。补水与排水方式不同，从郊外水系补给城市水系的水往往需要经过人工湿地或其他处理方式，以去除水中沉淀物和可能导致水体富营养化的氮、磷物质。

2.10.4　围海造田到生态治水案例

荷兰控制水量的水利工程技术与经验闻名于世，其中最具有代表性的就是建设于 20 世纪 20～30 年代的北部围海、防洪、造田项目——须德海工程（Zuiderzee Works）。须德海工程在生态方面的败笔使得 20 世纪 70～90 年代在建设西南部的三角洲计划中改用考虑生态影响的活动闸门方案，使之成为世界生态防洪、治水的典范。更有甚者，荷兰目前又开始了"还地于河"的更加生态的治水计划。

1. 须德海工程

"上帝创造了人类，而荷兰人造就了荷兰"，这是一句著名的荷兰谚语。荷兰因地势低洼而在历史上存在大大小小许多围海/河造田工程，因此获得了近 1/5 的荷兰目前的土地。其中，闻名世界的大型围海造田项目有须德海工程和三角洲计划(Delta Works)。

　　荷兰西北部的须德海(荷兰语意为"南海")原本是与北海连通的海湾，面积达 3 388 km²。早在 16 世纪荷兰就曾有人提出依靠其北面的岛屿将须德海与北海用一条大坝隔开，以预防水患和围垦土地。但限于当时的技术条件，这个计划一直未能实施。1916 年一次巨大的风暴潮使须德海湾内多处堤坝坍塌，给荷兰造成了巨大的经济损失。因此，1918 年荷兰议会通过了须德海筑堤围垦方案：①保护原有土地；②围垦新的土地；③获得更多淡水(Batavia, 2016)。须德海工程于 1920 年开工，到 1927 年时开始建造，位于须德海与北海之间 30 km 长的阿夫鲁戴克大堤(Afsluitdijk)上，并最后于 1932 年 5 月 28 日完工。从那时起，须德海不断排除海水并吸纳淡水，逐渐由咸变淡，最终成为荷兰第一大淡水湖——艾瑟尔湖(IJsselmeer)。因此也产生了四大块"围海新生地"，向大海争来 1 650 km² 的新土地。由于大堤的保护，须德海海湾地区从此脱离了海潮的困扰，成为经济繁荣的发达地区。

　　值得一提的是，阿夫鲁戴克大堤与中国的长城并驾齐名，因为美国宇航员阿姆斯特朗曾说过，他在外太空看到了地球上这两座伟大的人工建筑。然而阿夫鲁戴克大堤的硬性阻断使艾瑟尔湖(原须德海)与北海完全被隔离开来，从此没有了水量交换，当地生态环境逐渐改变，使鸟类和鱼类数量锐减，水体环境趋于恶化。雪上加霜的是，艾瑟尔湖周边地区不断向湖内排放污染物，致使艾瑟尔湖在 20 世纪 60～70 年代发生了严重的富营养化现象，湖水总磷浓度曾一度高达 0.3 mg·L⁻¹(van Wim and Victor, 2014)。虽然之后荷兰环保部门采取了一系列有效治理措施，使湖水水质在 20 世纪 90 年代基本得以恢复(Matthijs and John, 2010)，但经此劫难后荷兰人充分意识到单纯围海垦田并不是一条可持续之路。

2. 三角洲计划

　　有了须德海工程的经验教训，20 世纪 70 年代在围合荷兰西南部海湾、实施三角洲计划时就不得不更换技术思路，不再单纯以筑死堤方式围海、防洪，而是选择抗涝防洪与生态保护相结合的活动式巨型钢门水闸。荷兰议会原本于 1958 年通过三角洲法案，计划在菲尔什水道(the Veerse Gate)、布劳沃斯水道(the Brouwershavense Gate)、哈灵水道(the Haringvliet Gate)和东斯海尔德水道(the Eastern Scheldt Gate)四条水道上修建一系列封闭式防洪水闸(Deltawerken, 2016)。至 1972 年，前三条水道防洪水闸均已竣工，但鉴于艾瑟尔湖污染事件，再加上日益高涨的民间生态环保呼声，东斯海尔德河口封闭水闸方案就不得不完全改变，最终采用了不影响自然潮汐的挡潮活动闸门(钟瑚穗, 1998)，以保护东斯海尔德地区唯一的天然动物栖息区及贝壳类水生生物(靠潮汐迁移生存)。在没有风暴潮时闸门完全开启，以保证海水潮汐可以正常流动，从而保护水道内外生态环境。当风暴潮来临时，则使钢制闸门下沉，将撒野的大海拒之门外，避免水患再次发生(1953 年 2 月 1 日一次毁灭性风暴潮突袭，导致西南部大片土地被淹，数百人丧生)。继东斯海尔德水道活动闸门之后，1987～1997 年荷兰又在近欧洲门户(the Europort)的新水道(the Niew Gate, 360 m 宽)上安装了两扇巨型铰链闸门(长 210 m、重 15 000 t)，以生态方式保护鹿特丹及其附近地区近百万人的生命财产安全。

步入 21 世纪，荷兰人并没有停止他们生态治水方面的脚步，又开始规划、建设针对莱茵河、马斯河、瓦尔河及艾瑟尔湖的河流空间工程(Room for the River)。这些治水工程理念更进一步，从以前的围海造田模式又更新为今天的"还地于河"方式，即治水开始侧重于防灾、减害，而不是从土地中索取，甚至已开始"还地于河"的行动。河流空间工程主要内容包括后挪河堤、清除河道附近建筑、建设绿色河滩等一系列恢复河流原有生态的措施；工程计划已于 2016 年完工(Rijkswaterstaat, 2016)。

从须德海工程到三角洲计划，再到河流空间工程的演变可以看出，荷兰人的治水理念已开始从传统的抗争、索取，逐渐回归到顺应自然的生态保护模式，将之前围河获得的土地主动归还于自然。

2.10.5　生态治水下的水质控制

第二次世界大战后，荷兰工农业生产全面恢复，被战争破坏的城市建筑也开始恢复重建，城镇化规模进一步提升，传统村落的概念几乎不复存在，代之以分布在"大"城市(第一大城市——首都阿姆斯特丹人口不过 70 万)周围星罗棋布的密集小城镇。目前，荷兰总人口为 1 680 万，人口密度高达 405 人/km^2，是中国的近 3 倍，处于世界人口密度最高国家前列。如此密集的城镇化及人口规模必然导致大量市政污水、工业废水及农业径流产生，这对水国荷兰地表水，甚至地下水环境质量维持非常不利。此外，欧洲三大河流——莱茵河、马斯河及斯海尔德河均在荷兰入海，也会源源不断地将欧洲其他国家污染物带至荷兰，这就使得荷兰弱小的水体环境自净容量不堪重负。为此，从 20 世纪60 年代开始，荷兰首先密集地制定各种环境法律应对环境污染。

在水污染防治方面，荷兰总是能自觉走在世界的前列，以至于他们对污水处理技术的研发和应用至今处于领先地位。氧化沟(passveer ditch)便发明于 20 世纪 50 年代的荷兰(Pasveer, 1959)，它是荷兰人根据活性污泥原理创造出的第一个真正意义上的以去除有机物(COD)为目的的简易污水处理方式。最早的氧化沟其实就是在地下挖出如运动场跑道一样的环形沟渠，以草皮护坡，上面再架上一个简易转刷曝气器，便组成一种污水处理设施。随后，20 世纪 70～80 年代荷兰开发的污水/污泥厌氧消化能源转化技术——UASB、EGSB 至今成为世界范围广泛应用的主流技术(Lettinga et al., 1981; Zoutberg and Frankin, 1996)。20 世纪末，在欧洲开始强调控制水体富营养化的时候，荷兰人又根据UCT/A^{2}O 工艺原理，结合自己的氧化沟技术开发了富集反硝化除磷细菌的同步脱氮除磷——BCFS 工艺，不仅可最大化去除氮、磷，而且能节省碳源而用于能量转化(甲烷)(Barat et al., 2006; van Loosdrecht et al., 1998)。

荷兰人在污水处理技术上的全球贡献远不止开创上述工艺。在世纪之交，他们还相继开发出强化冬季硝化效果的 BABE 工艺(Salem et al., 2003)、短程硝化 SHARON 工艺(Hellinga et al., 1998)、完全自养脱氮 ANAMMOX/CANON 工艺(Hao et al., 2002)、好氧颗粒污泥 NEREDA 工艺(de Kreuk et al., 2010)等。2008 年荷兰根据预测的国际发展趋势率先提出了着眼于 2030 年的污水处理新目标——NEWs 概念，今后使污水处理厂具有"能源""营养物""再生水"三厂合一模式(Roeleveld et al., 2011)，将污水处理提升至不仅单纯控制水污染的高度，而且也为未来污水处理技术规划出可持续发展的宏伟蓝图。

在工业废水、废物控制方面，1988年荷兰经济部和环境部还大力支持名为"污染预防"的项目，由荷兰技术评价组织逐一研究当时荷兰公司所采用的防治废物产生和排放的技术，以便制定相关技术和评价方法来防止废物产生和排放，并在10个公司进行预防污染实践，取得了良好的效果。为了鼓励更多企业采用清洁生产技术，企业可以向荷兰政府申请对防污设备的补贴，金额为新设备费用的15%～40%。在控制农业径流污染方面，荷兰人也不含糊，利用他们在现代农业上领先世界的培育技术，可以做到植物、作物、花卉种植/培养全过程水分、肥料/农药投加与吸收的精准控制，以防未被吸收的化肥、农药残留进入水体中。更有甚者，为减缓磷的农业流失速度，荷兰政府早已制定了农业生产配额，且每年生产的作物(粮食、蔬菜、花卉等)从土地中带出多少磷，来年就只能补充(施肥)同等量的磷，绝不容许任何浪费。

严格的法律与上述实际行动让荷兰已完全实现了生态治水模式下的水质保证目标，且水质控制指标比欧盟规定更加严格。

2.10.6　水管理体制与民众教育

荷兰虽然面积小，但其治水、管水经历、经验、技术、效果堪称世界之最，无论是控制水量的水利建设，还是控制水质的生态恢复双双领先世界。这一切与荷兰延续了近千年、别具一格的水管理体制紧密相关。再加上一系列严格的环境保护法律，尤其是2009年最新颁布的新《水法》，使专职管水部门——水务局(Water Boards)在上(法律)、下(民众)两方面的压力下尽心尽责为国家、为百姓管水并管好水。此外，民众从小便受到有关水的教育也提高了人民对水的关心与爱护的积极性，使管水深入人心，形成人人参与管水的氛围。

1. 荷兰独特民选管水机构——水务局

荷兰政府管理机构分三个层次：中央、省及行政区。然而各级政府并不负责地表水水量与水质的管理。荷兰存在一个特殊的专门管理地表水水量与水质的机构——水务局，其独立于政府部门之外，是一个典型的非政府组织。水务局实行的是水流域管理制度，专职负责管辖区内水务管理，原始功能是防止土地遭受洪水侵袭。目前，水务局的功能已从单一的水量管理过渡到对水量、水质的双控管理，业务范围涉及灌溉、引流、排水、水净化及运河与河流维护。

水务局是荷兰最初的民主形式，其历史可以追溯到中世纪，早于荷兰的皇室。早在12世纪，为防洪、排涝，荷兰村镇便自发组织起相对松散的排涝互助组，目标单一，就是排除当地多余降水，以免农田被淹；实施形式基本上是有钱的出钱、有力的出力，以维持日常维护运作。至13世纪，民主选举产生的水务局开始在荷兰出现，从此一种公众参与的水管理组织正式形成。到19世纪中叶，民选水务局已经发展到了3 500多个。虽小但精致，不过缺乏彼此间的沟通与协调，难以实现整体向外海排水的目标，所以水务局逐渐开始整合，化零为整；到1950年，水务局被合并至2 500个，在2003年合并到48个，直至目前的23个。

水务局董事会成员由各水域管辖区利益相关者选举产生，包括企业、地主、居民等；从中再选举产生水务局局长，即荷兰的"堤坝水督"，最后由中央政府予以任命、承认。水务局为非政府、非营利专门管水机构，所需费用基本上是取之于民、用之于民；水务局经费收入来自对企业、地主和个人所征收的两项费用，即水务费和污染税，能涵盖水务局各项工作总费用的95%，剩余5%的费用由中央和地方财政予以补贴；2000年荷兰水务局年财政预算为26亿欧元，其中73%用作运行管理费用(60%用于包括污水处理在内的水质管理)，27%用于投资(兴建基础设施)(郝晓地，2003)。

需要说明的是，荷兰水务局并不负责自来水供应、地下水管理及下水道修建与维护，这些由自来水公司按市场经济原则运作。地下水管理及下水道修建与维护则分别由省政府和行政区负责。然而地下水与地表水在客观上存在着一种必然联系，两者共同形成所谓的水系统。水务局在其综合事务管理中，还应负责协调水管理、环境管理、城市规划与自然保护之间的关系，广泛地同省和行政区政府、自来水公司、地主及自然与环境保护组织共同合作，致力于可持续的水管理。

2. 新《水法》内涵

2009年荷兰颁布了新《水法》，旨在应对由气候变化带来的海平面上升、降雨量变化等防洪事务，以及水质、水量等其他综合水管理事项(金海等，2015)。在新《水法》颁布以前，荷兰已经存在多项涉水法案，如《水管理法》《地表水污染法》《海水污染法》《地下水法》《防洪法》等(Rijkswaterstaat，2006)。然而之前的这些涉水法案覆盖面相互交叉，对部门职责的规定不明确，对执法和管理造成了一定的阻碍。尽管为综合协调这些法规，荷兰于1995年出台了综合性《环境管理法》，但是随着2000年《欧盟水框架指令》中的新的水管理措施实施(欧盟水管理基础)(杨朝云和Vollmer，2008)，荷兰又于2009年出台了新的综合性《水法》。

首先，新《水法》强调水资源的统筹管理，既考虑了水资源的利用，也考虑了水的自然流动。新《水法》注重各部门协调配合，明确了水务局与交通部、农业农村部、规划部及各级政府的责任与边界，增强了各个部门之间的协调合作能力，如交通部、公共工程部与水管理部负责制定国家防洪政策、水管理战略，并对省政府进行监督，以及指导行政区和水务局的工作；住建部、空间规划部和环境部负责管理水质；农业农村部、自然管理部及渔业部负责管理农业灌溉和渔业生产；省政府负责对水务局进行监管，并对空间、环境和水资源进行综合规划；行政区主要负责区级土地利用及污水和雨水排放与收集；水务局则负责对水域管辖区内地表水资源(水量与水质)进行统一管理。

其次，新《水法》对水许可证制度进行了整合，规定企业或个人进行与水相关的活动时，必须申请水许可证。将原来6项水许可证整合成一个综合水许可证，涵盖了大部分涉水活动。目前，不同的涉水活动只需要一个许可证即可，避免了各部门重复管理和累赘审批。所有与水相关的许可证均可在同一办公地点申请办理，为水资源综合管理提供了极大的便利。

同时，新《水法》也对防洪标准进行了量化规定，如为确保围垦区在遭遇风暴潮时的安全，新《水法》规定围垦堤坝一律采用4 000年一遇以上的防洪标准。荷兰将具体构筑物的防洪标准写入新《水法》，直接体现了荷兰对法案的可操控性追求。

最后，新《水法》还制定了污染者付费原则和地下水有偿使用原则，并且强调违法入刑。企业与个人在使用水资源或排放污染物时，将依据其对环境影响的大小征收污染税。同时，在使用地下水时，使用者也会被要求支付一部分资源使用费用。当企业或个人违规使用水资源或污染环境时，新《水法》规定追究其刑事责任。

总之，新《水法》运用法律和经济双重手段有效地控制了水资源的使用和环境污染。

3. 基础水教育

荷兰拥有全球最先进的治水方法和最完善的管水体制，这与荷兰基础教育中有关治水知识的普及是分不开的。从小学、初中直至高中，每个阶段都有相应的水教育课程及相应的实践活动(Jeroen and van Eddie, 2013)。每个荷兰人自小便对本国水资源和水环境有基本的了解，这也为荷兰实行民选水务局制度奠定了基础。

1)小学阶段：到堤坝上与滩涂中实习

在小学阶段，每个小学都被要求进行主题为"水与生命"或"防洪规划"的实践活动。通常老师会带领学生到防洪堤坝上了解堤坝的基本情况，如堤坝的长、宽、高和建造历史等，并且还要求学生在滩涂地里进行"泥土实习"；学生们可以采集土壤、研究土壤成分、发掘古人类留下的遗迹，还可以观察地下水位等。带有趣味性的实践活动可以使孩子们对水及防洪留下基本的印象。

2)初中阶段：了解水足迹

初中阶段的涉水课程涵盖许多主题，包括了解荷兰特殊地理位置、地形及气候变化所引起的海平面上升等现象。最重要的是还会开设一门研究和统计水足迹(water footprint)的课程，使学生学会了解各行各业对水量的需求，并分析水资源在全国，乃至全球的流动情况。

老师还会与学生进行讨论，通过具体实例使学生了解水资源的流动性。然后让学生自己计算水的流动过程，并在家长的帮助下得出数据。在这一过程中，学生们会对不同行业之间的水资源流动情况进行分析、讨论。通过这种方式，老师让同学们了解本国和全世界的水资源情况，并建立节约用水的意识。

3)高中阶段：学习水与社会

在高中阶段，学生关于水的学习往往与社会科学相联系，主要讲述荷兰文学、艺术及传统文化与水的关系。与此同时，学生也要学习人口迁移、城市化、日常生活与水利工程和水管理之间的关系，了解一些涉水法案，包括了解水务局等水管理机构职能等。

通过上述三个阶段由浅入深、由表及里的水教育，让每一个荷兰人在迈向社会之前就具备一定的水知识。

2.10.7 结语

如今不管有多大暴雨和风暴潮，荷兰境内水位都能被控制得宛如平镜，各类水体水质罕有黑臭现象，这归因于荷兰有着千年治水经验与技术，无论是它控制水量的水利技术，还是它控制水质的污水处理技术都堪称世界一绝，已成为当今世界普遍效仿和学习的典范。近半个世纪以来，荷兰对水量的控制已从原始围垦排涝模式转变为当今的生态治水，甚至还地于河的方式，其中闻名于世的北部须德海工程(阿夫鲁戴克大堤)和西南部拦潮的三角洲计划分别是两个典型范例。

纵观荷兰千年成功治水经验，不难看出，首先源于它有着一个与世界其他国家与众不同的水管理体制(水务局)：一切从需要出发，利益相关者自发、民主协商解决实际水问题。其次，水的治理与管理以流域区划为对象，而非孤立的城市/城镇各自为政模式；这样可充分利用非硬化城市区域(郊外、广大农业区域)的土壤、河流、湖泊对水的滞留和储存作用及环境的自净容量。最后，严格的涉水法律及对民众良好的水教育保证了荷兰管水、治水行动有序进行。

2.11　黑臭水体治理策略与技术

2.11.1　引言

中国经济快速发展的同时也带来了诸多与环境相关的城市病、乡村病，甚至有人的地方就有病，其中雾霾和黑臭水问题最为直观和严重，因为人们的呼吸器官分分秒秒能感受到、肉眼时刻能够看到。

水是生命的源泉，是社会发展的物质基础。我国经济发展带来的黑臭水现象恰恰是自掘命根。黑臭水现象目前在我国随处可见，即使在 2008 年本已变"绿"的北京，此现象又"死灰复燃"(金树东，2016)。为此，消除黑臭水不仅是来自民间的呼声，目前已上升到政治层面。国务院于 2015 年发布的《水污染防治行动计划》已对黑臭水体治理提出了明确要求，到 2020 年，我国地级及以上城市建成区黑臭水体均被控制在 10%以内；至 2030 年，城市建成区黑臭水体总体得到消除(中华人民共和国住房和城乡建设部，2015)。

关于黑臭水治理，究其根源，缺氧与富营养化是产生黑臭水体的根本原因，而导致缺氧与富营养化的则是水体中的有机物(COD/BOD)，氮与磷含量过高，远远超出了水体及其他自然环境的自然净化能力(徐敏等，2015；于玉斌和黄勇，2010)。在后果(黑臭水)与原因(污染物)辨析方面，科研人员和政府管理者意见较为统一；而对于黑臭水根治，虽然基本都框出了大致的治理方向(外源减排、内源清淤、水质净化、清水补给、生态恢复)(熊跃辉，2015)，但在各环节的工作侧重上则出现了较大的分歧(邓建胜，2016；石兰兰，2016；夏青，2016)。

本节旨在总结他人观点与思路的基础上，重点在"阻源""恢复""保持"三个方面阐述黑臭水治理的程序及各环节所起的作用，以期为治理黑臭水整理出一条清晰的脉络。

2.11.2　阻断外源

各类黑臭水体治理首当其冲的是要阻断各种可能的污染物来源，这其中不仅包括城市污水截流、私接乱排的点源及雨水冲刷地面形成的面源，还包括降雨时雾霾落地、入水形成的面源，更重要的是必须杜绝垃圾倾倒这样明显的固体废物污染源。因此，阻断外源实际上是对水、固、气三种状态污染源应采取的水、陆、空立体防范措施。

　　昆明滇池富营养化治理在城市污水处理率几乎达 100%、无磷洗衣粉普及，以及周边退耕还林等点源和面源多重、重金控制下，经多年治理，仍不见明显好转，夏季来临时整体上看上去仍像一大盆绿油漆(何佳等，2015; 云南省生态环境厅，2016)。究其原因，很可能忽视了流域内磷矿开采所导致的径流含磷量，以至于含磷径流源源不断地进入滇池，特别是在雨季时节。结果，这部分难以杜绝且没有被意识到的面源足以不断维持滇池的富营养化状态。欧洲经验表明(Smith and Ilman, 1999)，地面水体磷含量中约有 10% 来自雨水对岩石的侵蚀作用，与含磷洗衣粉中的磷含量旗鼓相当。水体富营养化国际标准(TN=0.5~1.2 mg N·L^{-1}; TP=0.03~0.1 mg P·L^{-1})表明，在其他营养成分(氮、硅酸盐等)与物理条件(温度、阳光、水流等)适宜的情况下，很多水体即使在完全没有污水排入的情况下，单就非点源径流带入水体的磷负荷就足以导致其富营养化。对滇池而言，流入的径流很多可能便来自磷矿开采后的裸露地面，其中磷含量不言而喻。

　　因导致水体富营养化的氮与磷水平都很低，所以当空气污染后，特别是出现雾霾极端污染天气时，降雨则会将雾霾中的 PM$_{2.5}$、PM$_{10}$ 等细小悬浮颗粒直接带入水体或间接随径流进入水体。因为 PM$_{2.5}$ 和 PM$_{10}$ 中污染物颗粒主要来源于工业尾气、汽车尾气、居家炉灶、浮土扬尘等，所以其中肯定存在硫和氮的氧化物，磷因浮土扬尘也一定存在(任丽红等，2014)。因此，水污染防治必须与空气污染防治并行，否则很可能事倍功半，出现类似于滇池那样的情况，即忽略了"隐性"污染源的存在。

　　其实，看得见、摸得着而又防不胜防的"显性"污染源是直接向河道、湖泊、水库中倾倒生活垃圾，这种现象在广大农村地区、城市棚户区、旧城区、城乡接合部等处随处可见。如果不对这种明目张胆向水体倾倒垃圾的现象加以制止，那后续的水体自净、水质保持环节根本无济于事，纯粹是无用功。

2.11.3　自净恢复

　　显然，只有在外源完全被阻断的情况下，水体自净功能才能恢复。诚然，黑臭水体现象出现意味着水体、土壤、植物等环境自净能力已完全丧失，而"一潭死水"则加剧了黑臭水现象的恶化，以至于在河、湖、库底形成了 COD 及 N、P 含量极高的底泥沉积物。底泥出现厌氧状态后自然会导致有机物水解、酸化，形成的挥发性有机酸(VFAs)未来得及转化为甲烷(CH$_4$)就溢出水面，产生一股刺鼻的腐烂酸臭味。再者，底泥和水体中的污染物所含的硫酸盐(SO$_4^{2-}$)在厌氧状态下被硫酸盐还原菌(SRB)还原，会产生具有臭鸡蛋味道的硫化氢(H$_2$S)，这就加剧了黑臭水体的臭味。特别是 H$_2$S 浓度低时只是引起嗅觉不适，而浓度高时则可能致人的中枢神经系统紊乱，直至窒息死亡(如清掏下水道时发生的死亡事故)。

　　因此水体自净能力恢复最关键的环节是要让水"动"起来，而不是简单地清淤、疏浚。清淤、疏浚在恢复水体自净能力方面肯定是必要的，也是第一步，但是清淤、疏浚后如果仍是一潭死水，那水体自净容量仅限于"潭"内水量、湖边土壤和植物，一旦遇污染物累积过量，可能重蹈覆辙。这方面，荷兰的治水经验与做法非常值得借鉴(郝晓地等，2016a)。水国荷兰 80%以上的国土面积被纵横交错的水网所连接，无论是运河、人工湖，还是城内景观水体、沟渠，全部均在动态流动之中。水流动的好处是，不仅可防止污染物下沉，还能将之逐渐带往自净容量更大的自然或人工区域(如郊外)，甚至可以通过人工湿地等措施强化水体的自净作用。适当的水体流速还是同等环境条件下抑制富营养化发生的重要手段。

有关水流动对水体富营养化形成影响的研究已有很多。实验研究已经证明，在 TN、TP、温度、光照、pH、溶解氧(DO)等环境条件一定的情况下，水体流速对藻类繁殖及出现富营养化现象具有重要影响；不同条件下存在诱发富营养化现象的临界流速(0.08～0.1 m·s⁻¹)(蒋文清，2009)。高于临界流速，水体不易形成水华，这就是容易从湖泊、水库、缓流等水体中看到水华出现，而流速较快的河流(如长江、黄河)罕有水华现象的根本原因(蒋文清，2009)。水动力条件能直接作用于水华藻类细胞，影响其生长繁殖与种间竞争(Acuña et al., 2011)，同时改变水体环境及营养盐的状况。其中流速不仅对藻类的生长聚集与分布具有十分明显的影响，还能影响水体营养物质与优势藻的种类(梁培瑜等，2013)；流量则主要通过单位时间内水量的变化影响水体富营养化的发生与消亡(Simon et al., 2011)。

研究人员就水流循环对水体自净的影响进行了比较试验研究(Ma et al., 2015)。试验结果显示，在模拟污水自然净化处理的渠-塘系统中，水流循环对降低水中 N、P 的效果明显；无论渠-塘系统存在水生植物与否，只要水流保持一定的速度在进水首端和出水末端连续循环，水体中的 N、P 含量均能很快降低。相反，在水体静止、不循环的情况下，N、P 含量非但不降，反而升高(Ma et al., 2015)。

由此可见，在环境条件相同的情况下，"动水"比"静水"能更好地抑制水体富营养化发生。

2.11.4　水质保持

污水处理无疑是水环境质量保持的重要手段。然而如果没有阻断外源和自净恢复两个步骤作为水质保障的重要基础，仅靠污水处理出水标准提高似乎也无济于事。只有在污染源完全被阻断、水的自然净化能力完全恢复的情况下，污水处理厂出水水质方可能借助环境自净容量(物理、化学、生物作用)进一步得以提升，并借助水的流动进一步抑制水体富营养化及残留污染物的耗氧现象。否则，即使将自来水作为补充水源，仍会出现水体富营养化现象。

关于自来水可致水体富营养化，很多居家百姓种花浇水时都有不同程度的感受，只不过他们没有富营养化的概念而已。北京自来水水质应该是全国控制最为严格的地方，新的《生活饮用水卫生标准》(GB 5749—2006)中的 106 项指标肯定要全部满足才行。但是，就北京自来水水质而言，其照样可以导致水体富营养化。不妨用洗净的透明可乐瓶做个简单实验，只要将灌满自来水的瓶子盖好后放在窗台(室内即可)上，过一段时间(4～6 周)即可在瓶壁内侧看到一层绿色(藻类)，且随时间推移、温度上升、日照延长，瓶壁内侧的绿色面积变得越来越大，厚度逐渐增加，可谓"瓶壁生辉"。

北京自来水在静止条件下便可致藻类生长，一方面说明北京自来水中 N、P 含量仍然高于藻类繁殖标准，另一方面证明"一潭死水"无助于水的自然净化。关于导致水体富营养化的 N、P 阈值，国际标准分别为 TN=0.5～1.2 mg N·L^{-1} 和 TP=0.03～0.1 mg P·L^{-1} (Smith and Ilman, 1999)。按《生活饮用水卫生标准》(GB 5749—2006)，仅 NO$_3^-$ <10 mg N·L^{-1} 便超过富营养化国际阈值标准的高值(1.2 mg N·L^{-1})；饮用水国际标准目前因种种原因还未涉及 P 的标准，这就为藻类生理下了伏笔。北京部分区域自来水水质实际检测(24 h 平均样)结果如表 2.14 所示。显然，这样的水质确实已超过富营养化阈值国际标准。相反，向密云水库汇水的小溪中的 N、P 却低于自来水中的含量。

表 2.14　北京市自来水抽样检测结果

区域	NO$_3^-$ /(mg N·L^{-1})	NH$_4^+$ /(mg N·L^{-1})	TN /(mg N·L^{-1})	TP /(mg P·L^{-1})
西城	5.66	2.56	8.51	0.03
石景山	6.90	1.83	9.01	0.10
大兴	6.20	2.80	9.35	0.03
密云水库周边汇水小溪	0.43	3.84	4.54	0.02

由此可见，一味靠提高污水处理出水标准而忽视阻源与自净的黑臭水治理方式是徒劳的，因为即使最后采用膜法，并且将其处理至自来水标准，水体富营养化现象还是难以避免。

在黑臭水治理上，相关部门似乎把治理的法宝全押在了末端治理上，希望通过提高污水处理标准而直接满足地面水四类，甚至更高标准(中华人民共和国环境保护部，2015)。这就将黑臭水治理的压力全部转嫁到负责污水处理的企业身上(邓建胜，2016)。结果，对污水处理提标动议出现两极分化的企业反应。主张提标的企业依仗膜法(MBR、超滤，甚至反渗透)信心十足，而采用传统技术(常规活性污泥法)的企业则怨声载道。

膜法固然对水质提高具有很好的效果，但是无论是 MBR 还是超滤，它们的处理原理全是物理截留，不具有任何生物强化作用，作用原理主要是对固体截留从而使 N、P 和 COD 减少，而对微量溶解性的残余污染物则无可奈何。膜法最大的缺陷是能耗过高，这使其背上了不可持续的负名(郝晓地等，2016b)。因此，膜法绝不是根治黑臭水体的好方法。

常规活性污泥法企业面对现行一级 A、一级 B 标准目前还都在大喘气，再提高标准更是要了这些企业的命。于是，很多人便拿欧美国家的排放标准来说事，声称这些国家的现行标准还没有我国的高，而人家的污水处理技术水平早已超越我们，我们怎能将标准制定得比人家还高？其实，国外出水排放标准对我国的借鉴意义并不是很大，或者说根本就不具有可比性！国外的排水标准多半是首先考虑自然净化能力之后反算出污水处理厂应该达到的排放标准；美国一些州因自净容量富余而至今在污水处理厂都没有实施脱氮除磷技术，很多地方甚至仅靠化粪池加土壤来处理污水。反观我国，自净容量早已消失殆尽，所以提高排放标准似乎也在情理之中。问题是若没有阻源与自净做基础，污水处理提标并达标肯定是治标不治本的下策。

2.11.5　结语

以上分析显示，黑臭水治理确实是一项复杂的系统工程，不是单靠资金和技术便能彻底解决的事情，需要经历上述分析中的"三级跳"，下级铺垫上级，级级相扣，不存在一步跨越的"一级跳"式逾越。幻想以提标并令企业达标的方式解决黑臭水的末端一级跳终将是治标不治本，不过是短时间内管理者显示政绩的一种短平快，最后结果一定是从头再来。

在"阻源、恢复、保持"这种黑臭水治理必须经历的三级跳中，一级跳最为关键，也最难实现，因为这往往涉及民众的素质、意识与自觉性。关于污水截流，除了市政建设的管线污水以外，那些私接乱排的污水，以及肆意向河道、湖泊倾倒的生活垃圾是不文明行为。二级跳应该是政府的工作，只要政府能摸清水体脉络并理清思路，一般投资后应该能够见效。三级跳则是污水处理行业分内之事，目前的技术纵然可以将污水处理到饮用水程度，如新加坡的"新水"（NEWater）（Lee, 2016）。然而，忽略两级跳，把黑臭水治理之宝押在提标、升级改造上，结果将是黑了绿、绿了黑，周而复始。实际上，污水处理只相当于恢复水质的"粗"处理，自然净化才是恢复水质的"细"处理或"精"处理。

因此，在三级跳式的黑臭水治理方式下，一级跳与民众有关，二级跳是政府的事，三级跳是企业努力的方向。一句话，民众、政府、企业分别是黑臭水三级跳中的主体。

2.12　雾霾与水体富营养化

2.12.1　引言

近年来，我国水体富营养化情况较为严重，黑臭水体普遍存在；滇池、太湖、巢湖等著名湖泊虽经大规模治理，但蓝藻暴发现象未曾中断（万蕾，2011），这种久治而不见其效的状况令人尴尬。事实上，导致水体富营养化的主要元凶——氮、磷等营养物质不仅有人为源，也存在天然源，人为源多是显性的，而天然源往往是隐性的。治理富营养化首先要阻断外源氮、磷进入，才能跟进其他技术措施，否则事倍功半。然而在阻断外源方面，我们往往关注的是人为源这样的显性源（农业面源、污水点源、城市面源等），很少注意到天然源（岩石侵蚀、浮尘下沉、雾霾降水等）那样的隐性源。图 2.30 显示了欧洲地表水中磷的来源（CEEP, 2003），其中，岩石侵蚀进入水体中的磷负荷（10%）几乎与洗衣粉产生的磷负荷（11%）旗鼓相当。因此，即使杜绝了含磷洗衣

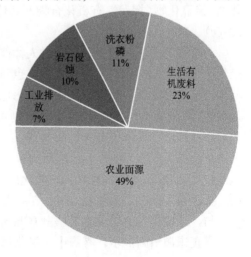

图 2.30　欧洲土表水磷的来源

粉的使用，仅岩石侵蚀这种通过天然途径进入水体的磷在其他环境条件（氮、硅酸盐等含量与温度、阳光、水流等物理条件）适宜的情况下足以导致水体富营养化，因为判断水体富营养化的国际标准为 TN = 0.5～1.2 mg N·L^{-1}，TP = 0.03～0.1 mg P·L^{-1}（Smith and Ilman, 1999）。

另外，大气环流和降雨在水体营养物质循环中也扮演着一定角色；不降雨时会出现浮尘干沉降，而降雨时则会把难沉降的细颗粒物洗涤沉降。显然，清洁的空气很少触动营养物循环，而污浊的空气，特别是雾霾出现时，不论是否降雨，都必定诱发营养物循环。问题是，雾霾出现时在干、湿沉降下是否会产生导致水体富营养化的氮、磷水平？如果是，这种营养物来源表面上似乎应归属于"天然"源，因此是隐性的，应该像岩石侵蚀一样引起广泛关注。研究表明，大气传输过程不仅能使大量陆源物质进入水体中，而且其通量可能接近点源输送注入水体的污染物质通量（杨龙元等，2007）。因此，探讨雾霾与水体富营养化的关系也就成为本节综述与讨论的主要内容，希望能起到抛砖引玉的作用。

2.12.2　雾霾特征与组成

雾霾即雾（由大量悬浮在近地面空气中的微小水滴或冰晶组成的气溶胶系统）和霾（主要组成成分为二氧化硫、氮氧化物及可吸入颗粒物；前两者为气态污染物，可吸入颗粒物则是加重雾霾污染天气的罪魁祸首）的合称，用来表示大气污染的状态。表示近地空气中各种可吸入细颗粒物含量的综合指标有 PM$_{10}$（particulate matter 10）和 PM$_{2.5}$（particulate matter 2.5）（邵龙义等，2000）（单位：μg·m^{-3} 空气）。PM$_{10}$ 和 PM$_{2.5}$ 指的是空气动力学当量直径分别≤10 μm 和≤2.5 μm 的可被吸入人体的细颗粒物，是雾霾的"元凶"。根据定义，PM$_{2.5}$ 应包含在 PM$_{10}$ 内，平均为 PM$_{10}$ 的 70%（绿色呼吸，2014）。PM$_{10}$ 主要来自自然扬尘、道路及施工场地扬尘、煤烟尘、工业企业排放的烟粉尘和机动车排放的尾气等，而 PM$_{2.5}$ 除来源于自然和人为形成的细颗粒物以外，还来自空气中的硫氧化物、氮氧化物、挥发性有机化合物及其他化合物相互作用形成的细小颗粒物（郝晓地等，2016c）。

对雾霾的关注一般多涉及其对人体健康的影响。雾本身并没有毒，但是雾天不利于空气中污染物的扩散，雾中的水蒸气也易吸附大量污染物，从而使空气质量下降；霾常与雾气结合在一起，让空气质量急剧恶化。PM$_{10}$ 可进入鼻腔；7 μm 以下的颗粒物可进入咽喉；2.5 μm 以下的颗粒物（PM$_{2.5}$）则可深达肺泡并沉积，进而进入血液循环，可能导致与心和肺的功能障碍有关的疾病（陈仁杰和阚海东，2013）。PM$_{2.5}$ 本身既是一种污染物，又是重金属、多环芳烃等有毒物质的载体，主要化学组分包括有机碳、粉尘、硫酸铵（亚硫酸铵）、硝酸铵等微细颗粒；二氧化硫（SO$_2$）虽为气体，但它是转化产生空气中硫酸盐的主要因素，同时二氧化氮（NO$_2$）气体也促使 SO$_2$ 转化为硫酸盐；除 NO$_2$ 外，还要有氨的参与，才能将 SO$_2$ 转化为硫酸盐（Cheng et al., 2016）。

雾霾来源清晰显示，雾霾中氮氧化物普遍存在，所以 N 源干、湿沉降进入水体的机会很大，而且下降后进入水体的浓度应该很高。上述有关雾霾的化学组分中虽然未明确提及 P 的成分，但不难推断，只要空气中存在扬尘、浮土，磷也应该包含其中，只是随干、湿沉降进入水体的浓度是否可达导致水体富营养化的水平不得而知。因此，需要辨析或分析雾霾干、湿沉降中 N、P 含量，致水体的营养物负荷，以确定它们能否在大气环流或降雨传播时诱发水体富营养化现象。

2.12.3 雾霾致水体中氮、磷含量

大气环流作用对地表水体中氮、磷含量的贡献涉及环境学、大气科学中的干/湿沉降概念；干沉降表示不降水时，大气中污染物质被植被吸附或因重力沉降到地面的现象；发生降水时(雪、雾、露、雹等)高空雨滴吸收污染物质继而下降的现象即湿沉降(张国森等，2003)。

太湖近年来一直受水体富营养化现象的困扰。2007 年、2015 年和 2017 年先后出现了大规模蓝藻暴发的现象。2002 年 7 月至 2003 年 6 月，有学者针对太湖周边地区 8 个站/点大气 TN、TP 沉降通量和降水化学组成进行观测，结果表明太湖水面直接受纳的大气 TN、TP 污染物分别占环湖河道年输入 N、P 污染物总量的 48.8% 和 46.2%。

2009 年 8 月至 2010 年 7 月，研究人员在太湖流域不同区域选取 10 个采样点收集降水样品 230 多个(余辉等，2011)。水样分析表明，湿沉降中 ρ(TN) 年均值为 2.41～3.82 mg N·L^{-1}，年均值平均为 3.16 mg N·L^{-1}；ρ(TP) 年均值为 0.03～0.13 mg P·L^{-1}，年均值平均为 0.08 mg P·L^{-1}(余辉等，2011)。而较早之前，2007 年太湖水体 ρ(TN) 和 ρ(TP) 的年均值分别为 2.81 mg N·L^{-1} 和 0.101 mg P·L^{-1}(余辉等，2011)。在远、近距离大气污染物传输的影响下，太湖水体每年从大气沉降途径受纳的 TN 和 TP 分别为 9 881 t N·a^{-1} 和 715 t P·a^{-1}，其中经湖面降雨，雾(霾)等湿沉降途径分别带入 7 852 t N·a^{-1}、203 t P·a^{-1}，分别占太湖 TN、TP 大气总沉降(包括环湖雨水径流)N、P 量的 79.5 % 和 28.4 %(杨龙元等，2007)。这些实时监测数据表明，大气降水中的 N、P 在太湖水体中 N、P 含量已超富营养化标准的情况下，会使太湖水质每况愈下，因此其富营养化状况显然一时难以消除。

长江口水域富营养化形成机理研究结果显示，TN 中有 25% 来自大气的干/湿沉降，远远超过城市生活污水点源排放贡献率(17%)和工业废水排放贡献率(9%)，且进行检测时还没有出现雾霾等极端空气污染现象(江涛，2009)。可见，若出现雾霾，大气环流带入水体中的 N、P 含量将远远超过检测值，雾霾对水体富营养化的作用可见一斑。

乌梁素海位于内蒙古自治区西部巴彦淖尔市乌拉特前旗境内，是我国八大淡水湖之一，总面积约 300 km^2。有研究显示，乌梁素海大气氮沉降以干沉降为主(降雨量较小)。根据不同来源的氮输入量对比分析发现，监测期内排水干渠、干管(排干管)等输入湖泊的 TN 负荷为 971.4 t N·a^{-1}，而大气氮沉降总输入量高达 364.1 t N·a^{-1}(尹琳琳，2014)。监测期内排干管输入湖泊的 TP 沉降量为 148.7 t P·a^{-1}，而通过大气沉降方式向湖泊输入的 TP 量为 54.06 t P·a^{-1}。其中，每年 6 月和 7 月大气沉降 TN、TP 量远高于排干管输入量，分别是排干管入湖量的 1.09 倍和 1.97 倍(伊琳琳，2014)。显然，大气沉降(干沉降)方式是湖泊获取 N、P 元素的重要来源。

城市景观水体多数处于封闭状态，水体流动性差，水体自净能力弱，更易反映出大气环流作用对水体水质的影响。2008 年 1 ～7 月，研究人员历时 180 d 分别对上海城区 5 个代表 5 种不同类型环境区域的水体进行采样分析，结果表明在不考虑水体自净能

力的前提下，对仅受大气降尘影响、水深为 0.5～2 m 的景观水体(处于地表水 V 类)进行检测，经过 28～214 d 后检测水体，其质量即可转变为劣 V 类，详细水质检测数据如表 2.15 所示。

表 2.15　2008 年上海受检测水体 N、P 月累积量及水质转化时间

水深/m	TN		TP		水质恶化历时/d
	月累积量/ (mg N·L^{-1}·m^{-1})	水质变化历时/d	月累积量/ (mg P·L^{-1}·m^{-1})	水质变化历时/d	
0.5	0.27	28	0.028	54	28
1.0	0.14	54	0.014	107	54
1.5	0.09	83	0.009	167	83
2.0	0.07	107	0.007	214	214

上述水质检测数据显示，即使在干沉降情况下由大气进入地面水体的 N、P 含量就足以诱发水体富营养化现象。若遇极端雾霾天气和降雨，湿沉降对大气的"清洗"作用将对地表水体产生更大的富营养化威胁。

2.12.4　大气中氮、磷转移至水体的途径

上述检测数据已经显示，N、P 从大气转移至地表水体有两种途径，即干沉降和湿沉降。一般情况下，磷多来源于干沉降，氮在湿沉降时含量则会更高。

太湖 2002 年 7 月至 2003 年 6 月的监测数据显示，太湖受纳大气氮的主要途径是湿沉降，而大气磷则主要通过气溶胶等固体物质的干沉降形式进入水体中(杨龙元等, 2007)。

研究人员对上海 2004 年 3～5 月暴雨径流进行了采样分析。随时间推移，径流中 TP 虽有所衰减(初期降雨时最高可达 2～4 mg P·L^{-1})，但其最终含量依然十分可观，最高时仍可达 1～2 mg P·L^{-1}(Ballo, 2009)。相较于上文中提及的太湖大气湿沉降 TP 数据，上海降雨中磷含量甚至高于太湖地区 1～2 个数量级。这应该是降雨径流将前期干沉降积累或路面垃圾被冲刷后产生的结果。

美国研究人员 2014 年对佛罗里达州一个低密度居民区进行了连续监测。综合 25 次降水事件分析得出，该区域降水中 TN 含量为 0.09～2.32 mg N·L^{-1}(均值为 0.8 mg N·L^{-1})，雨水径流中 TN 含量为 0.04～2.49 mg N·L^{-1}(均值为 0.96 mg N·L^{-1})，证实了大气湿沉降、积累的大气干沉降和来自不透水层的冲刷物均可能增加大气中的 N 向水体转移(Yang and Toor, 2016)。同年 6～11 月，为研究雨水径流中 P 对城市水质的影响，综合 29 次降雨数据得出，该地区降雨中 TP 含量为 0.12～0.75 mg P·L^{-1}(均值为 0.25 mg P·L^{-1})；雨水径流中 TP 含量为 0.11～0.57 mg P·L^{-1}(均值为 0.29 mg P·L^{-1})(Yang and Toor, 2017)。对比数据显示，该地区降水与雨水径流中 TN、TP 含量相差并不是很大，说明干沉降累积与地面冲刷形成的 N、P 负荷甚微，揭示该地区大气中的 N、P 主要以降雨湿沉降方式进入水体中。也从侧面暗示着，被监测地区的空气质量应该很好，地面也较为干净。

　　在形成降水过程中，易溶于水的铵盐、硝酸盐等含氮化合物会随降雨而落到地面，因此氮在湿沉降时往往含量较高，特别是在雾霾等极端污染天气下。磷在正常情况下通常以浮尘颗粒形式存在(Vicars et al., 2010)，大气环流气溶胶中含磷的颗粒污染物在气团输移过程中较容易通过重力沉降、粒子间的碰并作用而沉降，从而离开气团(杨龙元等，2007)。也就是说，大气中的磷主要通过干沉降的方式降落到水体或地面(随后再通过降雨径流进入水体中)。有实验表明，由风导致的颗粒(如雾霾等)传播是大气磷沉降的主要来源，其含量大致占全部大气磷沉降的 90%(Anderson and Downing, 2006; Smil, 2003)。

2.12.5　结语

　　雾霾是由可吸入细颗粒物组成的混合型污染物，成分复杂、结构多变，也可作为其他污染物的传播载体，其组成中除含有对人体不利的化学成分以外，也存在较多氮、磷成分。从可能诱发水体富营养化角度来说，雾霾中的氮、磷应该属于“隐性”污染源，所以其很少受到人们的关注。然而许多监测数据显示，由大气环流导致的污染物干沉降和湿沉降中往往含有很多氮、磷成分，特别是在雾霾等极端污染天气出现的情况下。太湖等地非极端天气下的监测数据表明，无论是干沉降还是湿沉降，进入地面水体的氮、磷负荷甚至高于城市污水点源排放，其量已均足以诱发水体富营养化现象。

　　因此雾霾可诱发水体富营养化现象这一观点基本可以定论，特别是在地表水体富营养化还未完全消除的情况下。可见，在我们忙于应对各种地面源而采取防治水体富营养化措施(源头截留、水体自净、污水处理)之时，却没有对雾霾这种“隐性”污染源给予足够的重视。为此，根除水体富营养化需要水污染治理和大气污染治理双管齐下才行。否则，水污染治理得再好，一场雾霾来临则前功尽弃。这可能是太湖、滇池、巢湖等著名淡水湖泊久治不愈的原因所在，或原因之一。

参 考 文 献

北京市发展和改革委员会. 2014. 北京市发展和改革委员会关于北京市居民用水实行阶梯水价的通知.
　　[2014-12-31].http://fgw.beijing.gov.cn/fgwzwgk/zcgk/bwqtwj/201912/t20191226_1506308.htm.
北京市规划委员会. 2013. 雨水控制与利用工程设计规范. DB 11/685—2013. [2013-12-23].http://ghzrzyw.
　　beijing.gov.cn/biaozhunguanli/bz/jzsj/202002/t20200221_1665848.html.
北京市统计局. 2015. 北京常住人口. [2017-6-13]. http://tjj.beijing.gov.cn/tjsj/yjdsj/rk/ 2015/201603/
　　t20160317_161764. html.
车伍, 杨正, 李俊奇, 等. 2013. 中国城市内涝防治与大小排水系统分析. 中国给水排水, 29(16): 13-19.
陈蓓蓓, 宫辉力, 李小娟, 等. 2012. 北京地下水系统演化与地面沉降过程. 吉林大学学报, S1: 373 -379.
陈坤. 2007. 上海水资源可持续利用的经济学研究. 上海: 上海人民出版社.
陈仁杰, 阚海东. 2013. 雾霾污染与人体健康. 自然杂志, 35(5): 342-344.
褚冬竹. 2011. 对水的另一种态度:荷兰建筑师欧道斯访谈及思考. 中国园林, 10: 53-57.
邓建胜. 2016-02-26(15). 污水处理厂为何不治污. 人民日报. [2017-6-13]. http://opinion.people.com.
　　cn/n1/2016/0226/c1003-28151326. html.
邓琦. 2013. 北京年均用水缺口达 15 亿 m^3. 新京报. [2014-03-10]. http://www.bjnews.com. cn/feature/
　　2013/08/21/279502. html.
丁圣彦. 2004. 生态学——面向人类生存环境的科学价值观. 北京: 科学出版社.

耿建扩, 张丹平. 2014-04-17(6). 5 年后海水淡化润京华. 光明日报.

国家海洋局. 2015. 2014 年全国海水利用报告. [2015-12-31].http://gc.mnr.gov.cn/201806/t20180614_
　　1794749.html.

郝晓地. 2003. 荷兰水管理体制及水务局职能. 给水排水, 29(9): 26-30.

郝晓地. 2006. 可持续污水－废物处理技术. 北京:中国建筑工业出版社.

郝晓地, 胡沅胜, 李会海. 2008a. 北京水资源战略——三位一体的海水淡化生态技术. 水资源保护,
　　24(6): 104-107.

郝晓地, 李会海. 2006. 海水淡化+风能发电+盐业化工——三位一体的清洁生产技术. 节能与环保,
　　10:25-28.

郝晓地, 李季, 曹达啟. 2016b. MBR 工艺可持续性能量化评价. 中国给水排水, (7):14-23.

郝晓地, 宋鑫, 曹达啟. 2016a. 水国荷兰——从围垦排涝到生态治水. 中国给水排水, (16):1-7.

郝晓地, 王啟林, 李永丽. 2008b. 可持续的水与污水处理前沿技术. 中国给水排水, 24 (20):1-6.

郝晓地, 吴宇涵, 李季. 2016c. 黑臭水治理程序辨析. 中国给水排水, 32(14): 1-4.

何佳, 徐晓梅, 杨艳, 等. 2015. 滇池水环境综合治理成效与存在问题. 湖泊科学, 27(2):195-199.

侯玉栋, 李树平, 周巍巍, 等. 2012. 2011 年国内媒体报道城市暴雨事件分析. 给水排水, 38(S1): 44-49.

姬亚芹, 鞠美庭. 2000. 生物多样性保护的环境伦理规则初探. 环境保护, (10): 36-38.

纪睿坤. 2012. 北京排水系统多按照 "三年一遇" 标准设计. 21 世纪经济报道.

贾予平, 沈凡, 张屹, 等. 2015. 集中空调冷却塔运行管理中军团菌繁殖的主要影响因素初探. 环境与健
　　康杂志, 32(11): 983-986.

江涛. 2009. 长江口水域富营养化的形成、演变与特点研究. 青岛: 中国科学院海洋研究所.

蒋文清. 2009. 流速对水体富营养化的影响研究. 重庆: 重庆交通大学.

金海, 廖四辉, 刘蒨, 等. 2015. 荷兰新《水法》及其对我国的启示. 中国水利, (6): 59-61.

金树东. 2016. 北京水务局局长:2018 年北京将基本告别黑臭水体. [2017-01-01]. http://bj.people.com.
　　cn/n2/2016/ 0127/c82837-27633976. html.

孔令斌. 2015. 一种减压蒸馏的海水淡化装置. 中国发明专利, 2015101922400.

李裕宏. 2001. 玉泉水系的历史回顾与建议. 北京规划建设, 4: 60-61.

李裕宏. 2003a. 京城乳汁——玉泉诸泉. 北京规划建设, 5: 142-143.

李裕宏. 2003b. 京西最早的水库——昆明湖. 北京规划建设, 6: 132-134.

李裕宏. 2004. 涵养京西地下水源, 恢复玉泉山泉流. 北京规划建设, 6: 162-165.

李裕宏. 2013. 当代北京城市水系史话. 北京: 当代中国出版社.

梁培瑜, 王烜, 马芳冰. 2013. 水动力条件对水体富营养化的影响. 湖泊科学, 25(4):455-462.

绿色呼吸. 2014. PM$_{2.5}$ 和 PM$_{10}$ 有什么不同. [2015-4-15]. http://v1. pm25. com/news/316. html.

马恒. 2005. 海水淡化呼之欲出——国家海洋局天津海水淡化与综合利用研究所惠绍棠所长访谈录. 环
　　境, 9: 18-22.

莫琳, 俞孔坚. 2012. 构建城市绿色海绵——生态雨洪调蓄系统规划研究. 城市发展研究, 19(5):
　　130-134.

宁春鹏. 2008. 广西水利工程供水实行两部制水价的探讨. 节水灌溉, 8: 53-55.

任丽红, 周志恩, 赵雪艳, 等. 2014. 重庆主城区大气 PM$_{10}$ 及 PM$_{2.5}$ 来源分析. 环境科学研究, 27 (12):
　　1387-1394.

阮国岭, 冯厚军. 2008. 国内外海水淡化技术的进展. 中国给水排水, 24(20): 86-90.

邵龙义, 时宗波, 黄勤. 2000. 都市大气环境中可吸入颗粒物的研究. 环境保护, (1): 24-26.

沈凡, 贾予平, 张屹, 等. 2015. 北京市公共建筑集中空调冷却塔军团菌污染水平调查. 中国卫生检验,
　　25(12): 2013-2015.

沈韫芬, 蔡庆华. 2003. 淡水生态系统中的复杂性问题. 中国科学院研究生院学报, 20(2): 131-138.

石兰兰. 2016. 中国大多数污水处理厂亟待升级，污水排放标准低. 经济参考报. [2017-8-10].
　　http://society. people. com. cn/n1/2016/0321/c1008-28212545. html.

宋超，郑春丽，王建英. 2012. 微生物硫酸盐的同化途径及其与重金属抗性的关系. 安徽农业科学，
　　40(11): 6368-6370.

万蕾. 2011. 我国湖泊富营养化问题与治理现状. 生态经济: 学术版，(1): 378-381.

王海英，姚畋，王传胜，等. 2004. 长江中游水生生物多样性保护面临的威胁和压力. 长江流域资源与环
　　境，13(5): 429-433.

王静，苏根成，匡文慧，等. 2014. 特大城市不透水地表时空格局分析——以北京市为例. 测绘通报，4:
　　90-94.

王静. 2014. 北京市土地利用空间格局对城市热岛强度的影响研究. 呼和浩特: 内蒙古师范大学.

王泽勇. 2013. 密云水库蓄水现状及成因分析. 北京水务，2: 13-16.

吴扬王意. 2014. 南水北调中线 14 时 32 分通水寓意全长 1432 公里. [2015-01-01]. http://www. chinanews.
　　com/gn/2014/12-12/6872814. shtml.

伍业钢. 2016. 海绵城市设计: 理念、技术、案例. 南京: 江苏凤凰科学技术出版社.

武建国. 1990. 军团菌病. 南京: 东南大学出版社.

武云甫. 2009. 天津市北疆电厂(二期)海水淡化工程. 中国给水排水，25(18):36.

夏青. 2016. 原环科院副院长夏青连发三文质疑"人民日报说道"文章. [2017-8-16]. http://wx. h2o-china.
　　com/news/237574. html.

熊跃辉. 2015. 城市黑臭水体应该怎么治? 遵循"外源减排、内源清淤、水质净化、清水补给、生态恢
　　复"的技术路线. [2017-7-3]. http://www. water8848. com/news/201506/11/31269. html.

徐鹤. 2013. 南水北调工程受水区多水源水价研究. 北京: 中国水利水电科学研究院.

徐竟成，王宇，傅婷，等. 2011 大气干湿沉降对城市景观水体水质影响的评价. 四川环境，30(3): 49-54.

徐敏，姚瑞华，宋玲玲，等. 2015. 我国城市水体黑臭治理的基本思路研究. 中国环境管理，7(2): 74-78.

阳含熙，李飞. 2002. 生态系统浅说. 北京: 清华大学出版社.

杨朝云，Vollmer H. 2008. 荷兰水污染控制政策与实践. 环境与生态，29(4): 17-21.

杨龙元，秦伯强，胡维平，等. 2007. 太湖大气氮、磷营养元素干湿沉降率研究. 海洋与湖沼，38(2):
　　104-110.

尹琳琳. 2014. 乌梁素海大气氮、磷营养盐及重金属沉降的分异规律与入湖量核算. 呼和浩特: 内蒙古农
　　业大学.

于永刚. 2009. 水生生物多样性下降的原因及解决途径. 新农村，(6): 50-51.

于玉彬，黄勇. 2010. 城市河流黑臭原因及机理的研究进展. 环境科技，23 (2): 111-114.

余辉，张璐璐，燕姝雯，等. 2011. 太湖氮磷营养盐大气湿沉降特征及入湖贡献率. 环境科学研究，
　　24(11): 1210-1219.

俞孔坚，李迪华，袁弘，等. 2015. "海绵城市"理论与实践. 城市规划，39(6): 26-36.

袁俊生，吴举，邓会宁等. 2006. 中国海盐苦卤综合利用技术的开发进展. 盐业与化工，4: 33-37.

云南省生态环境厅. 2016. 云南出台水污染防治工作方案:到 2020 年消除滇池(草海)等 6 个劣Ⅴ类水体.
　　[2017-6-13]. http://sthjt. yn. gov. cn/zwxx/xxyw/xxywrdjj/201603/t20160307_104148. html.

张国森，陈洪涛，张经. 2003. 东、黄海大气湿沉降中常量阴离子组分的研究. 矿物岩石地球化学通报，
　　22(2):159-162.

张健，刘俊华，邓志爱，等. 2016. 2012—2014 年广州市公共场所集中空调通风系统微生物污染状况调
　　查. 实用预防医学，23(1): 43-45.

张士锋，孟秀敬，廖强. 2012. 北京市水资源与水量平衡研究. 地理研究，31(11): 1991-1997.

张永吉，周玲玲，李伟英. 2008. 氯胺消毒给水管网中的硝化作用及其控制. 中国给水排水，24(2): 6-9.

张宇. 2015. 曹妃甸日产百万吨海水淡化项目方案设计及预期经济效益分析. 天津: 河北工业大学.

张展羽, 俞双恩. 2009. 水土资源规划与管理 第2版. 北京: 中国水利水电出版社.

章继华, 何永进. 2005. 我国水生生物多样性及其研究进展. 南方水产, 1(3): 69-72.

章林伟. 2015. 海绵城市建设概论. 给水排水, 41(6): 1-7.

赵国华, 童忠东. 2012. 海水淡化工程技术与工艺. 北京: 化学工业出版社.

中华人民共和国国家发展和改革委员会. 2014. 丹江口库区及上游水污染防治和水土保持"十二五"规划. [2014-12-31].https://www.ndrc.gov.cn/xxgk/zcfb/ghwb/201801/t20180105_962244.html.

中华人民共和国国家发展和改革委员会. 2015a. 降低燃煤发电上网电价和一般工商业用电价格的通知(发改价格〔2015〕3105 号). [2015-12-31].https://www.ndrc.gov.cn/xxgk/zcfb/tz/201512/t20151230_963541.html.

中华人民共和国国家发展和改革委员会. 2015b. 国家发改委关于完善陆上风电光伏发电上网标杆电价政策的通知(发改价格〔2015〕3044 号). [2015-12-31].https://www.ndrc.gov.cn/xxgk/zcfb/tz/201512/t20151224_963536.html.

中华人民共和国环境保护部. 2015. 城镇污水处理厂污染物排放标准(征求意见稿)(代替 GB 18918—2002). 北京: 中国环境科学出版社.

中华人民共和国水利部. 2017. 南水北调工程投资进展情况. [2018-9-4]. http://nsbd. mwr. gov. cn/tdata/201705/t20170510_1336293. html.

中华人民共和国水利部长江水利委员会. 2005. 南水北调中线一期工程可行性研究总报告([2005]58 号). [2005-12-31].http://www.cjw.gov.cn/ldzl/zzy/gzhd/43986.html.

中华人民共和国住房和城乡建设部. 2015. 住房城乡建设部、环境保护部关于印发城市黑臭水体整治工作指南的通知. [2015-12-31]http://www.mohurd.gov.cn/wjfb/201509/t20150911_224828.html.

中华人民共和国自然资源部. 2018. 2017 年全国海水利用报告. [2018-12-31]. http://gi. mnr. gov. cn/201812/t20181224_2381791. html.

中华人民共和国自然资源部. 2019. 2018 年全国海水利用报告. [2019-12-31]. http://gi. mnr. gov. cn/202002/t20200204_2498859. html.

钟瑚穗. 1998. 防洪与环保紧密结合的荷兰三角洲工程. 水利水电科技进展, 18(1): 20-23.

周正楠. 2013. 荷兰可持续居住区的水系统设计与管理. 世界建筑, 5: 114-117.

Abegglen C, Joss A, Siegrist H. 2009. Eliminating micropollutants: Wastewater treatment methods. EAWAG News, 67e: 25-27.

Acuña V, Vilches C, Giorgi A. 2011. As productive and slow as a stream can be—The metabolism of a Pampean stream. Journal of the North American Benthological Society, 30(1):71-83.

Amini M, Muller K, Abbaspour K C, et al. 2008. Statistical modeling of global geogenic fluoride contamination in groundwaters. Environmental Science & Technology, 42(10): 3662-3668.

Amy G, Kim T U, Yoon J, et al. 2005. Removal of micropollutants by NF/RO membranes. Water Supply, 5(5): 25-33.

Anderson K A, Downing J A. 2006. Dry and wet atmospheric deposition of nitrogen, phosphorus and silicon in an agricultural region. Water, Air, & Soil Pollution, 176(1): 351-374.

Andreas P. 2008. Removing trace organic contaminants. EAWAG News, 12: 24-27.

Annette J. 2008. Geogenic contaminants. EAWAG News, 12: 16-19.

Aquatech. 2019. Does size matter? Meet six of the world's largest desalination plants. [2019-12-31]. https://www. aquatechtrade. com/news/desalination/worlds-largest-desalination- plants/?utm_ term= &utm_ content=AQD2019_NB_12-2&utm_medium=email&utm_campaign=Nieuws-brieven_2019&utm_source=RE_ emailmarketing&tid=TIDP1443336X6D84B28D4AC54CFC9E7D5782A349A00FYI2&noactioncode=1.

Arago S C, Sommer R, Araujo R M. 2014. Effect of UV irradiation (253. 7 nm) on free Legionella and Legionella associated with its amoebae hosts. Water Research, 67: 299-309.

Ashauer R, Boxall A B A, Brown C D. 2007a. Modeling combined effects of pulsed exposure to carbaryl and chlorpyrifos on Gammarus pulex. Environmental Science & Technology, 41(15): 5535-5541.

Ashauer R, Boxall A B A, Brown C D. 2007b. New ecotoxicological model to simulate survival of aquatic invertebrates after exposure to fluctuating and sequential pulses of pesticides. Environmental Science & Technology, 41(4): 1480-1486.

Ashauer R, Boxall A B A, Brown C D. 2007c. Simulating toxicity of carbaryl to *Gammarus pulex* after sequential pulsed exposure. Environmental Science & Technology, 41(15): 5528-5534.

Ashauer R, Brown C D. 2008. Toxicodynamic assumptions in ecotoxicological hazard models. Environmental Toxicology & Chemistry, 27(8): 1817-1821.

Ashauer R. 2009. Effects of fluctuating contaminant concentrations. EAWAG News, 10: 12-14.

Atkinson S. 2005. Japan's largest sea-water desalination plant uses Nitto Denko membranes. Membrane Technology, 4: 10-11.

Badran A. 2017. Water, energy & food sustainability in the Middle East Berlin. New Tork: Springer International Publishing.

Ballo S. 2009. Pollutants in stormwater runoff in Shanghai (China): Implications for management of urban runoff pollution. Progress in Natural Science: Materials International, 19(7): 873-880.

Barat R, van Loosdrecht M C M. 2006. Potential phosphorus recovery in a WWTP with the BCFS® process: Interactions with the biological process. Water Research, 40(19): 3507-3516.

Barna Z, Kadar M, Kalman E, et al. 2016. Prevalence of Legionella in premise plumbing in Hungary. Water Research, (90): 71-78.

Barnett J. 2015. Transfer project cannot meet China's water needs. Nature, 295-297.

Batavia L. 2016. Zuiderzeewet. [2018-5-3]. http://www. Nieuwlanderfgoed.nl/studiecentrum/themas/wieg-van-flevoland/zuiderzeewet.

Behra R, Kägi R, Navarro E, et al. 2009. Effects of engineered nanoparticles. EAWAG News, 67e: 22-24.

Bennett A. 2015a. Innovations and training in desalination. Filtration and Separation, (1): 32-36.

Bennett A. 2015b. Developments in desalination and water reuse. Filtration and Separation, (4): 28-33.

Bermudez C A, Thomson M, Infield D G. 2008. Renewable energy powered desalination in Baja Chlifornia Sur, Mexico. Desalination, 220: 431-440.

Bernery M, Hammes F, Weilenmann H U, et al. 2007. Assessing and interpreting bacterial wiability using LIVE/DEAD BacLight TM Kit in combination with flow cytometry. Applied and Environ mental Microbiology, 73: 3283-3290.

Berney M, Vital M, Hülshoff I, et al. 2008. Rapid, cultivation-independent assessment of microbial viability in drinking water. Water Research, 42(14): 4010-4018.

Bonnelye V, Mercer G, Daniel L, et al. 2007. Perth reverse osmosis facility: An environmentally integrated desalination plant. Perth: The Proceedings of the 2nd IWA-ASPIRE Conference and Exhibition.

Brown L R. 2001. Eco-economy, building an economy for the earth. New York: VW Norton and Company.

Bunn S E, Arthington A H. 2002. Basic principles and ecological consequences of altered flow regimes for aquatic biodiversity. Environmental Management, 30(4): 492-507.

Bürgi D, Knechtenhofer L, Meier I, et al. 2007. Projekt Biomik-Biozide als Mikroverunreinigungen in Abwasser und Gewasser. Teilprojekt 1: Priorisierung von bioziden Wirkstoffen. Bundesamt für Umwelt, Bern, 189 S. [2016-7-18]. https://www.bafu.admin.ch/dam/bafu/de/dokumente/wasser/uw-umwelt-wissen/mikroverunreinigungenindengewaessern. pdf. download. pdf/mikroverunreinigungeninden-gewaessern. pdf.

Caducei A, Verani M, Battistini R. 2010. Legionella in industrial cooling towers: Monitoring and control strategies. Letters in Applied Microbiology, 50(1): 24-29.

Cary J H. 1976. In situ photoconductivity of study of TiO_2 during oxidation of isobutene into acetone. Bulletin on Environmental Contamination and Toxicology, 16: 697-701.

CEEP. 2003. Phosphates in the environment. [2017-6-8]. http://www.ceep-phosphates.org/Documents/ shwList. asp?NID=4&HID=31.

Cerveroaragó S, Rodríguezmartínez S, Puertasbennasar A, et al. 2015. Effect of common drinking water disinfectants, chlorine and heat, on free legionella and amoebae-associated legionella. PloS One, 10(8):1-18.

Chahine M T. 1992. The hydrological cycle and its influence on climate. Nature, 359(6394): 373.

Chapin F S, Zavaleta E S, Eviner V T, et al. 2000. Consequences of changing biodiversity. Nature, 405: 234-242.

Cheng Y, Zheng G, Wei C, et al. 2016. Reactive nitrogen chemistry in aerosol water as a source of sulfate during haze events in China. Science Advances, 2(12): e1601530.

Chow C, Cook D, Drikas M. 2002. Evaluation of magnetic ion exchange resin (MIEX®) and alum treatment for formation of disinfection by-products and bacterial regrowth. Water Supply, 2(3): 267-274.

Cirpka O A, Fienen M N, Hofer M, et al. 2007. Analyzing bank filtration by deconvoluting time series of electric conductivity. Ground Water, 45(3): 318-328.

Cohen-Tanugi D, Grossman J C. 2015. Nanoporous graphene as a reverse osmosis membrane: Recent insights from theory and simulation. Desalination, 2015: 59-70.

Costa J, Costa M S D, Veríssimo A. 2009. Colonization of a therapeutic spa with Legionella spp: A public health issue. Research in Microbiology, 161(1): 18-25.

Covich A P, Austen M C, Bärlocher F, et al. 2004. The role of biodiversity in the functioning of freshwater and marine benthic ecosystems. BioScience, 54(8): 767-775.

Crisp G. 2007. Perth seawater desalination plant-A sustainable solution. Perth: The Proceedings of the 2nd IWA-ASPIRE Conference and Exhibition.

DD(DesalData). 2015. Latest Desalination Project News. [2017-8-10]. https://www. desaldata. com/.

de Kreuk M K, Kishida N, Tsuneda S, et al. 2010. Behavior of polymeric substrates in an aerobic granular sludge system. Water Research, 44(20): 5929-5938.

Deltawerken. 2016. The Delta Works. [2017-6-7]. http://www. deltawerken. com/23.

Digiano F A, Zhang W, Travaglia A. 2005. Calculation of the mean residence times in distribution systems from tracer studies and models. Journal of Water Supply Research and Technology, 54(1): 1-14.

Donald R M. 2002. Biofilms: Microbial life on surfaces. Emerging Infectious Diseases, 8(9): 881-890.

Dudgeon D, Arthington A H, Gessner M O, et al. 2006. Freshwater biodiversity: Importance, threats, status and conservation challenges. Biological Reviews, (81): 163-182.

Duffy J, Geldreich E E. 1996. Microbial quality of water supply in distribution systems. New York: Lewis Publishers.

Eggen R. 2009. Chemicals are ubiquitous. EAWAG News, 67e: 2.

Erich M. 2008. Fruitful partnership between research and practice. EAWAG News: 32-35.

FAO(Food and Agriculture Organization of the United Nations). 2001. Fisheries global information system (FIGIS) fact file. [2016-8-7]. http://www. fao. org/fi/statist/snapshot/99vs. 98. asp.

Fenner K, Kern S, Judith N, et al. 2009. Transformation products-relevant risk factors. EAWAG News, 67e: 15-18.

Ficetola G F, Miaud C, Pompanon F, et al. 2008. Species Detection using environmental DNA from water samples. Biology Letters, 4(4): 423-425.

Ficke A D, Myrick C A, Hansen L J. 2007. Potential impacts of global climate change on freshwater fisheries. Reviews in Fish Biology and Fisheries, (17): 581-613.

Flannery B, Gelling L B, Vugia D J, et al. 2006. Reducing Legionella colonization in water systems with monochloramine. Emerging Infectious Diseases, 12(4): 588-596.

Fritzmann C, Lowenberg J, Wintgens T, et al. 2007. State of the art of reverse osmosis desalination. Desalination, 216: 1-76.

Fu W, Li D H. 2015. The impact of water resource planning on water issues in Beijing, China. Water Policy, 17(4): 612-629.

Füchslin H P, Schurch N, Kotzsch S, et al. 2007. Development of a rapid detection method for *Legionella pneumophila* in wate samples. Swiss Society for Microbiology Annual Meeting. Switzerland: Interlaken.

Fujishima A, Honda K. 1972. Electrochemical photolysis of water at a semiconductor electrode. Nature, 238(5358): 37-38.

Galjaard G, Kruithof J C, Kamp P C. 2005. Recent and future advancements with UF membrane systems at PWN water supply company North-Holland. Sapporo, Japan: The third IWA Leading-Edge Conference & Exhibition on Water and Wastewater Treatment Technologies.

Gessner M. 2010. Biodiversity-facts, myths, prospects. EAWAG News, (69): 4-7.

Good S P, Noone D, Bowen G. 2015. Hydrologic connectivity constrains partitioning of global terrestrial water fluxes. Science, 349 (6244): 175-177.

Guignet E M. 2010. A biodiversity strategy for Switzerland. EAWAG News, (69): 28-30.

Hammes F, Berney M, Wang Y, et al. 2008. Flow-cytometric total bacterial cell counts as a descriptive microbiological parameter for drinking water treatment processes. Water Research, 42(1-2): 269-277.

Hao X D, Heijnen J J, van Loosdrecht M C M. 2002. Model-based evaluation of temperature and inflow variation on a partial nitrification-Anammox biofilm process. Water Research, 36(19): 4839-4849.

Hao X D. 2013. A megacity held hostage: Beijing's conflict between water and economy. Water 21, 6: 39-42.

Harb O S, Gao L Y, Kwaik Y A. 2000. From protozoa to mammalian cells: A new paradigm in the life cycle of intracellular bacterial pathogens. Environmental Microbiology, 2(3): 251-265.

Harrison I J, Stiassny M L J. 1999. The quiet crisis: A preliminary listing of freshwater fishes of the world that are either extinct or "missing in action". New York: Plenum Press.

Hellinga C, Schellen A A J C, Mulder J W, et al. 1998. The SHARON process: An innovative method for nitrogen removal from ammonium-rich waste water. Water Science & Technology, 37(9): 135-142.

Hoehn E, Cirpka O A, Hofer M, et al. 2007. Untersuchungsmethoden der flussinfiltration in der nahe von grundwasserfassungen. Gas Wasser Abwasser, 87(7): 497-506.

Hoehn E, Cirpka O A. 2006. Assessing hyporheic zone dynamics in two alluvial flood plains of the Southern Alps using water temperature and tracers. Hydrology and Earth System Sciences, 3(2): 335-364.

Hoehn E. 2007. Überwachung der auswirkungen von flussaufweitungen auf das grundwasser mittels radon. Grundwasser, 12(1): 66-72.

Huang X, Xiao K, Shen Y. 2010. Recent advances in membrane bioreactor technology for wastewater treatment in China. Frontiers of Environmental Science & Engineering in China, 4(3):245-271.

Hug S J, Leupin O X, Berg M. 2008. Bangladesh and Vietnam: Different groundwater compositions require different approaches for arsenic mitigation. Environmental Science & Technology, 42(17): 6318-6323.

IIED(the International Institute for Environment and Development and World Resources Institute). 1987. World resources, basic. NewYork: Books Inc.

Ijpelaar G F, Groenendijk M, Hopman R, et al. 2002. Advanced oxidation technologies for the degradation of pesticides in ground water and surface water. Water Science & Technology Water Supply, 2(1):129-138.

Itoh M, Kunikane S, Magara Y. 2001. Evaluation of nanofiltration for disinfection by-products control in drinking water treatment. Water Science & Technology Water Supply, 1(5-6):233-243.

Jacangelo J G, Madec A, Schwab K J, et al. 2005. Advances in the use of low-pressure, hollow fiber membranes for the disinfection of water. Water Supply, 5(5): 109-115.

Jacobsen R. 2016. Israel proves the desalination era is here. [2017-01-01]. https://www. scientificamerican. com/article/israel-proves-the-desalination-era-is-here/.

Janet H. 2008. Provision of safe drinking water: A critical task for society. EAWAG News: 2.

Jeroen B, van Eddie V. 2013. Water education in the Netherlands: An integrated curriculum using NCSS standards for social studies. Social Education, 77(3): 150-156.

Joss A, Keller E, Alder A C, et al. 2005. Removal of pharmaceuticals and fragrances in biological wastewater treatment. Water Research, 39(14): 3139-3152.

Kaegi R, Sinnet B. 2009. Nanoparticles in drinking water. EAWAG News, 66e: 7-9.

Keserue H A, Fuchslin H P, Egli T. 2008. Rapid detection and enumeration of *Giardia* sp. cysts in different water samples by immunomagnetic separation and flow-cytometric detection. Zurich: The CD Proceedings of the 5th IWA Leading-Edge Conference on Water and Wastewater Technologies.

Khawaji A D, Kutubkhanah I K, Wie J M. 2008. Advances in seawater desalination technologies. Desalination, 221: 47-69.

Kikuchi Y, Sunada K, Iyoda T, et al. 1997. Photocatalytic bactericidal effect of TiO_2 thin films: Dynamic view of the active oxygen species responsible for the effect. Journal of Photochemistry & Photobiology A Chemistry, 106(1): 51-56.

Kopp K. 2010. Invasive species-threats to diversity. EAWAG News, (69): 22-24.

Kruithof J C, Kamp P C, Belosevic M. 2002. UV/H_2O_2-treatment: the ultimate solution for pesticide control and disinfection. Water Supply, 2(1):113-122.

Lamei A, van der Zaag P, von Muench E. 2008. Impact of solar energy cost on water production cost of seawater desalination plants in Egypt. Energy Policy, 36(5): 1748-1756.

Lawryshyn Y A, Cairns B. 2003. UV disinfection of water: the need for UV reactor validation. Water Supply, 3(4): 293-300.

Laws E A. 2002. Aquatic pollution: An introductory text-3rd ed. New Jersey: John Wiley & Sons.

LeChevalier M W, Gullick R W, Karim M R, et al. 2003. The potential for health risks from intrusion from contaminants into the distribution systems from pressure transients. Journal of Water and Health, 1(1): 3-14.

Lee E T. 2016. 50 years of environment: Singapore's journey towards environmental sustainability. Singapore: WSPC Publishing.

Lee S, Lee C H. 2005. Scale formation in NF/RO: Mechanism and control. Water Science & Technology, 51(6-7): 267-275.

Leoni E, Sanna T, Zanetti F, et al. 2015. Controlling legionella and pseudomonas aeruginosa re-growth in therapeutic spas: Implementation of physical disinfection treatments, including UV/ultrafiltration, in a respiratory hydrotherapy system. Journal of Water and Health, 13(4): 996-1005.

Lettinga G, de Zeeuw W, Ouborg E. 1981. Anaerobic treatment of wastes containing methanol and higher alcohols. Water Research, 15(2): 171-182.

Lin Y E, Stout J E, Yu V L. 2011. Controlling legionella in hospital drinking water: an evidence-based review of disinfection methods. Infection Control & Hospital Epidemiology, 32(2): 166-173.

Lis S. 2008. Desal developments in the Middle East. Water 21, 38-39.

Liu Z, Stout J E, Boldin M, et al. 1998. Intermittent use of copper-silver ionization for legionella control in water distribution systems: A potential option in buildings housing individuals at low risk of infection. Clinical Infectious Diseases, 26(1):138-140.

Liu Z, Stout J E, Tedesco L, et al. 1994. Controlled evaluation of copper-silver ionization in eradicating Legionella pneumophila from a hospital water distribution system. Journal of Infectious Diseases, 169(4): 919-1022.

Ma L, He F, Sun J, et al. 2015. Remediation effect of pond–ditch circulation. Ecological Engineering, (77): 363-372.

Maisa A, Brockmann A, Renken F, et al. 2015. Epidemiological investigation and case-control study: A Legionnaires' disease outbreak associated with cooling towers in Warstein, Germany, August-September. Euro Surveillance, 20(46): 30064.

Mancini B, Scurti M, Dormi A, et al. 2015. Effect of monochloramine treatment on colonization of a hospital water distribution system by Legionella spp.: A 1 year experience study. Environmental Science & Technology, 49(7): 4551-4558.

Marchesi I, Marchegiano P, Bargellini A, et al. 2011. Effectiveness of different methods to control legionella in the water supply: Ten-year experience in an Italian university hospital. Journal of Hospital Infection, 77(1): 47-51.

Matthijs B, John J G Z. 2010. Climate change induced salinisation of artificial lakes in the Netherlands and consequences for drinking water production. Water Research, 44(15): 4411-4424.

McAllister D E, Hamilton A L, Harvey B. 1997. Global freshwater biodiversity: striving for the integrity of freshwater ecosystems. Sea Wind: Bulletin of Ocean Voice International, 11(3): 1-140.

Mccann B. 2007. Perth marks Australia's progress to desalination. Water 21, 17-19.

MEA(Millennium Ecosystem Assessment). 2003. Ecosystems and human well-being: A framework for assessment. Washington, DC: Island Press.

Miles A N, Singer P C, Ashley M C, et al. 2002. Comparisons of trihalomethanes in tap water and blood. Environmental Sciences & Technology, 32(8): 1692-1698.

Morran J Y, Drikas M, Cook D, et al. 2004. Comparison of MIEX treatment and coagulation on NOM character. Water Supply, 4(4): 129-137.

Moyle P B, Light T. 1996. Biological invasions of fresh water: Empirical rules and assembly theory. Biological Conservation, (78): 149-161.

MT(Membrane Technology). 2008. Toray supplies RO membranes for desalination plant in Saudi Arabia. Membrane Technology, 2: 1-1.

Müller K, Kage F, Wanja E, et al. 2008. Improving fluoride removal efficiency. Sandec News, 9: 6-6.

Munoz I, Fernandea A R. 2008. Reducing the environmental impacts of reverse osmosis desalination by using brackish groundwater resources. Water Research, 3(42): 801-811.

Murray C A, Goslan E H, Parsons S A. 2005. Novel NOM removal: TiO_2/UV a one stage process. Tokyo: The third IWA Leading-Edge Conference & Exhibition on Water and Wastewater Treatment Technologies.

Murray C A, Parsons S A. 2004a. Advanced oxidation processes: Flowsheet options for bulk natural organic matter removal. Water Supply, 4(4): 113-119.

Murray C A, Parsons S A. 2004b. Comparison of AOPs for the removal of natural organic matter: Performance and economic assessment. Water Science & Technology, 49(4): 267-272.

Navarro E, Piccapietra F, Wagner B, et al. 2008. Toxicity of silver nanoparticles to Chlamydomonas reinhardtii. Environmental Science & Technology, 42(23): 8959-8964.

Nguyen T M, Ilef D, Jarraud S, et al. 2006. A community-wide outbreak of legionnaires disease linked to industrial cooling towers—how far can contaminated aerosols spread. Journal of Infectious Diseases,

193 (1): 102-111.

Njoroge T. 2019. UAE to construct world's largest sea water RO desalination plant. [2019-12-31]. https://constructionreviewonline. com/2019/09/uae-to-construct-worlds-largest-sea-water-ro-desalination-plant/.

Oana K, Kobayashi M, Dai Y, et al. 2014. Applicability assessment of ceramic microbeads coated with hydroxyapatite-binding silver/titanium dioxide ceramic composite earthplus TM to the eradication of Legionella in rainwater storage tanks for household use. International Journal of Nanomedicine, 10: 4971-4979.

Okun D A. 1997. Distributing reclaimed water through dual systems. AWWA 89, 3: 62-74.

Okun D A. 2007. Improving quality and conserving resources using dual water systems. Water 21, 2: 47-48.

Olaf A. 2008. River restoration and groundwater protection. EAWAG News, 12: 12-15.

Pakrouh S. 2019. Iran desalination capacity to reach half million cm/d. [2019-12-31]. https://financialtribune. com/articles/energy/101003/iran-desalination-capacity-to-reach-half-million-cmd.

Pan Y, Lin Z, Du L F, et al. 2012. Estimation of rainfall infiltration in Beijing Plain using WetSpass. Journal of Water Resources Research, 1 (4): 245-250.

Pasveer A. 1959. A contribution to the development in activated sludge treatment. Institute of Swage Purification, 4: 436-465.

Percival S L, Knapp J S, Edyvean R, et al. 1998. Biofilm development on stainless steel in mains water. Water Research, 32 (1): 243-253.

Peter A, Tockner K. 2010. Influence of habitat diversity on species richness. EAWAG News, (69): 8-11.

PIA (Pump Industry Analyst). 2015. IDE's desal plant in Ashkelon, Israel sets world record. Pump Industry Analyst, (No. 2): 3-4.

Pimentel D, Wilson C, McCullum C, et al. 1997. Economic and environmental benefits of biodiversity. BioScience, 47 (11): 747-757.

Pittock J, Hansen L J, Abell R. 2008. Running dry: Freshwater biodiversity, protected areas and climate change. Biodiversity, 9 (3&4): 30-39.

Polanco F F, Polanco F M, Fernandez N, et al. 2001. New process for simultaneous removal of nitrogen and sulphur under anaerobic conditions. Water Research, 35 (4): 1111-1114.

Prowse T D, Wrona F J, Reist J D, et al. 2006. Climate change effects on hydroecology of arctic freshwater ecosystems. Ambio, 35 (7): 347-358.

Reaka M L. 1997. The global biodiversity of coral reefs: A comparison with rain forests. Washington, DC: Joseph Henry Press.

Ricciardi A, Rasmussen J B. 1999. Extinction rates of North American freshwater fauna. Conservation Biology, 13 (5): 1220-1222.

Rijkswaterstaat. 2006. Lessons learned from flood defence in the Netherlands. Irrigation and Drainage, 55: 121-132.

Rijkswaterstaat. 2016. Room for the River for a safer and more attractive river landscape. [2017-8-12]. https://www. ruimtevoorderivier. nl/english/.

Ritzema H P, Stuyt L C P M. 2015. Land drainage strategies to cope with climate change in the Netherlands. Acta Agriculturae Scandinavica, Section B — Soil & Plant Science, 65 (1): 80-92.

Roat M C, Caporali M G, Bella A, et al. 2013. Legionnaires' disease in Italy: Results of the epidemiological surveillance from 2000 to 2011. Euro Surveillance, 18 (23): 20497.

Roeleveld P, Roorda J, Schaafsma M. 2011. News:the Dutch roadmap for the WWTP of 2030. [2017-4-12]. http://www. stowa. nl/bibliotheek/publicaties/NEWS__The_Dutch_roadmap_for_the_wwtp_of_2030.

Rueda M J, Levchuk I, Salcedo I, et al. 2016. Post-treatment of refinery wastewater effluent using a combination of AOPs (H$_2$O$_2$ photolysis and catalytic wet peroxide oxidation) for possible water reuse. Comparison of low and medium pressure lamp performance. Water Research, 91: 86-96.

Safrai I, Zask A. 2008. Reverse osmosis desalination plants—Marine environmentalist regulator point of view. Desalination, 220: 72-84.

Salem S, Berends D H J G, Heijnen J J, et al. 2003. Bio-augmentation by nitrification with return sludge. Water Research, 37(8): 1794-1804.

Schirme K. 2009. New challenges in the assessment of chemicals. EAWAG News, 67e: 4-7.

Schirmer M, Strauch G, Schirmer K, et al. 2007. Urbane hydrogeologie–herausforderungen für forschung und praxis. Grundwasser, 12(3): 178-188.

Schwarzenbach R P, Escher B I, Fenner K, et al. 2006. The challenge of micropollutants in aquatic systems. Science, 313: 1072-1077.

Seehausen O. 2010. The rise and fall of species diversity. EAWAG News, (69): 18-21.

Siebel E, Wang Y, Egli T, et al. 2008. Correlations between total cell concentration, total adenosine triphosphate concentration and heterotrophic plate counts during microbial monitoring of drinking water. Drinking Water Engineering and Science, 1(1): 1-6.

Simon M, Lorraine H, Forugh D. 2011. Use of flow management to mitigate cyanobacterial blooms in the Lower Darling River, Australia. Journal of Plankton Research, (33): 229-241.

Smil V. 2003. Phosphorus in the environment: Natural flows and human interferences. Annual Review of Energy & the Environment, 25(1): 53-88.

Smith V H, Ilman G D T. 1999. Eutrophication: Impacts of excess nutrient inputs on freshwater, marine, and terrestrial ecosystems. Environmental Pollution, (100): 179-196.

Sommer R, Haider T, Cabaj A, et al. 1998. Time dose reciprocity in UV disinfection of water. Water Science & Technology, 38(12): 145-150.

Srinivasan A, Bova G, Ross T, et al. 2003. A 17-month evaluation of a chlorine dioxide water treatment system to control *Legionella* species in a hospital water supply. Infection Control & Hospital Epidemiology, 24(8): 575-579.

Stedman L. 2005. Lessons from the Leading Edge. Water21, 8: 13-19.

Stedman L. 2008. Desalination delivers resource relief. Water 21, 6: 16-22.

Suty H, Traversay C D, Cost M, et al. 2004. Applications of advanced oxidation processes: Present and future. Cheminform, 35(43):227.

Suzuki T, Takahashi S, et al. 2005. Removal performance of trace chemicals by nanofiltration. Tokgo: The third IWA Leading-Edge Conference & Exhibition on Water and Wastewater Treatment Technologies, June.

SWCC(Saline Water Conversion Corporation). 2020. Desalination plants. [2020-02-01]. https://www. swcc. gov. sa/english/Projects/DesalinationPlants/Pages/default. aspx?__cf_chl_captcha_tk__=40d62952b1ee 5767202490016285cbf68baf15f6-1583734660-0-AQgsNyDMAAiCPptXObuTBpnPE9NaMC0vYW8FR RZRkkaxgDnuB6X0luBfdeTj8-BzGOD1dDMG-US8O1Co5SKuHBaDQdivhh53IJWFkLq4f0nNVa02Q OudJN6YdEuOTGS8IKINvKXeqlt4VUGqMvTQEh5zN-rda9sYaPI8nAh0X8EnH1ltl5EABsbUhLBrHo xWkET2QBexkjlSAVpQsMAslG1tEtvhRaCojdLDkant5uJaPm2TMIRXjl0oVaOkyIdT1H0ppSXKDxN OnnGFvhYw67uyputkmi8i1PvNhBQiFCts0UDmO7dkaxnMjRsgkQWFaqTxRvwiiC_w_cgSoEtciI4LAg S8jmvPe5Zv--R9gMobmGZrljVlETVSjamQjmhh4bxIrfr7B8SnvF26EKhooGsgXnlgBRcbLQIcERWur MTI.

Teo Y Y. 2005. Fourth national tap flows. Waternet, 10: 3.

Thomas E. 2008. New methods for assessing the safety of drinking water. EAWAG News, 20-23.

Tomioka H, Taniguchi M, Nishikawa T, et al. 2004. Boron removal in seawater RO desalination. Desalination, 167: 419-426.

Trenberth K E, Fasullo J, Mackaro J. 2011. Atmospheric moisture transports from ocean to land and global energy flows in reanalyses. Journal of Climate, 24(18): 4907-4924.

Triassi M, Poppolo A D, Ribera D, et al. 2006. Clinical and environmental distribution of *Legionella pneumophila* in a university hospital in Italy: Efficacy of ultraviolet disinfection. Journal of Hospital Infection, 62(4): 494-501.

Turetgen I. 2004. Comparison of efficacy of free residual chlorine and monochloramine against biofilms in model and full scale cooling towers. Biofouling, 20 (2): 81-85.

Uemura T, Kondou Y. 2003. Membrane technology progress in Japan. Water 21, 37-39.

Ursvon G. 2008. Can the quality of drinking water be taken for granted. EAWAG News, 4-7.

Van der B B, Everaert K, Wilms D, et al. 2001. The use of nanofiltration for the removal of pesticides from groundwater: An evaluation. Water Science & Technology, 1(2): 99-106.

van Loosdrecht M C M, Brandse F A, de Vries A C. 1998. Upgrading of waste water treatment processes for integrated nutrient removal the BCFS® process. Water Science & Technology, 37(9): 209-217.

van Wim R, Victor N de J. 2014. Reconstruction of the total N and P inputs from the Jsselmeer into the western Wadden Sea between 1935 and 1998. Journal of Sea Research, 51(2): 109-131.

Vicars W C, Sickman J O, Ziemann P J. 2010. Atmospheric phosphorus deposition at a montane site: Size distribution, effects of wildfire, and ecological implications. Atmospheric Environment, 44(24): 2813-2821.

Völker S, Kistemann T. 2016. Field testing hot water temperature reduction as an energy-saving measure-does the Legionella presence change in a clinic's plumbing system. Environmental Technology, 36(16): 2138-2147.

Voutchkov N. 2007. California turns to the ocean. Water 21, 6: 22-24.

Wagner I. 1992. Influence of operating conditions on materials and water quality in drinking water distribution systems. London: Proceedings of the Institute of Materials Conference.

Wang J H, Shang Y Z, Wang H, et al. 2015. Beijing's water resources: Challenges and solutions. Journal of the American Water Resources Association, 51(3): 614-623.

WBG(World Bank Group). 2016. Average monthly rainfall for Netherlands, the form 1900-2012. [2017-8-12]. http://sdwebx. worldbank. org/climateportal/index. cfm?page=country_historical_climate& ThisRegion= Europe&ThisCCode=NLD.

WDR(Water Desalination Reuse). 2018. Algeria prepares two ITTs for desalination plant projects. [2019-01-01]. https://www. desalination. biz/news/0/Algeria-prepares-two-ITTs-for-desalination-plant-projects/9035/.

WHO(World Health Organization). 2003. Assessing microbial safety of drinking water improving approaches and methods: Improving approaches and methods. Geneva: OECD Publishing.

WHO(World Health Organization). 2007. Legionella and the prevention of legionellosis. Geneva: World Health Organization.

Wiesner M R. 2006. Responsible development of nanotechnologies for water and wastewater treatment. Water Science & Technology, 53(3): 45-51.

Wilf M, Klinko K. 2005. Optimization of seawater RO systems design. Desalination, 138(1-3):299-306.

Wilson E O. 2002. The future of life. New York: Random House.

Winkel L, Berg M, Amini M, et al. 2008. Predicting groundwater arsenic contamination in Southeast Asia from surface parameters. Nature Geoscience, 1: 536-542.

Wittmer I, Burkhardt M. 2009. Dynamics of biocide and pesticide input. EAWAG News, 67e: 8-11.

Wolfgang H. 2005. Novel Developments in Ion Exchange. Tokyo: The Third IWA Leading-Edge Conference & Exhibition on Water and Wastewater Treatment Technologies.

Wouter P. 2008. Tomorrow's drinking water treatment. EAWAG News, 28-31.

WT（Water Technology）. 2019a. Sorek desalination plant. [2019-12-31]. https://www.water-technology.net/projects/sorek-desalination-plant/.

WT（Water Technology）. 2019b. Barcelona sea water desalination plant. [2019-12-31]. https://www.water-technology.net/projects/barcelonadesalinatio/.

Wu P, Xie R, Shang J K. 2008. Enhanced visible-light photocatalytic disinfection of bacterial spores by palladium-modified nitrogen-doped titanium oxide. Journal of the American Ceramic Society, 91（9）:2957-2962.

Yang Y Y, Toor G S. 2016. $\delta^{15}N$ and $\delta^{18}O$ reveal the sources of nitrate-nitrogen in urban residential stormwater runoff. Environmental Science & Technology, 50（6）: 2881-2889.

Yang Y Y, Toor G S. 2017. Sources and mechanisms of nitrate and orthophosphate transport in urban stormwater runoff from residential catchments. Water Research, 112: 176-184.

Zhang Z, Mccann C, Stout J E, et al. 2007. Safety and efficacy of chlorine dioxide for Legionella control in a hospital water system. Infection Control & Hospital Epidemiology, 28（8）: 1009-1012.

Zoutberg G R, Frankin R. 1996. Anaerobic treatment of chemical and brewery wastewater with a new type of an aerobic reactor: The Biobed EGSB reactor. Water Science & Technology, 34: 375-383.

第 3 章　有机能源回收与温室气体排放

污水中有机物蕴含着较多的化学热,经厌氧消化或污泥焚烧部分的化学热可转化为可用能源(甲烷/CH_4 或燃烧热)。因此,在污水处理脱氮除磷对有机物(COD)最低需求基础上,污水中多余 COD 不应直接被氧化(至 CO_2)掉,而应以间接方式尽可能转化为可用的能源。从这个意义上说,初沉污泥和二沉污泥都是潜在的能量载体,不应在水质净化的同时刻意追求污泥减量。从能量回收角度,应该强调"污泥增量",甚至为求得更大有机物能源转化效率,厨余垃圾等有机固废与剩余污泥一道厌氧共消化也是近年国际研究和实践的热点。为提高污泥厌氧消化的效率,可对抑制消化的腐殖质等因素进行必要的技术屏蔽;也可以通过外加铁屑方式刺激甲烷生产。厌氧消化工艺调控运用数学模拟技术事半功倍,近年来厌氧数学模型的运用也得到了普及。

与有机物转化相关的温室气体排放问题目前也困扰着人类。温室气体中不仅有 CO_2,还有温室效应更高的 CH_4(CO_2 的 25 倍)和氮氧化物(N_xO,CO_2 的近 300 倍)。目前看来,在城市普遍建设集中式污水处理厂的情况下,化粪池不仅多余,还帮倒忙,不仅消耗脱氮除磷碳源,还释放大量 CH_4。人工湿地是接近自然的污水处理方式,但也会排放较多不可控的温室气体。污水有机物产生的大部分 CO_2 为生源性的,并未被计入温室气体排放清单中。列入温室气体排放清单的 CO_2 是指化石碳(如煤和石油)被从地下攫取后转化形成的,污水有机物中便含有化石碳产品的残留,所以这部分化石碳产生的 CO_2 才是真正的温室气体。

本章从回收有机能源角度介绍剩余污泥增量的概念和方法;论述污泥厌氧共消化的研究、应用现状;阐述提高污泥厌氧消化的强化手段(屏蔽腐殖质与铁刺激甲烷生成);揭示化粪池与人工湿地排放温室气体的途径与程度;辨析污水中化石碳产生的 CO_2 排放量。

3.1　有机能源回收与污泥增量

3.1.1　引言

于 2015 年 12 月 12 日签署的有关控制全球气候变化的《巴黎协定》意味着对人类肆意消耗化石燃料行为的一种限制规范,预示着节能减排行动已从学术、技术层面上升至国际政治层面,以确保 21 世纪内由温室气体排放而导致的地球升温不超过 18 世纪中叶工业革命之前的 2 ℃(金裕, 2015)。温室气体泛指 CO_2,它排放量大,对温室效应的贡献率高达 70%(IPCC, 2013)。然而 CH_4、N_2O 这两种与污水处理密切相关的温室气体排放量虽小,但不可小觑,它们对温室效应的贡献率分别占 23%和 7%(IPCC, 2013),因为 CH_4 和 N_2O 的温室效应分别是 CO_2 的 25 倍和 296 倍(王长科等, 2013)。总体而言,污水处理作为国民经济中一个不可或缺的行业，对全球温室气体的总贡献率占 2%～5%(Larsen, 2015)。因此，污水处理朝着碳中和运行方向迈进早已成为欧美国家污水处理发展的方向(郝晓地, 2006; 郝晓地等, 2014a)。

污水作为资源载体的这一共识目前正推动着污水处理向着可持续方向发展(郝晓地, 2006)。污水中有机物(COD)蕴含有大量化学能[14 MJ·(kg COD)$^{-1}$]，这就为"以能消能""污染转嫁"的传统污水处理向回收/利用能量的可持续方式转变奠定了基础(郝晓地, 2006)。在此情形下，剩余污泥显然变成了污水处理厂能源载体的首选，通过厌氧消化转化污泥有机物至能源物质——CH$_4$ 的传统方式也就重获新生。

如果以碳中和运行为目标，剩余污泥显然将不再成为污水处理的"负担"，转而变成碳中和运行的紧缺原料。为此，污水处理行业不再需要一味追求污泥减量化，转而期盼污泥增量化，以增加污水处理能源自给自足的原料份额。然而，剩余污泥的多寡完全取决于进水 COD 负荷的高低，低的 COD 负荷必然导致较少的剩余污泥产量，也就意味着碳中和运行能量需求可能会出现赤字(Hao et al., 2015)。因此，以碳中和运行为目标的污泥增量近年来已在国际上悄然兴起，在常规剩余污泥之外还会寻求内源和外源其他途径的污泥增量，如前端筛分 COD 技术、后端厌氧共消化技术等(Kartal et al., 2010; Weigert, 2014)。

本节在综述国内外剩余污泥处理概况的基础上，着重介绍污泥厌氧消化能源利用的基本情况与趋势。以碳中和运行为目标，简要介绍国内外运行实践与潜力测算。以弥补能量赤字为目的所实施的污泥增量方面，主要阐述欧洲最新学术观点与试验尝试，同时述及被国内实践的污泥厌氧共消化工程应用。

3.1.2　国内外剩余污泥能源转化现状

1. 国外：朝碳中和运行目标迈进

污水处理碳中和运行的实质是实现整个污水处理过程能源自给自足，即不需要外部能源供给处理污水，以避免过多化石燃料消耗而导致的 CO$_2$ 排放问题(郝晓地,2014)。为实现这一目标，欧美国家，甚至一些亚洲国家相继颁布了面向 21 世纪的污水处理碳中和运行的路线图，并付诸实践，美国推行的"Carbon-free Water"，期望在人们对水的取用、分配、处理、排放全过程中达到碳中和的目的(Workman, 2015)。日本有关部门发布"Sewerage Vision 2100"，指出到 21 世纪末将完全实现污水处理能源自给自足(Koshiha, 2015)。

目前欧美国家一些污水处理厂以剩余污泥为主要能源载体，同时结合前端筛分 COD(进水 COD 负荷高时)技术或后端厌氧共消化(厨余垃圾、食品加工废料、粪便等)技术，以最大化"污泥增量"方式从污水或外源有机物中通过厌氧消化获取能源(CH$_4$)，并已完全或部分实现碳中和运行目标(郝晓地等, 2014a, 2014b, 2014c, 2015a; Schwarzenbeck et al., 2008)。

2. 国内：为消除"负担"而提倡污泥减量

目前我国污水处理普及率已较高，平均已普及至县级，发达地区已至乡镇和农村。然而因认识导致的政策问题普遍存在着"重水轻泥"现象，往往只处理污水而很少涉及污泥处置，更不会涉及主动回收/利用污泥中的能源；这种现象即使在污水处理程度很高、运行经费充足的北京等超大城市也比比皆是，致使剩余污泥堆积成山。住房和城乡建设部统计，2014 年我国污水处理厂污泥处理能力(近 95%为非能源利用方式，或虽有设施而实际不用)约为 1 100 万 $t·d^{-1}$，而污泥实际产量为 3 250 万 $t·d^{-1}$，污泥处置缺口达 60%以上(张国芳，2012)。大量未经任何有效处置的污泥直接给水体、大气带来严重的"二次污染"，导致黑臭水、雾霾等环境问题加剧。

目前污泥处理处置虽已成为我国不得不面对的严峻现实问题，各种技术、方法也层出不穷，但是利用污泥中能源的厌氧消化技术并不占主流，减量化、稳定化和无害化仍处于前三位，资源化仍处在最后位置。

3. 污泥非能源化处置症结

减量化→稳定化→无害化→资源化是国内处置剩余污泥等固体废弃物的一般导则。正是在这种导则指引下，即使污泥被最终处置也多以减量化后直接填埋为主要形式，主动追求厌氧消化转化能源的方案相对有限。这也并非学界或工程界没有意识到污泥中所蕴藏的能源与资源，而是普遍认为追求污泥能源化入不敷出。不仅因为存在现有技术能源转化效率低这一现象，更重要的是政府目前尚无政策，甚至没有资金方面的支持，以至于通过投资厌氧消化转化甲烷用于发电成本过高(高于外部电价)而得不偿失。

1) 技术缺陷

剩余污泥中所含有机质是一种潜在的绿色能源，这一点至少在学界已无可非议。剩余污泥中含 60%~70%的有机成分，而有机成分中约 62%为微生物/细菌细胞体、16%为木质纤维素物质、10%为腐殖质和 12%为其他有机物质(郝晓地等，2013a)。剩余污泥中难直接降解的有机物组分导致其厌氧消化能源转化效率低下：①细菌细胞内的有机质被细胞壁包裹而难以被释放出来；②木质纤维素物质结构化学稳定性强而降解性难度大；③腐殖质非但本身难降解还会抑制其他有机物降解(郝晓地等，2014d；2014e)。正因为如此，目前以厌氧消化产 CH_4 的剩余污泥处理方式，有机物能源转化率仅为 50%~60%，且生物气体 CH_4 含量较低(≤50%)、CO_2 含量较高，导致生物气燃烧热值不高(郝晓地等，2014e)。

有鉴于此，近年来针对细胞破壁与木质纤维素破稳的预处理研究呈上升趋势(郝晓地等，2013b；2014e；2015b；2015c)。另外，针对降解或屏蔽腐殖质的研究目前也引起了国际研究兴趣(郝晓地等，2014e；Azman et al.，2015；Li et al.，2014a)。更有甚者，一些研究还尝试利用外源氢(H_2)和 CO_2 注入厌氧消化系统的方式来强化污泥转化能源效率，并同时提高生物气中 CH_4 的含量(Hu et al.，2015)。这些研究的无外乎是针对上述污泥厌氧消化能源转化率低、CH_4 含量少进行的，可以预见这些厌氧消化强化技术在今后将能显著提升污泥能源转化效率的水平。因此，污泥厌氧消化转化能源的技术缺陷肯定不是一成不变的。

2) 政策缺失

我国的污泥处置思路未能与可持续发展下的全球气候变化控制策略与时俱进。由气候变化控制导致的碳减排趋势，将使污水处理厂碳中和运行成为历史的必然。因此，只要将之前的污泥处置思路顺序颠倒：资源化→无害化→稳定化→减量化，就能诱导污泥能源化方式成为污泥处置的首要目的，而且只要污泥实现能源化，其他"三化"将随之实现，不攻自破。当然，污泥能源化首要的污泥处置策略需要政府给予宏观政策支持，甚至予以经济补贴，这一点需要向欧洲国家学习。在欧洲，凡是利用污泥等有机固体废物转化甲烷用于发电都能获得政府的补贴。

目前，我国"重水轻泥"现象普遍存在。我国污泥处理、处置费用投资只占污水处理费用总投资的 20%～45%，而国外一般水平即高达 50%（余杰等，2007；张国芳，2012）。我国虽在"十二五"期间新增污水处理及相关投资额 4 300 亿元，但其中污泥处理、处置设施投资仅 347 亿元，占比仅为 8%，导致目前污泥成为"负担"的尴尬局面（余杰等，2007；张国芳，2012）。因此，政府一方面应积极研究合理的污水处理收费标准，以鼓励和维持污水处理行业重水亦重泥的做法；另一方面，应对从污泥中转化而来的能源给予合理的价格补贴，以让企业感到污泥能源化是有利可图的应用方向，增强其污泥能源化积极性。

3.1.3　污泥能源转化碳中和运行潜力

作为能源载体，剩余污泥在污水处理碳中和运行中起着举足轻重的作用。欧美国家一些实施碳中和运行目标的污水处理厂也大多以剩余污泥厌氧消化转化能源为主要手段。然而污水处理过程中产生的剩余污泥量的多寡完全取决于进水 COD 负荷的高低，COD 负荷越高，则产生的剩余污泥量就越大。欧美国家因生活习惯、无化粪池、雨污分流、食物破碎等往往会形成较高进水 COD 浓度（600～1 000 mg·L^{-1}）。一些以碳中和为运行目标的污水处理实例表明，如果进水中 COD≤600 mg·L^{-1}，采用传统处理工艺（如 A^2/O 等脱氮除磷工艺）所产生的剩余污泥量通过厌氧消化转化能源很难完全满足（100%）碳中和运行目标，一般能达到 70%碳中和运行率就足矣（郝晓地和张健，2015）。

我国污水中的有机物含量较欧美国家低得多。以北京为例，进水 COD 浓度通常在 200～400 mg·L^{-1}。研究人员曾以北京某大型污水处理厂 A^2/O 工艺为例，用进水 COD 最大值 400 mg·L^{-1} 进行过能量平衡测算；得出的结果是，可实现的碳中和运行率最大为 53%（郝晓地等，2014e），距离完全碳中和运行仍有近一半缺口。这就是说，我国市政污水处理仅靠产生的剩余污泥难以实现碳中和运行目标。图 3.1 绘出了能量平衡计算中剩余污泥（初沉+二沉）COD 截留率（污泥中总 COD 与进水 COD 之比）与碳中和率的关系曲线；实例计算中 53%的碳中和运行率对应 60%的污泥 COD 截留率。图 3.1 的趋势表明，要想获得更大的碳中和运行率便需要有更多的污泥相对应，即所谓的"污泥增量"概念。

从内源 COD 来源角度看，污泥增量意味着进水中的 COD 除满足脱氮除磷对碳源的需求以外，还应避免 COD 无目的的直接氧化，即尽量减少 COD+O$_2$ —— CO$_2$+H$_2$O 这一传统污水处理过程，以将这个过程节省下来的 COD 转化为污泥。对此研究人员早在15 年前便提出的 A/B 法中的 A 段浓缩 COD 的概念，尽量避免 COD 无目的直接氧化，实现污泥增量，从而最大限度满足碳中和运行目标(Hao and van Loosdrecht, 2003)。目前还有欧洲学者提出了前端筛分 COD 的概念(Kartal et al., 2010)。

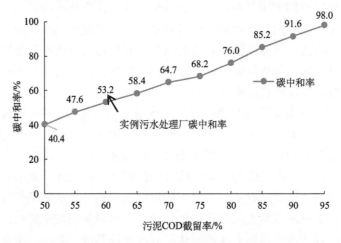

图 3.1　污泥 COD 截留率与碳中和运行率的关系

总之，只有最大限度增加剩余污泥产量方能逐渐逼近碳中和运行目标。这一理念已远远超越污泥是一种"负担"，应当予以最大限度减量，甚至防"患"于未然的现行做法。为了达到污水处理碳中和运行目标，欧美等国家甚至提出并实施了外源有机固体废物与剩余污泥共消化转化能源的"污泥"增量措施。更有甚者，为弥补碳中和运行的赤字，欧美国家还提出了利用污水源热泵、光伏发电、风能、潮汐能，甚至地热能的方式来满足绿色能源的需求(郝晓地等, 2014f)。

3.1.4　污泥增量方法与措施

前已述及，污水处理碳中和运行需要污泥增量，而污泥增量又有内源与外源之分。对此，有必要分别予以阐述。

1. A/B 法 A 段浓缩 COD

早在 15 年前，针对定位于能源与磷回收的可持续市政污水处理，与荷兰代尔夫特理工大学 Mark van Loosdrecht 教授合作，作者便提出了如图 3.2 所示的概念工艺(Hao and van Loosdrecht, 2003)。为有效截留污水多余 COD(脱氮除磷所需碳源除外)并将其厌氧消化转化为甲烷，利用早年德国 A/B 法中的 A 段用于浓缩悬浮状与溶解状 COD。A 段采用极短污泥龄(SRT=8～25 h)，充分利用细菌对颗粒与胶体状 COD 初期生物絮凝并吸附的性能，以及对溶解性 COD 的直接吸收、降解性能，从污水中有效分离 COD，使细菌获得快速繁殖、增长，并在细菌表面吸附大量未降解的 COD,最后可导致进水中 70%～80%悬浮状和溶解状 COD 通过中间沉淀池予以截留后送至厌氧消化转化能源。与二沉污泥相比，A 段截留污泥可消化性较好，可产生甲烷含量较高的生物气。

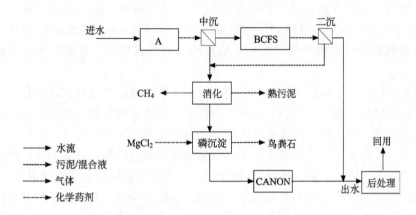

图 3.2　定位于能源与磷回收的市政污水处理概念工艺(Hao and van Loosdrecht, 2003)

2. 前端筛分 COD 技术

为最大限度截留进水中的 COD，欧洲学者还提出通过絮凝后微滤方式截留胶体状与溶解状 COD，使之用于厌氧消化转化甲烷的设想并付诸行动，如德国柏林某水务集团融资并联合德国柏林水资源管理中心已经启动旨在回收污水中能源的应用研究项目——CARISMO(carbon is money，即碳就是钱)(Weigert, 2014)。研究项目的基本技术出发点是基于低能耗微滤装置，辅以化学混凝+絮凝作用，最大限度隔离、浓缩污水中的 COD，使之用于厌氧消化转化甲烷，供污水处理厂自身能量消耗，降低污水处理厂对化石燃料能源的依赖，即以污水处理碳中和运行为目标，工艺流程如图 3.3 所示。

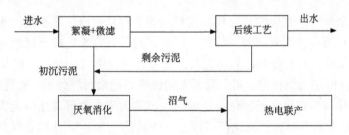

图 3.3　德国 CARISMO 前端 COD 筛分及后续污水、污泥处理工艺

3. 污泥共消化技术

针对进水 COD 负荷低、有机能源含量先天不足的市政污水，有时其所含碳源甚至不能满足脱氮除磷的需要。在这种情况下，采用前端分离 COD 的做法显然不符合实际，不得不考虑其他方式来实现碳中和运行目标。其中外源有机固体废物与剩余污泥厌氧共消化不失为一种可行的污泥增量方式。市政许多有机固体废物，如厨余垃圾、旱厕粪便、绿化草木等同样存在处理、消容问题。这些有机固体废弃物完全可以利用污水处理厂厌

氧消化剩余空间,与剩余污泥一同共消化而转化能源。就来源与管理来说,厨余垃圾对我国而言应该是最具有潜力的污泥共消化底物。国外剩余污泥与厨余垃圾共消化实践已经表明,共消化可达到"1+1>2"的能量转化效果(Belitz et al., 2009),况且同是市政固体废弃物的剩余污泥与厨余垃圾一并被处理具有节省投资、方便管理、易处理沼液等优势。

污泥共消化发挥了基质间的协同作用,提高了底物的降解速率和降解程度,使能源转化效率显著提高。表 3.1 列出了几种不同外源有机废弃物与剩余污泥共消化后呈现出的能量转化效果,剩余污泥与其他有机废弃物共消化潜力可见一斑。

如果今后能将厨余垃圾、绿化草木、旱厕粪便与剩余污泥一并共消化,将会出现两种以上底物共消化情形。在研究与应用实践中,≥3 种有机底物的共消化案例目前罕见。这一课题应该成为今后厌氧共消化的研发方向,不仅可探明多基质协同消化的机理与作用,而且也为综合处置市政有机固体废弃物开辟一条可持续发展之路。

表 3.1 不同种类/比例外源基质与污泥共消化能源转化效果

共消化基质	共消化比例 (剩余污泥︰有机废物)	生物气增加量/%	参考文献
厨厨垃圾	4︰1	21	(Jansen et al., 2004)
石莼藻(*Ulva* sp.)	17︰3	26	(Costa et al., 2012)
油脂废弃物	2︰3	285	(Noutsopoulos et al., 2013)
灭菌后屠宰废水	19︰1	470	(Pitk et al., 2013)

3.1.5 总结

有关控制全球气候变化的《巴黎协定》的签署将从政治层面推动污水处理碳中和运行。实现碳中和运行就需要有较多的剩余污泥(污泥增量)来完成厌氧消化过程中的能量转化,这一点与目前人们普遍认为污泥是污水处理过程中的一种"负担",需要实施"污泥减量"的现行做法大相径庭。其实只要人们转变对剩余污泥处理、处置的观念与思路,变现行"减量化→稳定化→无害化→资源化"方式为未来"资源化→无害化→稳定化→减量化"策略,仅实现污泥能源化便可随之完成其他"三化"。诚然新理念下污泥资源化需要有政府宏观政策支持,甚至财政补贴计划,看似"贴钱"的举措却能带来利好的综合环境效益。

我国污水中有机物(COD)含量显然不足以形成足够剩余污泥量来满足污水处理碳中和运行目标。因此,前端截留、筛分 COD 技术似乎对我国市政污水处理来说不适用。在污泥增量方面,一是要在保证各种净化功能有效完成的前提下顺其自然产生污泥(无必要实施污泥减量技术);二是应寻求与厨余垃圾等市政有机固体废弃物共消化的机会。只有这样才不会使我国的碳中和运行目标最终成为天方夜谭。

3.2　剩余污泥厌氧共消化技术

3.2.1　引言

污水处理向着碳中和运行方向迈进已是大势所趋,而能源自给自足的首要来源便是剩余污泥(郝晓地等,2014g)。按干重计量,剩余污泥以有机成分为主,比例为70%~80%。剩余污泥中的有机质其实是一种绿色能源,通过厌氧消化转化能量(CH_4)可以弥补污水处理厂一半,甚至实现碳中和运行所需的全部能量,但这首先取决于进水中有机物的含量及设备的能量利用效率(郝晓地,2014)。然而,由于污泥中以细菌为主的微生物具有坚固的细胞壁,污泥中又存在木质纤维素、腐殖质及其他影响有机物水解的物质,这就使得厌氧消化过程中有机物转化能量(CH_4)的效率很低,一般在 30%~45%(郝晓地等,2014e; Weemaes et al., 2000)。

我国市政污水有机物(COD)含量较低,导致剩余污泥产生量相对较少,厌氧消化产气量(沼气)相应较低,很难满足碳中和运行目标(Hao et al., 2015)。另外,我国污水处理厂消化池通常均未满负荷运行,至少还有 30%的容积尚未被利用(Krupp et al., 2005; Montusiewicz and Lebiocka, 2011)。鉴于此,利用污水处理厂消化池剩余容积,接纳外源高浓度有机废物,使其与剩余污泥共消化不失为一种合理方案。这种做法不仅可以提高剩余污泥的产气量,而且能在不新建基础设施的情况下,有效处理外源高浓度有机废物(Schwarzenbeck et al., 2008)。

我国有机废弃物产量居世界较高水平。据统计,2010 年全国秸秆理论资源量为8.4亿 t,畜禽养殖业粪便产量约为 2.43 亿 t,城市有机生活垃圾清运量在 0.8 亿 t 以上(国家统计局, 2010a; 2010b)。有机废弃物处理/处置方式不当则会导致侵占土地、污染大气/土壤/水体、传播疾病等一系列有悖于生态文明建设的严重环境污染问题(戴前进等,2008)。如果能将这些有机废弃物作为污泥共消化的原料,则可以发挥剩余污泥与外源有机废物二者的协同消化作用,不仅能最大化产 CH_4、以热电联产方式转化更多能源,还能在节约基建投资的情况下处理其他来源有机废弃物,使污水处理厂碳中和运行成为可能。

本节在介绍剩余污泥厌氧共消化技术特性的基础上,结合几种常见、典型的共消化有机底物,综述剩余污泥厌氧共消化试验研究进展,以实例说明剩余污泥厌氧共消化在工程实际中的应用。

3.2.2　剩余污泥厌氧共消化技术特性

1. 厌氧共消化技术概述

厌氧共消化技术是将两种或两种以上不同来源的有机废弃物放在同一反应器内混合进行消化的厌氧处理方法,以提高剩余污泥 C 与 N 的比(C/N),发挥不同有机基质的协同消化作用,创造更适合微生物菌群生长的营养条件,从而提高厌氧消化能源转化效率,增加 CH_4 产量,最后通过热电联产方式回收电能、热能,最大限度利用有机固体废物中潜在的能源。厌氧共消化技术在欧洲已成为普遍认可并成功应用的工艺；厌氧共消化在污水处理厂剩余污泥处理/处置上的应用与日俱增；厌氧共消化在农业生产中已经成为标准实践活动（Appels et al., 2011）。利用污水处理厂污泥厌氧消化池的富余空间，实施外源有机废物共消化，不仅可以节省基础设施的基建费用，而且可以最大化能量的生产，将污水处理厂真正演变为 NEWs 概念下的能源工厂（郝晓地等, 2014h）。图 3.4 显示了污水处理厂可共消化的有机废弃物来源、能源转化方式与用途。

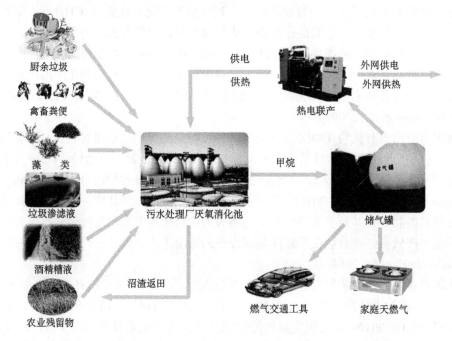

图 3.4　污泥厌氧共消化有机废弃物来源、能源转化方式与用途

2. 剩余污泥厌氧共消化技术特点

1）提高 CH_4 产量

提高 CH_4 产量是厌氧共消化技术的主要目的；共消化有机底物与剩余污泥之间存在的协同机制既可以提高 CH_4 产量，也可以提高产 CH_4 速率。文献显示，向中温厌氧消化剩余污泥中加入 20%厨余垃圾（以 VS 计），CH_4 产量可提高 21%（Jansen et al., 2004）；剩余污泥与油脂废弃物以 40∶60 比例混合（以 VS 计）共消化，沼气产量比单独污泥消化增加 285%（Noutsopoulos et al., 2013）；剩余污泥与 5%灭菌后的屠宰废水共消化，有机负荷增加 1.28 kg VS·$(m^3 \cdot d)^{-1}$，产气量是污泥单独消化的 5.7 倍（Pitk et al., 2013）；剩余污泥与石莼藻（*Ulva* sp.）以 85∶15 比例混合，产 CH_4 速率比剩余污泥单独消化要高 26%（Costa et al., 2012）。一般而言，添加共消化底物会导致沼渣量增加；但是适量共消化底物投加并不会对沼渣数量及质量产生消极影响（Aichinger et al., 2015; Mata et al., 2014）。研究显示，添加共消化底物负荷（以 VS 计）≤25%时，不会导致泥饼量显著增加，也不会因此造成泥饼处理成本增加（Aichinger et al., 2015）。

2) 减少基础设施重复建设

不同来源、同类废物的统筹规划、设计、运行是今后环境保护基础设施建设的一种必然趋势。像厨余垃圾、禽畜粪便、垃圾渗滤液等这些高浓度有机废弃物，若单独采用厌氧消化处理，不仅分散、占地多、投资大，而且难以有效管理运行，且易出现扰民的臭味问题。其实污水处理厂一般都建有剩余污泥厌氧消化池，且消化池运行空间得不到充分利用，如德国污水处理厂消化池在建设时便留有约 20%的空间余量 (Roos, 2007)。况且多数污水处理厂现存污泥消化池负荷过低 (Borowski et al., 2014)。因此即使在不考虑统筹规划、设计的情况下，一定量的上述有机废弃物也能被运送至污水处理厂与污泥共消化，以充分利用污水处理厂现有消化设施空间。这样不仅减少了基础设施重复建设带来的投资及运行成本，而且也大大减少了分散建设的种种弊端。

3) 提高底物降解率

剩余污泥中存在的一些金属离子与毒性化合物可能会对厌氧消化工艺产生不利影响 (Chen et al., 2008)。当剩余污泥中添加适量其他有机固体废弃物后，剩余污泥中产生潜在抑制作用的物质浓度便会被稀释，在一定程度上可减少运行的负面影响。与此同时，加入共消化底物后，微生物营养种类随之增加，会对微生物种类、数量、生长繁殖等具有促进作用。研究表明，剩余污泥与废黄瓜以 9∶1 比例混合，共同消化后 COD 降解率达 73.7%，比污泥单独消化高出 30.8% (Saev et al., 2009)。此外，剩余污泥与某些底物共同消化可提高沼渣的脱水性能，如藻类 (chlorella sp.) 与剩余污泥共同消化产生的沼渣比污泥单独脱水性能要好 (Wang et al., 2013a)。再者，共消化底物可引入丰富的微生物，对共消化底物中有机物水解、产酸、产 CH_4 均利好 (Pavlostathis and Giraldo-Gomez, 1991; Ponsá et al., 2008)。

4) 增加有机负荷、缩短水力停留时间

污水处理厂消化池一般处在低负荷运行状态，有机负荷率仅为 $1.0 \sim 1.5$ kg $VS \cdot (m^3 \cdot d)^{-1}$。研究表明，当添加餐馆隔油池废弃油脂负荷达 0.36 kg $VS \cdot (m^3 \cdot d)^{-1}$ 时，CH_4 产量比污泥单独消化提高 67% (Razaviarani et al., 2013)。然而，添加外源有机负荷率并不是越高越好，有机负荷率太高则会产生浓度抑制作用；过量有机物水解会产生大量挥发性脂肪酸 (VFAs)，从而使 pH 下降，抑制产 CH_4 细菌活性 (姜应和和谢水波，2011)。有报道称，消化池有机负荷率达 $3.3 \sim 4.3$ kg $VSS \cdot (m^3 \cdot d)^{-1}$ 时，工艺仍可正常运行 (Sosnowski et al., 2003)。需要指出的是，共消化底物特征有时决定有机废物的投加量。文献显示，向污泥消化池加入 0.5%~1% (以 VS 计) 油脂，系统 CH_4 产量约提高 20%，但是所加入油脂量超过 1%时，沼气中 H_2S 浓度便明显增大 (Pastor et al., 2013)，不仅抑制厌氧细菌活性，还会对人体健康带来隐患。

在消化池运行上，添加共消化底物的优势还在于可以有效缩短水力停留时间。研究显示，向中温污泥消化池添加 25% (以 V 计) 垃圾渗滤液，水力停留时间可从剩余污泥单独消化时的 16 d 缩短至 12.8 d，且系统运行非常稳定 (Hombach and Oleszkiewicz, 2003)。

3.2.3　剩余污泥共消化典型底物

共消化底物种类决定最终 CH_4 产量与产率。着眼这一角度，用于共消化的底物有机物含量应较高、可生物降解、来源广泛、易于运输。以下归纳7种常见剩余污泥厌氧共消化底物，介绍其各自特点及共消化效果。

1. 厨余垃圾

在所有可生物降解有机废弃物中，厨余垃圾因具有高含水量、高有机物含量、营养物质丰富、易生物降解等特点而被广泛用于污泥共消化。显然，在众多厨余垃圾处理方式(焚烧、堆肥、加工饲料等)中，厨余垃圾与污泥共消化产生绿色能源——CH_4的潜力最大。

国内外有关剩余污泥与厨余垃圾共消化产CH_4的研究与应用案例较多，已提出一些最优产CH_4反应与工艺运行条件。研究表明，厨余垃圾组成(Belitz et al., 2009; Carucci et al., 2005; Redondas et al., 2012)、剩余污泥与厨余垃圾混合比例(Heo et al., 2004; Jansen et al., 2004; Koch et al., 2015)、厨余垃圾水解性质(Coelho et al., 2011; Dohányos et al., 2004; Veeken and Hamelers, 1999)、C/N(Demirekler and Anderson, 1998; Fernández et al., 2010; Wang et al., 2012)、反应温度(Angelidaki and Sanders, 2004; Kim et al., 2003; Komemoto et al., 2009)等都会影响产CH_4性能。此外，厨余垃圾中存在的塑料、玻璃、碎纸等也会对厌氧共消化运行产生不利影响(De Baere, 2000; Hartmann et al., 2000; Lebrato et al., 1995)。

2. 农业残留物

通常所说的农业残留物主要是指作物秸秆，也包括植物修剪后的树叶、杂草等。我国一些农村利用农业秸秆与人、动物粪便共消化产沼气的历史已久，技术和管理已较为成熟。

作物秸秆富含大量碳源，水稻和玉米秸秆及杂草C/N可高达60～100(HCME, 2013)。然而作物秸秆存在大量纤维素和半纤维素，含有难以被微生物降解、结构稳定的木质素，这都需要一些预处理措施予以解决。预处理措施可打破秸秆内部结构限制，增加水解酶的可及性，从而促进纤维素和半纤维素的高效降解。然而预处理措施并不能有效打破木质素的环状结构，木质素依然无法得到高效降解利用(郝晓地等, 2013b)。研究表明，经碱预处理后的水稻秸秆与剩余污泥共消化，沼气产量为338.9 mL·(g VS)$^{-1}$，分别是碱处理后水稻秸秆和污泥单独消化的1.06倍和1.75倍，比未经过碱处理水稻秸秆和污泥共消化增加19.7%；共消化对纤维素和半纤维素的降解程度优于单独消化，而对木质素降解共消化并不优于单独消化(Zhao et al., 2014)。另有研究表明，污泥与玉米秸秆之比(以TS计)为0.46时，产生的沼气效果最佳，CH_4产量为207 mL·(g TS)$^{-1}$；随污泥比例增大，产气量和产气率均逐渐提高，但达到一定比例时升高程度不再明显(刘彦珍和李安华, 2013)。国外也有研究表明，污泥与烂西红柿(C/N=119∶1)以95∶5比例混合(以湿重计)，在有机负荷为0.4～2.2 kg VS·(m³·d)$^{-1}$条件下可以稳定运行，CH_4产量达159 mL·(g VS)$^{-1}$，比污泥单独消化产气量要高，有机物降解率为95%(以VS计)(Belhadj et al., 2014)。

3. 禽畜粪便

禽畜粪便主要指动物排泄物，来源于养殖场(养牛场、养猪场、养鸡场等)所累积的粪便和尿液。禽畜粪尿中通常 NH_4^+ 含量较高，若采用厌氧消化可能会抑制产 CH_4 菌活性，导致 CH_4 产量减少。禽畜粪便与农业残留物(秸秆、杂草)共消化已在我国一些农村地区取得了较好的实际效果(产沼气)。

研究显示，在中温条件下向剩余污泥中添加 30%(以 VS 计)固体禽畜粪便(TS=289 g·kg^{-1}，COD/TKN≈17)，沼气产量提高 50%，VS 降解率由 35%提高至 46%；消化后上清液 NH_4^+ 浓度有所升高，达 2 221 mg·L^{-1}(以 N 计)，但并未发现明显抑制产沼气现象；上清液中 PO_4^{3-} 浓度却显著降低，可能由于禽畜粪便中含有的浓度较高的 K^+、Ca^{2+}、Mg^{2+} 等金属离子与 PO_4^{3-} 形成了磷酸盐沉淀(Borowski and Weatherley, 2013)。牛粪(C/N=25～30)较适宜与剩余污泥厌氧共消化(García and Pérez, 2013)；在中温条件下，牛粪与污泥以 2∶3 比例(以重量计)混合(TS=15.8%)，CH_4 产量最佳时达 328 mL·(g VS)$^{-1}$(提高14%)，VS 降解率达 54.8%，且整个试验过程运行非常稳定(Li et al., 2011)。中温条件下猪粪(C/N=13，TS=30%)与污泥以 2∶1 比例(以 VS 计)混合，CH_4 产量最佳时达316 mL(g VS)$^{-1}$，比污泥单独消化提高了 82.4%；VS 降解率达 55.2%，比污泥单独消化提高了 20.5%(Zhang et al., 2014)。

4. 垃圾渗滤液

垃圾渗滤液通常含有较多溶解性有机物，其性质取决于填埋垃圾的数量、种类、时间、发酵、储存和环境等情况(Bilgili et al., 2007)。垃圾渗滤液成分复杂，不仅含有高浓度有机物及 NH_4^+(达数千至几万 mg·L^{-1})，而且含有大量重金属离子和有毒有机物；随填埋时间增加，COD、C/N、BOD$_5$/COD 值均呈下降趋势，填埋后期 BOD$_5$/COD=0.05～0.15，C/N<3(尚爱安等, 2005; 孙英杰等, 2002; 王宝贞和王琳, 2005; 袁维芳, 2004)。由于填埋后期垃圾渗滤液可生化性低、C/N 低，所以与污泥厌氧共消化效果差。

有人尝试将 COD 为 20 400 mg·L^{-1} 的垃圾渗滤液添加到剩余污泥中进行厌氧共消化试验，发现在较低渗滤液投配率(以 V 计)情况下(<12%)可提高厌氧消化产气量；共消化后污泥脱水性能较污泥单独消化要好，垃圾渗滤液所含金属离子并未对共消化系统产生不利影响(Hombach and Oleszkiewicz, 2003)。也有人尝试将剩余污泥与垃圾渗滤液分别以 20∶1 与 10∶1(以 V 计)混合共消化，有机负荷率分别为 1.51 kg VS·(m³·d)$^{-1}$ 和1.36 kg VS·(m³·d)$^{-1}$；发现沼气产量超过污泥单独消化沼气量 13%和 8%(CH_4 产量分别提高 16.9%和 6.2%)，垃圾渗滤液添加比例不同并未对沼气中 CH_4 含量产生显著影响(Montusiewicz and Lebīocka, 2011)。

5. 能量草

能量草是指能够产生能源的草类植物，是产生生物质能的良好的原材料，甜高粱、草庐、狼尾草、牛筋草、芒等都属于能量草。能量草生长迅速、分布广泛、储量丰富，与剩余污泥共同消化可提高沼气产量。然而，能量草自身结构复杂，其中木质纤维素成分难以被破稳、水解，会影响有机质降解率及能量转化率。这样，需要对能量草辅助预处理手段。

有研究表明，城市绿化修剪草与剩余污泥可进行厌氧共消化；选择 5 种不同投加比例(以干重计)的修剪草与污泥进行试验，沼气产量随修剪草投加量的增加而增加，当修剪草投加比例为 50%时，混合物料 C/N 为 12，与不加修剪草试验相比，C/N 提高了约 58%，产气率提高了 30%，且投加修剪草并不会影响沼气中 CH_4 含量(谢经良等，2010)。有人还研究了牛筋草与污泥共消化；牛筋草单独高温消化时，CH_4 产量为 $190\ mL\cdot(g\,VS)^{-1}$；牛筋草经 80 ℃高温预处理后，与剩余污泥共消化 CH_4 产量为 $340\ mL\cdot(g\,VS)^{-1}$，高于未经预处理共消化的 $300\ mL\cdot(g\,VS)^{-1}$(Wang et al., 2014)。

6. 藻类

藻类普遍存在于自然界中，它们在水体中分布广泛、生长速度快、适应性较强。因藻类含有容易水解的糖类和蛋白质，所以适合作为共消化底物。

研究表明，小球藻可生物降解性较二沉污泥好；二沉污泥与小球藻共消化，CH_4 产量增加为 0，并没有协同效应；而初沉污泥与小球藻共消化协同作用则比较显著，添加小球藻后会使共消化系统蛋白质含量和 NH_4^+ 浓度增大，而 NH_4^+ 浓度并未对共消化产生明显的抑制作用(Mahdy et al., 2015)。更多研究显示，微藻(VS=41%)与剩余污泥在中温厌氧条件下共消化，沼气产量最佳时达 $468\ mL\cdot(g\,VS)^{-1}$，是剩余污泥单独消化的 1.79 倍；共消化沼气中 CH_4 浓度比藻类单独消化浓度要高；共消化后污泥脱水性能较污泥单独消化好(Wang and Park, 2012)。大型藻类添加(TS=20%)与污泥共消化，沼气产量达 $310\ ml\cdot(g\,VS)^{-1}$，比污泥单独消化提高 15%，沼气所含 CH_4 浓度提高 10%；继续提高大型藻类比例(TS=40%)，反应器内挥发性脂肪酸(VFAs)浓度升高，沼气产量和浓度略有降低(Cecchi et al., 1996)。中温厌氧条件下栅藻与污泥以 1：1(以 VS 计)混合消化，沼气产量最佳，VS 降解率达 53%，比污泥单独消化提高 8%(Nguyen et al., 2014)。

7. 酒精糟液

淀粉质原料(玉米、薯类)和糖质原料(甜菜、甘蔗)是生产酒精的主要原料。生产酒精过程中会产生大量酒精糟液，每生产 1 t 酒精产生 13～16 t 酒精糟液(王凯军等，2001)。酒精糟液含有大量易于降解的挥发酸和糖类：pH=4～4.5，COD 高达 30 000～50 000 $mg\cdot L^{-1}$。目前，厌氧处理工艺处理酒精糟液已被广泛应用，COD 去除率一般为 80%左右。

国内研究表明，酒精糟液与污泥共消化可提高沼气产量、污泥降解率，改善污泥脱水性能。研究显示，高温下剩余污泥与酒精糟液以 4：1(以 V 计)共厌氧消化(C/N=10.5)，与高温剩余污泥单独厌氧消化相比，有机负荷增加 85%，沼气产量提高 178%，VS 去除率提高 10%；污泥脱水性能由不易脱水变为接近可中等脱水程度(高军林等，2008)。在剩余污泥中添加一定比例的酒精糟液，有机负荷率和沼气产量均显著提高，共消化体系能量平衡值为正值；采用 Chen-Hashimoto 一级动力学模型方程评价厌氧消化过程，显示剩余污泥与酒精糟液混合高温共厌氧消化体系明显优于剩余污泥高温厌氧消化体系(台明青等，2015)。国外对剩余污泥与酒精糟液共消化的研究尚未见报道。

3.2.4　剩余污泥共消化工程应用

目前，剩余污泥共消化技术不仅局限于实验室研究，国外许多污水处理厂已将剩余污泥厌氧共消化技术工程化应用，并取得了"1+1>2"的能量转化效果(Schaubroeck et al., 2015)，甚至一些污水处理厂已超越碳中和运行水平。表 3.2 列举了 6 个国外已达到碳中和运行的污泥共消化污水处理厂。

表 3.2　国外已达到碳中和运行的共消化污水处理厂

国家	污水处理厂	共消化底物	碳中和率/%	参考文献
德国	Grevesmühlen	餐馆油脂	113	(Schwarzenbeck et al., 2008)
美国	Sheboygan	食品废弃物	90~115(电)；85~90(热)	(郝晓地等, 2014c; Willis et al., 2012)
斯洛文尼亚	Velenje	家庭有机垃圾	135	(Gregor et al., 2008)
奥地利	Strass	厨余垃圾	200	(郝晓地等, 2014a; Wett et al., 2007)
德国	Steinhof	能量草	140	(郝晓地等, 2014b)
澳大利亚	Zirl	厨余垃圾	110	(Aichinger et al., 2015)

注：碳中和率（%）=（总回收能量/总消耗能量）×100%。碳中和率＞100%，表明污水处理厂能量平衡值为正。

1. Grevesmühlen 污水处理厂

德国 Grevesmühlen 市政污水处理厂大约处理 40 000 当量人口污水量，剩余污泥由机械脱水后进入 2 个 1 000 m³ 的厌氧消化池，并与外源餐厨垃圾油脂共同消化(Schwarzenbeck et al., 2008)。加入约 30%餐馆隔油池油脂，厌氧消化池沼气产量较单独污泥消化增加 4 倍。沼气经热电联产发电并产生热量，使回收能量与消耗能量之比(碳中和率)高达 113%，有机物消化降解率比单独污泥消化提高 20%。热电联产发电首先供污水处理厂自身使用，多余电量输送至公共电网。

2. Sheboygan 污水处理厂

美国 Sheboygan 市政污水处理厂服务人口为 86 500 人，该厂剩余污泥与外源高浓度食品废物(HSW)混合实施两相厌氧消化，一级厌氧消化池和二级厌氧消化池容积均为 4 595 m³，总固体停留时间(SRT)为 30 d(郝晓地等, 2014c)。截至 2012 年，该厂因投加 HSW 使产气量增加 200%。截至 2013 年底，该厂已实现产电量与耗电量比值达 90%~115%、产热量与耗热量比值达 85%~90%的碳中和率(Willis et al., 2012)。

3. Velenje 污水处理厂

斯洛文尼亚 Velenje 市政污水处理厂大约处理 50 000 当量人口污水量，该厂剩余污泥采用 2 个中温消化池(单个容积=2 000 m³，SRT=20 d)与当地居家生活有机垃圾共消化(Gregor et al., 2008)。剩余污泥单独消化有机负荷率为 0.76 kg VSS·(m³·d)⁻¹，加入有机废弃物使总有机负荷率提高 40%，达到 1.06 kg VSS·$(m^3·d)^{-1}$，导致沼气产量提高 80%，沼气产生速率（BPR）由 0.32 $m^3·(m^3·d)^{-1}$ 提高到 0.67 $m^3·(m^3·d)^{-1}$。沼气经热电联产后使得电能增加 130%（2005 年 3 月日产电量约为 1 200 kW·h·d^{-1}），热能增加 55%（2005 年 3 月日产热量约为 4 200 kW·h·d^{-1}），碳中和率约为 135%。

4. Strass 污水处理厂

奥地利 Strass 市政污水处理厂大约处理 167 000 当量人口污水量，剩余污泥采用 2 个中温蛋形厌氧消化池（总容积约=5 000 m^3）与餐厨垃圾共消化处理，平均 SRT 为 27.7 d（Wett, 2007）。2013 年 Strass 污水处理厂有机负荷率约为 2.3 kg VS·$(m^3·d)^{-1}$，比 2006 年提高 53%，添加的共消化有机底物负荷为 0.69 kg VS·$(m^3·d)^{-1}$，导致沼气产量增加 59%，从而导致 200% 的碳中和率，使该厂成为名副其实的能源工厂（郝晓地等，2014a）。

5. Steinhof 污水处理厂

德国 Steinhof 市政污水处理厂平均处理水量为 60 650 $m^3·d^{-1}$（郝晓地等，2014b）。为最大限度提高剩余污泥厌氧消化沼气产量，实现碳中和运行目标，该厂向剩余污泥厌氧消化池中添加热水解后的青草。污泥与青草共消化会导致 CH_4 产量增加，有望使碳中和率达 140%。

6. Zirl 污水处理厂

澳大利亚 Zirl 市政污水处理厂大约处理 61 500 当量人口污水量，剩余污泥采用中温厌氧消化（池容=1 350 m^3，平均 SRT=28.7 d）（Aichinger et al., 2015）。2007 年该厂开始向消化池中添加预处理后的厨余垃圾；2011 年后该厂添加的共消化底物使厌氧消化池负荷提高 86%，沼气产量提高 174%，产生电量提高 115%。实际上，该厂早在 2009 年已经完全实现了能量的自给自足，碳中和率达 110%。

3.2.5　总结

污水处理厂碳中和运行目标使得剩余污泥厌氧消化产 CH_4 这一老生常谈的技术重获青睐。其实只要人们转变对剩余污泥处理/处置观念上的顺序（减量化→稳定化→无害化→资源化），使其顺序颠倒便可形成一种新的、目前国际上正倡导的碳中和运行理念。事实上，只要能将剩余污泥最大限度地转化为能源，减量化、稳定化、无害化便会随之实现。从这个意义上说，目前以碳中和运行为目标的污水处理已开始强调污泥"增量化"，而不是人们曾苦苦寻求的减量化目标。然而剩余污泥量的多寡完全取决于进水中有机物（COD/BOD）浓度。尽管欧洲个别污水处理厂仅靠剩余污泥厌氧消化便可完全实现碳中和运行目标，但是对包括我国在内的大多数污水处理厂来说，剩余污泥单独厌氧消化难以满足碳中和运行目标，不得不寻求厂外其他有机废弃物与剩余污泥共消化之路，这也是将有机废弃物能源化、资源化利用的必然之路。

其实，几十年前我国便在一些农村地区开始有机废弃物厌氧共消化（沼气池）的实践。时至今日，不少农村地区仍在使用。这就是说，厌氧共消化技术本身并不会成为其广泛应用的瓶颈。究其深层次原因，主要是我国目前还没有鼓励市政污水处理厂发展生物质能的宏观政策及财政补贴机制，这一点与欧美国家截然不同。的确，在污水处理厂自产能源价格比市场价格还高的情况下，哪个厂还会发展污泥厌氧消化转化能源项目？

就来源与管理来说，厨余垃圾对我国而言应该是最具有潜力的污泥共消化底物。国外污泥与厨余垃圾共消化实践已表明，共消化可达到"1+1>2"的能量转化效果，况且同是市政固体废弃物的污泥与厨余垃圾一并处理具有节省投资、方便管理、易处理沼液等优势。

从以上综述中也可以发现，若能将园林绿化的落叶、旱厕粪便等有机固体废弃物和厨余垃圾一起与剩余污泥共消化，将会出现两种以上的底物共消化。而这种多底物(3 种及以上)共消化的研究与应用范例还不多见。这一问题应该是今后开展深入研究的方向，不仅可以探明多基质协同消化的机理与作用，而且也为综合处置市政有机固体废弃物开辟一条可持续发展之路。

3.3　废铁屑强化污泥厌氧消化产甲烷

3.3.1　引言

随着有关全球气候变化的《巴黎协定》落槌，欧美国家业已制定的面向 2030 年污水处理实现"碳中和"运行的目标及路线图(郝晓地等, 2014c, 2014e)将付诸实施(郝晓地, 2014; Hao et al., 2015)。污水处理实现"碳中和"运行的狭义概念即能源自给自足(Hao et al., 2015)。对污水处理厂来说，唾手可得的能源来源便是剩余污泥。为此，老生常谈的污泥厌氧消化技术再次受到国际学界与业界的追捧，这也使得剩余污泥这一污水处理的大"负担"起死回生；作为一种可再生能源的载体，当今国际学界普遍希望获得污泥增量而非减量(郝晓地, 2014)。只有这样，方可能逼近污水处理"碳中和"实现目标(郝晓地, 2014; Hao et al., 2015)。

然而，剩余污泥中稳固的细菌细胞、难降解的木质纤维素类物质及本身难降解而又可能阻碍其他有机物降解的腐殖质等限制着有机能源转化率的提高(郝晓地等, 2014e)。尽管目前存在多种针对"细胞破壁""木质/腐殖质破稳"的预处理技术(郝晓地等, 2011; 2014d; 2015b)，但这些预处理技术操作较为复杂、且会消耗一定的资源与能源，有时还可能导致能源产量入不敷出(Marta et al., 2011)。

鉴于此，通过添加外源废氢或废铁屑于厌氧系统内原位产氢和 CH_4 的生产方式近年来也有人尝试(Luo and Angelidaki, 2012a, 2012b; Kim et al., 2013; Hu et al., 2015)。其中向厌氧消化系统中投加废铁屑原位铁腐蚀析氢似乎具有"以废促能"的效果(Hu et al., 2015)。所以这种以废促能的方式值得深入研究。废铁屑析氢腐蚀可为产甲烷菌提供更多底物(H_2)，H_2 可促进有机物水解，H_2 可结合内源 CO_2 转化为 CH_4，铁可降低系统氧化还原电位(ORP)而改变酸化类型等多种功效(Hu et al., 2015; Liu et al., 2016; Liu et al., 2012)。废铁屑为工业废料，价格低廉、易于运输，与污泥非直接混合方式投加也相对简单。此外，铁腐蚀产生的 Fe^{2+}/Fe^{3+} 可以沉淀污泥消化液中形成的高浓度磷酸盐(PO_4^{3-})；铁与污泥中恶臭的有机硫化物反应还可去除污泥中的臭味,也可降低生物气中 H_2S 的含量。

废铁屑强化污泥厌氧消化流程及作用如图 3.5 所示。本节综述废铁屑在强化厌氧消化产 CH_4 过程中可能引起的系统理化特性变化、生物群落特征及其经济性等方面内容。

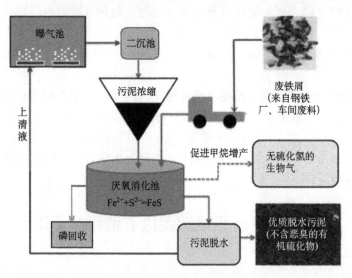

图 3.5　废铁屑强化污泥厌氧消化流程及作用

3.3.2　厌氧铁腐蚀现象

在厌氧环境下,零价铁(Fe^0)在水溶液中作为电子供体会发生析氢(H_2)腐蚀现象,如式(3.1)所示,是一种常见的化学过程。然而这一简单的化学过程与厌氧消化相结合可能就会出现一些如上所述的协同效应,至少缓释析出的 H_2 可作为嗜氢产甲烷过程和同型产乙酸过程的底物,直接促进 CH_4 增产。况且零价铁给出电子还可能还原污泥中夹杂的一些难降解有机物(Zhang et al., 2011; He et al., 2010; Joo and Zhao, 2008)。

1. 铁腐蚀析氢原理

铁腐蚀析氢原理通常可用式(3.1)表示。然而铁腐蚀析氢是一个复杂的化学过程,需要电子和质子同时存在,其中电子由铁转移至质子,生成吸附在铁表面的氢原子,两个氢原子再进一步结合成 H_2,如式(3.2)所示;其中,因为 $k_2 \gg k_1$,所以形成吸附在铁表面的氢原子(k_1)是铁腐蚀析氢的限速步骤(Wang and Farrell, 2003)。其实在厌氧条件下 $Fe(OH)_2$ 并不稳定;按 Shikorr 反应,$Fe(OH)_2$ 在温度超过 80 ℃时会转化为 Fe_3O_4(Schikorr, 1929),如式(3.3)所示;但在室温条件下,该反应进行缓慢或几乎就不进行,但是铁的存在可催化该反应进行(Reardon, 2005)。因此,式(3.1)和式(3.3)的反应在厌氧条件下铁腐蚀析氢过程中通常都是较为明显的现象。

$$Fe_{(s)} + 2H_2O_{(l)} \Longleftrightarrow Fe(OH)_{2(s)} + H_{2(g)} \tag{3.1}$$

$$2Fe_{(s)} + 2H^+_{(aq)} + 2e^- \xrightarrow{k_1} 2Fe\text{-}H \xrightarrow{k_2} 2Fe_{(s)} + H_{2(g)} \tag{3.2}$$

$$3Fe(OH)_{2(s)} \Longrightarrow Fe_3O_{4(s)} + H_{2(g)} + 2H_2O_{(l)} \tag{3.3}$$

2. 析氢速率

铁腐蚀析氢的速率直接决定了这一现象用于强化污泥厌氧消化的可行性。若析氢速率低，则 CH_4 增产作用不明显，投入可能多于产出；若析氢速率大，则铁的生命周期就会相应缩短，造成系统运行不稳定。根据式(3.1)，每 mol 的 Fe 可以生成 1 mol 的 H_2。如果式(3.3)所示的反应同时发生，则每 mol 铁就会额外生成 0.33 mol 的 H_2，但式(3.3)反应进行的程度不同，析氢速率也就不相同(Reardon, 1995)。

由于铁腐蚀析氢速率对其运用于厌氧消化过程至关重要，所以目前有关铁腐蚀析氢速率的研究呈上升趋势，主要通过测定厌氧系统内氢分压的变化来确定产氢速率(Milica et al., 2014)。有研究用零级反应模型分别估算了 5 种形态铁的产氢速率，并用实验数据予以佐证；模型中将铁腐蚀析出的氢分成进入铁晶格中的氢和溶入气相与液相中的氢两份，产 H_2 计算方法以式(3.4)为依据(Milica et al., 2014)。由于铁晶格中的氢多以氢原子形态存在，不直接参与污泥厌氧消化，所以仅以 R_{app} 来模拟铁腐蚀析氢速率。分析结果表明，对于粒径(d)在 $22\sim168$ μm 的铁屑，其析氢速率在 $0.2\sim3.03$ mmol·kg^{-1}·d^{-1}，实际 H_2 产量在 $2.38\sim3.62$ mL·d^{-1}(Milica et al., 2014)。也有人通过实验测定 d=0.5$\sim$2.0 mm 的铁屑在水中腐蚀析氢的速率为 5.8×10^{-2} mg H_2·kg^{-1} Fe·h^{-1}，即若要在 1 h 内产生 1 kg H_2 需要投加 1.7×10^8 kg 的铁屑(Reardon, 1995)。在厌氧消化系统中，因酸化微生物存在，生成的有机弱酸会加速铁腐蚀析氢，所以铁量实际需求应少于计算结果。

$$R_{corr} = R_{app} + k_s P_{H_2}^{0.5} \tag{3.4}$$

式中，R_{corr} 为校正后的析氢速率；R_{app} 为 H_2 溶入液相和气相中的速率；k_s 为西弗茨速率常数；P_{H_2} 为平均氢分压。

虽然理论上每 mol 的 Fe 可以生成 $1\sim1.33$ mol 的 H_2，但在实际厌氧消化系统中，铁腐蚀析氢速率受水质和铁的特征影响很大，如水的 pH、氧化还原电位(ORP)、碱度、DO 和铁的比表面积等。有人分别测定了纳米铁(nZVI)、微米铁(mZVI)和颗粒铁(granular ZVI)粒径、比表面积(BET)与腐蚀速率之间的关系，发现金属颗粒粒径越小、金属比表面积越大，析氢腐蚀越迅速(Milica et al., 2014)。也有人分析了铁表面氧化产物对铁腐蚀析氢速率的影响，发现其作用主要表现在两个方面：①铁的氧化产物(如 Fe_3O_4)可以促进电子转移，进而提高铁腐蚀析氢速率；②铁的氧化产物在细胞表面过度积累会造成细胞结构破坏，导致微生物活性下降、处理效果变差(Zhu et al., 2014)。可见，铁表面适量氧化产物对铁腐蚀析氢是有利的，但其量要保持在适度范围之内，否则会影响系统微生物活性，甚至导致运行失败。

3. H_2 对产 CH_4 的影响

H_2 作为污泥厌氧消化过程中一种重要的中间产物，对水解酸化过程、同型产乙酸过程和自养产甲烷过程都有重要影响。H_2 对厌氧消化系统的影响主要体现在三个方面：①作为自养产甲烷菌底物直接参与产甲烷过程，通过结合内源 CO_2 而获得 CH_4 增量；

②作为同型产乙酸菌底物,转换至乙酸后通过异养产甲烷过程间接提高 CH_4 产量;③若系统内氢分压过高,将会抑制丙酸向乙酸转化,导致丙酸积累(丙酸不能被产甲烷菌利用),从而抑制甲烷生产(Zhang et al., 2015a)。

国内外有关外源废氢/内源铁腐蚀析氢对厌氧消化提高甲烷产量的研究近年来出现上升趋势。针对丹麦政府提出的"至 2020 年,50%动物粪便都要用于生产可再生能源"的目标,有人为了提高生物气(沼气)中 CH_4 含量,向处理动物粪便厌氧反应器中通入 H_2,以期产生的生物气达到天然气中 CH_4 含量水平,使其直接供居民日常使用,避免热电联产利用中的能耗损失现象(Luo et al., 2012a)。实验表明,当混合气(H_2:CH_4:CO_2= 60:25:15)以 6 $L·d^{-1}$ 的速度通入厌氧反应器中时,产生的生物气中的 CH_4 含量在高温(T=55 ℃)条件下高达 95%,在中温(T=37 ℃)时达到 90%(Luo et al., 2012a)。此外,嗜氢产甲烷菌在通入混合气后富集程度显著提高,其活性从通入气体之前的 10 mL $CH_4·$ $(g\ VSS)^{-1}·h^{-1}$ 分别激增至 198 mL $CH_4·(g\ VSS)^{-1}·h^{-1}$(中温)和 320 mL $CH_4·(g\ VSS)^{-1}·h^{-1}$ (高温)。

前期研究显示,将 H_2 通入间歇市政污泥厌氧消化系统中,在污泥负荷为 0.75 $(g\ VSS)·L^{-1}·d^{-1}$、SRT 为 24 d 时,并在反应伊始注入 0.33 atm(分压)外源 H_2 时,CH_4 增产效果明显,生物气中的 CH_4 含量达到 71%(Liu et al., 2016)。实验还表明,外源 H_2 介入不仅是将系统中内源 CO_2 还原至 CH_4,还明显增强了污泥的降解效率,使 VSS 降解率提高了 10%(Liu et al., 2016)。

为减轻电子工业中产生的 CO_2 造成的温室效应,有人将电凝氢氟酸工业废水产生的 H_2 和电子工业的 CO_2 废气共同通入厌氧反应器中,使 CO_2 利用率(还原至 CH_4)达到 98%,CH_4 含量占生物气的 92%,且 CH_4 含量随 H_2 通入量的增加而增加;当通入比达 CO_2:H_2=1:5 时,CH_4 含量达最高值 95% (Seungjin et al., 2013)。

可见,H_2 在促进 CH_4 增产方面作用显著,加之铁腐蚀析氢具有以废促能的潜力,使得废铁屑在促进污泥厌氧消化增产 CH_4 方面具有相当的应用价值。

3.3.3　铁对 ORP 的影响

在厌氧消化产 CH_4 途径中,嗜氢(自养)与嗜乙酸(异养)产甲烷过程对 CH_4 产量的贡献率大约为 1/3 和 2/3(Gujer and Zerder, 1982)。然而占主导的嗜乙酸产甲烷菌所能利用的底物类型单一,仅为乙酸和甲醇(Zhen et al., 2015)。所以厌氧酸化的类型及其产物很大程度上决定着 CH_4 的产量。目前业界熟知的酸化类型有 3 种:①乙醇型发酵;②丙酸型发酵;③丁酸型发酵(Liu et al., 2008)。其中当乙醇和乙酸在总发酵液体产物中含量占80%以上时被定义为乙醇型发酵(Tang et al., 2014);当丁酸和乙酸在总发酵液体产物中占比为 70%~90%时界定为丁酸型发酵(任南琪等, 2003);而以丙酸和乙酸为主产物的发酵类型为丙酸型发酵(Fukuzaki et al., 1990)。丙酸积累会导致厌氧消化系统运行效果低下,甚至运行失败,所以在厌氧消化过程中应尽量避免丙酸型发酵现象出现(Pullammanappallil et al., 2001)。

可见要保证厌氧消化系统正常运行,维持适当酸化类型则成为维持厌氧消化持续产 CH_4 的重要控制条件。在众多控制条件中,ORP 被广泛认为是控制酸化类型的重要工况参数(Ren et al, 2007; Chen et al., 2015)。ORP 作为一个物理化学参数，决定厌氧系统的氧化还原状态、指示细胞内生物活动的电子转移状况(Liu et al., 2013)，并通过影响细胞内 NADH/NAD$^+$ 值来影响生物反应进行的方向(Zhuge et al., 2015)。另外，乙醇型发酵和丁酸型发酵主要参与的菌群都是严格的厌氧菌，这一点与丙酸型发酵不同(主要菌种为兼性厌氧菌)。显然不同 ORP 条件下处于竞争优势的微生物种群不同，也就造成不同 ORP 下存在着不同的酸化类型(Liu et al., 2012)。有人通过改变 ORP 来实验分析发酵产物变化规律：随 ORP 降低，丙酸型发酵首先出现(>–278 mV)；乙醇型发酵和丁酸型发酵则偏好更低的 ORP，在 ORP<–300 mV 时表现出主导优势(pH<4.5 时为乙醇型发酵占主导，pH>6 时为丁酸型发酵占主导)(Ren et al., 2001)。更有研究表明，产甲烷菌最适宜的 ORP 在 –350 mV 附近(Khanal and Huang, 2003)。由此可见，较低的 ORP 不仅有利于控制产甲烷所希望的酸化类型，而且对维持高的产甲烷菌活性也至关重要。

零价铁作为一种还原剂，可以有效消耗厌氧系统内的氧化剂，从而维持厌氧系统较低的 ORP。目前有关通过零价铁降低 ORP 来影响酸化类型途径的学术观点主要有两种：①从丙酸生成和转化来看，一种认为零价铁介入促进了丙酸向乙酸转化，进而减少丙酸积累(Meng et al., 2013)；②零价铁通过降低 ORP 抑制了丙酸生成，进而从根本上杜绝了丙酸型发酵(Ren et al., 2002)。有人分别向厌氧消化系统中加入零价纳米铁(NZVI)、还原性零价铁(RZVI)和工业废铁屑(IZVI)，使系统 ORP 从 –124 mV 分别降至 –480~–240 mV、–363~–237 mV 和 –260~–184 mV(Zhu et al., 2014)。也有人通过投加铁粉来优化厌氧废水水解酸化类型，以增加乙酸和丁酸的产量，减少了丙酸积累，为后续产 CH$_4$ 过程提供充足的底物(Liu et al., 2012)。还有人对 20 株产氢发酵细菌进行静态发酵实验后发现，加入铁的培养液使 ORP 得以降低，细菌发酵由原来的丁酸型向乙醇型转化，且 Fe^0 的作用优于 Fe^{2+}(王勇等，2003)。有关 ORP 与产 CH$_4$ 的关系还存在诸多证据，如有人在中温和高温条件下对纤维素和玉米秸秆进行厌氧发酵实验后发现，CH$_4$ 产量确实随 ORP 降低而明显升高(Golkowska et al., 2013)。

综上所述，废铁屑对强化厌氧消化产 CH$_4$ 具有相当的推动作用，其作用原理与可能的路径总结于图 3.6 中。一句话，铁介入厌氧系统，一方面可通过腐蚀析氢作用直接参与 CH$_4$ 生产；另一方面也可借 ORP 降低来改变发酵类型或优化甲烷菌生存环境提高 CH$_4$ 产量。

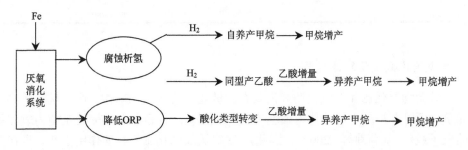

图 3.6　废铁屑强化厌氧消化产 CH$_4$ 的原理与可能的路径

3.3.4 铁对厌氧微生物的影响

厌氧消化系统组成复杂，微生物种群繁多，但根据作用机理不同，厌氧消化过程涉及的微生物大体上可分为两大类，即酸化细菌和产甲烷菌，如图 3.7 所示。酸化细菌可以将复杂的有机化合物水解、发酵，形成有机酸和醇类，并进一步将这些中间产物转化为 H_2、CO_2 和乙酸；产甲烷菌则将酸化阶段产物——乙酸、H_2 及 CO_2 转化为 CH_4。

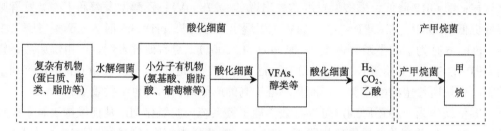

图 3.7　厌氧消化系统中两大类微生物作用机理

1. 厌氧消化系统中的微生物

CH_4 产量高低取决于发酵产物的种类和数量，而发酵产物种类与系统中微生物群落结构密不可分，微生物群落结构变化会引起系统酸化类型改变(李建政等，2004)。表 3.3 列出了不同酸化类型所对应的主要酸化细菌类别(Chen et al., 2015; Zhuge et al., 2015)。

表 3.3　酸化类型对应的主要微生物类别

酸化类型	微生物
乙醇型发酵	*Saccharomycetes*
丙酸型发酵	*Propionibacterium acidipropionici*
	Propionibacterium freudenreichii
	Propionibacterium thoenii
	Propionibacterium thoenii
丁酸型发酵	*L. dextranicum*
	Saccharomyces
	Zymomonas

2. 厌氧消化微生物的铁需求

产甲烷菌物质代谢和能量代谢都需要有微量元素的参与。Fe 作为产甲烷菌所必需的微量元素，可以参与产甲烷菌体内细胞色素、细胞氧化酶等合成，Fe 还是胞内氧化还原反应的电子载体(刘莉莉等，2007)。因此，Fe 对厌氧消化微生物的作用主要体现在两个方面：①Fe 作为微生物生长所必需的微量元素，构成了微生物细胞的重要成分；②Fe 可以参与微生物细胞代谢过程中的电子转移或作为胞外电子接收体参与微生物新陈代谢过程(Newman and Kolter, 2000)。

产甲烷阶段是厌氧发酵过程的最后环节,产甲烷菌代谢强弱决定了产甲烷的效率。研究表明,一些金属元素可以刺激产甲烷菌的活性,有助于 CH_4 产量提高(Zandvoort et al., 2006a)。表 3.4 总结了不同产甲烷菌对金属元素的需求及金属元素对产甲烷菌产生促进作用的阈值(Zandvoort et al., 2006b)。表 3.4 显示,存在多种金属元素可以促进产甲烷菌的生长,产甲烷菌对不同金属的需求量变化范围很大,且所有产甲烷菌均含 Fe、Co、Ni 这三种元素。在所有金属元素中,产甲烷菌对 Fe 的需求显著高于其他金属离子,所以向厌氧消化系统中投加 Fe 来强化 CH_4 生产应该不会对甲烷细菌生长、繁殖造成抑制作用。有人测定了 10 种不同产甲烷菌细胞中金属的含量;实验发现,即使是同一种属、利用相同底物的不同产甲烷菌,其胞内金属元素含量也存在明显差异;产甲烷菌细胞中微量元素含量的顺序依次为:Fe>Zn≥Ni>Co=Mo>Cu,且 Fe 因具有还原性,是所有厌氧微生物所必需的,其含量在细胞中高达 $0.7 \sim 2.8$ $g \cdot L^{-1}$,如表 3.5 所示(Scherer et al., 1983)。除此之外,以 Fe、Co、Ni 为顺序,只有当前一微量元素充足时,后面一个元素方能对甲烷菌生长起到激活作用(Speece, 1987)。可见,Fe 在产甲烷菌生长中的作用不容忽视。

表 3.4　不同种产甲烷菌对金属元素的响应浓度

种类	底物	响应浓度/(μmol/L)
Methanosarcina barkeri	乙醇	Fe(II)(35)
M. barkeri	乙醇	Co(1),Ni(1),Se(1),Mo(1)
Methanothrix soehngenii VNBF	乙酸	Fe(20~100),Co(2),Ni(2),Mo(2)
M. thermoautotrophicum	H_2/CO_2	Se(1),W(10)
M. thermoautotrophicum	H_2/CO_2	Fe(>5),Co(>0.01),Ni(>0.1),Mo(>0.01)
M. barkeri	乙醇	Mo(5)或V(2)
Methanococcus ofnielli	甲酸	Se(1),W(100)
Methanospirillum hungatei GP1	H_2/CO_2	Mn(50)

表 3.5　产甲烷菌细胞中元素组成

元素	质量分数/(g·kg⁻¹)	质量分数范围/(g·L⁻¹)	元素	质量分数/(g·kg⁻¹)	质量分数范围/(g·L⁻¹)
N	65	65~128	Fe	1.8	0.7~2.8
C	400	370~440	Ni	0.10	0.07~0.18
P	15	5~28	Co	0.075	0.01~0.02
S	10	5.6~12	Mo	0.06	0.01~0.07
K	10	1.3~5.0	Zn	0.06	0.05~0.63
Ca	4	0.1~4.58	Mn	0.02	0.01~0.025
Mg	3	0.9~5.3	Cu	0.01	0.01~0.16

　　基于 Fe 元素在厌氧微生物细胞中的重要地位,向系统中添加铁无疑会对微生物细胞生长繁殖乃至活性增强产生重要作用。向酒糟废液厌氧消化系统中加入铁等金属离子,系统中 VFAs 积累显著减少(乙酸积累减少 86%,丙酸积累减少 95%,戊酸几乎 100%被耗尽);使得产甲烷菌活性较未投加金属离子时的情况明显提高;导致 COD 去除率提高 32%,生物气增产 38%,CH_4 生成量从 0.085 g CH_4-COD· $(g\ VSS)^{-1}\cdot d^{-1}$ 增加至 0.32 g CH_4-COD· $(g\ VSS)^{-1}\cdot d^{-1}$,为没有外加 Fe 情况时的 3.8 倍(Espinosa et al., 1995)。究其原因,主要是外加 Fe 等微量元素后减少了细胞生长繁殖中的阻碍,增强了细菌的新陈代谢能力,使得嗜氢产甲烷菌、同型产乙酸菌和嗜乙酸产甲烷菌活性均获得提高。

　　3. 铁对硫酸盐还原菌(SRB)的抑制作用

　　对于生活污水而言,剩余污泥中硫(S)元素的存在为厌氧消化系统中的硫酸盐还原菌(SRB)创造了生存条件。对于制药、化工及造纸等工业废水而言,其中所含硫酸盐(SO_4^{2-})浓度之高更使得 SO_4^{2-} 还原过程不可避免地存在于厌氧消化过程中。因 SRB 与产甲烷菌(MPB)生存环境非常类似,且二者均以水解酸化后形成的有机酸或氢气作为底物(Chou et al., 2008; Yoda et al., 1987),所以 SRB 与 MPB 之间对相同底物(COD/H_2)竞争一直是有机废水/剩余污泥能源化的重要阻碍。加之 SRB 对 H_2 的亲和系数(Ks)低于 MPB,这使得嗜氢产甲烷菌在与 SRB 竞争 H_2 底物的过程中处于明显劣势(Berg et al., 1980)。进言之,硫酸盐生物还原过程形成的 H_2S 会显著抑制 MPB 的活性,有可能降低厌氧消化系统运行的稳定性,甚至导致整个厌氧系统运行失败(Hansen et al., 1999)。

　　将 Fe 引入厌氧消化系统中可望有效解决上述问题。一方面,Fe 作为电子供体可为 SRB 代谢过程提供电子(Yao et al., 2008),减弱其与 MPB 对底物的竞争。另一方面,去极化的 Fe 可与硫离子生成 FeS 沉淀,从而减少硫离子对 MPB 的毒害作用,如式(3.5)、式(3.6)所示。有人在厌氧颗粒污泥反应器中加入 Fe;实验发现,Fe 的加入增加了丙酸的降解能力和 MPB 的数量,同时减轻了 S^{2-} 对产乙酸菌、MPB 和 SRB 的抑制现象,使得反应体系中的 CH_4 产量得以提高;建立的厌氧消化数学模型也佐证了上述结果(Liu et al., 2015a)。此外,在含有 0.6 mM SO_4^{2-} 的污泥中加入 0.5 mmol/L Fe,使得乙酸转化为 CH_4 的速率和嗜乙酸产甲烷菌的数量都提高了 50%(Berg et al., 1980)。在有机物和 SO_4^{2-} 共存的厌氧消化系统中加入铁屑,发现 CH_4 产量和产率都较没有加入铁屑的系统要高,一方面是因为 Fe 作为电子供体促进了产 CH_4 过程;另一方面,生成的 S^{2-} 与 Fe^{2+} 反应生成 FeS,减少了 H_2S 对 MPB 的抑制作用(Karri et al., 2005)。

$$8H_{(aq)}^+ + 4Fe + SO_{4\ (aq)}^{2-} \Longleftrightarrow S_{(aq)}^{2-} + 4Fe_{(aq)}^{2+} + 4H_2O_{(l)} \qquad (3.5)$$

$$Fe_{(aq)}^{2+} + S_{(aq)}^{2-} \longrightarrow FeS_{(s)} \qquad (3.6)$$

3.3.5　铁促酶活作用

　　厌氧消化系统运行效果的好坏与系统内参与反应的关键酶及其活性密不可分。研究表明,厌氧消化过程中有将近 30%的酶含有金属元素(White and Stuckey, 2000; Osuna et al., 2003),其中,Fe 能合成和激活产酸和产甲烷阶段的多种酶(Ferry, 1999)。此外,产甲烷菌体内含有很多适应低 ORP 的酶，ORP 过高会使这些酶氧化失活(张冰, 2014)。可见无论从金属刺激酶活角度还是 Fe 降低 ORP 的角度，废铁屑在促进厌氧消化、甲烷增产方面均可以发挥相当的作用。

1. 铁与酸化阶段之酶

酸化阶段作为产甲烷阶段的预备阶段，其产物的种类和数量从根本上决定了 CH_4 产量的多寡。在乙酸合成过程中，乙酸激酶(AK)和磷酸转乙酰酶(PTA)是此过程的关键酶；对丁酸合成而言，丁酸激酶(BK)和磷酸转丁酰酶(PTB)则尤为重要。因为丙酸转乙酸过程是热力学非自发过程，所以丙酸转乙酸过程酶的活性高低也会对 CH_4 生成产生重要影响。因丙酸转乙酸过程也包括 PTA 和 AK 的参与，所以本节以丙酸转乙酸过程说明 Fe 对酸化阶段酶的重要作用，涉及的主要过程和相应酶如图 3.8 所示。

图 3.8　丙酸转化乙酸过程及相应酶

丙酮酸铁氧化还原酶(POR)是参与有机酸合成的一种重要酶，其结构中含有 3 个 [4Fe-4S]簇(Bock et al., 1997; Yakunin and Hallenbeck, 1998; Charon et al., 1999)，这就为通过投加 Fe 来提高 POR 活性奠定了结构元素基础。此外，脱氢酶、PTA、AK 的活性均受系统内 Fe 含量的影响(孟旭升, 2013)。有人向污水厌氧消化系统中加入了 5 $g \cdot L^{-1}$ Fe 粉末，以此来考察零价 Fe 对酸化过程中相关酶活的影响；研究发现，无论系统中是否添加了产甲烷菌抑制剂(BES)，加入铁的反应器中各酸化酶活性均高于没有加铁的反应器；特别是当加入了 BES 后各酶活性增强更为明显，与未加铁的反应器相比，含铁反应器的 POR 活性增强为原来的 34 倍，PTA 和 AK 的活性分别增强至原来的 10 倍和两倍；缓解了丙酸积累，增加了系统内乙酸含量，促进了丙酸向乙酸的转化，为产甲烷菌提供了更加充足的底物(Meng et al., 2013)。再次实验发现，向剩余污泥厌氧消化系统中加入 20 $g \cdot L^{-1}$ 废铁屑时，系统中蛋白酶、纤维素酶的活性分别增强了 92% 和 91.7%，使水解效率大幅提高；此外，AK、PTA、BK、PTK 等产酸酶的活性也提高了 57%～83%，使 VFAs 产量增加了 37.3%，发酵 20 d 后使 CH_4 增产 43.5%(Feng et al., 2014)。这些实验表明，废铁屑可提高水解酸化酶活性，进而强化厌氧消化过程，实现 CH_4 增产的目的。

2. 铁与产甲烷阶段的酶

如图 3.9(祖波等, 2008; Shima et al., 2002)所示，目前发现的 CH_4 生物合成途径有 3 种：①以乙酸为基质合成 CH_4，即嗜乙酸产甲烷过程；②以 H_2 与 CO_2 为基质合成 CH_4，即嗜氢产甲烷过程；③以甲基化合物为基质合成 CH_4，如由甲醇、甲基胺、甲基硫等合成 CH_4。3 种途径最终都形成甲基辅酶，甲基辅酶继而在甲基辅酶还原酶催化作用下最终合成 CH_4。在这 3 种途径中，以乙酸为底物的 CH_4 生物合成在自然界中占 70% 左右，以 H_2 与 CO_2 为底物合成的 CH_4 约占总量的 30%，而以甲基化合物为底物合成的 CH_4 量甚少，可忽略不计（单丽伟等，2003）。

图 3.9 显示，CH_4 合成途径中涉及多种酶、辅酶，其中含铁的酶无论是在嗜氢产甲烷过程中还是在嗜乙酸产甲烷过程中均占有相当比重；参与嗜氢产甲烷过程的含铁酶包括甲酰基甲基呋喃脱氢酶（Fmd）、F_{420} 还原氢化酶、HS-CoM 和 HS-CoB；参与嗜乙酸产甲烷过程的含铁酶包括乙酰辅酶 A 合成酶、一氧化碳脱氢酶（CODH）和 HS-CoM 及 HS-CoB。其中，CODH 是以乙酸催化 CH_4 生成的一种关键酶，其活性提高有利于提高产甲烷菌对乙酸的利用率（Rother et al., 2007）。此外，CODH 能够催化同型产乙酸菌利用 H_2 和 CO_2 合成乙酸的反应（Bainoitti and Nishio, 2000），可见 CODH 在异养产甲烷过程中的重要地位。这些金属酶通常以辅酶或辅酶因子的形式存在，因此决定了产甲烷菌对金属元素的依赖性（Zandvoort et al., 2006b）。

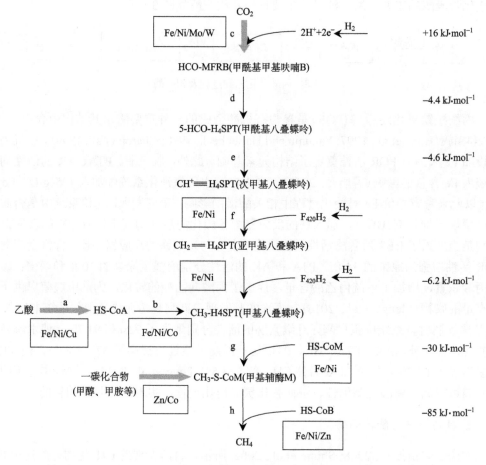

a.乙酰辅酶A合成酶；b.CODH；c.Fmd；d.甲基转移酶；e.次甲基八叠蝶呤环化水解酶；f.F_{420}还原氢化酶；
g.CoM甲基转移酶；h.次甲基八叠蝶呤甲基辅酶M还原酶

图 3.9　生物合成 CH_4 的 3 种途径

由以上分析可知，无论是在水解酸化还是产甲烷阶段，金属 Fe 在提高关键酶活性方面均能发挥不可替代的作用。通过向厌氧消化系统中投加 Fe 可以增强酶活性，促进 CH_4

产量和产率的双双提高，可进一步发掘剩余污泥的厌氧消化产 CH_4 潜力，为剩余污泥能源化助一臂之力。

3.3.6　废铁屑强化 CH_4 增产经济性分析

许多实验研究已经证明，向剩余污泥厌氧消化系统投加 Fe 可以显著获得 CH_4 增产（冯应鸿, 2014; Hu et al., 2015; Yang et al., 2013）。然而若要将该项技术用于工程实践，仍需论证其经济上的合理性。因为 LCA 是国际上普遍接受的一种评价体系，所以本综述采用 LCA 方法来评价基于废铁屑的污泥厌氧消化技术对环境的影响及经济合理性（表 3.6）。

表 3.6　废铁屑强化污泥厌氧消化技术经济性评估

	评价指标	数值
通用参数	处理污水能力/$(m^3 \cdot d^{-1})$	300 000
	厌氧消化池 SRT/d	20
	CH_4 热值/$(kW \cdot h \cdot kg^{-1})$	13.9
	电价/$[元 \cdot (kW \cdot h)^{-1}]$	0.81
	CH_4 发电效率/%	40
	CH_4 发热效率/%	50
	剩余污泥运输和处置费用/$(元 \cdot t^{-1})$	350
	CO_2 排放系数（以燃煤计）/$[kg\, CO_2 \cdot (kW \cdot h)^{-1}]$	1.05
传统厌氧消化工艺	CH_4 产量/$(kg\, CH_4 \cdot a^{-1})$	500 000
	厌氧消化池体积/m^3	4 000
	剩余污泥去除率（以干污泥计）/%	34
	污泥产量（含水率80%）/$(t \cdot a^{-1})$	20 000
	年均产电量/$(kW \cdot h \cdot a^{-1})$	2 780 000
	年均产热量/$(kW \cdot h \cdot a^{-1})$	3 475 000
基于废铁屑的厌氧消化工艺	CH_4 产量/$(kg\, CH_4 \cdot a^{-1})$	626 500
	厌氧消化池体积/m^3	4 000
	剩余污泥去除率（以干污泥计）/%	44
	年均产电量/$(kW \cdot h \cdot a^{-1})$	3 500 000
	年均产热量/$(kW \cdot h \cdot a^{-1})$	4 355 000
	厌氧消化池中废铁屑浓度/$(kg \cdot m^{-3})$	33
	铁屑购买价格/$(元 \cdot t^{-1})$	500
	铁屑运输费用/$(元 \cdot t^{-1})$	100
	年运输次数/$(次 \cdot a^{-1})$	1
	装填费用/$(元 \cdot a^{-1})$	60 000
	添加铁的额外投入费用/$(元 \cdot a^{-1})$	140 000
	每年减少的剩余污泥运输处置费用/$(元 \cdot a^{-1})$	700 000
	热电联产节省的能源费用/$(元 \cdot a^{-1})$	1 280 000
	与传统厌氧消化工艺相比节省费用总计/$(元 \cdot a^{-1})$	1 850 000
	碳减排量/$(kg\, CO_2 \cdot a^{-1})$	1 660 000

以日处理水量 30 万 $m^3 \cdot d^{-1}$ 的污水处理厂为例进行计算，向厌氧消化池投加 Fe 获得的 CH_4 增量可以参照之前的实验(Hu et al., 2015)予以放大。根据该实验结果，向污泥厌氧消化系统中投加 33 $g \cdot L^{-1}$ 废铁屑($8\ mm \times 3\ mm \times 0.5\ mm$)可获得 25.3%的 CH_4 增量，据此可计算案例污水处理 LCA 评估参数，结果示于表 3.6 中。根据 LCA 评估结果，基于废铁屑强化污泥厌氧消化技术，并将产生的生物气用于热电联产，与没有投加废铁屑的厌氧消化技术相比，每年可节省资金 185 万元·a^{-1}，并减少 CO_2 排量 1 660 t $CO_2 \cdot a^{-1}$，说明基于废铁屑的污泥厌氧消化技术完全可以实现环境、经济和社会效益三者统一，使污水处理走上可持续发展之路。

3.3.7 结语

《巴黎协定》预示着污水处理追求碳中和运行时代已经来临。然而剩余污泥(特别是二沉污泥)厌氧消化能源转化率较低一直是污水处理厂走上碳中和运行的瓶颈。有鉴于此，近年来有研究尝试通过添加外源废氢(H_2)或废铁屑于厌氧系统内原位产氢(H_2)并强化甲烷(CH_4)增产方式来找到强化污泥能源转化效率的又一突破口。

为此，本节从铁腐蚀析氢现象入手，在描述铁腐蚀析氢原理、析出 H_2 对产 CH_4 过程影响的基础上，对铁在厌氧系统 ORP 减少方面的作用，对厌氧微生物生理、生化特性的影响，对涉及微生物酶活性的影响等进行了全面的介绍。还通过 LCA 评价了基于废铁屑的污泥厌氧消化技术对环境的影响及经济合理性。

向厌氧消化系统中投加废铁屑，其腐蚀析出的氢可持续为嗜氢产甲烷菌和同型产乙酸菌/嗜乙酸产甲烷菌提供底物，直接(自养)或间接(异养)促进 CH_4 增产。与此同时，铁作为还原性物质在厌氧系统中还可以降低反应系统 ORP，引起酸化类型转变、减少丙酸积累，生成更多产甲烷菌能够直接利用的乙酸，进一步促进 CH_4 增产。着眼于微生物角度，废铁屑介入厌氧消化系统一方面可以增加构成微生物细胞必备的微量元素，促进厌氧微生物细胞的生长和繁殖；另一方面还可以促进厌氧微生物细胞内酶的合成并激活酶。

LCA 显示，废铁屑强化厌氧消化系统 CH_4 增产技术不仅经济上合理，而且获得的 CH_4 增量可使外源能源消耗产生的 CO_2 排放量大为降低。

3.4 污水中的腐殖质与厌氧消化

3.4.1 引言

《巴黎协定》的签署将低碳发展提升到政治层面，各国一系列碳减排计划将相继出台。对污水处理来说，"以能消能" "污染转嫁"(郝晓地，2006)的诟病显然已到了必须解决的地步。只有污水处理实现碳中和运行方能解决这些诟病(郝晓地，2014)，而碳中和运行首先是要将剩余污泥作为能源载体来看待，因为污泥有机物中蕴含着大量潜在绿色能源$[13\sim14\ kJ \cdot (g\ COD)^{-1}]$(郝晓地，2006)。

污泥厌氧消化是污泥有机物转化为能源的主要途径。但是污泥厌氧消化有机物转化能源效率一般来说并不是很高(30%～45%)(Weemaes et al., 2000)，这是因为污泥细胞结构、木质纤维素及腐殖质等成分的存在(郝晓地等, 2014e)。污泥细胞破壁、木质纤维素结构破稳可以通过预处理手段得到某种程度上的解决, 而腐殖质较木质纤维素结构更加稳定, 预处理恐怕也奈何不了(Yang et al., 2014)。这意味着, 研究腐殖质来源、结构特征及其在污泥厌氧消化过程中的演变, 对得出提高厌氧消化效率的策略而言不可回避。同时, 目前对污水处理厂污泥腐殖质堆肥及填埋等过程的演变研究较多(Chai et al., 2012; Kulikowska, 2016; Zhang et al., 2015b, 2015c; Zhu and Zhao, 2011); 而腐殖质在污水处理过程中的演变, 特别是关于它在污泥厌氧消化过程中演变的研究及报道相对较少。

　　因此, 需要详细了解腐殖质在污水处理过程中的迁移转化规律, 特别是对它最终在厌氧消化过程中的变化规律应该深入认识, 以总结出其影响厌氧消化效率的主要原因, 为相应制定消除其影响的技术策略提供理论基础, 目的是提高污泥厌氧消化能源转化效率。

3.4.2　腐殖质形成、结构特征及生物降解性

1. 腐殖质形成

　　腐殖质是动、植物及微生物残体在生物与非生物降解、聚合等作用下形成的天然有机质。腐殖质由胡敏酸(俗称腐殖酸)、富里酸、胡敏素组成; 胡敏酸溶于碱、在 pH < 2 的酸液中会形成沉淀, 富里酸为在酸、碱溶液中均可溶解的低分子物质, 胡敏素既不溶于碱也不溶于酸(Schinner, 2012); 胡敏酸、富里酸、胡敏素这三个组分的平均分子质量、结构组成、颜色深度大小顺序为胡敏素>胡敏酸>富里酸(胡敏素呈黑色、胡敏酸呈褐色、富里酸呈浅黄色), 各自分子结构中相应的羧基含量大小顺序则完全相反(Stevenson, 1982)。腐殖质是土壤有机质主要的存在形式, 一般占土壤有机质的 60%~90%(窦森等, 2008)。土壤(黑土、草甸土)腐殖质中的胡敏酸、富里酸、胡敏素含量分别为 42%、22% 和 36%(张晋京等, 2004)。因胡敏素分离与提纯技术困难, 目前有关它的研究甚少(Rice, 2001)。

　　关于腐殖质的形成目前存在 6 种主要学说, 如图 3.10 所示, 依次为糖—胺缩合学说(1)、多酚学说(2)、木质素起源的多酚学说(3)、木质素学说(4)、微生物合成学说(5)

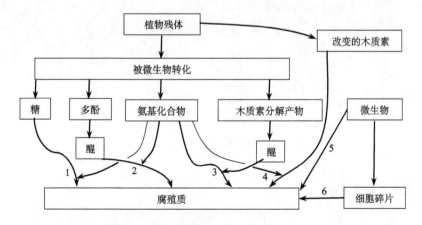

图 3.10　腐殖质形成过程(李学恒, 2001)

与细胞自溶学说(6)(李学恒, 2001)。此外,有人也提及了厌氧发酵学说,即有机质经过厌氧消化过程水解、产酸后,再经第三阶段——合成与聚合,腐殖类物质在微生物细胞体内合成,菌体死亡后被释放出来或在细胞外通过聚合作用生成(边文骅, 2001)。

2. 腐殖质的结构特征

腐殖质分子结构主要以芳香环作为骨架,同时存在一定数量的多环烷烃、含氮杂环;芳香环上还含有大量多种含氧官能团,包括羧基、醇羟基、酚羟基、羰基等,且其侧链上含有链烃化合物(如糖类、多肽),如图 3.11 所示(Stevenson, 1982)。这些结构特征使得腐殖质具有螯合、络合、氧化还原、吸附和离子交换等功能,可对它所处介质中的物理化学反应及物质迁移、降解转化行为发挥重要调控作用。其中羧基与酚羟基是腐殖质发挥调控作用最为关键的官能团,也是不同来源腐殖质结构中普遍存在的官能团(Aiken et al., 1985)。同时腐殖质很大程度上因醌基、酚羟基而具有氧化还原能力,并能介导电子转移(Aeschbacher et al., 2012)。此外,腐殖质分子呈交联网状结构,具有空穴,能够捕获和结合各种有机分子、无机质和水分子(Schulten and Schnitzer, 1997)。

不同来源腐殖质结构特征存在一定差异,这至少体现在它们的结构组成上。虽然不同来源腐殖质元素组成均以 C、O、H、N 为主,并含有少量 Ca、Mg 等灰分元素,但是不同来源腐殖质之间在元素含量与原子数摩尔比方面存在差异性,即便在同一介质下,腐殖质分子质量可在几百到几十万 Da 之间呈不均匀组合分布(Aiken et al., 1985)。这是影响腐殖质形成与演变过程的因数共同作用的结果:不同母源物质、不同腐殖化路径、不同腐殖化程度(即有机质被转化为腐殖质的进程,通常用其化学特征与光谱特征指标予以判断)(Li et al., 2004)。

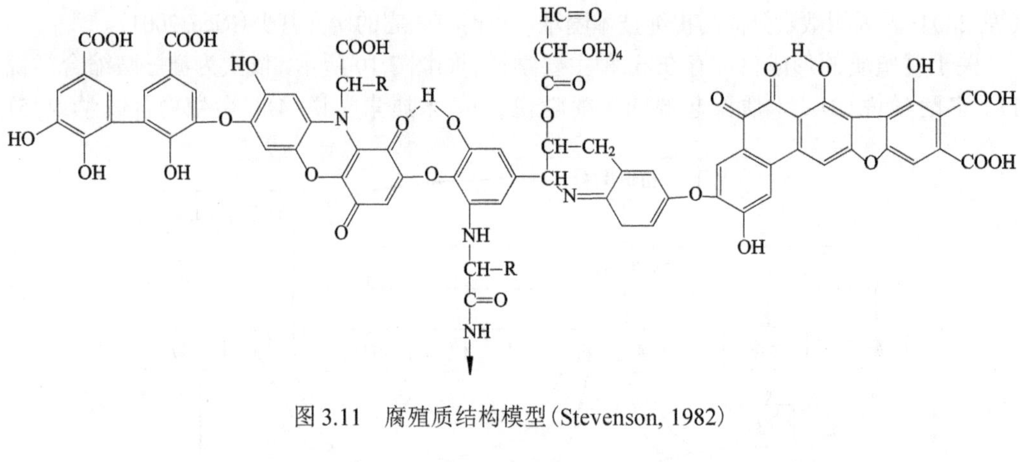

图 3.11　腐殖质结构模型(Stevenson, 1982)

3. 腐殖质生物降解性

真菌、放线菌与细菌通过协同作用可达到逐步降解腐殖质,甚至完全矿化腐殖质的目的,即把腐殖质完全降解为无机化合物;降解过程中真菌起主导作用,放线菌与细菌

发挥次要作用 (Qi et al., 2004a)。其中白腐真菌模式菌种——黄孢原毛平革菌 (*phanerochaete chrysosporium*) 可高效降解木腐类物质，能分泌较为完善的降解酶系，目前被认为是降解腐殖类物质最为有效的微生物 (Ralph and Catcheside, 1994)。真菌主要通过以下 3 种途径攻击腐殖质：①利用水解酶、漆酶和木素过氧化物酶攻击腐殖质结构侧链；②通过形成靠酶触启动的一系列自由基链反应攻击低分子量腐殖质，首先生成降解中间产物，然后被逐步降解，或者再通过参与聚合反应形成腐殖质；③通过酶促反应攻击高分子量腐殖质 (Grinhut et al., 2007)。从真菌降解腐殖质的途径可以看出，大分子腐殖质在微生物作用下可被降解为小分子腐殖质，而小分子腐殖质仍能通过聚合反应再形成分子量更大的腐殖质 (Perminova et al., 2005)。换言之，腐殖质组分之间存在着相互转化关系，如胡敏酸与富里酸之间可以转化 (Stevenson, 1982)。

3.4.3　污水中的腐殖质及其演变

1. 污水中腐殖质来源

污水中的腐殖质来源于生活废料中的动植物残体及其产品，包括蔬菜残渣、厕纸、纸屑、杂草树叶等；同时，雨水冲刷土壤也会将土壤腐殖质带入污水中。此外，环境因素可能引起污水管网内壁污泥腐殖质释放 (Jahn and Nielsen, 1998)；工业废水因原料加工会产生腐殖质 (Drozd et al., 1997)；饮用水源源头本身就含有腐殖质 (Chalor and Gary, 2007)；地下水入渗排水管网也会带入腐殖质 (Kim et al., 1989)；污水输送环节微生物活动也可能产生腐殖质 (Hur et al., 2010)。

2. 腐殖质在污水处理中的演变过程

研究表明，腐殖质在污水中大部分以胶体微粒 (1～100 nm) 存在，部分以悬浮颗粒存在，少量以真溶液形式存在 (Thurman, 1985)；它们是污水中溶解性有机物 (DOM，可通过 0.45 μm 滤膜) 组成成分之一，占 DOM 的比例为 3%～55% (金鹏康等, 2015; Imai et al., 2002)。在污水处理过程中，沉砂池与初沉池对无机颗粒与大颗粒悬浮物去除时也能因共沉淀作用而去除少量腐殖质 (Li et al., 2013a)，但是一般不会引起腐殖质结构变化；二级生物处理过程中微生物很难降解腐殖质，腐殖质大多因活性污泥吸附作用而转移到污泥表面，此时腐殖质结构可能发生一定变化。

1) 含量变化

有研究以 A^2/O 工艺为例，考察腐殖质随处理流程的含量变化，如图 3.12 所示。该研究以腐殖质累积去除率及腐殖质占溶解性有机物 (DOM) 比例 (以 TOC 衡量) 来表示腐殖质的沿程含量变化。图 3.12 显示，腐殖质在整个 A^2/O 工艺中的累计去除率为 89.5%；其中生物处理过程对腐殖质累计去除率高达 81.4%，初级处理 (初沉池) 对腐殖质去除率仅为 8.1%。与此同时，随污水中易降解的 DOM 不断被降解转化，各处理单元出水中的腐殖质占 DOM 的比例从进水时的 38.9% 提高到二沉池出水时的 61.6%。

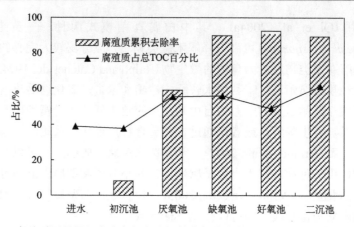

图 3.12　腐殖质沿程累积去除率与在溶解性有机物中的(TOC)占比(石彦丽，2014)

在考察胡敏酸、富里酸和亲水性有机物变化过程时发现，当进水中胡敏酸与富里酸含量分别为 6.8 mg C·L^{-1} 和 17.9 mg C·L^{-1}(以 TOC 计)时，在二沉池出水中两者的含量分别下降到 0.24 mg C·L^{-1} 和 2.14 mg C·L^{-1}，去除率分别是 96.5%和 88.1%。因初沉池对腐殖质去除率相对有限，所以生物处理是主要的去除单元(去除率约为 80%)，且对胡敏酸的去除效果优于富里酸(石彦丽，2014)。

显然，生物处理对腐殖质的去除仅仅是活性污泥吸附作用的结果，并非降解转化的结果。污水生物处理沿程腐殖质类荧光峰毫无消失的现象也证实其在生物处理过程中难以被生物降解，微生物只是改造它们的部分结构(Yu et al., 2013)。研究显示，腐殖质在污水生物处理过程中基本上不能作为异养微生物的碳源，它主要被活性污泥吸附而去除(Fein et al., 1999)；污泥与腐殖质之间相互吸附的主要机制是腐殖质的疏水性与阳离子架桥作用，其中 pH 与离子强度是影响腐殖质与活性污泥之间吸附效果的主要因素(Esparza et al., 2011)。虽然活性污泥以相同机制吸附胡敏酸和富里酸，但是胡敏酸相对于富里酸，其结构中通常含有较多的芳香碳、侧链上有更长的脂肪酸化合物及更少的羧基官能团；这些结构特征使得胡敏酸的疏水性比富里酸要强(Thurman, 1985)。因此，活性污泥系统对胡敏酸的去除效果一般会优于富里酸。通过添加二价阳离子(如 Ca^{2+})提高污水进水中离子强度的方式可增强阳离子架桥与疏水性作用，继而提高活性污泥对胡敏酸与富里酸的吸附效果(Zhou and Banks, 1993)。在此技术干预过程中，可能会更加明显提高活性污泥对富里酸的吸附效果，但是疏水性仍是影响活性污泥与胡敏酸/富里酸之间相互吸附的主导因素，胡敏酸此时相对较强的疏水性仍会使得活性污泥对它的吸附率高于富里酸(Esparza et al., 2011)。

污水生物处理过程中腐殖质非但难以降解，而且还会因微生物与化学作用而出现腐殖质含量增多的现象。研究显示，采用葡萄糖这种简单有机物作为 SBR 系统单一碳源，在系统出水中也能检测到腐殖质等复杂有机物，它们是微生物新陈代谢的产物(Esparza et al., 2011)。此外，图 3.10 显示的途径 1 也会产生腐殖质，由糖类与蛋白质或氨基化合物随机缩合形成，即美拉德反应(Jezierski et al., 2000)；电子自旋共振光谱显示，这种反应也可能在污水处理过程中出现(Pajączkowska et al., 2003)。研究还显示，微生物胞外聚合物(EPS)中腐殖质的形成与其组分中其他物质的(如蛋白质、糖类化合物等)变化有关(Sheng and Yu, 2006)。这至少表明,污水生物处理过程存在由蛋白质与糖类化合物反应生成腐殖质的途径。

还有研究表明,腐殖质组分胡敏酸与富里酸之间存在相互转化关系(Stevenson, 1982)。但是关于污水处理过程中它们之间转化关系的研究报道还不多见,主要是因为发现并合理证实它们之间的转化关系存在较大分析难度。

2)结构变化

有研究表明,溶解性有机物结构特征在污水处理过程沿程存在一定变化,它们的芳香度与腐殖化程度将得到增强,且在提高污泥龄(SRT)条件下,出水中腐殖质的分子质量、芳香度及荧光峰峰强有变大趋势(Esparza et al., 2011)。研究还显示,污水经过 A^2/O 工艺处理后,二沉池出水中胡敏酸与富里酸的比紫外吸收值 $SUVA_{254}$(波长为 254 nm 时单位浓度 TOC 的紫外吸光度值;其值越大,芳香度越大)相对于原进水分别增大 187% 和 83%(Weishaar et al., 2003);同时,两者羧基、酚羟基含量与分子质量也有所提高(金鹏康等, 2015)。又有研究显示,污水经过 A/O 工艺处理后,腐殖质荧光峰峰强沿程明显增大,尤其是在好氧池出水中会出现新的腐殖质荧光峰(Wei et al., 2012)。这些研究表明,腐殖质虽然难被微生物降解,但是其结构组成与特征能发生一定变化,它的芳香度与氧化程度均会得到提高,表现为结构中羧基化、羟基化程度加大,出现发色等共轭基团组分,芳香族化合物部分提高。因芳香度增大,腐殖质变得更为稳定、更难生物降解。

此外,研究又发现,污水经生物处理(SBR 或 A^2/O 工艺)后,腐殖质荧光峰红移(He et al., 2015; Hur et al., 2011),它占出水中荧光物质的比重明显增大;同时,二沉池出水溶解性有机物整体腐殖化程度与芳香度会提高(Hur et al., 2011)。荧光峰红移与腐殖质的羧基、羰基、羟基、氨基增加有关(Chen et al., 2002),这也许表明,腐殖质结构组成中长链脂肪族化合物部分在微生物作用下可能被破坏,并被进一步改造,导致羧基、羟基等官能团生成(Dignac et al., 2001; Polak et al., 2009)。

然而核磁共振光谱与傅里叶变换红外光谱显示,污水经活性污泥处理后,虽然长链脂肪族化合物被转化为高度支链化的结构,且羧酸碳和羰基碳比例有所增大,但是芳香度却比较低(Dignac et al., 2001; Jezierski et al., 2000)。

总而言之,污水生物处理过程主要利用微生物吸附作用去除腐殖质,且在微生物主导作用下会出现腐殖质形成现象,也会发生腐殖质结构特征变化现象。污水生物处理过程使腐殖质腐殖化程度、芳香度及生物难降解性有所增大,同时其结构中羧基与酚羟基比例也得到相应提高。经过生物处理后,易降解有机物被降解,而腐殖质除被污泥吸附外(约 80% 被吸附)(石彦丽, 2014),残留溶解性腐殖质仍占出水中 DOM 较大比例。事实上,在污水生物处理过程中,剩余污泥才是腐殖质最大的归宿。

3.4.4　污泥腐殖质含量与结构特征

1. 含量

目前有关污泥腐殖质提取及提纯步骤基本参考国际腐殖质协会提出的提取土壤腐殖

物质参考方法(IHSS, 2015),或是在此方法上进行的简化(Réveillé et al., 2003)。腐殖质提取与提纯方法会影响污泥中腐殖质含量测定,表 3.7 总结了几种代表性方法检测腐殖质含量(胡敏酸与富里酸含量之和)的数据结果(李有康等, 2013; Li et al., 2014a; Wei et al., 2016)。表 3.7 中的数据显示,除简化的 IHSS 法提取的腐殖质含量较低外,其他 2 种方法提取的腐殖质含量范围大致相当,占污泥总固体(TS)的 11%~16%,且胡敏酸含量远高于富里酸。

表 3.7   剩余污泥中腐殖质含量

提取方法	富里酸/ [mg·(g TS)⁻¹]	胡敏酸/ [mg·(g TS)⁻¹]	腐殖质占 TS[②]含量/%	文献
IHSS 法[①]	15.4	130.1	14.6	(李有康等, 2013)
简化的 IHSS 法	15.5	39.2	5.5	(李有康等, 2013)
超声波+膜法	—	—	16.3	(Wei et al., 2016)
IHSS 法	12.5	100.2	11.3	(Li et al., 2014a)

①指国际腐殖质协会推出的提取土壤腐殖物质参考方法;②污泥总固体。

2. 结构特征

相对于其他来源的腐殖质,污泥中腐殖质 C 元素、C/N、羧基与酚羟基含量较低,而 N 与 H 元素及 H/C 较高,如表 3.8 所示;大量研究也印证了表 3.8 显示的结果(Dores et al., 2014; Hernandez et al., 1988)。在腐殖质结构组成与特征分析上,由元素含量与原子个数比通常便可得出一般性结论:C 元素含量越高,则腐殖化程度越高;C/N 越大,则腐殖化程度与稳定程度越高;H/C 越大,则缩合度与芳香度越低,而脂肪族化合物成分较多;O/C 越大,则碳水化合物成分或含氧官能团含量越高(Hargitai, 1994; Rice and Maccarthy, 1991)。腐殖质这一化学特征说明污泥腐殖质腐殖化程度相对较低,所含脂肪族化合物较多,而芳香族化合物含量较少。表 3.8 显示的污泥腐殖质羧基与酚羟基相对较低的含量也能辅助说明污泥腐殖质腐殖化程度确实较低(Hargitai, 1994)。

表 3.8   不同来源腐殖质化学特征

来源	元素含量/%			原子个数比			酸性基团/(mmol·g⁻¹)	
	C	N	H	C/N	H/C	O/C	—COOH	酚—OH
污泥富里酸	46.79	5.55	7.89	9.84	2.02	0.62	2.84	0.42
污泥胡敏酸	57.22	7.38	8.46	9.04	1.77	0.32	2.02	0.30
泥炭胡敏酸	58.32	1.93	5.47	30.20	1.12	0.31	3.76	3.27
风化煤胡敏酸	60.93	0.94	3.53	64.80	0.69	0.41	4.38	2.74

此外,不同有机质通常会有不同原子个数比。将有机质的原子个数比表示在以 O/C 为横坐标、H/C 为纵坐标的坐标系中(van Krevelen,范式),可以发现每种有机质在此坐标系中都有其特定位置,并组成一个三角形区域,如图 3.13 所示。把表 3.8 中污泥、泥

炭及风化煤腐殖质 O/C 与 H/C 也标示在图 3.13 中后可以看出，污泥腐殖质含有较多类脂肪族化合物、氧化程度较低。通常腐殖化程度高的腐殖质都位于图 3.13 三角形区域右下方，反映了有机质成岩氧化与脱水过程：氧化过程将使有机质向高的 O/C 方向移动；而脱水过程则使它向图中箭头所示方向移动（斜率为−2）（van Krevelen, 1950）。因此，污泥腐殖质结构组成与特征在外界条件下更有可能朝着腐殖化程度加深方向演变，且演变程度相对更大。

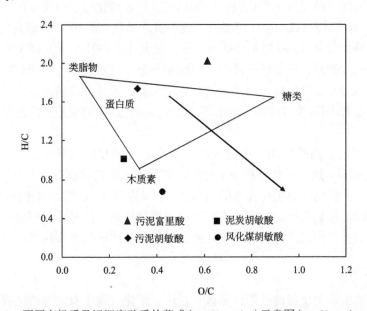

图 3.13　不同有机质及污泥腐殖质的范式（van Krevelen）示意图（van Krevelen, 1950）

核磁共振光谱（NMR）、傅里叶变换红外光谱（FT-IR）等结构分析工具还直接显示，污泥腐殖质结构组成异质性高：侧链上含有较多油脂类、多糖、多肽化合物，且脂肪酸是污泥腐殖质结构组成的基础（Hermandez et al., 1990），它可以依靠酚酯键和吸附力（氢键、范德瓦耳斯力）成为污泥腐殖质的一部分（Piccolo et al., 1990）。也有研究显示，脂类化合物占污泥腐殖质中脂肪族化合物的含量高达 50%（Amir et al., 2005）。这些研究进一步说明，污泥腐殖质脂肪族化合物成分较多。因为腐殖质可以分为不易被微生物降解的稳定组分（如芳香族化合物）和易被微生物降解的不稳定组分（如脂肪族化合物）（Adani and Spagnol, 2008），所以污泥腐殖质结构组成与特征可被改变的程度较大。

总而言之，污泥腐殖质高度支链化的脂肪族化合物所占比例较大，腐殖化程度较低，其结构组成与特征在厌氧消化过程中被改造的可能性与空间较大。

3. 腐殖质与厌氧消化

综上所述，腐殖质在污水处理过程中的最大归宿是剩余污泥。作为剩余污泥有机质主要成分之一，腐殖质具有很强的参与物理、化学反应的能力，这使得它在污泥厌氧消化过程中能发挥某些重要调控作用。因此探讨腐殖质在厌氧消化过程中的变化趋势有助于了解其迁移转化规律，同时总结出它影响厌氧消化效率的原因。

3.4.5　腐殖质在厌氧消化过程中的变化

1. 含量变化

采用荧光光谱联合平行因子分析法的研究显示，序批式(SBR)厌氧消化过程有机质生物降解难易程度顺序为：腐殖质类物质>酪氨酸类物质>色氨酸类物质，这也是污泥有机质能源转化率低下的原因之一(Li et al., 2014b)。厌氧消化过程中腐殖质非但难生物降解，其前体物(如木质素)或细胞还可能会生成少量腐殖质(Qi, 2001)。研究发现，腐殖质是厌氧细菌胞外聚合物(EPS)的重要成分之一，这其中一些腐殖质是微生物新陈代谢的产物(Britt et al., 2003)；厌氧消化液中氨基酸和小分子有机酸还可以在适宜条件下形成腐殖质(Filip and Smed, 1988)。此外，没有完全水解的木质纤维素可能会转化为一些仍难生物降解的中间产物，如酚醛、多酚等，它们可以再通过聚合反应形成腐殖质(Qi et al., 2004b)。

也有研究表明，腐殖质组分中胡敏酸与富里酸之间存在相互转化关系(Stevenson, 1982)。这也意味着，厌氧消化过程中胡敏酸与富里酸之间的比值可能会发生变化；这一比值可以作为判断腐殖质腐殖化程度的指标之一：其值越大，表明腐殖化程度越高(He et al., 2011)；同时，根据这一比值变化也可以探索腐殖质形成途径，并判别胡敏酸与富里酸之间的转化关系。因此，需要研究厌氧消化过程这一比值的变化趋势。

2. 结构变化

因污泥腐殖质腐殖化程度较低，所以它在厌氧消化过程中有向腐殖化程度加深方向演变的趋势。相对于污水处理厂其他处理单元，厌氧消化池能促使污泥腐殖质发生较强的腐殖化现象(Polak et al., 2007)；研究显示，污泥腐殖质经厌氧消化处理后，其芳香度、稳定程度及氧化程度均会得到提高(Bartoszek et al., 2008)，但是目前关于腐殖质在厌氧消化过程中结构的具体变化特征还不清楚，仅有限文献从局部角度分析了腐殖质厌氧消化过程变化的大体趋势(Dignac et al., 2001)。

有研究对比分析了污水处理厂初沉池、活性污泥内循环室、厌氧消化池及污泥干化床等几处污泥腐殖质化学与光谱特征；结果显示，厌氧消化过程比较明显地加深了腐殖质腐殖化程度，其芳香度与氧化程度双双增强(Pajączkowska et al., 2003)。也有研究显示，对比初沉池，消化池污泥中胡敏酸组成元素中芳香碳原子、羧基碳原子分别增加7.0%和1.5%，脂肪族化合物碳原子减少7.5%，芳香度提高8.2%(Bartoszek et al., 2008)。

然而也有研究显示，厌氧消化液中的E_4/E_6值(波长465 nm和665 nm处吸光度的比值；比值越小，芳香度越大)大于10，明显高于土壤耕层胡敏酸的E_4/E_6值(一般小于6)(Cieslewicz and Gonet, 2004; Ohta et al., 1983)；厌氧消化液的比紫外吸收值SUVA$_{254}$(波长为254 nm时单位浓度TOC的紫外吸光度值；其值越大，芳香度越大)最大为1.8 L·(mg·m)$^{-1}$，比初始值提高了50%(Xu and Cui, 2011)。还有采用电子自旋共振(ESR)、红外光谱(IR)与碳13核磁共振(^{13}C NMR)分析技术的研究显示，腐殖质在污泥厌氧消化与污泥干化床处理过程中都发生了腐殖化现象，但强度弱于污泥堆肥过程

(Polak et al., 2005)。这些研究表明，污泥腐殖质经厌氧消化，其芳香度及腐殖化程度均有提高，但仍小于土壤和肥料腐殖质的腐殖化程度。

　　3. 研究腐殖质厌氧演变的意义

　　腐殖质结构所含高反应活性官能团能对厌氧消化产生多方面影响，特别是可以通过多种机制严重降低有机质水解效率，如表 3.9 所示。研究认为，随着厌氧消化进行，腐殖质累积会抑制甲烷产生，因为它会阻碍其他有机质水解(Li et al., 2014b)，而且它能使污泥胞外聚合物(EPS)中的有机质更难释放和分解(Guo et al., 2015)。研究还显示，胡敏酸与富里酸两者含量范围均为 $0.5\sim5$ g·L^{-1} 时，都能不同程度抑制酶催化与微生物催化水解反应；当两者含量皆为 5 g·L^{-1} 时，则可完全抑制所有实验组水解反应进行(Fernandes et al., 2015)。

表 3.9　腐殖质对厌氧消化的影响与涉及的主要官能团

影响	主要涉及的反应	主要官能团	文献
降低有机物水解效率	物理吸附及络合	羧基、酚羟基	(Fernandes et al., 2015)
降低或提高 CH$_4$ 产量	氧化还原	醌基	(Liu et al., 2015b; Ho and Ho, 2012)
促进丙酸向乙酸转化	氧化还原	醌基	(Qi, 2001)
偶联有毒有机物降解	氧化还原	醌基	(Wang et al., 2009)
降低重金属生物有效性	络合及螯合	羧基、酚羟基、氨基	(Garcia, 2006; Martínez and Mcbride, 1999)

　　显然腐殖质对厌氧消化的影响在很大程度上取决于进入厌氧消化系统腐殖质的含量及其结构变化特征。因此，根据腐殖质在厌氧消化沿程含量与结构的变化特征，可以在很大程度上勾勒出腐殖质发挥调控作用的踪迹，这可为研究腐殖质对厌氧消化的影响提供基础。

　　水解本来就是污泥有机质厌氧消化过程的限速步骤，而腐殖质的进入则使得水解过程变得"雪上加霜"。从腐殖质在厌氧消化过程中的变化来看，其结构中的芳香环骨架及多种含氧官能团并不会消失，显示出它有持续影响厌氧消化过程的结构基础(Butler and Ladd, 1969)。此外腐殖质稳定程度与氧化程度增强，这意味着它通过物理与化学作用结合重金属的机会和强度会明显提高，将导致重金属生物有效性被降低(Dong et al., 2013)。重金属的生物有效性被降低，会降低它们对微生物的毒性作用，也有可能造成微生物微量元素不足，进而影响厌氧消化。最后，由消化污泥中腐殖质含量与结构特征可以判断消化污泥稳定程度与腐熟度(Wei et al., 2014)，为污泥最终处置提供基础；腐殖质稳定程度、芳香度及氧化程度得到提高后对污泥土地利用可起到一定的积极调控作用(Tahir et al., 2011)。

3.4.6　结论与展望

　　腐殖质由胡敏酸、富里酸、胡敏素组成，普遍存在于污水中，其含量为污水中溶解性有机物(DOM，可通过 0.45 μm 滤膜)的 3%～55%。腐殖质分子结构主要以芳香环作为骨架,同时存在一定数量的多环烷烃、含氮杂环;芳香环上还含有大量多种含氧官能团,可对它所处介质中物理化学反应及物质迁移、降解转化行为发挥重要调控作用。其中羧基与酚羟基是腐殖质发挥调控作用最为关键的官能团,也是不同来源腐殖质结构中更为普遍存在的官能团。

在污水处理过程中,沉砂池与初沉池对无机颗粒与大颗粒悬浮物去除时也能因共沉淀作用而去除少量腐殖质(Li et al., 2013b),但是一般不会引起腐殖质结构变化;二级生物处理过程中微生物很难降解腐殖质,腐殖质大多(约80%)因活性污泥吸附作用而转移到污泥表面,此时腐殖质结构在一定程度上可能存在一定变化。在厌氧消化过程中,污泥带入的外源腐殖质沿程可能发生结构和形态变化,同时其前体物质或细胞还会形成少量内源腐殖质,这就决定了腐殖质含量在厌氧消化过程中呈动态变化趋势。虽然腐殖质绝对含量变化可能并不是很大,但是经厌氧消化处理后,腐殖质芳香度、稳定程度及氧化程度均会得到提高,即其腐殖化程度会有所提高。

腐殖质一旦进入厌氧消化系统非但难降解,反而因为其结构中的羧基与酚羟基而降低其他有机物的水解效率,这都会抑制 CH_4 生成;预处理措施未必能破坏腐殖质结构,消除不了它对厌氧消化的影响,原位钝化腐殖质的含氧官能团方有可能奏效(Ladd and Butler, 1970)。因此,需要总结出污泥厌氧消化过程腐殖质演变的一般性规律,并探知腐殖质化学与光谱特征,特别是羧基与酚羟基的含量变化,为制定解抑制技术策略提供基础;同时,采取经济可行的方法利用消化污泥中的腐殖质也值得探索,以高效实现污泥厌氧消化能源化与资源化处理处置。

3.5　屏蔽腐殖质抑制污泥厌氧消化方法

3.5.1　引言

污水处理化石燃料消耗产生的 CO_2,以及处理过程中产生的甲烷与氮氧化物(N_2O)引起的 CO_2 排放当量占全球温室气体排放量的 2%~5%(Kampschreur et al., 2009; El-Fadel and Massoud, 2001)。污水处理如果实现碳中和运行,或者说,完全能量自给,那么外源化石燃料消耗所产生的 CO_2 排放量便可为零(Hao et al., 2015)。显然,碳中和运行能量自给的首要来源是污水处理过程中产生的剩余污泥(Hao et al., 2015)。然而污泥中细菌细胞结构、木质纤维素及腐殖质等在很大程度上制约了污泥厌氧消化转化能源的效率(郝晓地等, 2014d),中温厌氧消化通常获得的污泥能源转化率一般在 45%以下(Weemaes et al., 2000),这就制约了污泥厌氧消化转化能源的大规模应用。其中污泥所含腐殖质成分较为特别,它不仅自身难以生物降解,而且在厌氧消化过程中还会影响其他有机物降解或转化(Fernandes, 2015),这就使之成为需要重点研究的对象。

腐殖质广泛分布于土壤、沉积物与水体环境中,由动、植物与微生物残骸经物理、化学、生物分解、合成作用产生,是一类具有芳香族醌类结构特征的聚合物(Sastre et al., 1996)。腐殖质是污水/污泥有机成分(COD)中不可忽视的组成成分。研究表明,腐殖质在污水中大部分以胶体微粒(1~100 nm)形式存在,部分以悬浮颗粒形式存在,也有少量以溶液形式存在；它们是污水中溶解性有机物(DOM，可通过 0.45 μm 滤膜)的组成成分之一，含量占污水中溶解性有机物(DOM)的 3%～55%、占剩余污泥中有机物含量的6%～20%(以 VSS 计)(金鹏康，2015 等；郝晓地等，2013a; Akio et al., 2002; Imai et al., 2002; Thurman, 1985)。污泥中的腐殖质含量虽少，但极难降解，而且会明显抑制蛋白质、脂质、纤维素等复杂有机物的水解(Fernandes, 2015)。此外，腐殖质或醌类物质还会影响污泥厌氧消化系统产甲烷细菌生理代谢，进而影响污泥厌氧消化产甲烷过程(Cervantes et al., 2000)。但是腐殖质结构中的醌类基团可以作为电子受体、电子中间体参与厌氧消化过程中微生物与有机底物间的电子传递，可促进酸化和产氢/乙酸过程(Scott et al., 1998; Dos Santos et al., 2004)。这就是说，污泥中的腐殖质可能抑制或影响厌氧消化过程的两头，对中间过程或许还存在某些促进作用。因此，研究腐殖质影响厌氧消化过程的机理十分必要，这对提高污泥厌氧消化有机物能源转化效率具有十分重要的意义。

　　本节在介绍剩余污泥腐殖质来源与形成、结构与性质的基础上，归纳腐殖质对污泥厌氧消化过程的作用机理，探讨破解腐殖质抑制厌氧消化的方法，总结污泥腐殖质厌氧消化研究方向。

3.5.2　剩余污泥中的腐殖质

　　了解剩余污泥中腐殖质来源、形成及结构和性质对深入认识其对厌氧消化过程的影响十分重要，是本节的基础，分述如下。

1. 来源与形成

　　腐殖质是土壤有机质主要的存在形式，一般占土壤有机质的 60%～90%(窦森等，2008)。土壤(黑土、草甸土)腐殖质中胡敏酸、富里酸、胡敏素的含量分别为 42%、22%和 36%(张晋京等，2004)。因腐殖质中胡敏酸、富里酸含量为主要成分(达 60%以上)，且胡敏酸最活跃，所以研究多以胡敏酸、富里酸为主；胡敏素由于分离纯化复杂，难以测定，对它的研究相对较少(张晋京和窦森，2008)。

　　木质素及其降解产物(酚类、醌类及脂肪族化合物)也是腐殖质形成的重要前体物质(王一明等，2006)。研究表明，在微生物作用下，木质素侧链氧化生成木质素类衍生物，构成了腐殖质核心骨架；木质素经微生物代谢，单体产物经缩合或聚合反应也可能形成腐殖质(Amir et al., 2006)。腐殖质一般比其前体物质更难降解(李晓齐，1993; Bo et al., 1996)。剩余污泥腐殖质中富里酸含量约为胡敏酸含量的 1/8(Li, 2013)。腐殖质的来源、形成路径、前体物聚合方式等不同，导致腐殖质组分千差万别，其提纯过程也复杂、繁琐(李学垣，1997; Hofrichter, 2004)。剩余污泥中的腐殖质比土壤腐殖质含有较少的 C 元素及芳香族和羧基官能团，而其中 H、N 元素及脂肪族和酚羟基官能团含量较多(Hermandez et al.,1990)。

　　活性污泥因为比表面积较大，且具有多孔结构和黏性胞外聚合物，所以活性污泥具有良好的吸附性能(冯华军等，2008)。在传统活性污泥工艺中，污水中的腐殖质难以作为微生物生长的碳源而被降解，主要(67%～84%)通过活性污泥吸附于污泥表面而随同污泥从污水中被分离出来；腐殖质随污泥进入厌氧消化系统后，一部分被吸附的腐殖质会在污泥水解过程中解吸(方芳等, 2008; Yu et al., 2012)而溶入消化液。

醌类物质是形成腐殖质的重要前体物质。虽然醌类模式物——蒽醌-2, 6-双磺酸(AQDS)与腐殖质的物理特性完全不同,但微生物还原腐殖质过程主要通过醌类基团接受电子,能够还原 AQDS 的微生物也能还原腐殖质(Cervantes et al., 2000; Newman and Kolter, 2000)。腐殖质或 AQDS 作为电子受体可氧化不同有机物(如甲苯、甲酚、四氯化碳等),腐殖质与 AQDS 氧化有机物的降解率相近(Cervantes et al., 2001; 2004)。此外,醌类与腐殖质具有相似基因生物化学基础,厌氧条件下腐败希瓦菌(*Shewanella putrefaciens* MR)可降解腐殖质或醌类物质(Lovley et al., 1999a)。因此,有人使用醌类模式物 AQDS 代替腐殖质作为厌氧消化电子受体进行实验。

2. 结构与性质

腐殖质主要由 C、H、O、N、P、S 等元素构成,并含有少量 Ca、Mg、Fe、Al 等元素。腐殖质因为组分复杂、官能团序列不一,所以其至今仍无统一的分子结构和相对分子量。污泥中腐殖质分子量从几百到几万不等,胡敏酸分子量大于 50 kDa 的约占 72%左右;而富里酸分子量约 65%分布在 10～50 kDa(Li et al., 2014a)。

腐殖质是芳香族多环或杂环状有机物,在污水/污泥处理中极难被微生物降解,其降解难度甚至高过络氨酸和色氨酸(Li et al., 2014c)。腐殖质中含有大量羧基(—COOH)、酚羟基(酚—OH)、醇羟基(醇—OH)、甲氧基(—OCH$_3$)和羰基(C=O)等多种含氧官能团,且这些官能团具有离子交换性、弱酸性、吸附性、络合性、氧化还原性等性质(Schnitzer and Khan, 1974)。腐殖质呈负电性,容易与金属离子形成复合物;腐殖质具有较强氧化还原活性,可还原电势为 0.5 V 以下的金属离子(陶祖贻和陆长青, 1992)。

虽然腐殖质难以被微生物降解,但其可作为微生物和污染物间电子中间体或直接作为微生物厌氧呼吸电子受体参与厌氧消化电子传递过程(Lovley and Blunt-Harris 1999; Scott et al., 1998)。微生物和有机物在自然条件下是腐殖质的主要电子供体,腐殖质可显著提高厌氧消化系统电子转移能力(Scott et al., 1998)。除作为电子受体外,当腐殖质遇到更高氧化还原电位物质(如硝酸盐、延胡索酸、高氯酸盐、砷酸盐和硒酸盐等)存在时腐殖质本身也可作为电子供体(Bruce et al., 1999; Lovley et al., 1999)。

剩余污泥中部分细菌能够在厌氧条件下以腐殖质或腐殖质模式物 AQDS 作为终端电子受体,通过氧化有机底物(如糖原、乙酸、甲酸等)或 H$_2$进行腐殖质氧化还原,从而参与细菌呼吸代谢过程(Lovley et al., 1996)。目前发现具有腐殖质或醌参与呼吸功能的微生物主要集中在地杆菌属(*geobacter*)和希瓦氏菌属(*shewanella*),具体包括 Fe^{3+}还原菌、硝酸盐还原菌、脱亚硫酸菌、发酵性细菌和嗜热产甲烷菌等(马晨等, 2011; 许志诚等, 2006)。研究表明,厌氧条件下腐殖质可作为电子中间体促进难降解有机物(如偶氮染料活性红、四氯化碳)和 Fe^{3+}等转化;同时电子传递过程中会产生能量,支持菌体生长。图 3.14 显示了腐殖质作为电子受体/中间体的作用机制。

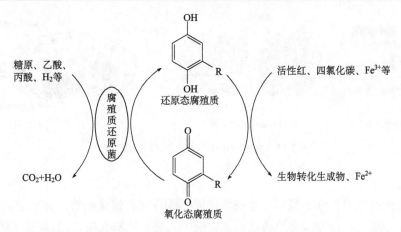

图 3.14　腐殖质作为电子受体/中间体的作用机制(Cervantes et al., 2013; Scott et al., 1998)

总之，因腐殖质含诸多复杂官能团和电子传递机制的存在，腐殖质无疑会参与污泥厌氧消化反应过程，势必影响酶促水解反应、厌氧消化底物分解/合成、微生物生理代谢等。

3.5.3　腐殖质对污泥厌氧消化过程的影响

腐殖质对污泥厌氧消化过程的影响在不同阶段表现不同，可能呈现出完全不同的影响。正影响自然不必担心，而负影响就是副作用，甚至是抑制作用。因此，首先需要全面了解腐殖质对厌氧消化全过程的不同影响，以制定消除负影响或者解除抑制作用的技术路线。

1. 水解阶段

水解是厌氧消化限速步骤(Eliosov and Argaman, 1995)。虽然污泥中的腐殖质含量较少，但一旦出现则会抑制蛋白质酶、脂肪酶和纤维素酶活性，导致厌氧消化水解效率降低、后续产酸和产甲烷阶段延迟(Brons et al., 1985; Jahnel and Frimmel, 1994a; Sarkar and Bollag, 1987)。研究表明，结晶纤维素(avicel)单独进行厌氧消化水解效率为 78%，添加 $5.0\ g\cdot L^{-1}$ 腐殖质后结晶纤维素厌氧消化水解效率可降低 50%(Azman et al., 2015)。也有研究显示，当厌氧消化系统未添加腐殖质时，纤维素(sigmacell type 50)水解效率为 6%，当腐殖质添加浓度提高至 $0.5\ g\cdot L^{-1}$ 时，纤维素水解几乎被完全抑制；腐殖质对于三丁酸甘油酯水解抑制作用为 10%~50%(Fernandes et al., 2015)。有人尝试采用紫外分光光度法探究水溶性腐殖质对链霉蛋白酶水解底物 L-亮氨酸-4-硝基苯胺 E 的影响，当水解底物浓度为 150~450 $mg\cdot L^{-1}$ 时，约 22.7%蛋白酶活性被腐殖质抑制(Jahnel et al., 1994b)。

腐殖质主要通过共价键作用、静电网捕作用、化学平衡作用等方式抑制污泥厌氧消化有机底物水解过程，如图 3.15 所示。

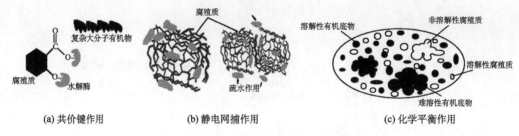

图 3.15　腐殖质抑制有机物水解作用机理

1) 共价键作用

水解酶碰撞反应物分子频率与超越活化能(屏障)的有效碰撞的机会决定了水解反应进行的速度(陈世和, 1992)。腐殖质通过共价键方式与水解酶发生作用;腐殖质所含羧基、酚羟基与水解酶氨基相互联结,从而减少、阻碍了水解酶与反应物碰撞频率,使厌氧消化水解速度和效率降低(Ladd and Butler, 1969)。研究表明,腐殖质酚羟基含量越多,其对苹果酸酶的亲和性就越好(亲和系数 K_m 小);腐殖质会优先与酶相互结合,阻碍其他有机底物与酶活性位点接触,从而抑制水解酶的催化作用(Pflug and Kurzmitteilung, 1981a; Wedding et al., 1967)。更多研究显示,腐殖质会抑制胰蛋白酶水解苯甲酰精氨酸乙酯(BAEE)66%~68%的活性;腐殖质还会抑制羧肽酶水解苄氧羰基甘氨酰基苯丙氨酸(Z-gly-phe)66%~74%的活性;但是,当这两种水解酶氨基被乙酰化后,酶活性并未受到抑制(Ladd and Butler, 1971)。

2) 静电网捕作用

腐殖质相互交联具有空隙网状结构,能够捕获和包裹各种有机物、无机物和水分子,因此,腐殖质会阻碍水解酶与复杂有机物接触(Pflug and Ziechmann, 1981b; Schulten and Schnitzer, 1997)。研究显示,通过气相色谱——质谱联用、核磁共振等技术证实了复杂难溶蛋白质颗粒或水解酶容易被腐殖质网状结构所包裹,物质不容易进出,从而阻止有机物与水解酶接触,减少有机物水解效率(Weetall, 1974; Zang et al., 2000)。也有人采用动电光散射、滴定仪、微热量等技术证实了,在静电和疏水作用下,蛋白质被包裹在腐殖质内部结构中(Tan, 2008)。脂质分子具有非极性疏水性,分子量小于蛋白质、糖类,不能形成聚合物(王镜岩, 2010)。因此,腐殖质对脂质包裹作用较蛋白质、糖类要小。更多研究表明,胞外聚合物中腐殖质含量约为 25 mg·L^{-1},其中黏性层(最外层)腐殖质含量约占 67%;EPS 所含腐殖质多数存在于黏性层,因此会包裹细胞,阻碍外界水解酶对内层蛋白质、多糖水解(Yuan and Wang, 2013)。

腐殖质与水解酶质量比会影响结合物分子表面所带电荷量(Tomaszewski et al., 2011)。当比值小于等电点质量比时,分子间以静电作用力为主,水解酶被腐殖质包裹,使得底物不易接触到酶活性位点,导致酶活性下降。当比值大于等电点质量比时,结合多余腐殖质导致分子之间存在静电排斥作用,此时疏水作用开始发挥;当疏水作用不足以克服静电排斥力时就会导致部分水解酶游离,促使水解酶部分活性位点裸露出来,增强酶活性;反之,水解酶仍被包裹,导致酶活性不变或下降(Yan et al., 2013)。

3) 化学平衡作用

随着厌氧消化过程进行，系统中溶解性腐殖质浓度会不断积累。根据化学平衡原理，溶解性腐殖质浓度升高会阻碍难溶性有机聚合物(蛋白质、糖类、脂质等)向溶解性有机物方向水解(Li et al., 2014a, 2014c)。此外，位于酶活性中心的金属离子(如 Fe、Zn、Cu、Ni 等)是酶的重要组成部分，腐殖质存在可能会与这些金属离子发生络合、螯合、吸附反应，减少活性中心与底物接触，改变酶结构，从而抑制酶活性(Cunningham, 1965)。

2. 酸化阶段

酸化阶段是水解阶段产生的有机化合物既作为电子受体也作为电子供体的生物降解过程。腐殖质能促进酸化过程进行，腐殖质所含醌基可以作为乙酸形成的电子受体，且醌基越多，其接受的电子容量越高，形成的乙酸就越多(Liu et al., 2015a; Lovely et al., 1996)。研究表明，添加醌类模式物 AQDS 可增加污泥厌氧消化酸化过程 VFAs 产量；仅添加 AQDS 浓度为 0.066 g·$(g \, TS)^{-1}$ 和 0.33 g·$(g \, TS)^{-1}$ 时，VFAs 产生量便可分别提高 0.9 倍和 1.7 倍，产生的 VFAs 主要是乙酸和丙酸；同时，添加 AQDS 还可显著提高蛋白质降解率，但对多糖降解率提高并不明显。酸化过程中，AQDS 作为电子受体加速了氨基酸氧化还原(Yang et al., 2012)。

污泥厌氧消化酸化阶段有机物会转化为 VFAs，这使得厌氧消化系统 pH 下降，而适度 pH 下降(pH=4.5～5.5)对酸化细菌较为有利。由于腐殖酸中羧基和羟基解离可以释放出质子，所以腐殖酸为弱酸，其与腐殖酸盐可以形成良好的酸/碱缓冲体系。因此，腐殖质在厌氧消化系统中可作为酸碱缓冲剂，避免厌氧消化酸化过度，维持微生物活性(Ceppi et al., 1999; Garcia et al., 2004)。

3. 产氢/乙酸阶段

污泥厌氧消化系统 VFAs 中的丙酸是最难降解的；丙酸产氢产乙酸速率很慢，大量丙酸会在厌氧消化系统中形成积累，进而使系统 pH 降低，影响产甲烷菌活性(任南琪, 2004)。研究表明，厌氧消化 30%电子传递与丙酸降解过程有关，腐殖质可作为电子中间体，提高厌氧消化氧化还原电位，强化丙酸氧化生成乙酸(Ho and Ho, 2012; Sahm, 1984)。

乳酸也是厌氧消化的关键中间产物；研究表明，几乎所有单糖可通过乳酸路径进行降解；但是乳酸降解很快，只有当瞬时有机负荷过高时乳酸才会出现(Skiadas et al., 2000)。污泥厌氧消化系统乳酸转化为丙酸，会对系统造成潜在危害，且乳酸不宜作为产甲烷细菌利用终端产物(方晓瑜等, 2015)。研究也表明，腐殖质还原菌可利用乳酸作为底物，促进乳酸向乙酸转化，减少系统内丙酸积累，参与产氢/乙酸形成(Lovley et al., 1996)。腐殖质促进乳酸转化为乙酸的反应过程如式(3.7)所示：

$$C_3H_6O_3 + 2H_2O + 2AQDS \longrightarrow CH_3COOH + 2H_2QDS + HCO_3^- + H^+ \qquad (3.7)$$

4. 产甲烷阶段

厌氧条件下腐殖质所含醌基可作为微生物呼吸电子受体，氧化简单有机物而产生

CO_2 (Cervantes et al., 2002; Dos et al., 2004)。在厌氧呼吸中，腐殖质所含醌基或胞外醌类物质可充当微生物电子中间穿梭体，醌基数量决定了腐殖质接受电子的能力(Cervantes et al., 2000)。研究表明，在腐殖质或醌类模式物缺乏的条件下，G. *metallireducens* 或 W. *succinogenes* 均难以利用乙酸；G. *metallireducens* 和 W. *succinogenes* 中加入含乙酸的缓冲溶液后，乙酸仍未被利用；但添加腐殖质或醌类模式物后，乙酸(标记 $2\text{-}^{14}C$)则被迅速氧化为 $^{14}CO_2$。结果显示，腐殖质或醌类模式物可作为电子中间穿梭体促进微生物共同作用氧化乙酸(Lovley et al., 1999)。腐殖质或 AQDS 作为电子受体，氧化乙酸产甲烷反应过程如式(3.8)所示(许志诚等，2006)：

$$CH_3COO^- + 4H_2O + 4AQDS \longrightarrow CH_4 + 4AHQDS + 2HCO_3^- + H^+ \qquad (3.8)$$

然而，腐殖质也可能抑制污泥厌氧消化产甲烷过程(Blodau and Deppe, 2012; Minderlein and Blodau, 2010)。有人尝试从煤中提取腐殖质并将其添加到厌氧消化系统中，系统 CH_4 产量几乎被完全抑制，但发现有少量 CO_2 产生(Keller, 2009)。研究表明，向污泥厌氧消化系统分别添加浓度为 0.3 g·g^{-1}、0.5 g·g^{-1}、0.8 g·g^{-1} 和 1.0 g·g^{-1} 的腐殖质时，CH_4 产量分别减少了 14%、42%、85% 和 97%；腐殖质抑制 CH_4 产生时主要是抑制嗜乙酸产甲烷路径，而嗜氢型产甲烷路径几乎未被抑制；抑制嗜乙酸产甲烷路径为乙酰辅酶 A 向 5-甲基-四氢甲烷蝶呤转化的过程，腐殖质会与该过程竞争电子，致使乙酸产甲烷路径被阻断(Ferry, 2010; Fischer and Thauer, 1990; Liu et al., 2015a)。

厌氧条件下腐殖质还原菌、产甲烷细菌和硫酸盐还原菌(SRB)仅以乙酸为底物时，腐殖质还原菌会在竞争乙酸中占优势，且腐殖质浓度越高，对产甲烷细菌的抑制效果越好；但当腐殖质与硫酸盐还原菌仅以丙酸为底物时，硫酸盐还原菌会在竞争中占优势(Cervantes et al., 2002; van der Zee and Cervantes, 2009)。在实际应用中，污泥腐殖质浓度低，腐殖质作为电子受体容量有限，因此腐殖质还原菌并不会对产甲烷菌造成明显的抑制作用(Heitmann and Blodau, 2006)。

前已述及，高浓度腐殖质会对产甲烷过程造成明显的抑制作用，且腐殖质浓度越高，抑制作用越明显，但低浓度腐殖质可作为良好的电子受体促进产甲烷过程。有研究表明，腐殖质对垃圾渗滤液厌氧消化 CH_4 产生速率有促进作用；与不加腐殖质相比，加入腐殖质的浓度由 250 mg·L^{-1} 提高至 $2\,000 \text{ mg·L}^{-1}$ 时，厌氧消化系统产气速率提高了 10.2%～28.2%(Guo et al., 2015)。也有研究显示，高浓度(10 g·L^{-1})腐殖质会抑制产甲烷菌的活性，导致 CH_4 产量降低；原因主要是腐殖质浓度过高使得污泥基质黏度增大，从而微生物利用营养物质出现延迟；腐殖质还原菌会与产甲烷菌竞争并占优势(Cervantes et al., 2002)。但是，较低的腐殖质浓度($1.0～5.0 \text{ g·L}^{-1}$)可作为厌氧消化降解有机物电子受体，提高 VFAs 转化效率和促进 CH_4 产量增加(Ho and Ho, 2012)。更多研究显示，在极端嗜热条件下，低浓度 AQDS(0.2 mg·L^{-1})可作为电子中间穿梭体强化 Fe_2O_3 还原；但当浓度超过 2.0 g·L^{-1} 时，腐殖质呼吸作用会抑制产甲烷菌的活性(马晨等，2011; Dos et al., 2004)。因此有必要进一步探究提高 VFAs 转化效率和 CH_4 产量而不会对 CH_4 产生抑制作用的最佳腐殖质浓度。

此外，参与中温厌氧消化的产甲烷菌要求环境中维持氧化还原电位(ORP)应低于

−350 mV, 而腐殖质作为电子受体属于氧化剂。研究显示, 在 T=25℃和 pH=5.0 的条件下, 腐殖质标准电极电位平均值为 0.778 V, 且每升高 1 个 pH 单位, 标准电极电位降低约 20 mV(Struyk and Sposito, 2001)。因此, 过高浓度腐殖质或 AQDS 会使厌氧消化系统氧化还原电位升高, 导致产甲烷菌活性被抑制。

3.5.4　腐殖质抑制污泥厌氧消化消除方法

尽管腐殖质可能促进酸化和产氢/乙酸过程, 且在低浓度时还有可能有利于产甲烷过程, 但腐殖质对厌氧消化水解过程的抑制是肯定的、显著的、不可逆转的(任冰倩, 2015)。因此, 避免或减少腐殖质进入污泥厌氧消化系统则成为破解腐殖质抑制水解过程的关键环节。为此, 从污泥中提取、回收腐殖质显然是技术首选, 也可考虑在腐殖质进入厌氧消化系统前采用预处理措施将其结构破坏。一旦腐殖质进入厌氧消化系统, 则需要采取被动技术措施来屏蔽、消除抑制影响。在此方面, 金属阳离子的存在可减缓, 甚至完全屏蔽腐殖质对水解酶的抑制束缚作用(Ladd and Butler, 1970)。

1. 提取腐殖质

为避免腐殖质进入污泥厌氧消化系统, 抑制污泥水解过程, 有人尝试通过碱处理方法提取初沉污泥腐殖质, 以利于污泥进行厌氧消化产甲烷。实验表明, 用碱处理方法提取腐殖质后, 污泥厌氧消化效果明显改善, 沼气产量提高了 29.4%～49.2%, 其中提取腐殖质对沼气增量的贡献率为 10.3%～17.2%(Li et al., 2014a)。

尽管用碱处理方法提取腐殖质在很大程度上可避免腐殖质抑制水解的过程, 但是其经济性和实用性备受质疑, 因为腐殖质提取过程需要消耗大量化学药剂, 且需经过滤膜截留腐殖质分子, 步骤异常复杂。

2. 预处理腐殖质

目前单独针对污泥腐殖质预处理的研究并不多见, 只在农业土壤学方面存在少量文献。其实很多污泥预处理方法也适用于腐殖质, 如酸/碱、热解、水解酶、微波和 H_2O_2 预处理等。

1) 酸/碱处理

污泥酸/碱预处理为常规方法, 可有效促进污泥水解。由于腐殖质内部共价键结合稳定、复杂, 绝大多数结合键仅通过酸/碱水解反应很难断裂。因此, 酸/碱预处理对腐殖质结构破稳的效果并不理想(梁重山等, 2001)。况且碱预处理只会增大溶解性腐殖质的浓度, 并不能起到结构破稳作用(Li et al., 2015)。只有酸预处理对腐殖质破稳效果稍好, 但所需酸的浓度很高; 在 6 mol·L^{-1} HCl 条件下, 腐殖质水解产生单糖、氨基酸、嘌呤和嘧啶等水溶性有机分子, 最后 50 %以上的腐殖质发生了水解反应(Hayes et al., 1989)。

2) 热解处理

有人尝试将污泥中胡敏酸和富里酸提取后, 使其在 180 ℃条件下经 30 min 热水解, 发现腐殖质浓度基本没有变化, 只是溶解性腐殖质增加了 35%。其中部分大分子腐殖质分解成小分子, 约 32%胡敏酸转化成富里酸; 胡敏酸分子量中位数由 81 kDa 减至 41 kDa,

富里酸分子量中位数由 15 kDa 减至 2 kDa。与此同时，热水解也会导致某些含氧官能团消失，使芳香族结构增加(Yang et al., 2014)。也有人用热解方法处理沥青煤腐殖质。实验结果显示，随温度升高，腐殖质官能团会发生分解，芳香族结构增加；在温度低于 200～400 ℃时，羧基会发生分解；而酚羟基分解温度需达 600 ℃以上(Skhonde et al., 2006)。也有研究显示，污泥经 65 ℃热水解后进行厌氧消化(SRT=60 d)，可生物降解有机物浓度几乎未变，热处理只是促进了非溶解态有机物(蛋白质、多糖、腐殖质等)向溶解态转化，并未提高污泥有机物降解效率；污泥经 48 h 或更长时间热处理厌氧消化后，污泥中溶解性腐殖质占难降解有机物的比例几乎恒定在 28%左右(Lefebvre et al., 2014)。

可见，热解预处理虽然可使腐殖质羧基和酚羟基发生一定程度分解，并使腐殖质向溶解态方向转化，在一定程度上可减轻腐殖质对水解酶的束缚，但是所需温度很高，能量入不敷出。

3) 生物酶处理

生物酶处理是向污泥中投加酶制剂或可以分泌胞外酶的细菌。酶能够催化有机物水解，降低长链蛋白质、碳水化合物和脂质黏性，使大分子有机物分解成小分子有机物，提高污泥有机物转化效率(Dursun et al., 2006)。

腐殖质会对水解酶产生束缚作用，从而阻碍水解酶与有机物接触；但污泥中腐殖质含量一定，其束缚水解酶的数量也就一定。因此，向污泥厌氧消化系统中添加水解酶，强化酶对污泥的水解作用，则可有效提高厌氧消化水解的速度和效率。研究表明，将淀粉酶与蛋白酶分别以 6%剂量添加到剩余污泥中，污泥 VSS 溶解性分别可达 54.24%和39.70%(而控制组溶解性成分为 10%)。当用淀粉酶与蛋白酶以 1∶3 比例处理污泥时，污泥固体溶解性达到了 68.43%；添加水解酶也促进了溶解性腐殖质成分增加(Luo et al., 2013)。

剩余污泥生物酶预处理可增强污泥水解和产甲烷能力，具有较好的处理效果，且不需要额外设施与能量消耗。随着生物工程技术发展，生物酶制剂提取成本会不断降低，相信这种技术也会有较好的发展前景。

4) 微波/H_2O_2 处理

有人实验比较 H_2O_2、微波和微波/H_2O_2 联合方法预处理污泥。实验显示，添加 H_2O_2 剂量为 $1.0\ g\cdot(g\,TS)^{-1}$ 预处理后，污泥溶解性 COD 由原来的 $2.7\ g\cdot L^{-1}$ 提高到 $10.6\ g\cdot L^{-1}$，溶解性腐殖质含量由 $0.3\ g\cdot L^{-1}$ 提高至 $1.5\ g\cdot L^{-1}$，而总腐殖质浓度由原来的 $8.3\ g\cdot L^{-1}$ 降低至 $6.9\ g\cdot L^{-1}$。采用微波、微波/H_2O_2 联合预处理同样可达到与 H_2O_2 预处理类似的效果(Cigdem et al., 2008)。因此，采用 H_2O_2、微波和微波/H_2O_2 联合预处理方法均可降低污泥总腐殖质含量，但溶解性腐殖质含量会有所升高，腐殖质仍会抑制水解酶活性。

3. 金属离子屏蔽腐殖质抑制水解作用

腐殖质活性基团能够与金属离子发生络合、螯合、吸附等作用，尤其是羧基、酚羟基可与金属离子相互结合(Stevenson, 1994)。研究表明，腐殖质对金属离子捕获容量很大，1.0 g 腐殖质可以和数克金属离子发生络合反应(曾蕾等, 2010)。腐殖质与金属离子结合能力较水解酶强，所以金属离子会与酶竞争腐殖质羧基、酚羟基点位并优先与腐殖质结合，导致水解酶被替换而"解脱"。

研究表明，当腐殖质与水解酶存在静电吸引力时，金属离子会屏蔽分子之间的静电引力作用(Wang et al., 2007)。当腐殖质与水解酶质量比小于腐殖质与水解酶电中性质量比时，相反电荷分子间主要是静电引力，金属离子在一定程度上能够减弱腐殖质对蛋白质分子的包裹作用，提高酶与底物接触的概率(Yan et al., 2013)。更多研究表明，虽然金属阳离子可解除腐殖质对酶的吸附作用，但只有当金属离子达到一定浓度时，这种作用才会出现；达到同样解除抑制效果时，多价金属离子较单价金属离子效果要好；1 价和 3 价金属离子浓度分别大于 10^{-2} mol·L^{-1}、10^{-3} mol·L^{-1} 时，便可使酶从腐殖质上"解脱"(Tipping et al., 2011)。

由于羧基、酚羟基等酸性官能团在不同 pH 条件下的电离度不同，所以金属离子参与键合腐殖质基团情况也不一样。在中性条件下，以羧基络合金属离子为主；而在碱性条件下，羧基和酚羟基共同络合金属离子(Garcia, 2006)。腐殖质含有羧基、酚羟基等多种官能团，它们与金属离子相互作用形式多样。研究表明，腐殖质与金属离子作用主要有 4 种可能模式：①1 个羧基与金属离子 M^{n+} 形成有机盐或络合物；②1 个羧基和 1 个酚羟基(即水杨酸型官能团)与 M^{n+} 形成二齿络合物；③2 个羧基(即苯二酸型官能团)与 M^{n+} 形成二齿络合物；④游离羧基与水合金属离子 $M(H_2O)_x$ 通过静电相互作用形成结合物，如，Fe^{3+}、Al^{3+} 等(Schnitzer, 1982)。图 3.16 显示了腐殖质与金属离子的 4 种作用模式。

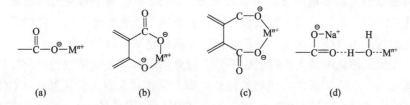

$$(a) \quad\quad (b) \quad\quad (c) \quad\quad (d)$$

图 3.16 腐殖质与金属离子的 4 种作用模式

腐殖质和 2 价或 3 价金属离子容易形成稳定配合物(Theng and Scharpenseel, 1975)。因此，4 种作用模式中，模式 2~4 应占主导地位。腐殖质与金属离子络合稳定常数受腐殖质来源、金属离子性质和介质条件(pH、离子强度、介质阴阳离子等)的影响(李云峰和王兴理, 1999)。不同学者对腐殖质与金属离子络合物稳定性进行了研究，得出了不一致的结果。有人实验得出，金属离子络合稳定性满足 Irving-Williams 序列：Ba<Ca<Mg<Mn<Fe<Zn<Co<Pb<Ni<Cu(Irving and Williams, 1948)。也有人采用离子交换平衡法测定了腐殖质与金属离子形成络合稳定序列：Mg<Ca<Ag<Zn<Co<Mn<Cu<Pb<Ni(pH<5.5)(李云峰和王兴理, 1999)。还有人采用电位滴定法测定了腐殖质形成络合物稳定序列：Mn<Co<Ni<Zn<Cu<Al<Fe(pH<7.5)(Khanna and Stevenson, 1962)。因污泥腐殖质存在较多脂肪族和较少芳香族聚合物，所以污泥腐殖质与金属离子络合稳定常数较土壤腐殖质要小(Rovira et al., 2002)。

研究表明，向含有木质纤维素和腐殖质的实验组中分别添加 Ca^{2+}、Mg^{2+} 和 Fe^{3+}，木质纤维素水解效率较未添加金属离子时分别提高了 47%、37% 和 44%，CH_4 产量分别提高了 146%、128%和 145%，且添加的 Fe^{3+} 被腐殖质还原成 Fe^{2+}；然而，添加 Na^+、K^+ 解除腐殖质抑制效果并不明显，腐殖质与金属离子络合稳定性满足 K^+、$Na^+ < Mg^{2+} < Fe^{3+}$ $(Fe^{2+}) < Ca^{2+}$(Azman et al., 2015)。也有研究表明，添加 Ca^{2+} 可以有效缓解腐殖质对土豆蛋白质的水解(Brons et al., 1985)。更多研究显示，Ca^{2+} 与腐殖质结合能力较强，随添加的 Ca^{2+} 浓度增大，80%以上被抑制的苹果醋酶活性可以恢复，且添加 Ca^{2+} 对系统中未受抑制的酶活性并没有影响(Ladd and Butler, 1969)。通过这些实验均可得出，金属离子可以解除腐殖质抑制木质纤维素水解并提高 CH_4 产量，而金属离子解除剩余污泥水解抑制作用和提高 CH_4 产量的效果还有待进一步探究。

重金属离子(如 Hg、Cu、Cd、Cr 等)与腐殖质的结合能力较 Ca、Mg、Al、Fe 等高很多。然而向污泥厌氧消化系统中添加重金属离子(Fe 除外)会提高污泥重金属离子浓度，增加生态系统的环境风险。因此，Ca、Mg、Al、Fe 等较适宜被选作屏蔽腐殖质抑制污泥厌氧消化水解作用的研究对象。除了考虑投加金属离子种类外，还需要考虑金属离子浓度对厌氧微生物的毒害作用，但金属离子对厌氧微生物的毒害作用存在一定浓度阈值，投加适宜浓度金属离子并不会对厌氧微生物产生毒害作用。

3.5.5 结语

腐殖质作为一种结构异常复杂、稳定性极强的芳香族多环或杂环状有机物，难以在常规污水生物处理过程中被降解，大多数(67%~84%)被吸附于活性污泥而最终进入污泥厌氧消化系统中。即使是微生物厌氧分解，也奈何不了腐殖质结构，它们大多原封不动地随消化污泥排出系统，这也是污泥有机物能源转化率不高的原因之一。

腐殖质在厌氧消化中最大的问题还不是自身难以降解，关键是它们还会抑制其他有机物的水解过程，造成更低的有机物能源转化率。腐殖质含有大量羧基(—COOH)、酚羟基(酚—OH)、醇羟基(醇—OH)、甲氧基(—OCH$_3$)和羰基(C=O)等含氧官能团，这些官能团具有离子交换性、弱酸性、吸附性、络合性、氧化还原性等性质。腐殖质中的某些官能团可通过共价键方式与水解酶发生作用，如腐殖质所含羧基、酚羟基可与水解酶氨基相互联结，从而减少、阻碍水解酶与其他有机物接触的机会，使厌氧消化水解速度和效率双双降低。虽然腐殖质可作为电子受体、中间体、pH 缓冲剂等，有促进厌氧消化酸化、产氢/乙酸，甚至产甲烷的有限作用，但这些与其抑制水解作用相比则显得微不足道。况且，水解是厌氧消化的第一步，这步不能有效完成，后续步骤便无从谈起。

因此，需要在厌氧消化阶段以"防患于未然"和"除患于既成之后"两个方面来最大限度地去除或消除腐殖质对水解的影响。提取腐殖质与污泥预处理(如酸/碱、热、微波、H_2O_2、生物酶等预处理)是去除腐殖质的有限手段，但这些方法大多需要投入大量化学/生物试剂及消耗大量能量，且对腐殖质结构破稳作用不强，预处理后大多腐殖质仍以溶解状态存在，进入厌氧系统仍会抑制其他有机物水解。

相对于上述方法，金属离子可起到"解脱"水解酶的作用，很大程度上可破解腐殖质对其他有机物的水解作用。腐殖质与金属离子的结合能力较水解酶强，所以金属离子会与酶竞争腐殖质羧基、酚羟基活性点位并优先与腐殖质结合，从而"解脱"它们对水解酶的束缚。因此，研究金属离子破解水解酶束缚作用显得很有必要，二价或三价高价离子效果似乎更好。目前，相关研究较少，该种技术尚未有工程化应用报道，未来工程化应选择屏蔽腐殖质抑制水解作用效果好、价格低廉的金属离子，以达到"入能敷出"的目的。

污泥细胞破壁、木质纤维素破稳、腐殖质屏蔽是提高污泥有机物能源转化率的三大关键技术。污泥细胞破壁、木质纤维素破稳可通过合二而一的预处理实现，但随之而来的可能是腐殖质仍然不变，甚至略有增量地进入厌氧消化系统中，使本来可以水解的破壁、破稳有机物难以水解。因此用金属离子吸附腐殖质活性点位的研究对提高有机物能源转化率便显得至关重要。

3.6　化粪池与甲烷排放

3.6.1　引言

《巴黎协定》的签署意味着遏制气候变暖已成为全球一体化的人类伟业（金裕，2015）。我国正式成为缔约国则意味着需积极推进绿色、低碳发展，以确保完成"十三五"规划纲要中所规定的低碳发展目标,满足国务院《"十三五"控制温室气体排放工作方案》(国务院，2016)中规定的各项要求。

温室气体泛指 CO_2，因为它的排放量最大，对温室效应的贡献率也最高（达70%）(IPCC，2013)。CH_4 排放量虽不及 CO_2，但它的温室效应是 CO_2 的 25 倍(王长科等，2013)，对温室效应的贡献率高达 23%(Multichamber，1980)，也不可小觑。

在各行各业主要关注 CO_2 排放量的同时，一种"自发"而不可控的"隐性"碳排量却被人们忽视了，它就是遍布城市、乡村间各种化粪池中的 CH_4。化粪池作为一种城市早期初级污水处理设置单元一直持续至今。尽管我国改革开放以后的经济发展已使得城市普遍采用了集中式污水处理设施，但是化粪池一直与污水处理相伴始终。这就导致化粪池"隐性" CH_4 碳排量始终如一，只不过鲜为人知而已。

鉴于此，本节基于我国现有化粪池，测算我国城市/城镇化粪池中 CH_4 排放量，并将其与污水处理逸散碳排量进行比较。同时，阐述化粪池存在的必要性及取消化粪池的瓶颈所在。

3.6.2　化粪池及其功能

化粪池虽然常见，但应该首先弄清楚它何时出现、起什么作用、有无负面影响等一系列基本信息。

1. 化粪池起源与使用

化粪池已有 150 多年历史，可追溯到 1860 年；当时，法国人 Mmouras 和 Moigno 建造了世界上最早的单格式化粪池(Multichamber，1980)。1883 年美国人 Philbrick 发明并使用了双格式化粪池(Butler and payne，1995)，由此引发了多格式化粪池的普及和应用。

化粪池引入我国应该是 20 世纪初期的事情,首先在与国外通商的沿海城市使用,以解决城市人口集中而出现的卫生问题(刘岸冰, 2006)。从那时起,化粪池便已成为我国市政基础设施的"标配",从居民小区到写字楼、商业楼,几乎无一例外全部配备了化粪池(王凯军和宫徽, 2016)。粗略统计,我国目前城市/城镇化粪池数量大约为 200 万个(郭芳, 2013; 刘志勇等, 2005),覆盖了绝大多数城市/城镇人口。数量如此庞大的化粪池如今也影响着农村和乡镇,有向这些地方蔓延的趋势(郝晓地, 2010)。到 2020 年,估计农村化粪池的数量将多达 2 亿个(王凯军, 2015)。

2. 化粪池功能

化粪池是一种当初为解决城市卫生问题而设计的简易污水处理单元,可避免粪水横流,通过沉淀可去除(50%~60%)污水中的悬浮物(SS);在沉淀有机物(COD)、厌氧消化的同时,也可杀灭蚊蝇虫卵等(许玉萍等, 2016)。在城市污水处理措施极端落后的情况下,化粪池作为一种简易污水处理手段曾对解决城市卫生问题起到一定的积极作用。

3. 化粪池排放 CH_4

在化粪池中沉积的 SS 中,有相当一部分为有机成分(COD),主要是粪便残渣与厨余废料(王红燕等, 2009)。污水在化粪池中停留的时间一般为 12~24 h(中华人民共和国住房和建设部, 2019);沉积于化粪池的污泥经 3 个月以上的时间(因不及时清掏,实际滞留时间可能更长)厌氧发酵分解,污泥中有机物稳定为无机物(CO_2)。诚然,厌氧消化固然使部分有机物可以稳定为 CO_2,但殊不知 CO_2 其实是与 CH_4 一道产生的,形成不能被利用的"沼气"而释放于大气中。

从温室气体效应来看,CH_4 其实比 CO_2 作用要大得多,效应至少是 CO_2 的 25 倍(IPCC, 2013)。结果,在落实《巴黎协定》、强调"碳减排"的今天,化粪池成了那些被人们遗忘的 CH_4 制造"作坊",星罗棋布、遍布全国。这种化粪池"隐性"CH_4 碳排放量究竟有多大值得我们一探究竟。

3.6.3　化粪池 CH_4 排放量测算

我国化粪池十分普遍,但有关它的负面影响——产生严重的温室气体 CH_4 还鲜为人知。因此,需要定量测算其产生量,并与污水处理厂的直接、间接碳排量进行比较。

1. CH_4 温室效应

衡量温室气体的温室效应常采用全球变暖潜能值(global warming potential, GWP)。GWP 是一个相对值,即将特定气体和相同质量的 CO_2 进行比较而得出的造成全球变暖的相对效能。GWP 与温室气体对红外线的吸收能力和其在大气中的存在时间有关(陈佳君, 2014)。

总的温室气体占大气层含量不足 1%,但它们与主要空气成分——氮气和氧气不同,不能透过地表红外(长波)辐射,阻碍地表热量辐射到太空中。结果温室气体就像一层厚厚的玻璃,使地球变成了一个大暖房。CO_2 是除水蒸气(H_2O)以外数量最多的温室气体，约占大气总容量的 0.03%；许多其他痕量气体也会产生温室效应，有的温室效应比 CO_2 还强，如 CH_4 和 N_2O，它们的 GWP 分别是 CO_2 的 25 倍和 296 倍(王长科等, 2013)。

CH_4 的 GWP 是基于 100 年评估时间计算的。然而 CH_4 在大气中的半衰期为 7 年，不到 15 年的时间 CH_4 即可分解完毕，最终被化学氧化成 CO_2 和 H_2O，其温室效应也就相应弱化(Phys, 2016)。其实，以 100 年时间衡量 CH_4 温室效应，大大低估了它的 GWP。研究表明，若以 20 年评估时间来计算，CH_4 的 GWP 比 CO_2 要高 72 倍(IPCC, 2013)。可见，若想在短时间内有效减缓全球变暖趋势，应从"短命"的 CH_4 入手，可以起到事半功倍的效果。

2. 化粪池 CH_4 排放量测算

目前，国内鲜有报道化粪池气体排放种类及数量的文献，然而可以根据化粪池工作原理测算沉淀有机物(COD)厌氧消化产生的沼气量(表 3.10)，通常我国农村沼气池沼气成分一般为：CH_4=60%～70%，CO_2=30%～40%，并含有少量其他气体(如 H_2S)(倪长安, 2009)。Ssayers 等检测总结了双层沉淀池(Hoff-tank)气体组分及其含量：CH_4=63%～84.2%，CO_2=3.3%～29.4%，以及少量其他气体(Sayers, 1934)。污水处理厂剩余污泥经传统厌氧消化后获得的混合气体(沼气)成分为：CH_4=55%～75%，CO_2=25%～45%，也含有少量其他气体成分(郝晓地, 2006)。据此，设定我国化粪池产生的沼气成分中 CH_4 体积百分比为 65% 应该合理，该值似乎处于化粪池实际 CH_4 含量中值范围。

表 3.10　有机物(COD)厌氧转化 CH_4 与 CO_2 化学计量关系

化学方程式	COD[①]	$\longrightarrow$	CH_4	+	CO_2	(3.9)
碳摩尔数	1[②]		X[③]		$1-X$	
分子量	32		$16X$			
单位质量 COD 对应的 CH_4 质量	1		$0.5X$			

①COD 以 CH_2O 计；②COD 即 O_2 当量；③X 表示 CH_4 占沼气的摩尔分数。

本节测算的是我国城市/城镇化粪池 CH_4 排放量。根据国家统计局统计，至 2015 年底，我国大陆城市/城镇常住人口为 77 116 万(国家统计局, 2016)。根据《污染源普查产排污系数手册》，可计算出城市/城镇居民小区人均 COD 产生量为 19.35～29.93 $kg \cdot (ca \cdot a)^{-1}$。据此，可设定我国城市/城镇居民人均 COD 产生量中间值为 24 $g \cdot (ca \cdot a)^{-1}$，以此作为计算化粪池 CH_4 排放量的依据。化粪池对 SS 沉淀去除率、折算 COD 平均去除率按 30% 考虑(陈炳森和杨海真, 2016)。这样，可以用式(3.10)计算化粪池 CH_4 年排放总量。

$$D_{CH_4} = \beta \times PE \times L \times M \times \alpha \tag{3.10}$$

式中，D_{CH_4} 为我国城市/城镇化粪池 CH_4 年排放总量，$kg \cdot a^{-1}$；β 为综合折减系数，取 0.7，因为有些城市/城镇居民区可能未设置化粪池，况且沉淀于化粪池中的 COD 并非全部可以降解；PE 为我国城市/城镇常住人口，取 7.7×10^8 人；L 为我国城市/城镇居民人均生活污水 COD 产生量，取 24 g·(ca·a)$^{-1}$；M 为单位质量 COD 氧化产生的 CH_4 质量：$0.5X=0.5×65\%=0.325$ kg；α 为化粪池对污水 COD 的去除率，取 30%。

根据式(3.9)及设定/计算的各参数值，可以计算出我国城市/城镇化粪池 CH_4 年排放总量：

$$D_{CH_4}=0.7×7.7×10^8×24×0.325×30\%=1.26126×10^9\ (kg·a^{-1}) \tag{3.11}$$

换算成 CO_2 当量(以 CH_4 的温室效应为 CO_2 的 25 倍计算)：

$$1.26126×10^9×25≈3.1532×10^{10}=3153\ (万\ t\ CO_2\ 当量·a^{-1}) \tag{3.12}$$

3. 敏感性分析

上述有关化粪池 CH_4 年排放总量计算中的参数大多采用了中间值。然而不同参数取值肯定会影响计算结果。为此，可对式(3.9)、式(3.10)中的 4 个参数(β、L、X、α)进行敏感性分析，并得出如图 3.17 所示的结果。

图 3.17 显示，我国城市/城镇化粪池每年产生的 CH_4 碳排放量应处于 2 000 万～4 000万 t CO_2 当量·a^{-1} 范围，中间值在 3 000 万 t CO_2 当量·a^{-1} 左右。

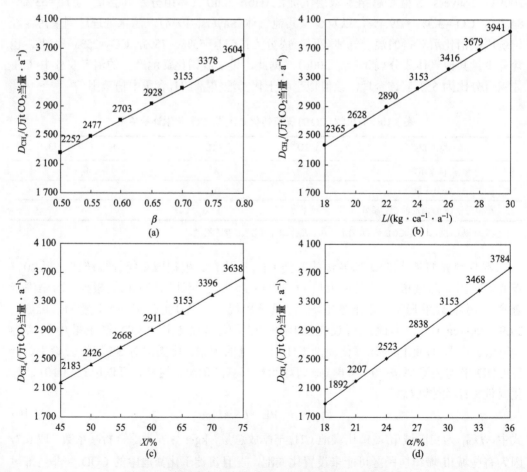

图 3.17　我国城市/城镇化粪池 CH_4 碳排放总量测算结果

4. 化粪池 CH_4 碳排放量规模

测算表明, 2015 年我国污水处理过程逸散出的 CH_4 和 N_2O 直接碳排量为 2 512 万 t CO_2 当量·a^{-1}, 而当年中国污水处理行业碳排放总量(含电耗、药剂产生的间接碳排放量)是 3 985 万 t CO_2 当量·a^{-1}(章轲, 2016)。

因为从 COD 氧化转化而来的 CO_2 是生源性的(即有机物的自然归宿), 所以化粪池 CO_2 产生量并没有被计入总碳排放量, CH_4 碳排放量实际上就代表化粪池总碳排放量。上述污水处理厂直接(CH_4 和 N_2O)、间接(电耗、药剂)碳排放量也未包括生源性 CO_2。这样可以将化粪池测算出的 CH_4 碳排放量与污水处理直接、间接碳排放量进行比较: ①化粪池 CH_4 排放量(中间值=3 000 万 t CO_2 当量·a^{-1})高于污水处理 CH_4 和 N_2O 直接碳排放量(2 512 万 t CO_2 当量·a^{-1}); ②化粪池 CH_4 排放量与污水处理总碳排放量(3 985 万 t CO_2 当量·a^{-1})几乎处于同一水平。

计算与比较表明, 仅我国城市/城镇化粪池 CH_4 折算 CO_2 排放量相对于污水处理总碳排放量而言就是旗鼓相当的, 是一种被遗忘了的"隐性"碳排放量。如果说污水处理直接碳排放量(CH_4 和 N_2O)通过运行优化及沼气利用可以在很大程度上避免或降低, 那么化粪池 CH_4 排放量则往往是不可控的, 直接排放于大气中, 对温室效应的作用不可小觑。

3.6.4　化粪池实为累赘

化粪池出现伊始本意是解决城市卫生问题。但随着城市集中式污水处理厂的新建及化粪池在使用过程中出现的问题, 其负作用日益显得超越正作用。因此有必要明确其负作用的内涵。

1. 化粪池与污水处理关系

化粪池作为一种简易污水处理设施, 本意是通过截留、沉淀、厌氧分解等过程在一定程度上去除污水中的 SS、COD 和病原菌, 以缓解城市卫生问题。然而在当今市政集中式污水处理厂普遍兴建的情况下, 化粪池 SS 及 COD 的去除已显得没有必要: 一方面, 星罗棋布的化粪池总投资可能超过集中式污水处理厂; 另一方面, 化粪池对污水 COD 部分去除(30%)而导致污水处理厂脱氮除磷碳源不足(郝晓地, 2006), 这使得化粪池对污水处理来说实际上是在"帮倒忙"。

2. 化粪池占地又危险

分散式化粪池虽小, 但也需要占用相当的地下空间, 这对日益膨胀的城市人口而导致的很多市政设施(地铁、各种管廊等)向地下空间发展十分不利(王梦恕, 2010)。同时化粪池还会抢夺城市绿地面积(郝晓地, 2006)。

更为严重的是, 如果化粪池产生的 CH_4 不能及时逸散到大气中, 聚积的 CH_4 (>15 mg·L^{-1})遇明火则会发生爆炸, 给公共安全带来巨大的隐患(关华滨, 2012), 此类事故在我国早已屡见不鲜(郭芳, 2013)。如果说化粪池 CH_4 直接逸散到大气中产生的只是温室效应, 那 CH_4 被"憋"在化粪池中则可能是人命关天的大事。

此外 95%以上的化粪池使用 1～2 年有可能发生泄漏，不仅污染地下水、腐蚀市政地下供水管道，甚至还会软化建筑物地基(曹辉, 2010)。

3.6.5　取消化粪池症结

作为一种时代产物，化粪池显然已显得不合时宜，实际上成为市政设施的累赘。然而化粪池在显而易见的弊端下为什么还能经久不衰？其实，认识上不能与时俱进、观念上陈旧保守是主要原因。

1. 规范模棱两可

我国有关化粪池设置的一些规范明确指出，没有城市污水处理厂或污水处理厂规划滞后于小区建设时，对生活粪便污水应设置化粪池(核工业第二研究设计院, 2001; 中华人民共和国住房和城乡建设部, 2018)；城市污水管网和污水处理设施较为完善的区域可不设置化粪池(中华人民共和国住房和城乡建设部, 2018)。然而并没有相关规范明确表达在已兴建市政污水处理厂的情况下需要取消化粪池。这就使化粪池设置/取消显得模棱两可，导致多数地方对新建楼宇项目审批中仍然有设置化粪池的行政要求(郝晓地, 2006)。在此情况下，设计者思路又趋于保守与从众，索性千篇一律地普遍采用了化粪池设计，主观上继续把化粪池"发扬光大"。

值得注意的是，我国一些经济发达的城市在逐步完善市政管网、兴建集中式污水处理厂的同时正开始有计划地取消化粪池；上海、广州、深圳、四川、重庆、福建、常州、杭州等地先后出台政策，明确要求在新建、改建、扩建建筑物中取消化粪池(曹辉, 2010; 陈炳森和杨海真, 2016)。可见，取消化粪池的行动正悄然从发达城市开始。但是地方法规目前还不能替代国家规定，国家规范急需修订，一方面需要明确规定新建小区不设化粪池，另一方面则需要另文规定已有化粪池应退出初级处理的历史舞台，污水管线需超越既有化粪池，将化粪池改作他用(如中水、雨水调节池)。

2. 取消化粪池的疑虑

化粪池因具有沉淀截留 SS 的功能，所以一些工程技术人员担心取消化粪池后可能会造成管道堵塞问题。根据实地调查，1997～2007 年杭州市多个不设化粪池的小区下水管道运行情况良好，仅个别小区出现过流水不畅的现象，但均排除了无化粪池设置的诱因(宣张莺等, 2007)。上海、广州等地逐步取消化粪池试点工程运行情况表明，只要满足下水管道最小流速，一般并不会发生管道堵塞现象(程宏伟等, 2011)。

因此可以肯定，只要设计合理，且在保证施工质量的前提下，取消化粪池而引起的堵塞管道的问题不必多虑。

3.6.6　结语

化粪池作为一种时代产物，在城市化发展速度空前高涨的今天，对污水处理的作用已显得微不足道。相反化粪池相对于市政集中式污水处理厂来说其实是在"帮倒忙"，将脱氮除磷本来就碳源不足的我国城市污水中有机物含量(COD)截留去除约 1/3。

被化粪池截留的 COD 通过沉淀、厌氧消化而大多被转化为 CH_4、CO_2 释放于大气中。如果被化粪池截留的 COD 全部转化为 CO_2，那也显得释然，因为转化为 CO_2 是有机物的自然归宿，是生源性的。这种来源于有机物的 CO_2 虽然也产生温室效应，但无论处理与否它都会自然形成，不可避免。

然而作为有机物转化为 CO_2 的中间产物——CH_4，其温室效应比 CO_2 至少要高 25 倍。测算表明，我国城市/城镇化粪池每年产生的 CH_4 总量高达 3 000 万 t CO_2 当量·a^{-1}，与市政集中式污水处理厂 CH_4 和 N_2O 直接碳排放量（2 512 万 t CO_2 当量·a^{-1}）和总碳排放量（3 985 万 t CO_2 当量·a^{-1}）处于同一数量级，甚至同一水平。可见化粪池 CH_4 碳排放量不可小觑，它是一种被遗忘的"隐性"碳排放源。化粪池中产生的 CH_4 是严重的温室气体，而"憋"在池内则会成为一种可怕的"定时炸弹"。

我国现行规范虽然指出在存在市政污水处理厂的情况下可以考虑不设置化粪池，但规定模棱两可，比较含糊。结果很多地方对新建楼宇项目审批中仍然有设置化粪池的行政要求，主观上允许化粪池继续"发扬光大"。虽然少数一些经济发达的城市已开始取消化粪池的行动，但国家层面的行动还有待明确，特别是对既有化粪池的"取缔"问题。

3.7　人工湿地与温室气体排放

3.7.1　引言

人工湿地（constructed wetlands，CWs）通过模拟自然湿地系统来实现污水的"自然"处理（赵亚乾和杨永哲，2015；Corbella and Puigagut，2014），主要有表面流（free water surface，FWS）、水平潜流（horizontal subsurface flow，HSSF）和垂直潜流（vertical subsurface flow，VF）这 3 种类型。表面流人工湿地在结构上与自然湿地类似，具有自由水面，污水在基质层表面以上连续从进水端水平流向出水端（Kadlec and Wellaue，2008）；水平潜流人工湿地内部放置填料，在池体表面以下的填料层的污水连续从进水端水平流向出水端；垂直潜流人工湿地内部也设置填料，但污水间歇引入，从上往下流经填料层（Kadlec and Wallace，2008）。人工湿地通过沉淀、截留、吸附、植物吸收和微生物转化等一系列自然发生的物理、化学和生物作用实现污水水质净化（Vymazal，2007）。相对于传统污水处理工艺，人工湿地具有建设/运行费用低、维护管理简便、低能耗等优点，被誉为具有可持续性的污水处理技术，已被广泛应用于生活污水、工业废水、垃圾渗滤液等各种污水的处理中（Kadlec and Wallace，2008）。

人工湿地作为一种功能多、复杂化、特殊的生态系统，正、负两方面的环境影响也是客观存在的。在其净化功能正影响之外，人工湿地所释放的 CO_2、CH_4 和 N_2O 等温室气体（greenhouse gas，GHG）对环境存在明显的负面影响。研究显示，人工湿地 GHG 释放量是自然湿地的 2~10 倍（Maltais et al.，2008），可能是全球 GHG 的重要排放源之一。政府间气候变化专门委员会（Intergovernmental Panel on Climate Change，IPCC）指出，在过去 250 年间，人类活动持续向大气中排放大量 GHG 已导致近百年间全球气温持续上升；在 1906~2005 年的 100 年间地表平均温度已上升了 0.74 ℃（IPCC，2013）。为了缓解全球因气候变暖带来的种种后果,控制 GHG 排放已成为全人类的紧迫任务之一。《巴黎协定》已将此问题从技术层面上升为政治层面,要求各国应努力在 21 世纪末将气候升温控制在工业革命前的 2 ℃以内。在此背景下,人工湿地若不能很好地控制 GHG 排放,则有将水污染转嫁为大气污染之嫌,其综合环境效应将大打折扣。因此在实现水质净化功能的同时,人工湿地 GHG 排放也必须得到有效控制。为此本节将综合分析人工湿地主要 GHG 的产生机制、释放特征及影响因素,并就减轻 GHG 排放归纳技术路径。

3.7.2　人工湿地温室气体类型与释放机制

人工湿地释放的 GHG 主要是 CO_2、CH_4 和 N_2O。CO_2 是大气中含量最多的一种 GHG,是全球气候变暖的主要元凶,对温室效应贡献率约为 70%(IPCC, 2013)。CH_4 能强烈吸收太阳辐射中的红外光,减少地表向外空的热辐射,并通过光化学反应产生 O_3,从而会产生温室效应;CH_4 增温潜势是 CO_2 的 25 倍(王长科等,2013),为 CO_2 之后的第二种主要 GHG,温室效应贡献约为 23%(IPCC, 2013)。与 CH_4 类似,N_2O 也能强烈吸收红外线,减少地表向外空的热辐射,从而导致温室效应;N_2O 增温潜势是 CO_2 的 296 倍(王长科等,2013),温室效应贡献率约为 7%(IPCC, 2013),是第三种主要 GHG。这三种 GHG 在人工湿地中的来源与释放机制详述如下。

1. CO_2 与 CH_4 形成途径

人工湿地中的 CO_2 和 CH_4 均产生于湿地系统中有机物的代谢与转化。如图 3.18 所示,进入人工湿地的有机物主要来源于:①污水中的有机污染物(COD);②湿地基质(如土壤)本身所含的有机质;③湿地植物通过光合作用固定 CO_2 所形成的生物质。污水中有机物和湿地基质所含有机质通过微生物好氧氧化或厌氧消化等过程最终转化成 CO_2 和 CH_4。植物固定 CO_2 所形成的生物质则一部分转化成 CO_2 和 CH_4,另一部分成为有机沉积物累积于湿地中(Kadlec and Wallace, 2008)。事实上,人工湿地中所释放的 CO_2 都是生源性(即有机物的自然归宿)的,不应该计入 GHG 排放目录(IPCC, 2013)。因此有机物向 CH_4 转化的比例决定了人工湿地中碳基 GHG 的最终排放效应,即碳源还是碳

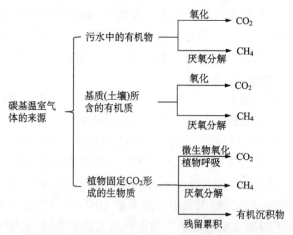

图 3.18　人工湿地 CO_2 和 CH_4 来源与产生途径

汇，如有人对丹麦某芦苇湿地一年碳通量进行考察时发现，该芦苇湿地每年固定的 CO_2 为 98 $mol·m^{-2}$；其中，46 $mol·m^{-2}$ 以有机沉积物的形式在湿地中积累，剩余部分又以 CO_2(48 $mol·m^{-2}$)和 CH_4(4 $mol·m^{-2}$)的形式重新回到大气(Brix et al., 2001)。将所释放的 CH_4 按其增温潜势(CO_2 的 25 倍)折算成 CO_2 当量后，该芦苇床对 GHG 的净削减量为 -54 mol $CO_2·m^{-2}$，即植物固定 CO_2 后反而增强了温室效应，结果成了碳源。因此人工湿地中控制有机物向 CH_4 转化是实现其 GHG 减排的关键步骤。

有机物向 CH_4 转化遵循一般厌氧消化途径(郝晓地, 2006)。需要指出的是，产甲烷菌是一类形态多样的严格厌氧细菌，要求氧化还原电位(Eh)极低的(<-200 mV)强还原环境(最适宜 Eh= -330mV)(Kadlec and Wallace, 2008)。Eh 越低，产 CH_4 速率越快；如 Eh 从-200 mV 下降到-300 mV 时，产 CH_4 速率可上升 10 倍，排放量增加 17 倍(潘涛, 2011)。在没有自由氧分子存在的情况下，CH_4 也可能在中等还原条件下(Eh= -160～-150mV)产生(Wang et al., 1993)。人工湿地为一种被动传氧(扩散、根系泌氧等)系统，且床体通常处于污水浸没状态，其复氧能力有限，很容易形成上述适宜 CH_4 生成的强还原环境(潘涛, 2011)。有人对水平潜流芦苇床人工湿地观察后表明，除植物根区以外，绝大部分床体处于 Eh= -220～-146 mV 的中、强还原状态(Ettwig et al., 2010)。表面流人工湿地基质层内的 Eh 也经常处于-200～-100 mV 水平(Kadlec and Wallace, 2008)。人工湿地内的氧化还原状态还具有明显的空间分布特征：离进水口越近、距离基质表面越深，还原环境就越强(潘涛, 2011)。

湿地产生的 CH_4 在释放过程中也可能被好氧或厌氧微生物氧化至 CO_2，从而减少 CH_4 的净释放量。CH_4 可被好氧甲烷氧化细菌(MOB)氧化为 CO_2(Maltais et al., 2008)。MOB 适应环境的能力很强，主要存在于 CH_4 与 O_2 共存的微小界面空间，包括土—空气、水—空气界面、植物根际及植物内部等(贠娟莉等, 2013)。CH_4 也可在反硝化过程中被反硝化厌氧甲烷氧化古生菌(DamoA: $NO_3^- + CH_4 \longrightarrow NO_2^- + CO_2$)和反硝化厌氧甲烷氧化细菌(DamoB: $NO_2^- + CH_4 \longrightarrow N_2 + CO_2$)所氧化(Ettwig et al., 2010; Haroon et al., 2013)。因此在人工湿地中创造适宜这些甲烷氧化细菌生存的环境，把形成的 CH_4 最大限度地转化为生源性 CO_2，将是大幅削减人工湿地 GHG 排放的有效途径。

2. N_2O 产生机制

人工湿地中的 N_2O 主要在生物脱氮过程中产生(赵联芳等, 2013)。N_2O 既可能作为副产物产生于硝化过程中，也可能作为中间产物产生于反硝化过程中，一般被认为是不完全硝化或不完全反硝化的产物。此外，特定条件下发生的硝酸盐氨化(DNRA) 反应也可能产生 N_2O(赵联芳等, 2013; Wunderlin et al., 2012)。

1) 硝化过程产生 N_2O

微生物在好氧条件下将氨氮(NH_4^+)氧化成硝酸氮(NO_3^-)的硝化反应是一个两阶段过程：①第一阶段为氧化过程，即在氨单加氧酶(AMO)和羟胺氧化酶(HAO)的催化作用下，氨氧化细菌(AOB)首先将 NH_4^+ 氧化成亚硝酸氮(NO_2^-)；②第二阶段为亚硝酸氧化过程，即在亚硝酸盐氧化还原酶(NOR)催化作用下，亚硝酸盐氧化菌(NOB)将 NO_2^- 进一步氧化

成 NO_3^-。

在硝化作用过程中，N_2O 可能通过羟胺（NH_2OH）氧化和硝化菌反硝化两个途径产生（图 3.19）：

（1）羟胺氧化，包括生物氧化及化学氧化。

羟胺生物氧化是指其在 HAO 催化下直接被氧化成 N_2O，或转化成硝酰基（NOH）后再经系列聚合、水解等反应生成 N_2O；羟胺的化学氧化是指其直接与 NO_2^- 发生化学反应生成 N_2O（Huang et al., 2012; Wunderlin et al., 2012）。

（2）硝化菌反硝化。

在 NO_2^- 累积的情况下，AOB 会被诱发产生异构亚硝酸盐还原酶（iNor），利用 NH_4^+、H_2 等作为电子供体将 NO_2^- 还原成 N_2O。大量研究表明，硝化菌反硝化是硝化过程产生 N_2O 的主要方式（Huang et al., 2012; Wunderlin et al., 2012）。

总之中间产物 NH_2OH 及 NO_2^- 的积累是硝化过程 N_2O 产生的直接诱因。NH_2OH 容易在高 pH 或高 NH_4^+ 条件下积累，而 NO_2^- 积累主要发生在低 DO、高 NH_4^+ 及高 pH 情况下（耿军军等，2010）。

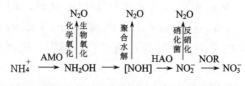

图 3.19　硝化过程 N_2O 产生途径

2）反硝化过程产生 N_2O

反硝化过程是指在缺氧条件下，反硝化菌（多为兼性菌）将 NO_3^- 还原为 N_2 的过程。反硝化过程按 4 个连续反应进行，参与催化过程的酶有硝酸还原酶（Nar）、亚硝酸还原酶（Nir）、一氧化氮还原酶（Nor）和氧化亚氮还原酶（Nos），如图 3.20 所示（耿军军等，2010；赵联芳等，2013）。当系列反应中酶活性受到影响而反应速率不平衡时，N_2O 作为反硝化过程的中间产物就会被释放出来（Huang et al., 2012），其典型影响因素包括：

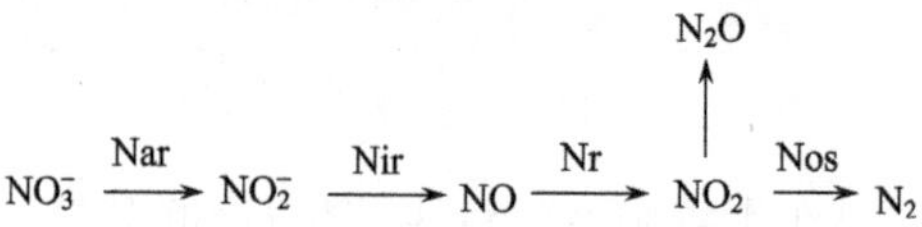

$$N_2O$$
$$\uparrow$$
$$NO_3^- \xrightarrow{\text{Nar}} NO_2^- \xrightarrow{\text{Nir}} NO \xrightarrow{\text{Nr}} NO_2 \xrightarrow{\text{Nos}} N_2$$

图 3.20　反硝化过程 N_2O 产生途径

（1）过高 DO 浓度。

Nos 酶对氧特别敏感，很低浓度的 DO 就会显著甚至完全抑制其活性，从而导致 N_2O 被还原为 N_2 的过程受阻。同时，反硝化菌为兼性菌，当有 O_2 存在时，将优先利用 O_2 作为电子受体进行呼吸，从而导致反硝化不彻底和 N_2O 的积累（耿军军等，2010）。

（2）碳源不足。

Nos 酶对有机电子供体的亲和力较其他反硝化还原酶要低。因此，在碳源不足时，Nos 酶将无法竞争获得足够的电子供体从而导致 N_2O 的积累（赵联芳等，2013）。

（3）部分反硝化菌不具有 NosZ 基因酶系统,不具备进一步将 N_2O 还原为 N_2 的能力,必然产生 N_2O 的释放(Huang et al., 2012)。

（4）此外,Nos 酶还易受 pH、温度、盐度、重金属和抑制剂等因素的影响而失活,从而导致 N_2O 被还原至 N_2 的步骤受阻,引发 N_2O 的释放(耿军军等,2010; 赵联芳等,2013)。

3）NO_3^- 铵化过程产生 N_2O

NO_3^- 铵化(DNRA)是指在 NO_3^- 氨化细菌(通常为发酵细菌)作用下,将 NO_3^- 异化还原成 NH_4^+ 的过程。NO_3^- 氨化细菌在将 NO_3^- 转换为 NO_2^-,进而转化成 NH_4^+ 的过程中会产生部分 N_2O。DNRA 过程通常发生在较低氧化还原电位环境中。人工湿地特殊的结构使其内部广泛存在厌氧区域,为这一过程发生创造了有利条件(Huang et al., 2012)。

3.7.3 不同类型人工湿地温室气体释放特征与比较

不同类型人工湿地因结构特点与运行方式不同而呈现出不同的 GHG 排放种类与排放量。再者,人工湿地需要同传统污水处理工艺比较 GHG 排放量后,方能判断其综合环境效应。

1. GHG 释放特征

有人对 1994～2003 年处理各类污水(生活污水、农业污水、奶业废水)的各种人工湿地 GHG 排放进行过统计分析(Mander et al., 2014),结果总结于表 3.11 中。在 CH_4 释放通量上,水平潜流人工湿地[平均 7.4 mg·$(m^2 \cdot h)^{-1}$]稍大于表面流人工湿地[平均 5.9 mg·$(m^2 \cdot h)^{-1}$],而两者都明显大于垂直潜流人工湿地[平均 2.9 mg·$(m^2 \cdot h)^{-1}$]。CH_4 释放因子(CH_4-C 释放通量/进水 TOC 负荷)却是表面流人工湿地为最大(平均 16.9%),显著高于水平潜流人工湿地(平均 4.5%)及垂直潜流人工湿地(平均 1.17%)。

表 3.11　不同类型人工湿地 GHG 释放特征

湿地类型	进水 TOC[1]/[mg C·$(m^2 \cdot h)^{-1}$]	CH_4		进水 TN[1]/[mg N·$(m^2 \cdot h)^{-1}$]	N_2O		总释放通量[2]/[mg CO_2·$(m^2 \cdot h)^{-1}$]
		CH_4-C 释放通量[1]/[mg·$(m^2 \cdot h)^{-1}$]	CH_4-C TOC[1]/%		N_2O-N 释放通量[1]/[mg·$(m^2 \cdot h)^{-1}$]	N_2O-N/TN[1]/%	
表面流人工湿地	1.0～173.6 (42)	0.15～27 (5.9)	4～35 (16.9)	1～203 (100)	0.001～0.65 (0.13)	0.006～0.43 (0.13)	257
水平潜流人工湿地	8.2～2190.2 (272)	0.048～17.5 (7.4)	0.03～9.6 (4.5)	1～295 (106)	0.014～0.894 (0.24)	0.04～1.83 (0.79)	358
垂直潜流人工湿地	17.9～1418 (488)	0.3～5.4 (2.9)	0.38～1.73 (1.17)	103～2105 (920)	0.003～0.424 (0.14)	0.001～0.096 (0.023)	162

①范围和平均值(括号内);②以100年全球变暖潜力(GWP)系数为基准转换GHG至 CO_2 当量:CO_2=1,CH_4=25,N_2O=296。

表 3.11 显示,N_2O 释放通量也以水平潜流人工湿地为最大,依次为:水平潜流人工湿地[平均 0.24 mg·$(m^2 \cdot h)^{-1}$]>垂直潜流人工湿地[平均 0.14 mg·$(m^2 \cdot h)^{-1}$]>表面流人工湿地

[平均 0.13 mg·$(m^2·h)^{-1}$]，但三者间无显著性差异。N_2O 释放因子(N_2O-N 释放通量/进水 TN 负荷)依次为水平潜流人工湿地(0.79%)>表面流人工湿地(0.13%)>垂直潜流人工湿地(0.023%)。将 CH_4 和 N_2O 折算成 CO_2 当量后得出的总释放通量为：水平潜流人工湿地[358 mg CO_2 $(m^2·h)^{-1}$]>表面流人工湿地[257 mg CO_2 $(m^2·h)^{-1}$]>垂直潜流人工湿地[162 mg CO_2 $(m^2·h)^{-1}$]。可见垂直潜流人工湿地的 GHG 释放通量最小。其实垂直潜流人工湿地占地面积也最小，这更加凸显了其 GHG 释放总量明显小于水平潜流和表面流人工湿地的特征。

表 3.11 还显示，各类人工湿地中 CH_4 都是主要 GHG 类型，对总释放量的贡献率均>60%。因此，控制 CH_4 释放应成为人工湿地减少 GHG 排放的技术关键。

各类人工湿地 GHG 释放是由其结构特征点和运行方式所决定的，如表 3.12 所示(中华人民共和国环境保护部, 2011; 张秋贞等, 2009; Cooper et al., 1997; Kadlec and Wallace, 2008)。表面流人工湿地复氧速率极低，中值仅为 1.47 g O_2·$(m^2·d)^{-1}$，尚不足以支持其正常设计负荷下[BOD_5=4～7 g·$(m^2·d)^{-1}$]的有机物完全氧化，很容易形成促进 CH_4 释放的厌氧条件(Kadlec and Wallace, 2008)。况且表面流人工湿地通常还采用富含有机质的土壤作为基质，这又为 CH_4 产生提供了额外的底物。此外表面流人工湿地的植物类型(浮水和沉水植物)也更有利于 CH_4 产生，因其死亡后将直接累积在湿地基质中，可为 CH_4 产生提供丰富的底物。这些因素都致使其具有最高的 CH_4 释放因子。

水平潜流人工湿地较低的复氧速率 6.3 g O_2·$(m^2·d)^{-1}$ 和显著被提高的设计负荷使有机物氧化和硝化都处于最不利的状况，导致 CH_4 和 N_2O 释放都非常显著，为所有人工湿地 GHG 排放量的最高。

垂直潜流人工湿地的复氧速率比前两者高一个数量级，床体基本处于好氧状态。因此，其 CH_4 释放显著低于前两类湿地。垂直潜流人工湿地一般被认为是反硝化受限的系统，而水平潜流和表面流人工湿地一般被认为是硝化受限的系统(Kadlec and Wallace, 2008)。但是垂直潜流人工湿地的 N_2O 释放因子反而是所有人工湿地中最低的(表 3.11)。这说明人工湿地中 N_2O 排放可能主要是由硝化过程受限导致的(Mander et al., 2003)。若这一观点得以证实，那所有人工湿地都可以采取强化氧传递方式来同时降低 CH_4 和 N_2O 的释放。

表 3.12　不同类型人工湿地结构与运行特征

类型	结构特征	植物类型	填料类型	复氧速率/[g·$(m^2·d)^{-1}$]	设计负荷/[g·$(m^2·d)^{-1}$]
表面流人工湿地	结构与自然湿地相似，污水在填料表面流动，一般连续运行；填料内大部分区域处于厌氧状态	浮水植物(浮萍等)、沉水植物(金鱼藻等)、挺水植物(芦苇等)	填料较单一，绝大多数为土壤	1.47	BOD_5=1.5～5 NH_4^+-N=1.5～2
水平潜流人工湿地	污水在填料表面下水平流过系统，一般连续运行；复氧能力较差，大部分床体处于缺氧和厌氧状态	挺水植物(芦苇等)	填料类型多样，常用砂和砾石等	6.3	BOD_5=8～12 NH_4^+-N=2～2.8
垂直潜流人工湿地	污水在填料表面下垂直流过系统，一般间歇运行；床体处于不饱和状态，复氧能力强，大部分床体处于好氧状态	挺水植物(芦苇等)	填料类型多样，常用砂和砾石等	50～90	BOD_5=8～12 NH_4^+-N=2.6～3.4

2. 人工湿地与传统污水处理工艺 GHG 释放比较

与传统活性污泥法相比，人工湿地因其能耗低、生态功能显著而常被称为具有可持续性因素的污水处理工艺。然而包括 GHG 排放在内，则这一说法未必成立。因此有必要在 GHG 排放上就人工湿地与传统污水处理工艺进行对比，以界定其综合环境效应的优劣性。为统一比较基础，选择人工湿地与传统活性污泥法在处理生活污水(水质相近)时的单位水量 GHG 排放进行对比，结果总结于表 3.13 中。表 3.13 显示，人工湿地 GHG 排放以 CH_4 为主，CH_4 排放显著高于活性污泥工艺；而活性污泥 GHG 排放以 N_2O 为主，N_2O 排放显著高于人工湿地。表面流人工湿地和水平潜流人工湿地在直接释放上明显高于 An/O 和 A^2/O 等典型活性污泥工艺。这主要是由其 CH_4 排放量高所致。文献中常以释放通量(基于单位面积)或 N_2O 释放因子对人工湿地和活性污泥工艺进行对比，得出人工湿地 GHG 排放明显小于传统活性污泥法的结论(Mander et al., 2014; Søvik et al., 2006)。但若考虑人工湿地较大的占地面积和各类 GHG 的综合排放总量，这一结论则未必正确。如表 3.13 所示，若以单位立方米污水考量，表面流和水平潜流人工湿地的直接释放总量都显著高于大部分活性污泥工艺，只有垂直潜流人工湿地的 GHG 排放才低于大部分活性污泥工艺(表 3.13)。

表 3.13 人工湿地 GHG 释放与活性污泥工艺比较

| 类型 | 直接释放量 | | | | | 间接释放[1]/($g CO_2 \cdot m^{-3}$ 污水) | 总释放量/($g CO_2 \cdot m^{-3}$ 污水) | 参考文献 |
	CH_4 释放/($g CO_2 \cdot m^{-3}$ 污水)	N_2O 释放/($g CO_2 \cdot m^{-3}$ 污水)	直接释放总量/($g CO_2 \cdot m^{-3}$ 污水)	CH_4 释放因子/%	N_2O 释放因子/%			
表面流[2]	303.36	37.38	340.74	21	0.09		440.44	(Brix et al., 2001)
水平潜流[2]	181.24	167.42	348.66	6.95	0.34	99.70	448.36	(Gui et al., 2007)
垂直潜流[2]	31.68	26.26	57.94	1.71	0.069		157.64	(Brix, 1999)
SBR[2]	20.27	481.16	501.43	0.41	1.67	327.96	829.39	(Bao et al., 2016)
An/O[2]	6.08	176.13	182.21	0.13	0.76	202.89	385.10	(Bao et al., 2016)
A^2/O[2]	10.00	11.84	21.84	0.16	0.029	266.20	288.04	(杨凌波等, 2008)
倒置 A^2/O[2]	17.50	8.88	26.38	0.25	0.035	—	—	(Yan et al., 2014)
Orbal 氧化沟[2]	32.50	20.72	53.22	1.05	0.043	301.09	354.31	(Yan et al., 2014)
传统活性污泥法[2]	8.25	9.18	17.43	0.198	—	268.19	285.62	(Czepiel et al., 1993, 1995)
预缺氧+A^2/O[3]	130.50	36.11	166.61	1.10	0.10	266.20[4]	432.81	(Rena et al., 2013)
倒置 A^2/O[3]	24.55	37.89	62.44	0.13	0.09	—	—	(杨凌波等, 2008)
厌氧池+氧化沟[3]	14.70	22.88	37.58	0.55	0.10	301.09[5]	338.67	(Rena et al., 2013)

①间接释放以 997 g $CO_2 \cdot (kW \cdot h)^{-1}$ 计算；②只包括污水处理过程；③包括污水及污泥处理过程；④按 A^2/O 能耗估算；⑤按氧化沟能耗估算。

除直接释放外，污水处理过程中 GHG 释放还包括间接释放（能耗、药剂消耗等）。本节中所指间接释放主要考虑处理过程中因耗能而间接产生的 CO_2 排放。据文献报道，人工湿地运行能耗一般小于 0.1 kW·h·m^{-3}（取 0.1），而 An/O、A^2/O、SBR、氧化沟、传统活性污泥法等活性污泥工艺平均能耗分别为 0.283 kW·h·m^{-3}、0.267 kW·h·m^{-3}、0.336 kW·h·m^{-3}、0.302 kW·h·m^{-3} 和 0.269 kW·h·m^{-3}（杨凌波等，2008; Brix，1999）。将这些能耗值按 997 g CO_2·(kW·h)$^{-1}$ 折算成间接 CO_2 排放，并示于表 3.13 中。可见，人工湿地间接释放量（99.7 g CO_2·m^{-3}）远远小于传统工艺的最小间接释放量（An/O 工艺：202.89 g CO_2·m^{-3}）。即便如此，表面流和水平潜流人工湿地的 GHG 总释放量（直接+间接）仍与传统活性污泥法旗鼓相当，甚至更高。唯有垂直潜流人工湿地 GHG 总释放量远低于所有活性污泥工艺。从综合环境效应来说，垂直潜流人工湿地显然是最佳选择。

3.7.4　人工湿地温室气体释放影响因素

人工湿地 GHG 释放除了受湿地类型影响以外，还受植物、基质、季节、进水水质及负荷和水文条件的影响。

1. 植物

植物是人工湿地必不可少的组成部分，植物自身特性、类型、种植密度、搭配、生长周期等都会对人工湿地处理效果及 GHG 释放产生影响。植物对人工湿地 GHG 释放的作用较为复杂，既可以增加、也能够减少 GHG 释放（Mander et al., 2014）。

植物对人工 GHG 释放的影响主要是输氧、根部分泌物及植物自身通过呼吸作用产生的 GHG。植物光合作用及根茎的传输能力对 GHG 释放影响很大。根据根区理论，植物根系周围存在大量氧气，同时根系可以为微生物的生长提供更多的附着点，会增加根系周围好氧微生物数量（Kadlec and Wallace, 2008），如根系周边甲烷氧化细菌的种群数量会增加，导致 CH_4 氧化转化 CO_2 率增加 20%～50%，使得 CH_4 释放减少（Vander and Neue, 1996）。也有研究显示，栽种了植物的人工湿地，其根系周围 AOB 细菌数量大于未种植植物的湿地，进而增加了 N_2O 的释放（Chang et al., 2014）。植物通气组织不仅有输氧能力，同时也是 GHG 释放的输送组织。有研究显示，纤维管植物可将土壤中产生的 50%～90%CH_4 传输到大气中去（Holzapfel et al., 1986）。除此之外，植物根部还可以改变湿地填料的性质，同时分泌的低分子量有机物为微生物活动提供了底物和能量，促进 GHG 的产生（Mander et al., 2014）。但也有研究认为，植物分泌的有机物为反硝化过程提供了充足的碳源，使得 N_2O 释放减少（赵联芳等，2013）。各类植物结构、根系吸附能力、传导速率、分泌物等不同，进而对湿地 GHG 释放影响也不尽相同。研究表明，芦苇植物根系往往较深（大于 55 cm），茭白根系较浅（90%根系集中在地表深 25 cm）（López et al., 2015）。因此，芦苇可以使甲烷氧化细菌在系统内分布更广泛，相比于茭白，可以增强 CH_4 氧化能力，进而减少 CH_4 排放。

除此之外，植物种植密度、混合搭配、生长周期等也会对 GHG 释放产生一定的影响。植物种植密度、混合搭配会增加湿地中物种丰富度和根系分泌物的产生，进而影响 GHG 产生。有人用 FISH 技术鉴定植物混栽人工湿地中微生物数量，结果显示混合搭配植物系统中有较多产甲烷菌，而甲烷氧化细菌数量较少，导致 CH_4 释放量增加（Wang et al., 2013b）。植物在生长期往往会促进 CH_4、N_2O 释放，但人工湿地在植物收割后也有可能出现较高 CH_4 释放，而茎秆枯萎后，释放量则呈下降趋势（López et al., 2015; Zhu et al., 2007）。植物收割后，CH_4 释放立刻增加可能是因为植物根茎系统中存储的 CH_4 快速释放；而且植物茎秆直接与空气相连接，也加大了 CH_4 释放量（Zhu et al., 2007）。也有研究显示，植物落叶进入湿地系统内产生的 CH_4 占总释放量的 40%，是 GHG 排放量增加的重要原因（Juutinen et al., 2003）。

2. 湿地填料

湿地填料作为人工湿地的骨架为植物生长提供支撑，也为微生物提供生长繁殖场所。湿地填料的理化性质往往会影响系统内含水率、微生物种群、酶活、pH、有机物含量等，进而对 GHG 释放产生影响。人工湿地填料通常有土壤、砂粒、砾石等。不同填料含水率不同，将影响湿地复氧及 GHG 的释放（Mander et al., 2014）。研究显示，土壤、细沙等保水性较高的填料会限制 O_2 向系统内传输，导致厌氧环境，从而增加 CH_4 释放（Mander et al., 2011）。当填料中含有硫酸盐（如石膏）、Fe^{3+}（如赭石）等时，硫酸盐还原菌（SRB）、Fe^{3+} 还原菌会与产甲烷菌竞争反应底物乙酸及 H_2，进而抑制 CH_4 释放（Kadlec and Wallace, 2008）。有人在以土壤为填料的人工湿地中分别添加 5 $t \cdot hm^{-2}$ 赭石、10 $t \cdot hm^{-2}$ 石膏后发现，添加赭石的区域 CH_4 释放减少了 64%，添加石膏的区域 CH_4 释放减少了 28%（Pangala et al., 2010）。但也有研究显示，在稻田土中添加 Fe^{3+} 会增加 N_2O 释放。这可能是因为 Fe^{3+} 的毒性影响了 N_2O 还原酶活性，使 N_2O 不能转化为 N_2（Huang et al., 2009）。填料往往还会影响湿地内的 pH。较高或较低的 pH 环境都会抑制 GHG 的产生。有人利用油页岩与泥炭作为人工湿地填料时发现，油页岩与泥炭混合比例为 2 : 1 时，系统出水 pH 将大于 10.7，CH_4 和 N_2O 释放都明显减少（Kasak et al., 2015）。需要指出的是，填料中有机物含量会显著影响 CH_4 产生（许芹, 2015）。各土壤类型中有机物含量从高到低依次是黏土、黏质粉土、砾土、沙土。土壤中的机物含量越高，越能促进 CH_4 的产生（许芹, 2015）。

3. 季节

季节变化会引起温度及气候改变，进而影响人工湿地系统 GHG 释放。对于 CH_4 释放来说，其在夏季释放较多，冬季释放较少。夏季温度较高，水中 DO 随着温度升高而减少，而人工湿地内各种微生物活性会随之加强；这就加速了湿地内氧气消耗，导致系统内氧化还原电位降低，从而促进 CH_4 产生。冬季低温会显著抑制产氢产乙酸过程和产甲烷菌的活性，从而导致 CH_4 释放量降低（Saarnio et al., 1998）。

N_2O 释放也随季节变化，但温度对 N_2O 释放的影响尚无确定结论（Mander et al., 2014）。温度变化会影响硝化及反硝化细菌活性，进而影响 N_2O 释放。相关研究显示，在硝化反应中亚硝化反应速率受温度影响大于硝化速率，温度升高会破坏两分步反应的平衡，造成 NO_2^- 积累，导致 N_2O 释放量增加（Gejlsbjerg et al., 1998）。也有研究显示，夏季时 AOB 数量是春季的 10～30 倍，且微生物活性提高，增加了 N_2O 释放量（Wang et al.,

2008)。不同研究显示,在冰融期 N_2O 释放量可能与夏季一样多,甚至高于夏季(Kasak et al., 2015)。在结冰期,N_2O 主要产生于土壤基质未结冻的水膜层中的反硝化过程(Teepe et al., 2001)。冰层覆盖限制了 N_2O 的释放,使得 N_2O 在系统内累计。当冰雪融化时,积累的 N_2O 迅速释放;同时,氧气进入系统抑制了反硝化过程,使得 N_2O 释放增加(Teepe et al., 2001)。

4. 进水负荷和水质

高进水负荷(包括 TOC 与 TN)是导致人工湿地 GHG 排放量增加的主要因素。研究表明,人工湿地中进水 TOC 负荷与 CH_4-C 释放通量、进水 TN 负荷与 N_2O-N 释放通量均成正相关关系(Mander et al., 2014)。高进水有机负荷导致氧迅速消耗,湿地内氧化还原电位显著降低。此外,高进水有机负荷也导致人工湿地中不断累积形成较厚的有机层,造成湿地系统堵塞,进一步减弱了系统的复氧能力(Corbella and Puigagut, 2014)。这些因素都将导致 CH_4 排放量增加。研究显示,水平潜流人工湿地进水区 CH_4 释放量往往大于出水区域,这也间接说明高进水负荷影响 GHG 释放量(Teiter and Mander, 2005)。高 TN 负荷则可能导致硝化阶段 DO 不足,AOB 反应速率明显高于 NOB 反应速率,使得 NO_2^- 形成累积,从而诱导 NH_4OH 氧化、硝化菌反硝化等产生 N_2O 的过程发生(Huang et al., 2012; Wunderlin et al., 2012)。

进水水质(C/N)也是影响 GHG 排放的重要因素,主要影响 N_2O 的释放。吴娟(2009)等研究了人工湿地在不同 C/N 条件下 N_2O 的释放情况,发现当 C/N=5 和 10 时,污水脱氮效果最好,且 N_2O 释放量最小;当 C/N<4~5 时,反硝化反应进行不完全,会导致 NO_2^- 积累(吴娟, 2009)。积累的 NO_2^- 会抑制 N_2O 还原酶活性,导致 N_2O 释放量增加(Wunderlin et al., 2012)。此外,因 N_2O 还原酶竞争电子能力最弱,当有机碳源匮乏时,其合成更容易受到抑制,从而导致 N_2O 释放(赵联芳等, 2013)。但是,C/N 也不是越高越好;C/N 过高也有可能增加 N_2O 的释放量。如有研究显示,当 C/N 为 20 时,N_2O 释放量相当于 C/N 为 5 时的 10 倍。这有可能是由于进水有机负荷过高使系统内 pH 过低(<5),从而 N_2O 还原酶受到抑制(吴娟, 2009)。

5. 水文状况

人工湿地的水文状况是影响 GHG 释放的又一重要因素,一般包括进水方式和水位变化。人工湿地进水通常分为连续式进水和间歇式进水两种方式。连续式进水的人工湿地内填料通常处于饱和状态,复氧能力差,易形成厌氧环境,促进 CH_4 的生成并减少 N_2O 释放量。间歇式进水模拟自然湿地水位波动状况,可强化传氧,提高人工湿地处理水质效率并降低 CH_4 排放量,但往往会增加 N_2O 的排放量(Kasak et al., 2015)。此外,当湿地排水后,填料间水分迅速减少,气体扩散不再受湿地中水的限制,也加速了 GHG 向大气的迁移(Mander et al., 2011)。特别是对于水平潜流人工湿地,研究发现降低运行水位能显著降低 CH_4 排放量,但会相应增加 N_2O 的排放量(Mander et al., 2014)。后续研究应定量分析水文状况对 CH_4(减少)和 N_2O(增加)排放量的影响,将两者的变化量折算成 CO_2 当量,以明确水文状况 GHG 释放的综合影响。

3.7.5　温室气体释放控制措施

人工湿地最理想的运行状态是在获得最优污水处理效果的同时使得 GHG 释放量最低。人工湿地设计时只考虑污染物去除效果，一般都不太关注 GHG 释放，就如同传统污水处理工艺一样。然而合理的人工湿地设计不仅可获得满意的处理效果，也能有效控制 GHG 释放。

人工湿地中 GHG 的产生由微生物和植物生长所致，在微观上难以人为驾驭，但可通过适当宏观措施予以最大程度削减。在此方面，设计运行中可考虑：

(1) 在建设成本及运行状况允许的情况下，尽可能选择 GHG 释放量最少的垂直潜流人工湿地。

(2) 选择合适的进水预处理设施，缓解人工湿地堵塞状况，以保持湿地复氧能力，从而减少 CH_4 及 N_2O 的产生。

(3) 合理选择基质类型。对以原土为主要基质的表面流工人湿地，可考虑加入部分赭石、石膏等抑制 CH_4 产生的填料。对于潜流人工湿地，可考虑不设覆土层；因为全世界的运行经验已普遍证明芦苇等挺水植物完全可以直接生长在砂、砾石等基质上。此外，目前很多学者建议向湿地中添加木屑、玉米棒、麦秆等有机废物以强化反硝化 (赵联芳等，2013)。但必须指出的是，这种方式只适合复氧能力较高的垂直潜流人工湿地。对水平潜流和表面流人工湿地等本身硝化就已受限的系统，投加有机底物不仅起不到降低 N_2O 排放量的目的，反而将进一步显著增加 CH_4 排放量。

(4) 调整运行方式。在水流流和水平潜流人工湿地中可采用水位波动和间歇运行方式，虽然可能会提高 N_2O 排放，但可有效控制 CH_4 释放。尤其是在水平潜流人工湿地中，可以通过降低水位运行这一简单措施来显著降低 CH_4 释放量 (Mander et al., 2014)。此外，采用分步进水，调节进口处过高负荷及防止堵塞发生也是设计运行中可以考虑的措施。

(5) 优化植物物种并控制收割。不同植物对 GHG 释放及处理的效果各不相同，合理搭配选取植物可实现人工湿地系统的最优化运行，同时应对散落于湿地系统内的植物落叶残枝等及时处理，以减少外加有机物造成的 GHG 释放量。

3.7.6　结语

人工湿地在处理污水时会产生显著的温室气体 (CH_4 和 N_2O) 排放，其释放量水平为：水平潜流人工湿地>表面流人工湿地>垂直潜流人工湿地。处理生活污水原水时，水平潜流和表面流人工湿地无论是直接排放还是总 GHG 排放 (以单位水量计) 都达到了与传统活性污泥工艺相同的或更高的水平，唯有垂直潜流人工湿地 GHG 总排放量在各类污水处理工艺中显示最低。因此，在建设成本及运行状况允许的情况下应尽可能选用垂直潜流人工湿地。

各类人工湿地中 CH_4 均是 GHG 的主要贡献者，明显高于活性污泥工艺。但所有人工湿地中 N_2O 排放都明显低于活性污泥工艺，这可能主要是由硝化受传氧限制所致。因此强化传氧 (水位波动、间歇运行、低水位运行) 以降低 CH_4 产生潜力是人工湿地控制 GHG 排放量的技术着眼点。此外，适当降低进水负荷、选择适当基质与植物及加强运行管理(减缓堵塞、及时清理植物残留等)等也是减少 GHG 排放量可采取的必要措施。

3.8　污水有机物化石碳 CO_2 排放

3.8.1　引言

应对温室气体日益加剧效应,人类已开始采取一系列控制措施。《巴黎协定》便是全人类在此问题上达成的纲领性政治文件。在此之前,有关国际或区域合作组织已开始制定相关碳减排目标和政策,公布碳排放核算清单及方法,开发和改进高碳排的生产技术及倡导低碳生活等方式。IPCC 早已开始制定符合各地情况的温室气体排放清单。IPCC 于 2006 年发布了最新温室气体指南《2006 年 IPCC 国家温室气体清单指南》(IPCC, 2006),其中特别提到废弃物处理、处置碳排放计算方法。但是,该指南有关污水处理温室气体排放计算方法仅涉及污水、污泥处理/处置过程 CH_4 和 N_xO 的直接排放,以及处理/处置过程中能源和物质投入所造成的间接碳排放。就污水处理/处置过程中产生的 CO_2 直接排放,指南认定为生物成因,即属于"生源性"排放,故不纳入碳排放总量范畴(IPCC, 2006)。

然而近年来有关污水、污泥处理/处置过程中所直接排放的 CO_2 的生源性在国际上存在着一些学术争议。有专家提出,污水中部分有机物(如洗涤剂、化妆品和药物等)最初来源为石油化工产品,并非原生态下的自然生活原料,所以这部分有机物进入污水后在处理/处置过程中转化生成的 CO_2 直接排放应该被纳入碳排放总量,而不应与生源性 CO_2 排放混为一谈,这部分有机碳应被定义为"化石碳"。

早先 IPCC 发布的"指南"中称污水中化石碳有机物含量很少,可以忽略不计(IPCC, 2006)。但是有研究者通过放射性碳测定方法测得实际污水中化石碳含量不菲,占污水处理厂总碳排放量的比例不容小觑。有鉴于此,本节总结有关污水中生源性 CO_2 探测过程与结果,梳理并分析污水中化石碳含量数据,以及补充"指南"对温室气体清单中有关污水处理碳排放的界定。

3.8.2　污水处理厂 CO_2 直接排放

污水处理系统碳排放分直接排放和间接排放两种,直接排放如上所述,通常不计生源性有机物(生源碳)在处理过程中产生的 CO_2(如好氧氧化或厌氧氧化产生的 CO_2),而是指污泥厌氧消化或在污水处理厌氧区产生的 CH_4,以及硝化、反硝化过程产生的 N_xO。CH_4 和 N_xO 在大气圈温室气体中的含量仅次于 CO_2,但其全球增温潜势要远高于 CO_2,分别是 CO_2 的 25 倍和 296 倍(IPCC, 2006)。

之所以生源碳产生的 CO_2 没有被列入 IPCC 温室气体排放清单主要是因为这部分碳元素一般被认为来源于植物光合作用,起因是大气中 CO_2 被吸收、固定到植物中所形成的有机碳。这部分有机物产生的 CO_2 因为存在碳循环而会再次进入植物中,开始新的往复,因此不会导致大气中 CO_2 总量净增长,显然可以不纳入碳排放总量清单中。

3.8.3　污水中的生源碳

生活污水中有机物主要来源于人类排泄物及其活动过程中产生的污水、废弃物(如手纸)、厨余残渣等，主要成分是碳水化合物、蛋白质、脂肪、尿素、油类、酚、有机酸碱、表面活性剂、有机农药、取代苯类化合物等。这些有机物具有不同的生化特性，在污水处理过程中的降解情况会有所不同。在不考虑污水总有机碳(TOC)来源时，这样的分类有助于确定污水生化特性，从而助选处理工艺。

然而当需要明确 CO_2 直接排放的生源属性时，则需要从有机物来源进行定位和划分。也就是说，需要将污水中 TOC 被生源碳(biogenic carbon, BC)与化石碳(fossil carbon, FC)加以区分(Tseng et al., 2016)。显然，洗涤剂、化妆品、药物等种种人工合成的化学产品全部或部分来源于地壳中所开采的石油加工化学品。而石化产品的原材料——石油和天然气(随之而来的可能是可燃冰)是经过数亿年时间被固定、封存在地壳中的化石碳。一旦被开采和使用，大量的化石碳被转化为 CO_2 或原生态形式(如 CH_4)而进入大气圈。这势必对大气圈原有碳循环造成冲击，导致温室气体浓度(CO_2、CH_4)剧增，成为当今世界气候变暖的元凶(Bao et al., 2015)。因此，这部分污水中由化石碳产生的 CO_2 量当然应该被补充纳入温室气体排放清单中。

3.8.4　污水中的化石碳

现代社会，污水中的化石碳与生源碳其实一并存在于有机物中，以颗粒性有机碳(POC)和溶解性有机碳(DOC)两种形式存在。经过传统一、二级污水处理，大多数有机物被用于合成细胞物质(剩余污泥)或被分解转化为 CO_2 而进入大气(Griffith et al., 2009)。由于有机碳来源不同，所直接排放的 CO_2 可区分为生源性 CO_2(IPCC 排放清单中未计算)和化石源 CO_2(IPCC 排放清单中未列入)(Law et al., 2013)。以往认为化石碳在污水有机物中所占比例很小，可以忽略不计。然而这种定性认识随定量检测技术水平的提高和研究的不断深入，发现忽略化石碳存在较大认识误区。

1. 化石碳放射性碳元素测定

对污水中化石碳含量进行测定目前采用的方法主要是放射性碳元素测定法。放射性碳同位素——^{14}C 于 1936 年被发现，是碳元素多种同位素之一。其中，^{12}C、^{13}C、^{14}C 比度分别为 98.89%、1.11%和 0.00000000010%。^{14}C 含量通常用样品放射性比度来表示，即每克碳的放射性活度($Bq·g^{-1}$ C)。在实际应用中，常使用相对浓度单位(A)予以表示，即现代碳百分含量(pmc 或% mod)，如式(3.13)所示：

$$A = A_m \times 10^2 / A_s \text{(pmc)} \tag{3.13}$$

式中，A_m 为待测样品的放射性比度($Bq·g^{-1}$ C)；A_s 为标准样品的放射性比度($Bq·g^{-1}$ C)。

在自然环境(Mcnichol and Aluwihare, 2007; Raymond and Bauer, 2001)和污水处理厂进水和出水中(Griffith et al., 2009; Nara et al., 2010)，放射性 ^{14}C 测定法常被应用于追溯碳元素的来源。通过测定 ^{14}C 放射性比度，可以得到污水中现代碳的比例，这部分被测得的碳即所谓的生源碳。据此可以推算出污水中化石碳的比例；再通过质量守恒原理，对污水处理厂进/出水、剩余污泥和厌氧消化甲烷产物等样品中的化石碳进行测定，以此计算得到污水处理过程中 CO_2 直接排放中化石源 CO_2 含量（Law et al., 2013）。

2. 化石碳 CO_2 直接排放量

根据放射性 ^{14}C 测定法，国际上一些研究者对众多污水处理厂实际测定了化石碳在污水 DOC、污泥、沼气中的含量比例，详见表 3.14。

表 3.14 显示，在用 ^{14}C 测定法所检测的原污水及污水处理不同单元中均检测出了化石碳，其所在 TOC 比例不低，最高达 27.9%（Tseng et al., 2016），甚至在初沉污泥[～5.2%（Law et al., 2013）]、二沉污泥[～16.4%（Tseng et al., 2016）]及滤池污泥[～17%（Law et al., 2013）]中也检测到化石碳占相当比例。这表明，污水与污泥中的化石碳的确不容忽视。

表 3.14　污水 DOC、污泥及沼气中化石碳含量比例（FC/TOC）　　　　（单位：%）

检测位置	(IPCC, 2006) (5)	(Griffith et al., 2009) (12)	(Law et al., 2013) (4)	(Nara et al., 2010) (1)	(Gwen et al., 2010) (2)
一级进水（原污水）	2.1～27.9		8.6～17.1	15.9～26.8	
初沉污泥	0.5～5.2				
一级出水	4.0～19.2	8.2～12.8			
混合液	16.1		1.4～5.6		
二沉污泥	14.3～16.4		7.1～13.7		
二级出水	20.7～48.5	7.4～26.5	7.6～18.3	26.8	
滴滤池污泥	17.0				
滴滤池出水	12.2				
沼气	2.5～2.7		1.8～2.3		0.6～1.5
消化污泥	15.5		10.2～12.0		

注：第 2～6 列表头表示（数据来源）（厂数）。

表 3.14 也显示，一些检测厂二级出水中化石碳所占比例甚至比原污水还高。这可能是因为石油化工产品残留多属于难生物降解成分（多以溶解性成分存在），在处理过程中除少量被污泥（见初沉污泥、二沉污泥 FC 含量）吸附外，在生物处理单元微生物很难将其分解转化（Law et al., 2013; Tseng et al., 2016）。相反，占比大的 BC 无论是颗粒性/胶体性还是具有溶解性，在生物处理过程中大多可以得到降解（Nara et al., 2010），以至于二级出水中 FC 与 BC 占比发生变化，FC 比例趋于上升，在残留 TOC 中比例甚至高达48.5%（Tseng et al., 2016）。显然，二级出水中 FC 所占比例大小与生物处理单元工艺选择及处理效果有关，BC 降解越多，二级出水中 FC 所占比例则越大。

尽管在厌氧消化产生的沼气中也能检测到 FC 的存在，但是其占比并不是很高（～2.7%）（Gwen et al., 2010; Law et al., 2013; Tseng et al., 2016），这从侧面说明形成 FC 的石油化工产品确实是生物难降解的 TOC，污泥中被吸附的 FC 大多最后仍残留于消化污泥

（～15.5%）中（Law et al., 2013; Tseng et al., 2016）。

有关 FC 在污水处理过程中形成的 CO_2 直接排放量比例，Law 等对 4 个二级活性污泥法处理厂的 ^{13}C 和 ^{14}C 进行测定并进行同位素质量守恒分析的推断，原污水中 4%～14%FC 浓度可达 6～35 $mg \cdot L^{-1}$，最终 88%～98%可从污水中得以去除；其中 39%～65%可被活性污泥所吸附、同化、分解，导致 29%～50%的 FC 被分解转化为 CO_2（Law et al., 2013）。转移至剩余污泥中的 FC 经厌氧消化后会减少 12%（Law et al., 2013）。综合测算表明，原污水中的 FC 在整个污水处理过程中 CO_2 直接排放量约占 TOC 总排放量的 1.4%～6.3%（Law et al., 2013）。更有甚者，Schneider 等的 ^{14}C 检测和计算结果显示，FC 产生的 CO_2 直接排放量达 11.4%～15.1%（Schneider et al., 2015）；Tseng 等的结果显示为 13%，而有污泥厌氧消化时高达 23%（Tseng et al., 2016）。

3.8.5　化石碳排放诱发的思考

上述检测数据显示，污水中由 FC 引起的 CO_2 直接排放量已不容小觑，而且相关测定、核算方法也相对成熟，确实应该建议列入 IPCC 碳排放总量核算清单中。与此同时，似乎也应对 BC 产生的 CO_2 及产生 BC 和降解 BC 涉及的 CO_2 间接碳排予以思考。尽管 BC 产生的 CO_2 来自大气碳库，但目前大气碳库早已非原生态（未开采煤炭、石油等化石燃料）下的碳存量，其实是 BC 与 FC 共同组成的碳总量。因此很难说 BC 中经生物固定的 CO_2 中没有 FC 产生的 CO_2。再者当今人口爆炸的社会普遍追求粮食产量（化肥生产及水资源利用耗能），食物加工也越来越为精细（加工耗能），食材来源不断国际化（运输耗能），烹饪水平越来越讲究（烹饪耗能），污水处理程度又不断提高（处理耗能）。所有这些过程同样涉及能源（化石燃料）与资源使用和消耗，同样会产生大量 CO_2 间接排放。如果以碳的全生命周期去衡量，现代污水中涉及 BC 的总碳排量肯定是非常高的。

这就是说，污水中 BC 的产生与去除所涉及的 FC 间接排放 CO_2 量可能远比 BC 直接排放 CO_2 量要大得多。显然，减少大气碳库 CO_2 净增量的有效途径一是源头控制化石燃料的开采与使用（碳源），二是后端寻找合适的吸收、固定 CO_2 的"碳汇"。前者源于人类对数以亿年计形成的矿藏化石碳的肆意掠夺，使煤炭、石油几近殆尽，现在又开始对"可燃冰"虎视眈眈。如果人类不能自律，碳源显然会源源不断从地下转移至大气中。后者，即寻找可以吸收、固定 CO_2 的碳汇，而除植物吸收、固定 CO_2 的这一自然路径以外目前似乎人类还没有找到切实可行的人工碳汇方式。其结果必然是 CO_2 净增长持续不断。从这个意义上说，《巴黎协定》确实是目前人类的政治共识，签署国应该为此做出各自的努力，毁约或不执行绝对是一种短视而愚蠢的行为。

一句话，如果人类找不到合适的碳汇，那就不应该去开发新的碳源。人类为了消纳煤炭、石油开采导致的化石 CO_2 排放，除应最大限度保持原生态下的植物/植被外，还需人工种植大量不以收获为目的的植物（非作物）方能获得碳平衡，从而有效阻止气候变暖现象。

3.8.6 结语

有关污水处理过程中产生的 CO_2 直接排放，之前大多认为是 BC 所致，不需要列入碳排放清单，IPCC 也是这样规定的。然而，人类开采煤炭、石油等矿藏碳源，并大量使用其化工合成产品，如洗涤剂、化妆品、药物等，导致 TOC 中 FC 成分也加入其中。因此由 FC 分解而产生的 CO_2 直接排放便被简单地忽略了。

国外研究人员采用放射性碳元素 (^{14}C) 检测法并应用元素质量守恒法对一些污水及污水处理厂单元检测、计算发现，原污水中 FC 比例最高时可占 TOC 的 28%。FC 虽然大多是生物难降解的，但在活性污泥工艺中仍有相当数量可以被吸附、同化、分解，由此产生的 CO_2 直接排放量可占污水处理厂 TOC 总 CO_2 直接排放量的 13%，加上厌氧消化则可高达 23%。可见污水中 FC 产生的 CO_2 直接排放量不容小觑，应该纳入 IPCC 碳排放总量核算清单中。

审视化石碳来源及碳汇去处不难发现，如果不能找到合适的碳汇，人类则需要检讨自身的发展方式，不能再肆意、无序开采数以亿年计形成并埋藏于地下的化石燃料。目前不仅要对已开采并几近消耗殆尽的煤炭、石油所形成的 CO_2 等温室气体的归宿（碳汇）负责，而且更要谨慎开采仍埋藏于地下的可燃冰。不然大气碳库化石碳形成的 CO_2 绝对量肯定继续增加，气候变暖现象不可避免。

参 考 文 献

边文骅. 2001. 腐植酸形成的微生物学机理研究概况. 腐植酸, (2): 1-5.

曹辉. 2010. 建议在城市污水处理系统完善的情况下取消化粪池. 广东建材, 26(5): 163-164.

陈炳森, 杨海真. 2016. 关于化粪池分类管理的探讨与建议. 四川环境, (1): 125-130.

陈佳君. 2014. 全球变暖潜能值的计算及其演变. 船舶与海洋工程, (2): 27-31.

陈世和. 1992. 微生物生理学原理. 上海: 同济大学出版社.

程宏伟, 刘德明, 邱寿华. 2011. 取消化粪池可行性函调结果与分析. 福建建筑, (3): 105-107.

戴前进, 方先金, 黄鸥, 等. 2008. 有机废物处置技术与产气利用前景. 中国沼气, 26(6): 17-32.

窦森, 李凯, 崔俊涛, 等. 2008. 土壤腐殖物质形成转化与结构特征研究进展. 土壤学报, 45(6): 1148-1158.

方芳, 刘国强, 郭劲松, 等. 2008. 活性污泥法对水溶性腐殖酸的去除效能与机制研究. 环境科学, 29(8): 2266-2270.

方晓瑜, 李家宝, 芮俊鹏, 等. 2015. 产甲烷生化代谢途径研究进展. 应用与环境生物学报, 21(1): 1-9.

冯华军, 胡立芳, 邱才娣, 等. 2008. 3 类金属离子对活性污泥吸附水体腐殖酸的影响. 环境科学, 29(1): 77-81.

冯应鸿. 2014. 零价铁强化剩余污泥厌氧消化的研究. 大连: 大连理工大学.

付融冰, 朱宜平, 杨海真, 等. 2008. 连续流湿地中 DO、ORP 状况及与植物根系分布的关系. 环境科学学报, 28(10): 2036-2041.

高军林, 台明青, 陈杰瑢. 2008. 剩余污泥与酒精糟液共厌氧消化性能研究. 酿酒科技, 165(3): 123-127.

耿军军, 王亚宜, 张兆祥, 等. 2010. 污水生物脱氮革新工艺中强温室气体 N_2O 的产生及微观机理. 环境科学学报, 30(9): 1729-1738.

关华滨. 2012. 新型化粪池处理生活污水的试验研究. 哈尔滨: 哈尔滨工业大学.

郭芳. 2013. 排除城市地下"隐形炸弹"——重庆成功试点污水管网安全监控预警示范工程. 中国经济周

刊,（9）：71-74.

国家统计局. 2010a. 中国统计年鉴. 北京：中国统计出版社.

国家统计局. 2010b. 第一次全国污染源普查公报.［2015-4-10］. http://www.stats.gov.cn/tjsj/tjgb/qttjgb/qgqttjgb/201002/t20100211_30641.html.

国家统计局. 2016. 国家数据（指标−人口−总人口）.［2015-4-10］. http://data.stats.gov.cn/easyquery.htm?cn=C01&zb=A0301&sj=2016.

国务院. 2016. "十三五"控制温室气体排放工作方案.［2017-8-16］. http://www.gov.cn/xinwen/2016-11/04/content_5128653.htm.

郝晓地. 2006. 可持续污水−废物处理技术. 北京：中国建筑工业出版社.

郝晓地. 2010. 推进农村生态文明建设实现可持续发展. 城乡建设,（1）：50-50.

郝晓地. 2014. 污水处理碳中和运行技术. 北京：科学出版社.

郝晓地, 蔡正清, 甘一萍. 2011. 剩余污泥预处理技术概览. 环境科学学报,31（1）：1-12.

郝晓地, 曹兴坤, 胡沅胜. 2014d. 预处理破稳污泥木质纤维素并厌氧降解实验研究. 环境科学学报, 34（7）：1771-1775.

郝晓地, 曹兴坤, 王吉敏, 等. 2013a. 剩余污泥中木质纤维素稳定并转化能源可行性分析. 环境科学学报, 33（5）：1216-1223.

郝晓地, 程慧芹, 胡沅胜. 2014a. 碳中和运行的国际先驱——奥地利 Strass 污水厂案例剖析. 中国给水排水, 30（22）：1-5.

郝晓地, 黄鑫, 刘高杰, 等. 2014g. 污水处理"碳中和"运行能耗赤字来源及潜能测算. 中国给水排水, 30（20）：1-6.

郝晓地, 金铭, 胡沅胜. 2014h. 荷兰未来污水处理新框架——NEWs 及其实践. 中国给水排水,（20）：7-15.

郝晓地, 刘斌, 曹兴坤, 等. 2015b. 污泥预处理强化厌氧水解与产甲烷实验研究. 环境工程学报, 9（1）：335-340.

郝晓地, 刘然彬, 胡沅胜. 2014f. 污水处理厂"碳中和"评价方法创建与案例分析. 中国给水排水, 30（2）：1-7.

郝晓地, 任冰倩, 曹亚莉. 2014b. 德国可持续污水处理工程典范——Steinhof 厂. 中国给水排水,（30）22：6-11.

郝晓地, 王吉敏, 曹兴坤, 等. 2013b. 剩余污泥中木质纤维素能源转化潜力分析. 环境工程学报, 7（3）：1106-1113.

郝晓地, 王吉敏, 胡沅胜. 2015a. 强化污泥中木质纤维素产甲烷实验研究. 环境工程学报, 9（7）：3431-3440.

郝晓地, 王吉敏, 胡沅胜. 2015c. 降解剩余污泥中纤维素/半纤维素微生物富集培养实验研究. 环境科学学报, 35（4）：999-1005.

郝晓地, 魏静, 曹亚莉. 2014c. 美国碳中和运行成功案例——Sheboygan 污水处理厂. 中国给水排水, 30（24）：1-6.

郝晓地, 张健. 2015. 污水处理的未来：回归原生态文明. 中国给水排水, 31（20）：1-8.

郝晓地, 张璇蕾, 胡沅胜. 2014e. 剩余污泥转化能源瓶颈与突破技术. 中国给水排水, 30（18）：1-7.

郝晓地, 赵靖, 李俊奇. 2006. 集中式污水处理厂取代化粪池可行性分析. 水资源保护, 22（4）：85-87.

核工业第二研究设计院. 2001. 给水排水设计手册（二）. 北京：中国建筑工业出版社.

姜应和, 谢水波. 2011. 水质工程学（下册）. 北京：机械工业出版社.

金鹏康, 石彦丽, 任武昂. 2015. 城市污水处理过程中溶解性有机物转化特性. 环境工程学报,（1）：1-6.

金裕. 2015-12-06（B02）. 2℃为何会成为地球"安全线". 新京报.

李建政, 任南琪, 秦智等. 2004. 厌氧发酵产氢系统的启动与乙醇型发酵优势菌群的建立. 高技术通讯,

9: 90-94.

李晓齐. 1993. 腐殖质的形成. 腐植酸, (4): 58-62.

李学垣. 1997. 土壤化学及实验指导. 北京: 中国农业出版社.

李学垣. 2001. 土壤化学. 北京: 高等教育出版社.

李有康, 李欢, 李忱忱. 2013. 污泥中腐殖酸的含量及其特征分析. 环境工程, 31(1): 22-24.

李云峰, 王兴理. 1999. 腐殖质-金属离子的络合稳定性及土壤胡敏素的研究. 贵阳: 贵州出版社.

梁重山, 刘丛强, 党志. 2001. 现代分析技术在土壤腐殖质研究中的应用. 土壤, 33(3): 154-158.

刘岸冰. 2006. 近代上海城市环境卫生管理初探. 史林, (2): 85-92.

刘莉莉, 王敦球, 关占良. 2007. 3种添加剂对牛粪厌氧发酵的影响. 江西农业学报, 19(5): 119-120.

刘然彬. 2014. 外源氢强化厌氧消化产甲烷实验研究. 北京: 北京建筑大学.

刘彦珍, 李安华. 2013. 不同配比污泥对玉米秸秆产气特性的影响. 南方农业学报, 43(12): 2060-2063.

刘志勇, 江有才, 龚辉. 2005. 广州市新城区取消化粪池的可行性调查. 环境卫生工程, 13(2): 44-45.

马晨, 周顺桂, 庄莉, 等. 2011. 微生物胞外呼吸电子传递机制研究进展. 生态学报, 31(7): 2008-2018.

孟旭升. 2013. 零价铁强化厌氧丙酸转化乙酸过程的研究. 大连: 大连理工大学.

倪长安. 2009. 沼气技术有问必答. 北京: 电子工业出版社.

潘涛. 2011. 人工湿地减排温室气体估算研究. 南京: 南京大学.

任冰倩. 2015. 腐殖酸抑制厌氧消化过程实验研究. 北京: 北京建筑大学.

任南琪, 刘敏, 王爱杰, 等. 2003. 两相厌氧系统中产甲烷相有机酸转化规律. 环境科学, 24(4): 89-93.

任南琪. 2004. 厌氧生物技术原理与应用. 北京: 化学工业出版社.

单丽伟, 冯贵颖, 范三红. 2003. 产甲烷菌研究进展. 微生物学杂志, 23(6): 42-46.

尚爱安, 徐美燕, 孙贤波, 等. 2005. 物化—生化组合工艺处理垃圾渗滤液. 华东理工大学学报, 31(6): 756-782.

石彦丽. 2014. 城市污水处理过程中溶解性有机物的分级表征. 西安: 西安建筑科技大学.

孙英杰, 徐迪民, 张隽超. 2002. 生活垃圾填埋场渗滤液中氨氮的脱除. 给水排水, 28(7): 35-37.

台明青, 陆浩洋, 袁可佳. 2015. 剩余污泥与酒精糟液高温共厌氧消化能量平衡及动力学研究. 可再生能源, 33(6): 915-920.

陶祖贻, 陆长青, 1992. 核素迁移和腐殖酸. 核化学与放射化学, 14(2): 120-125.

王宝贞, 王琳. 2005. 城市固体废物渗滤液处理与处置. 北京: 化学工业出版社.

王红燕, 李杰, 王亚娥, 等. 2009. 化粪池污水处理能力研究及其评价. 兰州交通大学学报, 28(1): 118-120.

王镜岩, 朱圣庚, 徐长法. 2010. 生物化学(第3版)(上). 北京: 高等教育出版社.

王凯军, 宫徽. 2016. 生态文明理念引领城市污水处理技术的创新发展. 给水排水, 42(5): 1-3.

王凯军, 左剑恶, 甘海南, 等. 2001. UASB工艺的理论与工程实践. 北京: 中国环境科学出版社.

王凯军. 2015. 村镇污水处理关键不仅仅在于技术. [2017-6-8]. http://www.h2o-china.com/column/294.html.

王梦恕. 2010. 中国铁路、隧道与地下空间发展概况. 隧道建设, 30(4): 351-364.

王一明, 林先贵, 徐江兵. 2006. 腐殖化进程中的微生物. 南京: 全国绿色环保肥料新技术、新产品交流会.

王勇, 任南琪, 孙寓姣. 2003. Fe对产氢发酵细菌发酵途径及产氢能力影响. 太阳能学报, 24(2): 222-226.

王长科, 罗新正, 张华. 2013. 全球增温潜势和全球温变潜势对主要国家温室气体排放贡献估算的差异. 气候变化研究进展, 9(1): 49-54.

吴娟. 2009. 人工湿地污水处理系统N_2O的释放与相关微生物研究. 济南: 山东大学.

谢经良, 沈晓南, 唐学玺. 2010. 绿化修剪草与污水厂污泥混合中温厌氧消化的可行性研究. 中国海洋大学学报, 40(1): 35-37.

许芹. 2015. 人工湿地甲烷排放规律及其影响因素研究. 济南: 山东大学.

许玉萍, 邱石庆, 罗丽梅, 等. 2016. 浅谈城市化粪池管理问题的解决思路. 中小企业管理与科技, (3): 85-86.

许志诚, 罗微, 洪义国, 等. 2006. 腐殖质在环境污染物生物降解中的作用研究进展. 微生物学通报, 33(6): 122-127.

宣张莺, 王英达, 吴必勤. 2007. 关于杭州市住宅小区是否取消化粪池的见解与体会. 水利科技与经济, 13(11): 869-870.

杨凌波, 曾思育, 鞠宇平, 等. 2008. 我国城市污水处理厂能耗规律的统计分析与定量识别. 给水排水, 34(10): 42-45.

余杰, 田宁宁, 王凯军, 等. 2007. 中国城市污水处理厂污泥处理、处置问题探讨分析. 环境工程学报, 1(1): 82-86.

袁维芳. 2004. 渗滤液的水质特点及处理工艺. 中国沼气, 22(3): 24-26.

负娟莉, 王艳芬, 张洪勋. 2013. 好氧甲烷氧化菌生态学研究进展. 生态学报, 33(21): 6774-6785.

曾蕾, 易诚, 周崇文, 等. 2010. 洞庭湖沉积物腐殖酸的配位性与酸碱性研究. 资源调查与环境, 29(2): 136-143.

张冰. 2014. 污泥中产甲烷菌多样性及产甲烷效能的优化研究. 哈尔滨: 东北林业大学.

张国芳. 2012. 污泥处理处置的现状和发展趋势分析. 绿色科技, (12): 1-4.

张晋京, 窦森, 李翠兰, 等. 2004. 土壤腐殖质分组研究. 土壤通报, 35(6): 706-709.

张晋京, 窦森. 2008. 土壤胡敏素研究进展. 生态学报, 28(3): 1229-1239.

张秋贞, 王立彤, 郭淑琴. 2009. 人工湿地的工艺设计探讨. 给水排水, 35: 161-164.

章轲. 2016. 污水处理厂亟待脱碳, 业界呼吁加大政策"挤压". [2017-6-8]. https://www.yicai. com/news/5179595. html.

赵丹. 2012. 铁腐蚀析氢强化甲烷产率实验研究. 北京: 北京建筑大学.

赵联芳, 梅才华, 丁小燕, 等. 2013. 人工湿地污水脱氮中 N_2O 的产生机理和影响因素. 科学技术与工程, 13(29): 8705-8714.

赵亚乾, 杨永哲, Akintunde B, 等. 2015. 以给水厂铝污泥为基质的人工湿地研发概述. 中国给水排水, 31(11): 124-130.

中华人民共和国环境保护部. 2011. 人工湿地污水处理工程技术规范. 北京: 中国环境科学出版社.

中华人民共和国住房和城乡建设部. 2018. 城市环境卫生设施规划规范(GB/T 50337—2018). 北京: 中国建筑工业出版社.

中华人民共和国住房和城乡建设部. 2019. 建筑给水排水设计标准(GB/T 50015—2019). 北京: 中国计划出版社.

祖波, 祖建, 周富春, 等. 2008. 产甲烷菌的生理生化特性. 环境科学与技术, 31(3): 5-8.

Adani F, Spagnol M. 2008. Humic acid formation in artificial soils amended with compost at different stages of organic matter evolution. Journal of Environmental Quality, 37(4): 1608-1616.

Aeschbacher M, Graf C, Schwarzenbach R P, et al. 2012. Antioxidant properties of humic substances. Environmental Science & Technology, 46(9): 4916-4925.

Aichinger P, Wadhawan T, Kuprian M, et al. 2015. Synergistic co-digestion of solid-organic-waste and municipal-sewage-sludge: 1 plus 1 equals more than 2 in terms of biogas production and solids reduction. Water Research, 87: 416-423.

Aiken G R, Mcknight D M, Wershaw R L, et al. 1985. Humic substances in soil, sediment, and water. New York: John Wiley & Sons.

Akio I, Takehiko F, Kazuo M, et al. 2002. Characterization of dissolved organic matter in effluents from wastewater treatment plants. Water Research, 36(4): 859-870.

Amir S, Hafidi M, Merlina G, et al. 2005. Structural changes in lipid-free humic acids during composting of sewage sludge. International Biodeterioration & Biodegradation, 55(4): 239-246.

Amir S, Lemee M H, Merlina G, et al. 2006. Structural characterization of humic acids, extracted from sewage sludge during composting, by thermochemolysis-gas chromatography-mass spectrometry. Process Biochemistry, 41(2): 410-422.

Angelidaki I, Sanders W. 2004. Assessment of the anaerobic biodegradability of macropollutants. Reviews in Environmental Science and Biotechnology, 3(2): 117-129.

Appels L, Lauwers J, Degrève J, et al. 2011. Anaerobic digestion in global bio-energy production: Potential and research challenges. Renewable and Sustainable Energy Reviews, 15(9): 4295-4301.

Ayuso M, Moreno J L, Hermandez T, et al. 1997. Characterisation and evaluation of humic acids extracted from urban waste as liquid fertilisers. Journal of the Science of Food & Agriculture, 75(4): 481-488.

Azman S, Khadem A F, Zeeman G, et al. 2015. Mitigation of humic acid inhibition in anaerobic digestion of cellulose by addition of various salts. Bioengineering, 2(2): 54-65.

Bainoitti A E, Nishio N. 2000. Growth kinetics of *Acetobacterium* sp. on methanol-formate in continuous culture. Journal of Applied Microbiology, 88: 191-201.

Bao Z, Sun S, Sun D. 2015. Characteristics of direct CO_2 emissions in four full-scale wastewater treatment plants. Desalination & Water Treatment, 54(4-5): 1070-1079.

Bao Z, Sun S, Sun D. 2016. Assessment of greenhouse gas emission from A/O and SBR wastewater treatment plants in Beijing, China. International Biodeterioration & Biodegradation, 108: 108-114.

Bartoszek M, Polak J, Sulkowski W W. 2008. NMR study of the humification process during sewage sludge treatment. Chemosphere, 73(9): 1465-1470.

Belhadj S, Joute Y, El B H, et al. 2014. Evaluation of the anaerobic co-digestion of sewage sludge and tomato waste at mesophilic temperature. Applied Biochemical Biotechnology, 172(8): 3862-3874.

Belitz H. D, Grosch W, Schieberle P. 2009. Food chemistry, fourth revised and extended. New York: Springer.

Berg L, Lamb K A, Murray W D, et al. 1980. Effects of sulphate, iron and hydrogen on the microbiological conversion of acetic acid to methane. Journal of Applied Bacteriology, 48: 437-447.

Bilgili M S, Demir A, Özkaya B. 2007. Influence of leachate recirculation aerobic and anaerobic decomposition of solid wastes. Journal of Hazardous Materials, 143(1-2): 177-183.

Blodau C, Deppe M. 2012. Humic acid addition lowers methane release in peats of the Mer Bleue bog, Canada. Soil Biology & Biochemistry, 52(3): 96-98.

Bo F, Palmgren R, Keiding K, et al. 1996. Extraction of extracellular polymers from activated sludge using a cation exchange resin. Water Research, 30(8): 1749-1758.

Bock A K, Schonheit P, Teixeira Miguel. 1997. The iron-sulphur centers of the pyruvate: Ferredoxin oxidoreductase from Methanosarcina barkeri. FEBS Letters, 414: 209-212.

Borowski S, Domanski J, Weatherley L. 2014. Anaerobic co-digestion of swine and poultry manure with municipal sewage sludge. Waste Management, 34(2): 513-521.

Borowski S, Weatherley L. 2013. Co-digestion of solid poultry manure with municipal sewage sludge. Bioresource Technology, 142: 345-352.

Britt M W, Bo J, Paul L. 2003. The influence of key chemical constituents in activated sludge on surface and flocculating properties. Water Research, 37(9): 2127-2139.

Britton A, Koch F A, Mavinic D S, et al. 2005. Pilot-scale struvite recovery from anaerobic digester supernatant at an enhanced biological phosphorus removal wastewater treatment plant. Journal of Environmental Engineering and Science, 4(4): 265-277.

Brix H, Sorrell B K, Lorenzen B. 2001. Are Phragmites-dominated wetlands a net source or net sink of greenhouse gases. Aquatic Botany, 69(2): 313-324.

Brix H. 1999. How 'green' are aquaculture, constructed wetlands and conventional wastewater treatment systems. Water Science & Technology, 40(3): 45-50.

Brons H J, Field J A, Lexmond W A C, et al. 1985. Influence of humic acids on the hydrolysis of potato protein during anaerobic digestion. Agricultural Wastes, 13(2): 105-114.

Bruce R A, Achenbach L A, Coates J D. 1999. Reduction of (per) chlorate by a novel organism isolated from paper mill waste. Environmental Microbiology, 1(4): 319-329.

Butler D, Payne J. 1995. Septic tanks: Problems and practice. Building and Environment, 30(3): 419-425.

Butler J H A, Ladd J N. 1969. The effect of methylation of humic acids on their influence on proteolytic enzyme activity. Australian Journal of Soil Research, 7(3): 263-268.

Carucci G, Carrasco F, Trifoni K, et al. 2005. Anaerobic digestion of food industry wastes: Effect of co-digestion on methane yield. Journal of Environmental Engineering, 131(7): 1037-1045.

Cecchi F, Pavan P, Mata-Alvarez J. 1996. Anaerobic co-digestion of sewage sludge: Application to the macroalgae from the Venice lagoon. Resources Conservation and Recycling, 17(1): 57-66.

Ceppi S B, Velasco M I, Pauli C P D. 1999. Differential scanning potentiometry: Surface charge development and apparent dissociation constants of natural humic acids. Talanta, 50(5): 1057-1063.

Cervantes F J, de Bok F A M, Duong D T, et al. 2002. Reduction of humic substances by halorespiring, sulphate-reducing and methanogenic microorganisms. Environmental Microbiology, 4(1): 51-57.

Cervantes F J, Dijksma W, Duong D T A, et al. 2001. Anaerobic mineralization of toluene by enriched sediments with quinones and humus as terminal electron acceptors. Applied and Environmental Microbiology, 67(10): 4471-4478.

Cervantes F J, Martínez C M, Jorge G E, et al. 2013. Kinetics during the redox biotransformation of pollutants mediated by immobilized and soluble humic acids. Applied Microbiology & Biotechnology, 97(6): 2671-2679.

Cervantes F J, van der Velde S, Lettinga G, et al. 2000. Competition between methanogenesis and quinone respiration for ecologically important substrates in anaerobic consortia. Fems Microbiology Ecology, 34(2): 161-171.

Cervantes F J, Vu T T L, Lettinga G, et al. 2004. Quinone-respiration improves dechlorination of carbon tetrachloride by anaerobic sludge. Applied Microbiology & Biotechnology, 64(5): 702-711.

Chai X L, Liu G X, Zhao X, et al. 2012. Fluorescence excitation-emission matrix combined with regional integration analysis to characterize the composition and transformation of humic and fulvic acids from landfill at different stabilization stages. Waste Management, 32(3): 438-447.

Chalor J, Gary A. 2007. Understanding soluble microbial products (SMP) as a component of effluent organic matter (EFOM). Water Research, 41(12): 2787-2793.

Chang J, Fan X, Sun H, et al. 2014. Plant species richness enhances nitrous oxide emissions in microcosms of constructed wetlands. Ecological Engineering, 64(3): 108-115.

Charon M H, Volbeda A, Chabriere E. 1999. Structure and electron transfer mechanism of pyruvate: Ferredoxin oxidoreductase. Current Opinion in Structural Biology, 9: 663-669.

Chen J, Gu B, Leboeuf E J, et al. 2002. Spectroscopic characterization of the structural and functional properties of natural organic matter fractions. Chemosphere, 48(1): 59-68.

Chen X, Yuan H R, Zou D X, et al. 2015. Improving biomethane yield by controlling fermentation type of acidogenic phase in two-phase anaerobic co-digestion of food waste and rice straw. Chemical Engineering Journal, 273: 254-260.

Chen Y, Cheng J, Creamer K. 2008. Inhibition of anaerobic digestion process: A review. Bioresource Technology, 99(10): 4044-4064.

Chou H H, Huang J S, Chen W G, et al. 2008. Competitive reaction kinetics of sulfate-reducing bacteria and methanogenic bacteria in anaerobic filters. Bioresource Technology, 99 (17): 8061-8067.

Cieslewicz J, Gonet S S. 2004. Properties of humic acids as biomarkers of lake catchment management. Aquatic Sciences, 66(2): 178-184.

Cigdem E, Audrey P, Juan M, et al. 2008. Synergetic pretreatment of sewage sludge by microwave irradiation in presence of H_2O_2 for enhanced anaerobic digestion. Water Research, 42(18): 4674-4682.

Coelho N M G, Droste R L, Kennedy K J. 2011. Evaluation of continuous mesophilic, thermophilic and temperature phased anaerobic digestion of microwaved activated sludge. Water Research, 45(9): 2822-2834.

Cooper P, Smith M, Maynard H. 1997. The design and performance of a nitrifying vertical-flow reed bed treatment system. Water Science & Technology, 35(5): 215-221.

Corbella C, Puigagut J. 2014. Effect of primary treatment and organic loading on methane emissions from horizontal subsurface flow constructed wetlands treating urban wastewater. Ecological Engineering, 80: 79-84.

Costa J, Goncalves P, Nobre A, et al. 2012. Biomethanation potential of macroalgae *Ulva* spp. and *Gracilaria* spp. and in co-digestion with waste activated sludge. Bioresource Technology, 114(2): 320-326.

Cunningham L. 1965. The structure and mechanism of action of proteolytic enzymes. Comprehensive Biochemistry, 16: 85-188.

Czepiel P M, Crill P M, Harriss R C. 1993. Methane emissions from municipal wastewater treatment processes. Environmental Science & Technology, 27(12): 2472-2477.

Czepiel P M, Crill P M, Harriss R C. 1995. Nitrous oxide emissions from municipal wastewater treatment. Environmental Science & Technology, 29(9): 2352-2356.

De Baere L. 2000. Anaerobic digestion of solid waste: State-of-the-art. Water Science & Technology, 41(3): 283-290.

Demirekler E, Anderson G K. 1998. Effect of sewage sludge addition on the startup of the anaerobic digestion of OFMSW. Environmental Technology, 19(8): 837-843.

Dignac M F, Ginestet P, Bruchet A, et al. 2001. Changes in the organic composition of wastewater during biological treatment as studied by NMR and IR spectroscopies. Water Science & Technology, 43(2): 51-58.

Dohányos M, Zábranská J, Kutil J, et al. 2004. Improvement of anaerobic digestion of sludge. Water Science & Technology, 49(10): 89-96.

Dong B, Liu X G, Dai L L, et al. 2013. Changes of heavy metal speciation during high-solid anaerobic digestion of sewage sludge. Bioresource Technology, 131(3): 152-158.

Dores S R, Silva B M D, Zozolotto T C, et al. 2014. Understanding the vermicompost process in sewage sludge: A humic fraction study. International Journal of Agriculture & Forestry, 4(2): 94-99.

Dos Santos A B, Cervantes F J, Van Lier J B. 2004. Azo dye reduction by thermophilic anaerobic granular sludge, and the impact of the redox mediator anthraquinone-2, 6-disulfonate (AQDS) on the reductive biochemical transformation. Applied Microbiology and Biotechnology, 64(1): 62-69.

Drozd J, Jamroz E, Licznar M, et al. 1997. Elemental composition of fulvic and humic acids during composition of municipal solid wastes. Wrocław: The Role of Humic Substances in the Ekosystems and in Environmental Protektion.

Dursun D, Turkmen M, Abu-Orf M, et al. 2006. Enhanced sludge conditioning by enzyme pre-treatment:

Comparison of laboratory and pilot scale dewatering results. Water Science & Technology, 54(5): 33-41.

El-Fadel M, Massoud M. 2001. Methane emissions from wastewater management. Environmental Pollution, 114(2): 177-185.

Eliosov B, Argaman Y. 1995. Hydrolysis of particulate organics in activated sludge systems. Water Research, 29(1): 155-163.

Esparza S M, Nunez H S, Fall C. 2011. Spectrometric characterization of effluent organic matter of a sequencing batch reactor operated at three sludge retention times. Water Research, 45(19): 6555-6563.

Espinosa A, Rosas L, Ilangovan K, et al. 1995. Effect of trace metals on the anaerobic degradation of volatile fatty acids in molasses stillage. Water Science & Technology, 32 (2): 121-129.

Ettwig K F, Butler M K, Denis L P, et al. 2010. Nitrite-driven anaerobic methane oxidation by oxygenic bacteria. Nature, 464(7288): 543-548.

Fein J B, Boily J F, Guclu K, et al. 1999. Experimental study of humic acid adsorption onto bacteria and Al-oxide mineral surfaces. Chemical Geology, 162(1): 33-45.

Feng Y H, Zhang Y B, Quan X, et al. 2014. Enhanced anaerobic digestion of waste activated sludge digestion by the addition of zero valent iron. Water Research, 52: 240-250.

Fernandes T V, Lier J B V, Zeeman G. 2015. Humic acid-like and fulvic acid-like inhibition on the hydrolysis of cellulose and tributyrin. Bioenergy Research, 8(2): 821-831.

Fernández J, Pérez M, Romero L I. 2010. Kinetics of mesophilic anaerobic digestion of the organic fraction of municipal solid waste: Influence of initial total solid concentration. Bioresource Technology, 101(16): 6322-6328.

Ferry J G. 1999. Enzymology of one-carbon metabolism in methanogenic pathways. Fems Microbiology Reviews, 23(1): 13-38.

Ferry J G. 2010. The chemical biology of methanogenesis. Planetary & Space Science, 58(14-15): 1775-1783.

Filip Z, Smed H R. 1988. Microbial activity in sanitary landfills—A possible source of the humic substances in groundwater. Water Science & Technology, 20(3): 55-59.

Fischer R, Thauer R K. 1990. Ferredoxin-dependent methane formation from acetate in cell extracts of Methanosarcina barkeri (strain MS). Febs Letters, 269(2): 368-372.

Fukuzaki S, Nishio N, Shobayashi M, et al. 1990. Inhibition of the fermentation of propionate to methane by hydrogen, acetate, and propionate. Applied and Environmental Microbiology, 56(3): 719-723.

Garcia G J C, Ceppi S B, Velasco M I, et al. 2004. Long-term effects of amendment with municipal solid waste compost on the elemental and acidic functional group composition and pH-buffer capacity of soil humic acids. Geoderma, 121(1): 135-142.

García K, Pérez M. 2013. Anaerobic co-digestion of cattle manure and sewage sludge: Influence of composition and temperature. International Journal of Environmental Protection, 3(6): 8-15.

Garcia M J M. 2006. Stability, solubility and maximum metal binding capacity in metal-humic complexes involving humic substances extracted from peat and organic compost. Organic Geochemistry, 37(12): 1960-1972.

Gejlsbjerg B, Frette L, Westermann P. 1998. Dynamics of N_2O production from activated sludge. Water Research, 32(7): 2113-2121.

Golkowska K, Greger M. 2013. Anaerobic digestion of maize and cellulose under thermophilic and mesophilic conditions—A comparative study. Biomass and Bioenergy, 56: 545-554.

Gregor D, Zupancic, Natasa U Z, et al. 2008. Full-scale anaerobic co-digestion of organic waste and municipal sludge. Biomass and Bioenergy, 32(2): 162-167.

Griffith D R, Barnes R T, Raymond P A. 2009. Inputs of fossil carbon from wastewater treatment plants to U. S. rivers and oceans. Environmental Science & Technology, 43 (15): 5647-5651.

Grinhut T, Hadar Y, Chen Y. 2007. Degradation and transformation of humic substances by saprotrophic fungi: Processes and mechanisms. Fungal Biology Reviews, 21 (4): 179-189.

Gui P, Inamori R, Matsumura M, et al. 2007. Evaluation of constructed wetlands by wastewater purification ability and greenhouse gas emissions. Water Science & Technology, 56 (3): 49-55.

Gujer W, Zender A J B. 1982. Conversion processes in anaerobic digestion. Water Science & Technology, 15: 127-167.

Guo M F, Xian P, Yang L H, et al. 2015. Effect of humic acid in leachate on specific methanogenic activity of anaerobic granular sludge. Environmental Technology, 36 (21): 1-12.

Gwen O, Byong J M, Jay M B, et al. 2010. Forensic geo-gas investigation of methane: Characterization of sources within an urban setting. Environmental Forensics, 11: 108-116.

Hansen K H, Angelidaki I, Ahring B K. 1999. Improving thermophilic anaerobic digestion of swine manure. Water Research, 33 (8): 1805-1810.

Hao X D, Liu R B, Huang X. 2015. Evaluation of the potential for operating a carbon neutral WWTP in China. Water Research, 87: 424-431.

Hao X D, van Loosdrecht M C. 2003. A proposed sustainable BNR plant with the emphasis on recovery of COD and phosphate. Water Science & Technology, 48 (1): 77-85.

Hargitai L. 1994. Biochemical transformation of humic substances during humification related to their environmental functions. Environment International, 20 (1): 43-48.

Haroon M F, Hu S, Shi Y, et al. 2013. Anaerobic oxidation of methane coupled to nitrate reduction in a novel archaeal lineage. Nature, 500 (7464): 567-570.

Hartmann H, Angelidaki I, Ahring B K. 2000. Increase of anaerobic degradation of particulate organic matter in full-scale biogas plants by mechanical maceration. Water Science & Technology, 41 (3): 145-153.

Hayes M H B, MacCarthy P, Malcolm R L, et al. 1989. Humic substances II: In search of structure. Hoboken: John Wiley & Sons Ltd.

HCME (Home Composting Made Easy). 2013. The carbon: nitrogen ratio (C: N). [2014-01-01]. http: //www. homecompostingmadeeasy. com/carbonnitrogenratio. html.

He F, Zhao D Y, Paul C. 2010. Field assessment of carboxymethyl cellulose stabilized iron nanoparticles for in situ destruction of chlorinated solvents in source zones. Water Research, 44 (7): 2360-2370.

He L, Ji F, Lai M, et al. 2015. The influence of runoff pollution to DOM features in an urban wastewater treatment plant. Spectroscopy and Spectral Analysis, (3): 663-667.

He X S, Xi B D, Wei Z, et al. 2011. Physicochemical and spectroscopic characteristics of dissolved organic matter extracted from municipal solid waste (MSW) and their influence on the landfill biological stability. Bioresource Technology, 102 (3): 2322-2327.

Heitmann T, Blodau C. 2006. Oxidation and incorporation of hydrogen sulfide by dissolved organic matter. Chemical Geology, 235 (1-2): 12-20.

Heo N H, Park S C, Kang H. 2004. Effects of mixture ratio and hydraulic retention time on single-stage anaerobic co-digestion of food waste and waste activated sludge. Journal of Environmental Science and Health, Part A: Toxic/Hazardous Substances and Environmental Engineering, 39 (7): 1739-1756.

Hermandez M T, Moreno J I, Costa F, et al. 1990. Structural characteristics of humic acid-like substances from sewage sludge. Soil Science, 149 (2): 63-68.

Hernandez T, Moreno J I, Costa F. 1988. Characterization of sewage sludge humic substances. Biological Wastes, 26 (26): 167-174.

Ho L, Ho G. 2012. Mitigating ammonia inhibition of thermophilic anaerobic treatment of digested piggery wastewater: Use of pH reduction, zeolite, biomass and humic acid. Water Research, 46(14): 4339-4350.

Hofrichter M. 2004. 生物高分子(第 1 卷): 木质素, 腐殖质和煤. 郭圣荣, 译. 北京: 化学工业出版社.

Holzapfel P A, Conrad R, Seiler W. 1986. Effects of vegetation on the emission of methane from submerged paddy soil. Plant & Soil, 92(2): 223-233.

Hombach S, Oleszkiewicz J. 2003. Impact of landfill on anaerobic digestion of sewage sludge. Environmental Technology, 24(5): 553-560

Hu Y S, Hao X D, Zhao D, et al. 2015. Enhancing the CH_4 yield of anaerobic digestion via endogenous CO_2 fixation by exogenous H_2. Chemosphere, 140: 34-39.

Huang B, Yu K, Gambrell R P. 2009. Effects of ferric iron reduction and regeneration on nitrous oxide and methane emissions in a rice soil. Chemosphere, 74(4): 481-486.

Huang L, Gao X, Guo J, et al. 2012. A review on the mechanism and affecting factors of nitrous oxide emission in constructed wetlands. Environmental Earth Sciences, 68(8): 2171-2180.

Hur J, Lee B M, Lee T H, et al. 2010. Estimation of biological oxygen demand and chemical oxygen demand for combined sewer systems using synchronous fluorescence spectra. Sensors, 10(4): 2460-2471.

Hur J, Lee T H, Lee B M. 2011. Estimating the removal efficiency of refractory dissolved organic matter in wastewater treatment plants using a fluorescence technique. Environmental Technology, 33(15/16): 1843-1850.

IHSS(International Humic Substances Society). 2015. Isolation of IHSS soil fulvic and humic acids. [2018-4-5]. https: //humic-substances. org/isolation-of-ihss-soil-fulvic-and-humic-acids/.

Imai A, Fukushima T, Matsushige K, et al. 2002. Characterization of dissolved organic matter in effluents from wastewater treatment plants. Water Research, 36(4): 859-870.

IPCC. 2006. 2006 IPCC guidelines for national greenhouse gas inventories. Kanagawa, Japan: IGES.

IPCC. 2013. Climate change 2013: The physical science basis. Contribution of working group Ito the fifth assessment report of the intergovernmental panel on climate change. Cambridge: Cambridge University Press.

Irving H, Williams R J P. 1948. Order of stability of metal complexes. Nature, 161(4090): 436-437.

Jahn A, Nielsen P H. 1998. Cell biomass and exopolymer composition in sewer biofilms. Water Science & Technology, 37(1): 17-24.

Jahnel J B, Frimmel F H. 1994a. Comparison of the enzyme inhibition effect of different humic substances in aqueous solutions. Chemical Engineering & Processing, 33(5): 325-330.

Jahnel J B, Mahlich B, Frimmel F H. 1994b. Influence of humic substances on the activity of a protease. Acta Hydrochimica et Hydrobiologica, 22(3): 109-116.

Jansen J L C, Gruvberger C, Hanner N, et al. 2004. Digestion of sludge and organic waste in the sustainability concept for Malmö, Sweden. Water Science & Technology, 49(10): 163.

Jezierski A, Czechowski F, Jerzykiewicz M, et al. 2000. Electron paramagnetic resonance (EPR) studies on stable and transient radicals in humic acids from compost, soil, peat and brown coal. Spectrochimica Acta Part A: Molecular & Biomolecular Spectroscopy, 56(2): 379-385.

Jim F. 2011. Encouraging energy efficiency in U.S. wastewater treatment. Water 21, 11(3): 32-34.

Joo S H, Zhao D Y. 2008. Destruction of lindane and atrazine using stabilized iron nanoparticles under aerobic and anaerobic conditions: Effects of catalyst and stabilizer. Chemosphere, 70(3): 418-425.

Juutinen S, Larmola T, Remus R, et al. 2003. The contribution of Phragmites australis litter to methane (CH_4) emission in planted and non-planted fen microcosms. Biology and Fertility of Soils, 38(1): 10-14.

Kadlec R H, Wallace S D. 2008. Treatment wetlands (2nd ed). Florida: CRC Press.

Kampschreur M J, Temmink H, Kleerebezem R, et al. 2009. Nitrous oxide emission during wastewater treatment. Water Research, 43(17): 4093-4103.

Karri S, Alvarez R S, Field J A. 2005. Zero valent iron as an electron-donor for methanogenesis and sulfate reduction in anaerobic sludge. Biotechnology and Bioengineering, 92(7): 810-819.

Kartal B, Kuenen J G, Loosdrecht M C M V. 2010. Sewage treatment with anammox. Science, 328(5979): 702-703.

Kasak K, Mander Ü, Truu J, et al. 2015. Alternative filter material removes phosphorus and mitigates greenhouse gas emission in horizontal subsurface flow filters for wastewater treatment. Ecological Engineering, 77: 242-249.

Kazuya W, Mike M, Matthew L, et al. 2009. Electron shuttles in biotechnology. Current Opinion in Biotechnology, 20(6): 633-641.

Keller J K, Weisenhorn P B, Megonigal J P. 2009. Humic acids as electron acceptors in wetland decomposition. Soil Biology & Biochemistry, 41(7): 1518-1522.

Khanal S K, Huang J C. 2003. ORP-based oxygenation for sulfide control in anaerobic treatment of high-sulfate wastewater. Water Research, 37: 2053-2062.

Khanna S S, Stevenson F J. 1962. Metalallo-organic complexes in soil: I. potentiometric titration of some soil organic matter isolates in the presence of transition metals. Soil Science, 93(5): 298-305.

Kim H W, Han S K, Shin H S. 2003. The optimization of food waste addition as a co-substrate in anaerobic digestion of sewage sludge. Waste Management Research, 21(6): 515-526.

Kim J I, Buckau G, Li G H, et al. 1989. Characterization of humic and fulvic acids from Gorleben groundwater. Fresenius Journal of Analytical Chemistry, 338(3): 245-252.

Kim S, Choi K, Chung J. 2013. Reduction in carbon dioxide and production of methane by biological reaction in the electronics industry. International Journal of Hydrogen Energy, 38: 3488-3496.

Koch K, Helmreich B, Jörg E D. 2015. Co-digestion of food waste in municipal wastewater treatment plants: Effect of different mixtures on methane yield and hydrolysis rate constant. Applied Energy, 137: 250-255.

Komemoto K, Lim Y G, Nagao N, et al. 2009. Effect of temperature on VFA's and biogas production in anaerobic solubilization of food waste. Waste Management, 29(12): 2950-2955.

Koshiha K. 2015. 日本当局推进污水厂"能耗自给"计划. [2016-7-8]. http: //www. japanfs. org.

Krupp M, Schubert J, Widmann R. 2005. Feasibility study for co-digestion of sewage sludge with OFMSW on two waste water treatment plants in Germany. Waste Management, 25(4): 393-399.

Kulikowska D. 2016. Kinetics of organic matter removal and humification progress during sewage sludge composting. Waste Management, 49: 196-203.

Ladd J N, Butler J H A. 1969. Inhibition and simulation of proteolytic enzyme activities by soil humic acids. Soil Research, 7(3): 253-261.

Ladd J N, Butler J H A. 1970. The effect of inorganic cations on the inhibition and stimulation of protease activity by soil humic acids. Soil Biology & Biochemistry, 2(1): 33-40.

Ladd J N, Butler J H A. 1971. Inhibition by soil humic acids of native and acetylated proteolytic enzymes. Soil Biology & Biochemistry, 3(2): 157-160.

Larsen T A. 2015. CO_2-neutral wastewater treatment plants or robust, climate-friendly wastewater management? A systems perspective. Water Research, 87: 513-521.

Law Y, Jacobsen G E, Smith A M, et al. 2013. Fossil organic carbon in wastewater and its fate in treatment plants. Water Research, 47(14): 5270-5281.

Lebrato J, Pérez-Rodríguez J L, Maqueda C. 1995. Domestic solid waste and sewage improvement by anaerobic digestion: A stirred digester. Resources Conservation and Recycling, 13 (2): 83-88.

Lefebvre D, Dossat-Létisse V, Lefebvre X, et al. 2014. Fate of organic matter during moderate heat treatment of sludge: Kinetics of biopolymer and hydrolytic activity release and impact on sludge reduction by anaerobic digestion. Water Science & Technology, 69 (9): 1828-1833.

Li D, Zhou Y, Tan Y, et al. 2015. Alkali-solubilized organic matter from sludge and its degradability in the anaerobic process. Bioresource Technology, 200: 579-586.

Li H, Li Y, Li C. 2013a. Characterization of humic acids and fulvic acids derived from sewage sludge. Asian Journal of Chemistry, 25 (18): 10087.

Li Y, Tan W F, Koopal L K, et al. 2013b. Influence of soil humic and fulvic acid on the activity and stability of lysozyme and urease. Environmental Science & Technology, 47 (10): 5050-5056.

Li H, Li Y, Jin Y, et al. 2014a. Recovery of sludge humic acids with alkaline pretreatment and its impact on subsequent anaerobic digestion. Journal of Chemical Technology & Biotechnology, 89 (5): 707-713.

Li X W, Dai X H, Takahashi J, et al. 2014b. New insight into chemical changes of dissolved organic matter during anaerobic digestion of dewatered sewage sludge using EEM-PARAFAC and two-dimensional FTIR correlation spectroscopy. Bioresource Technology, 159 (6): 412-420.

Li H, Li Y, Zou S, et al. 2014c. Extracting humic acids from digested sludge by alkaline treatment and ultrafiltration. Journal of Material Cycles & Waste Management, 16 (1): 93-100.

Li H. 2013. Characterization of humic acid and fulvic acid derived from sewage sludge. Asian Journal of Chemistry, 25 (18): 10087-10091.

Li J Z, Ajay K J, He J G, et al. 2011. Assessment of the effects of dry anaerobic co-digestion of cow dung with waste water sludge on biogas yield and biodegradability. International Journal of the Physical Sciences, 6 (15): 3723-3732.

Li L, Zhao Z Y, Huang W L, et al. 2004. Characterization of humic acids fractionated by ultrafiltration. Organic Geochemistry, 35 (9): 1025-1037.

Liu C G, Xue C, Lin Y H, et al. 2013. Redox potential control and applications in microaerobic and anaerobic fermentations. Biotechnology Advances, 31: 257-265.

Liu C, Xu K, Inamori R, et al. 2009. Pilot-scale studies of domestic wastewater treatment by typical constructed wetlands and their greenhouse gas emissions. Frontiers of Environmental Science & Engineering in China, 3 (4): 477-482.

Liu K, Chen Y G, Xiao N D, et al. 2015b. Effect of humic acids with different characteristics on fermentative short-chain fatty acids production from waste activated sludge. Environmental Science & Technology, 49 (8): 4929-4936.

Liu Y W, Zhang Y, Ni B J. 2015a. Zero valent iron simultaneously enhances methane production and sulfate reduction in anaerobic granular sludge reactors. Water Research, 75: 292-300.

Liu R B, Hao X D, Wei J. 2016. Function of homoacetogenesis on the heterotrophic methane production with exogenous H_2/CO_2 involved. Chemical Engineering Journal, 284: 1196-1203.

Liu X M, Ren N Q, Song F N, et al. 2008. Recent advances in fermentative biohydrogen production. Progress in Natural Science, 18: 253-258.

Liu Y W, Zhang Y B, Quan X, et al. 2012. Optimization of anaerobic acidogenesis by adding FeO powder to enhance anaerobic wastewater treatment. Chemical Engineering Journal, 192 (4): 179-185.

López D, Fuenzalida D, Vera I, et al. 2015. Relationship between the removal of organic matter and the production of methane in subsurface flow constructed wetlands designed for wastewater treatment. Ecological Engineering, 83: 296-304.

Lovley D R, Fraga J L, Coates J D, et al. 1999. Humics as an electron donor for anaerobic respiration.

Environmental Microbiology, 1(1): 89-98.

Lovley D R, Blunt-Harris E L. 1999. Role of humic-bound iron as an electron transfer agent in dissimilatory Fe(III) reduction. Applied and Environmental Microbiology, 65(9): 4252-4254.

Lovley D R, Coates J D, Blunt-Harris E L, et al. 1996. Humic substances as electron acceptors for microbial respiration. Nature, 382(6590): 445-448.

Lovley D R, Fraga J L, Blunt-Harris E L, et al. 1998. Humic substances as a mediator for microbially catalyzed metal reduction. Acta Hydrochimica et Hydrobiologica, 26(3): 152-157.

Luo G, Angelidaki I. 2012a. Integrated biogas upgrading and hydrogen utilization in an anaerobic reactor containing enriched hydrogenotrophic methanogenic culture. Biotechnology and Bioengineering, 109(11): 2729-2736.

Luo G, Johansson S, Boe K, et al. 2012b. Simultaneous hydrogen utilization and in situ biogas upgrading in an anaerobic reactor. Biotechnology and Bioengineering, 109: 1088-1094.

Luo K, Yang Q, Li X, et al. 2013. Novel insights into enzymatic-enhanced anaerobic digestion of waste activated sludge by three-dimensional excitation and emission matrix fluorescence spectroscopy. Chemosphere, 91(5): 579-585.

Mahdy A, Mendez L, Ballesteros M, et al. 2015. Algaculture integration in conventional wastewater treatment plants: Anaerobic digestion comparison of primary and secondary sludge with microalgae biomass. Bioresource Technology, 184: 236-244.

Maltais L G, Maranger R, Brisson J, et al. 2008. Greenhouse gas production and efficiency of planted and artificially aerated constructed wetlands. Environmental Pollution, 157(3): 748-54.

Mander Ü, Dotro G, Ebie Y, et al. 2014. Greenhouse gas emission in constructed wetlands for wastewater treatment: A review. Ecological Engineering, 66(3): 19-35.

Mander Ü, Kuusemets V, Lohmus K, et al. 2003. Nitrous oxide, dinitrogen and methane emission in a subsurface flow constructed wetland. Water Science & Technology, 48(5): 135-142.

Mander Ü, Maddison M, Soosaar K, et al. 2011. The impact of pulsing hydrology and fluctuating water table on greenhouse gas emissions from constructed wetlands. Wetlands, 31(6): 1023-1032.

Mario E S, Paul W. 2003. Biosorption of humic and fulvic acids to live activated sludge biomass. Water Research, 37(10): 2301-2310.

Marta C, Cecilia D, Almudena H. 2011. Should we pretreat solid waste prior to anaerobic digestion? An assessment of its environmental cost. Environmental Science & Technology, 45: 10306-10314.

Martinez C E, Mcbride M B. 1999. Dissolved and labile concentrations of Cd, Cu, Pb, and Zn in aged ferrihydrite−organic matter systems. Environmental Science & Technology, 33(5): 745-750.

Mata A J, Dosta J, Romero-Güiza M S, et al. 2014. A critical review on anaerobic co-digestion achievements between 2010 and 2013. Renewable & Sustainable Energy Reviews, 36(C): 412-427.

Mcnichol A P, Aluwihare L I. 2007. The power of radiocarbon in biogeochemical studies of the marine carbon cycle: Insights from studies of dissolved and particulate organic carbon (DOC and POC). Cheminform, 38(24): 443-466.

Meng X S, Zhang Y B, Li Q, et al. 2013. Adding FeO powder to enhance the anaerobic conversion of propionate to acetate. Biochemical Engineering Journal, 73: 80-85.

Milica V, Luca C, Queenie S, et al. 2014. Corrosion rate estimations of microscale zerovalent iron particles via direct hydrogen production measurements. Journal of Hazardous Materials, 270: 18-26.

Minderlein S, Blodau C. 2010. Humic-rich peat extracts inhibit sulfate reduction, methanogenesis, and anaerobic respiration but not acetogenesis in peat soils of a temperate bog. Soil Biology & Biochemistry, 42(12): 2078-2086.

Montusiewicz A, Lebiocka M. 2011. Co-digestion of intermediate landfill leachate and sewage sludge as a method of leachate utilization. Bioresource Technology, 102(3): 2563-2571.

Multichamber L R. 1980. Septic tanks. Journal of the Environmental Engineering Division, 106(3): 539-546.

Nara F W, Imai A, Matsushige K, et al. 2010. Radiocarbon measurements of dissolved organic carbon in sewage-treatment-plant effluent and domestic sewage. Nuclear Instruments and Methods in Physics Research B, 268: 1142-1145.

Newman D K, Kolter R. 2000. A role for excreted quinones in extracellular electron transfer. Nature, 405(6782): 94-97.

Nguyen D D. 2014. Methane production from anaerobic co-digestion of wastewater sludge and *Scenedesmus* sp. USA: ProQuest LLC.

Noutsopoulos C, Mamais D, Antoniou K, et al. 2013. Anaerobic co-digestion of grease sludge and sewage sludge: The effect of organic loading and grease sludge content. Bioresource Technology, 131(2): 452-459.

Ohta K, Kato S, Kawahara K. 1983. Ultrasonic degradation of dextran in solution. Kobunshi Ronbunshu, 40(7): 417-423.

Osuna M B, Iza J, Zandvoort M, et al. 2003. Essential metal depletion in an anaerobic reactor. Water Science & Technology, 48(6): 1-8.

Pajaczkowska J, Sulkowska A, Sulkowski W W, et al. 2003. Spectroscopic study of the humification process during sewage sludge treatment. Journal of Molecular Structure, 651-653(1): 141-149.

Pangala S R, Reay D S, Heal K V. 2010. Mitigation of methane emissions from constructed farm wetlands. Chemosphere, 78(5): 493-499.

Pastor L, Ruiz L, Pascual A, et al. 2013. Co-digestion of used oils and urban landfill leachates with sewage sludge and the effect on the biogas production. Applied Energy, 107(4): 438-445.

Pavlostathis S G, Giraldo-Gomez E. 1991. Kinetics of anaerobic treatment. Water Science & Technology, 24(8): 35-59.

Perminova I V, Hatfield K, Hertkorn N, et al. 2005. Use of humic substances to remediate polluted environments: From theory to practice. Netherlands: Springer.

Pflug W. 1981a. Kurzmitteilung Effect of humic acids on the activity of soil enzymes. Journal of Plant Nutrition & Soil Science, 144(4): 423-425.

Pflug W, Ziechmann W. 1981b. Inhibition of malate dehydrogenase by humic acids. Soil Biology & Biochemistry, 13(4): 293-299.

Phys. 2016. News tagged with methane. [2017-8-16]. http: //phys. org/tags/methane/.

Piccolo A, Campanella L, Petronio B M. 1990. Carbon 13 nuclear magnetic resonance spectra of soil humic substances extracted by different mechanisms. Soil Science Society of America Journal, 54(3): 750-756.

Pitk P, Kaparaju P, Palatsi J, et al. 2013. Co-digestion of sewage sludge and sterilized solid slaughterhouse waste: Methane production efficiency and process limitations. Bioresource Technology, 134(2): 227-232.

Polak J, Bartoszek M, Sułkowski W W. 2009. Comparison of humification processes occurring during sewage purification in treatment plants with different technological processes. Water Research, 43(17): 4167-4176.

Polak J, Sulkowski W W, Bartoszek M, et al. 2005. Spectroscopic studies of the progress of humification processes in humic acid extracted from sewage sludge. Journal of Molecular Structure, 744: 983-989.

Polak J, Sułkowski W W, Bartoszek M, et al. 2007. Spectroscopic study of the effect of biological treatment on the humification process of sewage sludge. Journal of Molecular Structure, 834(9): 229-235.

Ponsá S, Ferrer I, Vázquez F, et al. 2008. Optimization of the hydrolytic-acidogenic anaerobic digestion stage (55 ℃) of sewage sludge: Influence of pH and solid content. Water Research, 42(14): 3972-3980.

Pullammanappallil P C, Chynoweth D P, Lyberatos G, et al. 2001. Stable performance of anaerobic digestion in the presence of a high concentration of propionic acid. Bioresource Technology, 78: 165-169.

Qi B C, Aldrich C, Lorenzen L, et al. 2004a. Degradation of humic acids in a microbial film consortium from landfill compost. Industrial & Engineering Chemistry Research, 43(20): 6309-6316.

Qi B C, Aldrich C, Lorenzen L. 2004b. Effect of ultrasonication on the humic acids extracted from lignocellulose substrate decomposed by anaerobic digestion. Chemical Engineering Journal, 98(1): 153-163.

Qi B C. 2001. The bio-disposal of lignocellulose substances with activated sludge. Stellenbosch: Stellenbosch University.

Ralph J P, Catcheside D E A. 1994. Decolourisation and depolymerisation of solubilised low-rank coal by the white-rot basidiomycete Phanerochaete chrysosporium. Applied Microbiology & Biotechnology, 42(42): 536-542.

Raymond P A, Bauer J E. 2001. Use of ^{14}C and ^{13}C natural abundances for evaluating riverine, estuarine, and coastal DOC and POC sources and cycling: A review and synthesis. Organic Geochemistry, 32(4): 469-485.

Razaviarani V, Buchanani D, Malik S, et al. 2013. Pilot-scale anaerobic co-digestion of municipal wastewater sludge with restaurant grease trap waste. Waste Environment Management, 123: 26-33.

Reardon E J. 1995. Anaerobic corrosion of granular iron measurement and interpretation of hydrogen evolution rates. Environmental Science & Technology, 29: 2936-2945.

Reardon E J. 2005. Zerovalent irons: Styles of corrosion and inorganic control on hydrogen pressure buildup. Environmental Science & Technology, 39: 7311-7317.

Redondas V, Gomez X, Garcia S, et al. 2012. Hydrogen production from food wastes and gas post-treatment by CO_2 adsorption. Waste Management, 32(1): 60-66.

Ren N Q, Chen X L, Zhao D. 2001. Control of fermentation types in continuous-flow acidogenic reactors: Effects of pH and redox potential. Journal of Harbin Institute of Technology, 8(2): 116-119.

Ren N Q, Chua H, Chan S Y, et al. 2007. Assessing optimal fermentation type for bio-hydrogen production in continuous-flow acidogenic reactors. Bioresource Technology, 98: 1774-1780.

Ren N Q, Zhao D, Chen X L, et al. 2002. Mechanism and controlling strategy of the production and accumulation of propionic acid for anaerobic wastewater treatment. Science in China, 45(3): 320-327.

Rena Y G, Wang J H, Li H F, et al. 2013. Nitrous oxide and methane emissions from different treatment processes in full-scale municipal wastewater treatment plants. Environmental Technology, 34(21): 2917-2927.

Réveillé V, Mansuy L, Jard E, et al. 2003. Characterisation of sewage sludge-derived organic matter: Lipids and humic acids. Organic Geochemistry, 34(4): 615-627.

Rice J A, Maccarthy P. 1991. Statistical evaluation of the elemental composition of humic substances. Organic Geochemistry, 17(5): 635-648.

Rice J A. 2001. Humin. Soil Science, 166(11): 848-857.

Roos H. 2007. Future perspectives of co-fermentation on wastewater treatment plants. Essen: E-world Energy and Water.

Rother M, Oelgeschläger E, Metcalf W W. 2007. Genetic and proteomic analyses of CO utilization by *Methanosarcina acetivorans*. Archives of Microbiology, 188(5): 463-472.

Rovira P A S, Brunetti G, Polo A, et al. 2002. Comparative chemical and spectroscopic characterization of humic acids from sewage sludge and sludge-amended soils. Soil Science, 167(4): 235-245.

Saarnio S, Alm J, Martikainen P J, et al. 1998. Effects of raised CO_2 on potential CH_4 production and oxidation in, and CH_4 emission from, a boreal mire. Journal of Ecology, 86(2): 261-268.

Saev M, Koumanova B, Simeonov I. 2009. Anaerobic co-digestion of wasted vegetables and activated sludge. Biotechnology, 23(23): 832-835.

Sahm H. 1984. Anaerobic wastewater treatment. Berlin Heidelberg: Springer.

Sarkar J M, Bollag J M. 1987. Inhibitory effect of humic and fulvic acids on oxidoreductases as measured by the coupling of 2, 4-dichlorophenol to humic substances. Science of the Total Environment, 62: 367-377.

Sastre I, Vicente M A, Lobo M C. 1996. Influence of the application of sewage sludge on soil microbial activity. Bioresource Technology, 57(1): 19-23.

Sayers R R. 1934. Gas hazards in sewers and sewage-treatment plants. Public Health Reports, 49(5): 145-155.

Schaubroeck T, De Clippeleir H, Weissenbacher N, et al. 2015. Environmental sustainability of an energy self-sufficient sewage treatment plant: Improvements through DEMON and co-digestion. Water Research, 74: 166-179.

Scherer P, Lippert H, Wolff G. 1983. Composition of the major elements and trace elements of 10 methanogenic bacteria determined by inductive coupled plasma emission spectroscopy. Biological Trace Element Research, 5: 49-163.

Schikorr G Z. 1929. Über die Reaktionen zwischen Eisen, Seinen Hydroxyden und Wasser. Elektrochim, 35: 62-65.

Schinner F. 2012. Methods in soil biology. Journal of Ecology, 85(3): 404.

Schneider A G, Townsendsmall A, Rosso D. 2015. Impact of direct greenhouse gas emissions on the carbon footprint of water reclamation processes employing nitrification-denitrification. Science of the Total Environment, 505(505C): 1166-1173.

Schnitzer M, Khan S U. 1974. Humic substances in the environment. Journal of Environmental Quality, 3(2): 186.

Schnitzer M. 1982. Proceedings of the 12th international congress of soil science. New Delhi: Elsevier.

Schulten H R, Schnitzer M. 1997. Chemical model structures for soil organic matter and soils. Soil Science, 162(2): 115-130.

Schwarzenbeck N, Bomball E, Pfeiffer W. 2008. Can a wastewater treatment plant be a power plant? A case study. Water Science & Technology, 57(10): 1555-1561.

Scott D T, McKnight D M, Blunt-Harris E L, et al. 1998. Quinone moieties act as electron acceptors in the reduction of humic substances by humics-reducing microorganisms. Environmental Science & Technology, 32(19): 2984-2989.

Seungjin K, Kwangkeun C, Jinwook C. 2013. Reduction in carbon dioxide and production of methane by biological reaction in the electronics industry. International Journal of Hydrogen Energy, 38: 3488-3496.

Sheng G P, Yu H. 2006. Characterization of extracellular polymeric substances of aerobic and anaerobic sludge using three-dimensional excitation and emission matrix fluorescence spectroscopy. Water Research, 40(40): 1233-1239.

Shima S, Warkentin E, Thauer R K, et al. 2002. Structure and function of enzymes involved in the methanogenic pathway utilizing carbon dioxide and molecular hydrogen. Journal of Bioscience and Bioengineering, 93(6): 519-530.

Skhonde M P, Herod A A, van der Walt T J, et al. 2006. The effect of thermal treatment on the compositional structure of humic acids extracted from South African bituminous coal. International Journal of Mineral

Processing, 81(1): 51-57.

Skiadas I V, Gavala H N, Lyberatos G. 2000. Modeling of the periodic anaerobic baffled reactor (PABR) based on the retaining factor concept. Water Research, 34(15): 3725-3736.

Sosnowski P, Wieczorek A, Ledakowicz S. 2003. Anaerobic co-digestion of sewage sludge and organic fraction of municipal solid wastes. Advances in Environmental Research, 7(3): 609-616.

Søvik A K, Augustin J, Heikkinen K, et al. 2006. Emission of the greenhouse gases nitrous oxide and methane from constructed wetlands in Europe. Journal of Environmental Quality, 35(6): 2360-2373.

Speece R E. 1987. Nutrient requirements in anaerobic digestion of biogas. London: USA Elsevier Applied Sciences Publication.

Stevenson F J. 1982. Humus chemistry: Genesis, composition, reactions. Soil Science, 135(2): 129-130.

Stevenson F J. 1994. Humus chemistry: Genesis, composition, reactions. Canada: John Wiley & Sons.

Struyk Z, Sposito G. 2001. Redox properties of standard humic acids. Geoderma, 102 (2001): 329-346.

Sun L, Perdue E M, Meyer J L, et al. 1997. Use of elemental composition to predict bioavailability of dissolved organic matter in a Georgia river. Limnology & Oceanography, 42(4): 714-721.

Tahir M M, Khurshid M, Khan M Z, et al. 2011. Lignite-derived humic acid effect on growth of wheat plants in different soils. Pedosphere, 21(1): 124-131.

Tan W F, Koopal L K, Weng L P, et al. 2008. Humic acid protein complexation. Geochimica Et Cosmochimica Acta, 72(8): 2090-2099.

Tang J S, Jia S R, Qu S S, et al. 2014. An integrated biological hydrogen production process based on ethanol-type fermentation and bipolar membrane electrodialysis. International Journal of Hydrogen Energy, 39: 13375-13380.

Teepe R, Brumme R, Beese F. 2001. Nitrous oxide emissions from soil during freezing and thawing periods. Soil Biology and Biochemistry, 33(9): 1269-1275.

Teiter S, Mander Ü. 2005. Emission of N_2O, N_2, CH_4 and CO_2 from constructed wetlands for wastewater treatment and from riparian buffer zones. Ecological Engineering, 25(5): 528-541.

Theng B K G, Scharpenseel H W. 1975. The adsorption of ^{14}C-labelled humic acid by montmorillonite: Inproceedings of the International Clay Conference.Willamette, USA: Applied Publishing.

Thurman E M. 1985. Aquatic humic substances. Netherlands: Springer.

Tipping E, Lofts S, Sonke J E. 2011. Humic ion-binding model VII: A revised parameterisation of cation-binding by humic substances. Environmental Chemistry, 8(3): 225-235.

Tomaszewski J E, Schwarzenbach R P, Michael S. 2011. Protein encapsulation by humic substances. Environmental Science & Technology, 45(14): 6003-6010.

Tseng L Y, Robinson A K, Zhang X, et al. 2016. Identification of preferential paths of fossil carbon within water resource recovery facilities via radiocarbon analysis. Environmental Science & Technology, 50(22): 12166-12178.

van der Zee F P, Cervantes F J. 2009. Impact and application of electron shuttles on the redox (bio) transformation of contaminants: A review. Biotechnology Advances, 27(3): 256-277.

van Krevelen D W. 1950. Graphical-statistical method for the study of structure and reaction processes of coal. Fuel, 29(12): 269-284.

Vander G, Neue H U. 1996. Oxidation of methane in the rhizosphere of rice plants. Biology and Fertility of Soils, 22(4): 359-366.

Veeken A, Hamelers B. 1999. Effect of temperature on hydrolysis rates of selected biowaste components. Bioresource Technology, 69(3): 249-254

Vymazal J. 2007. Removal of nutrients in various types of constructed wetlands. Science of the Total

Environment, 380(1): 48-65.

Wang F, Hidaka T, Tsumori J. 2014. Enhancement of anaerobic digestion of shredded grass by co-digestion with sewage sludge and hyperthermophilic pretreatment. Bioresource Technology, 169(5): 299-306.

Wang J, Farrell J. 2003. Investigating the role of atomic hydrogen on chloroethene reactions with iron using Tafel analysis and electrochemical impedance spectroscopy. Environmental Science & Technology, 37: 3891-3896.

Wang X, Yang G, Feng Y, et al. 2012. Optimizing feeding composition and carbon-nitrogen ratios for improved methane yield during anaerobic co-digestion of dairy, chicken manure and wheat straw. Bioresource Technology, 120(3): 78-83.

Wang M, Park C. 2012. Improving the digestibility of green algae by anaerobic co-digestion with waste activated sludge. Proceedings of the Water Environment Federation, 9: 1272-1280.

Wang M, Sahu A K, Rusten B, et al. 2013a. Anaerobic co-digestion of microalgae *Chlorella* sp. and waste activated sludge. Bioresource Technology, 142(8): 585-590.

Wang R, Li Y, Chen W, et al. 2016. Phosphate release involving PAOs activity during anaerobic fermentation of EBPR sludge and the extension of ADM1. Chemical Engineering Journal, 287: 436-447.

Wang X, Ruengruglikit C, Wang Y W, et al. 2007. Interfacial interactions of pectin with bovine serum albumin studied by quartz crystal microbalance with dissipation monitoring: Effect of ionic strength. Journal of Agricultural & Food Chemistry, 55(25): 10425-10431.

Wang Y, Inamori R, Kong H, et al. 2008. Nitrous oxide emission from polyculture constructed wetlands: Effect of plant species. Environmental Pollution, 152(2): 351-360.

Wang Y, Wu C Y Wang X J, et al. 2009. The role of humic substances in the anaerobic reductive dechlorination of 2, 4-dichlorophenoxyacetic acid by Comamonas koreensis strain CY01. Journal of Hazardous Materials, 164(2/3): 941-947.

Wang Y, Yang H, Ye C, et al. 2013b. Effects of plant species on soil microbial processes and CH_4 emission from constructed wetlands. Environmental Pollution, 174(5): 273-278.

Wang Z P, Delaune R D, Patrick W H, et al. 1993. Soil redox and pH effects on methane production in a flooded rice soil. Soil Science Society of America Journal, 57(2): 382-385.

Wedding R T, Hansch C, Fukuto T R. 1967. Inhibition of malate dehydrogenase by phenols and the influence of ring substituents on their inhibitory effectiveness. Archives of Biochemistry & Biophysics, 121(1): 9-21.

Weemaes M, Grootaerd H, Simoens F, et al. 2000. Anaerobic digestion of ozonized biosolids. Water Research, 34(8): 2330-2336.

Weetall H H. 1974. Immobilized enzymes: Analytical applications. Analytical Chemistry, 46(7): 602A-615a.

Wei L L, Wang K, Kong X J, et al. 2016. Application of ultra-sonication, acid precipitation and membrane filtration for co-recovery of protein and humic acid from sewage sludge. Frontiers of Environmental Science & Engineering, 10(2): 327-335.

Wei L P, Wang K, Zhao Q L, et al. 2012. Characterization and transformation of dissolved organic matter in a full-scale wastewater treatment plant in Harbin, China. Desalination & Water Treatment, 46(1/2/3): 1-9.

Wei Z, Fan L, Phoungthong K, et al. 2014. Relationship between anaerobic digestion of biodegradable solid waste and spectral characteristics of the derived liquid digestate. Bioresource Technology, 161(161): 69-77.

Weigert B. 2014. Project CARISMO of the Berlin centre of competence for water nominated for the German sustainability award. Berlin: Berlin Centre of Competence for Water.

Weishaar J L, Aiken G R, Bergamaschi B A, et al. 2003. Evaluation of specific ultraviolet absorbance as an indicator of the chemical composition and reactivity of dissolved organic carbon. Environmental Science & Technology, 37(20): 4702-4708.

Wett B, Buchauer K, Fimml C. 2007. Energy self-sufficiency as a feasible concept for wastewater treatment systems. Proc. IWA Leading Edge Technology Conference, Singapore. Asian Water, 9: 21-24.

White C J, Stuckey D C. 2000. The influence of metal ion addition on the anaerobic treatment of high strength soluble wastewater. Environmental Technology, 21: 1283-1292.

Willis J, Stone L, Durden K, et al. 2012. Barriers to biogas use for renewable energy. London: IWA Publishing.

Workman J G. 2015. Carbon-free water: A U.S. utility reaches its goal. [2016-8-7]. http://www. thesourcemagazine. org/carbon-free-water-a-us-utility-reaches-its-goal/.

Wunderlin P, Mohn J, Joss A, et al. 2012. Mechanisms of N_2O production in biological wastewater treatment under nitrifying and denitrifying conditions. Water Research, 46(4): 1027-1037.

Xu Y D, Cui R. 2011. Performances of anaerobic digestion of thermal pretreated sludge and characterization of its supernatant fluid. Environment and Transportation Engineering, 6974-6977.

Yakunin A F, Hallenbeck P C. 1998. Puriccation and characterization of pyruvate oxidoreductase from the photosynthetic bacterium Rhodobacter capsulatus. Biochimica et Biophysica Acta, 1409: 39-49.

Yan L, Wenfeng T, Koopal L K, et al. 2013. Influence of soil humic and fulvic acid on the activity and stability of lysozyme and urease. Environmental Science & Technology, 47(10): 5050-5056.

Yan X, Li L, Liu J. 2014. Characteristics of greenhouse gas emission in three full-scale wastewater treatment processes. Journal of Environmental Sciences, 26(2): 256-263.

Yang X, Du M A, Bai L, et al. 2012. Improved volatile fatty acids production from proteins of sewage sludge with anthraquinone-2, 6-disulfonate (AQDS) under anaerobic condition. Bioresource Technology, 103(1): 494-497.

Yang Y, Guo J L, Hu Z Q. 2013. Impact of nano zero valent iron (NZVI) on methanogenic activity and population dynamics in anaerobic digestion. Water Research, 47: 6790-6800.

Yang Y, Li H, Li J. 2014. Variation in humic and fulvic acids during thermal sludge treatment assessed by size fractionation, elementary analysis, and spectroscopic methods. Frontiers of Environmental Science & Engineering, 8(6): 854-862.

Yao X, Kang Y, Lee D X J, et al. 2008. Bioaugmented sulfate reduction using enriched anaerobic microflora in the presence of zero valent iron. Chemosphere, 73: 1436-1441.

Yoda M, Kitagawa M, Miyaji Y. 1987. Long term competition between sulfate-reducing and methane-producing bacteria for acetate in anaerobic biofilm. Water Research, 21 (12): 1547-1556.

Yu H B, Song Y H, Tu X, et al. 2013. Assessing removal efficiency of dissolved organic matter in wastewater treatment using fluorescence excitation emission matrices with parallel factor analysis and second derivative synchronous fluorescence. Bioresource Technology, 144(5): 595-601.

Yu Z, Wen X, Xu M, et al. 2012. Anaerobic digestibility of the waste activated sludge discharged from large-scale membrane bioreactors. Bioresource Technology, 126(12): 358-361.

Yuan D, Wang Y. 2013. Effects of solution conditions on the physicochemical properties of stratification components of extracellular polymeric substances in anaerobic digested sludge. Journal of Environmental Sciences, 25(1): 155-162.

Zandvoort M H, Hullebusch E D V, Gieteling J, et al. 2006a. Granular sludge in full-scale anaerobic bioreactors: Trace element content and deficiencies. Enzyme & Microbial Technology, 39(2): 337-346.

Zandvoort M H, Hullebusch E D V, Fermoso F G, et al. 2006b. Trace metals in anaerobic granular sludge reactors: Bioavailability and dosing strategies. Engineering in Life Sciences, 3: 293-301.

Zang X, Van Heemst J D H, Dria K J, et al. 2000. Encapsulation of protein in humic acid from a histosol as an explanation for the occurrence of organic nitrogen in soil and sediment. Organic Geochemistry, 31(7): 679-695.

Zhang Y B, Feng Y H, Quan X. 2015a. Zero-valent iron enhanced methanogenic activity in anaerobic digestion of waste activated sludge after heat and alkali pretreatment. Waste Management, 38: 297-302.

Zhang J, Lu B Y, Xing M Y, et al. 2015b. Tracking the composition and transformation of humic and fulvic acids during vermicomposting of sewage sludge by elemental analysis and fluorescence excitation–emission matrix. Waste Management, 39: 111-118.

Zhang Y, Piccard S, Zhou W. 2015c. Improved ADM1 model for anaerobic digestion process considering physico-chemical reactions. Bioresource Technology, 196: 279-289.

Zhang M, He F, Zhao D Y, et al. 2011. Degradation of soil-sorbed trichloroethylene by stabilized zero valent iron nanoparticles: Effects of sorption, surfactants, and natural organic matter. Water Research, 45(7): 2401-2414.

Zhang W Q, Wei Q Y, Wu S B, et al. 2014. Batch anaerobic co-digestion of pig manure with dewatered sewage sludge under mesophilic conditions. Applied Energy, 128(C): 175-183.

Zhao M X, Wang Y H, Zhang C M, et al. 2014. Synergistic and pretreatment effect on anaerobic co-digestion from rice straw and municipal sewage sludge. Bioresources, 9(4): 5871-5882.

Zhen G Y, Lu X Q, Li Y Y, et al. 2015. Influence of zero valent scrap iron (ZVSI) supply on methane production from waste activated sludge. Chemical Engineering Journal, 263: 461-470.

Zhou J L, Banks C J. 1993. Mechanism of humic acid colour removal from natural waters by fungal biomass biosorption. Chemosphere, 27(4): 607-620.

Zhu L, Gao K T, Jin J, et al. 2014. Analysis of ZVI corrosion products and their functions in the combined ZVI and anaerobic sludge system. Environmental Science and Pollution Research International, 21: 12747-12756.

Zhu N, An P, Krishnakumar B, et al. 2007. Effect of plant harvest on methane emission from two constructed wetlands designed for the treatment of wastewater. Journal of environmental management, 85(4): 936-943.

Zhu Y, Zhao Y C. 2011. Stabilization process within a sewage sludge landfill determined through both particle size distribution and content of humic substances as well as by FT-IR analysis. Waste Management & Research, 29(4): 379-385.

Zhuge X, Li J H, Shin Y, et al. 2015. Improved propionic acid production with metabolically engineered Propionibacterium jensenii by an oxidoreduction potential-shift control strategy. Bioresource Technology, 175: 606-612.

第 4 章 污水资源化方向与前景

污水资源化是生态水处理的需要，代表着未来污水处理技术的一种发展趋势。视污水为资源载体的理念是可持续污水处理技术的基本要素，但把污水高看为可以"掘金"的聚宝盆又显得太过了。理论上，污水中可回收的物质或元素应有尽有，但不顾及技术与经济综合因素而一味强调回收便不切实际。从近期来看，"一个中心（可持续），两个基本点（磷回收与碳中和）"显然是污水处理的技术发展方向；着眼远期目标，PHA、藻酸盐、纤维素、鸟粪石、蓝铁矿、生物柴油，甚至更精细化的化工产品皆有可能。从污水中单独回收氮虽然技术上并无障碍，但经济上并不合算，远不如让氮经氮循环回归大气，以合成氨形式从大气中生产氮肥（如尿素）。总之只有回收那些具有高附加值的产品才能使资源回收具有市场竞争力，最终使资源回收应用于工程实践而不是一直停留在学术研究水平。

本章内容首先对氮回收进行技术与经济比较，揭示污水氮回收在经济性上的缺陷。结合好氧颗粒污泥技术，讨论藻酸盐回收的理论与实践。基于污泥厌氧消化过程，介绍铁磷——蓝铁矿的理论与研究进展。在总结微藻用于污水净化及资源化（含油藻）的基础上，阐述研究新近发现的可沉微藻的筛选、含油脂量强化等实验过程与结果。

4.1 氮回收技术经济性分析

4.1.1 引言

回收资源与能源日益成为当今世界污水处理技术发展的重要方向。目前污水似乎已从昔日万人"嫌"的废弃物变成如今的众人"爱"聚宝盆。更有甚者，有人还提出了对污水进行全元素回收的说辞，并将氮回收与磷回收相提并论，试图以直接元素回收或营养物回收的方式一并将氮、磷从污水中去除并回收，以实现污水脱氮和营养物人工循环的双重目标。国际上之所以要磷回收的一个重要原因是磷在自然界呈直线式流动，是从陆地（磷矿）向海洋不断运动的过程，日益枯竭的磷矿（约 100 年的开采期限）（郝晓地等，2011；2017a）最终流向大海而固封难取，单向流动、难以再生的磷资源着实给了人类一个下马威。

然而氮与磷的本源和归宿截然不同。如图 4.1 所示，氮来源于大气，最终依靠氮循环回归大气中。众所周知，大气成分中 78%均为氮气（N_2）成分，无论是氮的自然循环，还是人工循环，从大气中被固定到植物中或残留在土壤、水体中的氮最终都会借硝化/反硝化，甚至厌氧氨氧化（ANAMMOX）而回归大气（Coppens et al., 2016; van Hulle et al., 2010）。正因为如此，大气中的氮才是名副其实的"取之不尽、用之不竭"的一种宏量营养物，无论人类怎样"折腾"也无消耗殆尽之虞。所以，氮回收并不具有与磷回收一样的资源急迫性。对此，是否需要从污水中技术回收氮？这需要详细分析其适用技术的经济性，在能耗方面的信息和数据，并与目前盛行的工业合成氮肥技术进行比较。否则高成本回收的氮产品可能无"下家"愿意接受，甚至成为一种造成二次污染的新污染物。

为此，本书试图通过对不同污水技术氮回收的经济性进行梳理与总结，并估算技术氮回收所创造的综合经济效益，并将之与传统工业合成氮肥相比，以说明从污水中技术氮回收的经济可行性。

污水氮回收实际上是将不同存在形式的氮元素进行技术处理/转移，最后将氮从污水中分离，达到脱氮并回收氮的双重目的。现今氮回收技术多种多样，且各具特点，但从回收产品形式来看，无外乎液态(含 NH_4^+ 营养液)、气态(NH_3)、固态(晶体，主要是各类氨化合物晶体)三种形式。本节即从回收这三种形式产品的技术入手，分析它们各自的技术、经济性。

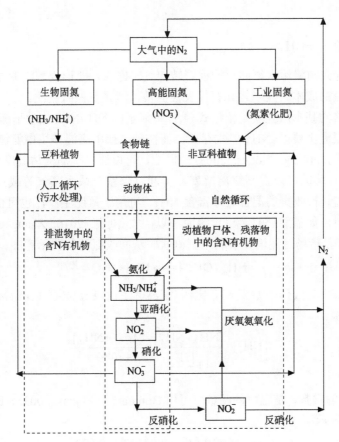

图 4.1　氮素自然与人工循环过程

4.1.2　液态回收——污水直接利用

液态回收氮的最简单形式便是污水直接用于农业灌溉，被有识之士称为"原生态文明"(郝晓地, 2006; 郝晓地和张健, 2015)。其实，污水农灌回收的不仅是氮，其他营养元素磷/钾、氨基酸、植物激素等也会一并被回收、利用。然而这一原生态文明的做法在化肥大量被使用的今天正在被农民逐渐抛弃，再加上卫生、农业部门的负面宣传和技术人员的私益，污水中存在的病原菌、重金属等成为阻碍污水农灌的借口和理论根据。

　　实际上，非工业废水介入的污水，特别是农村生活污水基本不存在重金属的问题；关于病原菌的问题，原生态文明下的沤肥方法已能解决大部分病菌。否则，中国绝不可能成为目前的世界人口大国。其实，这种最简单的污水营养物利用形式之所以不被农民看好，主要是其施用作物的产量不高、只有环境效益而不具有经济效益。因此，污水直接农灌这种无技术含量的方式显然不在本节讨论的范围。换句话说，以液态回收氮的似乎只有浓缩方式可行，如沼气池残留的沼液、沼渣等，但施肥时需谨慎，否则过高浓度的 NH_4^+ 会在植物根区造成酸化、NH_4^+ 被微生物硝化转化为 NO_3^- 而进入地下水，形成污染。无论怎样，以液态形式回收氮的前景暗淡，一无技术、二无效益，也常常被工程技术人员嘲讽。

4.1.3　气态回收——NH$_3$

　　因此，研究人员将污水氮回收的视野转向气态回收，即形成 NH_3 后去生产氮肥，以减少工业合成氨的成本。其中最具有代表性的技术就是氨氮吹脱法。

　　氨氮吹脱法的基本原理就是依据式(4.1)中显示的 NH_3/NH_4^+ 化学平衡。在中性 pH 或低温环境下，氨氮主要以 NH_4^+ 形式存在，而在碱性或中高温环境中氨氮则以游离 NH_3 的形式存在(Bonmatí and Flotats, 2003)。据此，可以通过提高液体温度或 pH 的方式让式(4.1)平衡向右移动，以提高氨离解率，再通过曝空气或水蒸气等载气方式将形成的 NH_3 与液体分离。被收集的混合气体富含 NH_3，可用于氮肥生产，也可借助其他吸收剂转化为化工原料，如借助 $(NH_4)_2SO_4$ 等而予以回收(刘良, 2015; Zhang et al., 2012a)。图 4.2 显示了某养猪场污泥消化液利用氨氮吹脱法回收氨氮装置示意图。

$$NH_4^+ + OH^- \longleftrightarrow NH_3 + H_2O \tag{4.1}$$

　　氨氮吹脱效率与液体中游离 NH_3 比例(氨离解率)存在重要关系，游离 NH_3 所占比例可按式(4.2)计算：

$$[NH_3] = \frac{[NH_3 + NH_4^+]}{1 + \dfrac{[H^+]}{K_a}} = \frac{[NH_3 + NH_4^+]}{1 + 10^{pK_a - pH}} \tag{4.2}$$

式中，pK_a 为离解常数，是温度的函数，可用 Bonmatí 和 Flotats(2003)、Lide(1993)提出的式(4.3)予以表示：

$$pK_a = 4 \times 10^{-8} T^3 - 0.0356T + 10.072 \tag{4.3}$$

　　根据式(4.2)、式(4.3)可绘制氨离解率随 pH 和温度的变化趋势(图 4.3)。当 pH≥11、液体温度为 5 ℃时，氨离解率达 92%；但当 pH=7 时，即使温度上升至 55 ℃，其离解率也仅为 3.9%。所以，pH 对氨氮吹脱效率影响最大，次要影响因素还有温度、气水比、氨氮浓度等(龚川南等, 2016; 李伦等, 2006)。

　　实际城市污水略偏碱性(陈瑶, 2006)。如果取 pH=7.5、温度=20 ℃计算氨离解率，其理论值仅为 1.3%。这就注定工程应用时需要投加大量碱性试剂，以调节 pH。图 4.3 显示，当 pH 由 9.0 上升到 10.0 时，氨离解率从 28.6%一下蹿升至 80.1%。然而此时药剂投加量增加近似 10 倍，会导致化学药剂成本过高。因此，在实践中一般只调节 pH 至 9.0，然后再通过升温方式来提高氨离解率；温度从 20 ℃提高到 55 ℃，氨离解率也可达 80.2%。换句话说，以较低的电能消耗来弥补大量药剂投入的不足，尽可能节约氨离解率过程经济成本。然而即使被离解出的游离态 NH_3 仍需要空气或水蒸气吹脱才能逸散出来，在经过二次处理(吸收剂或工厂再生产)后方可成为肥料用来制作原料。

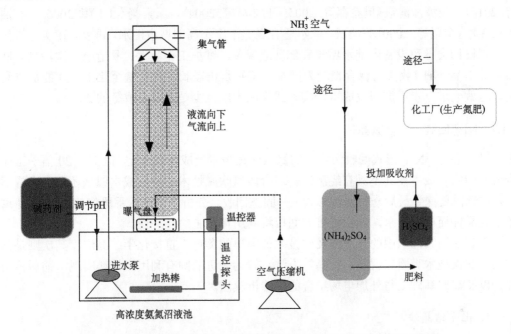

图 4.2　氨氮吹脱法回收猪场污泥消化液中氮的工艺流程(隋倩雯, 2014)

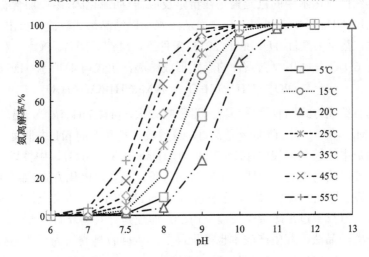

图 4.3　不同 pH、温度下氨离解率变化趋势

　　氨氮吹脱成本计算显示，在 pH=9.0、30 ℃条件下，氨氮理论回收率约为 40%（图 4.3），NH_3 回收成本约为 25±5.5 元·$(kg N)^{-1}$（以 5 元·m^{-3} 成本处理约 500 mg NH_4^+-N·L^{-1} 高氨氮废水计算）（龚川南等，2016；隋倩雯，2014）。目前国内工业合成 NH_3 的成本约为 2 000 元·t^{-1}[2.4 元·$(kg N)^{-1}$]；对比显示，氨氮吹脱回收成本高于工业合成氨成本十多倍。况且经过氨氮吹脱回收的污水仍需传统脱氮处理方能实现达标排放。氮回收虽可降低污水处理厂约 60%的氮负荷，但也未能显著降低污水处理厂处理脱氮运行成本。

　　况且，氨氮吹脱技术一般多用于高浓度 NH_4^+ 废水处理，如污泥消化上清液（吴树彪等，2016）、垃圾渗滤液（樊希葆等，2005；王文斌等，2004）、尿素废水（王辉，2006）、石油污染废水（金彪等，2000）等情况，并不适合氨氮浓度不高的城市污水。再者，在实际操作时，碱投加会导致设备内壁水垢和底部沉渣现象，维护工作量大、易造成二次污染。回收后的产品（NH_3）收集与保存也较为困难，特别是仍需长距离运输至化工厂才能加以利用，这就会进一步增加回收成本，实际回收成本应至少是工业合成氨的 20 倍。

4.1.4　固态回收——含氮晶体

　　以气态——NH_3 形式回收污水中的氮虽然在技术上成熟、可行，但 10~20 倍于工业合成氨的回收成本使其不具有经济性。现阶段氨吹脱技术的经济成本似乎还很难大幅下降，这就需要探寻最后一种回收形式——固态回收，分析不同技术手段使 NH_4^+ 和其他离子形成晶体而析出污水，然后直接或间接将其用作氮肥的经济性。

　　固态法回收污水中的氮所涉及的技术最简单的莫过于直接化学结晶法，其次则是利用离子交换技术吸附、解吸后结晶等方法，较为先进的则有利用膜材料实现浓缩后再结晶，以及在此基础上与外加电场结合的电渗析膜法。

1. 化学结晶法

　　化学结晶法回收污水中的氮元素是在特定反应器（如流化床）中投加含金属离子的化学药剂，以实现 NH_4^+ 形成金属盐化合物而从污水中以结晶形式沉淀、析出。以 Mg^{2+} 盐为例，在中性，甚至偏酸性（Hao et al., 2013）条件下，Mg^{2+}、NH_4^+、PO_4^{3-} 三种离子结合后以 $MgNH_4PO_4·6H_2O$（MAP：鸟粪石）的形式形成结晶，如式（4.4）所示（Hao et al., 2013）：

$$Mg^{2+}+PO_4^{3-}+NH_4^++6H_2O \Longrightarrow MgNH_4PO_4·6H_2O \qquad (4.4)$$

　　采用鸟粪石结晶方式回收氮受环境因素影响较大，pH、NH_4^+ 浓度、温度及阳离子竞争（如 Ca^{2+} 与 Mg^{2+} 竞争）等。前期研究表明，获得较纯鸟粪石的 pH 并非大多文献述及的碱性条件，而是中性甚至偏酸性（pH≤7.5）环境（Hao et al., 2013）。中性以下的 pH 固然可以获得较为纯净的鸟粪石，但所需反应时间甚长，需要以催化方式（如电化学沉积法）加速反应，这势必增加回收技术的复杂程度（Hao et al., 2013）。事实上，鸟粪石回收主要针对磷的回收，氮只不过是顺带"夹裹"而已。即使是针对鸟粪石回收磷，如果采用电化学沉积这样的结晶法，其生产成本也是极高的。以回收鸟粪石为目的，处理并 100%回收 1 t NH_4^+ 浓度为 106.1 mg N·L^{-1}、PO_4^{3-} 浓度为 37.2 mg P·L^{-1} 的厌氧消化上清液，不同工艺反应、回收成本计算见表 4.1；折算后直接化学沉淀法成本约为 163 元·$(kg N)^{-1}$，碳棒阳极电化学沉淀为 117 元·$(kg\ N)^{-1}$，镁棒阳极电化学沉淀为 124 元·$(kg\ N)^{-1}$（陈龙，2014；陈瑶，2006）。

表 4.1　不同化学沉淀法回收 1 t 厌氧消化上清液氮（MAP）成本计算

工艺	药剂	药剂量/ $(kg·t^{-1})^{①}$	药剂费/ $(元·t^{-1})$	电费/ $(元·t^{-1})$	材料损耗费/ $(元·t^{-1})$	人工费/ $(元·t^{-1})$	总成本/ $(元·t^{-1})$
直接化学沉淀	$Na_2HPO_4·12H_2O$ (98%)	1.9	13.99	—	—	0.2	14.19
	$MgSO_4·7H_2O$	2.2					
	NaOH	1.8					
碳棒阳极 电化学沉淀	$Na_2HPO_4·12H_2O$ (98%)	1.9	8.95	1	—	0.2	10.15
	$MgSO_4·7H_2O$	2.2					
镁棒阳极 电化学沉淀	$Na_2HPO_4·12H_2O$ (98%)	1.9	7.41	1.2	2	0.2	10.81

①以工业用 $Na_2HPO_4·12H_2O$、$MgSO_4·7H_2O$、NaOH 的市场单价 3 900 元·t^{-1}、700 元·t^{-1} 和 2 800 元·t^{-1} 分别计算药剂成本。

目前鸟粪石国际市场价格约为 550 美元·t^{-1} MAP[P_2O_5 含量为 29%，其中氮含量为 5.7%，折算为 66 元·$(kg\ N)^{-1}$]（陈龙，2014）。与表 4.1 计算相比，不论直接化学沉淀还是各种电化学沉淀，成本全在 100 元·$(kg\ N)^{-1}$ 以上。显然，如以鸟粪石结晶法回收氮根本没有经济性可言。

再者鸟粪石直接施用只是一种缓释肥，并不适合粮食类农作物施肥，只有再加工为磷肥才能发挥较大肥效。然而磷矿石在化肥生产加工过程中通常使用热解和酸解方式，主要以提炼 PO_4^{3-} 为目标，氮在这个分解过程中往往是散失了，并不被刻意回收。因此，以鸟粪石形式回收氮实际上不仅成本高，而且在实际生产中并不会被利用。

2. 离子交换法

离子交换法回收污水中的氮是利用强酸型阳离子交换树脂交换出水体中的 NH_4^+（赵飞等，2011）或利用天然沸石对 NH_4^+ 进行选择性吸附（李日强等，2008；Chung et al.，2000；Wen et al.，2010），最后解吸以实现对 NH_4^+ 浓缩分离后而结晶。这种方法适宜应用于小水量、低浓度氨氮废水，但解吸后的高 NH_4^+ 浓缩液仍需二次处理方可用于后续产品生产，易造成二次污染；况且树脂再生操作也较频繁，工艺管理复杂，相对于化学沉淀法虽然能减少反应过程对药剂的消耗，但运行成本依然较高。

以回收产物 NH_4NO_3 为例，其浓缩和分离过程成本约为 17.2±2.0 元·$(kg\ N)^{-1}$（赵飞等，2011；Wen et al.，2010），再加上后续二次处理的成本，对比工业合成氨 2.43 元·$(kg\ N)^{-1}$ 的低成本，离子交换法也不具有经济可比性。

3. 膜法

RO 利用半透膜可对 NH_4^+ 予以截留，通常需施以高于溶液渗透压的压力使溶剂透过半透膜，从而实现对 NH_4^+ 浓缩、分离（柴子绯等，2015）。电渗析膜法（ED）是在外加直流电场的作用下，NH_4^+ 透过选择性离子交换膜，使其分离后再结晶；图 4.4 显示了采用电渗析膜法回收尿液中 NH_4^+ 的装置示意图。

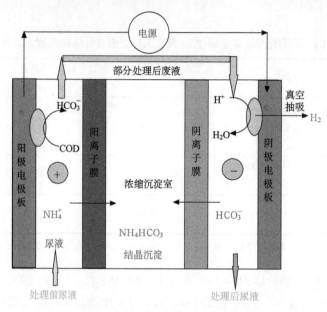

图 4.4　电渗析膜法回收尿液中 NH_4^+ 工艺流程(柴子绯等, 2015)

　　然而无论哪种膜法均存在相同缺陷：都需要对原水进行较高程度的预处理,以延缓膜堵塞、膜污染问题的发生。进言之,膜法所回收的产品品位低、产率低(单独 RO 系统浓缩液 NH_4^+ 盐质量分数仅为 8%,同步辅助 ED 系统质量分数可提高到 12%~13%)(柴子绯等, 2015),而且在运行中随欲回收的 NH_4^+ 浓度升高从而所需压力或电场增强,造成能量额外消耗。再加上应对膜堵塞、膜污染等问题,膜法回收氮运行成本不菲,约为 180 ± 6.0 元·$(kg\ N)^{-1}$(以 4.5 元·t^{-1} 成本 100%回收处理 25 mg N·L^{-1} 废水),约为工业合成氨成本的 75 倍,显然不适于工程应用(柴子绯等, 2015)。

　　虽然有研究指出,电渗析与离子交换结合所研发的电去离子法具有更高的浓缩效率,可连续运行,且装置膜面积减小,可一定程度提高氨氮回收效率,但是这并不能显著降低膜法的运行成本(Luther et al., 2015)。

4.1.5　生物合成——蛋白质

　　以上各类氮回收技术与工业合成氨相比,技术虽然可行,但经济性显然不佳,难以在工程上获得应用。对此,一些研究人员将污水氮回收视角转向生物合成方向,试图利用微生物(细菌、藻类)细胞合成可以分离、直接利用的蛋白质,以实现"低成本"氮回收。

　　根据微生物合成、分解代谢功能,以污水中氨氮作为氮源,最大限度合成细胞组成成分,如多糖、脂类等,通过对合成细胞(如活性污泥)解离获取胞外聚合物,或通过对细胞破壁等方式,分离糖类、脂质等物质,以定向回收蛋白质成分。理论上,这种思路技术上可行,但实际上从污水中回收仅占有机物总量 30%左右的 EPS,再从 EPS 中回收仅占 30%左右的蛋白质，最后所回收的蛋白质总量不足有机物的 10%，其中氮元素不足进水 TN 负荷的 2%(按污水处理 TN 去除率为 60%，出水残留为 20%计，则细菌合成、分解 20%)，少得可怜，况且回收过程极其复杂，显然谈不上经济效益。

另外，各种藻类、甲烷氧化细菌、氢氧化细菌等均是较好的单细胞蛋白制造者(Matassa et al., 2015)，但该技术实际应用较少，主要是微生物培养和富集对环境要求较为苛刻，且单细胞蛋白提取和分离更加复杂，势必导致氮元素回收成本增高，以目前技术来看，这种技术工程应用的前景黯淡。图 4.5 显示了利用氮素生产生物蛋白的"精炼厂"技术路线(Matassa et al., 2015)。简单成本分析显示，回收富含蛋白质的微生物质成本约为 60 元·$(kg\ N)^{-1}$(富含蛋白质的微生物质最终生产成本以 7.2 元·kg^{-1} 生物质计，其中蛋白质含量为 75%，蛋白质中氮素含量以 16%计)，其产品品位高，市场价格约为 96.5 元·$(kg\ N)^{-1}$，技术可产生 36.5 元·$(kg\ N)^{-1}$ 的直接经济效益。但是，若以这种回收的蛋白质作为食品添加剂，与品质相当且较为普遍的黄豆蛋白价值[85.3 元·$(kg\ N)^{-1}$，蛋白质含量以 40%计，大豆粉生产成本约 56.5 元·$(kg\ N)^{-1}$，市场价格为 141.8 元·$(kg\ N)^{-1}$]相比，经济效益优势并不明显(Matassa et al., 2016)，且若从污水中提取合成的蛋白质不适宜作为人类食品添加剂，只能用作动物饲料。

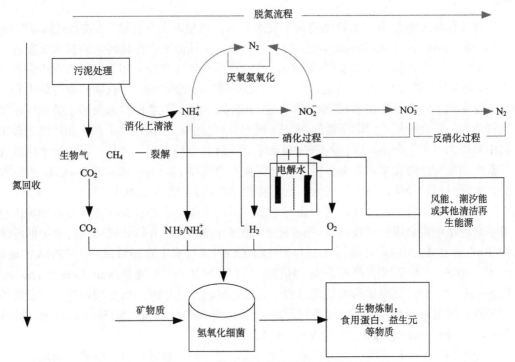

图 4.5　基于氢气和现有污水处理厂结合的生物精炼厂工艺流程图 (Matassa et al., 2015)

4.1.6　结语

资源/能源回收乃当今污水处理技术发展的方向，但对污水全元素回收似乎又太过了。对污水氮回收技术总结与经济分析显示，以回收为目的而去除污水中的氮似乎在经济上不划算，不如通过传统硝化/反硝化，甚至是现代厌氧氨氧化(ANAMMOX)技术将污水中的氮转变为氮气(N_2)而回归大气,再以工业合成氨(NH_3)方式去制取氮肥,毕竟大气中的主要成分是 N_2(78%),且存在无消耗殆尽之虞的氮再生循环。

其实,对污水氮回收的最直接方式就是粪尿返田/污水农灌!然而这种原生态文明习惯不仅正在被农民逐渐撤弃,而且也不被管理部门和工程技术人员认可,代之以各种所谓的农村污水处理技术。其结果是,将污水中的营养物去除殆尽后再加大对氮肥、磷肥的生产与施用,加快磷资源的匮乏速度和对能量的消耗,实际上正在走一条并非可持续的发展之路。

综上,对污水中的氮回收不仅要考虑经济因素,更要考虑生态因素。城市污水和工业废水难以也不可能直接农灌,但技术回收污水/废水中的氮并非上策。农村污水靠近土地,道理上可以用于农灌而直接回收其中的营养物。污水中的病原菌和重金属等问题其实本身就是一个伪命题(乡镇企业废水除外)。人为废止污水农灌无形中浪费了一种无技术、无成本的营养物自然而然的循环机会,也是对祖先创造的粪尿返田的原生态文明的彻底摧毁。

4.2　藻酸盐回收

4.2.1　引言

资源化与能源化是污水处理的未来发展方向,也是人类可持续发展的必然(郝晓地,2014; van Loosdrecht and Brdjanovic, 2014)。今后,单纯处理、净化污水的技术研发将不再扮演主角,代之以回收污水中磷资源,并向着污水处理"碳中和"运行方向迈进的技术(郝晓地和张健, 2015)。换言之,"一个中心(可持续)、两个基本点(磷回收与碳中和)"将主导未来的污水处理技术(郝晓地和张健, 2015)。对此,荷兰已将未来污水处理厂形象地描述为三厂合一模式,即所谓的 NEWs 概念(郝晓地等, 2014)。"中水"在传统处理工艺中被视为"主"产品,而在 NEWs 概念下只不过是一种"副"产品,因为污水中蕴含的营养物质与能源比中水要金贵得多;况且营养物质(N、P)与能源(COD→CH_4)被回收后,水同时得到净化,使中水成为名副其实的副产品(郝晓地, 2006)。

其实污水除营养物之外,其中还有更多有用、价值更高的资源有待开发,如美国已着手对污水中贵金属的回收研发(Paul et al., 2015);欧洲人则开始研究回收污水中的纤维素(Ruiken et al., 2013),并以污水中的有机物(COD)来合成生物塑料成分——PHA (Guest et al., 2009),甚至回收具有高附加值的生物聚合物——藻酸盐(van Loosdrecht and Roeleveld, 2015)。其中在污水处理过程中合成藻酸盐是近年来污水处理研究领域发现的一种特有现象,普遍存在于好氧颗粒污泥工艺中(Gonzalez et al., 2015a; Lin et al., 2010, 2013; Sam and Dulekgurgen, 2016; Yang et al., 2014)。

藻酸钠为藻酸盐应用最为广泛的一种形式,是一种具有较高附加值的生物聚合物,通常来源于海带、巨藻等褐藻类海藻植物。因藻酸钠凝胶具有强度高、增稠性好、保水能力强等特点,被广泛应用于食品、医药、纺织、印染、造纸、日用化工等生产中,作为增稠剂、乳化剂、稳定剂、黏合剂、上浆剂等使用(Brownlee et al., 2009; Hay et al., 2013; Lee and Mooney, 2012)。藻酸钠不仅是一种安全的食品添加剂,而且可以作为仿生食品或疗效食品的基材。藻酸钠实际上是一种天然纤维素,可减缓脂肪糖和胆盐的吸收,具有降低血清胆固醇、血中甘油三酯和血糖的作用，可预防高血压、糖尿病、肥胖症等现代病。藻酸钠在肠道中能抑制有害金属，如锶(Sr)、镉(Cd)、铅(Pb)等在体内的积累。正是因为这些重要作用，藻酸钠在国内外已日益被人们所重视。日本人把富含褐藻酸钠的食品称为"长寿食品"，美国人则称其为"奇妙的食品添加剂"。

目前，工业获取藻酸钠主要是从海藻中提取。但是从海藻中提取藻酸钠的生产成本较高，且藻酸钠成分易受季节变化的影响。此外，从海藻中提取藻酸钠还会产生大量生产废水；每生产 1 t 藻胶及其碘产品通常需要 1 200 多吨淡水，并消耗大量煤炭、酸、碱等化学品；产生的废水中含有难以回收利用的糖胶、色素、纤维素等有机物，并含有大量无机离子(如 Na^+、Ca^{2+}、Cl^-等)(李陶陶，2011；Li and Zhang, 2010)。

有鉴于此，研究人员尝试通过纯微生物培养方式，经假单胞菌属(*pseudomonas*)或固氮菌属(*azotobacter*)细菌来生物合成藻酸盐(Sabra and Zeng, 2009)。通过定向调控细菌产藻酸盐的特性，优化培养条件，稳定产胶能力，可以生物合成各种具有特定结构性能的藻酸盐。但是该方法的缺点是需要投加大量有机营养物作为生产原料，会使得生产成本大幅提高(Sabra and Zeng, 2009)。

近年来，一些研究人员在研发污水处理技术过程中，发现好氧颗粒污泥成粒过程及成熟过程始终含有较高含量的藻酸盐(Gonzalez et al., 2015a; Lin et al., 2008, 2010, 2013; Sam and Dulekgurgen, 2016; Seviour et al., 2009, 2012; Yang et al., 2014)。联想到上述藻酸盐微生物纯培养中需要消耗大量有机添加物，van Loosdrecht 和 Brdjanovic 率先提出可以利用污水中的 COD 来作为细菌生物合成藻酸盐的有机物，并通过好氧颗粒污泥特有的成粒现象来实现藻酸盐定向生产。这样一来，不仅可拓展藻酸盐微生物生物合成渠道，而且也可避免微生物纯培养时对有机营养物的需求，更为重要的是，这种途径还为污水处理资源化拓展了一条新路，也可推动好氧颗粒污泥技术的广泛应用。

基于以上分析，本节首先简要介绍藻酸盐的来源与特性。然后论述微生物纯培养合成藻酸盐过程，以期了解污水处理过程中藻酸盐产生的原因及影响因素。最后对污水处理过程中生成藻酸盐的相关文献进行综述，并论述好氧颗粒污泥工艺中回收藻酸盐的可行性。

4.2.2　藻酸盐来源与特性

藻酸盐又名褐藻酸盐、海带胶、褐藻胶、海藻酸盐。19 世纪 80 年代，英国化学家 Stanford 首次提出褐藻中存在一种含量丰富的多糖类物质——藻酸盐，其含量分别占泡叶藻(*A. nodosum*)干重的 22%～30%和掌状海带(*L. digitata*)的 25%～44%(Qin, 2008)，这些藻酸盐主要以 Ca^{2+}、Mg^{2+}、Na^+ 和 K^+ 等盐的形式存在于细胞外和细胞壁中(Haug and Smidsrød, 1967)。20 世纪 60 年代，Linker 和 Jones(1964)首次在囊胞性纤维病病人的分泌物中发现铜绿假单胞菌(*P. aeruginosa*)可以产生藻酸盐物质；Gorin 和 Spencer(1966)报道了土壤微生物棕色固氮菌(*A. vinelandii*)能够合成乙酰化的海藻酸。随后荧光假单胞菌(*P. fluorescens*)(Govan et al., 1981)、恶臭假单胞菌(*P. putida*)(Govan et al., 1981)、门多萨假单胞菌(*P. mendocina*)(Govan et al., 1981)、丁香假单胞菌(*P. syringae*)(Fett et al., 1986; Gross and Rudolph, 1987)、褐球固氮菌(*A. cbroococcum*)(Cote and Krull, 1988)等也被发现可以生物合成藻酸盐。

藻酸盐是由 β-D-甘露糖醛酸残基(β-D-mannuronic acid，记为 M)与其同分异构体

α-L-古罗糖醛酸残基（α-L-guluronic acid，记为 G），通过 α(1→4) 糖苷键连接而成的线形嵌段共聚物（Smidsrød, 1974），如图 4.6 所示。图 4.6 显示，藻酸钠盐分子由连续的甘露糖醛酸钠盐残基组成的 MM 区、古罗糖醛酸钠盐残基组成的 GG 区及两类残基交替变化的 MG 区嵌段构成。

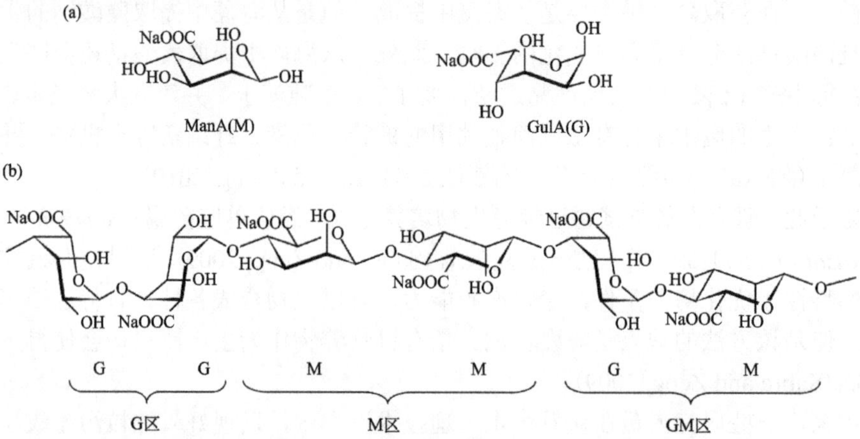

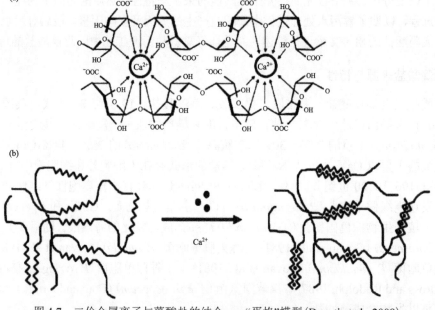

图 4.6　藻酸盐化学结构（Donati and Paoletti, 2009）

(a)β-D-甘露糖醛酸钠盐残基(M)和α-L-古罗糖醛酸钠盐残基(G)；(b)以 MM 区、GG 区与 MG 区构成的藻酸钠盐线性结构片段构象

藻酸盐最突出的特性是能与二价以上金属离子在温和的条件下形成凝胶，且与二价金属阳离子结合具有一定的选择性，结合顺序依次为 $Mg^{2+} \ll Mn^{2+} < Ca^{2+} < Sr^{2+} < Ba^{2+} < Cu^{2+} < Pb^{2+}$（Smidsrød, 1974）。藻酸盐与金属的结合能力与藻酸盐的结构组成密切相关，随着 G 残基增多，藻酸盐与金属的结合能力变强，即与二价金属离子的结合形成凝胶的能力依次为 MM 区 < MG 区 < GG 区（Smidsrød, 1974）。图 4.7 显示，当两组呈螺旋态的

图 4.7　二价金属离子与藻酸盐的结合——"蛋格"模型（Donati et al., 2009）

(a)二价阳离子的螯合作用；(b)链间结合形成过程

GG 区互相靠近时，古罗糖醛酸残基中的羧基、羟基及 1-4 糖苷键中的氧与金属离子发生螯合作用，金属离子镶嵌在其形成的凹槽中，形成类似"蛋格"的结构，Smidsrød(1974)和 Morris(1978)将这种蛋格结构称为"蛋格"模型。进言之，不同金属离子所带电荷数及离子半径不同，其与蛋格凹槽的亲和力也存在差异，亲和力较强的离子可与 GG 区优先形成蛋格结构，同时也能置换出已形成的蛋格模型中较弱亲和力的金属离子(Haug and Smidsrød, 1965)。

4.2.3　藻酸盐纯培养生物合成

利用海洋褐藻生产的藻酸盐，其化学组成随着季节和气候的变化而变化，即使在同一株褐藻中，从不同部位提取出来的藻酸盐组成成分也不尽相同，这就使从褐藻中提取出的藻酸盐具有结构多样性与性质不稳定性(Hay et al., 2013)。如上所述，除海洋褐藻以外，藻酸盐也可由两类微生物——固氮菌属和假单胞菌属微生物合成。通过生物工程技术纯培养这两类微生物，可以定向调控细菌合成藻酸盐的特性，从而合成各种具有特定结构、性能稳定的藻酸盐(Sabra and Zeng, 2009)。当受到外界环境刺激时，固氮菌属和假单胞菌属细菌可能分泌藻酸盐(钱飞跃等, 2015; Celik et al., 2008; Sabra and Zeng, 2009)，这是导致藻酸盐普遍存在于污水生物处理系统絮状污泥和颗粒污泥中的主要原因。因此，深入揭示固氮菌和假单胞菌合成藻酸盐的特性及外界刺激合成条件非常重要。

1. 棕色固氮菌合成藻酸盐

棕色固氮菌与其他固氮菌的区别在于其胞外可形成一层以藻酸盐为主要成分的休眠胞囊，该结构对细胞维持正常生理代谢至关重要。尽管固氮菌科的褐球固氮菌(*A. cbroococcum*)也可以生物合成藻酸盐(Cote and Krull, 1988)，但研究人员主要以棕色固氮菌作为研究对象(Sabra and Zeng, 2009)。

碳(C)、氮(N)、磷(P)等营养物及 DO 会影响棕色固氮菌生产藻酸盐的潜能，不同的 C 源会影响藻酸盐的生物合成，如模拟 C 源葡萄糖优于蔗糖；搅拌速度增大，DO 也随之增大，将增加藻酸盐产量；无机 P 与 N 源均有利于合成藻酸盐(Brivonese and Sutherland, 1989)。如图 4.8 所示，高 DO 浓度下棕色固氮菌细胞表面将分泌更多、更致密的藻酸盐。N 源缺乏和 C/N 值也将影响棕色固氮菌合成藻酸盐产量及其分子量(Zapata

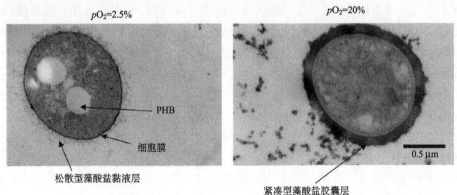

图 4.8　在 2.5%和 20%的空气饱和度(低、高 DO 浓度)下，棕色固氮菌的薄片电子显微图(Sabra et al., 2000)

and Trujillo, 2010)。另外，氧的传递速率与细胞生长速率也将影响生物合成藻酸盐的分子量；为了抵抗不利环境条件（如氧气或底物缺乏），棕色固氮菌在其细胞表面分泌的藻酸盐分子量将增大（Diaz et al., 2007; Priego et al., 2005）。通常情况下，棕色固氮菌在生物合成藻酸盐的同时会分泌藻酸盐裂解酶，因此通过基因工程技术获得不分泌藻酸盐裂解酶的棕色固氮菌，或者抑制藻酸盐裂解酶的分泌，也是促进藻酸盐生产的有效方法（Trujillo et al., 2003）。同时，在纯培养过程中，也应该避免由藻酸盐浓度升高、相应培养液黏度增大而带来的搅拌过程所需能耗的增加（Pena et al., 2007）。

操作条件也将影响藻酸盐的合成。通过改造反应器的类型，如利用鼓泡反应器，能够控制生物合成藻酸盐中单体的组成，使得 G 单体占主要成分（Asami et al., 2004）。利用基于序批式反应器（SBR）两段式发酵工艺可培养棕色固氮菌生产藻酸盐（Mejía1 et al., 2010）。分两阶段控制不同 DO 分压，第一阶段可获得较多生物量，第二阶段则用于生物合成藻酸盐，能够显著提高藻酸盐的产量（Mejía1 et al., 2010）。另外也可利用 SBR 反应器与膜组件相结合系统培养棕色固氮菌生产藻酸盐，微生物因膜组件截留而保留在反应器中，藻酸盐则会源源不断地从反应器中得以回收，从而提高藻酸盐的产量（Saude et al., 2002）；同时，利用细胞固定技术也可提高藻酸盐的产量，并增加其分子量，得到每克蔗糖生物合成 0.24 g 藻酸盐（Saude and Junter, 2002）。

2. 假单胞菌合成藻酸盐

在假单胞菌生产藻酸盐的过程中有可能伴随毒性物质的分泌，这使得人们主要研究固氮菌合成藻酸盐（Clementi, 1997）。尽管如此，在一些特殊行业，如生物医药领域，假单胞菌合成藻酸盐却被持续关注（Wang et al., 2015）。

藻酸盐为假单胞菌生物膜的主要成分之一，其生物合成受到各种环境因素的影响，如氧、高渗透压、乙醇、N 源、磷酸盐等（Boyd and Chakrabarty, 1995; Govan and Spencer, 1996; Wagner and Lglewski, 2008）。Krieg 等（1986）在按 1∶1 配比培养类黏型与非类黏型铜绿假单胞菌的实验中观察发现，氧气对类黏型铜绿假单胞菌具有定向选择作用，而非类黏型铜绿假单胞菌对氧气十分敏感；在恒化培养条件下，非类黏型铜绿假单胞菌在氧气存在的环境压力下可以生物合成藻酸盐（Sabra and Zeng, 2002）。铜绿假单胞菌在微氧环境下生长主要由两种机制支配：①氧气传输速度下降；②细胞表面多糖荚膜形成（Sabra and Zeng, 2009）。氯化钠和乙醇对于荧光假单胞菌分泌藻酸盐有一定的促进作用，即渗透压与脱水性是藻酸盐分泌的诱导因素（Chang and Alegre, 2007; Kidambi et al., 1995）。温度和搅拌强度也将影响藻酸盐的合成，且存在最佳的温度与搅拌强度值（Muller and Alegre, 2007）。在荧光假单胞菌的 SBR 发酵实验中，以果糖为营养物比葡萄糖更能促进藻酸盐的生成（Fett and Wijey, 1995）。

综合以上两类微生物合成藻酸盐情况可知，营养物类型及其浓度、氧含量、传递速度、培养温度、工艺运行条件等均影响细菌生产藻酸盐的特性（分子量与 G/M 值）、产量及系统所需能耗。此外，这两类微生物大多是在对数增长期内合成藻酸盐（Piggott et al., 1982）。因此，在污水处理过程中合理控制工艺条件，保证污泥中微生物始终处于对数增长期将加速合成藻酸盐的速率。

4.2.4　污水处理过程中合成藻酸盐

在一定环境条件刺激下，两类细菌能够分泌高附加值的藻酸盐，况且固氮菌属和假单胞菌属普遍存在于活性污泥中，并有可能成为优势种属（Dias and Bhat, 1964; Pike and Curds, 1971），这就为污水生物处理过程合成藻酸盐创造了可能性。理论上，只要满足上述环境条件，在混合菌种培养的活性污泥中这两类细菌应该会分泌藻酸盐。事实上，一些文献已证实了活性污泥中藻酸盐的存在（王琳和林跃梅, 2007; Bruus et al., 1992; Gonzalez et al., 2015a; Lin et al., 2008, 2010, 2013; Sam and Dulekgurgen, 2016; Seviour et al., 2009, 2012; Sobeck and Higgins, 2002; Yang et al., 2014）。

1. 污水处理系统中的藻酸盐

Bruus 等（1992）在研究活性污泥絮体脱水性能过程中发现，污泥胞外聚合物与二价离子结合的性质类似于藻酸盐；较之 Mg^{2+}，絮体污泥对 Ca^{2+} 和 Cu^{2+} 具有较强的亲和力。因污泥中藻酸盐这一特性与从海洋褐藻中提取的藻酸盐相似，所以 Bruus 等首次提出在污水生物处理系统中可能存在藻酸盐的推断（Bruus et al., 1992）。Sobeck 和 Higgins（2002）在解释离子诱导生物絮凝形成机理过程中提出了基于藻酸盐的絮凝理论，即在钙离子作用下藻酸盐将形成凝胶，从而加速污泥絮凝沉淀，并断言藻酸盐普遍存在于活性污泥中。王琳和林跃梅（2007）甚至报道，在红外光谱分析鉴定下，从好氧颗粒污泥中提取到占颗粒污泥干质量约 35%的细菌藻酸盐。尽管存在红外光谱分析鉴定胞外聚合物与相应提取方法的局限性（Seviour et al., 2009），但是毋庸置疑的是多名研究者均声称他们从活性污泥中提取出了藻酸盐（Brownlee et al., 2009; Gonzalez et al., 2015a; Lin et al., 2010, 2013; Sam and Dulekgurgen, 2016; Yang et al., 2014）。Lin 等（2010）从中试规模好氧颗粒污泥处理系统中提取得到占干污泥重量 16%左右的藻酸盐，并且通过鉴定得到其中古罗糖残基（GG 区）占比约为 69%。继而他们还比较了好氧絮凝污泥与好氧颗粒污泥中提取出的藻酸盐物理化学性质的差异；实验结果显示，好氧颗粒污泥较好氧絮凝污泥合成的藻酸盐中古罗糖残基（GG 区）更多，这刚好与污泥絮凝的藻酸盐理论一致，因为藻酸盐中的 GG 区比 MM 区具有更强的成胶能力，从而污泥絮凝呈颗粒状（Lin et al., 2013）。Yang 等（2014）通过丙烯酸盐模拟废水，研究不同有机负荷（OLR）下好氧颗粒污泥性能发现，OLR 突然增加将促进污泥组成微生物，如假单胞菌、梭状芽孢杆菌、索氏菌属、节细菌属分泌胞外环鸟苷二磷酸（c-di-GMP）等的生长。因 c-di-GMP 为藻酸盐产生的前体，从而会产生大量藻酸盐。但是在他们获得的藻酸盐中并没有发现较丰富的古罗糖残基，这可能是好氧颗粒污泥培养中营养源不同所致。Gonzalez 等（2015a）基于核磁共振（NMR）和电离飞行时间质谱（MALDI-TOF MS）鉴定，证实在实际厌氧颗粒污泥反应工艺中藻酸盐实际扮演着微生物胞外聚合物——EPS 的角色（主要成分）。Sam 和 Dulekgurgen（2016）以合成废水与啤酒废水为处理目标研究了传统絮凝污泥和好氧颗粒污泥中含有的胞外多糖物理化学特性[包括成胶能力、形态学（SEM 观察）、凝胶含水率及基于红外光谱的化学结构]，实验得到的结果与商业藻酸钠十分相似。

进言之，因藻酸盐作为一种胞外多糖普遍存在于活性污泥中，所以许多研究者在机理研究过程中，通常采用藻酸盐模拟胞外多糖方式进行。例如，Sanin 和 Vesilind（1996）、Örmeci 和 Vesilind（2000）、Wang 等（2012）为模拟絮凝形成过程及调查污泥的物理化学特性，用藻酸盐和乳胶颗粒模拟制得了污泥，经实验验证获得与实际活性污泥性能类似的结论；Li 等（2014a）在研究好氧颗粒污泥形成机理中，采用藻酸盐作为微生物胞外聚合物。进言之，在 MBR 污水处理工艺中，因胞外分泌物构成了主要的膜污染（Hwang and Yang, 2011; Iritani et al., 2007），所以众多研究者（Katsoufidou et al., 2007; Meng and Liu, 2013; van den Brink et al., 2009; Ye et al., 2005）采用藻酸盐作为模型胞外分泌物，进行膜分离机理与膜污染去除行为的研究，尝试揭示 EPS 膜污染机理及寻求控制膜污染的方法。

2. 好氧颗粒污泥中藻酸盐及回收可行性

好氧颗粒污泥是通过微生物自凝聚作用形成的颗粒状活性污泥（Beun et al., 1999; Morgenroth et al., 1997）。与普通活性污泥相比，好氧颗粒污泥具有易沉降、不易发生污泥膨胀、抗冲击能力强、能承受高有机负荷，以及集不同性质的微生物（好氧、兼氧和厌氧微生物）于一体等特点（Anuar et al., 2007; Kreuk et al., 2005）。微生物自絮凝作用本质原因可归结为胞外分泌 EPS（Beun et al., 1999; Morgenroth et al., 1997），而藻酸盐是 EPS 的主要组成成分（Lin et al., 2010, 2013）。研究已经发现，好氧颗粒污泥特有成粒现象可以实现多糖类 EPS——藻酸盐生物合成，所形成的污泥中藻酸盐含量高达 15%～20%（污泥干重）（Lin et al., 2010, 2013; van Loosdrecht and Roeleveld, 2015）。由此可见，污水合成藻酸盐不仅进一步拓展了污水资源化的渠道，同时也必将推动被誉为下一代污水处理技术的好氧颗粒污泥工艺的广泛工程应用（van Loosdrecht and Brdjanovic, 2014）。

藻酸盐可以在活性污泥中合成，但是它们并不能自行从污泥中"脱颖而出"。这就为污水合成藻酸盐后续分离、回收带来了新的问题。如上所述，藻酸盐实际上是假单胞菌属和固氮菌属这两类微生物所分泌的 EPS（Sabra and Zeng, 2009）。图 4.9 显示了微生物的五个发展阶段，伴随着微生物逐渐繁殖，EPS 不断分泌。EPS 其实是在特定环境下细菌新陈代谢所分泌的、包裹在细胞壁外的高分子聚合物。EPS 具有复杂的化学组成，占总量 75%～89%之多的多糖和蛋白质是两种最主要的成分，而核酸、腐殖质、糖醛酸、脂类、氨基酸及一些无机成分的含量相对较低（Mcswain et al., 2005）。

显然回收污泥中胞外多糖——藻酸盐的关键是首先将微生物菌体与其表面的 EPS 分离开来。因为污水中存在多种二、三价金属离子，所以活性污泥中藻酸盐往往以非溶解态盐，如钙盐、镁盐、铁盐等形式存在（Kończak et al., 2014; Li et al., 2014a）。其次，由于藻酸盐与微生物等悬浊颗粒表面的电性中和、亲疏水性等作用，藻酸盐也大部分存在于污泥絮体中（Liao et al., 2001; Sobeck and Higgins, 2002）。因为藻酸盐由古罗糖醛酸残基与甘露糖醛酸残基构成，且一价钠盐、钾盐在水中以溶解态形式存在，所以可以向沉淀的好氧颗粒污泥中加入碱，将藻酸盐转化为藻酸钠或藻酸钾，从而解体颗粒污泥，分离藻酸盐与微生物等悬浊颗粒（Liu and Fang, 2002）。根据最新文献资料，研究者均以碱洗为关键步骤，从好氧颗粒污泥中提取藻酸盐（Lin et al., 2010, 2013; Sam and Dulekgurgen, 2016; Yang et al., 2014）。王琳和林跃梅（2007）利用 Na_2CO_3 将好氧颗粒污泥由凝胶颗粒转化为溶胶，然后参照藻类中藻酸盐的提取方法（如钙凝-酸化法）（秦益民，

2008)，分离提取得到了藻酸盐。Lin 等(2010, 2013)、Yang 等(2014)、Sam 和 Dulekgurgen (2016)将好氧颗粒污泥或活性污泥进行干燥，得到干物质后再加入碱试剂反应，再经反复离心分离、pH 调节和乙醇脱水等步骤，最后回收得到藻酸钠固体粉末。

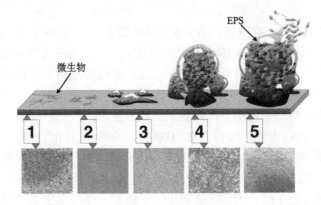

图 4.9　微生物五个发展阶段：微生物繁殖与 EPS 分泌(Monroe, 2007)

　　污水合成藻酸盐，尽管目前研究的关注点主要集中于好氧颗粒污泥，然而通过以上论述不难发现，只要环境条件符合，刺激混合微生物污泥培养体系中固氮菌属与假单胞菌细菌分泌藻酸盐，不限于好氧颗粒污泥，絮凝污泥、生物膜，甚至厌氧颗粒污泥也可能生物合成藻酸盐。

4.2.5　结语与展望

　　藻酸盐作为一类多糖类物质，不仅可以从海洋褐藻中提取，也是一些细菌在特定环境下利用有机物合成的高附加值生物聚合物，在食品、医药、纺织、印染、造纸、日用化工等方面具有广泛应用价值，可作为增稠剂、乳化剂、稳定剂、黏合剂、上浆剂等使用。研究发现，假单胞菌或棕色固氮菌在营养物、溶解氧、温度及工艺条件等刺激作用下可以分泌大量藻酸盐，而污水生物处理过程中假单胞菌或棕色固氮菌是普遍存在的。这就为从污水处理过程中合成藻酸盐奠定了理论基础，也为污水资源化开辟了新路。

　　许多实验已经发现，好氧颗粒污泥特有的成粒过程可分泌较多含量(达污泥干重的15%~20%)的藻酸盐，这不仅为污水处理合成藻酸盐奠定了应用基础，也为其作为下一代污水处理技术增添了几分资源化色彩。藻酸盐因可与二、三价金属离子(如钙离子)结合形成凝胶，所以其成为颗粒污泥中形成藻酸盐的主要原因。

　　藻酸盐作为一种胞外聚合物，其分泌形成后，与细胞分离、回收将制约从污水处理过程中合成藻酸盐的工程应用。因此研究藻酸盐与细胞有效分离的方法就变得非常重要，这将是今后污水处理合成藻酸盐研究的一个重要攻关方向。

4.3　蓝铁矿回收

4.3.1　引言

　　P 是地球上非常重要、难以再生的非金属矿产资源之一(Dijk et al., 2016)。磷广泛存在于动物和植物组织中, 也是人体含量较多的元素之一, 约占人体重量的 1%;磷存在于人体所有细胞中, 几乎参与所有生理化学反应, 是维持生命正常活动不可缺少的重要元素。磷在地球上呈现"陆地→海洋"的直线式流动方式(郝晓地等, 2011):磷主要储藏于地壳中, 开采后大多用于磷肥生产而后用于农业化肥;大部分未被作物吸收的磷因雨水冲刷会形成地表径流, 食物中未被人和动物吸收的磷则随排泄物进入地表水体(无污水处理情况下)中;磷最后沿河流"随波逐流"而远离陆地流入海洋。除海鸟在海边岩石上排泄粪便及人类从海洋中捕捞海产以外, 从陆地进入海洋中的磷在人类可目击到的地质演变期内很难再回归陆地。因此, 磷和煤、石油等一样均属于不可再生的自然资源。

　　与此同时, 磷矿藏分布极不均匀且储量有限;虽然地球磷矿基础储量为 690 亿 t(P_2O_5), 但经济储量仅有 1/3, 约为 230 亿 t(Jasinski, 2017)。随着人口增长及人类生活水平不断提升, 社会对磷的需求越来越高。根据国家统计局数据, 2015 年我国磷肥产量已达 970 万 t(P_2O_5)(国家统计局, 2015), 且每年增加量为 50 万 t·a^{-1}。按此趋势, 我国到 2030 年时在农业生产上对的磷使用量将会超过 2 000 万 t·a^{-1};再加上磷矿石出口, 我国未来磷资源消耗量十分惊人。我国磷矿基础储量 2015 年统计数字为 31 亿 t(P_2O_5)(Jasinski, 2017)。尽管 2017 年 7 月又在贵州开阳发现了超大优质(不经选矿即可直接用于生产高浓度磷复合肥)磷矿 2.7 亿 t(P_2O_5)(王梅, 2017), 使我国磷矿资源储量位居世界第二(Jasinski, 2017), 但我国高品位磷矿储量低, P_2O 含量≥30%的富磷矿资源储量只有 16.6 亿 t(P_2O_5), 即基础储量的一半。若按照目前"采富弃贫"的开采模式开采磷矿, 20 年后我国磷矿石储量将被开采殆尽(王梅, 2017), "磷危机"现象即将出现。

　　因此, 急需考虑并实施磷回收策略。纵观磷排放的整个路径, 对磷进行有效截流/回收的最佳节点主要集中在磷排放的源头和末端。源头磷回收有粪尿返田及源分离技术(郝晓地, 2006; 郝晓地等, 2016);末端磷回收指的是从污水处理过程中回收磷(全球每年约有 1.3 Mt P·a^{-1}经污水处理厂处理)(Wilfert et al., 2015), 以集中式为主流的现代污水处理技术可以较好地实现在污水处理的同时实现对磷的截留、分离与回收。在实施磷回收工程方面最重要的并不是技术, 而是国家宏观政策和经济补贴措施, 这方面欧洲等国家的做法较好, 值得借鉴(郝晓地等, 2017a)。

　　有关磷回收产物研究与应用, 目前趋之若鹜的是鸟粪石(MAP, $MgNH_4PO_4·6H_2O$)及其他磷酸盐化合物(郝晓地等, 2011)。然而纯鸟粪石回收需要苛刻的反应条件, 且难以直接农用, 因此受到学界质疑(Hao et al., 2013)。新近研究发现, 常常出现在深水湖泊底部和海洋沉积物中的蓝铁矿[vivianite, $Fe_3(PO_4)_2·8H_2O$]是一种非常稳定的磷铁化合物(K_{sp} = 10^{-36}), 单位重量 P 的经济价值不菲。蓝铁矿除了能作为磷肥以外, 还有其他一些工业用途, 可作为锂电池合成原料之一(杨艳飞, 2012);大颗粒高纯度的蓝铁矿晶体还具有较高的收藏价值。污水中除了含有磷,也因地质或水处理(使用铁混凝剂)而常常含有较多的铁(Wilfert et al., 2015)。这就使人联想,在污水、污泥处理过程中是否可以形成蓝铁矿物质。已有研究发现,在剩余污泥中确实发现了蓝铁矿物质的存在(Wilfert et al., 2015)。这就为磷回收又打开新思路。因此有必要在研究发现的基础上对蓝铁矿的物理化学性质、生成环境及影响因素进行归纳,以推动这一磷回收新目标产物的应用研究。

4.3.2　化学性质、经济价值与回收潜力

1. 物化结构与性质

蓝铁矿是一种磷矿石,化学分子式为:$Fe_3(PO_4)_2 \cdot 8H_2O$,折标含量为:$P_2O_5 = 28.3\%$,$FeO = 45\%$。蓝铁矿首先被英国矿物学家 Vivian(1785~1855)发现,并被命名为 Vivianite(Rothe et al., 2014)。蓝铁矿一般生成于少含硫、富磷、富铁的还原性水环境中,常存在于湖泊、海洋、河流及沼泽等水体底部的沉积物中(Rothe et al., 2016)。蓝铁矿属于单斜晶体,具有一定的顺磁性,奈耳温度(Néel temperature,反磁性材料转变为顺磁性材料所需要达到的温度)是 12 K(钟旭群和庄故章, 2011; Frederichs et al., 2003),空间群在 C2/m,莫氏硬度处于 1.5~2,密度为 2.67~2.69 $g \cdot cm^{-3}$;蓝铁矿晶体的晶胞参数为 $a = 10.086$ Å、$b = 13.441$ Å、$c = 4.703$ Å、$\alpha = \gamma = 90^{\circ}$、$\beta = 104.27^{\circ}$、$Z = 2$(秦善, 2011)。蓝铁矿晶体结构中 Fe(II)呈六配位模式,构成两类八面体(Catherine and Cammon, 1982),分别是单配位八面体$[FeO_2(H_2O)_4]$和双配位八面体$[Fe_2O_6(H_2O)_4]$,$[PO_4]$四面体将两种八面体链接成平行"010"层状结构,层与层之间则由水分子连接,如图 4.10(a)所示。

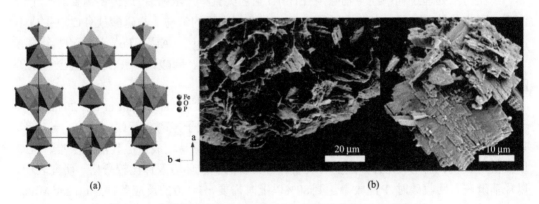

图 4.10　蓝铁矿结构晶体示意图(a)与蓝铁矿晶体 SEM 成像(b)

蓝铁矿是一种非常稳定的磷铁晶体,几乎不溶于水($K_{sp} = 10^{-36}$)(Roussel et al., 2016),但能溶于酸,其生成 pH 环境一般在 6~9(Wilfert et al., 2015)。在室温及有氧气和光照条件下蓝铁矿会被缓慢氧化,蓝铁矿被氧化时水分子(H_2O)失去一个氢(H^+)生成一个羟基(—OH),同时铁(Fe^{2+})失去电子变为三价(Fe^{3+}),蓝铁矿被氧化的化学式为:$Fe_{(3-x)}^{2+} Fe_x^{3+} (PO_4)_2 (OH)_x \cdot (8-x) H_2O$(Rodgers and Henderson, 1986)。蓝色是蓝铁矿被氧化后的次生颜色,在还原性条件下呈无色至淡绿色;蓝铁矿晶体被氧化程度加深,其蓝色会逐渐变深,甚至变成黑色。蓝铁矿在高温时会逐渐脱去水分子(H_2O);在氮气环境中,

温度从 393～723 K 升温时蓝铁矿会失重 28.8%，这与蓝铁矿化学式中的水分子(H_2O)质量分数 28.7%非常接近(Ogorodova et al., 2017)。

此外，在自然环境中发现的蓝铁矿晶体中常伴生一些微量元素，一般是少量的 Mn 和(或)Mg 取代铁原子的位置，主要与蓝铁矿晶体形成时的环境条件有关；在生成环境中存在一定浓度 Mn^{2+}、Mg^{2+} 时便会形成所谓的板磷铁矿[$(Fe, Mn, Mg)_3(PO_4)_2 \cdot 4H_2O$]、含水铁镁磷酸盐矿[$(Mg, Fe)_3(PO_4)_2 \cdot 8H_2O$] (Rothe et al., 2016)。实验室中常用的对蓝铁矿的表征方法有，扫描电镜(SEM-EDX)、XRD、红外光谱、元素分析、穆斯堡尔(Mössbauer)光谱及热重分析等，图 4.10(b)即显示了蓝铁矿晶体的 SEM 成像。

2. 经济价值

蓝铁矿早年间曾用作绘画油画的蓝色颜料，现代用途则较为广泛。首先，其作为一种含磷化合物，与其他磷酸盐化合物一样可以作为磷肥的生产原料(Wilfert et al., 2015)。其次，较高纯度的蓝铁矿还能用于高能量密度的储能材料——磷酸亚铁锂($LiFePO_4$)的合成，是动力锂离子电池的主要成分(杨艳飞, 2012)。最后，大颗粒高纯度蓝铁矿晶体还具有较高的收藏价值。在目前磷酸盐矿国际市场中，蓝铁矿是单位重量磷(P)经济价值最高的，其单位重量 P 价格高达 51～96 欧元·kg^{-1}，与普通磷矿石(0.7 欧元·kg^{-1})、鸟粪石(9.8 欧元·kg^{-1})、磷酸铝(3.4 欧元·kg^{-1})价格形成鲜明对比(Alibaba, 2017)。

3. 从污泥中回收潜力

磷在污水处理过程中经生物除磷(EBPR)工艺厌氧单元浓缩后,最终还需要有一个由液相向固相的转移过程，其相变过程需要一些金属离子的参与，与磷酸盐(PO_4^{3-})生成不溶性沉淀。磷回收过程中常见的外加金属盐有 Ca^{2+}、Mg^{2+}、Al^{3+}、Fe^{3+}等，这些金属离子会与 PO_4^{3-} 形成羟磷灰石[HAP, $Ca_5(PO_4)_3OH$]、鸟粪石、磷酸铝($AlPO_4$)，甚至蓝铁矿[Vivianite, $Fe_3(PO_4)_2 \cdot 8H_2O$]等(郝晓地等, 2011)。

从溶解性方面看，鸟粪石溶解度(25 ℃, $K_{sp} = 10^{-12.6}$)(Hanhoun et al., 2011)要大于蓝铁矿(25 ℃, $K_{sp} = 10^{-36}$)(Roussel et al., 2016)，也大于羟磷灰石(25 ℃, $K_{sp} = 10^{-59}$)(Verbeek et al., 1980)。固然从溶解度角度看，羟磷灰石最易生成，但其溶解困难，且难以被植物吸收、利用。此外，羟基磷灰石、鸟粪石的生成环境条件比较严格。研究表明，以羟基磷灰石回收磷时,P 回收率达到80%以上时需要pH>9.0的反应条件(Zou and Wang, 2016)；获得 90%以上纯度鸟粪石沉淀的 pH 条件是在中性附近(但反应速度极低)，而非大多数人认为的 pH = 9～10 的碱性条件(Hao et al., 2008, 2013; Wang et al., 2010)。相比之下，蓝铁矿生成环境的 pH 条件则较为宽泛，在 pH 为 6～9 时均可生成(Wilfert et al., 2015)，甚至在 pH 为 4.5～10.0 的更宽范围内也可生成(自有实验)。

市政污水的 pH 一般在 6～8，刚好可以满足蓝铁矿生成条件。再者污水中常常因地质或水处理原因而常常含有较多的铁，这就为蓝铁矿的生成创造了必要物质条件。荷兰研究表明，在污水处理厂生物污泥中确实发现了较多的磷铁化合物，如表 4.2 所示(Wilfert et al., 2016)。表 4.2 显示，Nieuwveer 污水处理厂(A/B 法)各阶段污泥中均含有较多的蓝铁矿或其他磷酸铁比例，远远高于鸟粪石含量；而 Leewarden 污水处理厂污泥中鸟粪石含量虽然较多,但也存在一定量的蓝铁矿或其他磷酸铁比例(可能由污水中含铁量较低所致)。

表 4.2　荷兰两污水处理厂各阶段污泥中蓝铁矿及其他磷酸盐化合物含量

Leeuwarden 厂	工艺 1、2 中磷酸盐沉淀/TP/%		厌氧消化中磷酸盐沉淀/TP/%	
	蓝铁矿	鸟粪石	蓝铁矿	鸟粪石
XRD	13	43	18	35
Mössbauer 光谱	9	—	29	—
元素分析	26	36	36	25

Nieuwveer 厂	A 段磷酸盐沉淀/TP/%		B 段磷酸盐沉淀/TP/%		厌氧消化中磷酸盐沉淀/TP/%	
	蓝铁矿	鸟粪石	蓝铁矿	鸟粪石	蓝铁矿	鸟粪石
XRD	54	0	37	0	53	0
Mössbauer 谱	52	—	38	—	47	—
元素分析	55	15	43	14	59	14

注:表中磷酸盐沉淀采用了 XRD、穆斯堡尔(Mössbauer)光谱及元素分析 3 种方法进行定量分析,不同的检测方法之间存在一定差异。

从回收磷酸盐应用生成条件看,向污水中投加铁的方式似乎更现实,因为铁极为廉价、易得,特别是可利用工厂废铁屑、铁刨花,甚至铁锈等。因此,以回收磷铁矿为目的的磷酸盐生成方式可能比鸟粪石更容易和成本低廉。此外,向污水或污泥中投加铁还有其他功效,如零价铁在污泥消化系统中可促进甲烷(CH_4)增产(Hao et al., 2017),也可用于防止管道腐蚀及产生硫化氢现象(H_2S)(Ge et al., 2013),还可用来改善污泥脱水性能等(郝晓地, 2006)。因此,从污水/污泥中以蓝铁矿形式回收磷有可能是一个"一举多得"的方法。

4.3.3　成因及影响因素分析

1. 自然水体形成

蓝铁矿是一种生物矿,即在微生物参与下所形成的矿物质(Rothe et al., 2016),生成于富铁、磷的还原性条件下。蓝铁矿在自然界中分布十分广泛,在水淹土壤、沼泽、深水湖泊、海洋及富营养化水体底部沉积物中均有发现,如表 4.3 所示(Rothe et al., 2016)。蓝铁矿在自然界磷流动中扮演着非常重要的角色,有人估算进入水体中的总磷(TP)有20%～40%被铁元素以蓝铁矿沉淀形式固定在水体底部(Egger et al., 2015; Rothe et al., 2014)。蓝铁矿本身化学稳定性非常好,能存在于水底中上千年时间,随地质变迁才有可能回到地面或陆地。蓝铁矿如果在富营养化水体中形成,则能将磷固定于水体沉积物中,并因其难溶解特性而可有效防止因底泥释放而再次进入水体中,一定程度上可减轻水体富营养化作用。

表 4.3　不同类型水体中发现的蓝铁矿及鉴别方法

类别	地点	鉴别方法
湖水沉积物	Baikal 湖，俄罗斯	SEM-EDX、XRD、IR
	Pavin 湖，法国	XRD
	Ørn 湖，丹麦	SEM-EDX、XRD
河流沉积物	Havel 河，德国	SEM、XRD
水淹土壤	Potomac 河，美国	SEM-EDX
	有机土壤，丹麦	XRD、Mössbauer 光谱
	草地土壤，丹麦	SEM-EDX、XRD
沼泽	沼泽，奥克兰地区，新西兰	XRD

　　在自然水体底部沉积物中蓝铁矿形成存在两个过程：①首先，存在有机磷向磷酸根（PO_4^{3-}）转化及铁的还原（$Fe^{3+} \rightarrow Fe^{2+}$）；②蓝铁矿生成并以晶体形式析出（Rothe et al.，2016）。在富营养化水体表层，磷往往存在于有机碎屑中；因重力作用下沉，沉积于水体底部；沉于水底的有机磷会被厌氧微生物分解转化为 PO_4^{3-}；同时，沉淀在水体底部的高价铁化合物（Fe^{3+}）在异化金属还原菌（DMRB）等微生物的作用下被还原为二价铁离子（Fe^{2+}）；这两个微生物过程持续进行则会在水体底部形成一个 Fe^{2+}、PO_4^{3-} 局部浓度较高的环境条件而产生化学反应，反应物（蓝铁矿）达到饱和便会以晶体形式析出，从而将磷元素固定在水底沉积物中，形成这种特有的 Fe-P 矿物质。蓝铁矿在自然水体中的形成过程可用图 4.11 及式（4.5）～式（4.8）来描述（Stabnikov et al.，2004）。

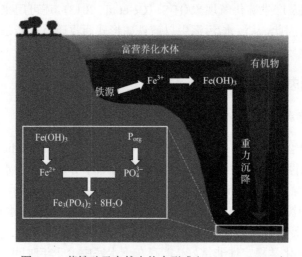

图 4.11　蓝铁矿于自然水体中形成（Reed et al.，2016）

　　蓝铁矿自然形成过程可归纳为 4 要素：①水体中需存在较高浓度的磷、铁元素；②存在还原性水环境条件，即有较低的 ORP；③存在较为丰富的有机质（为金属还原菌等异养微生物提供碳源）；④适中的 pH 条件（6～9）。污水中若能满足这 4 个要素条件，蓝铁矿则有可能在污泥中形成，即表 4.2 所检测到的现象。

$$P_{org} \longrightarrow PO_4^{3-} \tag{4.5}$$

$$Fe(OH)_3 + 3H^+ + e^- \longrightarrow 3H_2O + Fe^{2+} \tag{4.6}$$

$$3Fe^{2+} + 2PO_4^{3-} + 8H_2O \longrightarrow Fe_3(PO_4)_2 \cdot 8H_2O \tag{4.7}$$

$$3Fe^{2+} + 2HPO_4^{2-} + 8H_2O \longrightarrow Fe_3(PO_4)_2 \cdot 8H_2O + 2H^+ \tag{4.8}$$

2. 影响因素

蓝铁矿是一种次生矿，能影响蓝铁矿生成的因素有很多，环境中铁含量与价态、磷酸盐含量、微生物及其他金属离子和非金属离子的存在均会影响蓝铁矿生成。另外氢离子浓度[pH，式(4.7)、式(4.8)]、氧化还原电位(ORP)及溶液过饱和度等因素均会影响蓝铁矿生成。

进言之，蓝铁矿是一种晶体，它在水溶液中析出还与晶体生长有关。晶体生长一般可以分为晶核生成和晶体生长，当离子复合形成晶胚后，晶体开始成长，晶体生长至达到沉淀平衡状态。在蓝铁矿生成的溶液体系中，溶液达到平衡状态时的化学势 μ_1 和溶液过饱和时的化学势 μ_2 之差 $\Delta\mu$ 是在溶液体系内生成蓝铁矿沉淀的反应动力，如式(4.9)所示(闵乃本，1982)。

$$\Delta\mu = \mu_1 - \mu_2 = [\mu_1^0 + kT\ln(\alpha Fe^{2+} \cdot \alpha PO_4^{3-})_1^{1/2}] - [\mu_2^0 + kT\ln(\alpha Fe^{2+} \cdot \alpha PO_4^{3-})_2^{1/2}] \tag{4.9}$$

假设平衡时与过饱和两个状态的标准化学势均相等，即 $\mu_1^0 = \mu_2^0$，则有

$$\Delta\mu = kT\ln(\alpha Fe^{2+} \cdot \alpha PO_4^{3-})_1^{1/2} - kT\ln(\alpha Fe^{2+} \cdot \alpha PO_4^{3-})_2^{1/2} = -(kT\ln\Omega)/3 \tag{4.10}$$

式中，k 为玻尔兹曼(Boltzmann)常量；T 为绝对温度；α 为离子活度；Ω 为过饱和度。

式(4.10)显示，溶液体系内蓝铁晶体形成会受到环境温度、溶液过饱和度、离子强度及 pH 等因素的制约，这些因素主要影响离子存在形式与活度，从而影响蓝铁矿的结晶过程。

1) 微生物

自然界中磷矿形成大多与微生物有密切联系，微生物在蓝铁矿的形成过程中也扮演着十分重要的角色(Omelon et al., 2013)。微生物参与过程分直接作用和间接作用：①直接作用主要是通过微生物的生理活动在反应体系内使 Fe^{3+}、有机磷、SO_4^{2-} 等经过一系列电子传递和转移形成溶解态的 Fe^{2+}、PO_4^{3-}、S^{2-} 等，该过程代表性微生物有金属还原菌、硫酸盐还原菌(SRB)及水解酸化细菌等，如图 4.12 所示；②间接作用主要在反应体系内对 O_2、NO_3^- 等电子受体通过生化反应进行消耗，形成一个还原性环境，该过程中代表性微生物有硝化细菌和反硝化细菌，此外微生物的生理活动对水环境 pH 改变也会对蓝铁矿形成产生间接影响。

天然水体中的铁可能来源于铁矿或其他铁源溶解，污水往往也应前端给水处理或本身化学除磷需要投加大量铁混凝剂。然而水环境中的这些铁主要以高价(Fe^{3+})形式存在。水中 Fe^{3+} 主要以水解形成絮状羟基铁[$Fe(OH)_3$，HFO]，因其具有较大比表面积而表现出

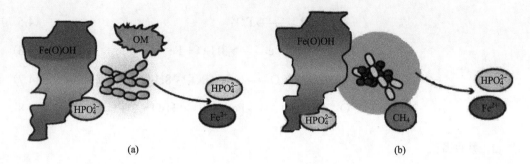

图 4.12　微生物将 Fe^{3+} 还原为 Fe^{2+}：异化金属还原菌(a)；甲烷厌氧氧化菌(AOM) (b) (Rothe et al., 2016)

较强的吸附性能，可吸附 PO_4^{3+} 形成沉淀。此外，未水解的 Fe^{3+} 还会与水中的 PO_4^{3-} 直接生成 $FePO_4$ 沉淀。以上由 Fe^{3+} 诱导生成的含磷沉淀物 Fe(III)-P 会在厌氧及在有机物存在条件下被异化金属还原菌、甲烷厌氧氧化菌等微生物还原(O'Loughlin et al., 2013)，如式(4.6)和式(4.12)(Fu et al., 2016)所示；该还原过程会使 Fe(III)-P 沉淀再次溶解释放 PO_4^{3-} 和 Fe^{2+}，如图 4.12 所示。

随还原程度加深，溶液的 PO_4^{3-} 和 Fe^{2+} 会逐渐升高，当 PO_4^{3-} 和 Fe^{2+} 浓度达到饱和后便会形成蓝铁矿晶体 $[Fe_3(PO_4)_2 \cdot 8H_2O]$ 而从溶液中析出。在水溶液中 PO_4^{3-} 浓度较小而碳酸盐、硫化物较丰富的条件下还会生成菱铁矿($FeCO_3$)、黄铁矿(FeS_2)等其他矿物质 (Zachara et al., 1998)。另外在天然水体或者污水中一般都有一定浓度的硫酸盐(SO_4^{2-})存在，有机物出现的厌氧环境会诱发硫酸盐还原菌的活动，如式(4.13)(Mizuno et al., 1998) 所示；SRB 会将 SO_4^{2-} 还原为 S^{2-}，生成的 S^{2-} 会和 Fe^{2+} 发生如式(4.12)和式(4.14)(Zhang et al., 2009; O'Connell et al., 2015)所示的化学过程。显然，S^{2-} 会和 PO_4^{3-} 竞争 Fe^{2+}，进而干扰蓝铁矿的正常形成。在 Fe^{2+}、PO_4^{3-}、SO_4^{2-} 混合的反应体系内，铁量不足时 SRB 的存在会严重干扰蓝铁矿的形成(Roussel et al., 2016)。

$$CH_4 + 8Fe(OH)_3 + 15H^+ \longrightarrow HCO_3^- + 8Fe^{2+} + 21H_2O \qquad (4.11)$$

$$Fe^{2+} + S^{2-} \longrightarrow FeS \qquad (4.12)$$

$$SO_4^{2-} + 8H^+ + 8e^- \longrightarrow 4H_2O + S^{2-} \qquad (4.13)$$

$$Fe_3(PO_4)_2 \cdot 8H_2O + 3S^{2-} \longrightarrow 3FeS + 2PO_4^{3-} + 8H_2O \qquad (4.14)$$

微生物活动可以改变细胞周围的微环境，一些离子具有"浓缩效果"，可提高细胞体周围离子浓度并改变酸碱度等。金属还原菌的生理活动会在细胞体周围形成一个局部较高的 Fe^{2+}、PO_4^{3-} 离子浓度，这会导致细胞周围的离子先于溶液中的离子饱和，进而诱导蓝铁矿晶体在细胞体表面析出(Sánchez et al., 2015)。另外微生物细胞壁可能成为晶体形成的结核位点，以此克服反应动力学的障碍，在均质溶液形成晶核前生成沉淀；研究人员在西班牙 Rio Tinto 流域分离得到的放线菌、反硝化细菌细胞表面发现了蓝铁矿晶体的存在便印证了这一点(Sánchez et al., 2015)。也有研究表明，蓝铁矿形成与甲烷厌氧氧化菌存在一定联系，有研究人员在 AOM 细胞内发现了富含铁、磷的颗粒，这些颗粒与蓝铁矿形成有关(Milucka et al., 2012)。

2）pH 与 ORP

蓝铁矿生成于富 Fe、PO_4^{3-} 及适中 pH 条件的还原性水环境中，pH 及 ORP 的变化对蓝铁矿的形成会造成严重干扰（Wilfert et al., 2015）。pH 及 ORP 对蓝铁矿生成的影响也可以分为直接影响和间接影响：①直接影响主要影响离子存在状态，进而影响蓝铁矿沉淀；②间接影响是通过影响与蓝铁矿生成相关的微生物活性而显现。

pH 与 ORP 对蓝铁矿生成的直接影响主要是，通过改变 Fe、PO_4^{3-} 存在状态及化学平衡状态来影响其生成。形成蓝铁矿核心元素之一的 Fe 是一种过渡性元素，存在–2、0、+2、+3、+6 多种价态；其中，+2、+3 是较为常见的价态，在水溶液中则是亚铁离子（Fe^{2+}）及铁离子（Fe^{3+}），而这些价易受水环境中的 ORP 及 pH 影响（Cornell et al., 1999），如图 4.13 所示，即铁在 25 ℃条件下的 Pourbaix 图。图 4.13 显示，蓝铁矿沉淀生成所需要的 Fe^{2+} 产生环境需要保持还原性 ORP 条件及较低的 pH（<9，pH 越低，容许的 ORP 范围更宽）；过高的 ORP 环境会导致铁被氧化或转化为其他状态，太低的 ORP 可将铁还原为单质铁（污水处理过程中一般不会发生）。因此铁的价态变化将会直接影响蓝铁矿的生成。荷兰 Nieuwveer 污水处理厂中 A、B 段中蓝铁矿生成量的差异可以佐证上述观点，因为 A 段中溶解氧（DO）为 0.3 mg $O_2 \cdot L^{-1}$，而 B 段中为 1.8 mg $O_2 \cdot L^{-1}$，导致 A 段生成的蓝铁矿的量明显高于 B 段（表 4.2）（Wilfert et al., 2016）。pH 单因子倾向于影响蓝铁矿生成的化学平衡状态；式（4.6）、式（4.7）和式（4.8）显示，较低 pH 条件利于式（4.6）中的过程进行，能有效保护 Fe^{2+} 水解及防止被氧化，但较高的 H^+ 离子浓度会抑制式（4.8）中的过程进行。pH 单因子条件对蓝铁矿生成的影响呈现"此消彼长"的状态，这样必然会存在一个最佳的 pH 范围（6～9）（Wilfert et al., 2015）。此外，蓝铁矿本身也会被氧化（氧分子、光子等），但其在室温条件下被氧化的进程非常缓慢。间接影响表现为，参与蓝铁矿生成的微生物的活性[异化金属还原菌（DMRB）、产甲烷菌、甲烷厌氧氧化菌（AOB）]易受到过酸、过碱及较高氧化还原电位的影响，因为这些细菌通常存活于还原性及 pH 中性环境中。

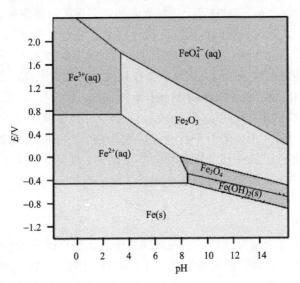

图 4.13　铁元素在不同 pH 及 ORP 条件下的 Pourbaix 图（Kopeliovich，2012）

3) 硫化物

硫元素在污泥厌氧消化系统中也扮演着非常重要的角色，并且在铁盐沉淀中与碳酸盐一道一直被认为起主导作用(生成黄铁矿和菱铁矿)(Yekta et al., 2014)。然而最新研究表明，在污泥厌氧消化系统中，黄铁矿(FS_2)与蓝铁矿[$Fe_3(PO_4)_2 \cdot 8H_2O$]可以共存(Roussel and Carliell-Marguet, 2016)。污水中往往含有较高的SO_4^{2-}及含硫有机物，SO_4^{2-}在污泥厌氧消化系统中会被硫酸盐还原菌等还原性细菌还原生成S^{2-}，S^{2-}和Fe^{2+}则会生成FS_2(黄铁矿)；同时，S^{2-}与已生成的蓝铁矿发生置换反应可生成黄铁矿，导致PO_4^{3-}释放。

水体沉积物中的 S∶Fe(总硫∶活性铁)可以用以衡量水环境中硫元素对蓝铁矿生成的影响；当比例高于 1.5 时，相对而言铁显得不足，该条件下铁会优先生成黄铁矿，进而阻碍蓝铁矿的形成；当比值小于 1.5 时，虽然硫的影响依然存在，但蓝铁矿可以在该条件下形成(Rothe et al., 2015)。有人对德国湖泊/河流[Arendsee 湖(富营养)、Groß-Glienicke 湖(中营养)、Lower Havel 河(富营养)、Groß er Müggelsee 湖(富营养)]S∶Fe进行了检测，并对蓝铁矿存在的可能性进行了分析(被检测的 4 个水体中硫酸盐浓度分布在 42.6~167 mg $SO_4^{2-} \cdot L^{-1}$)；检测结果表明，S∶Fe 越低越有利于蓝铁矿的出现，蓝铁矿存在的最高 S∶Fe 为 1.1(Rothe et al., 2016)。也有人就 S^{2-}与蓝铁矿、菱铁矿反应导致 PO_4^{3-}释放这一过程进行了实验探究(Gächter et al., 2003)；实验中配制 1 mmol·L^{-1} 的 $FeCO_3$(菱铁矿，固体)、0.5 mmol·L^{-1} 的 $Fe_3(PO_4)_2 \cdot 8H_2O$(蓝铁矿，固体)溶液，然后向该系统中通入 H_2S，观察通入硫的量与 PO_4^{3-} 释放量之间的关系。通入 H_2S 形成的 S^{2-}会优先与菱铁矿($FeCO_3$)发生反应生成 FeS，溶液内总硫浓度低于 1 mmol S·L^{-1}时，反应体系内则没有 PO_4^{3-} 释放，同时也没有 H_2S 分子积累，但沉淀物中有 FeS 生成；当溶液内总硫浓度在 1~2.5 mmol S·L^{-1}时，随着总硫浓度的增大，反应体系内 PO_4^{3-}浓度也逐渐升高，该环境条件下蓝铁矿与 S^{2-}反应释放 PO_4^{3-}，直至完全释放，且磷的释放与总硫浓度之间存在线性关系(P∶S=2∶3)；总硫浓度在超过 2.5 mmol S·L^{-1}后，体系内 H_2S 分子开始积累，PO_4^{3-}浓度保持不变(Gächter et al., 2003)。上述结果表明，菱铁矿、蓝铁矿、黄铁矿的热力学稳定性依次升高，因此菱铁矿形成对蓝铁矿具有一定的保护作用，但 S^{2-}浓度进一步升高将会导致蓝铁矿无法顺利形成。有人在类似的化学反应模型中得到了同样的结论，当铁成为污泥消化系统内限制性条件时，黄铁矿会在该系统中最先生成，蓝铁矿在 S^{2-}消耗完全后才形成、析出(Roussel and Garliell-Marguet, 2016)。

硫对蓝铁矿生成的影响可以总结为硫、铁的相对含量决定其对蓝铁矿生成的影响，在铁相对不足的条件下，硫会干扰蓝铁矿的形成，严重时蓝铁矿不能形成；在铁足量情况下，硫对蓝铁矿的干扰会非常小，甚至消失。实际污水处理过程中若采用铁盐作为化学除磷剂，铁的添加量可以人为调控，似乎可以不考虑硫对蓝铁矿生成的负面效应。

4) 腐殖质及其他

污水及污泥中含有大量有机物，污泥总固体中有机物贡献率为 40%~80%(污泥干重)(Wilfert et al., 2015)。有机物因含量大及具有吸附、络合能力，会对污泥厌氧消化中的金属离子行为造成影响。有人估算，活性污泥中约有 22%的 Fe 处于与有机物结合状态，这一比例会在污泥厌氧消化系统中升至 30%(Oikonomidis et al., 2010; Rasmussen and

Nielsen, 1996)，有机物会干扰铁在污水中的分布，进而影响蓝铁矿生成。腐殖质便是这些有机物中最具有代表性的物质之一，腐殖质在污泥中含量较高，可达剩余污泥中有机物含量的 6%~20%(以 VSS 计)(郝晓地等, 2017b; Frimmel and Abbt-Brauu, 1999)；此外，腐殖质分子量大、结构复杂、很难降解，且含有大量含氧官能团(羟基、羧基、酚羟基等)(Wilfert et al., 2015)。

腐殖质在污泥厌氧消化系统中与 Fe、PO_4^{3-} 之间的相互作用非常复杂。首先，腐殖质与铁结合能防止铁水解而形成聚合体(Karlsson and Persson, 2012)；Mössbauer 光谱分析表明，Fe^{3+} 与腐殖质反应时能充当氧化剂而被还原为 Fe^{2+}，也可作为非氧化剂与腐殖质吸附结合(Schwertmann et al., 2005)；另外铁与腐殖质之间的结合在不同官能团、不同结合位点上形成的化学键强度存在差异，可形成不同类型的"铁-腐殖质"复合物(Karlsson and Persson, 2012)，这些复合物会影响铁的形态、水解及和 PO_4^{3-} 的反应。其次，腐殖质的存在对磷沉淀/回收的影响是复杂的，有正面促进作用，也有负面影响，如金属还原菌利用有机物将 Fe^{3+} 还原，在该过程中腐殖质可以充当电子供体加速环境中 Fe^{2+} 生成，可促进蓝铁矿的形成；腐殖质对金属离子络合与 PO_4^{3-} 之间对 Fe 有竞争关系，会抑制蓝铁矿的形成。然而关于铁诱导磷沉淀生成蓝铁矿过程中腐殖质的影响尚未形成统一的学术观点，还有待进一步探究。

除此之外，还存在其他一些影响蓝铁矿形成的因素，如温度变化会对微生物活性、蓝铁矿晶体生长造成干扰(Madsen and Hansen, 2014)；钙、镁离子存在时会生成磷酸钙、鸟粪石等物质与铁竞争 PO_4^{3-}；而水中的镍、铜、锌等金属元素会优先与 S^{2-}反应，对蓝铁矿形成具有保护作用。但总的来说，这些因素在水环境中变化范围较小，不太可能成为蓝铁矿形成的主要干扰因子。

4.3.4　蓝铁矿在污水中生成

明晰蓝铁铁矿物化性质、成因及各类影响因素之后，对照污水及污水处理过程运行条件可以发现，污水处理部分单元或污泥厌氧消化系统中存在蓝铁矿生成的必要环境条件。首先,污水及污泥中含有磷，而且在污水处理厌氧单元(厌氧释磷)和污泥厌氧消化(细胞裂解)时会释放很多磷。其次，污水中常因前端给水处理及污水化学除磷投加铁盐混凝剂而产生过量的铁，含量可高达 $1~10$ mg Fe·L^{-1}(Wilfert et al., 2015)或 17 g·(kg DS)$^{-1}$ (Roussel and Carliell-Marquet, 2016)。再次，在污水处理全流程中，pH 变化均较小，一般在 6~8(Wilfert et al., 2015)，不会成为干扰微生物生理活性及蓝铁矿形成的主要因素。虽然在污水处理硝化及其他好氧处理单元中存在 ORP 高于+200 mV 的现象，但在污水处理厌氧单元和污泥厌氧消化池内，ORP 均可低于–300 mV(Wilfert et al., 2015)。最后，污水中有机物是首要的污染物，这会使金属还原菌等微生物在厌氧情况下可以保持较好的活性。因此，污水处理或污泥厌氧消化过程完全具备蓝铁矿形成的理论条件，也正是污泥实测中(表 4.2)发现蓝铁矿存在的理论基础。

蓝铁矿在污水/污泥处理中的形成过程可用图 4.14 予以解释。铁盐作为给水处理絮凝剂或污水化学除磷剂而过量进入水中；铁盐通过水解或化学反应对有机物、磷吸附，并形成"铁–磷–有机物"沉淀；沉淀物进入污泥厌氧消化系统后在异养金属还原菌等一些还原性微生物作用下被溶解、还原，沉淀释放出 Fe^{2+}、PO_4^{3-}；溶液环境中 Fe^{2+}、PO_4^{3-} 达到饱和时蓝铁矿便会以沉淀形式析出。

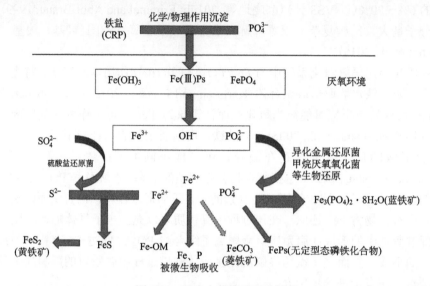

图 4.14   污水中蓝铁矿形成过程

有人在污泥中添加三价铁(水铁矿、赤铁矿)进行了 30 d 污泥厌氧消化实验，结果显示，引入三价铁可有效对磷进行沉淀(TP 的 53%)(Cheng et al., 2015)。实验虽然没有对 Fe-P 产物类别进行表征，但分析认为是三价铁(Fe^{3+})被还原转化为二价铁(Fe^{2+})而导致了磷沉淀(Cheng et al., 2015)。也有人对此做过类似的"污泥+铁"厌氧消化实验，并对生成的 Fe-P 沉淀进行了 SEM-EDS 表征，确定将外源铁引入到污泥消化系统中其和磷生成的 Fe-P 沉淀就是蓝铁矿(Roussel and Carliell-Marguet, 2016)；通过建立化学模型，从化学反应动力学角度验证了在"污泥+铁"厌氧消化系统中蓝铁矿是磷的主要沉淀形式，且外源铁添加量与磷在蓝铁矿中的比例呈正相关性(Roussel and Carliell-Marguet, 2016)。

有上述实验基础，荷兰人以 Leeuwarden 和 Nieuwveer 两个污水处理厂作为调研对象，对各处理单元中所形成的磷酸盐沉淀物进行了定量和定性表征，结果如表 4.4 所示。Leeuwarden 污水处理厂以强化生物除磷(EBPR)为处理工艺，处理规模为 38 000 $m^3 \cdot d^{-1}$(2014)，污水入厂后分为两条平行处理流程(流程 1 和流程 2 分别为总进水流量的 60%和 40%)；铁盐在该厂添加主要用于化学除磷(CPR)和防止污泥厌氧消化时产生 H_2S，流程 1 和流程 2 分别添加 Fe^{3+} 和 Fe^{2+} 铁盐；污水处理及污泥消化固体停留时间分别为 15 d 和 42 d；厂内磷、铁物料平衡如图 4.15(a)所示。Nieuwveer 污水处理厂采用的是 A/B 法，处理规模为 75 706 $m^3 \cdot d^{-1}$，铁添加于 A 段，用于除 P 和 COD；A、B 段及污泥消化系统内的 HRT 分别为 15 h、16 d 和 25 d；厂内磷、铁物料平衡如图 4.15(b)所示。两污水处理厂各主要处理单元中的 Fe 与 P 摩尔比如表 4.4 所示。

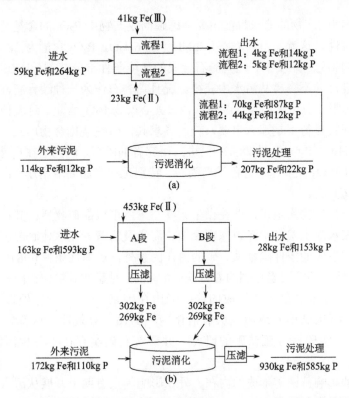

图 4.15 荷兰调研污水处理厂中磷、铁流动平衡：Leeuwarden 污水处理厂 (a)；
Nieuwveer 污水处理厂 (b) (Wilfert et al., 2016)

表 4.4 荷兰调研污水处理厂主要处理单元中 Fe 与 P 摩尔比

污水处理厂	流程 1 和 2 (Fe/P)	A 段 (Fe/P)	B 段 (Fe/P)	厌氧消化 (Fe/P)
Leeuwarden	0.26	—	—	0.54
Nieuwveer	—	0.56	0.39	0.76

 研究人员对两污水处理厂主要处理单元中污泥取样检测分析发现，在各处理单元中均发现一定量的蓝铁矿存在 (表 4.2)。对沉淀物表征分析后还发现，蓝铁矿不是铁在污泥中的唯一存在物相；蓝铁矿中铁占污泥中总铁含量的 32%~73%；铁还能以黄铁矿 (FeS_2) (7%~27%) 及氧化铁 (Fe_2O_3) (4%~5%) 形式存在 (Wilfert et al., 2016)。此外，调研中还对磷在不同物相中的分布做了相关分析，沉淀物中生成的蓝铁矿、鸟粪石两种磷酸盐沉淀比例如表 4.2 所示。表 4.2 结果显示，蓝铁矿和鸟粪石是磷在污泥中的主要沉淀形式，且蓝铁矿占主导地位。

 理论、实验及模拟表明，污水处理厂形成蓝铁矿是完全可能的，只是从污泥中回收需要具有相应的分离手段。

4.3.5 结语

 全球性的磷危机导致从污水中回收磷的呼声和行动日趋高涨，政策驱动技术，技术日臻完善。对磷回收产物的追求目前主要考虑磷回收产物中 P_2O_5 的含量及获取金属离子的方便性和经济性,这就使得鸟粪石($MgNH_4PO_4·6H_2O$, P_2O_5 含量为 28.98%)一致成为人们津津乐道的话题。事实上,纯鸟粪石合成的环境条件十分苛刻(pH 在中性附近),反应速率十分缓慢,并不容易从污水中获得。况且鸟粪石作为一种缓释肥,很难直接用于农业生产,而化肥工业又无所谓产物形式,只关心产物 P_2O_5 含量。这就使得以鸟粪石为目标产物的磷回收显得不是那么重要,转而寻求其他磷酸盐化合物形式。这其中,蓝铁矿[$Fe_3(PO_4)_2·8H_2O$, P_2O_5 含量 28.3%]已进入研究者的眼帘,因为它在自然界、剩余污泥中广泛存在,且 P_2O_5 含量并不逊色于鸟粪石,特别是在产品高端用途、市场潜在价值等方面远远超越鸟粪石。

蓝铁矿是一种生物次生矿,即在微生物参与下所形成的矿物质;其在自然界中的分布十分广泛,在水淹土壤、沼泽、深水湖泊、海洋及富营养化水体底部沉积物中均有发现。决定蓝铁矿生成的条件除富铁、磷的内在因素外,还原性条件(ORP<−300 vm)及适中 pH(6~9)等外在环境因素也制约着蓝铁矿的形成。对蓝铁矿生成的内在及外在因素系统分析后发现,污水中存在其形成的铁、磷内在因素,污水/污泥处理工艺中也有其生成所需的 ORP(厌氧单元或污泥厌氧消化)及 pH(6~8)条件。这就导致了针对污水/污泥处理调研、实验探寻蓝铁矿的研究,并证实其确实存在于各种污泥中,且含量不亚于鸟粪石。

因此,归纳影响蓝铁矿形成的内在、外在影响因素有助于开展从污水中以蓝铁矿形式回收磷的基础研究及工程应用。其中对可能影响蓝铁矿形成的不利因素的辨析对今后的实验研究特别重要,可以诱发一些屏蔽这些负面影响因素的实验和应用技术。在工程应用方面,今后研发从污泥中分离、提纯蓝铁矿的技术显得特别重要,这需要从蓝铁矿与其他固体物质的密度差异及其磁性特征等方面进行深入研究。

4.4　微藻污水处理分离与回收采集技术

4.4.1　引言

利用微藻进行污水处理历史追溯已久。早在 20 世纪 50 年代,Oswald 等(1957)就提出了用微藻处理污水的设想。此后,以藻-菌共生体系和高效藻类塘为代表的悬浮生长藻类塘系统在分散式污水处理中得到了广泛的工程应用(邢丽贞等,2009;Muñoz and Guieysse, 2006; Park et al., 2011a)。但这类系统因占地面积大、处理效果不稳定等,一直未能成为污水处理的主流工艺。近年来,在市政污水处理厂深度净化需要及渴望从污水中获得生物柴油的驱动下,微藻污水处理在世界范围内重获新生(胡洪营等,2009;Christenson and Sims, 2011; Olguín, 2012; Pittman et al., 2011)。

微藻生长过程中需要吸收大量 N、P 等营养元素,可直接降低二/三级出水中 N、P 等污染物的含量。通过固定 CO_2、产生 O_2、提高 pH 等间接作用,微藻还能创造出有效去除出水中残留有机物和病原性微生物的环境条件。此外,微藻也具有吸附重金属等有害物质的能力(胡洪营等,2009)。因此微藻具有成为深度净化污水产品的良好潜力。在污水二/三级处理中,去除营养元素的常见藻种包括:①绿藻门的小球藻(*Chlorella*)、葡萄藻(*Botryococcus*)、栅藻(*Scenedesmus*)和微绿球藻(*Nannochloris*)等，其中尤以小球藻和栅藻的研究报道为多(胡洪营等, 2009; Cai et al., 2013)；②蓝藻门的节旋藻属(*Arthrospira* sp.)、颤藻属(*Oscillatoria* sp.)和席藻属(*Phormidium*)；③硅藻门的三角褐指藻(*P. tricornutum*)等(Cai et al., 2013)。在藻种选择的基础上，微藻培养系统(反应器)的构建是实现微藻污水处理工程化应用的关键。按微藻的生长方式不同，微藻培养系统可分为悬浮培养和附着培养两大类。悬浮培养系统可进一步分为开放式和封闭式两类：开放式系统主要指各类塘系统，典型的如高效藻类塘和跑道式藻类塘等；封闭式系统主要指各类光生物反应器，分为管式(垂直、水平、螺旋)、圆柱式、薄板式和袋式等。附着式系统包括光生物膜(平板)反应器和藻细胞固定化系统(胡洪营等, 2009; Cai et al., 2013; Christenson and Sims, 2011)。考虑到污水处理的实际情况(水量及建造、运行成本等)，开放培养系统仍将是微藻污水处理的主流反应器构型。

如上所述，藻细胞用于生产生物柴油是微藻污水处理重获新生的主要驱动力之一(蔡卓平等, 2012; 胡洪营等, 2009; Olguín, 2012; Rawat et al., 2011)。通过微藻生产生物柴油具有其他任何产油作物无法比拟的优势(胡洪营等, 2009)：①藻细胞的光合效率高，生长速度快、周期短。其产油量为 47 000～190 000 $L·hm^{-2}·a^{-1}$，是农作物的 7～30 倍；②生物质燃油热值高，平均达 33MJ·kg^{-1}，是木材或农作物秸秆的 1.6 倍；③不需要占用农业用地；④生物质(藻细胞)生产和加工成本低，尤其是以污水为底物进行藻细胞培养时。有鉴于此，美国、欧洲、澳大利亚、日本等发达国家和地区都已将微藻培养作为实现污水生态处理和可再生能源生产的战略发展目标(Christenson and Sims, 2011; Pittman et al., 2011; U.S.DOE, 2010)。常见的产油藻种及其油脂含量参见胡洪营等(2009)研究。工业上以产油为目的的微藻培养一般采用封闭式光生物反应器，并且往往采用纯培养或单株培养的方式(Christenson and Sims, 2011)。当结合污水处理目标时，因为巨大的水量及污水中复杂的成分(尤其是其中包含的混合种属)，以上培养方式将很难维持。

近年来，国内外学者在开发微藻污水深度净化和可再生能源生产潜力方面进行了大量研究；在污水净化机理、藻种筛选、反应器设计、工艺条件控制及藻细胞加工利用等方面都取得了积极的进展(蔡卓平等, 2012; Abdel et al., 2012; Christenson and Sims, 2011; Muñoz and Guieysse, 2006)。然而无论是从污水净化本身，还是能源生产来说，藻细胞的分离、采收都一直是一个悬而未决的基础性技术难题。微藻细胞一般小于 30 μm，带负电荷，密度接近水，这些特性使得藻细胞在水中往往处于稳定的悬浮状态，很难像活性污泥那样通过重力沉淀而实现自然分离(Christenson and Sims, 2011)。结果藻细胞会随处理水大量流失，不仅二次污染处理水，而且导致反应器内的生物量难以大量维持(一般仅为 0.2～0.6 $g·L^{-1}$)(胡洪营和李鑫, 2010; Christenson and Sims, 2011)。低的微藻培养密度导致去除效率低下，使得处理效果稳定性较差。对此，往往需降低处理负荷，同时采用较长的水力停留时间，进而导致占地面积加大。目前普遍应用的氧化塘系统的 HRT 一般为 2～6 d，当量人口占地一般>10 m^2(Christenson ans Sims, 2011; Muñoz and Guieysse, 2006)。显然，其占地面积要比二/三级污水处理主体单元庞大许多，这在用地紧张的城市中是难以被接受的。

从能源生产角度看，满足工业利用要求的藻细胞原料，其最佳生物量应达到 300～

400 g·L^{-1}(干质量)。因此,常规培养下的藻液需浓缩 1 000 倍以上后方能在工业上加以利用。这一高能耗的分离、浓缩过程是微藻能源生产中的主要能耗成本(占微藻生物质生产总成本的 20%~50%)(胡洪营和李鑫, 2010; Milledge and Heaven, 2013)。过高的生产成本使得藻类生产生物柴油与化石燃料相比仍处于劣势。

　　可见藻细胞分离、采收困难是限制微藻技术大规模工业化应用的重要瓶颈。微藻分离、采收常用的方法包括离心法、过滤法(包括膜滤)、气浮法、直接重力沉降法和絮凝法等(胡洪营和李鑫, 2010; Christenson and Sims, 2011; Milledge and Heaven, 2013)。离心法是快速、可靠的分离采收方法。但由于其极高的能耗和投资运行成本,其在目前技术条件下并不具备大规模工程应用的潜力(Christenson and Sims, 2011)。过滤法仅在分离丝状藻时能耗和成本较低;非丝状藻极易形成膜污染,能耗和运行成本很高,不能满足高效、低成本采收的要求(Christenson and Sims, 2011; Milledge and Heaven, 2013)。气浮法仅适用于采收单细胞藻类,在污水混合培养的条件下不能普遍适用;此外,由于要产生大量的微小气泡,其投资和运行成本/能耗也很高,甚至可能高过离心法(Milledge and Heaven, 2013)。直接重力沉降法是成本最为低廉的分离、采收方法。但其耗时长,分离效果和可靠性最差(Christenson and Sims, 2011)。

　　絮凝法是分离水中粗分散和胶体物质应用最为广泛的方法,其于 20 世纪 80 年代就已经用于微藻的分离采收(Lavoie et al., 1984)。悬浮藻液经絮凝后能实现高效重力沉淀分离;分离的藻细胞能直接被截留在反应器内,达到维持高生物量和保障出水水质的目的。从单纯的藻细胞采收角度来说,絮凝法是处理大量稀藻液时最为经济、可行的方法。虽然藻细胞经絮凝沉淀后还不能直接达到工业应用的要求,但已能显著降低后续浓缩过程的能耗和成本。因此,絮凝法已被视为实现微藻大规模分离采收的最佳方法(Milledge and Heaven, 2013)。根据是否需要添加絮凝剂,可将其分为“外加絮凝剂法”和“自发性絮凝法”两大类。其中外加絮凝剂法根据所使用的絮凝剂种类又可分为无机絮凝剂法、有机高分子絮凝剂法和生物絮凝剂法。按照发生机理自发性絮凝可进一步被分为高 pH 诱导的自发性絮凝和胞外聚合物引起的自发性絮凝 (Christenson and Sims, 2011; Pragya et al., 2013; Vandamme et al., 2013)。

　　本节将从对微藻表面特性和絮凝机理的简要介绍出发,系统总结各种絮凝分离方法的研究应用现状,进而对各种方法进行综合比较,以期最终明确微藻絮凝分离的发展方向。

4.4.2　微藻表面特性和絮凝机理

1. 微藻悬浮液聚集稳定性的理论框架

　　扩展 DLVO(XDLVO)理论是胶体化学中描述胶体溶液稳定性的经典理论之一,已成功应用于描述活性污泥系统微生物细胞间的黏附聚集(絮凝)过程(刘晓猛, 2008; Bos et al., 1999)。最近的研究证实,该理论同样适应于描述微藻悬浮液中藻细胞间的聚集过程(Ozkan and Berberoglu, 2013a; 2013b; 2013c)。在 XDLVO 理论中,胶粒间的相互作用主要考虑以下三种非共价键的相互作用力:①范德瓦尔斯力,它是色散力、极性力和诱导偶极力之和;②静电力源自胶粒表面所带电荷的静电相互作用;③Lewis 酸-碱水合作用力

(Lewis acid-base interaction)源自极性组分间的电子转移。胶粒间的总表面位能$[G^{TOT}(d)]$为以上作用力的位能之和：

$$G^{TOT}(d)=G^{LW}(d)+G^{EL}(d)+G^{AB}(d) \tag{4.15}$$

式中，$G^{LW}(d)$为范德瓦尔斯作用力位能；$G^{EL}(d)$为静电作用力位能；$G^{AB}(d)$为 Lewis 酸-碱水合作用力位能。(d)表示作用力的大小和性质为胶粒间距的函数。理论上，$G^{TOT}(d)>0$，则胶粒间相互排斥，处于聚集稳定状态；$G^{TOT}(d)<0$，则胶粒相互聚集(刘晓猛，2008; Ozkan and Berberoglu, 2013a)。典型的总位能曲线一般包含两个低位穴能(第一低位穴能 E_{m_1} 和第二低位穴能 E_{m_2})，两者之间存在一斥力能峰(E_b)(图 4.16)。当胶粒相互靠近，到达第二低位穴能点时，胶粒间处于一种可逆的黏附状态；外界条件稍有变化，则黏附的胶粒又将相互分离，是一种不牢固的黏结状态。只有胶粒的动能足够大，足以克服斥力能峰到达第一低位穴能时才能形成牢固的黏结状态，即发生絮凝(陈宗琪等，2001; 刘晓猛，2008)。

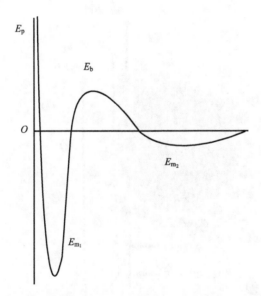

图 4.16　胶粒间典型的总位能曲线(横坐标：胶粒间距；纵坐标：总位能)(陈宗琪等，2001)

2. 藻细胞表面特性与聚集稳定性

决定总表面位能[式(4.15)]的三种基本作用力中，范德瓦尔斯力一般表现为引力，其大小取决于胶粒间距、单位体积内粒子数量和粒子的极化率等。而静电力和 Lewis 酸-碱水合作用力的性质和大小则取决于藻细胞的表面电势和亲/疏性等表面特性。

1)表面电势

藻细胞表面覆盖着一层复杂的 EPS，其主要成分包括糖醛酸(uronic acids)、丙酮酸(pyruvic acids)、缩氨酸(peptides)和乙酰基自由基(acetyl radicals)等。这些成分导致藻细胞表面富集了大量羧基(—COOH)和氨基(—NH$_2$)等功能团(De et al., 2001; Olguín, 2012; Ozkan and Berberoglu., 2013b)。这些功能团随体系 pH 不同，能接收或失去质子

(H⁺)，由此形成表面电荷及电势，如当体系处于低 pH 条件时，羧基和氨基都将接收 H⁺（质子化，protonation），形成正的表面电荷；相反当体系处于高 pH 条件时，羧基将失去 H⁺（去质子化，deprotonation），形成负的表面电荷；在特定 pH 条件下，可以形成羧基失 H⁺ 而氨基得 H⁺ 的情况，表面净电荷为零，即等电点。对于微藻，其等电点一般在 pH=3。而实际微藻培养系统的 pH 一般在 7 以上。所以藻细胞一般带负电（Ozkan and Berberoglu, 2013b），即式(4.15)中的静电作用力项表现为斥力。

胶粒表面电势无法直接测量，只能测量出胶粒的 Zeta 电位后通过计算间接得出。Zeta 电位是胶粒双电层结构中滑动面与水溶液之间的电位差(图 4.17)，是表征分散体系稳定性的重要指标。Zeta 电位绝对值越高，胶粒之间的排斥力越大，体系越稳定（Vandamme et al., 2013）。实际培养条件下藻类的 Zeta 电位一般在 –35～–15 mV（Ozkan and Berberoglu, 2013b）。因此藻细胞间的静电斥力一般较大，是藻细胞在水溶液中保持聚集稳定性的主要原因之一。

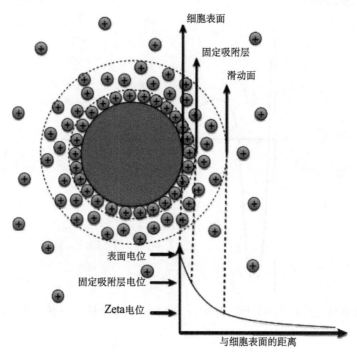

图 4.17　藻细胞双电层模型及电势能示意图(Vandamme et al., 2013)

2）亲/疏水性

藻细胞的表面亲/疏水性决定了式(4.15)中 Lewis 酸-碱水合作用力的性质和大小，具体有如下规律：疏水性藻细胞间的 Lewis 酸-碱水合作用力表现为引力；亲水性藻细胞间的 Lewis 酸-碱水合作用力表现为斥力；亲水和疏水藻细胞间的 Lewis 酸-碱水合作用力性质则取决于藻细胞的相对亲/疏水程度，可为引力或斥力；亲/疏水程度越高，Lewis 酸-碱水合作用力的值越大（Ozkan and Berberoglu, 2013c）。因为藻细胞间的静电斥力一般大于范德瓦尔斯力，所以在没有外加絮凝剂的情况下，Lewis 酸-碱水合作用力(表面亲/疏性)的性质和大小对微藻悬浮液的聚集稳定性具有决定性的影响，如亲水性藻细胞间的

Lewis 酸-碱水合作用力为斥力，因此该类藻细胞悬浮液将保持聚集稳定性；只有 Lewis 酸-碱水合作用力表现为引力时（所有疏水藻细胞之间及特定亲水-疏水藻细胞组合），微藻悬浮液才有可能发生絮凝（Ozkan and Berberoglu, 2013c）。细胞亲/疏水性取决于其表面功能团，如表面富含长链烃类的微藻种属（如葡萄藻属）表现为疏水性，因为长链烃类主要包含甲基和亚甲基等疏水基团，而羟基和羧基等疏水基团只占很小一部分；表面富含糖醛酸、中性糖、葡糖胺和蛋白质等成分的微藻种属（如小球藻）则表现为亲水性，因为这些成分能形成大量羟基、羧基和氨基等亲水基团（Ozkan and Berberoglu, 2013a; 2013b）。

3) 絮凝机理

根据上述 XDLVO 理论，微藻絮凝的基本原理就是要通过降低/消除静电斥力（Zeta 电位），使 Lewis 酸-碱水合作用力表现为引力，消除/降低藻细胞之间表面能的排斥能峰，使藻细胞能相互靠近到达第一低位穴能，从而紧密地黏结在一起形成絮体。其中外加无机絮凝剂的主要作用机理就是中和藻细胞表面的电负性，降低/消除静电斥力（严煦世和范瑾初，1999; Vandamme et al., 2013）。外加高分子有机絮凝剂则主要通过吸附架桥原理起作用：链状高分子物质（少数情况也可能是无机絮凝剂形成的大胶粒）在静电引力、范德瓦尔斯力和氢键力的作用下，一端吸附了某一胶粒后，另一端又吸附了另一胶粒，从而把不同的胶粒连接起来而形成絮体（图 4.18）。外加生物絮凝剂和 EPS 诱导的自絮凝则可能是利用 Lewis 酸-碱水合作用力中的疏水引力作用实现絮凝；也可能与吸附架桥原理

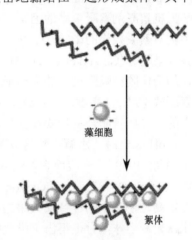

藻细胞

絮体

图 4.18 吸附架桥作用示意图（Banerjee et al., 2013）

类似，通过 Ca^{2+} 的架桥作用实现絮凝。最后，投加絮凝剂形成的沉淀物和絮体等还可通过网捕和卷扫等物理作用进一步促进藻细胞的絮凝沉降。

4.4.3 外加絮凝剂法

1. 无机絮凝剂

1) 无机絮凝剂的种类和作用机理

以铁盐和铝盐为代表的多价金属盐类和聚合金属盐类是传统水处理中应用最为广泛的絮凝剂，也是微藻絮凝中应用最早的外加絮凝剂。典型的絮凝剂包括硫酸铝、硫酸亚铁、氯化铁、聚合氯化铝、聚合硫酸铝、聚合硫酸铝铁、聚合氯化铝铁、聚合硫酸氯化铝铁等（雷国元等，2007; 张亚杰等，2010; Sanyano et al., 2013）。

金属盐类絮凝剂主要通过电性中和作用破坏藻细胞的聚集稳定性。Al^{3+}、Fe^{3+} 等游离阳离子及其各种带正电荷的水解产物能中和藻细胞表面所带的负电荷，从而促进藻细胞碰撞聚集形成絮体，发生絮凝沉淀。此外，Al^{3+}、Fe^{3+} 等金属盐还能形成 $[Al(OH)_3]_n$、

$[Fe(OH)_3]_n$ 等聚合体，以吸附架桥形式作用于藻细胞。在特定 pH 下，这些金属盐类还可形成大量 $Al(OH)_3$ 及 $Fe(OH)_3$ 等沉淀物，以网捕卷扫作用促进微藻的絮凝沉降。聚合金属盐类絮凝微藻的主要机理则是吸附架桥作用，同时也有电性中和及网捕卷扫作用（王九思等，2002；Vandamme et al., 2013）。

2）无机絮凝剂的絮凝效果和影响因素

表 4.5 总结了几种典型无机絮凝剂在微藻分离采收中的絮凝条件及效果。由于各研究采用了不同的计量基准（如生物量以 $cells·mL^{-1}$ 或 $mg·L^{-1}$ 计）、藻种和絮凝条件，无法直接进行横向比较，但仍可以总结出一些要点：①铝盐、铁盐等多价金属絮凝剂在合适的条件下都可有效絮凝（>80%）常见的微藻种属；②铝盐比铁盐的絮凝效率更高；③金属氯化物比金属硫酸盐的絮凝效率更高；④聚合金属盐类比非聚合金属盐类的絮凝效率高，且在更广的 pH 范围内有效（Jiang et al., 1993；Molina et al., 2003；Papazi et al., 2010）。

影响无机絮凝剂絮凝效率的因素主要有絮凝剂的种类、投加量、pH、藻液浓度等。絮凝剂种类对絮凝效果的影响在上文已有论述。絮凝剂所带的电荷密度越高、分子量越大，絮凝效果越好（Garzon et al., 2013）。一定范围内絮凝效果与絮凝剂的投加量成正比，但过量投加会使胶粒吸附过多的反离子，重新带电而再次稳定（严煦世和范瑾初，1999）。铝盐的絮凝效果对 pH 高度敏感：最佳 pH 为 4～5，这是因为此 pH 条件下铝的水解产物以带正电的多核羟基配合物形式存在且最稳定；中性条件下，铝的水解产物以 $Al(OH)_3$ 沉淀为主；pH>8.5 时，水解产物将以带负电的 $[Al(OH)_4]^-$ 为主，无法形成有效絮凝（严煦世和范瑾初，1999）。一般而言藻液浓度越高，所需絮凝剂的投加量越大（Chen et al., 2013；Wyatt et al., 2012）。然而 Garzon 等（2013）在使用氯化铝絮凝微绿球藻时发现，当藻液浓度很高时，达到同样絮凝效果的投加量却数倍地低于稀藻液。Wyatt 等（2012）在使用氯化铁絮凝小球藻时也得出了类似的结论。其原因很可能是在高藻液浓度时形成了显著的网捕和卷扫作用。此外，最新研究表明微藻代谢产生的有机物（algogenic organic matter, AOM）对絮凝过程有显著的抑制作用，其存在将成倍地增加絮凝剂投加量（Garzon et al., 2013；Vandamme et al., 2012a），这将显著增加絮凝成本，并对藻细胞的后续加工利用造成负面影响。

2. 有机高分子絮凝剂法

1）种类与作用机理

有机高分子絮凝剂在微藻分离采收中很早便得到了应用（Bilanovic et al., 1988）。目前商业化的有机高分絮凝剂主要为人工合成，以聚丙烯酰胺为代表。近年来，天然高分子有机絮凝剂，如壳聚糖、阳离子淀粉和纤维素等得到了越来越多的关注（Lam and lee, 2012）。有机高分子絮凝剂的作用机理主要为吸附架桥作用。因藻细胞带负电的表面特性，高效的高分子絮凝剂必须为阳离子型的。阴离子及非离子型的聚合高分子单独使用时不能使微藻发生有效絮凝（Chen et al., 2011）。除架桥作用外，阳离子型高分子絮凝剂还可能局部逆转藻细胞表面的电负性使其某些部位带负电而另一部位带正电，从而使不同的藻细胞能直接通过静电引力结合在一起，形成所谓的静电互补聚集（Vandamme et al., 2013）。下面介绍几种代表性的有机高分子絮凝剂。

表 4.5　无机絮凝剂在微藻分离采收中的絮凝条件与效果

絮凝剂	藻液	絮凝条件	絮凝效果：去除率（投加量②），絮凝时间	参考文献
硫酸铝 硫酸铁 聚合氯化铝 聚合硫酸铁	项圈藻（Anabaena），藻液浓度 2×10^6 cells·mL^{-1}	2 min 快速搅拌（300 r·min^{-1}），25 min 慢速搅拌（35 r·min^{-1}），2 h 沉淀，pH 恒定为 7.5；投药量①：硫酸铝（0.175，0.25，0.375），硫酸铁（0.175，0.21，0.25，0.375），聚合氯化铝（0.175，0.21，0.26，0.375），聚合硫酸铝（0.175，0.21，0.25）	硫酸铝：74%（0.175），94%（0.25），95%（0.375）； 硫酸铁：70%（0.175），75%（0.21），76%（0.25）； 聚合氯化铝：67%（0.175），69%（0.26），73%（0.375）； 聚合硫酸铁：94%（0.175），95%（0.21），96%（0.25）	(Papazi et al, 2010)
硫酸铝 硫酸铁 氯化铝 氯化铁	微小小球藻（Chlorella minutissima），藻液浓度 220×10^6 cells·mL^{-1}	投加量②：硫酸铝（0.25），硫酸铁（0.5），氯化铝（0.75），氯化铁（1）	硫酸铝：80%（0.75），2 h； 硫酸铁：80%（0.75），4 h； 氯化铝：80%（0.5），1 h； 氯化铁：80%（0.5），3 h	(Papazi et al, 2010)
硫酸铝 硫酸铁 三氯化铁 氢氧化钙	小球藻，藻液浓度 0.53 g·L^{-1}	投加量②：硫酸铝（0.8），硫酸铁（0.5），三氯化铁（0.3），氢氧化钙（0.8）	硫酸铝：89.7%（0.8），90 min； 硫酸铁：89.6%（0.5），90 min； 三氯化铁：92.3%（0.3），30 min； 氢氧化钙：91.7%（0.8），90 min	(薛蓉等，2012)
硫酸铝 氯化铁 氢氧化钙	栅藻，藻液浓度 0.54 g·L^{-1}	1 min 快速搅拌（800 r·min^{-1}），1 min 慢速搅拌（250 r·min^{-1}），沉淀时间（2，5，10，30，60，120 min）；投加量②：硫酸铝（0.02，0.03，0.05，0.1，0.3），氯化铁（0.06，0.08，0.1，0.15，0.2），氢氧化钙（0.2，0.3，0.4，0.5，0.6）	硫酸铝：>95%（0.3），10 min；75%（0.1），30 min；~60%（0.02，0.03，0.05），120 min； 氯化铁：>95%（0.15，2），2 min；~70%（0.06，0.08，0.1），120 min； 氢氧化钙：90%（0.3，0.4），120 min；~80%（0.5），120 min；~60%（0.6），120 min	(Chen et al, 2013)

①单位为 mmol·L^{-1} Al 或 Fe；②单位为 g·L^{-1}。

(1) 聚丙烯酰胺

聚丙烯酰胺分子量在 400 万~2 000 万，具有阳性基团(—CONH$_2$)。该基团既是亲水基团，又是吸附基团，所以能对微藻产生吸附电中和及架桥作用。除桥连作用外，聚丙烯酰胺还有包络作用。发生桥连和包络的高分子能形成三维网状结构，通过卷扫网捕作用使微藻沉降分离。当前对聚丙烯酰胺进行改性是一个重要的研究方向，即通过在聚丙烯酰胺上引入胺类分子，生成季胺型阳离子，以进一步提高絮凝效率和适用范围(秦丽娟和陈夫山, 2004)。

(2) 壳聚糖

壳聚糖是对甲壳素进行脱乙酰基而得到的，是少数阳离子型的天然高聚物(Vandamme et al., 2013)。其结构单元是 2-氨基-2 脱氧葡萄糖，通过 β-1-4 糖苷键连接起来(图 4.19)。在酸性条件下，壳聚糖分子链上所带的大量氨基以带正电荷的胺离子形式存在，能中和藻细胞的电负性，同时借助高分子链的吸附架桥作用使藻体絮凝沉降，当溶液呈现碱性时，壳聚糖表面所带氨基非离子化或呈弱负电性，从而降低了其絮凝效率(李若慧等, 2012)。

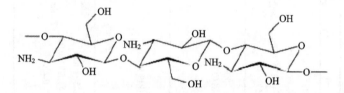

图 4.19　壳聚糖结构(李若慧等, 2012)

(3) 阳离子淀粉

阳离子淀粉是在淀粉骨架中引入季铵基团，这样就使得淀粉呈正电性。淀粉分子固有的聚合结构使阳离子淀粉具有电性中和及吸附架桥的双重作用(Anthony and Sims, 2013)。阳离子淀粉和壳聚糖一样，也具有无毒、无污染、可生物降解的特点。与壳聚糖相比较而言，阳离子淀粉原料价格更低，更容易获得。最为显著的是其季胺基团不受 pH 的影响，从而使其可在很宽的 pH 范围内适用 (Vandamme et al., 2010, 2013)。

2) 絮凝效果与影响因素

表 4.6 列出了几种典型有机高分子絮凝剂在微藻分离采收中的絮凝条件与效果。表 4.6 显示，聚丙烯酰胺虽然是水处理中应用最成熟的高分子絮凝剂，但其对微藻的絮凝效率却并不理想；在相对较高的投加量下(20~80 mg·L^{-1} 藻液)也仅能实现 50%左右的絮凝效果。这可能是其电荷密度较低所致(薛蓉等, 2012)。壳聚糖和阳离子淀粉对淡水藻类都有非常高的絮凝效率：一般在 10~30 mg·L^{-1} 藻液的投加量下就可以达到 80%以上的絮凝效果；对于个别藻种，甚至在 1 mg·L^{-1} 左右的投加量下就能达到 90%以上的絮凝效果。这比达到同样絮凝效果的无机絮凝剂投加量(表 4.6)要低一个数量级以上。其原因主要是高分子絮凝剂具有显著的吸附架桥作用，可以在藻细胞负电性远未被中和的情况下(Zeta 电位<<0)就实现高效絮凝(Anthony and Sims, 2013)。

表 4.6　有机高分子絮凝剂在微藻分离采收中的絮凝条件及效果

絮凝剂	藻液	絮凝条件	絮凝效果	参考文献
聚丙烯酰胺	栅藻，藻液浓度 0.54 g·L^{-1}	投加量：20～80 mg·L^{-1}；絮凝时间 120 min	各投加量的絮凝效果基本一致，约 50%	(Chen et al., 2013)
壳聚糖	微囊藻 (*Microcystis*)，藻液浓度 5×10^5～2×10^6 cells·mL^{-1}	投加量：0.1～1 mg·L^{-1}；pH 为 4～9；1 min 快速搅拌 (300 r·min^{-1})，10 min 中速搅拌 (100 r·min^{-1})，10 min 慢速搅拌 (50 r·min^{-1})，沉淀 30 min	投加量>0.5 mg·L^{-1} 时絮凝效果>90%；适宜 pH 5～7，最佳为 6，大于 8 时基本无絮凝效果	(翟玥等, 2009)
壳聚糖	小球藻，藻液浓度 5×10^9 cells·mL^{-1}	投加量：5～100 mg·L^{-1}；搅拌 60 min (100 r·min^{-1})，沉淀 60 min	低投加量时絮凝效果随投加量线性上升，最佳投加量为 10 mg·L^{-1} (99%去除)，继续加大投加量絮凝效果下降	(Ahmad et al., 2011)
阳离子淀粉 (Greenfloc 120)	拟小球藻属 (*Parachlorella*)，斜生栅藻 (*Scenedesmus obliquus*)；藻液浓度 0.075～0.3 g·L^{-1}	投加量：5～60 mg·L^{-1}；pH 为 5～10；5 min 快速搅拌 (1000 r·min^{-1})，25 min 中速搅拌 (250 r·min^{-1})，沉淀 30 min	拟小球藻属：絮凝效果达 80%以上的药剂投加量与生物量之比约为 0.1 (藻液浓度 0.3 g·L^{-1}，对应投加量 30 mg·L^{-1})；过高投加造成明显的胶体保护作用，絮凝效果不受 pH 影响。斜生栅藻：絮凝效果达 80%以上的药剂投加量与生物量之比为 0.03 (藻液浓度 0.3 g·L^{-1}，对应投加量 9 mg·L^{-1})	(Vandamme et al., 2010)
阳离子淀粉 (玉米淀粉)	斜生栅藻，藻液浓度 0.2～0.25 g·L^{-1}	投加量/微藻生物量：0～0.18；pH 为 7；2 min 快速搅拌 (200 r·min^{-1})，10 min 慢速搅拌 (25 r·min^{-1})，沉淀 1 h	在投加量/微藻生物量为 0.0053 时就达到了 90%的絮凝效果 (藻液浓度 0.25 g·L^{-1}，对应投加量 1.3 mg·L^{-1})	(Anthony and Sims, 2013)

影响高分子絮凝剂絮凝效果的主要因素有摩尔质量、电荷密度、投加量、藻细胞浓度、离子强度、pH 和搅拌强度等(Chen et al., 2011; Molina et al., 2003)。摩尔质量较高的高分子絮凝剂具有更多的吸附架桥结合点,因此一般具有更好的絮凝效果。电荷密度高的高分子絮凝剂具有更强的电性中和能力;此外,高电荷密度还有助于高分子链的充分展开,增强架桥能力。投加量不足,絮凝效果不充分;但投加过量,又会对胶粒起到稳定保护作用(Ahmad et al., 2011; Vandamme et al., 2010)。高藻细胞浓度使胶粒间的碰撞更加频繁,在一定范围内将促进絮凝作用。在高离子强度下,阳离子型高聚物有团聚在一起的趋势,架桥作用将显著减弱(Molina et al., 2003)。壳聚糖一般在酸性条件下絮凝效果才显著,这往往超出了微藻培养体系的正常 pH 范围,从而限制了其应用(翟玥等,2009)。而阳离子淀粉基本不受 pH 影响,在 pH 为 5~10 时都能维持+15 mV 左右的 Zeta电位,具有普遍的适用性(Anthony and Sims, 2013; Vandamme et al., 2010)。低速搅拌对形成大的絮体有利;过强的搅拌将破坏已形成的絮体(Ahmad et al., 2011)。最后,阳离子型高聚物的絮凝效果还将受到高盐度的抑制,这使其在采收海洋微藻时受到限制(Bilanovic et al., 1988; Chen et al., 2011)。

3. 生物絮凝剂法

生物絮凝剂(biofocculant)是近几年微藻絮凝的研究热点之一。生物絮凝剂一般是指微生物代谢活动中产生的具有絮凝效果的胞外聚合物。细菌、真菌和放线菌都是能产生生物絮凝剂的常见微生物(Lam and Lee, 2012)。生物絮凝剂在微藻采收中的具体应用方式主要包括以下几种:①投加絮凝微生物的混合培养液(包括微生物细胞);②菌-藻混合培养(需在微藻培养系统中添加有机碳源);③絮凝微生物的胞外抽取液(离心后的上清液)作为絮凝剂;④分离纯化后的胞外提取物作为絮凝剂;⑤直接投加絮凝微生物细胞作为絮凝剂。表 4.7 总结了各种生物絮凝剂在微藻絮凝分离中的应用情况。表 4.7 显示,生物絮凝剂的絮凝效率也很高,一般在投加 $10\sim30$ mg·L^{-1} 的藻液时便可达到>80%的絮凝效果,作用明显好于无机絮凝剂(表 4.5)。但在絮凝效果的影响因素上却存在不少相互矛盾之处(表 4.7)。一些研究显示絮凝效果会随 pH 升高而明显加强(Oh et al., 2001; Powell and Hill, 2013),但也有研究显示絮凝效果基本不受 pH 影响(Zheng et al., 2012a);多数研究表明,多价阳离子能显著促进絮凝,甚至是形成絮凝的必要条件(Kim et al., 2011; Oh et al., 2001; Powell and Hill, 2013),但在少数研究中多价阳离子对絮凝效果基本没影响(Wan et al., 2013);Lee 等(2009)的研究显示絮凝微生物利用不同碳源产生的絮凝剂絮凝效果基本一致,而 Wan 等(2013)以不同碳源为底物产生的生物絮凝剂絮凝效果迥异。这些矛盾可能是各种生物混凝剂在种类和组成上的不同而导致的。

在絮凝机理上,文献中一般把生物絮凝归结于 EPS 的吸附架桥作用,具体又可细分为以下两种机制:①长链 EPS 在不同部位吸附多个带负电的藻细胞形成架桥作用;②短链 EPS 在局部逆转藻细胞的电负性,从而形成所谓的静电互补效应(patching)(图 4.20)(Salim et al., 2011)。这一理论的基础是将 EPS 默认为阳离子型高聚物。但如 4.4.2 小节所述,EPS 在中性及碱性条件下本身是带负电的。那么生物絮凝剂是如何实现阳离子化的呢?一个相对成熟的理论为二价阳离子架桥理论[divalent cation bridging(DCB) theory]

表 4.7 各种生物絮凝剂在微藻分离采收中的应用

来源	应用方式	藻液	絮凝条件	絮凝效果及影响因素	参考文献
芽孢杆菌 (Paenibacillus sp.)	直接投加培养液 (原液)	小球藻，藻液浓度 0.062 g·L⁻¹	投加量 20 mL·L⁻¹，阳离子 6.8 mmol/L (CaCl₂, MgCl₂, FeCl₃, CaCl₂, KCl, NaCl); pH 为 5~11	77%~86%; 絮凝效果随 pH 升高而增强; 多价阳离子的助凝效果显著好于单价阳离子，CaCl₂ 最佳	(Oh et al., 2001)
施氏假单胞菌 (Pseudomonas stutzeri), 蜡样芽孢杆菌 (Bacillus cereus)	菌-藻混合培养	颗石藻 (Pleurochrysis carterae)，藻液浓度 ~0.5 g·L⁻¹	0.1 mL 菌液 + 100 mL 藻液; 外加碳源: 乙酸、葡萄糖、甘油 (0.1 g·L⁻¹); 絮凝 (共同培养) 时间: 6 h, 24 h	6 h: 45%~53%; 24h: 88%~94%; 外加碳源种类对絮凝效果没显著影响	(Lee et al., 2009)
多粘类芽孢杆菌 (Paenibacillus polymyxa)	投加抽取液 (原培养液稀释 10 倍并离心后的上清液)	栅藻，藻液浓度 2.35 g·L⁻¹	投加量 1%(v/v) + 阳离子 (单独或组合: CaCl₂, MgSO₄, FeCl₃, Al₂(SO₄)₃	阳离子单独投加: 0.5 mmol/L FeCl₃ (35%)>10 mmol/L CaCl₂ (18%); 阳离子组合投加>65%，最佳 95%(10 mmol/L CaCl₂ + 0.26 mmol/L FeCl₃)	(Kim et al., 2011)
枯草芽孢杆菌 (Bacillus subtilis)	投加分离纯化后的胞外提取物 (γ-聚谷氨酸)	原始小球藻 (Chlorella protothecoides)，藻液浓度 1.2 g·L⁻¹	投加量 10~30 mg·L⁻¹; pH 为 6.5~8.5	投加量 10~20 mg·L⁻¹: 絮凝效果随投加量增加而增强，20 mg·L⁻¹ 时达 90%; 继续增大投加量絮凝效果下降; pH 无显著影响	(Zheng et al., 2012a)
芽孢杆菌 (Bacillus sp.)	投加微生物细胞 (100 倍浓缩)	微拟球藻 (Nannochloropsis sp.)，藻液浓度 1×10⁷ cells·mL⁻¹	微生物细胞/藻细胞: 1/125~25/1; pH 为 6~10; 二价阳离子 (Ca²⁺/Mg²⁺) 0.125~16 mmol/L	微生物细胞/藻细胞<1 时絮凝效果随投加量增大而增强，等于 1 时最大达 73%; 继续增大投加量絮凝效果下降; pH<9 时解絮; 二价阳离子的存在具有关键作用，以 Ca²⁺ 更为显著	(Powell and Hill, 2013)
Solibacillus silvestris (培养于不同碳源)	投加抽取液 (6000r·min⁻¹ 离心后的上清液)	微拟球藻 (Nannochloropsis oceanica)，藻液浓度未知	絮凝剂量/藻液量: 3:1; pH 为 6.7~10.7; 阳离子 (KCl,CaCl₂,FeCl₃) 0.01~0.1 mmol/L	pH<8, 絮凝效果<20%; pH>8, 75.4%~88.2%; 阳离子无影响; 碳源种类有显著影响	(Wan et al., 2013)

(Powell and Hill, 2013; Sobeck and Higgins, 2002; Surendhiran and Vijay, 2013)，可结合图 4.21 说明如下：EPS 本身具有多个带负电的活性部位，这使其能强烈吸附环境中的二价阳离子。被吸附的二价阳离子所带正电荷只被 EPS 中和了一半，所以能另外吸附一个带负电的藻细胞。由此，多个藻细胞通过二价阳离子的架桥作用连接在 EPS 上，形成大的絮体。这一理论能很好地解释为什么多价阳离子对生物絮凝具有显著的强化作用，甚至是絮凝形成的必要条件。这一理论也能解释絮凝效果随 pH 升高而增强的现象：pH 升高，EPS 电负性增强，吸附二价阳离子的能力增强，所以架桥作用增强。但如上所述，在少部分研究中阳离子的存在对絮凝效果根本就没有影响 (Wan et al., 2013)，这就无法用 DCB 理论解释了。此外，DCB 理论也不能说明为什么多数情况下 Ca^{2+}的助凝效果最佳。DCB 理论最根本的缺陷在于，应该是所有带负电的 EPS 都能通过二价阳离子架桥原理形成絮凝作用，但这显然是与事实不符的。鉴于此，可进一步结合考虑 XDLVO 理论中的 Lewis 酸-碱水合作用力(参见 4.4.2 小节)，即有絮凝作用的 EPS 具有疏水性，因此能形成疏水吸引力。在这方面迫切需要进一步的深入研究。

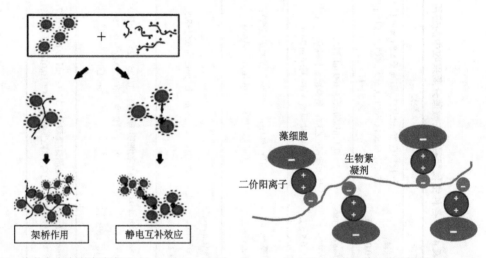

图 4.20　生物絮凝剂的絮凝机理(Salim et al., 2011)　　　　图 4.21　二价阳离子架桥原理

4.4.4　微藻自发性絮凝

1. 概述

微藻有时能在没有添加任何絮凝剂的情况下发生絮凝，这一现象被称为自发性絮凝 (auto-flocculation) (Besson and Guiraud, 2013; Christenson and Sims, 2011; Gonzalez and Ballesteros, 2013)。Golueke 和 Oswald(1965)首先描述了这一现象。他们发现：藻类塘中的微藻在温度较高且光线充足的时候能自然地形成絮体。此后，很多学者都证实了类似现象的存在并开展了相关研究(Besson and Guiraud, 2013)。目前形成的基本共识为，微藻自发性絮凝是由两种不同机理引发的(Besson and Guiraud, 2013; Christenson and Sims, 2011; Gonzalez and Ballesteros, 2013)：

(1)在高 pH 下，钙、镁等离子形成带正电的沉淀物，起到电性中和作用从而引发絮凝。文献中的自发性絮凝一般即指此类。高 pH 可以是由微藻光合作用消耗水中无机碳 (inorganic carbon, IC)自然形成,也可通过人工添加碱性物质(石灰、氢氧化钠等)而形成。严格来说,只有前者才符合自发性絮凝的定义。但考虑到两者的实质都是形成带正电的沉淀物,本节在此将两者一并纳入高 pH 诱导的自发性絮凝范畴。

(2)部分藻种在其生理活动中能产生大量具有絮凝作用的胞外聚合物,起到生物絮凝剂的作用(参见 4.4.3 小节)从而引发絮凝。高效藻类塘中常见的集星藻属(*Actinastrum*)、微芒藻属(*Micractinium*)、栅藻属(*Scenedesmus*)、空星藻属(*Coelastrum*)、盘星藻属(*Pediastrum*)及胶网藻属(*Dictyosphaerium*)等常通过该机理形成大的群落结构(50～200 μm)而得以自然沉降(Pragya et al.,2013)。文献中常将其归为生物絮凝一类,因为该情况下的生物絮凝剂为藻细胞自身所产生,本节在此也将其纳入自发性絮凝中并定义为 EPS 引起的自发性絮凝。

2. 高 pH 诱导的自发性絮凝

如上所述,高 pH 诱导的自发性絮凝,其实质为所生成的带正电沉淀物的电性中和作用。因此,诱导此类自发性絮凝的关键就是明确在微藻正常培养条件下所能形成的沉淀物种类和性质。污水中一般含有大量的钙、镁、碳酸根和磷酸根等离子,在碱性条件下比较容易形成的沉淀物主要包括磷酸钙、氢氧化镁和碳酸钙。大量研究证实(Beuckels et al., 2013; Elmaleh et al., 1991; Gonzalez and Ballesteros, 2013; Smith and Davis, 2012; Sukenik and Shelef, 1984),碳酸钙本身带负电,最多只能通过网捕和卷扫作用实现非常有限的絮凝效果。磷酸钙和氢氧化镁带正电,理论上都可诱导自发性絮凝。但两者形成的具体条件差别较大,以致文献中的结论常常容易引起误解。为此,以下予以详述。

Sukenik 和 Shelef(1984)首次定量、系统性地研究了高 pH 下的微藻自絮凝现象,结论性认为,磷酸钙是诱导自絮凝的关键沉淀物。他们的试验包括两部分:①户外培养系统(二形栅藻,*Scenedesmus dimorphus*)的自絮凝试验:采用间歇培养,周期为 8 d;前 7 d 连续通入 CO_2 使 pH 维持在 7.0;第 8 d 停止 CO_2 供应和搅拌,监测絮凝效果和相关水质参数(pH、TSS、PO_4^{3-}-P、Ca^{2+}、Mg^{2+}、碱度)的变化情况;②室内絮凝试验(jar test):取处于对数增长期的二形栅藻和小球藻置于和户外培养系统相同的培养基中,调节 pH 为 2.5～10.5 进行混凝试验(80 r·min⁻¹ 1 min, 30 r·min⁻¹ 15min, 沉淀 15 min),监测絮凝效果和相关水质参数变化。户外培养试验结果表明,系统停止 CO_2 供应和搅拌 24 h 后,体系 pH 迅速升至 8.9,PO_4^{3-}-P、Ca^{2+}同步降低,高效絮凝(96%)形成,而 Mg^{2+}维持不变(表 4.8)。

表 4.8　自絮凝前后的水质参数变化(Sukenik and Shelef, 1984)

水质参数	自絮凝启动时浓度	启动 24 h 后浓度
pH	7.2	8.9
TSS (mg·L⁻¹)	310	10
PO_4^{3-}-P (mg·L⁻¹)	4.8	0.2
Ca^{2+} (mg·L⁻¹)	160	152
Mg^{2+} (mg·L⁻¹)	42	42

由此初步证明，自发性絮凝是由高 pH 下的磷酸钙沉淀诱导的。室内絮凝试验结果显示：pH 为 5.0~7.5 时无絮凝发生，pH>8.5 后形成了高效絮凝（~98%），与户外试验结果一致。进一步试验显示，在 PO_4^{3-}-P 为 6.2 mg·L^{-1} 的情况下，Ca^{2+}（2.0 mmol/L）在 pH≥8.5 时就能生成沉淀并引发絮凝；而 Mg^{2+}（2.0 mmol/L）要在 pH≥10.5 后才能生成沉淀进而引发絮凝。如果没有 PO_4^{3-}-P 存在，则 Ca^{2+} 在整个碱性范围内都不能引起絮凝。

这些实验结果充分证明，在微藻生长的正常 pH 范围内（8~10），磷酸钙是诱导自絮凝的关键沉淀物。更具工程意义的是，Sukenik 和 Shelef（1984）发现自絮凝的临界 pH（絮凝效果达 50% 的 pH）将随 PO_4^{3-}（表 4.9）和 Ca^{2+}（未显示）浓度的上升而下降；在含高浓度 Ca^{2+} 和 PO_4^{3-} 的培养液中，微藻自絮凝甚至在中性条件下就可以发生。这说明当以含磷较高的市政污水为底物时，可相对较容易地在微藻生长的正常 pH 范围内，通过生成磷酸钙沉淀同步实现自发性絮凝和高效除磷。

表 4.9　小球藻在不同磷浓度下的自絮凝临界 pH（钙浓度为 100 mg·L^{-1}）

PO_4^{3-}-P 浓度/(mg·L^{-1})	自絮凝临界 pH
1.55	9.3
3.10	8.7
6.51	8.3
13.02	8.0
29.45	7.2

资料来源：Sukenik and Shelef, 1984。

然而除少数学者继续证实磷酸钙在诱导微藻自絮凝中的核心作用外（Beuckels and Guiraud, 2013; Moutin et al., 1992），大部分研究都显示氢氧化镁才是诱导自絮凝的关键沉淀物（Besson and Guiraud, 2013; Castrillo et al., 2013; Chen et al., 2013; Elmaleh et al., 1991; Schlesinger et al., 2012; Sirin et al., 2012; Smith and Davis, 2012; Vandamme et al., 2012b; Wu et al., 2012; Yahi et al., 1994），代表性研究如下。

（1）Vandamme 等（2012b）在研究小球藻自絮凝时发现，在 pH≤10.5 时均无自絮凝发生；当 pH 调至 11 时，实现了 75% 的絮凝效果；pH≥11.5 后絮凝效果显著，达 95% 以上（表 4.10）。此时若加入 EDTA（最终浓度 0.5 mol/L）掩蔽 Ca^{2+}、Mg^{2+} 等二价离子，则絮凝效果急剧下降至<20%。这初步证明了钙/镁沉淀在诱导自絮凝中的关键作用。进一步研究表明，若溶液中只存在 Ca^{2+}（1~100 mg·L^{-1}），在高 pH 下（10.5~12）确实也能形成沉淀物，但始终不能形成有效絮凝（<20%）。而当溶液中存在 Mg^{2+}（1.8 mg·L^{-1}）时，pH=10.5 时就可实现 25% 的絮凝效果；pH=12 时絮凝效果显著增至 85%。当 Mg^{2+} 浓度≥3.6 mg·L^{-1} 后，pH=10.5 就可达 90% 以上的絮凝效果[注：该实验条件（藻细胞浓度等）与表 4.10 不同，故临界 pH 和絮凝效果有所差异]（Vandamme et al., 2012b）。

（2）Sirin 等（2012）在研究三角褐指藻的自絮凝时发现，pH=10.5 时絮凝后溶液中的 Mg^{2+} 下降了约 16%，而 Ca^{2+} 基本不变；当 pH 增至 11 时，溶液中基本已没有 Mg^{2+} 残留，而 Ca^{2+} 仅降低了 14%（Sirin et al., 2012）。这说明在 pH=10.5~11 时生成的沉淀物主要为镁沉淀物。

(3) Smith 和 Davis (2012) 发现，Mg^{2+}、Ca^{2+} 和 CO_3^{2-} 离子中，只有 Mg^{2+} (9.6 mmol/L) 存在时才能在高 pH 下 (>10) 实现高效絮凝；而 Mg^{2+} 缺乏时 (Ca^{2+}、CO_3^{2-} 均为 9.6 mmol/L)，即使 Ca^{2+} 沉淀了 75% 也不能形成有效絮凝 (Smith and Davis, 2012)。

以上实验结果似乎均已证明，高 pH 下只有 Mg 沉淀物才能有效诱导自絮凝。然而仔细考察这些研究中的特定离子浓度 (表 4.10) 就可以发现，其 Ca^{2+}、PO_4^{3-} 离子中至少有一项或两项的浓度均较低 (与表 4.9 对比)，因此，在 pH=8～10 时不能形成大量磷酸钙沉淀；只能在更高 pH 下 (>10.5) 生成 $Mg(OH)_2$ 沉淀时才能诱导自絮凝。综合以上所有实验结果，可以得出这样的结论：磷酸钙和氢氧化镁沉淀都可有效诱导出自发性絮凝。PO_4^{3-}-P、Ca^{2+} 浓度均较高时，磷酸钙沉淀在相对较弱的碱性条件下 (pH 为 8～10) 就可生成并诱导出显著的自絮凝；PO_4^{3-}-P/Ca^{2+} 浓度较低时，则需进一步提升 pH 至 10.5 以上，产生氢氧化镁沉淀后才能诱导出自絮凝。

表 4.10　以氢氧化镁沉淀诱导的自发性絮凝

藻液/(g·L^{-1})	特定离子浓度/(mg·L^{-1})	pH	自絮凝效果	参考文献
取自稳定塘末端 (藻种未知)，0.2	Mg^{2+} 110, Ca^{2+} 80	8～12, 投加 NaOH 或 Ca(OH)$_2$	pH=10.5, ～10%; pH=11.5, ～30%; pH=12, >90%	(Yahi et al., 1994)
小球藻，0.5	Mg^{2+} 29, PO_4^{3-}-P 1.9, Ca^{2+} 40	9～12, 投加 NaOH	pH<10.5, 0%; pH=11, 75%; pH≥11.5, >95%	(Vandamme et al., 2012b)
小球藻，0.68; 栅藻，0.75; 绿球藻，0.77	Mg^{2+} 7.3, PO_4^{3-}-P 5.4, Ca^{2+} 11.5	7.5～12.5, 投加 NaOH	pH=9.5, ～40%; pH≥10.6, >90%	(Wu et al., 2012)
斜生栅藻，0.43; 小球藻，0.45	Mg^{2+} 7.3, PO_4^{3-}-P 9.1, Ca^{2+} 9.8	12, 投加 NaOH 或 Ca(OH)$_2$	斜生栅藻+Ca(OH)$_2$, ～90%; 斜生栅藻+NaOH, ～80%; 小球藻+Ca(OH)$_2$, ～75%; 小球藻+NaOH, ～40%;	(Castrillo et al., 2013)

3. EPS 引起的自发性絮凝

20 多年以前，借 EPS 形成自发性絮凝的藻种便在微藻分离采收中得到重视 (Olguín, 2003)。Borowitzka M 和 Borowitzka L (1988) 分离出了蓝藻门的一株胶鞘藻。它能分泌出大量具有絮凝作用的 EPS，其主要成分包括多聚糖、脂肪酸和蛋白质。此后，自絮凝藻种，如鲍氏席微藻 (*Phormidium bohneri*) (Dumas et al., 1998; Talbot and Delanoue, 1993) 及丝状藻 (*Chlorhormidium*) (Sérodes et al., 1991) 等在污水处理中都得到了应用。但时至今日，对此类自絮凝的研究总体来说还十分有限。在实际应用上，一般思路为将自絮凝藻种投入非自絮凝藻种培养系统中以实现絮凝分离。

Salim 等 (2011) 研究了淡水自絮凝藻种镰形纤维藻 (*Ankistrodesmus falcatus*)、斜生栅

藻对小球藻的絮凝作用及海洋自絮凝藻种四鞭片藻(*Tetraselmis suecica*) 对富油新绿藻
(*Neochloris oleoabundans*)的絮凝作用(Salim et al., 2011)。实验结果显示,四鞭片藻的絮
凝效果最佳,可达 70%左右;斜生栅藻次之,絮凝效果可达 30%左右;镰形纤维藻絮凝
效果最差,约 20%。Guo 等(2013)考察了自絮凝斜生栅藻藻株 *Scenedesmus obliquus*
AS-6-1 对非絮凝淡水藻株 *S. obliquus* FSP-3、*C. vulgaris* CNW-11 和海洋微藻 *N. oceanica*
DUT01 的絮凝作用。*S. obliquus* AS-6-1 对淡水藻株均取得了 80%以上的良好絮凝效果;
而对海洋微藻的絮凝效果则相对较差,低于 60%(Guo et al., 2013)。以上实验结果表明,
自絮凝藻株的絮凝效果会因目标藻种而异,这在实际应用中存在着很大的局限性。

目前对于微藻 EPS 诱导自絮凝的机理的研究更为有限,一般只是笼统地认为与其他
生物絮凝剂的机理一致(参见 4.4.3 小节)。Salim 等(2011)观察絮凝时藻细胞的结合方式
时发现,镰形纤维藻和小球藻通过网络结构结合在一起,因此其絮凝机理应为吸附架桥
作用;而斜生栅藻和四鞭片藻则分别和小球藻及富油新绿藻直接结合在一起,因此他们
之间的作用方式可解释为静电互补聚集效应(Salim et al., 2011)。但与生物絮凝剂一样,
用二价阳离子架桥(DCB)理论解释藻细胞 EPS(图 4.21)的絮凝机理存在很大的缺陷。因
为按此理论,所有产生 EPS 的微藻种属都应该能通过二价阳离子架桥原理发生自絮凝,
而实际上只有某些特定藻种产生的 EPS 才有絮凝作用。一个可能的解释为:非絮凝藻种
产生的 EPS 数量较少,架桥能力有限;而自絮凝藻种能产生大量 EPS,所以絮凝效果显
著。另一个可能的解释为,非絮凝藻种和自絮凝藻种所产生的 EPS 在组成和性质上有所
不同,如 Guo 等(2013)发现,在 EPS 各组分中只有多聚糖为形成絮凝的活性成分(Guo et
al., 2013)。因此,如果不同藻种产生的 EPS 中多聚糖的含量不同,那其絮凝效果就可能
有显著差异。但 Guo 等(2013)进一步发现:无论是投加 Ca^{2+},还是用 EDTA 掩蔽 Ca^{2+},
对絮凝效果都没有影响,这就从根本上与二价阳离子架桥理论相悖(Guo et al., 2013)。
Ozkan 和 Berberoglu(2013a, 2013b, 2013c)则从藻细胞的亲/疏水性表面特性出发,研究了
藻细胞间的 Lewis 酸-碱水合作用力在自絮凝中的作用。他们的研究结果表明:Lewis 酸
-碱水合作用力在 XDLVO 的三种基本作用力中最强,在微藻的自絮凝中具有关键作用;
只要微藻悬浮液中存在适量疏水性较强的微藻种属[如布朗葡萄藻(*Botryococcus*
braunii)],即使电负性较大的亲水-疏水混合藻液也能形成絮凝。这些研究成果为理解
EPS 诱导自絮凝的机理和促进自絮凝效果提供了非常有前景的思路。

4. 影响因素

自发性絮凝的发生机理决定了其影响因素。对于高 pH 诱导的自发性絮凝,其根本
因素为微藻光合作用提升 pH 所能到达的程度和所能形成带正电沉淀物的特定离子浓度。
对于 EPS 引起的自发性絮凝,其影响因素则更加复杂,理论上包括所有影响 EPS 产生和
组成的因素。

1)光照

光照是微藻生长繁殖的基本要素,对高 pH 和 EPS 诱导的自发性絮凝都具有重要影
响。首先,光照直接决定了微藻光合作用的程度。光照越强,光合作用越充分,水中无
机碳消耗越彻底,pH 上升越高,越有利于高 pH 诱导的自絮凝发生。其次,光照也是影

响 EPS 产生的关键因子(Gonzalez and Ballesteros, 2013; Moreno et al., 1998; Rebolloso et al., 1999)。Moreno 等(998)发现光照强度由 345 μmol·(m²·s)⁻¹ 增加到 460 μmol·(m²·s)⁻¹ 后,鱼腥藻的 EPS 含量增加了 4 倍。Rebolloso 等(1999)也发现,在较高的外部光照条件下,紫球藻 EPS 的含量显著增加。因此,充分的光照是诱导自发性絮凝的有利因素。

2)特定离子

Ca^{2+}、Mg^{2+} 和 PO_4^{3-} 等特定离子的浓度决定了沉淀物的种类和产生的临界 pH,对高 pH 诱导的自发性絮凝具有决定性影响。从发生机理来看:PO_4^{3-}-P/Ca^{2+}离子都大量存在时,在较弱的碱性条件下(pH 为 8~10),磷酸钙沉淀就可大量生成并成为自絮凝主导因素;PO_4^{3-}-P/Ca^{2+}的其中之一浓度较低时,则需进一步提升 pH 至 10.5 以上,产生氢氧化镁沉淀后才能诱导出自絮凝(参见 4.4.2 小节)。从絮凝效果来看,以上离子浓度越高,生成带正电的沉淀物越多,电性中和能力越强,絮凝就越充分。因此,将上述特定离子维持在较高水平对实现高 pH 诱导的自发性絮凝至关重要。

3)温度和生长阶段

温度对微藻 EPS 形成具有重要影响(Gonzalez and Ballesteros, 2013; Lupi et al., 1991; Moreno et al., 1998)。高温刺激 EPS 的形成,而低温下由于细胞新陈代谢降低,EPS 的形成受到抑制。但 EPS 产生的最佳温度因藻种不同而异,如布朗葡萄藻在温度低于 23 ℃时几乎不分泌 EPS,其最佳温度为 30~33 ℃(Lupi et al., 1991);而鱼腥藻(Anabaena sp.)在 30~35 ℃范围内 EPS 产量都很少,只有在 40 ℃以上时 EPS 才大量产生(Moreno et al., 1998)。

微藻所处生长阶段对藻细胞密度、表面性质和 EPS 的产量及成分等都有显著影响(Gonzalez and Ballesteros, 2013)。Lavoie 和 de la Noüe(1987)发现,老龄化的藻细胞密度增大,易于沉淀。Zhang 等(2012b)发现,小球藻从对数增长期进入稳定期后,其表面电负性减弱,易于发生絮凝。Lavoie 和 de la Noüe(1987)、Zhang 等(2012b)和 Salim 等(2013)都发现微藻在对数期 EPS 产量很少,而在稳定期或衰减期 EPS 产量则显著增加。Salim 等(2013)还进一步证实 EPS 的组成将随生长周期的不同而变化。因此,与活性污泥类似,微藻处于稳定期或衰减期时自絮凝效果较好(Gonzalez and Ballesteros, 2013; Salim et al., 2013)。在实际培养中可将微藻的生长阶段控制在稳定期或衰减期以促进自发性絮凝的形成。

4)底物水平

N、P 等营养元素的缺乏将刺激微藻 EPS 的生产(Gonzalez and Ballesteros, 2013; Lee et al., 2009),这与细菌、真菌等微生物一致。基于此,在运行中可采用高密度培养以获得较低的 F/M 值,以自然形成底物受限的工艺条件。而微藻生长的另一重要底物——无机碳(IC)受限则将抑制 EPS 的生产(Cordoba et al., 2012; Gonzalez and Ballesteros, 2013),如 Cordoba 等(2012)发现斜生栅藻的 EPS 生产随 CO_2 的供给而增加:在高 CO_2 供给条件下(4%),微藻的生长和 EPS 产量都最大;而 CO_2 供给下降后,EPS 的生产也随之降低。从强化 EPS 生产的角度来看,在实际运行中无疑应加强 IC 的供给。然而如 Pragya 等(2013)所指出的,为强化基于高 pH 的自絮凝,则应限制 IC 供给,以达到尽可能高的 pH 条件。因此,对 IC 的调控应权衡其对高 pH 和 EPS 两种自絮凝正反两方面的综合效应。

5) 微藻种属

无论是基于高 pH 的自絮凝，还是基于 EPS 的自絮凝，其絮凝条件和效果都将随目标藻种不同而异(参见 4.4.2 和 4.4.3 小节)。这可能是由藻细胞在表面特性和生理特性上的不同导致的，如电负性较高的藻细胞需要更多带正电的沉淀物生成，又如多细胞和大型丝状藻种比单细胞藻种更容易絮凝沉降。在这方面需要综合考虑微藻种属的污水净化能力、藻细胞的利用价值等，选择性富集易于絮凝沉降的藻种。

6) 溶解性有机物

与外加混凝剂类似，水中溶解性有机物(DOM)也会对自絮凝产生显著的抑制作用。这些 DOM 既可能是原水中带来的腐殖质，也可能是藻类代谢产生的有机物(AOM)。Beuckels 等(2013)表明，腐殖酸和藻酸盐将显著抑制磷酸钙诱导的自絮凝，而葡萄糖和乙酸等小分子却没有影响(Beuckels et al., 2013)。同样，Wu 等(2012)发现 AOM 对氢氧化镁诱导的自絮凝有强烈的抑制作用，当 AOM 从零增加至 70 mg·L^{-1} 时，小球藻的自絮凝效率从 92%降低至 7%(Wu et al., 2012)。其原因很可能是 DOM 将优先与 Ca^{2+}、Mg^{2+}等离子结合，从而阻止了磷酸钙和氢氧化镁等沉淀物的产生。另外，DOM 本身带负电，会额外增加电性中和所需的絮凝剂用量。鉴于此，Beuckels 等(2013)指出，DOM 的抑制作用很可能是在很多实际情况下，磷酸钙/氢氧化镁等沉淀物的相关生成条件都已超过临界值，但自絮凝却没有发生的原因所在(Beuckels et al., 2013)。在这方面迫切需要更进一步的系统研究。

4.4.5　各种絮凝分离方法的比较与展望

以铁盐和铝盐为代表的金属絮凝剂是各种絮凝方法中应用最为成熟的技术，其主要优点是药剂生产简单，絮凝条件容易控制，絮凝效果有保障。但无机絮凝剂的用量一般很大(几百 mg·L^{-1} 藻液)，从而产生大量污泥。再者，絮凝效果受 pH 影响较大，其最佳pH 很可能超出微藻培养系统的正常 pH 范围,且无机絮凝剂仅对部分微藻种属有效(Chen et al., 2011; Pragya et al., 2013)。最不利的效果是，金属盐类往往对藻细胞具有毒害作用：Chen 等(2013)在使用硫酸铝和氯化铁絮凝栅藻时发现，当投加量较高时，藻细胞在 24 h后全部死亡；Papazi 等(2010)也发现虽然铝盐絮凝效果最好，但会引起藻细胞裂解。此外，金属盐类残留在藻细胞中还将对藻细胞的利用和最终处置造成不利影响(Chen et al., 2011; Vandamme et al., 2013)。因此，从微藻培养的角度来看，金属盐类絮凝剂并不是最佳的技术选择。有鉴于此，无机金属絮凝剂似乎不可能成为微藻分离采收的主要发展方向。

与无机絮凝剂相比，有机高分子絮凝剂具有更高的絮凝效率(10~30 mg·L^{-1} 藻液)，产生的污泥量小，能适用于更广泛的微藻种属(Christenson and Sims, 2011; Pragya et al., 2013)。其中聚丙烯酰胺虽然是水处理中应用最成熟的高分子絮凝剂，但其对微藻的絮凝效果却不如壳聚糖、阳离子淀粉等天然高分子絮凝剂，且其在使用中可能会释放出一定量具有强烈毒性的单体丙烯酰胺(秦丽娟和陈夫山, 2004; Vandamme et al., 2013)，因此其应用前景有限。天然高分子絮凝剂无毒，易生物降解，对微藻培养和藻细胞的后续利用基本无负影响，在微藻的分离采收中具有良好的应用潜力。但天然高聚物中只有壳聚糖等少数是阳离子型的。壳聚糖的絮凝效率很高，但其絮凝条件一般为酸性，超出了微藻生长的正常 pH 范围。考虑到对大量藻液进行酸化所需投加的化学药剂用量，壳聚糖很可能在经济上不具备选择性(Vandamme et al., 2013)。阳离子淀粉在原料上可大量获取，价格低廉，投加量非常小(几 $mg \cdot L^{-1}$ 藻液)，絮凝效果优异且基本不受 pH 影响(Vandamme et al., 2010)，具有良好的工程化应用潜力。后续研究的重点应在于优化其阳离子化过程，以进一步提高其适用性和絮凝效率，并显著降低加工制造成本。

利用细菌、真菌等微生物生产的生物絮凝剂具有高效、无毒、可生物降解等优点。但其各种利用方式都存在明显缺陷：①直接投加微生物细胞或菌-藻共同培养有对微藻培养系统造成污染的风险；②投加培养液、抽取液、提取物等方式需要一个微藻培养系统以外的单独培养体系，尤其是后两者还涉及复杂的分离和加工问题，这无疑会增加利用难度和成本。可见，生物絮凝剂一般所宣称的低成本优势可能在实践中难以成为现实(Salim et al., 2011)。生物絮凝剂的其他缺点是，某一生物絮凝剂可能只对某些特定藻种絮凝效果较好(Oh et al., 2001; Wan et al., 2013)。利用自絮凝藻种产生的生物絮凝剂不需要额外的培养体系，且无污染微藻培养之虞。但自絮凝种属的生长速度一般低于非自絮凝种属，其污水净化能力和产油潜力也可能不如非絮凝藻种(Salim et al., 2011)。因此，控制自絮凝藻种在系统中的比例至关重要。这就提出了在混合培养中进行种群控制的复杂要求。与细菌、真菌等微生物产生的生物絮凝剂类似，自絮凝藻株的絮凝效果也将随目标藻种的不同而异。理解自絮凝(EPS 诱导)藻种的絮凝机理对促进其应用具有关键意义。目前在这方面的研究还非常不足，基本上还处于对 EPS 的成分分析上。DCB 理论虽然能解释很多实验现象，但存在不能解释为什么只有特定藻种才具有絮凝作用这一根本缺陷。在此方面，由藻细胞亲/疏水性决定的 Lewis 酸-碱水合作用力是非常有前景的理论，应该成为后续研究的重点。

氢氧化镁沉淀虽然能有效诱导出自发性絮凝，但其形成一般要在 pH>10.5 时。而大部分微藻在 pH>9 时光合作用就会受到显著抑制，甚至完全停止，所以微藻的自然生长很可能达不到氢氧化镁沉淀的生成条件(Spilling et al., 2011)。事实上，几乎所有基于氢氧化镁沉淀的自絮凝都是通过外加碱性物质达到所需 pH(表 4.10)，这无疑会带来额外的成本。高 pH 还可能对藻细胞造成严重损伤，如高产油藻种(*Skeletoma costatum*)在 pH=10.2 时絮凝率达 80%，但回收藻体中相当一部分细胞发生解体及胞内成分外泄，严重影响后续二十碳五烯酸(EPA)提取工艺(Blanchemain and Grizeau, 1999)；螺旋藻 *Spirulina platensis* 在 pH 高于 13 时，细胞絮凝得又快又彻底，但此时藻细胞颜色发黄，表明其细胞已受到较为严重的"pH 损伤"(曾文炉等, 2003)。此外，高 pH 还很可能超出排放标准，需要再加酸调节到容许的范围。因此，基于氢氧化镁沉淀的自絮凝只适用于单纯的微藻采收，对微藻污水处理系统来说并不是一个合适的选择。

基于磷酸钙沉淀的自絮凝不需要任何额外投入，在微藻自然生长的 pH(8～10)范围内就能形成，能同步实现除磷，对微藻活性和藻细胞的后续加工利用几乎没有不利影响。因此，无论是从污水深度处理，还是从藻细胞的采收利用等角度来看，其都是最合适的分离采收方法之一。尤其是随着磷酸盐浓度提高，其临界 pH 将显著下降；而这在实际污水处理中恰恰是一个很容易控制的工艺条件。鉴于此，可以提出以下几个强化基于磷酸钙沉淀自絮凝的思路：①在污水处理的主体工艺中取消强化生物除磷，为后续微藻处理系统保留高磷浓度；②采用高密度间歇培养方式，并完全或在反应周期末端取消外部 CO_2 供给，以迅速且自然地形成高 pH 条件；③通过适当延长反应周期、强化光合作用(光照、底物浓度)等进一步促进 pH 的提升。目前大部分研究都只是考察高 pH 下瞬时的絮凝效果。如果微藻培养系统长期处于诱导自絮凝的高 pH 环境中，几个非常值得关注的问题是：①微藻种群结构是否会发生显著变化？②目标藻种能否维持优势？③微藻的生理特性(净化能力、油脂含量等)是否会发生改变？这些都需要进一步的系统研究来明确。

4.4.6　结论

用于微藻分离、采收的理想混凝剂应该具有无毒(对藻细胞本身及环境)、低成本、广谱高效、不影响藻细胞后续利用等特点。依此标准，金属盐类絮凝剂因投加量大、对藻细胞有毒性及影响藻细胞的后续利用等缺点而不能成为微藻絮凝的主要发展方向。有机高分子絮凝剂中聚丙烯酰胺对微藻的絮凝效果较差，可能释放有毒的丙烯酰胺单体，因此其应用前景有限。壳聚糖絮凝效率较高，但适应的絮凝 pH 一般为酸性，超出了微藻培养的正常范围，具有很大的局限性。而阳离子淀粉在原料上可大量获取，价格低廉，投加量非常小，絮凝效果优异且基本不受 pH 影响，具有良好的工程化应用潜力。后续研究的重点应在于优化其阳离子化过程，以进一步提高其适用性和絮凝效率，并显著降低加工制造成本。

利用细菌、真菌等微生物生产的生物絮凝剂具有高效、无毒、可生物降解等优点。但其各种利用方式都存在明显缺陷，如可能对微藻培养造成污染，需要额外的培养系统，涉及复杂的分离纯化过程等。此外，生物絮凝剂的絮凝机理和条件都还不甚明确。因此，生物絮凝剂与工程化应用还存在很大距离。同理，基于胞外聚合物的微藻自絮凝因絮凝机理复杂、絮凝条件不明确及涉及复杂的种群控制要求等，可靠性较差，在微藻絮凝分离中可能只能起到锦上添花的作用。

基于氢氧化镁沉淀的自絮凝要求有很高的 pH(>10.5)。这往往超出微藻正常生长所能达到的 pH 范围，需要额外投加碱性物质，可能对藻细胞的活性和后续利用造成不利影响，因此对微藻污水处理系统可能并不是合适的选择。由上文可知，基于磷酸钙沉淀的自絮凝不需要任何额外投入，在微藻自然生长的pH(8~10)范围内就能形成，能同步实现化学除磷，对微藻活性和藻细胞的后续加工利用几乎没有不利影响。因此，无论是从污水深度处理，还是从藻细胞的采收利用等角度来看，其都是最合适的分离采收方法之一。后续研究应进一步明确其形成条件，并结合污水处理主体工艺的调整(取消强化除磷)、微藻培养方式的改进(高密度间歇培养、取消 CO_2 供给、调节反应周期)等对其进行强化。此外，还应重点关注微藻培养系统长期处于高 pH 条件下可能发生的种群结构和生理特性变化。

4.5　可沉降微藻筛选技术

4.5.1　引言

自 Oswald 等在 20 世纪 50 年代提出利用微藻处理污水的理念以来，以高效藻类塘为代表的藻-菌共生系统已成功应用于各类污水处理中(Hammouda et al., 2012; Muñoz and Guīeysse, 2006; Olguín et al., 2012; Park et al., 2011a)。与传统活性污泥法相比，藻-菌共生系统具有一些独特优势：①微藻通过光合作用为好氧微生物提供氧气(Alcántara et al., 2015)；②藻细胞合成、硝化/反硝化等过程能有效去除污水中的氮、磷等营养元素(Hammouda et al., 2012)；③微藻生长能捕捉并固定大量 CO_2，实现生物柴油生产(蔡卓平等, 2012)。这在能源危机、水环境恶化和全球气候变暖的大背景下凸显优势，使微藻污水处理技术成为当前污水处理的研究热点和发展方向之一(Christenson and Sims, 2011)。

尽管如此，藻-菌共生系统仍受占地面积大、处理能力低和处理效果不稳定等限制性条件的制约，难以大规模推广应用，其中藻-水分离困难则是导致这些限制性因素出现的根本原因。微藻细胞一般小于 30 μm，带负电，密度接近于水(Christenson and Sims, 2011)。这些特性使得藻细胞在水中往往处于较为稳定的悬浮状态，很难像活性污泥那样通过重力沉淀实现自然分离。其后果是，大量藻细胞随处理水流出培养系统，从而导致：①出水中含有大量悬浮固体($SS=40\sim150$ mg·L^{-1})(Nurdogan and Oswald, 1996)，影响出水水质；②培养密度低($0.2\sim0.6$ g·L^{-1})，处理能力低下($HRT=3\sim10$ d)，占地面积大　(>10 m^2·ca^{-1})(García et al., 2000)；③水力停留时间等于固体停留时间(SRT)，缺乏有效运行控制手段(Anbalagan et al., 2016)；④藻细胞采收成本高，占藻细胞生产总成本的 20%~30%，甚至高达 50%以上(Milledge and Heaven, 2013)。由此可见，无论从污水处理本身，还是从能源生产角度来看，从处理水中分离藻细胞都是限制微藻技术大规模工业化应用的主要瓶颈。

目前，实现藻细胞分离的常规思路是在出水时采用人工强化方法，如离心、过滤、气浮、化学混凝等手段(Christenson and Sims, 2011)。这些末端分离措施固然能保证良好出水水质与生物质有效采收，但这并没有解决大量藻细胞流出反应系统的本质性问题。末端分离技术最根本的影响还在于不能实现对 HRT 和 SRT 的独立控制，导致微藻培养系统缺乏像活性污泥系统中通过分别控制 HRT 和 SRT 来调控反应器内生物量、污染物负荷、细胞活性/生长阶段及种群结构的工艺控制手段。因此，只有改变藻-水末端分离的固有思路、探索在反应体系内部实施"原位"分离藻细胞的技术措施，方能使藻类处理污水技术应用走向光明。在此方面，藻-菌共生絮凝体(microalgal-bacterial flocs, MaB flocs)存在技术发展的潜力。藻-菌共生絮凝体是指微藻与活性污泥经生物絮凝作用，在藻-菌共生系统中自发形成的生物絮凝体。因为藻-菌共生絮凝体尺寸较大($400\sim800$ μm)，所以其具有良好的沉降性能，可以通过简单重力沉降实现高效原位分离，进而大幅提升藻-菌系统的培养密度及产生的污水处理能力。因此，在藻-菌共生系统中富集培养可自然沉降的藻-菌共生絮凝体得到了全球的关注(Godos et al., 2014; Gutzeit et al., 2005; Hende et al., 2014a, 2014b; Kim et al., 2014; Park et al., 2013; Su et al., 2011)。本节从藻-菌共生絮凝体富集培养方法出发,系统总结藻-菌共生絮凝体对藻-菌系统处理能力提升、藻-菌相互作用及其生物能源潜力,以期推动这一具有良好应用前景的生态污水处理技术的发展。

4.5.2　藻-菌絮凝体富集培养体系

1. 常规富集培养系统

传统高效藻类塘系统[图 4.22(a)]在长 HRT、低有机负荷情况下能形成部分易沉降的藻-菌共生絮凝体。然而该系统中的絮体结构不稳定,随 HRT 缩短和食物比(F/M)增加等运行条件的变化而迅速解体,导致整体沉降性能显著恶化(Arcila and Buitrón, 2016; Medina and Neis, 2007),如有人在 HRT=6~10 d 时获得了沉降率(沉降生物量/总生物量)>92%的藻-菌絮凝体,而当 HRT 降到 2 d 时,絮体结构解体,沉降率迅速恶化,甚至接近于零(Arcila and Buitrón, 2016)。近年来,越来越多的学者意识到设置沉淀单元,并将部分沉淀生物质回流至藻类塘是在连续流藻类塘系统中实现稳定富集藻-菌絮凝体的技术关键[图 4.22(b)](Gutzeit et al., 2005; Park et al., 2011b, 2013; Stříteský et al., 2015)。沉淀生物质回流能将系统整体沉降率稳定维持在 85%以上,而没有回流的传统藻类塘系统仅能维持 60%左右的沉降率(Park et al., 2011b)。

絮凝体回流对实现藻-菌絮凝体稳定富集起着决定性作用,因为非沉降性单细胞藻类通常比易沉降胶团状和丝状藻类具有更高的生长速率,且更易于上浮到反应器表面接收太阳光(Nalleyjakob et al., 2014)。因此,在传统藻类塘系统,非沉降性微藻比易沉降藻-菌絮凝体在营养物和太阳光竞争中更具有优势,总是在种群结构中占主导地位。当藻-菌絮凝体回流后:①可沉降藻-菌絮凝体流失大幅减少,而非沉降性微藻流失持续进行,这就直接提升了可沉降藻-菌絮凝体在系统中所占比例和整体沉降性能;②可沉降藻-菌絮凝体比例增大使藻-菌絮凝体在营养竞争中占据优势;③回流延长了藻-菌絮凝体 SRT,进一步增强了生物絮凝作用,强化了絮体结构的稳定性。

间歇式光生物反应器(Photo-SBR)可更为容易地实现藻-菌絮凝体富集[图 4.22(c)]。间歇式光生物反应器运行包括以下几个典型阶段:进水、光反应阶段、暗反应阶段、沉淀和排水(Windraswara, 2013)。在沉淀阶段,可沉降藻-菌絮凝体直接停留在反应器内,起到连续流系统中絮凝体回流的作用。此外,非沉降藻细胞随出水排放,降低了下一周期非沉降藻细胞的初始浓度,额外施加了淘汰非沉降微藻种属的选择性压力。总之沉淀时间和排水体积形成了淘汰非沉降微藻种属的双重选择性压力。沉淀时间越短,体积交换比越大(VER,周期排水体积/反应器总体积),选择性压力就越强。取决于选择性压力的大小,间歇式光生物反应器能在 1 个月或更短的时间内,迅速富集易沉降的藻-菌絮凝体,稳定实现沉降率90%以上的良好沉降性能(表4.11)(Gutzeit et al., 2005; Su et al., 2011; Valigore et al., 2012)。

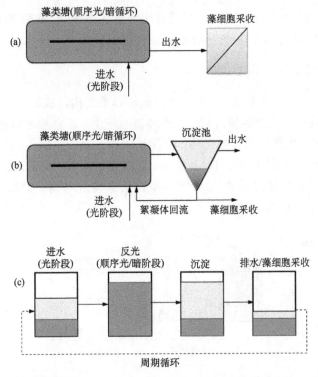

图 4.22 (a)传统高效藻类塘系统(无藻-菌絮凝体回流);(b)连续流藻-菌共生絮凝体富集培养系统;
(c)间歇式藻-菌共生絮凝体富集培养系统

　　表 4.11 总结了藻-菌絮凝体富集培养系统的沉降性能、运行参数及代表性污水处理性能。表 4.11 显示，藻-菌絮凝体富集培养使系统沉降率显著提升到 90%以上，实现了高效原位重力沉降分离。高效原位分离的直接效应就是显著提高了培养密度和污水处理能力：培养密度从传统高效藻类塘的 $0.2\sim0.8\ g\cdot L^{-1}$ 增加到了 $1\sim2.5\ g\cdot L^{-1}$；HRT 从传统高效藻类塘的 $4\sim10\ d$ 降低至$\leq2\ d$。从处理效果来看，藻-菌絮凝体富集培养系统能稳定实现 80%以上的 COD 去除效果。更为显著的是，藻-菌絮凝体富集培养系统能在很短的 HRT 下稳定实现 78%$\sim$100%的 NH_4^+-N 去除效果。这主要归因于原位分离后 HRT 和 SRT 可以分别被调控，即在很短的 HRT 情况下仍然可以保持较长的 SRT(表 4.11)，从而在系统中富集硝化细菌这类生长较为缓慢的微生物。而在传统藻类塘系统中，由于 HRT 和 SRT 不能单独调控，延长 SRT 来提高培养密度和实现硝化功能必然导致系统处理能力大幅下降，而且总氮去除稳定性尚不理想，既可达到 80%$\sim$90%高位，也能处于 40%$\sim$50%水平(表 4.11)。这主要是因为常规富集系统在工艺流程上不利于反硝化：常规富集系统进水都处于光反应阶段[图 4.22(b)和图 4.22(c)]。此时，反应器由于藻类光合放氧处于好氧状态，在进行硝化反应的同时也在好氧分解有机碳源。这就导致进入后续暗反应阶段后，因碳源缺乏反硝化反应不能顺利进行。因此，总氮去除很大程度上依赖于藻细胞的合成(Su et al., 2011)；因受限于微藻生长速率和藻细胞元素组成比例(C/N/P，摩尔比：106/16/1)，所以，脱氮具有很大不确定性。与此类似，磷的去除也主要依赖于藻细胞合

成和化学沉淀等过程(Su et al., 2011),易受进水水质(C/N/P 等)和阳离子浓度与 pH 等环境因素的影响(Sukenik et al., 1983; Woertz et al., 2009)。

2. 缺氧/好氧富集培养系统

为了强化总氮去除,可将藻-菌絮凝体富集培养系统构建成缺氧/好氧形式,即可引入已成熟的硝化/反硝化生物脱氮过程。在连续流系统中,需要额外构建一个遮光的反应器作为缺氧段,通过内循环引入硝化液,利用进水碳源进行反硝化;光生物反应器则作为好氧段进行硝化过程[图 4.23(a)](Alcántara et al., 2015a; Godos et al., 2014)。在间歇式培养系统中,则更加容易形成缺氧/好氧构型,只需将进水调整到暗反应阶段即可[图 4.23(b)](Meng et al., 2015)。

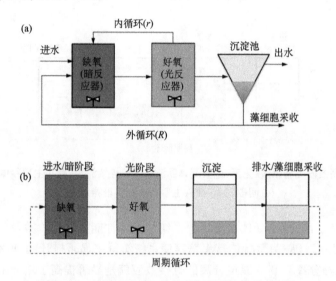

图 4.23　缺氧/好氧藻-菌共生絮凝体富集培养系统

(a)连续流缺氧/好氧培养系统;(b)间歇式缺氧/好氧培养系统

通过流程改进,缺氧/好氧富集系统能在相对较低的进水碳/氮(C/N=4)条件下稳定实现 85%的总氮去除效果(表 4.11)(Godos et al., 2014)。即使对可利用碳源非常缺乏的厌氧消化液,缺氧/好氧富集系统仍能实现 50%左右的总氮去除效果(表 4.11)(Meng et al., 2015)。更为显著的是,有人发现短程硝化与反硝化是藻-菌系统中脱氮的主要途径(Meng et al., 2015)。其他人在应用藻-菌系统处理厌氧消化液时也观察到了稳定的短程硝化现象(Arashiro et al., 2015a)。他们把这一现象归因于高进水氨氮浓度($\approx$300 mg N·L^{-1})和低溶解氧(DO=0.3$\sim$0.7 mg·L^{-1})对亚硝酸盐(NO$_2^-$)氧化细菌的抑制作用(Arashiro et al., 2015a; Meng et al., 2015)。然而也有人在进水氨氮浓度相对较低(120 mg N·L^{-1})和过饱和 DO(21 mg·L^{-1})情况下依然观察到稳定的短程硝化现象(Alcántara et al., 2015)。具有代表性意义的是,有人在研究微藻生长对好氧颗粒污泥的影响时发现,与微藻共培养的颗粒污泥系统中出现了显著的亚硝酸盐累积现象,而单纯的颗粒污泥系统则几乎没有亚硝酸盐的累积(Huang et al., 2015)。这说明促进短程硝化可能是藻-菌共生系统的固有特性。

表 4.11 藻-菌絮凝体富集系统的沉降性能和污水处理效果

类型	系统构型	污水水质/(mg·L⁻¹)	运行参数	处理效果	沉降性能	参考文献
传统 HRAP	图 4.22(a)	初沉城市污水: COD=260, TN=51, TP=8.5	HRT=4~8 d, 自然光暗周期, 培养密度 0.25 g·L⁻¹	COD=38%, TN=57%, TP=32%	沉降率 78%	(Garcia et al., 2006)
传统 HRAP	图 4.22(a)	养鱼场污水: COD=678, TN=31, TP=19	HRT=10 d, 自然光 (11h, 5 892 Wh·m⁻²·h⁻¹) 暗周期, 培养密度 0.78 g·L⁻¹	COD=77%, NH₄⁺-N=100%, TN=85%, TP=94%	沉降率 70%	(Posadas et al, 2015)
MaB-flocs	图 4.22(b)	初沉城市污水: COD=471, TN=79, NH₄⁺-N=54, TP=11	HRT=2d, SRT=25d, 10h 光 (2 000 μmol·m⁻²·s⁻¹): 14 h 暗, 培养密度 1.7~2.5 g·L⁻¹	COD=87%, NH₄⁺-N=84%, TN=86%, TP=55%	沉降率 98%, SVI=80~120	(Gutzeit et al., 2005)
MaB-flocs	图 4.22(c)	初沉城市污水: TOC=57, TN=44, NH₄⁺-N=37, PO₄³⁻-P=1.4	HRT 0.67 d, VER=0.5, 3 周期·d⁻¹, 光照 6.4 h (100 μmol·m⁻²·s⁻¹)/周期, 沉淀 0.5 h, 培养密度 1.3 g·L⁻¹	TOC=77%, NH₄⁺-N=78%, TN=54%, PO₄³⁻-P=57%	SVI=103~120	(Hende et al., 2014a)
MaB-flocs	图 4.22(c)	初沉城市污水: COD=110, TN=45, TP=5	HRT=2 d, VER=0.5, 自然光 (600 μmol·m⁻²·s⁻¹): 暗周期, 培养密度 1 g·L⁻¹	COD=85%, NH₄⁺-N=100%, TN=93%, TP=83%	沉降率 99%, SVI₁₂ₘᵢₙ=128	(Kim et al., 2014)
MaB-flocs	图 4.22(c)	农业污水: COD=180~340, TN=40~75, TP=2~8	HRT=2 d, VER=0.5, 12 h 光 (139 μmol·m⁻²·s⁻¹): 12 h 暗, 沉淀 12 h, 培养密度 1 g·L⁻¹	COD=80%, BOD₅=99%, TN=41%, TP=65%	SVI=200	(Hende et al., 2014a)
MaB-flocs	图 4.23(a)	模拟污水: TOC=200, NH₄⁺-N=140, IC=200	HRT=4.5 d, SRT=20 d, 光反应器持续光照 (135 μE·m⁻²·s⁻¹), r=450%, R=33%	TOC >97%, NH₄⁺-N=100%, TN=85%	沉降率 90%~100%, SVI=333~430	(Godos et al., 2014)
MaB-flocs	图 4.23(a)	模拟污水: TOC=200, IC=253, NH₄⁺-N=120, TN=123	HRT=2 d, SRT=21 d, 光反应器 12 h 光 (160 μE·m⁻²·s⁻¹); r=176%, R=29%	TOC=87%, NH₄⁺-N=96%, TN=79%	沉降率=90%, SVI=32	(Alcántara et al., 2015)
MaB-flocs	图 4.23(b)	厌氧消化液: COD=1045, TN=313, NH₄⁺-N=301, TP=28	HRT=4 d, SRT=8 d, VER=0.25, 12 h 光 (105μmol·m⁻²·s⁻¹), 培养密度 1.2 g·L⁻¹, 沉淀 110 min	NH₄⁺-N=93%, TN=46%	沉降率≥94%, SVI=62	(Meng et al., 2015)

4.5.3 藻-菌相互作用

藻-菌共生虽然是藻-菌系统中主导的相互作用关系,但藻-菌之间也可能存在争夺底物(营养物、碳源)等竞争关系。生长缓慢的硝化菌尤其容易在藻-菌共生系统中受到藻类竞争无机碳源(CO_2)和光抑制等影响。

硝化细菌和大部分微藻都是自养型微生物,以 CO_2 作为生长的唯一碳源。藻类塘中的 CO_2 一大部分来自进水有机物的好氧降解,其余来自空气(Sutherland et al., 2015)。藻细胞组成的 C/N 一般为 $6\sim15$;而生活污水典型的 C/N 为 $3\sim7$,不能满足微藻生长对碳源的需求(Sutherland et al., 2015)。因此 CO_2 不足是藻类塘中的普遍现象。在此情况下,微藻和硝化菌之间存在着对 CO_2 的激烈竞争。硝化细菌生长速率缓慢,在 CO_2 竞争中总是处于劣势,甚至会被完全抑制。有人发现,当藻-菌反应器内 CO_2 浓度较低时($50\ \mathrm{mg\cdot L^{-1}}$),尽管 SRT 足够长(>20 d),DO 也充足($>5\ \mathrm{mg\cdot L^{-1}}$),但硝化效果只能维持在 50%左右;而当 CO_2 浓度增加至 $100\ \mathrm{mg\cdot L^{-1}}$ 时,硝化效果迅速攀升至 88%(Godos et al., 2014)。除无机碳源的总量外,无机碳源的"质量"也非常容易受到微藻生长的影响,从而进一步加剧藻-菌对无机碳源的竞争。藻类塘中由于微藻的光合作用,pH 很容易上升至 $9\sim10$ 的水平。无机碳在 pH>9 时将主要以 CO_3^{2-} 形式存在(Larsdotter, 2006)。而硝化菌和绝大部分微藻只能利用 CO_2 和 HCO_3^- 形式的无机碳源(Sutherland et al., 2015)。这就导致即使在无机碳源总量充足的情况下,藻-菌系统仍可能由于可生物利用无机碳源的不足而面临无机碳源缺乏现象。向藻-菌系统人工供给 CO_2(工业废气、沼气等)可能是解决这一问题的有效方法(Park et al., 2011a)。因为这样做既可增加无机碳源的总量,也能降低系统 pH,增加可生物利用的无机碳源量。

除受无机碳源竞争的影响外,硝化细菌在藻-菌系统中还很容易受到光抑制的影响。如前所述,藻-菌系统很容易出现稳定的短程硝化现象(Arashiro, 2015; Huang et al., 2015; Meng et al., 2015)。这很可能是由硝化菌中的氨氧化细菌(AOB)和亚硝酸盐氧化细菌(NOB)对光抑制的敏感程度不同导致的。有人报道,在光照强度为 $75\ \mathrm{\mu E\cdot m^{-2}\cdot s^{-1}}$ 及光/暗循环为 12 h/12 h 的情况下,AOB 和 NOB 的活性均受到了抑制,而 NOB 所受的光抑制更为明显;他们还发现,较高浓度 NH_4^+ 能明显减缓 AOB 所受的光抑制,而 NO_2^- 对 NOB 所受的光抑制并没有缓解作用(Guerrero, 1996; Yoshioka and Saïjo, 1984)。因此,当处理以氨氮为主的生活污水时,藻-菌系统中的 NOB 将受到严重的选择性抑制,很容易形成稳定的短程硝化现象。因短程硝化/反硝化能显著节省生物脱氮所需有机碳源量(40%),藻-菌系统应充分利用光照对 NOB 的选择性抑制,进而实现稳定、高效的总氮去除效果。

4.5.4 生物能源潜力

除水质净化功能以外,利用收获的藻细胞进行可再生能源(生物柴油、生物沼气、生物乙醇、生物氢气等)生产是微藻污水处理中又一重要功能,其中生物柴油得到的关注最为广泛。藻类塘中常见的微藻种属,如小球藻、栅藻、布朗葡萄藻微拟球藻(*Nannochloropsis* sp.)、三角褐指藻(*Phaeodactylum tricornutum*)等,通常可以累积高达 $30\%\sim50\%$ 的油脂含量(细胞干重)(胡洪营等, 2009, 2010)。然而在藻-菌系统中所收获的藻-菌絮凝体油脂含量一般仅为 10%～30%(Mehrabadi et al., 2015)，这是因为：①藻-菌絮凝体很大一部分生物量由不含油脂的细菌组成，这就直接降低了生物质总的油脂含量；②混合培养是污水处理的本质特征，产油微藻由于生长速率较慢，往往容易被其他含油较低的快速生长种属所淘汰，在种群结构中处于劣势地位；③油脂大量累积一般发生于氮缺乏之后，而实际污水处理中通常不能满足这一条件。有人在分析微藻生物柴油生产各环节(采收、浓缩、油脂抽取和加工等)能量平衡后得出结论，只有生物质油脂含量>40%时才能实现可持续的生物柴油生产(Sialve et al., 2009)。因此直接生物柴油生产不是藻-菌絮凝体能源转化的最合适方式，厌氧消化产甲烷才是最合适的能量转发方式(Gonzalez et al., 2015b; Mehrabadi et al., 2015; Sialve et al., 2009)。

文献报道的藻-菌絮体 CH_4 产率介于 128～348 ml $CH_4\cdot(g\ VSS)^{-1}$，与城市污水厂剩余污泥 CH_4 产率[150～300 mL $CH_4(g\ VSS)^{-1}$]相当(Arcila and Buitrón, 2016; Sofie et al., 2015)。事实上，藻-菌絮凝体厌氧转化效率(25%～36%)(Sofie et al., 2015)却明显低于活性污泥(40%～50%)(Hu et al., 2014)。这主要是因为微藻具有更加坚固的细胞壁，在厌氧消化中难以破稳并水解，如绿藻细胞壁主要由难降解的纤维素和多糖组成，而硅藻细胞壁则被硅质(主要为 SiO_2)覆盖。相对而言，蓝藻细胞壁因主要成分为肽聚糖而较为容易厌氧消化产 CH_4 (Graham and Wilcox, 2000)。此外，藻细胞较低的 C/N(导致氨抑制)和金属离子的累积(来自化学沉淀)等也是导致厌氧转化效率偏低的重要原因(Sofie et al., 2015)。因此，通过开发有效的预处理方法、提高生物质自身的能源含量(如提高含油藻比例和油脂含量)和采用厌氧共消化等方式来提高能源转化效率将是利用藻-菌絮凝体实现可再生能源生产的关键。

4.5.5　结语

在藻-菌共生系统中富集可自然沉降的藻-菌絮凝体可实现藻-水高效原位分离，进而大幅提升藻-菌系统的培养密度和污水处理能力，在较短的水力停留时间(≤2 d)下实现低成本污水二/三级处理，具有良好的工程应用前景。尤其是通过自然沉降分离，可克服藻细胞采收困难这一微藻能源生产中的主要瓶颈，为利用微藻实现可再生能源生产扫除障碍。后续研究可从以下几方面来进一步提升其在可持续污水处理和可再生能源生产中的工程化潜力。

(1)将藻-菌系统进一步构建成厌氧/缺氧/好氧形式，形成包含聚磷菌、硝化/反硝化菌和藻类在内的藻-菌共生微生物群落结构，从而在脱氮除磷功能菌和藻类协同作用下实现稳定、高效的污水深度净化。

(2)在对水力停留时间和固体停留时间分别调控的基础上，对培养密度、污染物负荷、光合产氧速率、微生物活性/生长阶段等运行参数进行优化，以实现高负荷(HRT<1d)污水深度处理。

(3)利用工业废气、沼气等廉价 CO_2 碳源人工强化藻-菌系统的无机碳源供给。这既能避免无机碳源缺乏对硝化菌和藻类生长的限制、刺激藻类快速生长、合成更多的氮和磷元素(从而实现更高效的营养物去除效果)，还能显著提高藻-菌絮凝体中的藻细胞的比例和能源含量，实现更加可持续的可再生能源生产。

4.6 可沉微藻油脂含量扩增方法

4.6.1 引言

微藻可用于污水净化，特别是用于降低出水 N、P 含量的高级污水处理；收获的微藻如果油脂含量丰富，则可以用作生物柴油生产，以补充日益紧张的化石燃料供应（Fields et al., 2014; Hu et al., 2008, 2017; Li et al., 2011）。然而微藻与水分离较为困难，往往需要借助外力作用（如离心分离等），这就限制微藻净化污水的实际应用。前期实验表明，通过"冲淘"压力可以筛选出沉淀性能非常好的可沉藻，使微藻沉淀效率达 97%、SVI= 17 mL·g^{-1}；对 PO_4^{3-} 与 NO_3^- 的去除率分别达 99%和 79%，使出水 P<0.1 mg P·L^{-1}、NO_3^-=2.2 mg P·L^{-1}（Hu et al., 2017）。

目前选择工况下培养出的可沉藻油脂含量很低，仅有 10%（藻细胞干重），而不到多糖含量的 6.5%（Hu et al., 2017）。为此，本书基于文献调研所获得的信息（胡沅胜等，2016; Hanifzadeh et al., 2017; Lohman et al., 2014; Mooij et al., 2015, 2016），试图通过通入 CO_2 的方式培养可沉状态下的含油微藻。实验以北京某污水处理厂二级出水作为实验水样，研究 CO_2 通入微藻培养反应器对微藻生物量、沉降性能、种属特征、油脂/多糖含量等方面的影响。

4.6.2 材料与方法

1. 实验水样

以北京某污水处理厂出水作为实验水样，出水水质如表 4.12 所示。因出水中 SiO_2 含量较低，所以实验前人工投加 SiO_2，至其浓度为 20 mg·L^{-1}。

表 4.12 实验水样水质

水质参数	数值/(mg·L^{-1})	水质参数	数值/(mg·L^{-1})
TN-N	23.62±0.7	Ca^{2+}	63.14±3.0
TP-P	1.31±0.2	Mg^{2+}	21.82±2.3
NH_4^+-N	0.58±0.1	DIC（无机碳）	31.37±11.02
NO_3^--N	20.38±1.5	SiO_2	7.83±0.5
PO_4^{3-}-P	1.16±0.3	pH	7.24±0.3
COD	72.08±4.8		

2. 接种藻液与特性

接种藻液来源于所取水样污水处理厂二沉池池壁，将其置于阳光充足的实验室内的窗台上，取经过自然生长 2 个月后的水样检测各项指标（表 4.13）。微藻经过 2 个月自然生长后，其生物量已高达 0.32 g·L^{-1}，但沉降性能很差，沉降率仅为 4.85%；显微镜观测表明，主要藻种包括栅藻、颤藻、硅藻、小球藻、色球藻等。

表 4.13　培养藻液参数

项目	初始 SS/(g·L^{-1})	沉降率/%	VSS/(g·L^{-1})	叶绿素 a/TSS/%
培养藻液	0.32	4.85	0.16	0.39

3. 实验方法

用 2 个 2L 烧杯作为实验反应器(图 4.24),采用间歇运行方式,1 d 作为 1 个运行周期(进水=5 min、光反应=1 420 min、静置=5 min、排水=10 min,详见表 4.14 与图 4.24)。每周期排出 70%(1 400 mL)上清液,将沉降时间与体积交换比(VER,排出体积/总体积)定义为流体动力学"冲淘"压力。采用不同静置沉降时间,排出沉降性能较差的藻属,筛选滞留可沉优势种属。利用日光灯提供光照,调控 pH 为 7.5 左右。实验装置通过定时器自动控制,反应器进出水用 2 台蠕动泵自控。

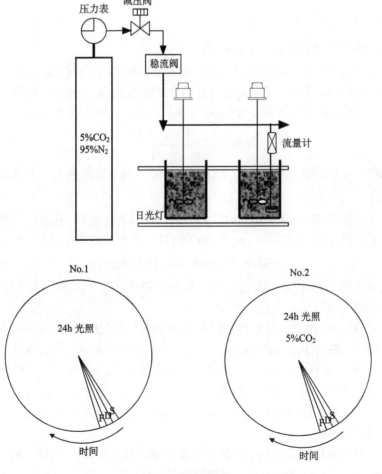

图 4.24　实验装置示及单周期运行示意图

S—沉淀;D—排水;F—进水

表 4.14　设计实验工况

项目	运行工况	
反应器编号	No.1	No.2
CO_2 (5%)[①]	无	全程曝气
光照	连续	连续
硅浓度	20 mg·L^{-1}	
光照强度	3 000 lx	
进水方式	周期开始时	周期开始时
沉淀时间	5 min	
体积交换比	70%	
搅拌	连续搅拌，200～300 rpm	
水力停留时间	1.43 d	

① CO_2 曝气方式为间歇式，曝=3 min、停=2 min；流量=6 mL·min^{-1}。

4. 分析方法

1)微藻生物量、种属结构与沉降性能

微藻生长状况采用总悬浮固体(TSS, g·L^{-1})和叶绿素 a(Chla, mg·L^{-1})表征。以 Whatman 膜(0.45 μm)过滤，采用标准方法测定 TSS(APHA, 1989)。利用丙酮提取叶绿素 a，以分光光度法对其进行测定(Zhang, 2008)。细胞产率利用式(4.16)计算：

$$细胞产率 = \frac{TSS_{t_2} - TSS_{t_1}}{\Delta t} \tag{4.16}$$

式中，细胞产率单位为 mg·(L·d)$^{-1}$；TSS_{t_2} 和 TSS_{t_1} 分别为周期中 t_1 和 t_2 时刻的生物量，$\Delta t = (t_2 - t_1)$。

利用光学显微镜(Zeiss Axioskop 40)拍摄生物种属的生物相，观察群落变化和种属形态特征，以鉴定微藻属(Bellinger and Sigee, 2011)。微藻沉降率由式(4.17)计算：

$$沉降率(\%) = 100 \times (1 - TSS_e / TSS_r) \tag{4.17}$$

式中，TSS_e 是沉降后排出的 TSS 量；TSS_r 是每周期反应结束时混合液的 TSS 量。

2)细胞组分

在实验第 30～40 周期内分别测定细胞组分中的多糖、蛋白质与脂质含量。多糖采用苯酚-硫酸法(%干重)(Qian and Borowitzka, 1993)；蛋白质测定前先行碱热水解，后采用考马斯亮蓝法(%干重)(Pruvost et al., 2011)；油脂使用氯仿/甲醇(2∶1)提取总脂质，采用超声波加热法破壁，以重量计量法测得其含量(%干重)(Song et al., 2013)；油脂测定以荧光生物相通过尼罗红染色法实施(Fernandes et al., 2013; Eltgroth et al., 2005)。

3)水质指标及其他

排出反应器的液样通过 0.45 μm 膜过滤器过滤，以分析其中 NO_3^-、PO_4^{3-}、SiO_2 和无机碳(DIC)浓度。同时检测反应器运行周期始/末 pH、DO。各种检测方法见表 4.15。

表 4.15　水质检测、分析方法

测定项目	方法或仪器	测定项目	方法或仪器
pH	pHS-3C 型精密 pH 计	NH_4^+	纳氏试剂分光光度法
COD	重铬酸钾法	SiO_2	分光光度法
NO_3^-	紫外分光光度法	DIC	TOC 仪，瑞士 DKSH
TN	过硫酸钾氧化分光光度法	Ca^{2+}、Mg^{2+}	ICP7200，德国 Thermo
PO_4^{3-}	钼锑钪分光光度法	DO	DO 电位仪
TP	过硫酸钾氧化分光光度法		

4.6.3　结果与分析

图 4.24 中的 No.1 与 No.2 反应器的区别在于是否通 CO_2，所以对比分析通入 CO_2 对微藻种属结构、细胞产率、沉降性能、处理效果和细胞组分的影响。

1. 种属特征

反应器运行前 20 周期，系统处于环境适应期，种群生态特性变化较大。在选择性压力条件培养下，沉降性能较差的微藻(如栅藻、小球藻等)逐渐被淘汰。运行至第 20 周期，各系统出现不同优势微藻种属：No.1 富集大量硅藻，其中舟形硅藻和直链硅藻较多；而 No.1 除硅藻外还出现部分颤藻(蓝藻)，这揭示出，前期 CO_2 对 No.1、No.2 两个反应器中的微藻种属没有太大影响，也许是这时系统内的微藻生物量较低，进水中的无机碳已足以满足微生物需要，外加补充 CO_2 作用并不明显。

至第 50 周期时 No.1 出现微囊藻(蓝藻)，长链硅藻断裂，残存少部分短链硅藻；No.2 已富集出大量长链微胞藻(绿藻)和舟形硅藻，蓝藻全部被淘汰。到 100 周期时，No.1 仍以微囊藻为主，No.2 出现大量直链硅藻，说明此时 No.1 中的碳源明显不足，产能硅藻较难富集；而 No.2 因 CO_2 存在，系统产能硅藻为优势微藻。

蓝藻是一种低能微藻，几乎不含油脂成分，无机碳浓度(DIC)并非其生长的主要限制因素(Zheng et al., 2012b)，致使后期随着生物量升高、无机碳匮乏，蓝藻与长链藻竞争，蓝藻占据优势。而通入 CO_2 的 No.2 系统因存在稳定无机碳源(CO_2)，富集出更多长链藻，以硅藻为主。

2. 细胞产率与沉降性能

No.1 反应器微藻生长可分为三个阶段：①线性增长阶段(0～35 d)：该阶段系统生物量较低，无机碳浓度不足以限制细胞生长；②生物量下降阶段(35～60 d)：因细胞密度增大，原水无机碳浓度不能维持藻细胞正常生长；③生物量回升阶段(60～100 d)：该阶段生物量有所回升，但占比更高的是无机颗粒(VSS/TSS=54%)，叶绿素水平较低。

在 No.2 反应器中，第 I 阶段时间明显延长(0～56 d)，主要是因为该阶段营养物质、无机碳充足，藻细胞大量繁殖；第 II 阶段持续时间较 No.1 缩短，主因是藻细胞增长迅速，高密度使得遮光效果明显，致藻细胞大量死亡。此后(第 III 阶段)，No.2 反应器处于微藻动态平衡过程，光限制导致的藻细胞死亡下降与该部分藻死亡提供给其他微藻富余生存空间，从而其得以继续增长，两种作用在系统内形成稳定平衡。

图 4.25(a)显示，No.1 从第 8 周期开始生物量(TSS)呈线性增长，到第 25 周期时达到 1.28 $g \cdot L^{-1}$，相应的细胞产率为 52 $mg \cdot L^{-1} \cdot d^{-1}$；No.2 从第 6 周期开始 TSS 便呈线性增长，至第 56 周期时浓度为 1.81 $g \cdot L^{-1}$，相应细胞产率为 35 $mg \cdot L^{-1} \cdot d^{-1}$。有一点要说明的是，No.1 不通 CO_2 导致后期 pH 升高到 9~11，系统中有大量无机颗粒，TSS 上升。因此叶绿素 a 更能表征微藻细胞生长及光合速率情况。以上反映出 CO_2 对 No.2 系统生物量的刺激增长作用。到第 80 周期，两系统沉降性能已变得非常稳定，沉降效率均>90%，似乎 CO_2 对沉降性能并没有明显影响。

图 4.25(b)显示的叶绿素 a 水平变化显示，两反应器变化趋势基本相似：前 20 周期线性增长，至第 25 周期，均达到各自峰值(4.89 $mg \cdot L^{-1}$ 和 8.69 $mg \cdot L^{-1}$)。随后，光遮蔽现象导致叶绿素 a 水平急剧下降，然后又有所回升。两反应器的区别在于叶绿素 a 含量不同，No.2 反应器显然具有更高的叶绿素 a 含量，显示出更高的光合速率。第 100 周期结束时，两反应器中叶绿素 a 浓度分别为 5.3 $mg \cdot L^{-1}$ 和 6.4 $mg \cdot L^{-1}$，通入 CO_2 使得叶绿素 a 浓度提升 20.8%。

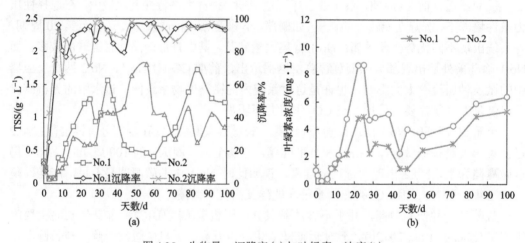

图 4.25　生物量、沉降率(a)与叶绿素 a 浓度(b)

微藻合成细胞原生质的能量来源为光能，但藻细胞具有一定的光饱和极限(6.458 klx)(Wahidin et al., 2013)。光在微藻培养中发挥着至关重要的作用，其需求取决于微藻培养深度和密度(Wahidin et al., 2013)。实验后期生物量增长、细胞密度增加，导致低光照强度无法穿透整个液体，形成了光遮蔽现象，致大量微藻细胞死亡，并向水中释放出有机物，使出水 TOC 明显高于原水。

3. 净化效果

前期 No.1 系统不稳定，氮去除效率很低，后期虽有恢复但也不是很高，只维持在 20%左右。No.2 虽然也出现一定波动现象，但最终氮去除效率稳定在 37%附近，意味着 CO_2 通入使氮去除效率提高约 17%。

　　两系统对磷的去除也经历了波动，No.1 在 59%～95% 变化，No.2 变化范围更大，处于 40%～100%。系统对 P 的去除除微藻细胞吸收以外，还存在化学沉淀现象（Xu et al.，2014），因为系统存在高 pH 现象（No.1 中 pH=9～11，化学除磷严重，出水中几乎检测不出 Ca^{2+}、Mg^{2+}；No.2 中 pH=7.5，主要为藻细胞吸磷）。在实验水质情况下，No.2 出水可以达到一级 A 标准。

　　4. 细胞组分

　　在 30～40 周期内获取藻样，分析细胞组分（多糖、蛋白质、油脂），结果如图 4.26 所示。通入 CO_2 的 No.2 系统油脂、多糖、蛋白质均高于不通 CO_2 的 No.1 系统；油脂、多糖、蛋白质含量分别提高 11.2%、7.2% 和 0.3%。30～40 周期的两反应器细胞产率分别为 33 $mg \cdot L^{-1} \cdot d^{-1}$ 和 46 $mg \cdot L^{-1} \cdot d^{-1}$，据此计算 No.1 与 No.2 油脂产率分别为 4.0 $mg \cdot L^{-1} \cdot d^{-1}$ 和 10.7 $mg \cdot L^{-1} \cdot d^{-1}$，这与 Wu 等（2013）利用二级出水培养微藻含油脂产率 0.3～4.9 $mg \cdot L^{-1} \cdot d^{-1}$ 相比，本实验培养微藻含油量相当可观。

　　为直观观测微藻细胞内油脂含量，通过尼罗红染色法观测生物相显微照片，如图 4.27 所示；显微图像中金黄色亮点即油脂，揭示出硅藻（No.1）和绿藻（No.2）均具有产油潜能。发现 No.2 中绿藻也富含油脂较为新奇，揭示出通常前期只富集淀粉的绿藻（De et al.，2014），在 CO_2 的作用下可促进微藻体内储存的淀粉向油脂方向转化。

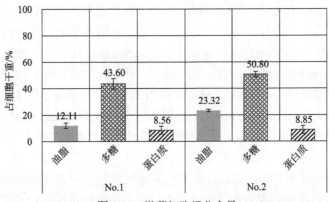

图 4.26　微藻细胞组分含量

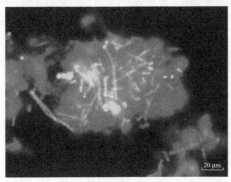

(a) No.1微藻(第35d, 200X)

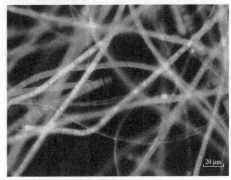

(b) No.2微藻(第35d, 200X)

图 4.27　微藻荧光显微照片

总之，系统中通入 CO_2 在种属上可提高产能微藻(硅藻、绿藻)的稳定性，延长其增长期持续时间(35 d 延长至 56 d)、获得更高的叶绿素 a 含量(从 5.3 mg·L^{-1} 提高到 6.4 mg·L^{-1})。与此同时，通入 CO_2 的反应器除磷效果并未出现下降趋势，反而持续上升。更重要的是，CO_2 的存在使微藻细胞油脂含量提升 11.2%，意味着 CO_2 可刺激油脂增加。

4.6.4　结论

通过实验对比，CO_2 通入可沉微藻培养系统中对微藻生物量、叶绿素 a、净化效果，特别是油脂含量的影响很大。可沉微藻培养系统通入 CO_2 后可增加 20.8%的细胞叶绿素 a 含量，提升脱氮(17%)除磷(26%)效率，使细胞组分中油脂、多糖、蛋白质分别提高 11.2%、7.2%和 0.3%。研究表明，微藻在净化出水的同时，完全可以富集培养出富含油脂和多糖的可沉微藻，这为利用微藻处理污水并实现资源化、能源目标带来了一线曙光。

4.7　污泥干化焚烧资源/能源回收技术

4.7.1　引言

生物处理不仅是过去、现在盛行的污水处理方法，也代表着未来。故而污水处理副产物——剩余污泥始终是绕不开的问题。污泥处置方式，从开始的填埋、农用、绿化，一直到现在的堆肥、消化乃至焚烧，这其中，污泥"丢弃"(如填埋、农用)显然是最为简单和经济的方式；在相对"地大物博"的中国、美国和英国，丢弃所占比例较高，分别达 76%、59%和 63%(Christodoulou and Stamatelatou, 2016; EC, 2008; Kacprzak et al., 2017; Kelessidis and Stasinakis, 2012)。但是在人均国土面积较小的一些欧洲国家和日本，丢弃应用比例持续下降，从法国的 46%，到德国的 27%，直至日本的 16%、荷兰的 11%(0 农用)(Christodoulou and Stamatelatou, 2016; EC, 2008; Kacprzak et al., 2017; Kelessidis and Stasinakis, 2012)，继而增加了厌氧消化，甚至焚烧的路径。

纵观欧洲等发达国家剩余污泥处理、处置历史，"丢弃"省事、省力、省钱，很多国家刚开始时大多采用此方法，然而，丢弃越来越受到空间和农业的限制，以至于很快变成一条"死胡同"。现实情况表明，中国没有足够可持续接纳污泥的填埋场地，农民也不重视污泥中的肥效，园林绿化恐也难以长期接纳污泥。这就形成了目前中国剩余污泥"成灾"的严重局面。因此，我们不得不"另辟蹊径"，以至于堆肥、消化、焚烧也相继被提到议事日程并开始工程应用。在大多数国人眼中，焚烧投资与运行费用太高而令人望而生畏，一般首先考虑堆肥和消化。污泥堆肥出路有限，厌氧消化后仍有 50%～70%的污泥有机物残留而"无地自容"，不得不再加焚烧环节最终处置。

鉴于此，研究认为，既然"低端"丢弃方式变得日益艰难，不如直接走向"高端"，即焚烧。当然污泥焚烧需要将含水率降至一定范围(40%～70%)(Abuşoğlu et al., 2017; Fytili and Zabaniotou, 2008)，所以污泥脱水后仍需要进一步干化至目标含水率，而传统的厌氧消化则完全可以被省略。污泥干化后焚烧不仅可以最大限度将污泥有机能量予以回收(发电、供热)，而且焚烧后的灰分是回收污水中磷(P)的最有效成分，甚至还可以回收重金属（Abuşoğlu et al., 2017; Fytili and Zabaniotou, 2008; Li et al., 2015; Lundin et al., 2004; Murakami et al., 2009; Zhao et al., 2018）。

　　基于这一思路，需要对污泥干化、焚烧建议工艺进行能量平衡、投资成本、运行费用匡算，并与以传统厌氧消化为主的焚烧工艺进行技术经济比较，以揭示建议工艺在能量、投资及运行方面的优势所在。

4.7.2　干化+焚烧建议工艺

　　污泥直接干化、焚烧建议工艺包括机械脱水、热媒干化与单独焚烧三个单元，如图 4.28 所示。含水率≥99%的原污泥采用机械脱水方式容易将含水率降至 80%（外运填埋标准）；常用机械脱水方式有压滤（带式、板框）、真空吸滤和离心等，但较常用的是压滤（赵庆良和胡凯，2009）。近年来，国内外也研发出一些新的脱水设备，如电渗析脱水工艺（王兴润等，2007）。总之将原污泥脱水至 80%选择方案较多。

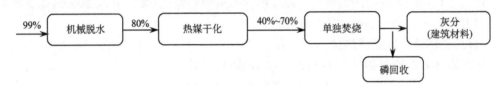

图 4.28　污泥干化、焚烧建议工艺流程

　　机械脱水至 80%含水率的污泥虽已呈泥饼状，可装车外运，但距离自持燃烧（不需要辅助外部燃料）含水率（40%～70%）还有一定距离，主要取决于污泥中有机质含量（Abuşoğlu et al., 2017; Fytili and Zabaniotou, 2008）。这就需要在 80%含水率脱水污泥的基础上实施热媒干化，主要形式有热对流干燥系统和热传导干燥系统。热对流干燥系统（转鼓式干化与流化床干化）适用于全干化工艺，可使含水率从 80%降至≤15%（王兴润等，2007）。从焚烧角度看，全干化并不可取，一是能耗高，二是后续焚烧难以形成流化状污泥颗粒（王兴润等，2007）。因此，半干化热传导干燥系统（转盘式干化与多层台阶式干化表）较适用于干化污泥，可使污泥含水率降至 35%～50%（王兴润等，2007）。

　　根据污泥有机质含量大小，40%～70%含水率干化污泥已具有自持燃烧的能力，利用常规焚烧炉在 800～900 ℃温度下便能将污泥有机物完全燃烧并氧化至 CO_2，最后包括 P 在内的无机物形成灰分（Abuşoğlu et al., 2017）。污泥焚烧释放出的热量可以用来发电或回收高温废气再次污泥干化或热交换供热（Abuşoğlu et al., 2017），灰分中的 P，甚至重金属可以通过化工工艺回收，残留灰分可用于生产建筑材料（Christodoulou and Stamatelatou, 2016）。国内外常用焚烧炉有流化床炉、立式多膛炉、喷射焚烧炉等（王兴润等，2007）。

4.7.3　建议工艺能量衡算

1. 机械脱水

国内外常用机械脱水方式及其能耗列于表 4.16 中（赵庆良和胡凯，2009），其中板框压滤能耗最高，带式压滤与真空吸滤次之，离心分离和双滚挤压能耗最低。本章以能耗折中且常用的带式压滤法为例进行能量衡算，平均能耗约 60 kW·h·(t DS)$^{-1}$。

表 4.16 常见机械脱水方式及其能耗

技术指标	板框压滤	带式压滤	真空吸滤	双滚挤压	离心分离
脱水污泥含水率/%	55～90	65～90	60～90	60～80	～80
总能耗范围/[kW·h·(t DS)$^{-1}$]	157～179	37～81	37～81	37～59	15～37
均值/[kW·h·(t DS)$^{-1}$]	169	61	61	39	26

2. 污泥干化

1) 理论能耗计算

污泥干化过程能耗由污泥固体升温及所含水分吸热组成(张宗宇等, 2009)，那么我们从这两方面入手，理论能耗计算分别如下。

(1) 污泥固体升温所需热量

污泥固体升温所需热量 E_s 可根据式(4.18)进行计算：

$$E_s = (T_2 - T_1) \times C_s \times M_s \times 100 \tag{4.18}$$

式中，E_s 为污泥固体升温所需热量，kJ·(t DS)$^{-1}$；T_1 与 T_2 为脱水污泥初始温度(20 ℃)和干化温度(100 ℃)；C_s 为污泥比热容，3.62 kJ·kg^{-1}·℃；M_s 为污泥干固体(DS)质量，为定值：10 kg·t^{-1} 湿泥(99%含水率)。

(2) 污泥中水分吸收热量

污泥中水分吸收热量分为：①水从常温升温到显热；②水蒸发过程汽化潜热。热媒干化又分高温干化(100 ℃)和低温干化(20～80 ℃)，分别可利用高温烟气、过热蒸汽、燃油和热水及太阳能、低温热能等实现。目前，高温干化较为盛行，本章也以高温干化为例(100 ℃)，这部分干化热量可根据式(4.19)计算：

$$E_w = C_w \times \left(\frac{M_s w_1}{1-w_1}\right) \times (T_2 - T_1) \times 100 + Q_g \times M_w \tag{4.19}$$

$$M_w = \left[\frac{M_s}{1-w_1} - \frac{M_s}{1-w_2}\right] \times 100 \tag{4.20}$$

式中，E_w 为污泥中水分吸收的热量，kJ·(t DS)$^{-1}$；C_w 为水的比热容，4.2 kJ·kg^{-1}·℃；w_1 和 w_2 为污泥干化前后的含水率，分别为80%和40%～70%；Q_g 为水在 100 ℃时的汽化潜热，2 260 kJ·kg^{-1}；M_w 为干化过程蒸发的水量，kJ·(t DS)$^{-1}$(Li et al., 2014b)。

上述计算中最为重要的参数是污泥干化后的含水率 w_2，其表征污泥自持燃烧所需的最高含水率，可由式(4.21)(Murakami et al., 2009)进行计算：

$$Q_{sH} = Q_{sL} \times (1-w_2) - Q_g(w_2 + 9w_H) \tag{4.21}$$

式中，Q_{sH} 为污泥高位热值，即污泥的最大潜能值，可由式(4.23)计算，kJ·(t DS)$^{-1}$；Q_{sL} 为污泥低位热值，取污泥自持燃烧限值 3.36 GJ·(t DS)$^{-1}$；w_H 为污泥干固体中氢(H)元素含量，取 2%。

2）实际能耗计算

因污泥干燥机自身存在热损失，污泥干化实际能耗显然要比理论能耗高；不同干燥机热损失也存在一定差异，热损失效率 $\varepsilon_\mp$ 在 10%～20%，本章取高值(20%)计算(张宗宇等，2009；Li et al.，2014b)。污泥干化实际能耗可按式(4.22)计算：

$$E_E' = E_T(1+\varepsilon_\mp) \tag{4.22}$$

3. 污泥焚烧

1）理论释能计算

污泥有机质完全焚烧至灰分释放的热量体现在污泥的干基热值上，污泥干基热值可根据式(4.23)(Murakami et al.，2009)计算：

$$Q=2.5\times10^5\times(100p_v-5) \tag{4.23}$$

式中，Q 为污泥干基热值，J·(kg DS)$^{-1}$；2.5×10^5 和 5 为系数；p_v 为污泥中有机质含量，%。

我国污泥有机质含量在 30%～65%，比欧美发达国家低 15.2%～37.7%。以我国有机质含量为基准，分别取 30% 和 65%，代入公式计算得污泥燃烧热值在 6.3～15.0 GJ·(t DS)$^{-1}$。本章取污泥有机质含量 p_v= 53%，污泥高位热值，即焚烧理论释能为 11.9 GJ·(t DS)$^{-1}$，与表 4.17 中我国污泥平均热值一致(蔡璐等，2010；Fytili and Zabaniotou，2008；Winkler et al.，2013)。以实现自持燃烧为目的，污泥干化含水率 w_2 需达到 57.7%[式(4.21)]。这样从脱水污泥 80%含水率干化至 57.7%，所需干化能耗为 9.1 GJ·(t DS)$^{-1}$，与实际工程资料值 11.7 GJ·(t DS)$^{-1}$ 近似(王兴润等，2007)，转化为电当量为 2 529 kW·h·(t DS)$^{-1}$(1 kW·h= 3 600 kJ)。

表 4.17　不同国家污泥燃烧热值

国家	燃烧热值	
	范围/[GJ·(t DS)$^{-1}$]	均值/[GJ·(t DS)$^{-1}$]
日本	16.0～21.0	19.0
意大利	9.9～20.5	17.8
德国	15.0～18.0	17.0
美国	11.0～17.4	16.5
韩国	8.4～20.2	16.3
英国	11.2～20.0	15.5
西班牙	9.5～17.6	15.3
荷兰	12.5～13.6	13.1
波兰	9.2～14.4	12.6
中国	5.8～19.3	11.9

干化污泥实现自持燃烧所需含水率 w_2 取决于污泥中有机质含量(VS)。根据式(4.21)和式(4.23)可得出污泥有机质含量与干化目标含水率关系，如图 4.29 所示。显然污泥有

机质含量越高，污泥干化目标含水率 w_2 便可以提高，也就是说，干化污泥自持燃烧含水率随有机质含量的增加而升高。

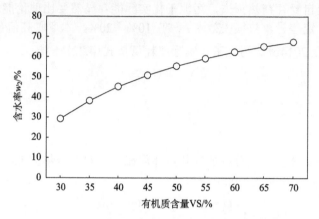

图 4.29　干化污泥自持燃烧含水率 w_2 与有机质含量 VS 关系

2）焚烧过程中能量损失

污泥焚烧过程中固体、气体不完全燃烧或者锅炉自身散热会造成一定热量损失（Murakami et al., 2009），所以污泥焚烧释能计算需要扣除这部分热量损失，可按式（4.24）进行计算：

$$Q_{损} = Q_a + Q_b + Q_c + Q_d + Q_e \qquad (4.24)$$

式中，$Q_{损}$ 为污泥焚烧损失总能量，$kJ \cdot (t\,DS)^{-1}$；Q_a 为焚烧炉自身输出热量（炉内挂壁损失），$kJ \cdot kg^{-1}$；Q_b 为气体不完全燃烧损失热量，$kJ \cdot (t\,DS)^{-1}$；Q_c 为固体不完全燃烧损失热量，$kJ \cdot (t\,DS)^{-1}$；Q_d 为锅炉散热损失热量，$kJ \cdot (t\,DS)^{-1}$；Q_e 为锅炉鼓入空气电能损耗，$kJ \cdot (t\,DS)^{-1}$。

本计算中焚烧炉以国内外最常用鼓泡流化床为例，炉内不设置水冷壁（Q_a=0）。焚烧所产生的热量以烟气形式为载体，排烟热量占总热量的 93%，即污泥焚烧损失热量占总热量的 7%（Li et al., 2014b; Murakami et al., 2009），所以污泥焚烧损失总能量 $Q_{损}$=11.9 $GJ \cdot (t\,DS)^{-1} \times 7\%$=0.8 $GJ \cdot (t\,DS)^{-1}$。

3）实际产能计算

理论释能值与污泥焚烧损失总能量之差即污泥焚烧实际产能值：$Q' = Q - Q_{损}$=11.1 $GJ \cdot (t\,DS)^{-1}$。

污泥焚烧产能主要以烟道气和水蒸气为载体，可利用热电联产技术对这部分能量进行回收与利用（Hong et al., 2009; Li et al., 2014b）。如果热电联产效率取 80%，则污泥焚烧后通过热电联产技术实际可转化的电当量为 2 480 $kW \cdot h \cdot (t\,DS)^{-1}$。

4. 能量衡算

根据上述能量计算，可绘制出如图 4.30 所示的能量平衡图。因此可以看到建议工艺的能量赤字为 109 $kW \cdot h \cdot (t\,DS)^{-1}$。

第 4 章 污水资源化方向与前景 ·337·

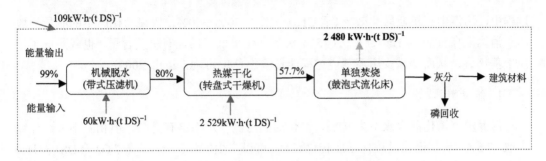

图 4.30 污泥干化、焚烧建议工艺能量衡算

4.7.4 建议工艺成本分析

本章以处理规模为 50 万 $m^3 \cdot d^{-1}$ 的传统活性污泥法处理厂为例计算投资与运行成本。该案例厂剩余污泥产量为 8 000 $t \cdot d^{-1}$(含水率 99%),脱水污泥产量为 400 $t \cdot d^{-1}$(含水率 80%),干污泥为 80 $t \cdot d^{-1}$(含水率 0%)。

工艺投资成本由基建成本和设备成本组成(均为一次性投资),设备成本根据污泥产量进行选型(姚金玲,2010)。污泥脱水以带式压滤机为例,还包括污泥泵、加药装置、加药泵、计量装置、输送机等设备投入。机械脱水全投资成本以 2 400 元·t^{-1} 湿泥(99%含水率)计算。污泥干化系统设备主要包括计量、存储、进料系统、干燥器(以转盘式干燥器为例),投资成本以 30 万元·t^{-1} 湿泥(80%含水率)计算。污泥焚烧系统设备主要包括焚烧炉(以鼓泡式流化床为例)、烟气净化系统、飞灰处理系统等(姚金玲,2010),投资成本以 40 万元·t^{-1} 湿泥(80%含水率)计算。

污泥脱水、干化、焚烧运行全成本由电费、水费、药剂费、工资福利费和固定资产折旧费、大修费、检修维护费等费用构成。动力费以电费为主,水费指冲洗水等用水量,药剂费主要指污泥脱水所用药剂(混凝剂)费用;固定资产折旧费为固定资产原值与综合基本折旧率的乘积;检修维护费则是固定资产原值与检修维护率的乘积(姚金玲,2010)。

根据以上匡算原则可计算出建议工艺各单元投资与运行成本,见表 4.18。

表 4.18 干化、焚烧建议工艺投资与运行成本

成本	工艺			
	机械脱水	污泥干化	污泥焚烧	Σ
投资成本/[万元·$(t\,DS)^{-1}$]	24	150	200	374
运行成本/[万元·$(t\,DS)^{-1}$]	148	1 000	1 515	2 663

4.7.5 对比传统工艺能耗与成本

传统污泥处理、处置工艺一般由重力浓缩、厌氧消化、机械脱水、热媒干化、污泥焚烧 5 个单元来完成,工艺流程如图 4.31 所示。剩余污泥经过重力浓缩后,污泥含水率从 99%降为 97%,污泥体积可减少 2/3,相应地可减少厌氧消化运行负荷。在厌氧消化

过程中，污泥中有机质转化效率(至 CH_4)一般为 30%～50%，厌氧消化产生的能量一般用于消化池自身加热(Hao et al., 2015)。厌氧消化降低了污泥有机质含量，也就降低了污泥干基热值，从而会减少污泥焚烧过程能量输出(Murakami et al., 2009)。

1. 能量衡算

污泥厌氧消化前含水率为 97%，消化后熟污泥含水率略有升高，但相差不大，计算中取 97.5%。厌氧消化过程化学能转化(CH_4)可以产生能量，产能为 5.7 GJ·(t DS)$^{-1}$(Hao et al., 2015)，通过 CHP 转化电当量为 1 284 kW·h·(t DS)$^{-1}$。消化池加热会消耗能量，实际能耗为 728 kW·h·(t DS)$^{-1}$(Hao et al., 2015)，所以实际可输出电当量为 556 kW·h·(t DS)$^{-1}$。经厌氧消化后干固体量 M_s 降为 8.41 kg·t^{-1} 湿泥(99%含水率)，厌氧消化后污泥中有机质含量减少到 37%，这就降低了污泥的高位热值，使得污泥自持燃烧含水率也随之降低为 w_2=41.3%[式(4.21)和式(4.23)]。 熟污泥经厌氧消化温度升高至 35 ℃，即 T_1=35 ℃，计算得出厌氧消化后污泥干化实际能耗为 2 459 kW·h·(t DS)$^{-1}$。熟污泥有机质含量减量为 37%，相应污泥理论焚烧产能值降为 8.0 GJ·(t DS)$^{-1}$，污泥焚烧能量损失同前，则污泥干化焚烧后燃烧实际产能为 7.4 GJ·(t DS)$^{-1}$，通过热电联产技术转化电当量为 1 653 kW·h·(t DS)$^{-1}$。

上述能量衡算表明，传统处理、处置工艺总能耗为 3 261 kW·h·(t DS)$^{-1}$，总产能为 2 937 kW·h·(t DS)$^{-1}$，能量赤字为 324 kW·h·(t DS)$^{-1}$，详细结果见图 4.31。

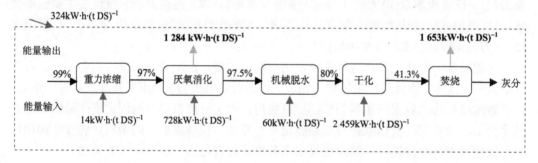

图 4.31　传统污泥处理、处置工艺消化干化焚烧能量衡算

2. 成本分析

99%含水率剩余污泥经重力浓缩(97%)及厌氧消化，污泥含水率变为 97.5%，污泥体积可减少 3/5，机械脱水污泥处理量减少 3 200 t·d^{-1}，可大大降低机械脱水投资成本；以 1 800 元·t^{-1} 湿泥(99%含水率)计算，则机械脱水投资成本降为 18 万元·(t DS)$^{-1}$。机械脱水运行成本主要体现在电费的降低，为 140 元·(t DS)$^{-1}$。经厌氧消化后浓缩污泥干固体减量，使得干化、焚烧设备规模减小，干化、焚烧投资成本可降至 280 万元·(t DS)$^{-1}$。设备规模减小必然也会降低运行成本，主要是电费、检修费、维护费上的节省(姚金玲, 2010)，因此干化、焚烧运行成本可降至 2 264 元·(t DS)$^{-1}$。虽然厌氧消化使得机械脱水、干化、焚烧投资及运行成本都有所降低，但仍需考虑重力浓缩和厌氧消化基建和设备投资

及相应的运行成本；重力浓缩投资及运行成本分别以 40 万元·$(t\,DS)^{-1}$ 和 100 元·$(t\,DS)^{-1}$ 计算(姚金玲，2010)；厌氧消化投资和运行成本分别按 250 万·$(t\,DS)^{-1}$ 和 200 元·$(t\,DS)^{-1}$ 计算。这样传统污泥处理、处置工艺的投资成本为 588 万·$(t\,DS)^{-1}$，运行成本为 2 704 元·$(t\,DS)^{-1}$，详见表 4.19。

表 4.19　传统污泥处理、处置工艺成本分析

成本	工艺				
	重力浓缩	厌氧消化	机械脱水	污泥干化+焚烧	Σ
投资成本/[万元·$(t\,DS)^{-1}$]	40	250	18	280	588
运行成本/[万元·$(t\,DS)^{-1}$]	100	200	140	2 264	2 704

3. 热水解对传统工艺的影响

污泥单独厌氧消化有机物降解、转化效率很低，只有 30%～50%；当剩余污泥中不含初沉污泥时厌氧消化有机物转化率更低，可能只有 20%～30%。为提高厌氧消化有机物转化能源效率，热水解技术被用于厌氧消化的预处理工艺，并获得一些应用。污泥热水解是在一定温度和压力下，将污泥在密闭的容器中进行加热，使污泥细胞部分发生破壁的过程(王平，2015)，以增加污泥后续厌氧消化有机物转化率。热水解固然可以强化厌氧消化有机物转化率，但提高厌氧消化有机物转化率后的消化污泥后续焚烧能源释放量会相应减少，况且热水解设备投资与运行费用价格不菲。因此，需要对介入热水解的传统污泥处理、处置工艺进行能量平衡及成本核算，工艺流程如图 4.32 所示。

污泥经重力浓缩和预脱水(预处理)含水率可降至 85%，能耗约 60 kW·h·$(t\,DS)^{-1}$。经热水解预处理后进行厌氧消化，有机物降解率可从 30%提高至 50%，导致厌氧消化产能升至 9.58 GJ·$(t\,DS)^{-1}$，利用 CHP 转化为电当量是 2 130 kW·h·$(t\,DS)^{-1}$。热水解也消耗能量，约为厌氧消化产能的 60%，即 1 278 kW·h·$(t\,DS)^{-1}$；热水解后污泥冷却可释放一定热量(经热交换器)，约为厌氧消化产能的 20%(杜强强，2017a，2017b；王平，2015)，即 426 kW·h·$(t\,DS)^{-1}$，可用于污泥干化。由于热水解污泥升温至(180 ℃)，所以厌氧消化过程消化池不需要加热，只需热水解后降温至 35 ℃。这样，污泥干固体量 M_s 降低为 7.35 kg·t^{-1} 湿泥(99%含水率)，消化后污泥有机物含量降低至 26.5%，使得后续污泥干基热值降低，污泥自持燃烧含水率也相应降低至 w_2=21.1%(接近全干化水平)。实际上，这种已成干泥块状的污泥很难在流化床焚烧炉中流化焚烧。因此干化污泥含水率按可流化的 41.3%考虑，污泥干化能耗为 2 153 kW·h·$(t\,DS)^{-1}$，但这种水平含水率(41.3%)的污泥无法实现自持焚烧，需要投加外部辅助燃料，约 429 kW·h·$(t\,DS)^{-1}$。厌氧消化熟污泥有机质含量减少，导致污泥焚烧产能降低为 5.0 GJ·$(t\,DS)^{-1}$，转化电当量为 1 111 kW·h·$(t\,DS)^{-1}$。

能量衡算表明，热水解介入传统污泥处理、处置工艺后总能耗为 3 980 kW·h·$(t\,DS)^{-1}$，总产能为 3 241 kW·h·$(t\,DS)^{-1}$[14.58 GJ·$(t\,DS)^{-1}$]，热水解冷却水释放热量[426 kW·h·$(t\,DS)^{-1}$] 可用于污泥干化，但最终能量赤字为 313 kW·h·$(t\,DS)^{-1}$，能量衡算详细结果如图 4.32 所示。

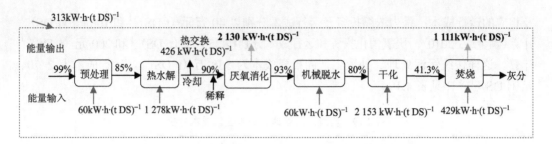

图 4.32　热水解介入传统污泥处理、处置工艺能量衡算

热水解介入传统污泥处理、处置工艺(图 4.32)后固然使总的能量赤字[324 kW·h·(t DS)$^{-1}$]有所降低，并且使得厌氧消化后污泥进一步减量，从而降低后续机械脱水、干化、焚烧的投资及运行成本。但是热水解设备高昂投资成本[75 万元·(t DS)$^{-1}$]和较大的运行成本[389 元·(t DS)$^{-1}$]最终导致整个工艺投资与运行成本分别达到 615 万元·(t DS)$^{-1}$ 和 3 029 元·(t DS)$^{-1}$。

4. 与建议工艺综合对比

与传统工艺(图 4.31)及热水解介入传统工艺(图 4.32)相比，污泥干化、焚烧建议工艺(图 4.30)能量赤字最低，仅为 109 kW·h·(t DS)$^{-1}$。在投资及运行成本上，建议工艺显然也是最低的，分别为 374 万元·(t DS)$^{-1}$ 和 2 663 元·(t DS)$^{-1}$。其他两种工艺投资与运行成本分别为 588 万元·(t DS)$^{-1}$ 和 2 704 元·(t DS)$^{-1}$；615 万元·(t DS)$^{-1}$ 和 3 029 元·(t DS)$^{-1}$。

将三种工艺能量平衡、投资与运行成本绘制成柱状图进行比较，则能更直观看出三种工艺的差别，如图 4.33 所示。干化焚烧建议工艺能量赤字[109 kW·h·(t DS)$^{-1}$]与其他两种比较工艺[324 kW·h·(t DS)$^{-1}$ 与 313 kW·h·(t DS)$^{-1}$]可分别降低 66.4% 和 65.2%；建议工艺投资成本[374 万元·(t DS)$^{-1}$]较其他两种工艺[588 万元·(t DS)$^{-1}$ 和 615 万元·(t DS)$^{-1}$]分别降低 36.4% 和 39.2%；建议工艺运行成本[2 663 元·(t DS)$^{-1}$]较其他两种工艺[2 704 元·(t DS)$^{-1}$ 和 3 029 元·(t DS)$^{-1}$]分别降低 1.5% 和 12.1%。

4.7.6　结语与展望

通过对污泥直接脱水、干化、焚烧建议工艺进行能量衡算及投资与运行成本匡算，可知其能量赤字仅为 109 kW·h·(t DS)$^{-1}$，投资成本与运行成本也只有 374 万元·(t DS)$^{-1}$ 和 2 663 元·(t DS)$^{-1}$，较其他两种工艺都低；能量赤字分别减少 66.4% 和 65.2%，投资成本分别减少 36.4% 和 39.2%，运行成本分别减少 1.5% 和 12.1%。可见污泥干化后直接焚烧建议工艺在污泥全生命周期处理/处置方面最佳，况且还能有效地从焚烧灰分中回收磷等无机资源。

如果污水余温可以通过水源热泵(WSHP)加以原位利用，污泥干化所需热量则可以大大减少，甚至不需要外部能源。因此污水处理厂内分散式干化，集中到某一适宜地点焚烧发电、供热将有可能实现，并将污水余温低品位能源间接转换为可发电的高温热能。污水余温就近用于干化可避免污水处理厂"有能输不出"的现实问题，从而使污水处理厂摇身一变成为能源工厂，不仅实现自身碳中和运行，而且还可以向外输电。

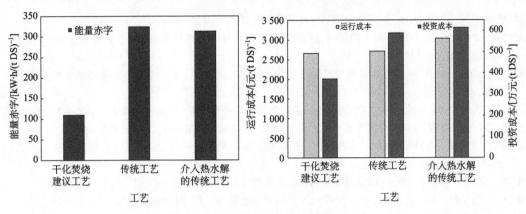

图 4.33　三种工艺综合能耗与成本对比

　　进言之，省略污泥厌氧消化单元还能最大限度地避免甲烷这种强温室气体逸散的问题及运行安全隐患。

参 考 文 献

蔡璐, 陈同斌, 高定, 等. 2010. 中国大中型城市的城市污泥热值分析. 中国给水排水, 26(15): 106-108.

蔡卓平, 段舜山, 朱红惠. 2012. "污水-微藻-能源" 串联技术新进展. 生态环境学报, 21(7): 1380-1386.

柴子绯, 褚红. 2015. 膜技术在高氨氮废水中的应用. 工业水处理, 41(8): 103-106.

陈龙. 2014. 电化学沉淀法从废水中回收鸟粪石的试验. 西安: 长安大学.

陈瑶. 2006. 以鸟粪石形式从污水处理厂同时回收氨氮和磷的研究. 长沙: 湖南大学.

陈宗琪, 王光信, 徐桂英. 2001. 胶体与界面化学. 北京: 高等教育出版社.

戴前进, 李艺, 方先金. 2008. 污泥中硫浓度与产气中硫化氢含量的相关性探讨. 中国给水排水, 24(2): 36-39.

杜强强, 戴明华, 黄鸥. 2017a. 污泥热水解厌氧消化工艺热系统设计探讨. 中国给水排水, 33(6): 63-68.

杜强强, 戴明华, 张晏, 等. 2017b. 热水解厌氧消化工艺用于污水厂泥区升级改造. 中国给水排水, 33(2): 46-50.

樊希葆, 柯水洲, 欧阳衡. 2005. 吹脱法在去除垃圾填埋场渗滤液中的氨氮的应用. 中外建筑, (5): 104-105.

国家统计局. 2015. 中国统计年鉴. 北京: 中国统计出版社.

龚川南, 陈玉成, 黄磊. 2016. 曝气吹脱法用于牛场沼液污染物的去除. 环境工程学报, 10(5): 2291-2296.

郝晓地. 2006. 可持续污水-废物处理技术. 北京: 中国建筑工业出版社.

郝晓地. 2014. 污水处理碳中和运行技术. 北京: 科学出版社.

郝晓地, 金铭, 胡沅胜. 2014. 荷兰未来污水处理新框架——NEWs 及其实践. 中国给水排水, 30(20): 7-15.

郝晓地, 宋鑫, van Loosdrecht M C M, 等. 2017a. 政策驱动欧洲磷回收与再利用. 中国给水排水, 33(8): 35-42.

郝晓地, 唐兴, 曹亚莉. 2017b. 腐殖酸对污泥厌氧消化的影响极其屏蔽方法. 环境科学学报, 37(2): 407-418.

郝晓地, 王崇臣, 金文标. 2011. 磷危机概观与磷回收技术. 北京: 高等教育出版社.

郝晓地, 张健. 2015. 污水处理的未来: 回归原生态文明. 中国给水排水, 31(20): 1-8.

郝晓地, 周健, 张健. 2016. 源分离生态效应及其资源化技术. 中国给水排水, (24): 20-27.

胡洪营, 李鑫, 杨佳. 2009. 基于微藻细胞培养的水质深度净化与高价值生物质生产耦合技术. 生态环境学报, 18(3): 1122-1127.

胡洪营, 李鑫. 2010. 利用污水资源生产微藻生物柴油的关键技术及潜力分析. 生态环境学报, 19(3): 739-744.

胡沅胜, 程慧芹, 郝晓地. 2016. 自然沉降藻-菌共生絮凝体研究进展. 中国给水排水, (18): 1-7.

金彪, 李广贺, 张旭. 2000. 吹脱技术净化石油污染地下水实验. 环境科学, 21(4): 102-105.

雷国元, 张晓晴, 王丹鸷. 2007. 聚合铝盐混凝剂混凝除藻机理与强化除藻措施. 水资源保护, 23(5): 50-54.

李伦, 汪宏渭, 陆嘉竑. 2006. 城镇高氨氮污水的吹脱除氮试验研究. 中国给水排水, 22(17): 92-95.

李日强, 李松桧, 王江迪. 2008. 沸石的活化及其对水中氨氮的吸附. 环境科学学报, 28(8): 1618-1624.

李若慧, 叶晓, 程艳玲. 2012. 壳聚糖絮凝藻富集的研究进展. 安徽农业科学, 40(3): 1626-1628.

李陶陶. 2011. 褐藻胶生产节能减排关键技术点的研究. 青岛: 中国海洋大学.

刘良. 2015. 厌氧消化液氨氮吹脱和钙剂絮凝工艺研究. 北京: 中国农业大学.

刘晓猛. 2008. 微生物聚集体的相互作用及形成机制. 合肥: 中国科学技术大学.

闵乃本. 1982. 晶体生长的物理基础. 上海: 上海科学技术出版社.

钱飞跃, 王琰, 王建芳, 等. 2015. 好氧颗粒污泥中凝胶型聚多糖的特性研究进展. 化学通报, 78(4): 320-324.

秦丽娟, 陈夫山. 2004. 有机高分子絮凝剂的研究进展及发展趋势. 上海造纸, 35(1): 41-43.

秦善. 2011. 结构矿物学. 北京: 北京大学出版社.

秦益民. 2008. 海藻酸. 北京: 中国轻工业出版社.

隋倩雯. 2014. 氨吹脱与膜生物反应器组合工艺处理猪场厌氧消化液研究. 北京: 中国农业科学院.

王辉. 2006. 吹脱—生化组合工艺处理尿素废水的技术研究. 哈尔滨: 哈尔滨工业大学.

王九思, 陈学民, 肖举强, 等. 2002. 水处理化学. 北京: 化学工业出版社.

王琳, 林跃梅. 2007. 好氧颗粒污泥中细菌藻酸盐的提取和鉴定. 中国给水排水, 23(24): 88-91.

王梅. 2017-07-14(A10). 开阳县发现一处超级磷矿. 贵阳晚报.

王平. 2015. 热水解厌氧消化工艺的分析和应用探讨. 给水排水, 41(1): 33-38.

王文斌, 董有, 刘士庭. 2004. 吹脱法去除垃圾渗滤液中的氨氮研究. 环境污染治理技术与设备, 5(6): 51-53.

王兴润, 金宜英, 聂永丰. 2007. 国内外污泥热干燥工艺的应用进展及技术要点. 中国给水排水, 23(8): 5-8.

吴树彪, 徐新洁, 孙昊, 等. 2016. 厌氧消化液氨氮吹脱回收整体处理装置设计与中试试验. 农业机械学报, 47(8): 208-215.

邢丽贞, 马清, 李莳, 等. 2009. 藻类技术在污水深度处理中的应用. 净水技术, 28(6): 44-49.

薛蓉, 陆向红, 卢美贞, 等. 2012. 絮凝法采收小球藻的研究. 可再生能源, 30(9): 80-84.

严煦世, 范瑾初. 1999. 给水工程. 北京: 中国建筑工业出版社.

杨艳飞. 2012. 磷酸亚铁和磷酸亚铁锂制备工艺及其性能研究. 郑州: 郑州大学.

姚金玲. 2010. 污水处理厂污泥处理处置技术评估. 北京: 中国环境科学研究院.

曾文炉, 李宝华, 蔡昭铃, 等. 2003. 微藻细胞的连续气浮法采收. 水生生物学报, 27(5): 507-511.

翟玥, 杨哲, 安阳, 等. 2009. 壳聚糖凝聚去除景观水中微囊藻的研究. 净水技术, 28(6): 58-60.

张亚杰, 罗生军, 蒋礼玲, 等. 2010. 阳离子絮凝剂对小球藻浓缩收集效果的研究. 可再生能源, (3): 41-44..

张宗宇, 盛成, 吴静, 等. 2009. 污泥干燥焚烧一体化中热量计算的探讨. 化工机械, 36(3): 244-247.

赵飞, 惠晓梅, 郭栋生. 2011. 阳离子交换树脂吸附焦化废水中氨氮影响因素研究. 水处理技术, 37(11):

34-37.

赵庆良, 胡凯. 2009. 城市污水处理厂污泥处理的能耗分析. 给水排水动态, (2): 15-20.

钟旭群, 庄故章. 2011. 蓝铁矿特征及其对铁矿选矿的意义. 有色金属工程, 63(2): 199-203.

Abdel R N, Al-Homaidan A A, Ibraheem I B M. 2012. Microalgae and wastewater treatment. Saudi Journal of Biological Sciences, 19(3): 257-275.

Abuşoğlu A, Özahi E, İhsan Kutlar A, et al. 2017. Life cycle assessment (LCA) of digested sewage sludge incineration for heat and power production. Journal of Cleaner Production, 142: 1684-1692.

Ahmad A L, Yasin N H M, Derek C J C, et al. 2011. Optimization of microalgae coagulation process using chitosan. Chemical Engineering Journal, 173(3): 879-882.

Alcántara C, Domínguez J M, García D, et al. 2015. Evaluation of wastewater treatment in a novel anoxic-aerobic algal-bacterial photobioreactor with biomass recycling through carbon and nitrogen mass balances. Bioresource Technology, 191: 173-186.

Alibaba. 2017. Phosphate minerals quoted. [2018-7-4]. https://detail.1688.com/offer/1232690362.html.

Anbalagan A, Schwede S, Lindberg C F, et al. 2016. Influence of hydraulic retention time on indigenous microalgae and activated sludge process. Water Research, 91(1): 33-45.

Anthony R, Sims R. 2013. Cationic starch for microalgae and total phosphorus removal from wastewater. Journal of Applied Polymer Science, 130(4): 2572-2578.

Anuar A N, Ujang Z, van Loosdrecht M C M, et al. 2007. Settling behaviour of aerobic granular sludge. Water Science & Technology, 56(7): 55-63.

APHA(American Public Health Association). 1989. Standard methods for the examination of water and wastewater. Washington, DC: American Public Health Association.

Arashiro L T. 2015. Algal-bacterial consortia for nitrogen removal from wastewater: Experimental and modeling studies. Ghent, Belgium: Ghent University.

Arcila J S, Buitrón G. 2016. Microalgae-bacteria aggregates: effect of the hydraulic retention time on the municipal wastewater treatment, biomass settleability and methane potential. Journal of Chemical Technology & Biotechnology, 91(11): 2862-2870.

Asami K, Aritomi T, Tan Y S, et al. 2004. Biosynthesis of polysaccharide alginate by *Azotobacter vinelandii* in a bubble column. Journal of Chemical Engineering of Japan, 37(8): 1050-1055.

Bonmatí A, Flotats X. 2003. Air stripping of ammonia from pig slurry: Characterisation and feasibility as a pre- or post-treatment to mesophilic anaerobic digestion. Waste Management. 23(3): 261-272.

Banerjee C, Ghosh S, Sen G, et al. 2013. Study of algal biomass harvesting using cationic guar gum from the natural plant source as flocculant. Carbohydrate Polymers, 92(1): 675-681.

Bellinger E G, Sigee D C. 2011. Freshwater Algae: Identification, enumeration and use as bioindicators: Second edition. Journal of Phycology, 47(2): 436-438.

Berg U, Donnert D, Weidler P G, et al. 2006. Phosphorus removal and recovery from wastewater by tobermorite-seeded crystallization of calcium phosphate. Water Science & Technology, 53(3): 131-138.

Besson A, Guiraud P. 2013. High-pH-induced flocculation-flotation of the hypersaline microalga *Dunaliella salina*. Bioresource Technology, 147: 464-470.

Beuckels A, Depraetere O, Vandamme D, et al. 2013. Influence of organic matter on flocculation of *Chlorella vulgaris* by calcium phosphate precipitation. Biomass & Bioenergy, 54: 107-114.

Beun J J, Hendriks A, Loosdrecht M C M V, et al. 1999. Aerobic granulation in a sequencing batch reactor. Water Research, 33(10): 2283-2290.

Bilanovic D, Shelef G, Sukenik A. 1988. Flocculation of microalgae with cationic polymers-effect of medium salinity. Biomass, 17(1): 65-76.

Blanchemain A, Grizeau D. 1999. Increased production of eicosapentaenoic acid by *Skeletonema costatum* cells after decantation at low temperature. Biotechnology Techniques, 13 (7): 497-501.

Borowitzka M, Borowitzka L. 1988. Micro-algal biotechnology. UK: Cambridge University Press.

Bos R, van der Mei H C, Busscher H J. 1999. Physico-chemistry of initial microbial adhesive interactions-its mechanisms and methods for study. FEMS Microbiology Reviews, 23 (2): 179-230.

Boyd A, Chakrabarty A M. 1995. Pseudomonas aeruginosa biofilms: Role of the alginate exopolysaccharide. Journal of Industrial Microbiology, 15 (3): 162-168.

Brivonese A C, Sutherland I W. 1989. Polymer production by a mucoid stain of *Azotobacter vinelandii* in batch culture. Applied Microbiology and Biotechnology, 30 (1): 97-102.

Brownlee I A, Seal C J, Wilcox M, et al. 2009. Applications of alginates in food//Rehm B H A. Alginates: Biology and applications. Münster: Springer.

Bruus J H, Nielsen P H, Keiding K. 1992. On the stability of activated sludge flocs with implications to dewatering. Water Research, 26: 1597-1604.

Cai T, Park S Y, Li Y. 2013. Nutrient recovery from wastewater streams by microalgae: Status and prospects. Renewable and Sustainable Energy Reviews, 19: 360-369.

Castrillo M, Lucas-Salas L M, Rodriguez-Gil C, et al. 2013. High pH-induced flocculation-sedimentation and effect of supernatant reuse on growth rate and lipid productivity of *Scenedesmus obliquus* and *Chlorella vulgaris*. Bioresource Technology, 128: 324-329.

Catherine A, Cammon M. 1982. 蓝铁矿氧化过程的穆斯鲍尔谱研究. 地球与环境, (2): 41-44.

Celik G Y, Aslim B, Beyatli Y. 2008. Characterization and production of the exopolysaccharide (EPS) from *Pseudomonas aeruginosa* G1 and *Pseudomonas putida* G12 strains. Cabohydrate Polymers, 73 (1): 178-182.

Chang W S, van de Mortel M, Nielsen L, et al. 2007. Alginate production by *Pseudomonas putida* creates a hydrated microenvironment and contributes to biofilm architecture and stress tolerance under water-limiting conditions. Journal of Bacteriology, 189 (22): 8290-8299.

Chen C Y, Yeh K L, Aisyah R, et al. 2011. Cultivation, photobioreactor design and harvesting of microalgae for biodiesel production: A critical review. Bioresource Technology, 102 (1): 71-81.

Chen L, Wang C, Wang W, et al. 2013. Optimal conditions of different flocculation methods for harvesting *Scenedesmus* sp. cultivated in an open-pond system. Bioresource Technology, 133: 9-15.

Cheng X, Chen B, Cui Y, et al. 2015. Iron (III) reduction-induced phosphate precipitation during anaerobic digestion of waste activated sludge. Separation & Purification Technology, 143: 6-11.

Christenson L, Sims R. 2011. Production and harvesting of microalgae for wastewater treatment, biofuels, and bioproducts. Biotechnology Advances, 29 (6): 686-702.

Christodoulou A, Stamatelatou K. 2016. Overview of legislation on sewage sludge management in developed countries worldwide. Water Science & Technology, 73 (3): 453-462.

Chung Y C, Son D H, Ahn D H. 2000. Nitrogen and organics removal from industrial wastewater using natural Zeolite media. Water Science & Technology, 42 (5-6): 127-134.

Clementi F. 1997. Alginate production by *Azotobacter vinelandii*. Critical Reviews in Biotechnology, 17 (4): 327-361.

Coppens J, Meers E, Boon N, et al. 2016. Follow the N and P road: High-resolution nutrient flow analysis of the Flanders region as precursor for sustainable resource management. Resources Conservation & Recycling, 115: 9-21.

Cordoba C N M, Montenegro-Jaramillo A M, Prieto R E, et al. 2012. Analysis of the effect of the interactions among three processing variables for the production of exopolysaccharides in the microalgae

Scenedesmus obliquus (UTEX 393). Vitae-Revista De La Facultad De Quimica Farmaceutica, 19(1): 60-69.

Cornell R M, Schwertmann U, Cornell R, et al. 1999. The iron oxides: Structure, properties, reactions, occurrences and uses. Clay Minerals, 34(1): 209-210.

Cote G L, Krull L H. 1988. Characterization of the exocellular polysaccharides from *Azotobacter chroococcum*. Carbohydrate Research, 181(10): 143-152.

De J L, Verbeek R E, Draaisma R B, et al. 2014. Superior triacylglycerol (TAG) accumulation in starchless mutants of *Scenedesmus obliquus*: (I) mutant generation and characterization. Biotechnology for Biofuels, 7(1): 69.

De P R, Sili C, Paperi R, et al. 2001. Exopolysaccharide-producing cyanobacteria and their possible exploitation: A review. Journal of Applied Phycology, 13(4): 293-299.

Dias F F, Bhat J V. 1964. Microbial ecology of activated sludge I. dominant bacteria. Applied Microbiology, 12(5): 412-417.

Diaz B A, Pena C, Galindo E. 2007. The oxygen transfer rate influences the molecular mass of the alginate produced by *Azotobacter vinelandii*. Applied Microbiology and Biotechnology, 76(4): 903-910.

Dijk K C V, Lesschen J P, Oenema O. 2016. Phosphorus flows and balances of the European Union Member States. Science of the Total Environment, 542(Pt B): 1078-1093.

Donati I, Paoletti S. 2009. Material properties of alginates//Rehm B H A. Alginates: Biology and applications. Münster: Springer.

Dumas A, Laliberte G, Lessard P, et al. 1998. Biotreatment of fish farm effluents using the cyanobacterium *Phormidium bohneri*. Aquacultural Engineering, 17(1): 57-68.

EC(European Commission). 2008. Environmental, economic and social impacts of the use of sewage sludge on land, final report, part I. [2009-8-15]. https: //ec.europa.eu/environment/archives/waste/sludge/pdf/ part_i_report. pdf.

Egger M, Jilbert T, Behrends T, et al. 2015. Vivianite is a major sink for phosphorus in methanogenic coastal surface sediments. Geochimica et Cosmochimica Acta, 169: 217-235.

Elmaleh S, Coma J, Grasmick A, et al. 1991. Magnesium induced algal flocculation in fluidized-bed. Water Science & Technology, 23(7-9): 1695-1702.

Eltgroth M L, Watwood R L, Wolfe G V. 2005. Production and cellular localization of neutral long-chain lipids in the haptophyte algae *Isochrysis galbana* and *Emiliania huxleyi*. Journal of Phycology, 41(5): 1000-1009.

Fernandes B, Teixeira J, Dragone G, et al. 2013. Relationship between starch and lipid accumulation induced by nutrient depletion and replenishment in the microalga *Parachlorella kessleri*. Bioresource Technology, 144(6): 268.

Fett W F, Osman S F, Fishman M L, et al. 1986. Alginate production by plant-pathogenic pseudomonads. Applied and Environmental Microbiology, 52(3): 466-473.

Fett W F, Wijey C. 1995. Yields of alginates produced by fluorescent pseudomonads in batch culture. Journal of Industrial Microbiology, 14(5): 412-415.

Fields M W, Hise A, Lohman E J, et al. 2014. Sources and resources: Importance of nutrients, resource allocation, and ecology in microalgal cultivation for lipid accumulation. Applied Microbiology and Biotechnology, 98(11): 4805-4816.

Frederichs T, Dobeneck T V, Bleil U, et al. 2003. Towards the identification of siderite, rhodochrosite, and vivianite in sediments by their low-temperature magnetic properties. Physics & Chemistry of the Earth Parts A/B/C, 28(16): 669-679.

Frimmel F H, Abbt-Braun G. 1999. Basic characterization of reference NOM from Central Europe—Similarities and differences. Environment International, 25(2-3): 191-207.

Fu L, Li S W, Ding Z W, et al. 2016. Iron reduction in the DAMO/Shewanella oneidensis MR-1 coculture system and the fate of Fe(II). Water Research, 88: 808-815.

Fytili D, Zabaniotou A. 2008. Utilization of sewage sludge in EU application of old and new methods—A review. Renewable & Sustainable Energy Reviews, 12(1): 116-140.

Gächter R, Müller B. 2003. Why the phosphorus retention of lakes does not necessarily depend on the oxygen supply to their sediment surface. Limnology & Oceanography, 48(2): 929-933.

García J, Green B F, Lundquist T, et al. 2006. Long term diurnal variations in contaminant removal in high rate ponds treating urban wastewater. Bioresource Technology, 97(14): 1709-1715.

García J, Mujeriego R, Hernández M M. 2000. High rate algal pond operating strategies for urban wastewater nitrogen removal. Journal of Applied Phycology, 12(3-5): 331-339.

Garzon S A J, Ramirez C S S, Moss F E P, et al. 2013. Effect of algogenic organic matter (AOM) and sodium chloride on Nannochloropsis salina flocculation efficiency. Bioresource Technology, 143: 231-237.

Ge H, Zhang L, Batstone D J, et al. 2013. Impact of iron salt dosage to sewers on downstream anaerobic sludge digesters: Sulfide control and methane production. Journal of Environmental Engineering, 139(4): 594-601.

Godos I D, Vargas V A, Guzmán H O, et al. 2014. Assessing carbon and nitrogen removal in a novel anoxic-aerobic cyanobacterial-bacterial photobioreactor configuration with enhanced biomass sedimentation. Water Research, 61C(18): 77-85.

Golueke C, Oswald W J. 1965. Harvesting and processing sewage-grown planktonic algae. Journal Water Pollution Control Federation, 37(4): 471-498.

Gonzalez F C, Ballesteros M. 2013. Microalgae autoflocculation: an alternative to high-energy consuming harvesting methods. Journal of Applied Phycology, 25(4): 991-999.

Gonzalez G, Thomas L, Emwas A H, et al. 2015a. NMR and MALDI-TOF MS based characterization of exopolysaccharides in anaerobic microbial aggregates from full-scale reactors. Scientific Reports, 5: 14316.

Gonzalez F C, Sialve B, Molinuevo S B. 2015b. Anaerobic digestion of microalgal biomass: Challenges, opportunities and research needs. Bioresource Technology, 198: 896-906.

Gorin P A J, Spencer J F T. 1966. Exocellular alginic acid from Azotobacter vinelandii. Canadian Journal of Chemistry, 44(9): 993-998.

Govan J R W, Deretic V. 1996. Microbial pathogensis in cystic fibrosis: Mucoid Pseudomonas aeruginosa and Burkholderia cepacia. Microbiological Reviews, 60(3): 539-574.

Govan J R W, Fyfe J A, Jarman T R. 1981. Isolation of alginate-producing mutants of pseudomonas fluorescens, pseudomonas putida and pseudomonas mendocina. Journal of General Microbiology, 125(1): 217-220.

Graham L E, Wilcox L W. 2000. Algae. Prentice-Hall: Upper Saddle River, NJ 07458.

Gross M, Rudolph K. 1987. Demonstration of levan and alginate in bean plants (Phaseolus vulgaris) infected by Pseudomonas-syringae pv. phaseolicola. Journal of Phytopathology, 120(1): 9-19.

Guerrero M A. 1996. Photoinhibition of marine nitrifying bacteria. I. Wavelength-dependent response. Marine Ecology Progress, 141(1-3): 183-192.

Guest J S, Skerlos S J, Barnard J L, et al. 2009. A new planning and design paradigm to achieve sustainable resource recovery from wastewater. Environmental Science & Technology, 43(16): 6126-6130.

Guo S L, Zhao X Q, Wan C, et al. 2013. Characterization of flocculating agent from the self-flocculating microalga *Scenedesmus obliquus* AS-6-1 for efficient biomass harvest. Bioresource Technology, 145: 285-289.

Gutzeit G, Lorch D, Weber A, et al. 2005. Bioflocculent algal-bacterial biomass improves low-cost wastewater treatment. Water Science & Technology, 52(12): 9-18.

Hammouda O, Gaber A, Abdelraouf N. 2012. Microalgae and wastewater treatment. Ecotoxicology & Environmental Safety, 19(3): 257-275.

Hanhoun M, Montastruc L, Azzaro-Pantel C, et al. 2011. Temperature impact assessment on struvite solubility product: A thermodynamic modeling approach. Chemical Engineering Journal, 167(1): 50-58.

Hanifzadeh M M, Nabati Z, Tavakoli O, et al. 2017. Waste to energy from flue gas of industrial plants to biodiesel: Effect of CO_2 on microalgae growth. Int J Waste Resour, 7(300): 2.

Hao X D, Liu R B, Huang X. 2015. Evaluation of the potential for operating carbon neutral WWTPs in China. Water Research, 87: 424-431.

Hao X D, Wang C C, van Loosdrecht M C M, et al. 2013. Looking beyond struvite for P-recovery. Environmental Science & Technology, 47 (10): 4965-4966.

Hao X D, Wang C C, van Loosdrecht M C M. 2008. Struvite formation, analytical methods and effects of pH and Ca^{2+}. Water Science & Technology, 58(8): 1687-1692.

Hao X D, Wei J, van Loosdrecht M C M, et al. 2017. Analysing the mechanisms of sludge digestion enhanced by iron. Water Research, 117: 58-67.

Haug A, Smidsrød O. 1965. The effect of divalent metals on the properties of alginate solutions. II. Comparison of different metal ions. Acta Chemica Scandinavica, 19(2): 341-351.

Haug A, Smidsrød O. 1967. Strontium-calcium selectivity of alginates. Nature, 215(5102): 757.

Hay I D, Rehman Z U, Moradali M F, et al. 2013. Microbial alginate production, modification and its applications. Microbial Biotechnology, 6(6): 637-650.

Hende S V D, Beelen V, Bore G, et al. 2014a. Up-scaling aquaculture wastewater treatment by microalgal bacterial flocs: From lab reactors to an outdoor raceway pond. Bioresource Technology, 159(6): 342-354.

Hende S V D, Carré E, Cocaud E, et al. 2014b. Treatment of industrial wastewaters by microalgal bacterial flocs in sequencing batch reactors. Bioresource Technology, 161(6): 245-254.

Hende S V D, Han V, Desmet S, et al. 2011. Bioflocculation of microalgae and bacteria combined with flue gas to improve sewage treatment. New Biotechnology, 29(1): 23-31.

Hong J, Hong J, Otaki M, et al. 2009. Environmental and economic life cycle assessment for sewage sludge treatment processes in Japan. Waste Management, 29(2): 696-703.

Hu Q, Sommerfeld M, Jarvis E, et al. 2008. Microalgal triacylglycerols as feedstocks for biofuel production: Perspectives and advances. Plant Journal, 54(4): 621.

Hu Y, Hao X, Dan Z, et al. 2014. Enhancing the CH_4, yield of anaerobic digestion via endogenous CO_2, fixation by exogenous H_2. Chemosphere, 140: 34-39.

Hu Y, Hao X, Van L M, et al. 2017. Enrichment of highly settleable microalgal consortia in mixed cultures for effluent polishing and low-cost biomass production. Water Research, 125: 11.

Huang W, Bing L, Chao Z, et al. 2015. Effect of algae growth on aerobic granulation and nutrients removal from synthetic wastewater by using sequencing batch reactors. Bioresource Technology, 179: 187-192.

Hwang K J, Yang S S. 2011. The role of polysaccharide on the filtration of microbial cells. Separation Science & Technology, 46(5): 786-793.

Iritani E, Katagiri N, Sengoku T, et al. 2007. Flux decline behaviors in dead-end microfiltration of activated sludge and its supernatant. Journal of Membrane Science, 300(1-2): 36-44.

Jasinski S M. 2017. Phosphate rock. U. S. Geological Survey. [2018-01-01]. https://minerals.usgs. gov/minerals/pubs/commodity/phosphate_rock/mcs-2017-phosp. Pdf.

Jiang J Q, Graham N J D, Harward C. 1993. Comparison of polyferric sulphate with other coagulants for the removal of algae and algae-derived organic matter. Water Science & Technology, 27(11): 221-230.

Kacprzak M, Neczaj E, Fijałkowski K, et al. 2017. Sewage sludge disposal strategies for sustainable development. Environmental Research, 156: 39-46.

Karlsson T, Persson P. 2012. Complexes with aquatic organic matter suppress hydrolysis and precipitation of Fe(III). Chemical Geology, 322-323: 19-27.

Katsoufidou K, Yiantsios S G, Karabelas A J. 2007. Experimental study of ultrafiltration membrane fouling by sodium alginate and flux recovery by backwashing. Journal of Membrane Science, 300(s1-2): 137-146.

Kelessidis A, Stasinakis A S. 2012. Comparative study of the methods used for treatment and final disposal of sewage sludge in European countries. Waste Management, 32(6): 1186-1195.

Kidambi P S, Sundin G W, Palmer A D, et al. 1995. Copper as a signal for alginate synthesis in Pseudomonas syringae pv. syringae. Applied and Environmental Microbiology, 61(6): 2172-2179.

Kim B H, Kang Z, Ramanan R, et al. 2014. Nutrient removal and biofuel production in high rate algal pond using real municipal wastewater. Journal of Microbiology & Biotechnology, 24(8): 1123-1132.

Kim D G, La H J, Ahn C Y, et al. 2011. Harvest of Scenedesmus sp. with bioflocculant and reuse of culture medium for subsequent high-density cultures. Bioresource Technology, 102(3): 3163-3168.

Kończak B, Karcz J, Miksch K. 2014. Influence of calcium, magnesium, and iron ions on aerobic granulation. Applied Biochemistry & Biotechnology, 174(8): 2910-2918.

Kopeliovich D. 2012. Pourbaix diagrams. [2015-7-8]. http://www.substech.com/dokuwiki/doku. php?id= pourbaix_diagrams.

Kreuk M K D, Heijnen J J, van Loosdrecht M C M. 2005. Simultaneous COD, nitrogen, and phosphate removal by aerobic granular sludge. Biotechnology & Bioengineering, 90(6): 761-769.

Krieg D P, Bass J A, Mattingly S J. 1986. Aeration selects for mucoid phenotype of Pseudomonas aeruginosa. Journal of Clinical Microbiology, 24(6): 986-990.

Lam M K, Lee K T. 2012. Microalgae biofuels: A critical review of issues, problems and the way forward. Biotechnology Advances, 30(3): 673-690.

Larsdotter K. 2006. Wastewater treatment with microalgae-a literature review. Vatten, 62(1): 31.

Lavoie A, Delanoue J, Serodes J B. 1984. Harvesting of microalgae from waste-water-comparative-study of different flocculation agents. Canadian Journal of Civil Engineering, 11(2): 266-272.

Lavoie A, et la Noüe J. 1987. Harvesting of Scenedesmus obliquus in wastewaters: Auto or bioflocculation. Biotechnology and Bioengineering, 30(7): 852-859.

Lee A K, Lewis D M, Ashman P J. 2009. Microbial flocculation, a potentially low-cost harvesting technique for marine microalgae for the production of biodiesel. Journal of Applied Phycology, 21(5): 559-567.

Lee K Y, Mooney D J. 2012. Alginate: Properties and biomedical applications. Progress in Polymer Science, 37(1): 106-126.

Li G J, Zhang Z J. 2010. Anaerobic biological treatment of alginate production wastewaters in a pilot-scale expended granular sludge bed reactor under moderate to low temperatures. Water Environment Research, 82(8): 725-732.

Li R, Zhang Z, Li Y, et al. 2015. Transformation of apatite phosphorus and non-apatite inorganic phosphorus during incineration of sewage sludge. Chemosphere, 141(35): 57-61.

Li Y, Han D, Sommerfeld M, et al. 2011. Photosynthetic carbon partitioning and lipid production in the oleaginous microalga Pseudochlorococcum sp. (Chlorophyceae) under nitrogen-limited conditions.

Bioresour Technol, 102(1): 123-129.

Li Y, Yang S F, Zhang J J, et al. 2014a. Formation of artificial granules for proving gelation as the main mechanism of aerobic granulation in biological wastewater treatment. Water Science & Technology, 70(3): 548-554.

Li S, Li Y, Lu Q, et al. 2014b. Integrated drying and incineration of wet sewage sludge in combined bubbling and circulating fluidized bed units. Waste Management, 34(12): 2561-2566.

Liao B Q, Allen D G, Droppo I G, et al. 2001. Surface properties of sludge and their role in bioflocculation and settleability. Water Research, 35(2): 339-350.

Lide D. 1993. CRC handbook of chemistry and physics. A ready-reference book of chemical and physical data. Boca Raton: CRC Press.

Lin Y M, de Kreuk M K, van Loosdrecht M C M, et al. 2010. Characterization of alginate-like exopolysaccharides isolated from aerobic granular sludge in pilot plant. Water Research, 44(11): 3355-3364.

Lin Y M, Sharma P K, van Loosdrecht M C M. 2013. The chemical and mechanical differences between alginate-like exopolysaccharides isolated from aerobic flocculent sludge and aerobic granular sludge. Water Research, 47(1): 57-65.

Lin Y M, Wang L, Chi Z M, et al. 2008. Bacterial alginate role in aerobic granular bio-particles formation and settleability improvement. Separation Science and Technology, 43(7): 1642-1652.

Linker A, Jones R S. 1964. Polysaccharide resembling alginic acid from pseudomonas micro-organism. Nature, 204(4954): 187-188.

Liu H, Fang H H P. 2002. Extraction of extracellular polymeric substances (EPS) of sludges. Journal of Biotechnology, 95(3): 249-256.

Lohman E J, Gardner R D, Halverson L D, et al. 2014. Carbon partitioning in lipids synthesized by *Chlamydomonas reinhardtii*, when cultured under three unique inorganic carbon regimes. Algal Research, 5(1): 171-180.

Lundin M, Olofsson M, Pettersson G J, et al. 2004. Environmental and economic assessment of sewage sludge handling options. Resources Conservation & Recycling, 41(4): 255-278.

Lupi F M, Fernandes H M L, Sacorreia I, et al. 1991. Temperature profiles of cellular growth and exopolysaccharide synthesis by *Botryococus-braunii* kutz UC-58. Journal of Applied Phycology, 3(1): 35-42.

Luther A K, Desloover J, Fennell D E, et al. 2015. Electrochemically driven extraction and recovery of ammonia from human urine. Water Research, 87: 367-377.

Madsen H E L, Hansen H C B. 2014. Kinetics of crystal growth of vivianite, $Fe_3(PO_4)_2 \cdot 8H_2O$, from solution at 25, 35 and 45 °C. Journal of Crystal Growth, 401: 82-86.

Matassa S, Boon N, Verstraete W. 2015. Resource recovery from used water: The manufacturing abilities of hydrogen-oxidizing bacteria. Water Research, 68: 467-478.

Matassa S, Verstraete W, Pikaar I, et al. 2016. Autotrophic nitrogen assimilation and carbon capture for microbial protein production by a novel enrichment of hydrogen-oxidizing bacteria. Water Research, 101: 137-146.

Mcswain B S, Irvine R L, Hausner M, et al. 2005. Composition and distribution of extracellular polymeric substances in aerobic flocs and granular sludge. Applied and Environmental Microbiology, 71(2): 1051-1057.

Medina M, Neis U. 2007. Symbiotic algal bacterial wastewater treatment: Effect of food to microorganism ratio and hydraulic retention time on the process performance. Water Science & Technology, 55(11):

165-171.

Mehrabadi A, Craggs R, Farid M M. 2015. Wastewater treatment high rate algal ponds（WWT HRAP）for low-cost biofuel production. Bioresource Technology, 184: 202-214.

Mejía1 M Á, Segura D, Espín G, et al. 2010. Two-stage fermentation process for alginate production by *Azotobacter vinelandii* mutant altered in poly-b-hydroxybutyrate（PHB）synthesis. Journal of Applied Microbiology, 108（1）: 55-61.

Meng S J, Liu Y. 2013. Alginate block fractions and their effects on membrane fouling. Water Research, 47（17）: 6618-6627.

Meng W, Han Y, Ergas S J, et al. 2015. A novel shortcut nitrogen removal process using an algal-bacterial consortium in a photo-sequencing batch reactor（PSBR）. Water Research, 87: 38-48.

Milledge J J, Heaven S. 2013. A review of the harvesting of micro-algae for biofuel production. Reviews in Environmental Science and Bio/Technology, 12（2）: 165-178.

Milucka J, Ferdelman T G, Polerecky L, et al. 2012. Zero-valent sulphur is a key intermediate in marine methane oxidation. Nature, 491: 541-546.

Mizuno O, Li Y Y, Noike T. 1998. The behavior of sulfate-reducing bacteria in acidogenic phase of anaerobic digestion. Water Research, 32（5）: 1626-1634.

Molina G E, Belarbi E H, Acién Fernández F G, et al. 2003. Recovery of microalgal biomass and metabolites: Process options and economics. Biotechnology Advances, 20（7-8）: 491-515.

Monroe D. 2007. Looking for chinks in the armor of bacterial biofilms. Plos Biology, 5（11）: 2458-2461.

Mooij P R, Graaff D R D, Loosdrecht M C M V, et al. 2015. Starch productivity in cyclically operated photobioreactors with marine microalgae—Effect of ammonium addition regime and volume exchange ratio. Journal of Applied Phycology, 27（3）: 1-6.

Mooij P R, Jongh L D D, Loosdrecht M C M V, et al. 2016. Influence of silicate on enrichment of highly productive microalgae from a mixed culture. Journal of Applied Phycology, 28（3）: 1-5.

Moreno J, Vargas M A, Olivares H, et al. 1998. Exopolysaccharide production by the cyanobacterium *Anabaena* sp. ATCC 33047 in batch and continuous culture. Journal of Biotechnology, 60（3）: 175-182.

Morgenroth E, Sherden T, Loosdrecht M C M V, et al. 1997. Aerobic granular sludge in a sequencing batch reactor. Water Research, 31（12）: 3191-3194.

Morris E R, Rees D A, Thom D, et al. 1978. Chiroptical and stoichiometric evidence of a specific, primary dimerisation process in alginate gelation. Carbohydrate Research, 66（1）: 145-154.

Moutin T, Gal J Y, Elhalouani H, et al. 1992. Decrease of phosphate concentration in a high-rate pond by precipitation of calcium-phosphate-theoretical and experimental results. Water Research, 26（11）: 1445-1450.

Muller J M, Alegre R M. 2007. Alginate production by *Pseudomonas mendocina* in a stirred draft fermenter. World Journal of Microbiology & Biotechnology, 23（5）: 691-695.

Muñoz R, Guieysse B. 2006. Algal–bacterial processes for the treatment of hazardous contaminants: A review. Water Research, 40（15）: 2799-2815.

Murakami T, Suzuki Y, Nagasawa H, et al. 2009. Combustion characteristics of sewage sludge in an incineration plant for energy recovery. Fuel Processing Technology, 90（6）: 778-783.

Nalley J O, Stockenreiter M, Litchman E. 2014. Community ecology of algal biofuels: Complementarity and trait-based approaches. Industrial Biotechnology, 10（3）: 191-202.

Nurdogan Y, Oswald W J. 1996. Tube settling of high-rate pond algae. Water Science & Technology, 33（33）: 229-241.

O'Connell D W, Jensen M M, Jakobsen R, et al. 2015. Vivianite formation and its role in phosphorus retention in Lake Ørn, Denmark. Chemical Geology, 409: 42-53.

Ogorodova L, Vigasina M, Mel'Chakova L, et al. 2017. Enthalpy of formation of natural hydrous iron phosphate: Vivianite. Journal of Chemical Thermodynamics, 110: 193-200.

Oh H M, Lee S J, Park M H, et al. 2001. Harvesting of Chlorella vulgaris using a bioflocculant from *Paenibacillus* sp. AM49. Biotechnology Letters, 23(15): 1229-1234.

Oikonomidis I, Wheatley A, Marquet C C, et al. 2010. Inorganic profiles of chemical phosphorus removal sludge. Proceedings of the Institution of Civil Engineers Water Management, 163(2): 65-77.

Olguín E J. 2003. Phycoremediation: Key issues for cost-effective nutrient removal processes. Biotechnology Advances, 22(1-2): 81-91.

Olguín E J. 2012. Dual purpose microalgae-bacteria-based systems that treat wastewater and produce biodiesel and chemical products within a Biorefinery. Biotechnology Advances, 30(5): 1031-1046.

O'Loughlin E J, Boyanov M I, Flynn T M, et al. 2013. Effects of bound phosphate on the bioreduction of lepidocrocite (γ-FeOOH) and maghemite (γ-Fe$_2$O$_3$) and formation of secondary minerals. Environmental Science & Technology, 47(16): 9157-9166.

Omelon S, Ariganello M, Bonucci E, et al. 2013. A review of phosphate mineral nucleation in biology and geobiology. Calcified Tissue International, 93(4): 382-396.

Örmeci B, Vesilind P A. 2000. Development of an improved synthetic sludge: A possible surrogate for studying activated sludge dewatering characteristics. Water Research, 34(4): 1069-1078.

Oswald W J, Gotaas H B, Golueke C G, et al. 1957. Algae in waste treatment. Sewage and Industrial Wastes, 29(4): 437-455.

Ozkan A, Berberoglu H. 2013a. Adhesion of algal cells to surfaces. Biofouling, 29(4): 469-482.

Ozkan A, Berberoglu H. 2013b. Physico-chemical surface properties of microalgae. Colloids and Surfaces B-Biointerfaces, 112: 287-293.

Ozkan A, Berberoglu H. 2013c. Cell to substratum and cell to cell interactions of microalgae. Colloids and Surfaces B-Biointerfaces, 112: 302-309.

Papazi A, Makridis P, Divanach P. 2010. Harvesting Chlorella minutissima using cell coagulants. Journal of Applied Phycology, 22(3): 349-355.

Park J B K, Craggs R J, Shilton A N. 2011a. Wastewater treatment high rate algal ponds for biofuel production. Bioresource Technology, 102(1): 35-42.

Park J B K, Craggs R J, Shilton A N. 2011b. Recycling algae to improve species control and harvest efficiency from a high rate algal pond. Water Research, 45(20): 6637-6649.

Park J B K, Craggs R J, Shilton A N. 2013. Investigating why recycling gravity harvested algae increases harvestability and productivity in high rate algal ponds. Water Research, 47(14): 4904-4917.

Paul W, Sungyun L, Yu Y, et al. 2015. Characterization, recovery opportunities, and valuation of metals in municipal sludges from U.S. wastewater treatment plants nationwide. Environmental Science & Technology, 49(16): 9479-9488.

Pena C, Peter C P, Buchs J, et al. 2007. Evolution of the specific power consumption and oxygen transfer rate in alginate-producing cultures of Azotobacter vinelandii conducted in shake flasks. Biochemical Engineering Journal, 36(2): 73-80.

Piggott N H, Sutherland I W, Jarman T R. 1982. Alginate synthesis by mucoid strains of *Pseudomonas aeruginosa* PAO. Applied Microbiology & Biotechnology, 16(16): 131-135.

Pike E B, Curds C R. 1971. The microbial ecology of the activated sludge process. Society for Applied Bacteriology Symposium Series, 1: 123-147.

Pittman J K, Dean A P, Osundeko O. 2011. The potential of sustainable algal biofuel production using wastewater resources. Bioresource Technology, 102(1): 17-25.

Posadas E, Muñoz A, García G M C, et al. 2015. A case study of a pilot high rate algal pond for the treatment of fish farm and domestic wastewaters. Journal of Chemical Technology & Biotechnology, 90(6): 1094-1101.

Powell R J, Hill R T. 2013. Rapid aggregation of biofuel-producing algae by the *Bacterium bacillus* sp. strain RP1137. Applied and Environmental Microbiology, 79(19): 6093-6101.

Pragya N, Pandey K K, Sahoo P K. 2013. A review on harvesting, oil extraction and biofuels production technologies from microalgae. Renewable & Sustainable Energy Reviews, 24: 159-171.

Priego J R, Pena C, Ramirez O T, et al. 2005. Specific growth rate determines the molecular mass of the alginate produced by *Azotobacter vinelandii*. Biochemical Engineering Journal, 25(3): 187-193.

Pruvost J, van Vooren G, Le Gouic B, et al. 2011. Systematic investigation of biomass and lipid productivity by microalgae in photobioreactors for biodiesel application. Bioresource Technology, 102(1): 150-158.

Qian K X, Borowitzka M A. 1993. Light and nitrogen deficiency effects on the growth and composition of *Phaeodactylum tricornutum*. Applied Biochemistry & Biotechnology, 38(1-2): 93-103.

Qin Y M. 2008. Alginate fibres: An overview of the production processes and applications in wound management. Polymer International, 57: 171-180.

Rasmussen H, Nielsen P H. 1996. Iron reduction in activated sludge measured with different extraction techniques. Water Research, 30(3): 551-558.

Rawat I, Ranjith Kumar R, Mutanda T, et al. 2011. Dual role of microalgae: Phycoremediation of domestic wastewater and biomass production for sustainable biofuels production. Applied Energy, 88(10): 3411-3424.

Rebolloso F M M, Garcia S J L, Fernandez S J M, et al. 1999. Outdoor continuous culture of *Porphyridium cruentum* in a tubular photobioreactor: Quantitative analysis of the daily cyclic variation of culture parameters. Journal of Biotechnology, 70(1-3): 271-288.

Reed D C, Bo G G, Slomp C P. 2016. Shelf-to-basin iron shuttling enhances vivianite formation in deep Baltic Sea sediments. Earth & Planetary Science Letters, 434: 241-251.

Rodgers K A, Henderson G S. 1986. The thermochemistry of some iron phosphate minerals: Vivianite, metavivianite, baraćite, ludlamite and vivianite/metavivianite admixtures. Thermochimica Acta, 104: 1-12.

Rothe M, Frederichs T, Eder M, et al. 2014. Evidence for vivianite formation and its contribution to long-term phosphorus retention in a recent lake sediment: A novel analytical approach. Biogeosciences, 11(5): 5169-5180.

Rothe M, Kleeberg A, Grüneberg B, et al. 2015. Sedimentary sulphur: Iron ratio indicates vivianite occurrence: A study from two contrasting freshwater systems. PloS One, 10(11): 1-18.

Rothe M, Kleeberg A, Hupfer M. 2016. The occurrence, identification and environmental relevance of vivianite in waterlogged soils and aquatic sediments. Earth-Science Reviews, 158: 51-64.

Roussel J, Carliell-Marquet C. 2016. Significance of vivianite precipitation on the mobility of iron in anaerobically digested sludge. Frontiers in Environmental Science, 4: 1-12.

Ruiken C J, Breuer G, Klaversma E, et al. 2013. Sieving wastewater-cellulose recovery. Economic and Energy Evaluation, 47(1): 43-48.

Sabra W, Kim E J, Zeng A P. 2002. Physiological responses of *Pseudomonas aeruginosa* PAO1 to oxidative stress in controlled microaerobic and aerobic cultures. Microbiology, 148(10): 3195-3202.

Sabra W, Zeng A P, Lünsdorf H, et al. 2000. Effect of oxygen on formation and structure of *Azotobacter vinelandii* alginate and its role in protecting nitrogenase. Applied and Environmental Microbiology,

66(9): 4037-4044.

Sabra W, Zeng A P. 2009. Microbial production of alginates: Physiology and process aspects//Rehm B H A. Alginates: Biology and applications. Münster: Springer.

Salim S, Bosma R, Vermue M H, et al. 2011. Harvesting of microalgae by bio-flocculation. Journal of Applied Phycology, 23(5): 849-855.

Salim S, Shi Z, Vermue M H, et al. 2013. Effect of growth phase on harvesting characteristics, autoflocculation and lipid content of Ettlia texensis for microalgal biodiesel production. Bioresource Technology, 138: 214-221.

Sam S B, Dulekgurgen E. 2016. Characterization of exopolysaccharides from floccular and aerobic granular activated sludge as alginate-like-exoPS. Desalination & Water Treatment, 57: 2534-2545.

Sánchez R M, Puente S F, Parro V, et al. 2015. Nucleation of Fe-rich phosphates and carbonates on microbial cells and exopolymeric substances. Frontiers in Microbiology, 6: 1024.

Sanin F D, Vesilind P A. 1996. Synthetic sludge: A physical/chemical model in understanding bioflocculation. Water Environment Research, 68(5): 927-933.

Sanyano N, Chetpattananondh P, Chongkhong S. 2013. Coagulation-flocculation of marine *Chlorella* sp. for biodiesel production. Bioresource Technology, 147: 471-476.

Saude N, Chèze L H, Beunard D, et al. 2002. Alginate production by *Azotobacter vinelandii* in a membrane bioreactor. Process Biochemistry, 38(2): 273-278.

Saude N, Junter G A. 2002. Production and molecular weight characteristics of alginate from free and immobilized-cell cultures of *Azotobacter vinelandii*. Process Biochemistry, 37(8): 895-900.

Schlesinger A, Eisenstadt D, Bar-Gil A, et al. 2012. Inexpensive non-toxic flocculation of microalgae contradicts theories; overcoming a major hurdle to bulk algal production. Biotechnology Advances, 30(5): 1023-1030.

Schwertmann U, Wagner F, Knicker H. 2005, Ferrihydrite-humic associations: Magnetic hyperfine interactions. Soil Science Society of America Journal, 69(4): 1009-1015.

Sérodes J B, Walsh E, Goulet O, et al. 1991. Tertiary treatment of municipal wastewater using bioflocculating micro-algae. Canadian Journal of Civil Engineering, 18(6): 940-944.

Seviour T, Pijuan M, Nicholson T, et al. 2009. Gel-forming exopolysaccharides explain basic differences between structures of aerobic sludge granules and floccular sludges. Water Research, 43(18): 4469-4478.

Seviour T, Yuan Z G, van Loosdrecht M C M, et al. 2012. Aerobic sludge granulation: A tale of two polysaccharides. Water Research, 46(15): 4803-4813.

Sialve B, Bernet N, Bernard O. 2009. Anaerobic digestion of microalgae as a necessary step to make microalgal biodiesel sustainable. Biotechnology Advances, 27(4): 409-416.

Sirin S, Trobajo R, Ibanez C, et al. 2012. Harvesting the microalgae *Phaeodactylum tricornutum* with polyaluminum chloride, aluminium sulphate, chitosan and alkalinity-induced flocculation. Journal of Applied Phycology, 24(5): 1067-1080.

Smidsrød O. 1974. Molecular basis for some physical properties of alginates in the gel state. Faraday Discussions of the Chemical Society, 57: 263-274.

Smith B T, Davis R H. 2012. Sedimentation of algae flocculated using naturally-available, magnesium-based flocculants. Algal Research, 1(1): 32-39.

Sobeck D C, Higgins M J. 2002. Examination of three theories for mechanisms of cation-induced bioflocculation. Water Research, 36(3): 527-538.

Sofie V D H, Laurent C, Bégué M. 2015. Anaerobic digestion of microalgal bacterial flocs from a raceway pond treating aquaculture wastewater: Need for a biorefinery. Bioresource Technology, 196: 184-193.

Song M, Pei H, Hu W, et al. 2013. Evaluation of the potential of 10 microalgal strains for biodiesel production. Bioresource Technology, 141 (4): 245-251.

Spilling K, Seppälä J, Tamminen T. 2011. Inducing autoflocculation in the diatom *Phaeodactylum tricornutum* through CO_2 regulation. Journal of Applied Phycology, 23 (6): 959-966.

Stabnikov V P, Tay T L, Tay D K, et al. 2004. Effect of iron hydroxide on phosphate removal during anaerobic digestion of activated sludge. Applied Biochemistry & Microbiology, 40 (4): 376-380.

Stříteský L, Pešoutová R, Hlavínek P. 2015. Malt house wastewater treatment with settleable algal-bacterial flocs. Water Science & Technology, 72 (10): 1796-1802.

Su Y, Mennerich A, Urban B. 2011. Municipal wastewater treatment and biomass accumulation with a wastewater-born and settleable algal-bacterial culture. Water Research, 45 (11): 3351-3358.

Sukenik A, Schröder W, Lauer J, et al. 1983. Coprecipitation of microalgal biomass with calcium and phosphate ions. Water Research, 19 (1): 127-129.

Sukenik A, Shelef G. 1984. Algal autoflocculation—Verification and proposed mechanism. Biotechnology and Bioengineering, 26 (2): 142-147.

Surendhiran D, Vijay M. 2013. Influence of bioflocculation parameters on harvesting *Chlorella salina* and its optimization using response surface methodology. Journal of Environmental Chemical Engineering, 1 (4): 1051-1056.

Sutherland D L, Howard W C, Turnbull M H, et al. 2015. Enhancing microalgal photosynthesis and productivity in wastewater treatment high rate algal ponds for biofuel production. Bioresource Technology, 184: 222-229.

Talbot P, Delanoue J. 1993. Tertiary-treatment of waste-water with phormidium-bohneri (schmidle) under various light and temperature conditions. Water Research, 27 (1): 153-159.

Trujillo R M A, Moreno S, Segura D, et al. 2003. Alginate production by an *Azotobacter vinelandii* mutant unable to produce alginate lyase. Applied Microbiology and Biotechnology, 60 (6): 733-737.

U.S. DOE. 2010. National algal biofuels technology roadmap. U.S. Department of Energy, Office of Energy Efficiency and Renewable Energy, Biomass Program.

Valigore J M, Gostomski P A, Wareham D G, et al. 2012. Effects of hydraulic and solids retention times on productivity and settleability of microbial (microalgal-bacterial) biomass grown on primary treated wastewater as a biofuel feedstock. Water Research, 46 (46): 2957-2964.

van den Brink P, Zwijnenburg A, Smith G, et al. 2009. Effect of free calcium concentration and ionic strength on alginate fouling in cross-flow membrane filtration. Journal of Membrane Science, 345 (1): 207-216.

van Hulle S W H, Vandeweyer H J P, Meesschaert B D, et al. 2010. Engineering aspects and practical application of autotrophic nitrogen removal from nitrogen rich streams. Chemical Engineering Journal, 162: 1-20.

van Loosdrecht M C M, Brdjanovic D. 2014. Anticipating the next century of wastewater treatment: Advances in activated sludge sewage treatment can improve its energy use and resource recovery. Science, 344 (6191): 1452-1453.

van Loosdrecht M C M, Roeleveld P. 2015. Future possibilities for waste water. [2015-07-31].https://www. tudelft.nl/en/2014/tu-delft/the-future-of-wastewater-treatment/.

Vandamme D, Foubert I, Fraeye I, et al. 2012a. Influence of organic matter generated by *Chlorella vulgaris* on five different modes of flocculation. Bioresource Technology, 124: 508-511.

Vandamme D, Foubert I, Fraeye I, et al. 2012b. Flocculation of Chlorella vulgaris induced by high pH: Role of magnesium and calcium and practical implications. Bioresource Technology, 105: 114-119.

Vandamme D, Foubert I, Meesschaert B, et al. 2010. Flocculation of microalgae using cationic starch. Journal of Applied Phycology, 22(4): 525-530.

Vandamme D, Foubert I, Muylaert K. 2013. Flocculation as a low-cost method for harvesting microalgae for bulk biomass production. Trends in Biotechnology, 31(4): 233-239.

Verbeek R M H, Steyaer H, Thun H P, et al. 1980. Solubility of synthetic calcium hydroxyapatites. Journal of the Chemical Society Faraday Transactions, 76(4): 209-219.

Wagner V E, Iglewski B H P. 2008. Aeruginosa biofilms in CF infection. Clinical Reviews in Allergy & Immunology, 35(3): 124-134.

Wahidin S, Idris A, Shaleh S R. 2013. The influence of light intensity and photoperiod on the growth and lipid content of microalgae *Nannochloropsis* sp. Bioresource Technology, 129(2): 7.

Wan C, Zhao X Q, Guo S L, et al. 2013. Bioflocculant production from Solibacillus silvestris W01 and its application in cost-effective harvest of marine microalga *Nannochloropsis* oceanica by flocculation. Bioresource Technology, 135: 207-212.

Wang C C, Hao X D, Guo G S, et al. 2010. Formation of pure struvite at neutral pH by electrochemical deposition. Chemical Engineering Journal, 159(1-3): 280-283.

Wang L L, Chen S, Zheng H T, et al. 2012. A new polystyrene-latex-based and EPS-containing synthetic sludge. Frontiers of Environmental Science & Engineering, 6(1): 131-139.

Wang Y, Hay I D, Rehman Z U, et al. 2015. Membrane-anchored MucR mediates nitrate-dependent regulation of alginate production in *Pseudomonas aeruginosa*. Applied Microbiology and Biotechnology, 99(17): 1-13.

Wen T, Zhang X, Zhang H Q, et al. 2010. Ammonium removal from aqueous solutions by zeolite adsorption together with chemical precipitation. Water Science & Technology, 61 (8): 1941-1947.

Wilfert P, Kumar P S, Korving L, et al. 2015. The relevance of phosphorus and iron chemistry to the recovery of phosphorus from wastewater: A review. Environmental Science & Technology, 49(16): 9400-9408.

Wilfert P, Mandalidis A, Dugulan A I, et al. 2016. Vivianite as an important iron phosphate precipitate in sewage treatment plants. Water Research, 104: 449-460.

Windraswara R. 2013. Nitrification and denitrification by an algal-bacterial consortium in a photo-SBR. Delft, Netherlands: Unesco-IHE.

Winkler M K H, Bennenbroek M H, Horstink F H, et al. 2013. The biodrying concept: An innovative technology creating energy from sewage sludge. Bioresource Technology, 147(7): 124-129.

Woertz I, Feffer A, Lundquist T, et al. 2009. Algae grown on dairy and municipal wastewater for simultaneous nutrient removal and lipid production for biofuel feedstock. Journal of Environmental Engineering, 135(11): 1115-1122.

Wu Y H, Yang J, Hu H Y, et al. 2013. Lipid-rich microalgal biomass production and nutrient removal by *Haematococcus pluvialis* in domestic secondary effluent. Ecological Engineering, 60(11): 155-159.

Wu Z, Zhu Y, Huang W, et al. 2012. Evaluation of flocculation induced by pH increase for harvesting microalgae and reuse of flocculated medium. Bioresource Technology, 110: 496-502.

Wyatt N B, Gloe L M, Brady P V, et al. 2012. Critical conditions for ferric chloride-induced flocculation of freshwater algae. Biotechnology and Bioengineering, 109(2): 493-501.

Xin Y, Bligh M W, Kinsela A S, et al. 2016. Effect of iron on membrane fouling by alginate in the absence and presence of calcium. Journal of Membrane Science, 497: 289-299.

Xu M, Bernards M, Hu Z. 2014. Algae-facilitated chemical phosphorus removal during high-density *Chlorella emersonii* cultivation in a membrane bioreactor. Bioresource Technology, 153(2): 383.

Yahi H, Elmaleh S, Coma J. 1994. Algal flocculation-sedimentation by pH increase in a continuous reactor.

Water Science & Technology, 30(8): 259-267.

Yang Y C, Liu X, Wan C L, et al. 2014. Accelerated aerobic granulation using alternating feed loadings: Alginate-like exopolysaccharides. Bioresource Technology, 171: 360-366.

Ye Y, Clech P L, Chen V, et al. 2005. Fouling mechanisms of alginate solutions as model extracellular polymeric substances. Desalination, 175(1): 7-20.

Yekta S S, Bo H S, Björn A, et al. 2014. Thermodynamic modeling of iron and trace metal solubility and bspeciation under sulfidic and ferruginous conditions in full scale continuous stirred tank biogas reactors. Applied Geochemistry, 47(8): 61-73.

Yoshioka T, Saijo Y. 1984. Photoinhibition and recovery of NH_4^+-oxidizing bacteria and NO_2-oxidizing bacteria. The Journal of General and Applied Microbiology, 30(3): 151-166.

Zachara J M, Fredrickson J K, Li S M, et al. 1998. Bacterial reduction of crystalline Fe^{3+}oxides in single phase suspensions and subsurface materials. American Mineralogist, 83(11): 1426-1443.

Zapata V A M, Trujillo R M A. 2010. The lack of a nitrogen source and/or the C/N ratio affects the molecular weight of alginate and its productivity in submerged cultures of *Azotobacter vinelandii*. Annals of Microbiology, 60(4): 661-668.

Zhang L B. 2008. Discussion on measurement of chlorophyll-a in phytoplankton with ethanol. Environmental Monitoring in China, 24(6): 9-10.

Zhang L S, Keller J, Yuan Z G. 2009. Inhibition of sulfate-reducing and methanogenic activities of anaerobic sewer biofilms by ferric iron dosing. Water Research, 43(17): 4123-4132.

Zhang L, Lee Y, Jahng D. 2012a. Ammonia stripping for enhanced biomethanization of piggery wastewater. Journal of Hazardous Materials, 199-200: 36-42.

Zhang X, Amendola P, Hewson J C, et al. 2012b. Influence of growth phase on harvesting of *Chlorella zofingiensis* by dissolved air flotation. Bioresource Technology, 116: 477-484.

Zhao Y, Ren Q, Na Y. 2018. Promotion of cotton stalk on bioavailability of phosphorus in municipal sewage sludge incineration ash. Fuel, 214: 351-355.

Zheng H, Gao Z, Yin J, et al. 2012a. Harvesting of microalgae by flocculation with poly (gamma-glutamic acid). Bioresource Technology, 112: 212-220.

Zheng H L, Gao Z, Yin F W, et al. 2012b. Effect of CO_2 supply conditions on lipid production of *Chlorella vulgaris* from enzymatic hydrolysates of lipid-extracted microalgal biomass residues. Bioresource Technology, 126(4): 24-30.

Zou H, Wang Y. 2016. Phosphorus removal and recovery from domestic wastewater in a novel process of enhanced biological phosphorus removal coupled with crystallization. Bioresource Technology, 211: 87-92.

第5章　可持续水处理技术方向

可持续水处理技术包括饮用水与污水处理技术，但技术内容在两者之间又没有严格的界限，因为目前完全没有受到污染的水源地(含地表水与地下水)已十分难寻，以至于瓶装水生产厂家大多将取水源定向于人类很少扰动的原始森林或深层湖水和地下水，人类"黑手"最终伸向了自然界仅有的几潭净水。不再过多扰动自然，最大限度地将人类自己的欲望限制在生态循环所容许的范围是蓝色经济的全部内涵。为此，与人的生产、生活息息相关的用水与排水技术必须纳入生态循环之列。换句话说，人类今后的用水水源范围不应继续扩大，而是应该有节制地缩小。这就需要人们研发相应的水处理技术，最高目标是用水有近"天然"水质，排水中的污染物又能被环境容量自然净化，从而走向良性用水、排水循环模式。

本章内容旨在介绍一些可持续水与污水处理技术。总结国际上一些前沿技术，主要针对水中微污染物的去除，也就是水回用技术进行描述，宏污染物仍定位于资源与能源回收技术。对目前国内趋之若鹜的膜生物技术(MBR)，不但就其可持续性进行定量评价，而且阐述其国际应用现状与趋势。在污水处理方面就国内技术应用误区进行详细解读，特别对脱氮除磷方面国内盛行的 A^2/O 工艺从基本原理、模拟技术层面说明它的缺陷，继而提倡使用与之相近的姊妹工艺——UCT，特别强调 UCT 工艺侧流磷回收对低碳源污水脱氮除磷的强化作用。就我国目前开始实施的农村污水处理问题，从生态角度审视"处理"的逆生态性，转而建议保留和恢复粪尿返田的原生态文明习惯，并提及相应的简单回用与避害技术。

5.1　水处理前沿技术

5.1.1　引言

在全球普遍倡导可持续发展战略的今天，对于水与污水处理，同样也应该考虑其中的可持续性问题。从可持续发展的角度看，污水及其水处理过程中产生的废物首先应当被看作资源与能源的载体，而不应将其视为一无是处的污染物(郝晓地，2006)。现今，水与污水处理已不能仅仅局限于获得优质饮用水、满足达标排放这种单一的目标，而应该考虑综合环境影响问题，如就去除污水中的有机物(COD/BOD)而言，传统的活性污泥曝气氧化技术实际上是一种"以能消能"的不可持续方式，因为 COD/BOD 中实际含有大量绿色能源(郝晓地，2006)；COD 氧化与 NH_4^+ 硝化所消耗的 O_2 量靠耗能来维持，而以化石燃料(如煤)作为电力的来源势必导致大量 CO_2/SO_2 排入大气中，结果使传统污水处理在很大程度上成为一种名副其实的"污染转嫁"方式(郝晓地，2006)。因此，在水与污水处理问题上必须考虑综合环境效益方能使其走上可持续发展的轨道，这就需要首先转变观念，变传统上单纯的"去除"为可持续理念下的"回收/回用"；其次，可持续理念下所研发的技术本身也必须具有对资源与能源消耗最低的特点。

在可持续水与污水处理思想指导下，国际上早在 10 年前便开始朝着这一目标迈进。污水中除了大量的溶剂——水(H_2O)以外，也含有其他有价值的资源与能源。如果能将污水中的能源物质(COD/BOD)、营养元素(P、N)等加以回收利用，剩余的产物便是水。因此，与传统污水处理中将水作为"主"产物的目标不同，在可持续污水处理框架下，水实际上成为资源与能源回收利用后的"副"产物。特别是在地球上磷资源日益匮乏的今天，以"回收"磷代替"去除"磷而达到控制水体富营养化的目的已成为国际研发技术的主流。

每年一次的"前沿技术"国际会议是 IWA 众多学术会议中最为重要的技术盛会，它主要为当今世界顶尖专家、学者提供了一个交流前沿技术的平台。于 2008 年 6 月在瑞士苏黎世召开的第五届 IWA "前沿技术"之主题便是可持续水与污水处理。本节根据与会专家、学者的观点、技术、结论，总结了此次会议的主要技术内容，对水处理中新出现的微污染物及其相应去除技术予以介绍，同时对水回用、能源转化及磷回收等方面的技术研发进展进行综述。

5.1.2 水处理中新出现的微污染物

当水源中能对人或生物健康造成威胁的微污染物处于 $\mu g \cdot L^{-1}$ 数量级时便会对水的安全使用或处理水回用造成阻碍(Rittmann et al., 2008a)。目前已在污水中发现了许多新出现的微污染物，如药物和个人护理用品(PPCPs)、杀虫剂、阻燃剂、苯并噻唑、苯并三唑、高氟表面活性剂、内分泌干扰物、抗菌剂、高氯酸盐、细胞抑制剂等(Rittmann et al., 2008a)。新出现的这些微污染物的共同特征是它们均具有极性，且难以生物降解。因此，许多微污染物并没有在污水处理过程中得到降解(仅有可能被剩余污泥少量吸附)就随出水排出污水处理厂。尽管处理水出流的这些微污染物浓度在 $\mu g \cdot L^{-1}$ 以下，但仍可能对水体环境中水生生物的生存造成影响。内分泌干扰物和药物由于具有很高的生物活性，对水生生物的生存影响最为显著，它们可能改变水生生物的生长、繁殖，如雌激素(内分泌干扰物的一种)可能会使水生生物雌性化(Lehmann et al., 2008)。当饮用水水源中出现这些微污染物质时，势必也会威胁人类健康，如杀虫剂等农药能致癌、致畸、致突变，即人们所说的"三致"效应，对人体健康威胁很大(Sturgeon et al., 1998)；内分泌干扰物会改变人体激素平衡状态，严重影响人类健康(Gerhard and Runnebaum, 1992)；高氯酸盐(ClO_4^-)会抑制甲状腺对碘的吸收，从而使人类易患"大脖子病"等(Hahner et al., 2008)。

5.1.3 微污染物去除技术研发/应用实例

1. 粉末活性炭—纳滤(PAC/NF)技术

德国 Aachen Soers 污水处理厂(460 000 人口当量)在三级处理出水后设置了一套粉末活性炭—纳滤中试装置。将粉末活性炭添加到粉末活性炭反应器中对微污染物进行吸附，随处理水流出的粉末活性炭被后续纳滤单元所截留。结果显示，粉末活性炭—纳滤对内分泌干扰物(EE2 和 BPA)的总去除率为 35%～70%，此技术已被证明可以生产出高品质出水(Kazner et al., 2008)。

2. 反硝化生物阴极去除高氯酸盐技术

此技术基于微生物燃料电池(MFC)原理，用石墨棒作为微生物燃料电池的阳极与阴极(生物阴极)，阳极与阴极反应室由 Ultrex 离子交换膜分开，并且均以细菌群落为接种体(阴极含高氯酸盐还原菌)。ClO_4^- 和 NO_3^- 被同时加入微生物燃料电池阴极反应室，而醋酸(HAc)则被加入微生物燃料电池阳极反应室。HAc 在阳极被氧化产生电子并传到阴极，ClO_4^- 还原菌利用传递到阴极的电子将 ClO_4^- 还原至 Cl^-(Shea et al., 2008)。试验结果显示，当添加到微生物燃料电池阴极的 ClO_4^- 浓度从 $0.1\ mg\cdot L^{-1}$ 升高到 $20\ mg\cdot L^{-1}$，而 NO_3^- 浓度从 $20\ mg\ N\cdot L^{-1}$ 降低到 $5\ mg\ N\cdot L^{-1}$ 时，ClO_4^- 的最大去除量为 $12\ mg\cdot(L\cdot d)^{-1}$，同时产生 $0.28\ mA$ 的电流(Shea et al., 2008)。这一试验也表明，NO_3^- 浓度会对 ClO_4^- 去除率产生影响，这是由于 NO_3^- 还原时碱度提升。当加入的 NO_3^- 浓度大于 $5\ mg\ N\cdot L^{-1}$ 时，生物阴极 pH 大于 7，而当加入的 NO_3^- 浓度小于 $1\ mg\ N\cdot L^{-1}$ 时，生物阴极 pH 小于 6.5(Shea et al., 2008)。Nerenberg 等(2002)指出，在 pH 为 8 时，ClO_4^- 还原率最大，而当 pH 从 7 降到 6 时，ClO_4^- 还原率会陡然降至零。因此，如何在应用中选择最佳的运行条件是该技术成功应用的关键。

3. 高级氧化技术(AOP)

高级氧化技术的特点是以产生羟基自由基($\cdot OH$)为标志。羟基自由基是一种氧化能力极强的氧化剂，可以用来氧化饮用水和污水中的微污染物，是一种行之有效的微污染物去除技术。羟基自由基有多种产生机理，如芬顿反应(Fenton reaction)、光-芬顿反应(photo-Fenton reaction)、过氧化氢(H_2O_2)光解、臭氧(O_3)、紫外线(UV)/臭氧(O_3)、紫外线(UV)/过氧化氢(H_2O_2)、真空紫外线等(von Sonntag, 2008)。此外，Sedlak 等(2008)亦发现纳米零价铁(nano-particulate zero-valent iron, nZVI)被臭氧氧化后也会产生羟基自由基和 Fe[IV](四价铁化合物)等氧化剂，并且在 pH 较低时，羟基自由基为氧化剂，而在 pH 较高时，Fe[IV]为氧化剂。

4. 高铁酸盐

Lee 等针对市政污水处理出水，采用高铁酸盐(Fe[VI])对其中所含微污染物进行了去除能力试验。结果显示，当 Fe[VI]小于 $8\ mg\cdot L^{-1}$ 时就能将多种微污染物氧化，并且也能使磷酸盐(PO_4^{3-})浓度降到排放标准(瑞士标准：$0.8\ mg\ P\cdot L^{-1}$)以下；含活性官能团的药物，如立痛定等也非常易于被氧化。Fe[VI]对含有活性官能团的微污染物去除率与臭氧(O_3)相比旗鼓相当，但对不含活性官能团的微污染物而言，O_3 对其去除率更高，这是因为形成了羟基自由基(Lee et al., 2008)。总的来说，Fe[VI]在微污染物去除和除磷方面具有广阔前景。

此外，膜生物反应器(membrane bio-reactor，MBR)(Cattaneo et al., 2008)、延时活性污泥系统(Lehmann et al., 2008)等也具有一定的微污染物去除能力。随着上述各种微污染物去除技术的逐渐成熟，必将为水与污水处理技术翻开新的篇章。

5.1.4　处理水回用技术

1. 非饮用水回用——灌溉

农业、园林灌溉是世界范围内非饮用水回用的主要方式，分为农作物灌溉和草坪灌溉。这两种不同的灌溉方式对饮用水水质有着不同的要求。对于农作物灌溉而言，因为农作物是人之食物来源，所以灌溉水需要经过二级处理，在某些地方甚至还需要应用深度处理；对于高尔夫球场、学校操场等人常接触的草坪等，灌溉水需要经过过滤和消毒，以去除病毒和致病微生物；对于普通草坪，灌溉水则可能不需要经过二级处理便可使用。

在回用水深度处理方面，传统反渗透处理系统固然可以产生高纯水，但是农作物生长所必需的营养物质也被去除殆尽，所以反渗透并不是生产农作物灌溉水的最佳选择。对于农作物灌溉水而言，在去除过量钠(Na)离子(降低盐度)的同时，最大限度截留其中所含营养物(N、P)已成为获得高质灌溉水追求的目标。为了生产低盐、高营养物的灌溉水，Zou 等(2008)采用了微滤(MF)-纳滤(NF)-反渗透(RO)系统(图 5.1)。

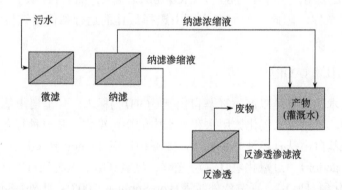

图 5.1　微滤-纳滤-反渗透生产低盐、高营养物农业灌溉水流程(Zou et al., 2008)

如图 5.1 所示，污水(不含重金属)首先通过微滤膜将细菌截留，然后通过纳滤膜。由于纳滤膜对二价离子(如 Ca^{2+}、Mg^{2+})和营养物离子(如 PO_4^{3-}、HPO_4^{2-})的截留性能大于对一价离子(如 Na^+)的截留性能(Bandini and Vezzani, 2003)，故通过纳滤处理后，大部分二价离子、营养物离子和少量一价离子(主要指 Na^+)被纳滤膜所截留。最后纳滤渗滤液经反渗透处理，将未被截留的部分二价离子、营养物离子和一价离子等几乎全部去除。反渗透渗滤液与纳滤浓缩液再度会合后即低盐、高营养物灌溉水。研究同时发现，纳滤反应器中加入聚丙烯酸(PPA)后，纳滤膜对二价离子的截留性能普遍提高，而对一价离子的截留性能却没有大的改变，这便使纳滤膜的选择性得到了加强(Zou et al., 2008)。

2. 间接饮用水回用

间接饮用水回用是最具有争议的水回用方式，指污水经过处理后，将高质量的处理水排放到水体中后再间接用作饮用水水源。间接饮用水回用分为计划回用和非计划回用两种方式。非计划回用指将处理水排放到河流中，这些河流扮演着污水处理厂出水受体与饮用水厂水源供体的双重角色。计划回用指将处理水排放到水库或含水层中作为饮用水备用水源。对计划回用水水质的要求像饮用水一样严格，包括微污染物的去除等，而非计划回用水水质一般要求出水符合排放标准，所以对水质要求较低。一个间接饮用水回用的污水深度处理厂已在澳大利亚建成，如图 5.2 所示。

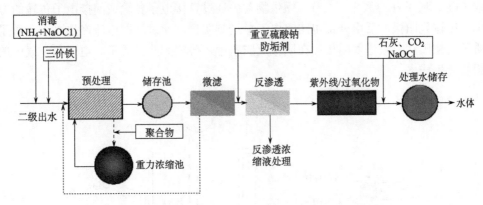

图 5.2　间接饮用水回用污水深度处理流程(Cindy, 2008)

3. 直接饮用水回用

在美国，许多地方已对直接饮用水回用进行了广泛研究，如佛罗里达州、加利福尼亚州圣迭戈等地。在圣迭戈，已用二级出水对直接饮用水回用技术进行了中试研究，基本流程如图 5.3 所示。

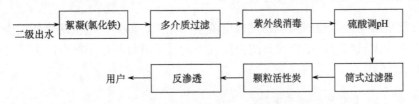

图 5.3　直接饮用水回用处理流程(Cindy, 2008)

5.1.5　能源转化

污水中有机污染物 (BOD/COD) 是一种没有被恰当利用的潜在生物能源。将BOD/COD 转化为人类社会可持续发展所必需的生物能已成为污水处理技术可持续发展的历史必然。为使污水中有机能源得到充分利用，各国学者纷纷对此进行深入研究，这就大大推动了能源转化技术的研发，从微生物燃料电池产电、微生物电解电池产氢，到集中脉冲预处理产甲烷等。

1. 微生物燃料电池(MFC)产电

微生物燃料电池由两个反应室组成,分别为阳极反应室和阴极反应室(非生物阴极),两个反应室由质子交换膜(PEM)分开,并在反应室外部用导线连接,工作原理如图 5.4 所示。

微生物位于阳极反应室中,污水注入阳极反应室后,微生物将污水中的 COD 分解,生成 CO_2、质子(H^+)和电子(e^-),微生物首先通过直接电子传输或间接电子传输的方式将电子传输到阳极,后由外部电路将电子输送到阴极,此过程即电流产生过程。质子通过质子交换膜从阳极进入阴极;在阴极反应室中,传输到此的质子、电子和空气中的氧气相结合生成水。

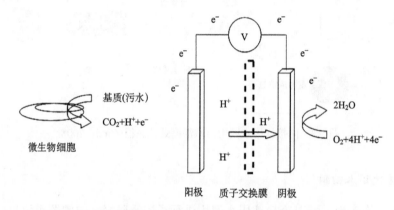

图 5.4　微生物燃料电池工作原理图(Pisutpaisal and Koom, 2008)

2. 微生物电解电池(MEC)产氢

微生物电解电池原理与微生物燃料电池基本相似,如果在电极两端外加少量电压并保持阴极处于无氧状态,则传输到阴极反应室的质子就可与电子结合产生氢气(Logan et al., 2008)。

3. 集中脉冲(FP)预处理产甲烷

集中脉冲是利用高速脉冲、高压来破坏和分解细胞壁、细胞膜、复杂有机物和大分子的一种技术。一个大规模集中脉冲预处理产甲烷装置已在美国 Mesa 建立,如图 5.5 所示。

污泥先经离心,离心污泥进入剩余污泥主流线,后经磨床泵进入集中脉冲预处理单元,处理后的污泥回流至后续消化器,进行消化产甲烷。研究人员指出,通过集中脉冲预处理,甲烷产量预期会提高 60%(Rittmann et al., 2008b)。

4. 厌氧消化

目前由于能源价格日益高涨及人们对全球变暖的普遍关注,厌氧消化产甲烷(CH_4)技术应用越来越受到人们的重视。研究人员指出,通过厌氧处理 25 t $COD \cdot d^{-1}$ 的剩余污泥可以产生 7 000 m³ CH₄·d⁻¹，相当于 25 GJ·d⁻¹ 的能量。若采用热电联产(CHP)燃气机，则可以获得 1.2 MW 电能；若剩余热能也能应用于工业，能量产率则会更高(Jules et al., 2008)。

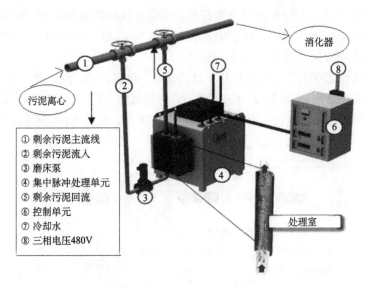

① 剩余污泥主流线
② 剩余污泥流入
③ 磨床泵
④ 集中脉冲处理单元
⑤ 剩余污泥回流
⑥ 控制单元
⑦ 冷却水
⑧ 三相电压480V

图 5.5　集中脉冲预处理产甲烷流程(Rittmann et al., 2008b)

除了利用有机物生物能以外，厌氧处理的另一驱动力是"碳信用额"(carbon credit)。对大多数以化石燃料(如煤、石油)为发电原料的电厂而言，产生 1 MW 的电要排放 20 t CO₂·d⁻¹。如果采用厌氧处理剩余污泥产能(CH₄)，则可获得可观的"碳信用额"，以补偿因化石燃料发电所产生的负"碳信用额"(Jules et al., 2008)；"碳信用额"目前在国际上可以作为冲抵 CO₂ 排放配额进行交易。厌氧处理产甲烷所形成的"碳信用额"源于所产生的能量，而这部分产生的能量可以减少化石燃料发电的煤、油消耗量，故可使温室气体——CO₂ 排放量大幅减少(Tilche and Galatola, 2008)。可见，厌氧处理对于可持续发展有着举足轻重的作用。

5.1.6　磷回收

磷是万物生长必不可少的营养元素，除了碳（C）、氢（H）、氧（O）、氮（N）以外，磷(P)在 DNA 中含量最多，且是能量载体 ATP 的关键元素。作为细胞组分的重要元素，P 不能被任何一种其他元素所替代，这是 P 与其他资源的不同之处(Cornel and Schaum, 2008)。P 在自然界中主要来自磷酸盐矿石，而磷酸盐矿石是一种有限的和不可再生的资源；目前现有技术探明的磷酸盐矿石已不足以供人类使用 100 年，磷酸盐矿石在中国的储藏量只能维持我国再使用 60～70 年(郝晓地，2006)。因此，磷的可持续利用问题已急迫地摆在了世人面前。就污水/污泥处理而言，变传统的"处理"方法为现代的"回收/利用"方式已越来越得到世界各国学者和政府的重视。因此，各种前沿磷回收技术应运而生，如高速吸附法、湿式化学技术、热化学技术、热处理技术等。

1. 从二级出水中回收磷——高速吸附法

这一技术以市政污水二级出水为原水，原水首先经过活性炭过滤，然后由高选择性吸附剂吸附 PO_4^{3-} 离子；当吸附剂达到饱和后，用溶解性碱溶液(NaOH)对吸附剂解吸附，在解吸附后的溶液中加入 $Ca(OH)_2$ 生成 $Ca_3(PO_4)_2$ 沉淀，后经固-液分离即可回收磷 $[Ca_3(PO_4)_2]$。高速吸附法流程如图 5.6 所示。

Midorikawa 等(2008)用此技术进行了试验研究。结果显示，沉淀物中磷含量为 16%，相当于 BPL[bone phosphate of lime：$Ca_3(PO_4)_2$，骨质磷酸三钙，是磷矿石优劣的评价标准，BPL 值大于 77%就被认为是优质磷矿石]值的 73%。可见，此技术在回收磷方面潜力巨大。

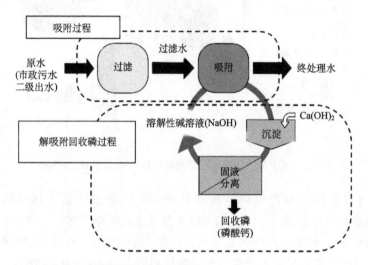

图 5.6　高速吸附法回收磷流程(Midorikawa et al., 2008)

2. 回收污泥中的磷——湿式化学技术

与高速吸附法不同，湿式化学技术是一种从污泥中回收磷的方法。先用酸和加热处理使污泥和某些金属溶解，后经沉淀将不溶物去除，再经鸟粪石(MAP)、$Ca_3(PO_4)_2$ 沉淀或液-液萃取、离子交换等方式回收磷。湿式化学技术流程如图 5.7 所示。

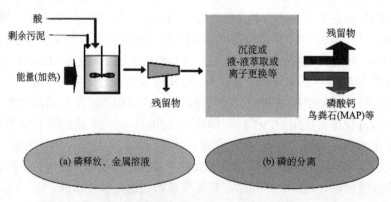

图 5.7　湿式化学技术回收磷流程(Cornel and Schaum, 2008)

湿式化学技术也可以应用于从污泥灰分中回收磷。灰分中因为不含有机物质(有机微污染物),且相对于污泥更易沉淀后固-液分离,所以此技术应用于污泥灰分中回收磷更具有优势(Cornel and Schaum, 2008)。

3. 回收污泥中的磷——热化学技术

热化学技术也是一种以污泥为原料的磷回收技术。污泥先经过焚烧,以去除污泥中有机物质(含有机微污染物),而钙(Ca)、钾(K)、镁(Mg)等营养物和大部分重金属仍在污泥灰分中。然后将灰分在 900 ~ 1 000 ℃的高温下与 $MgCl_2$ 或 $CaCl_2$(供氯体)混合,生成挥发性金属氯化物和氯氧化物,并在气体排放系统中予以分离。灰分中含磷矿物也与供氯体反应,生成 $Ca_3(PO_4)_2$ 或 $Mg_3(PO_4)_2$ 沉淀而使磷得以回收再利用。与湿式化学技术相比,热化学技术具有回收磷纯度更高、重金属含量更低的优势(Adam et al., 2008)。

4. 回收污泥中的磷——热处理技术

另外一种从污泥中回收磷的方法是热处理。研究发现,来自强化生物除磷工艺(EBPR)的剩余污泥在 70 ℃下加热 1 h 后,几乎所有的多聚磷酸盐(poly-P)都能得到释放(Takiguchi et al., 2004),而在 90 ℃和 80 ℃下达到上述效果分别只需 10 min 和 30 min(Ohtake et al., 2008)。剩余污泥首先经过加热,使 poly-P 释放,后对剩余污泥进行离心处理,使 poly-P 位于上清液中,再向上清液中加入 $MgCl_2$ 或 $CaCl_2$ 等,即可形成 $Ca_3(PO_4)_2$ 或 $Mg_3(PO_4)_2$ 沉淀,从而回收磷。研究也发现,poly-P 在上清液中的降解(产物为 H_3PO_4)会对后续沉淀过程产生显著消极影响,但这可以通过调整 pH(=10)加以克服(Ohtake et al., 2008)。

5.1.7　结语

可持续水与污水处理技术是解决当今国际社会资源与能源日益短缺问题的行之有效的方法,是可持续发展理念应用于水与污水处理的前沿技术。通过可持续方式处理水与污水,是变废为宝的有效途径,不仅达到了水处理的目标,也使水与污水中的潜在资源与能源——水、能量、营养物等做到了物尽其用。

可持续水与污水处理技术作为新形势的前沿水处理技术,很多工艺仍处在理念与研发状态,距离实际应用似乎仍有时日。但是可以预料,可持续水与污水处理技术将成为今后水处理技术研发的主流方向。毕竟第五届 IWA "前沿技术"(LET2008)国际会议的主题与讨论的技术为今后水处理技术研发指明了前进方向。

5.2　MBR 工艺可持续性能评价

5.2.1　引言

在水环境问题备受关注的今天,污水排放标准日趋收紧(Pagilla, 2009),导致污水处理工艺选择颇受关注。考虑到污水处理厂建设用地紧张等, MBR 因单位体积生物量高、占地节省、出水水质好等优点(Pierre, 2010; Santos et al., 2011; Yamamoto et al., 1989)而迅速进入人们的视野，已被国内许多新建(达标排放)或既有(提标改造)污水处理厂作为首选工艺而被推崇应用(蔡亮等, 2007; Huang et al., 2010; Pierre, 2010; Santos et al., 2011)。

然而，在 MBR 工艺的工程应用中，技术用户普遍发现膜污染导致的膜通量下降/能耗过高、膜清洗困难/效果差、膜丝(有机纤维膜)断裂/更换频繁等一系列运行问题(Huang et al., 2010; Kraemer et al., 2012; Santos et al., 2011)，这又使得基层用户普遍质疑，甚至大多否定 MBR 工艺(张全忠和韩春梅, 2005; Annaka et al., 2006)。在以研发紧凑型污水处理技术闻名天下的荷兰，MBR 工艺也曾被作为未来污水处理的一种技术选择，并在 Varsseveld 处理厂开展现场试验；但因运行能耗过高(较传统工艺+砂滤运行费用高出 25%)而在运行 8 年后被荷兰水务局否定、停用，继而改为传统工艺(李晓佳, 2014)。

如上所述，对 MBR 工艺的利、弊持不同观点的人往往各执一词，一时很难找到定量评价 MBR 工艺优劣性的技术指标或评价标准。如今，污水处理工艺发展方向以强调可持续性为前提(郝晓地, 2006; 郝晓地和张健, 2015)。在这一原则下，建立定量评价模型，综合评价 MBR 工艺的优、劣特性，也许能够揭开其在可持续性方面的面纱。

5.2.2　可持续性能评价模型构建

MBR 工艺所谓的良好出水，其实质为膜对 SS 的高效截留($\leqslant 5$ mg·L^{-1})，导致出水中 COD、N、P 含量相应下降；膜作为截留 SS 的屏障，其本身仅仅是聚集生物量而已(反应器为此而减少占地)，而对生化反应过程影响甚微。膜的高效截留带来的负面效应是膜污染及由此而引起的膜通量下降、能耗过高、膜清洗等一系列运行问题。MBR 工艺可持续性量化评价需要考虑的因素虽然复杂(Hamouda et al., 2009; Pretel et al., 2015)，但可参照污水处理工艺选择一般性评价方法考虑建模，并考虑三方面内容：①污水处理厂工艺投资与运行费用，主要包括基本建设与运行管理费用；②工艺运行效果及稳定性，涵盖工艺对涉及污染物的去除效果、工艺运行稳定性、工艺运行管理复杂性等指标；③工艺资源回收与利用程度，主要考量工艺对资源的回收与利用能力。据此，MBR 工艺可持续性可用式(5.1)所示的可持续性综合评价指数(S_I)来表示，涉及的参数及含义见表 5.1。

$$S_I = \alpha \times C + \beta \times P + \gamma \times E \tag{5.1}$$

式中，α、β、γ 为权重值，应满足 2 个边界条件：①$\alpha + \beta + \gamma = 1$；②3 个权重值在实际工程中具有一定合理取值区间：$\alpha \geqslant 0.2$、$\beta \leqslant 0.4$、$\gamma \leqslant 0.4$，即 3 个权重值不应相差悬殊。C、P、E 为描述上述模型涉及内容的 3 个综合指标，它们分别为 MBR 工艺与传统工艺各子项指标比较(倍值)之和。工艺比较时，子项指标比值小于 1 意味着 MBR 工艺较传统工艺在此方面占优势；反之，子项指标比值大于 1 时则处于劣势，如指标 E 中包含了土地资源(LI)、能源消耗(ECI)、其他资源(ORI)三个子项指标。当 LI=0.8 时，表明 MBR 工艺占地指标是传统工艺的 0.8 倍，为优势因子，倍值为 0.8；若 ECI=3，表示 MBR 工艺能源消耗量是传统工艺的 3 倍，是劣势因子，倍值为 3；如果 ORI=1，则显示 MBR 工艺其他资源消耗量是传统工艺的 1 倍，即两工艺该指标完全一致，MBR 工艺无优、劣势之分，故此子项指标不必列入模型计算。换句话说，C、P、E 中涵盖的子项指标只考虑优势与劣势因子(倍值)计算,倍值等于 1 的因子没有必要计入。这样,指标 E 实际上为优势因子(LI)与劣势因子(ECI)之和的平均值:E=(0.80+3.00)/2=1.90(取各因子倍值的平均值),即 MBR 工艺在工艺资源回收与利用方面综合表现为劣势,相对传统工艺,其劣势倍数为 1.90。同理,指标 C、P 中子项指标计算与上述举例的 E 项计算相同。为此,可将式(5.1)拓展为如式(5.2)表示的子项指标优势、劣势因子(倍值)平均值的形式,以下标 i 表示某优势/劣势子指标,l、m、n 表示所含子指标个数。

$$S_{\mathrm{I}} = \alpha \times \left(\dfrac{\sum\limits_{i=1}^{l} C_i}{l} \right) + \beta \times \left(\dfrac{\sum\limits_{i=1}^{m} P_i}{m} \right) + \gamma \times \left(\dfrac{\sum\limits_{i=1}^{n} E_i}{n} \right) \tag{5.2}$$

最终可持续性评价指数 S_{I} 实际上是三项综合指标值(C、P、E)的加权平均值,即揭示出 MBR 相对于传统工艺优势、劣势因子(倍值)的综合比值。当 S_{I}=1 时,两种工艺可持续性完全一致,MBR 相对于传统工艺无优势、劣势之分;当 S_{I}>1 时,显示 MBR 相对于传统工艺可持续性能较差;当 S_{I}<1 时,说明 MBR 可持续性能较传统工艺要好。其实当 S_{I}=1 时,已暗示 MBR 工艺可持续性不佳,因为传统工艺"以能消能、污染转嫁",早已被国际学界定义为不可持续性工艺(郝晓地, 2006)。

5.2.3　模型计算与评价

模型式(5.2)计算需要一系列辅助计算方法与计算公式,模型中参数与含义见表 5.1,计算方法与评价流程如图 5.8 所示。以下展开计算过程,图 5.8 中所涉及的各术语、缩写及含义见表 5.2 及各计算过程。

表 5.1　模型中参数与含义

参数	含义	评价或计算方法
S_{I}	可持续性综合评价指数	衡量 MBR 工艺相对传统工艺可持续性的相对指数, 计算方法参考式(5.1)、式(5.2)
C	污水处理厂基建与运行费用指标	子项指标优、劣因子倍值平均值:①<1 时,表示优势主导; ②>1 时,表示劣势主导;③=1 时,无优、劣之分,不计入计算
P	工艺运行效果及稳定性指标	
E	工艺资源回收与利用指标	
α	污水处理厂基建与运行费用指标(C) 权重值	表征资金因素对污水处理厂基建及运行限制程度: 在资金流充足的情况下,α 取值相对偏小
β	工艺运行效果及稳定性指标(P)权重值	表示出水水质及运行过程稳定性对工艺要求的严格程度: 出水水质标准执行较低标准时,β 值可适当偏小
γ	工艺资源回收与利用指标(E)权重值	代表污水处理工艺对资源回收与利用的程度;污水处理厂要求 较高回收与利用资源能力时,γ 值相对偏大
CCI	污水处理厂基建费用指标	污水处理厂总投资费用,包括污水处理厂基建与设备、安装费用
OCI	污水处理厂运行费用指标	污水处理厂实际运行管理费用,包含能源消耗费、污泥处理处置费、药剂 投加费、人工费、管理费、设备维修费及设备折旧费等
EQI	工艺对涉及的污染物去除率指标	其值采用 MBR 膜过滤对 SS 截留的作用及相关污染物去除效率衡量

参数	含义	评价或计算方法
PRI	工艺稳定性指标	相对传统工艺运行稳定性得出的参考值
PMI	工艺运行和管理指标	对比传统工艺运行和管理复杂程度得出的参考值
LI	土地资源指标	表征采用 MBR 工艺的污水处理厂在所在区域/城市的实际占地优势效益
ECI	能源消耗指标	有别于运行能耗费用，主要考虑能源消耗量，以 MBR 工艺与传统工艺能源消耗比值衡量
ORI	其他资源指标	特指 MBR 工艺对污水中资源回收与利用的能力，为对比传统工艺资源回收利用程度而得出的参考值

1. 污水处理厂基建与运行费用指标(C)

污水处理厂成本核算包含基建费用与运行费用，不论是否采用 PPP 模式，评价 MBR 工艺基建与运行费用整体指标均可利用净现值(NPV)分析法，即式(5.3)(Pretel et al., 2015)，分别求得 MBR 与传统工艺 NPV 为零(污水处理厂运营后实际收益和投资费用抵消)的年份，即投资补偿期 T，以 MBR 工艺投资补偿期限(T)与传统工艺(CAS)的比值予以衡量，见式(5.4)。

$$NPV = \sum_{t=0}^{n} \frac{(OCI)_t + (CCI)_t}{(1+i)^t} \tag{5.3}$$

$$C = \frac{T_{MBR}}{T_{CAS}} \tag{5.4}$$

表 5.2　模型式(5.3)、式(5.4)中参数含义

参数	含义	说明
NPV	净现值	投资工艺所产生的现金净流量以资金成本为贴现率折现之后与原始投资额现值的差额
i	折现率	该值采用宏观折现率，参考银行贷款利率，取值 6%
n	投资年限	表示污水处理厂建设和运行总年限
T	投资补偿期	污水处理厂运营后实际收益和投资费用抵消，即 NPV 为零的年份
t	运行年份	表示污水处理厂实际运行年份

1)污水处理厂基建费用指标(CCI)

采用 MBR 工艺，因其高生物量特点和高效截留作用，曝气池体积可以缩小并省去二沉池。减少占地，意味着基建费用降低。然而 MBR 工艺中核心部件——膜的价格相对昂贵，且安置膜组件技术要求高，这又会增加前期建设费用。表 5.3 显示，MBR 工艺基建费用平均约为 3 500 元·m^{-3}·d^{-1}，而传统工艺基建费用平均仅为 2 500 元·m^{-3}·d^{-1}(董良飞等，2012；蒲文晶等，2014；魏原青，2012)。

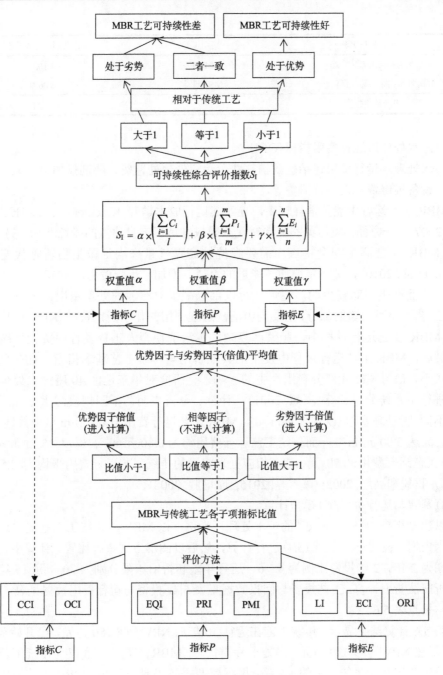

图 5.8　模型计算与评价流程

表 5.3　国内部分 MBR 工艺基建费用

污水处理厂名称	采用工艺	基建费用/(元·m⁻³·d⁻¹)
江苏无锡硕放污水处理厂	A²/O+MBR 工艺	4 300
江苏无锡梅村污水处理厂	A²/O+MBR 工艺	3 100
江苏无锡新城污水处理厂	A²/O+MBR 工艺	3 300

续表

污水处理厂名称	采用工艺	基建费用/(元·m^{-3}·d^{-1})
北京石景山万达广场	MBR 工艺	4 100
湖南省某高速公路生活污水厂	MBR 工艺	3 067
平均基建投资	—	3 500

2) 污水处理厂运行费用指标(OCI)

污水处理厂运行费用包括能源消耗费、污泥处理处置费、药剂投加费、人工费、管理费、设备维修费及设备折旧费等。

MBR 工艺运行中能量消耗较高，导致其运行成本攀升(Kraemer et al., 2012; Ramesh et al., 2007)。一方面，膜污染和膜堵塞现象导致维持恒定膜通量的能耗增加。另一方面，基于 MBR 工艺高生物量特点，需要维持较高曝气量来满足微生物新陈代谢的需要(Huang et al., 2010)，进一步增加了能量的消耗，增加了运行费用。MBR 工艺因污泥停留时间长而产生相对较少的污泥量，可以部分减少对污泥的处理费用，但药剂费用是 MBR 工艺中不可忽略的部分，主要为膜清洗过程使用的化学药剂费用(Kim et al., 2011)。显然 MBR 工艺运行过程中，频繁而复杂的膜清洗使得人工费及管理费较传统工艺要高。最后，MBR 工艺运行过程中发生的其他费用与传统工艺基本相当，且在总费用中占比较小，故可忽略此部分费用产生的影响。有研究对华东地区 40 座污水处理厂运行成本进行了系统分析计算(周斌, 2001)；计算、分析表明，不同规模污水处理厂，运行费用不同：①处理水量(Q)≤5 万 m^3·d^{-1}，MBR 工艺运行费用>1.00 元·m^{-3}(少数地下 MBR 工艺近高达 3.00 元·m^{-3})，而传统工艺运行费用约为 0.80 元·m^{-3}；②Q > 5 万 m^3·d^{-1} 时，MBR 工艺运行费用>0.70 元·m^{-3}，相应处理水量的传统工艺运行费用平均为 0.5 元·m^{-3} 左右(龙腾锐和高旭, 2002; 谭雪等, 2015; 原培胜, 2008)。

3) 基建与运行费用(C)模型计算

以建设规模 Q=5 万 m^3·d^{-1} 的污水处理厂为例，以 MBR 与传统工艺基建与运行典型费用为依据，按式(5.3)、式(5.4)进行计算，然后以图形方式进行比较。计算中，设定建设周期为 2 年，2 年投资比例为 4∶6，运行年限和折旧年限分别为 30 年和 15 年，采用直线折旧法折旧计算。工艺投资与回报数据见表 5.4，投资与运行费用数据见表 5.5，NPV 计算结果见表 5.6。

表 5.6 计算结果显示，传统工艺在运行 30 年后 NPV 为 8 280 万元，已开始盈利，而 MBR 工艺 NPV 为–9 330 万元，仍处于亏损状态。MBR 工艺年利润仅为传统工艺的 1/4，而其投资费用却为传统工艺的 1.5 倍。根据模型式(5.4)计算得出，MBR 工艺投资偿还期约为 90 年，而传统工艺仅为 15 年。式(5.4)计算显示，MBR 工艺污水处理厂基建与运行费用指标值 C 约为 6。

以 Q=0.5 万～10 万 m^3·d^{-1} 其他处理水量进行相同模型计算，可得出如图 5.9 所示的 MBR 与传统工艺运行费用比较，以及基建与运行费用指标值 C。图 5.9 显示，不论何种规模，MBR 工艺运行费用显然均高于传统工艺。MBR 工艺基建与运行费用指标值随处理规模增大而逐渐降低，但至 Q=10 万 m^3·d^{-1} 时 C 值仍居高于 4 以上。因此，基建与运

行费用指标 $C \geqslant 4.00$（倍值）。

表 5.4　MBR 与传统工艺投资与回报数据（处理水量 Q=5 万 m³·d⁻¹）

工艺	固定资产/ 10³ 万	折旧年限/ 年	水处理成本/ （元·m⁻³）	回收收益/ （元·m⁻³）	利润/ （元·m⁻³）	年利润/ 万
MBR 工艺	17.5	15	1.00	1.10	0.10	182.5
传统工艺	12.5	15	0.70	1.10	0.40	730

表 5.5　MBR 与传统工艺投资与运行费用计算数据（处理水量 Q=5 万 m³·d⁻¹）

工艺		MBR 工艺			传统工艺		
项目	年限/年	CCI	折旧费	OCI	CCI	折旧费	OCI
建设期	1	−7.00	0	0	−5.00	0	0
	2	−10.50	0	0	−7.50	0	0
运行期	1~15	0	−1.1700	0.1825	0	−0.8333	0.7300
	16~30	0	0	0.1825	0	0	0.7300

表 5.6　MBR 与传统工艺 NPV 计算结果（处理水量 Q=5 万 m³·d⁻¹）

项目	年限/年	污水处理厂年 NPV	
		MBR 工艺	传统工艺
建设期	1	−7.00	−5.00
	2	$\dfrac{-10.5}{(1+6\%)^t}=-9.91$	$\dfrac{-7.50}{(1+6\%)^t}=-7.08$
运行期	1~15	$\dfrac{-1.1700+0.1825}{(1+6\%)^t}$	$\dfrac{-0.8333+0.7300}{(1+6\%)^t}$
	16~30	$\dfrac{0.1825}{(1+6\%)^t}$	$\dfrac{0.73}{(1+6\%)^t}$
总 NPV		−9.33	8.28
投资补偿期		90	15

2. 工艺运行效果及稳定性指标(P)

1)工艺对涉及的污染物去除率指标(EQI)

相对传统工艺,MBR 工艺良好出水水质的实质是通过截留 SS 而导致出水生物固体中相应 COD、N、P 等指标下降,本身对生物净化过程并无直接影响,只是 SRT 延长对难降解有机物去除有利,也可使得剩余污泥量有所减少(Huang et al., 2010; Kraemer et al., 2012; Meng et al., 2009; Ramdani et al., 2010)。反观传统工艺,出水常常不达标的主因是二沉池设计不当而运行失准,造成出水中 SS 偏高;这种现象在欧美污水处理厂中较为少见,正常情况下二沉池可以达到 SS≤5 mg·L⁻¹ 这样的出水效果(郝晓地, 2006)。可见评价 MBR 工艺涉及污染物去除率指标时只考量 SS 截留率即可。根据微生物经验分子计量式 $C_{60}H_8O_{23}N_{12}P$(郝晓地, 2006)可知, N 元素含量为 13%、P 元素含量为 2.4%。考虑到目前 MBR 多与同步脱氮除磷的 A^2/O 工艺相结合，磷细菌(PAOs)中多聚磷酸盐(poly-P)含量较高，PAOs 细胞组织中 P 含量可按最大 10%计(郝晓地，2006)。如果 MBR 工艺出水按检不出 SS 视之，那么 MBR 工艺对 N、P 的去除最大也就能提高 13%和 10%。部分国内外不同 MBR 工艺污水处理厂实际出水水质见表 5.7。

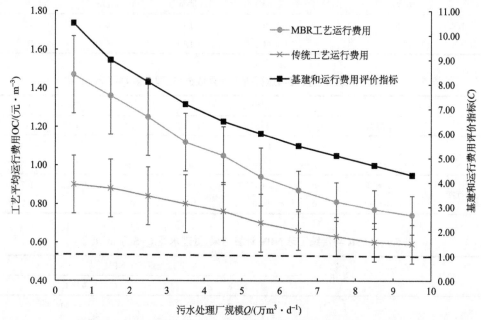

图 5.9　不同规模 MBR 与传统工艺平均运行费用及指标 C 趋势

综上所述，根据 MBR 工艺中 N、P 去除率提高和表 5.3 所列评价方法，涉及污染物去除率的指标 EQI 取值为 0.80。

2)工艺稳定性指标(PRI)

MBR 工艺因生物固体量(MLSS)浓度高，所以对进水水质、水量变化适应性强，抗冲击负荷能力较强；同时可有效避免因污泥膨胀带来的泥水难以分离的问题(Huang et al.，2010)。然而随着运行时间延长，反应器内 MLSS 浓度会逐渐提高(一般可达 8 000~10 000 mg·L^{-1})(Kraemer et al.，2012)。许多研究表明(Bae and Tak，2005; Nguyen et al.，2012)，随着 MLSS 量上升，膜通量就会不断下降；当反应器内 MLSS 浓度达到 8 000~18 000 mg·L^{-1} 时，则会发生膜污染现象(蔡亮等，2007)；此时，不得不通过膜清洗或更换膜组件来提高工艺稳定性。可见相对于传统工艺，MBR 工艺只是呈现短时的系统稳定性，经不起运行时间的考验。

因此，MBR 工艺运行的稳定性与传统工艺实际效果应无太大差别，按照表 5.3 中所列评价方法，稳定性指标 PRI 可取值为 1.00。

3)工艺运行和管理指标(PMI)

MBR 工艺因其模块化设计，易于实现运行自动控制，且因省去二沉池从而流程变得简便。但 MBR 在工艺管理方面因膜污染而引起的膜清洗、膜更换对技术和人力要求较高(Nguyen et al.，2012)，增加了管理的复杂性与难度。

表 5.7　部分国内外 MBR 工艺污水处理厂运行状况 (廖敏等, 2014; Kraemer et al., 2012)

污水处理厂	规模/(万 m³·d⁻¹)	出水水质	备注	现状
North Las Vegas, 美国内华达州	11.4	0.1 mg P·L⁻¹ (TP), 0.3 mg N·L⁻¹ (NH_4^+-N, 月最大值)	生物脱氮除磷，化学强化	2011 年运行
广州京溪污水处理厂	10	2 mg N·L⁻¹ (NH_4^+-N)	生物脱氮除磷，化学强化	2010 年运行
Yellow River Gwinnett Co., 美国佐治亚州	8.3	0.3 mg P·L⁻¹ (TP), 1 mg N·L⁻¹ (NH_4^+-N, 月最大值)	生物脱氮除磷，化学强化	2011 年运行
Ballenger Frederick Co., 美国马里兰州	7.6	3 mg N·L⁻¹ (TN), 0.3 mg P·L⁻¹ (TP, 年平均值)	生物脱氮除磷，化学强化	2013 年运行
无锡城北污水处理厂四期工程	5.0	0.5 mg N·L⁻¹ (NH_4^+-N)	生物脱氮除磷，化学强化	2010 年运行
Cox Creek Ann Arundel Co., 美国马里兰州	4.5	3 mg N·L⁻¹ (TN), 0.3 mg P·L⁻¹ (TP, 年平均值)	生物脱氮除磷，化学强化	2013 年运行
Broad Run Loudoun Co., 美国弗吉尼亚州	4.2	3 mg N·L⁻¹ (TN), 0.1 mg P·L⁻¹ (TP, 年平均值)	生物脱氮除磷，化学强化	2008 年运行
Henderson, 美国内华达州	3.4	0.2 mg P·L⁻¹ (TP, 未来 0.1 mg N·L⁻¹ (TN), 10 mg N·L⁻¹ (TN, 最大值)	生物脱氮除磷，化学强化	2012 年运行
Spokane Co., 美国华盛顿州	3.2	10 mg N·L⁻¹ (TN), 0.05 mg P·L⁻¹ (TP) (4~10 月)	生物脱氮，化学强化	2012 年运行
Redlands, 美国加利福尼亚州	2.5	0.1 mg N·L⁻¹ (NH_4^+-N)	生物脱氮	2004 年运行
Traverse City, 美国密歇根州	3.2	1 mg N·L⁻¹ (NH_4^+-N), 0.5 mg P·L⁻¹ (TP, 月最大值)	生物脱氮除磷，化学强化	2004 年运行
Gippsland Traralagon VIC, 澳大利亚	1.5	4 mg N·L⁻¹ (TN), 1 mg P·L⁻¹ (TP, 月最大值)	生物脱氮除磷，化学强化	2011 年运行
Clovis, 美国加利福尼亚州	1.06	0.1 mg N·L⁻¹ (NH_4^+-N), 8 mg N·L⁻¹ (TN)	生物脱氮	2009 年运行

可见,MBR 工艺运行和管理与传统工艺旗鼓相当,优势并不明显,按照表 5.3 中所列评价方法,其指标值 PMI 可取值为 0.9。

3. 工艺资源回收与利用指标(E)

1)土地资源指标(LI)

MBR 工艺以膜分离取代传统二沉池(Huang et al., 2010; Kraemer et al., 2012),使占地面积仅相当于传统工艺的 2/3～1/2(蔡亮等,2007),可显著节省土地资源;云南昆明第十污水处理厂为地下式 MBR 布置,相同处理能力下节约了地面大约 1/3 的占地。因此,其占地指标 FI 可取值 0.6。

然而,土地资源在不同区域和不同城市有着完全不同的价值。一方面,大中型既有城市早期规划时未预留污水处理厂用地,使得占地成为其工艺选择的一个重要考虑因素。另一方面,很多小城镇规划建设中,土地资源相对充裕,污水处理厂选址相对容易,在这些地方占地并不是首要考虑的因素。为此,本章根据国内土地资源现状,划分不同区域/城市占地效益因子 ξ,其取值范围见表 5.8。显然,对于用地紧张的大中型城市,MBR 工艺占地优势效益越大,ξ 值则越小。土地资源指标值 LI 采用式(5.5)计算,公式中参数含义见表 5.9。

$$LI = \xi \cdot FI \tag{5.5}$$

表 5.8　不同区域/城市 MBR 工艺占地效益因子(ξ)

分区	规模		
	特大城市	大城市	中、小城市
一区	1.00 ～ 1.40	1.40 ～ 1.80	1.80 ～ 2.10
二区	1.40 ～ 1.70	1.70 ～ 2.10	2.10 ～ 2.40
三区	1.60 ～ 2.00	2.00 ～ 2.30	2.30 ～ 2.67

注:城市大小界定范围参考国内关于城市人口数量区分城市大小标准;分区界定参考国内对全国省份划分布局分区标准;某些特定城市,因其长期发展规划,可相应调整合适的 ξ 值大小。

表 5.9　模型式(5.5)中参数的含义

参数	含义	评价或计算方法
FI	土地资源指标	此指标仅考虑建设污水处理厂用地紧张因素,用地成本已在基建费用中考虑;以 MBR 与传统工艺平均占地比值衡量,其值为占地优势最大效益值
ξ	占地效益因子	考虑节约占地优势在污水处理厂所在区域/城市实际优势效益程度,其值应满足 $1 \leqslant \xi \leqslant \frac{1}{FI}$

2)能源消耗指标(ECI)

MBR 工艺高能耗主要体现在两个方面(Dalmau et al., 2015; Nguyen et al., 2012; Yang et al., 2006a):①膜污染、膜堵塞导致维持恒定通量必须不断抬高膜滤压力(Hu et al., 2015),造成系统能耗增大;②为维持系统高生物量而保持较高的溶解氧(DO=3～4 mg·L^{-1}),导致系统曝气量增大而过多消耗能量。对 ECI 评价分析方法有层次分析法(AHP)(Muñoz et al., 2009)、生命周期法(Muñoz et al., 2009)、非径向数据包络分析法(Hernandez et al.,

2011)等多种方法。本章采用层次分析法,用整体能耗/电耗来评价该指标。

表 5.10 列出了部分国家传统工艺能耗值(郝晓地等,2014a),国内传统工艺能耗值则示于表 5.11(丁亚兰,2000)中。可以看出,国内传统工艺平均能耗为 $0.14\sim0.28\,kW\cdot h\cdot m^{-3}$;若包含污泥处理在内,能耗将增至 $0.19\sim0.36\,kW\cdot h\cdot m^{-3}$,平均为 $0.29\,kW\cdot h\cdot m^{-3}$。相形之下,分置式 MBR 工艺典型能耗为 $0.8\sim2.4\,kW\cdot h\cdot m^{-3}$(Bart et al., 2010; Gabarrón et al., 2014)。而一体式 MBR 工艺能耗值略低于分置式(Barillon et al., 2013; Ho et al., 2014)。根据表 5.3 中的计算方法,同时参考表 5.12 中应用 MBR 工艺升级前、后污水处理厂实际运行数据,ECI 取值介于 2.00~5.00。

表 5.10　部分国家传统工艺能耗值

项目	德国	英国	西班牙	美国	澳大利亚	荷兰	中国
平均能耗/($kW\cdot h\cdot m^{-3}$)	0.67	0.64	0.53	0.45	0.39	0.36	0.29

表 5.11　国内部分污水处理厂能耗值

污水处理厂名称	规模/($万\ m^3\cdot d^{-1}$)	能耗/($kW\cdot h\cdot m^{-3}$)	备注
北京航天城污水处理厂	0.72	0.283	无污泥消化
上海西区污水处理厂	1.2	0.218	无污泥消化
上海曹杨污水处理厂	2.0	0.232	无污泥消化
上海市东区水质净化厂	3.4	0.395	无污泥消化
西安北石桥污水处理厂	15	0.280	无污泥消化
北京高碑店污水处理厂	50	0.150	有污泥消化
天津市纪庄子污水处理厂	26	0.162	有污泥消化
太原市北郊污水处理厂	1.4	0.255	有污泥消化

表 5.12　不同污水处理厂应用 MBR 工艺升级改造前、后能耗值

污水处理厂名称	规模/($万\ m^3\cdot d^{-1}$)	能耗/($kW\cdot h\cdot m^{-3}$)		ECI(2)/(1)
		改造前(1)	改造后(2)	
江苏无锡硕放污水处理厂	2	0.30	0.70	2.33
江苏无锡梅村污水处理厂	3	0.35	0.60	1.71
江苏无锡新城污水处理厂	3	0.21	0.65	3.10

3)其他资源指标(ORI)

如上所述,MBR 工艺良好的出水水质为中水回用提供了机会(蔡文和骆建明,2010)。但是,MBR 工艺 SRT 过高会导致细菌内源呼吸增加、剩余污泥量减少,这就使得对污水中有机能源的转化(经厌氧消化)率降低。而 MBR 工艺在回收/利用其他资源,如氮、磷等方面则与传统工艺无明显差别。

因此,按照表 5.3 中的评价方法,ORI 可取值 0.90。

5.2.4　MBR 工艺可持续性能评价(SI)

　　根据以上 C、E、P 涉及各子项指标取值范围的确定与计算，最后可以按式(5.2)对 MBR 工艺进行可持续性能评价，即对 S_I 值进行汇总计算。表 5.13 列出了一区特大城市和三区中小城市相关参数确定依据及取值。根据式(5.2)及表 5.13，MBR 工艺 S_I 计算结果示于图 5.10 中。

表 5.13　一区特大城市和三区中小城市部分模型参数确定

工艺所处地域	参数	选取依据	数值
一区 特大城市	ξ	城市发展紧凑，用地紧张，占地优势效益明显	1.00
	ECI	污水处理厂采用新型节能 MBR 技术	3.00
	α	建设污水处理厂资金流较为充足	0.20
	β	污水处理厂出水执行较高标准	0.40
	γ	污水处理厂建设提倡"节能减排、资源回用"理念	0.40
三区 中小城市	ξ	城市土地资源充裕，用地充足，占地优势效益甚微	2.67
	ECI	污水处理厂采用新型节能 MBR 技术	3.00
	α	建设污水处理厂资金流稍有不足	0.40
	β	污水处理厂出水执行较低标准	0.20
	γ	污水处理厂建设提倡"节能减排、资源回用"理念	0.40

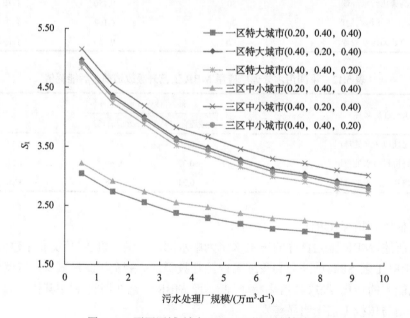

图 5.10　不同区域/城市 MBR 工艺 S_I 计算结果

　　图 5.10 显示，MBR 工艺总体可持续性能较传统工艺要差，因为在 $Q \leqslant 10$ 万 $m^3 \cdot d^{-1}$ 处理规模范围内 $S_I > 1.8$。按模型公式计算，对于用地极为紧张，且资金流非常充足的城

市[如图 5.10 中一区特大城市(α=0.2、β=0.4、γ=0.4)]，建设处理规模 $Q>20$ 万 $m^3 \cdot d^{-1}$ 用 MBR 工艺方可能出现与传统工艺一致的可持续性能(即 S_I=1)，但此时 MBR 工艺并无优势可言，因为传统工艺本身就是不可持续的(郝晓地, 2006)。在其他不同区域/城市污水处理厂建设评价中，尽管随污水处理规模 Q 增大，S_I 值呈现出减小趋势，但是 MBR 工艺高能耗及因此产生的高运行成本始终阻碍着它在扩大处理规模后实现 $S_I \leqslant 1$。换句话说，MBR 从本质上看并不是一种可持续性工艺。

5.2.5　模型相关参数敏感性分析

1. 相关指标敏感性分析

为检验上述模型计算中各相关参数取值的合理性，可对相关参数进行敏感性分析。C、P、E 各指标涉及的子项指标存在一定的合理取值范围，如表 5.14 所示。

表 5.14　模型相关参数合理取值范围

指标	C		P			E		
	CCI	OCI	EQI	PRI	PMI	LI	ECI	ORI
合理取值范围	≥4.00		0.50~0.95	1.00	0.70~1.50	0.40~1.00	2.00~5.00	0.70~1.20
建议参考值	4.00		0.80	1.00	0.90	0.80	3.00	0.90

可对模型进行单因子敏感性分析，模型权重因子(α、β、γ)选取两组最极端值和一组中间值：①α=0.2，β=0.4，γ=0.4；②α=0.4，β=0.2，γ=0.4；③α=0.4，β=0.4，γ=0.2。其他子项指标因子参考表 5.14 中的合理取值范围。单因子变化敏感性分析计算结果示于图 5.11 中。图 5.11 显示，当各单因子在合理取值范围内变化时，S_I 全部大于 1.5，揭示出 MBR 相对于传统工艺可持续性能整体较差，并没有出现 $S_I<1$ 的情况，即 MBR 可持续性能相对于单因子变化并不敏感，不会出现具有可持续性的一面。

2. 模型权重值敏感性分析

模型权重值(α、β、γ)虽然在实际工程应用中具有一定的合理范围，但在数学上看却存在着 0~0.9 这样的尺度范围。α、β、γ 的数学取值范围是否影响 S_I 计算结果，可否出现 $S_I<1$ 这样的结果，而这样的结果在现实中代表何种意义？对此，需要进行权重值敏感性分析。各权重值数学范围及合理范围值见表 5.15。在权重敏感性分析中，各子项指标因子值采用表 5.14 中的建议参考值；选定 α 数学变化范围为 0~0.9，β 作为 X 轴而变化，$\gamma = 1-\beta-\alpha$。以此计算出模型权重值对 S_I 敏感性影响曲线，如图 5.12 所示。图 5.12 整体显示，$S_I>1$ 恒成立，即无论权重值(α、β、γ)如何变化，MBR 工艺 S_I 总是大于 1，再次说明，MBR 工艺并不是可持续性工艺。

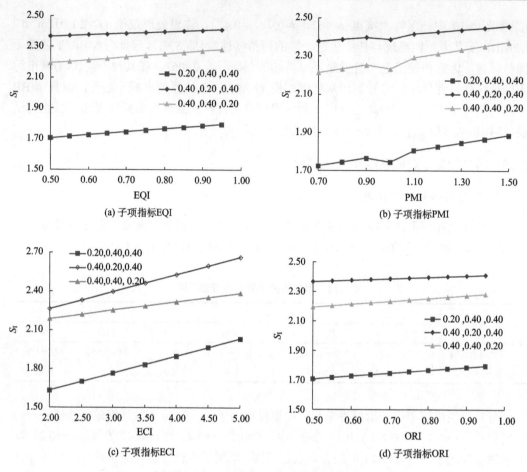

图 5.11　单因子变化 S_1 敏感性计算分析结果

表 5.15　模型权重值数学与合理取值范围

权重	数学范围	合理范围	说明
α	$0 \leqslant \alpha \leqslant 0.9$	$0.2 \leqslant \alpha \leqslant 0.4$	取值接近 0 时,表示污水处理厂资金流极为充沛;取值接近 1 时,表示资金流极度匮乏;其他中间值表示资金流限制程度依次变化
β	$0 \leqslant \beta \leqslant 0.9$	$0.2 \leqslant \beta \leqslant 0.4$	取值接近 0 时,表示污水处理厂对运行效果及稳定性基本无要求;取值接近 1 时,表示污水处理厂对运行效果及稳定性要求极高;其他中间值表示出水指标要求依次变化
γ	$0 \leqslant \gamma \leqslant 0.9$	$0.2 \leqslant \gamma \leqslant 0.4$	取值接近 0 时,表示污水处理厂建设基本不考虑资源回收利用;取值接近 1 时,表示污水处理厂建设高度重视资源回收利用;其他中间值表示重视程度依次变化

　　由图 5.12 的趋势也可知,当建设 Q=10 万 $m^3 \cdot d^{-1}$ 规模的污水处理厂 (C=4) 时,在资金流极为充沛 (α=0.1,基本可忽略资金的限制影响)、对工艺运行效果和稳定性要求极高 ($\beta \geqslant 0.9$)、对资源回收利用要求极低 ($\gamma < 0.1$,不计能耗,且土地资源十分充足)的情况下,S_1 可以接近于 1,此时 MBR 虽与传统工艺可持续性旗鼓相当,但仍不属于可持续性工艺。

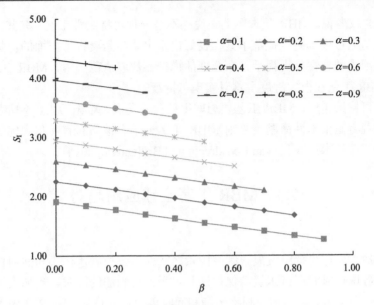

图 5.12　模型权重值敏感性分析结果

在 $\alpha > 0.2$ 时，无论 β、γ 取值为何，可持续性能评价指数 $S_I > 1$ 恒成立，即一旦资金流稍显不足，采用 MBR 相对于传统工艺其可持续性将下降，且随资金限制程度越大，其可持续性变得越差。

当 α 一定时，随污水处理厂建设对工艺运行效果及稳定性要求 β 增高，相应资源回收与利用理念要求 γ 变低时，采用 MBR 相对于传统工艺来说可持续性更强。

5.2.6　结论

MBR 工艺在宏观上看具有出水水质好、占地面积小等优势。但是其劣势也十分明显，如膜组件价格高、寿命短、膜污染导致频繁膜清洗、运行能耗高等。因此需要定量评价 MBR 工艺优、劣两方面因素对经济、社会、环境产生的综合效应。这就需要一个量化评价指数来考察 MBR 工艺的可持续性能。通过建立与传统工艺做对比的 MBR 工艺可持续性能评价模型，综合 MBR 工艺优点、缺点各方面因素，以倍值形式计算出 MBR 工艺的可持续性。

本章以 S_I 为依据建立评价模型，涵盖工艺投资与运行费用、工艺运行效果及其稳定性、工艺资源回收与利用程度 3 个方面内容；通过 MBR 与传统工艺在这 3 个方面的子项指标比较，以倍值之和形式作为 S_I 值。$S_I = 1$ 意味着 MBR 与传统工艺的可持续性完全一致；$S_I > 1$ 显示 MBR 工艺的可持续性不及传统工艺；反之，$S_I < 1$ 才说明 MBR 工艺可持续性较传统工艺要好。

通过对 S_I 模型涉及的各子项指标进行深入分析，确定了模型中各权重因子及子项因子合理取值范围及参考值，并依据不同区域/城市土地资源获得难易程度情况，分别利用模型计算出不同城市、不同规模污水处理厂采用 MBR 工艺所产生的 S_I，并图示之。

对 MBR 工艺产生的 S_I 模型计算结果显示，MBR 工艺较传统工艺来说在可持续性方面表现不佳，或者说，MBR 从本质上来说并不是一种可持续性工艺。究其原因，主要是过高的能耗与运行成本完全掩蔽了其在良好出水水质与紧凑占地方面的优势。子项因子及模型权重因子敏感性分析揭示，在合理的模型参数取值范围内，MBR 工艺 S_I 很难小于 1，即 MBR 工艺在很大程度上难以实现可持续。

着眼于可持续角度，MBR 工艺要想取得持久性发展，对无污染、不堵塞膜材料的突破性研发无疑将是根本性命题。否则 MBR 工艺迟早会被与它有着相同优势而能耗又低的好氧颗粒污泥技术所取代（van Loosdrecht and Brdjanovic, 2014）。

5.3　MBR 工艺全球应用趋势

5.3.1　引言

缺水已成为全球可持续发展限制性因素之一，导致控制水污染和回用再生水成为历史的必然。各国在颁布严格水资源保护法和水污染控制法的同时，也加大了对新型污水处理工艺的研发力度，以达到控制水污染和回收再生水的目的。MBR 作为一种新型污水处理工艺，将膜分离与生物处理技术有机结合，取代传统活性污泥法（CAS）中的二沉池功能，以提高泥-水分离效率。与 CAS 相比，MBR 具有出水水质好、占地面积小、污泥产量少等优点（Judd, 2008），因此在 21 世纪初被世界各国追捧，一直被认为是污水处理技术的未来，大有取代 CAS 的主观愿望。

随着 MBR 应用时间的持续，MBR 工艺也暴露出成本高、高能耗、膜污染等实际问题，使其不分场合的大规模应用备受质疑。其中比较突出的是其高能耗、膜污染问题；对其经济、技术、管理 3 个方面的综合评价显示，MBR 在可持续性方面的表现不如 CAS（郝晓地等，2016a; Hao et al., 2018）。正因为如此，MBR 在全球范围内的工程应用已回归理性。膜技术权威网统计（Skinner, 2017），全球范围内新建 MBR 工程从 2009 年的约 100 座·a^{-1} 的顶峰已回落至近年 10 座·a^{-1} 的水平，且主要应用在中国。鉴于此，通过对世界 MBR 工艺发展历程、现状和遇到的问题进行分析，阐述世界各国对 MBR 工艺从狂热追捧到退烧的深层次原因，同时预测该工艺的未来发展趋势。

5.3.2　发展历程

MBR 工艺概念最早源于美国。20 世纪 60 年代，美国 Dorr-Oliver 公司首先将膜分离与生物处理工艺相结合用于污水处理领域（Yang et al., 2006b）；尽管当初处理规模只有 14 $m^3·d^{-1}$，但毕竟是 MBR 工艺的雏形。MBR 工艺发展初期均为侧流式工艺，即膜过滤系统独立于生物反应池之外，污泥需要通过循环泵回流至生物反应池内。循环泵会增加 MBR 工艺运行能耗，加之当时膜分离技术发展缓慢、膜组件价格昂贵，致使当时 MBR 多处于实验室小试或中试水平，并没有获得大规模实际应用（Li et al., 2016; Meng et al., 2012）。

20 世纪 70~80 年代，MBR 大体上仍处于研发阶段。在这期间，国土面积狭小、水资源短缺的日本政府启动了"水复兴 90 年规划"科研项目，在高层建筑中将 MBR 工艺用于污水回用系统使用，仅 1983～1987 年便有 13 家公司采用 MBR 工艺来处理楼宇污水，直接推动了 MBR 技术发展(Yang et al., 2006b)。

1989 年浸没式 MBR 工艺首次被引入生物处理系统中，将膜过滤系统置于生物反应池内部，取消侧流式循环泵，使处理装置变得更加紧凑，平均耗能也从早期的 5 kW·h·m^{-3} 降至 2 kW·h·m^{-3}(Krzeminski et al., 2012)。内置式膜组件的出现打开了 MBR 工程应用的大门，逐渐成为主流应用工艺向全球推广。

20 世纪 90 年代之后，随着新型膜材料出现，MBR 工艺运行得到进一步稳定，能耗也进一步降低。加拿大 Zenon 公司先后推出超滤管式和浸入式中空纤维膜组件，日本 Kubota 公司研制出平板式浸没膜组件，北美洲、欧洲某些国家和日本纷纷建立了小型 MBR 项目用于市政污水和工业废水处理(Itokawa et al., 2014)。90 年代中期，日本已有 39 座采用 MBR 工艺的污水处理厂，最大处理规模可达 500 m^3·d^{-1}，同时有 100 多处高层建筑采用 MBR 工艺进行污水处理后回用(Itokawa et al., 2014)。1997 年英国在 Porlock 建立了当时世界上规模最大(2 000 m^3·d^{-1})的 MBR 污水处理厂，随后于 1999 年又在 Dorset 建成了处理规模为 13 000 m^3·d^{-1} 的 MBR 污水处理厂(Itokawa et al., 2008)。

进入 21 世纪后，随着膜分离技术、组装结构和设备制造进步及各国对污水处理排放标准的收紧，MBR 工艺迅速受到世界各国的青睐，特别是在中国得到了非常广泛的应用，可谓异军突起。

5.3.3　应用趋势

1. 单体处理规模增大

MBR 工艺初次应用于污水处理时因外置膜过滤系统能耗过高而不适用于大型市政污水处理项目，仅应用于小型工业或家庭污水处理(<500 m^3·d^{-1})。随着低能耗内置的浸没式 MBR 工艺出现，MBR 运行能耗降低，致其处理规模逐渐增大，超过 1 000 m^3·d^{-1} 的工程应用在 1995～2000 年已开始出现(Kraemer et al., 2012)。15 年前，膜分离技术发达的日本于 2005 年建成第一个大型 MBR 市政污水处理工程，处理规模达 4 200 m^3·d^{-1} (Itokawa et al., 2014)；2008 年西班牙建成当时欧洲规模最大的 MBR 工程(San Pedro del Pinatar)污水处理厂，规模为 4.8 万 m^3·d^{-1}；美国弗吉尼亚州 Broad Run 污水处理厂为北美洲最大的 MBR 工程应用，规模达 7.3 万 m^3·d^{-1}；北京温榆河污水处理厂规模更高达 10 万 m^3·d^{-1}(Judd, 2018)。

从 2008 年起，MBR 工艺随着长期运行优化、膜技术水平提高、膜组件成本降低，应用规模今非昔比，超 20 万 m^3·d^{-1} 的工程应用在世界范围内开始增多(表 5.16)。其中位于瑞典斯德哥尔摩的 Henriksdal 污水处理厂将于 2018 年完成 MBR 升级改造并投入运行，其处理规模达到 86.4 万 m^3·d^{-1}，将成为世界 MBR 工程应用中的"巨无霸"。已运行的北京槐房污水再生处理厂，处理规模也达 60 万 m^3·d^{-1}，是当今世界 MBR 实际应用的"大哥大"。所有这一切主要归功于膜价格的大幅降低，目前膜市场均价已从 20 世纪 90 年代最高时的 400 美元·m^{-3} 降至目前的<50 美元·m^{-3}(Wozniak, 2012)。

表 5.16　世界范围大型 MBR 应用项目

项目	地区	规模/(万 m³·d⁻¹)	投运年份	建设目的
Henriksdal 污水处理厂	瑞典斯德哥尔摩	86.4	2018	升级
Tuas 污水再生水厂	新加坡	80	2025	新建
武汉北湖污水处理厂	中国湖北	80	2019	新建
北京槐房污水再生处理厂	中国北京	60	2016	新建
深圳罗芳污水处理厂	中国广东	40	2018	升级
Seine Aval 污水处理厂	法国巴黎	35.7	2016	升级
Canton 污水处理厂	美国俄亥俄州	33.3	2017	升级
兴义污水处理厂	中国贵州	30.7	2017	新建
Euclid 污水处理厂	美国俄亥俄州	25	2018	升级
昆明第九/十污水处理厂	中国云南	25	2013	升级
北京顺义污水处理厂	中国北京	23.4	2016	升级
澳门污水处理厂	中国澳门	21	2017	升级
成都第三污水处理厂	中国四川	20	2016	升级
成都第五污水处理厂	中国四川	20	2016	升级
成都第八污水处理厂	中国四川	20	2016	升级
西安草滩污水处理厂	中国陕西	20	2016	新建
福州洋里污水处理厂	中国福建	20	2015	新建
武汉三金潭污水处理厂	中国湖北	20	2015	升级
辽阳市中心区污水处理厂	中国辽宁	20	2012	升级

2. 应用增长速度骤减

国际权威 MBR 应用网对世界范围内近 20 年来 700 余座大型 MBR 污水处理厂应用情况进行了逐年统计,并绘制了如图 5.13 所示的 MBR 工程应用趋势图(Skinner, 2017)。

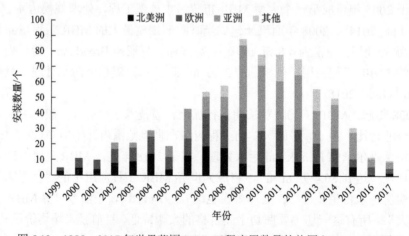

图 5.13　1999~2017 年世界范围 MBR 工程应用数量趋势图(Skinner, 2017)

进入 21 世纪，MBR 技术首先在北美洲和欧洲获得青睐，新增项目也都集中在这两个区域。随后，亚洲和其他地区(主要为大洋洲、北非)迅速跟进。MBR 工程应用在 2009～2012 年达到鼎盛时期；随后便开始回落，直至近两年应用数量只有鼎盛时期的 10%。MBR 应用增长衰落是全球范围内的，欧洲和北美洲经历了 21 世纪最初 10 年"热恋"后突然"失恋"，新增项目数量锐减，以至于 2009 年后亚洲成为 MBR 技术应用的主力，2012 年后全球大型 MBR 项目主要集中在中国境内(Zheng et al., 2010)。

MBR 市场增长放缓也可以从市场全球年复合增长率(compound annual growth rate，CAGR)和市场总额看出，CAGR 可以体现某一产业增长的潜力和预期。2008 年 MBR 工艺处于鼎盛时期，全球水务市场分析师曾乐观地预测国际 MBR 市场到 2018 年 CAGR 为 22.4 %，到 2018 年全球 MBR 市场价值总额预计达到 34.4 亿美元(Royan, 2012)。但是英国 BBC Research 最新报告显示(Cumming, 2015)，2014 年全球 MBR 市场总额为 4.257 亿美元，到 2019 年仅达到 7.777 亿美元，CAGR 仅为 12.8%，这与 2008 年的预测相差甚远。BBC Research 同时也给出了全球各大洲 MBR 市场 CAGR 预测，如图 5.14 所示。图 5.14 显示，2014 年后亚太地区 MBR 市场年复合增长率高于欧洲和北美洲。结合图 5.13 数据可知，2014 年后世界 MBR 市场增长主要由亚太地区引导，这其中，中国地区增长量对亚太地区总增长有着绝对的份额贡献。

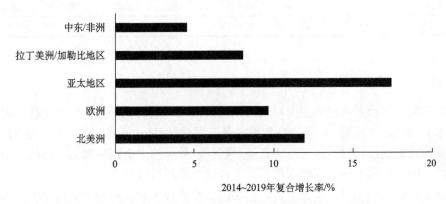

图 5.14　2014～2019 年世界 MBR 预计年复合增长率(CAGR)

5.3.4　衰落原因

1. 运行成本高

MBR 工艺高运行成本主要限制了其广泛应用。高运行成本从投资伊始便开始体现；除膜组件依然昂贵(与 CAS 二沉池相比)外，较高的自动化运行水平也限制其广泛应用。我国市政污水处理应用 MBR(规模>1 万 $m^3 \cdot d^{-1}$)技术经济数据显示，MBR 投资成本为 2 500～5 000 元·m^{-3}(含土建、膜系统和其他设备投资)，均值为 3 800 元·m^{-3}，远高于全国城镇污水处理厂平均 2 200 元·m^{-3} 的投资水平(Xiao et al., 2014)。达到与 MBR 相同出水水质情况下，CAS 工艺需要增加三级过滤系统(如砂滤)；即使如此，MBR 投资依然比 CAS 高 10%～30%(Krzeminski et al., 2012)。

　　自 MBR 概念诞生之日就一直伴随着高能耗之诟病,主要由两方面原因导致(郝晓地等,2016a):①膜污染或堵塞导致通量下降,维持设计通量就必须加压;②曝气池因生物量高($MLSS>8\ 000\ mg \cdot L^{-1}$)而需要维持较高溶解氧($DO=3\sim4\ mg \cdot L^{-1}$)浓度,也需要为减缓膜污染而增大曝气量。加压维持膜通量和曝气是 MBR 高能耗的主要原因,占总能耗的 40%~50%,其中膜池内曝气能耗不可小觑,占总能耗的 30%~40%(Sun et al., 2016; Xiao et al., 2014)。

　　经半个世纪发展,改变曝气方式已使曝气能耗显著降低,从而 MBR 工艺能耗也大为降低,已从最初的$>5\ kW \cdot h \cdot m^{-3}$ 降到目前的平均 $2\ kW \cdot h \cdot m^{-3}$ 水平(Krzeminski et al., 2012)。表 5.17 总结了一些国家应用 MBR 工艺能耗情况(林爽,2015; Barillon et al., 2013; Krzeminski et al., 2012; Lay et al., 2017; Palmowsk et al., 2010; Iglesias et al., 2017; Itokawa et al., 2014)。与 CAS 工艺平均能耗 $0.30\ kW \cdot h \cdot m^{-3}$(郝晓地等,2016a)相比,MBR 工艺能耗要高出 60 %~900 %。能耗问题让膜生产大国的日本停止了对大型市政 MBR 项目审批。于是日本 2013 年后开始着手研发新的 MBR 技术,旨在将其能耗控制在$\leq0.4\ kW \cdot h \cdot m^{-3}$(Krzeminski et al., 2012)。

表 5.17　世界各国 MBR 项目平均能耗

国家	荷兰	日本	中国	德国	法国	西班牙	新加坡
能耗/($kW \cdot h \cdot m^{-3}$)	0.8~1.1	0.8~3.0	0.5~1.0	0.7~1.8	0.8~2.4	0.6~1.2	0.5~1.3

2. 膜污染与通量下降

　　尽管相关人员已经从技术层面对膜污染及其控制和清洗做了大量有益工作,但并没有从根本上解决这一问题,膜污染现象终归是会发生的(Huang et al., 2010)。为维持正常过滤通量,虽然在线(维护性)清洗和离线(恢复性)化学清洗会减轻膜污染问题,但是膜清洗会缩短膜的使用寿命,而时常更换膜组件又会增加运行成本。

　　此外膜通量问题也日益引起了人们的关注。在处理水量波动较大的情况下,膜组件通量可靠性经不起时间考验。污水处理厂进水流量是一个动态变化过程,随气候、季节等因素的变化而变化,流量变化会对 MBR 工艺正常运行产生较大影响。MBR 膜组件存在一个极限通量,如果进水流量超过极限通量或者膜污染导致膜通量下降,超出通量的部分污水就无法通过膜过滤处理(陈珺和杨琦,2012)。常规处理办法是增加一个流量调节池或使用备用膜或做溢流处理,但这会增加投资成本和运行费用。在实际运行中,通常是 MBR 运行前几年膜通量不会超限,但随着时间推移,膜污染现象出现导致通量下降。为此,在水量波动较大的地区,选择 MBR 工艺时需要特别谨慎。

3. 标准化的缺失

　　目前膜生产厂商众多,膜产品种类繁多。各生产厂商均有自己的数据库和设计规范,但并没有形成一个统一的行业标准和规范,导致不同产品规格型号、外形尺寸各不相同,互不兼容。设备缺乏标准化首先给设计和采购带来麻烦,应用时一旦出现需要更换膜组件的情况时，标准化缺失带来的劣势更为突出；换品牌意味着重新设计膜系统，增加运行成本。即使是同一品牌的膜组件，先后两种型号也常常不兼容；2008 年德国 Rödingen 项目更换膜组件时就出现了这种情况，不得不重新设计膜系统(Brepols et al., 2010)。此外，缺乏一条龙标准化作业服务常常导致膜供应商与施工方脱节，在安装过程中膜组件损坏现象比比皆是(van der Roest et al., 2012)。

膜市场标准化已引起人们的重视，日本早在 2012 年便成立专家委员会，就 MBR 标准化问题进行讨论；欧盟资助的"加速城市污水净化膜发展"项目中也包括 MBR 标准化建设(Kraemer et al., 2012; Krzeminski et al., 2012)。市场标准化必将影响各大膜生产企业的经济利益，所以膜标准化过程至今举步维艰，严重影响 MBR 工艺的推广应用。

5.3.5 展望未来

虽然 MBR 工艺具有出水水质优和占地面积小两大优势，但是综合技术、经济、管理等因素，MBR 已被确认为是不可持续工艺(郝晓地等, 2016a; Bertanza et al., 2017; Hao et al., 2018)。只有在土地、空间受到严格限制的情况下，MBR 方能显示其独特优势。否则 CAS+砂滤将比其具有综合竞争力。荷兰 Varsseveld 污水处理厂 MBR 示范性项目运行 8 年后已被拆除，代之以 CAS+砂滤；荷兰仅有的几座 MBR 也陆续被全部拆除(van der Roest et al., 2012)。

然而位于瑞典斯德哥尔摩的 MBR "巨无霸" Henriksdal 项目却吸引着人们的眼球，它将成为世界上规模最大的 MBR 污水处理厂。这一庞大工程即将运行并不意味着 MBR 将再次带动其应用的热潮。这一工程的选择重点放在应对北欧严寒冬季常常出现的低温、积雪、结冰等严重问题，遂考虑将此工程放在斯德哥尔摩市中心一地下岩洞内实施(Andersson et al., 2016)。限于岩石结构空间狭小，同时为满足欧盟"波罗的海计划"(BSAP)出水水质和扩大处理规模的需要，项目只是无奈选择了 MBR 工艺进行升级改造(Judd, 2015)。

国土面积狭小的新加坡近年来大力发展"新生水"(NEWater)项目。MBR 可以提供持续、稳定的优质出水，适合用作反渗透原水，且可以省去常规反渗透之前所需的微滤/超滤(MF/UF)，综合能耗相比于 CAS 工艺再加三级处理还节省 0.13 kW·h·m^{-3}，且可以降低土地使用成本(郝晓地等, 2014b)。因此，在极度缺水和寸土寸金的新加坡，MBR 似乎比 CAS 具有应用优势。类似新加坡的情况也出现在一些缺水的海湾国家再生水项目中，况且这些国家油比水便宜，"以油换水"在这些国家具有明显优势。

与上述国家特殊应用情况相比，我国大规模应用 MBR 技术的理由似乎并不充分，特别是近年出现的地下式 MBR。无疑，土地、空间极度短缺，昂贵的一些大、中城市，迫不得已应用 MBR 无可厚非。但是将 MBR 作为未来污水处理技术发展方向，并用它来全面升级既有、新建未来污水处理设施(甚至扩展到农村污水处理设备)确实值得商榷。对于我国发展中的地下式 MBR 更要慎重，毕竟它不是一个可持续的工艺。

5.3.6 结语

除中国外，MBR 工艺在全球应用骤降并非偶然现象，高能耗与膜污染让其背负不可持续之名。如果 MBR 这两个突出弊端不能在未来得到根本性解决,其工程应用很难维系。只有在一些特定情况(土地极度匮乏、空间十分有限、严重缺水、水比油贵)下,应用 MBR 才可能具有被动选择优势。即使在这样一些特定情况下,MBR 也不是唯一选择,如好氧颗粒污泥技术就比它具有明显优势。

5.4　污水处理升级改造技术认识误区

5.4.1　引言

黑臭水体治理引发严格国标及地标连续出现,达标四类,甚至三类地表水的各地做法屡见不鲜,导致末端污水处理压力剧增。为满足严格的排放标准,既有污水处理厂普遍面临升级改造的窘境,其中脱氮除磷成为升级改造的核心技术内容。脱氮除磷理论与实践并非新生事物,早在 20 世纪末的欧洲(特别是荷兰)就已经十分成熟,以"反硝化除磷"(DPB)为基础的同步脱氮除磷工艺(BCFS)早已大规模应用于工程实践(Hao et al., 2001a; van Loosdrecht et al., 1998)。与此同时,ANAMMOX 现象被发现并得到实验证实,它与反硝化除磷一起预示着可持续污水处理技术时代的到来(Jettten et al., 1997; Hao et al., 2002; van Loosdrecht et al., 2004)。

我国对脱氮除磷技术应用的时间应该说几乎与欧洲同步,A/O、A^2/O,甚至倒置 A^2/O 等工艺应用从 20 世纪末就已经开始,目前形成了以 A^2/O 及其变型为主的脱氮除磷工艺。然而在实际应用中发现,A^2/O 在脱氮方面还较令人满意,但生物除磷普遍不灵,出水很难达到 $TP<1.0$ mg $P\cdot L^{-1}$,不得不靠后端化学除磷方式满足 $TP<0.5$ mg $P\cdot L^{-1}$ 这样的严格排放标准。

对此,国内工程界,甚至学术界形成了各种各样的认识和论点,像"脱氮与除磷存在泥龄矛盾""生物脱氮简单、化学除磷容易""多级 AO 好于 A^2/O""MBR(A^2/O+膜分离)可产生优质出水""MBBR 适合升级改造"等,还有怀疑生物除磷理论不成熟的偏激观点。

其实上述论点都是基于对脱氮除磷(特别是反硝化)理论的表观认识或片面理解,仍然将脱氮与除磷分离看待的结果。基于反硝化除磷理论,脱氮与除磷是一体的,是一种细菌(DPB,可以 NO_3^- 或 O_2 分别作为电子受体)在缺氧环境下发生的同步脱氮除磷现象,可谓"一石两鸟"(Hao et al., 2001a; van Loosdrecht et al., 1998)。生物除磷通过排泥去除细胞内多聚磷酸盐(poly-P)固然需要较短的污泥龄(SRT),而硝化受细菌世代时间限制必须采用长 SRT(Hao et al., 2001a)。但在工程应用中,其实磷细菌与硝化细菌所需要的最低 SRT 并无多大差别(Hao et al., 2001a)。MBR 和 MBBR 在生物净化机理上根本无助于生物除磷。

针对国内学术、工程界上述有关脱氮除磷的错误论点,本节将逐一通过既有理论、实验数据、数学模拟予以详细解释并予以澄清。

5.4.2　脱氮与除磷存在泥龄矛盾

传统观点认为，硝化菌(AOB/NOB)所需最小 SRT 要比磷细菌(PAOs/DPB)长；如果 SRT 满足硝化细菌生长条件，磷细菌则不能较多地被排出系统，导致除磷效果变差。这其实就是所谓的脱氮除磷存在泥龄矛盾的认识出发点。

之前通过对 BCFS 反硝化除磷系统各温度下磷细菌与硝化菌最小 SRT 模拟实验时发现，虽然反硝化工艺磷细菌(PAOs/DPB)所需最小的 SRT 比硝化菌要短，但两者差别不大，也就仅有 1 d 之差，如图 5.15 所示(Hao et al., 2001a)。换句话说，工程上可将磷细菌与硝化菌最小 SRT 视为一致，即不存在泥龄矛盾，这与 Brdjanovic 等(1998)的实验发现十分相符。这就是说，同步脱氮除磷系统中，SRT 并不能取得太短，否则连磷细菌也生长不起来，低 SRT 排泥除磷也就失去意义。图 5.15 显示，低温下(<10℃)，磷细菌生长受温度影响较大，以至于低温时磷细菌最小 SRT 变得比硝化菌还要长。

可见脱氮与除磷存在泥龄矛盾其实是一种主观臆断，是仅从两种细菌各自世代时间比较而得出的错误判断。这也是独立于反硝化除磷的硝化双污泥 A_2N 系统(Hao et al., 2001a)在荷兰只实验演示而没有实际工程应用的主要原因。

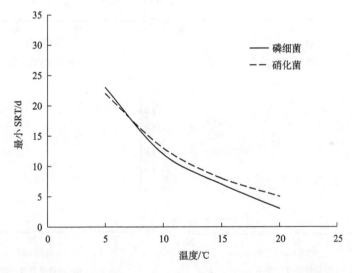

图 5.15　反硝化除磷系统中硝化菌与磷细菌最小 SRT 比较(Hao et al., 2001a)

5.4.3　生物脱氮+化学除磷乃低碳源污水之策

化学除磷具有宏量效果好、微量效果差的特点。根据化学反应动力学，初始 PO_4^{3-} 浓度越高，化学反应所需的金属离子与 P 摩尔比就越低，反之则越高。图 5.16(a)显示(宏量效果)，以 Fe/P 与 Al/P 摩尔比为 1∶1 向初始浓度为 20 mg P·L^{-1} 的市政出水中分别投加 $FeCl_3·6H_2O$ 和 $Al_2(SO_4)_3·18H_2O$，约 10 min 后 PO_4^{3-} 即可达到 5.4 mg P·L^{-1}；继续投加摩尔比至 1.24∶1，PO_4^{3-} 下降也不再明显(至 2.85 mg P·L^{-1})。图 5.16(b)显示(微量效果)，要想将 PO_4^{3-} 从 2.85 mg P·L^{-1} 降至 ≤0.1 mg P·L^{-1}(满足四类水体 TP≤0.3 mg P·L^{-1} 所需出

水溶解性 PO_4^{3-} 最低浓度，另外 0.2 mg P·L^{-1} 含在初始 SS 中），Fe/P 与 Al/P 投加摩尔比将分别上升至 4.32 和 5.09。

　　上述阶段性投加化学药剂固然可以节省药剂投加量，但所需反应时间较长。当然可以采用反应伊始时便投加大药剂的方法，以缩短反应时间，如图 5.16(c)[按图 5.16(a)末端摩尔比投加]、图 5.16(d)[按图 5.16(b)末端摩尔比投加]所示。显然还得加大药剂量才能分别达到如图 5.16(a)和图 5.16(b)所示的最终效果。换句话说，如果采用化学除磷方式将污水中通常 2～5 mg P·L^{-1} 的 PO_4^{3-} 降低至四类水体标准，过量投加化学药剂所带来的运行成本，以及制造、运输药剂间接产生的 CO_2 排放量显然与污水处理节能降耗的目标背道而驰。

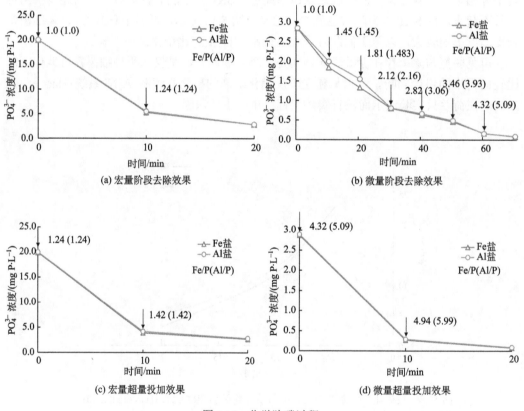

图 5.16　化学除磷过程

　　生物除磷具有微量效果极佳的显著特点。在完全满足磷细菌生长条件(厌→缺/好动态循环生长环境)及所需环境条件(保证存在乙酸碳源)的前提下，磷细菌在缺氧(DPB)或好氧(PAOs/DPB)环境中几乎可以将水环境中的溶解性 PO_4^{3-} 全部吸收到细胞内形成 poly-P。通过二沉池泥水分离，上清液中溶解性 PO_4^{3-} 可降至 "0" 这样的低水平。换句话说，二沉池泥水分离后出水中的磷仅以非溶解形式出现，全部含在残留的 SS 之中。因此，要想获得出水中较低的溶解性 PO_4^{3-}，非生物除磷莫属。

　　从生物脱氮除磷工艺角度来看，A^2/O 或 UCT 完全按磷细菌所需动态生长环境所设计，可以聚集大量磷细菌。只是在工程实践中，我国很多地区污水中低 C/P、C/N 可能限制磷细菌正常生长。然而从 A^2/O 或 UCT 中所发现的反硝化除磷现象通过 DPB 细菌生物将脱氮与除磷"合二为一"，无形中相当于增加了一倍脱氮除磷所需的碳源。因此，低碳源污水脱氮除磷工艺首要考虑的就是创造 DPB 的最大富集条件。在此方面，UCT 明显好于 A^2/O，这已被模拟试验所证实(郝晓地等, 2017a)。

即便 DPB 在同步脱氮除磷上具有节省一倍碳源的功效，现实污水处理过程中仍会遇到碳源不足的现象。这个问题固然可以通过在厌氧池中投加碳源(如乙酸)的方式加以解决，但也可以采取厌氧池上清液侧流磷回收相对增大 C/P、C/N 的方法获得异曲同工的效果(郝晓地等, 2017b)。

因此，将脱氮与除磷分别以生物和化学方式隔离并非低碳源污水脱氮除磷的上策，其结果将以较大化学药剂投加量及相应的碳排放作为代价。

5.4.4　多级 A/O 比 A^2/O 脱氮除磷效果好

多级 A/O 工艺以巴颠甫(Bardenpho)工艺为代表，随后又衍生出多点进水的多级 A/O，如图 5.17 所示。Bardenpho 工艺[图 5.17(a)]出现于 20 世纪 70 年代，当时还没有发现反硝化除磷现象。这种工艺在设计原理上将脱氮与除磷分隔设置，通过前置反硝化方式将污水中大部分氨氮在第一个好氧池(O1)硝化回流至第一个缺氧池(A1)而脱氮。第二级 A/O 原则上是除磷，即通过第二个厌氧池(A2)释磷、第二个好氧池(O2)吸磷。然而这种工艺的进水碳源(特别是 VFAs)在第一级 A/O 中已被大部分消耗(A1 反硝化、O1碳氧化)，留给第二级 A/O 的碳源已所剩无几(特别是磷细菌所必需的 VFAs)，因此磷细菌在这种情况下难以生长、繁殖，除磷也就无从谈起。显然，Bardenpho 工艺要想具备同步脱氮除磷功能需要进水中的碳源异常充足，在满足反硝化(A1)和直接碳氧化(O1)的需要后仍有碳源(VFAs)剩余，这样才能保证 A2 中磷细菌对乙酸的摄取，进而使 O2产生吸磷作用。

多点进水多级 A/O[图 5.17(b)]在工艺设计上碳源分段进入三个厌氧(实为缺氧)池，但"厌"氧池内发生的主要还是常规反硝化作用。首先污泥回流中的 NO_3^- 首先在 A1 中反硝化而与磷细菌抢夺碳源，接下来 O1 池硝化产生的 NO_3^- 会进入 A2，以此类推。结果，这个工艺其实与 Bardenpho 工艺类似，以硝化和反硝化为主，磷细菌也很难得势生长。

基于之前模拟 A^2/O 时的相同水质、水量及反应池体积(郝晓地等, 2017a)，分别对图 5.17所示的 Bardenpho 工艺和三段多点进水工艺进行模拟。模拟结果揭示，以出水 SS=5 mg·L^{-1}为共同基准，三种工艺出水 COD 完全相同，NH_4^+ 类似(低温时多点进水要好)，TN 以Bardenpho 工艺为最好(较其他两工艺低 1~2 mg N·L^{-1})。然而，在磷出水上，三种工艺的差别明显不同，如图 5.18 所示。显然 Bardenpho 工艺几乎没有除磷作用，多点进水工艺稍微存在一些除磷效果，但与 A^2/O 效果不能同日而语。如果将 A^2/O 变型为 UCT，除磷效果则会更好(郝晓地等, 2017a)。

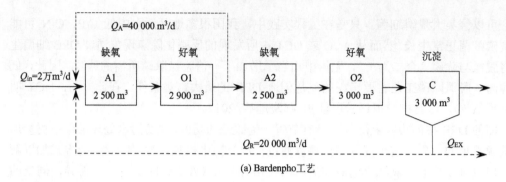

(a) Bardenpho工艺

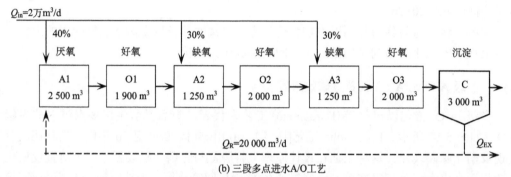

(b) 三段多点进水A/O工艺

图 5.17　典型多级 A/O 工艺流程

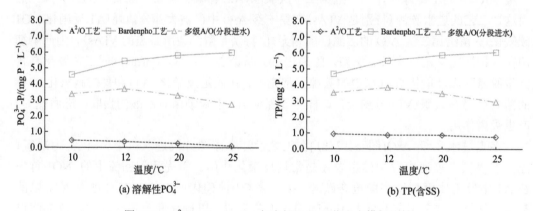

(a) 溶解性PO_4^{3-}

(b) TP(含SS)

图 5.18　A^2/O、Bardenpho 与多级 A/O 工艺出水模拟比较

5.4.5　MBR 为低氮、磷出水之选

　　A^2/O+膜过滤(MBR)目前似乎已成为我国污水处理升级改造的"标配"。很多决策者将出水达标和缓解黑臭水体的宝全部"押"在了 MBR 上。事实上，MBR 对生物净化功能(特别是脱氮除磷)的强化作用几乎没有，只是可以聚积较高的生物量而已。相反，曝气池高的生物量意味着低的排泥量，这对因排除剩余污泥而产生的生物除磷作用十分不利。况且膜只能截留不溶解的 SS，如果前端吸磷效果不佳，溶解性 PO_4^{3-} 将无法对其进行截留。对 A^2/O 和 UCT 模拟的结果显示(郝晓地等，2017a)，UCT 在除磷效果方面远好于 A^2/O，只要保持出水 SS≤5 mg·L^{-1}，出水 TP 甚至可以达到京标 A 标准(0.3 mg P·L^{-1})。

而从传统二沉池出水 SS=10 mg·L^{-1} 降低至 SS≤5 mg·L^{-1} 只需传统砂滤即可奏效。

有关 MBR 在能耗、占地、费用、清洗等方面的综合评价表明，MBR 并不是一种称得上具有可持续性的工艺(郝晓地等，2016a)。有鉴于此，荷兰仅有的几座 MBR 工艺在经历了几年高能耗及清洗(膜污染)导致的高昂运行费后已被拆除，继而回归传统活性污泥+砂滤方式工艺。这相比于中国更加缺地的荷兰来说实属一种明智的选择(Roest et al., 2012)。

5.4.6　MBBR 适合升级改造

轻质悬浮型填料的出现使得生物膜技术获得了空前的发展，人们寄希望于向曝气池中定向投加悬浮填料，以期在悬浮增长的生物量(活性污泥)基础上再获得 1 倍以上的增值生物量(生物膜)，这也就促进了移动床生物膜反应器(moving bed biofilm reactor, MBBR)工艺的出现和应用。理论上讲，单位体积内的生物量增加，要么可以减少反应器的体积，要么可以增加反应器对污染负荷的处理能力，所以 MBBR 应运而生。

对于污水处理各种细菌所需要的生长环境来说，填料投入 A^2/O 好氧、缺氧池倍增生物量后可强化碳氧化、硝化、反硝化作用。但将填料投入厌氧池，只可能有助于颗粒有机物的水解、酸化作用，并不会促进磷细菌的倍增，因为磷细菌是一种"动态"细菌，需要在顺序存在厌氧→缺氧/好氧的环境下才能生长。投入厌氧池的填料显然难以实现这种环境上的需要(仅固守于厌氧池)，所以磷细菌不会像常规异养菌(OHO)、硝化菌那样增量繁殖。只有采用向 SBR 反应器中投加填料的方式才有可能同时获得 PAOs/DPB、OHO 和 AOB/NOB 倍增的机会。因此，填料在 A^2/O 等连续流工艺生物除磷方面的强化作用仅局限于水解、酸化，不会对磷去除产生明显效果。

问题是 MBBR 在实际过程中真的能对 COD、N 的去除产生明显强化作用吗？之前研究人员进行的 SBR 加填料(德国 Mutag BioChip™；圆片形：直径=22 mm，厚度=1 mm；比表面积>3 000 m^2·m^{-3})试验表明(郝晓地等，2013)，加填料 SBR 反应器近 1 年后生物膜生物量确实持续增长，最终该反应器内的总生物量(生物膜+活性污泥)增加到未加填料 SBR 反应器(仅有活性污泥，MLVSS=1 400～1 800 mg·L^{-1})的 2.9 倍。但两个反应器对 COD、N 和 P 的去除率几乎处于相同的处理水平，均能使模拟生活污水(COD=200～400 mg·L^{-1}，TN=40～80 mg N·L^{-1}，TP=8～16 mg P·L^{-1})达到国家一级 A 标准，并没有观察到两个反应器在净化效果上的明显差别。即使在非稳态工况下运行，两个反应器对 COD、N 和 P 的去除率也没有出现明显的预期差别。

在将填料和活性污泥分别从反应器取出的小试观察中进一步发现，单位生物膜生物量有机物降解能力、硝化/反硝化速率及生物强化吸/放磷量均远远低于单位活性污泥生物量(郝晓地等，2013)。相反，添加填料反应器中悬浮增长活性污泥出现了严重的细化现象，导致沉降性能明显下降(SVI=220 L·mg^{-1}；未加填料反应器悬浮污泥 SVI=50 L·mg^{-1})。这显然是填料间的摩擦、剪切作用导致絮状活性污泥破碎的结果。

对生物膜生物量灼烧灰分检测后发现，残留灰分比例竟占生物膜生物干重的 66.8%(郝晓地等，2013)。进一步分析表明，这部分灰分主要是在生物膜上形成的磷酸盐等沉淀物。这意味着，生物膜生物量成分中仅有 1/3 是可能实际增加的生物量。如此计算，生物膜上所增加的近 2 倍生物量实际 VSS 增量仅为悬浮污泥的 0.67 倍，表观测得的生物量 2/3 都是对生物净化不起作用的无机成分。

对填料生物膜上活菌/死菌 LIVE/DEAD 荧光染色分析显示，生物膜中的活菌比例仅为 79%，远小于悬浮污泥 94% 的活菌比例（郝晓地等，2013）。也就是说，生物膜 VSS 成分中约 1/5 的细菌是非活性的，这是细菌长时间滞留（长 SRT）于生物膜上产生的结果。这就使生物膜上所增加的有效生物量进一步减少，较悬浮污泥仅增加了 0.53 倍的有效生物量。

上述试验采用的是"微观比表面积填料"（微孔填料：Mutag BioChip™，海绵填料），易形成生物量和无机物的沉积"堵孔"现象。那"表观比表面积填料"（微表面填料：拉西环填料，柱状填料 Kaldnes，球型填料）实际生物量及净化情况是否要好些？调研发现，表观比表面积填料，虽然其比表面积只有微观比表面积填料的 1/5～1/400，但是它们的比表面组成几乎全部是有效的，附着在填料上的生物膜老化后可自行脱落，空出的比表面积立刻可以生长新的生物膜，这就使得生物膜中的活菌细胞比例较高，且生物膜不密实，扩散阻力很小，有利于微生物的新陈代谢（郝晓地等，2013）。

总之，MBBR 添加表观比表面积填料会有助于生物膜生长、老化脱落、避免有机物沉积，产生的生物增加量也有助于生物净化作用。然而对于市政污水而言，传统活性污泥法只要保持 3 000～4 000 mg·L^{-1} 的 MLSS，对 COD、N、P 的去除完全可以奏效，用不着额外再去加填料而增加太多的生物量，除非进水中各种污染物浓度超高。然而所添加的填料无助于生物除磷（像 A^2/O 这样的连续流工艺），反而会导致悬浮污泥的破碎、细化，造成二沉困难，最后只得求助于后端膜分离（MBR）来解决出水 SS 分离问题。这会使工艺流程延长而耗能，导致运行管理上出现麻烦。

5.4.7 结语

日益缩紧的污水处理排放标准，以及动真格的环境监管、执法力度不仅导致既有污水处理厂普遍面临升级改造的紧迫形势，而且对新建污水处理工艺设计也提出了严格的工艺选择问题，再也不能像以往那样用抄图、套图，甚至道听途说等方式去应付工艺选择。不然，毁掉的不仅是工艺选择、设计者本身，还有各位赖以生存的水环境。

在污水处理升级改造或新厂建设方面，业主、设计者往往追求所谓的新技术、新工艺，以至于形成了传统工艺难以满足严格排放标准的"共识"。对市政污水处理来说，脱氮除磷是关键，而 COD 需达超低排放标准（30 mg·L^{-1}）只是排放标准不科学制定的问题（荷兰出水 COD 允许 120 mg·L^{-1}，但 BOD$_5$ 却要求在 1 mg·L^{-1}；惰性 COD 进入水体中不会耗氧，也不会对健康构成什么危害）。在脱氮除磷方面，普遍低碳源是我国污水的特征，但这不等于说传统工艺就不能应对低碳源下的脱氮除磷问题。

20 世纪末从反硝化除磷（DPB）现象在欧洲偶然被发现，到学术确认直至广泛应用至少已有 20 年的历史。反硝化除磷可将原本认为彼此分离的脱氮（反硝化）和吸磷（好氧）在缺氧环境下（以 NO$_3^-$ 作为电子受体）合二为一，即脱氮除磷在 DBP 的作用下其实是一个过程，是一份碳源即可完成的生化过程，这就为低碳源污水脱氮除磷带来了福音。此外，低碳源污水还可通过厌氧上清液侧流磷沉淀/回收方式充分发挥其宏量效果好、生物除磷微量效果佳的特点，只靠投加少量化学药剂便可解决低碳源和磷回收问题，起到事半功倍的效果。

因此，回归传统工艺，如 A²/O，特别是 UCT，反硝化除磷(无硝化细菌与磷细菌泥龄差别之虞)及侧流磷回收等都可以轻易实现，完全可弃用前端投加碳源(脱氮)、后端投加化学药剂(除磷)的常规脱氮除磷方式，也不需要无限延长流程(多级 AO、后端深 V 滤池等)，更不需要 MBR 或 MBBR 这些无助于生物除磷的所谓的新工艺助力。

5.5　A²/O 工艺脱氮除磷劣势分析

5.5.1　引言

黑臭水体肆虐促使国家和地方不断提高城镇污水处理排放标准，这就导致我国大部分既有城镇污水厂不得不升级改造。与此同时，新建污水处理厂也面临新工艺的选择问题。在发展蓝色经济的国际大背景下，污水处理不仅要满足营养物去除(BNR)的需要，而且采用的工艺应最大限度地降低工艺基建投资、运行能耗及化学药耗(特别是外加碳源和磷沉淀剂)使用量(郝晓地等，2017c)

在脱氮除磷方面，目前国内大多采用 A²/O，甚至倒置 A²/O，MBR 只不过是在前两种工艺后取代二沉池添加的泥、水膜分离单元而已。其实，在脱氮除磷方面，UCT 不仅有着与 A²/O 类似的原理，还在生物除磷方面更胜一筹，因为 UCT 回流污泥不直接进入厌氧池，且增加了一个缺氧到厌氧池的内回流，很大程度上避免了硝酸氮(NO₃⁻)对聚磷菌(PAOs/DPB)的影响(完全不同于倒置 A²/O 的作用：抑制生物除磷)(郝晓地，2006；叶长兵等，2014)。因此，污水处理厂升级应将既有 A²/O 工艺改造为 UCT，最大限度地利用 PAOs/DPB 的作用，以实现较低磷(P)排放。

本章将利用数学模拟技术，在相同进水水质、工艺设计参数下以 UCT 比较 A²/O、倒置 A²/O，用模拟数据揭示 UCT 的优越性。针对 MBR 膜在截留悬浮固体方面的优势，也将模拟低 SS(5 mg·L⁻¹)出水下的 UCT 与 A²/O 工艺性能。同时，对我国市政污水碳源普遍不足的问题，分别以外加碳源和侧流磷沉淀方式模拟两种方法的异曲同工之处，以降低碳源投加并促进磷回收应用。

5.5.2　工艺模型设计

实践表明，TUD 与 ASM 的联合模型也适用于我国市政污水处理厂问题诊断、运行优化、工艺设计(郝晓地等，2007a；2007b；2007c；2009)。因此，本章利用之前已建立的 TUD 与 ASM 联合模型，采用 AQUASIM 2.0 模拟软件，分别对 A²/O、UCT、倒置 A²/O 工艺建立工艺模型进行模拟。

1. 工艺设计水质

结合北京某小型市政污水处理厂升级改造设计水量、水质(表 5.18)，对模型所需 COD 参数，按照污水水质特征化方法(郝晓地等，2007d)，将进水 COD 区分为如表 5.19

所示的 S_I、S_A、S_F、X_S、X_I 五种组分。

表 5.18　设计进水流量与水质（年平均值）

项目	Q_{in}/ (m³·d⁻¹)	COD_Cr/ (mg COD·L⁻¹)	BOD₅/ (mg COD·L⁻¹)	SS/ (mg SS·L⁻¹)	NH₄⁺-N/ (mg N·L⁻¹)	TN/ (mg N·L⁻¹)	TP/ (mg P·L⁻¹)
指标	20 000	320	160	185	48	60	7.5

表 5.19　模型 COD 参数组分划分

项目	S_I/ (mg COD·L⁻¹)	S_A/ (mg COD·L⁻¹)	S_F/ (mg COD·L⁻¹)	X_S/ (mg COD·L⁻¹)	X_I/ (mg COD·L⁻¹)
指标	24	32	72	137	55

2. A²/O 设计参数与工艺模型

参考我国南北方地区部分既有 A²/O 工艺实际运行参数，确定工艺模拟设计参数为：①生化反应总水力停留时间 HRT=13 h，其中，厌氧段 HRT=3 h，缺氧段 HRT=3 h，好氧段 HRT=7 h；②不设初沉池，二沉池 HRT=3.6 h；③内回流比（Q_A）按进水水量（Q_{in}）200%计，污泥回流比（Q_R）为进水水量（Q_{in}）的 100%；④污泥停留时间 SRT=15 d，好氧池溶解氧 DO=2 mg·L⁻¹（郭玉梅等，2015；李斯亮，2016；汤芳等，2016）。模拟工艺流程如图 5.19 所示。

实际污水厂曝气池内流态接近推流式，这就需要对 AQUASIM 2.0 中的模拟单元以完全混合—推流式建立工艺模型（每个反应池分为串联的 5 个子反应器）。工艺模型中，二沉池分为清水区（60%）和污泥区（40%）两部分，包括水解、PAOs、异养菌、自养菌代谢活动的 21 个模型反应也在污泥区全部开启，即考虑了沉淀池中微生物发生的各种生化反应。

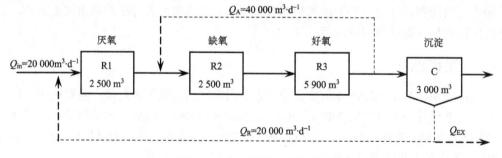

图 5.19　A²/O 模拟工艺流程图

3. UCT 设计参数与工艺模型

为与 A²/O 比较，图 5.20 显示的 UCT 模型工艺完全移植了上述 A²/O 模拟工艺设计参数，只不过增加了一个内回流 Q_B。

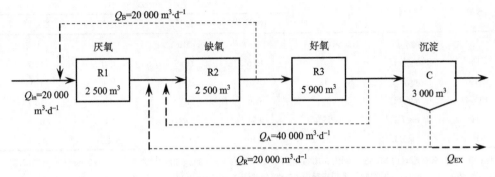

图 5.20　UCT 模拟工艺流程图

4. 倒置 A^2/O 设计参数与工艺模型

倒置 A^2/O 实际上是对 A^2/O 在空间上将厌氧与缺氧位置对换，如图 5.21 所示。因此，模拟工艺设计参数也完全与 A^2/O 一致。

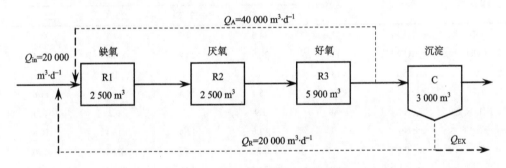

图 5.21　倒置 A^2/O 模拟工艺流程图

5.5.3　模拟结果与分析

1. 出水模拟结果

北方污水处理厂冬季设计温度通常为 12 ℃，夏季为 20 ℃。为详细展示各工艺全年不同季节运行情况，再增加 10 ℃和 25 ℃两个极端温度进行模拟。模拟首先依据出水 SS 达到一级 A 标准(即 10 mg·L^{-1})进行，模拟至稳定状态后的各工艺出水数据分别显示于表 5.20~表 5.22 中。

表 5.20　A^2/O 工艺模拟结果(出水 SS=10 mg·L^{-1})

参数	单位	进水	出水			
			10 ℃	12 ℃	20 ℃	25 ℃
COD	mg COD·L^{-1}	320	34.7	34.6	34.4	34.3
SCOD	mg COD·L^{-1}	128	24.6	24.5	24.5	24.5

续表

参数	单位	进水	出水			
			10 ℃	12 ℃	20 ℃	25 ℃
SS	mg SS·L⁻¹	185	10	10	10	10
TN	mg N·L⁻¹	60	16.6	15.9	12.1	11.7
NH_4^+-N	mg N·L⁻¹	48	6.5	5.0	0.4	0.3
NO_3^--N	mg N·L⁻¹	0	9.3	10.2	11	10.7
TP	mg P·L⁻¹	7.5	0.94	0.87	0.85	0.75
PO_4^{3-}-P	mg P·L⁻¹	4.86	0.46	0.38	0.26	0.11

注：10 ℃时，各反应器内 MLSS 分别为 3 708 mg SS·L⁻¹(二沉池)、3 703 mg SS·L⁻¹(二沉池)、3 696 mg SS·L⁻¹(二沉池)、7 211 mg SS·L⁻¹(二沉池)；12 ℃时，各反应器内 MLSS 分别为 3 605 mg SS·L⁻¹(二沉池)、3 597 mg SS·L⁻¹(二沉池)、3 579 mg SS·L⁻¹(二沉池)、7 000 mg SS·L⁻¹(二沉池)；20 ℃时，各反应器内 MLSS 分别为 3 169 mg SS·L⁻¹(二沉池)、3 157 mg SS·L⁻¹(二沉池)、3 147 mg SS·L⁻¹(二沉池)、6 132 mg SS·L⁻¹(二沉池)；25 ℃时，各反应器内 MLSS 分别为 2 963 mg SS·L⁻¹(二沉池)、2 945 mg SS·L⁻¹(二沉池)、2 935 mg SS·L⁻¹(二沉池)、5 716 mg SS·L⁻¹(二沉池)。

表 5.21 UCT 工艺模拟结果(出水 SS=10 mg·L⁻¹)

参数	单位	进水	出水			
			10 ℃	12 ℃	20 ℃	25 ℃
COD	mg COD·L⁻¹	320	34.6	34.5	34.4	34.3
SCOD	mg COD·L⁻¹	128	24.5	24.4	24.4	24.4
SS	mg SS·L⁻¹	185	10	10	10	10
TN	mg N·L⁻¹	60	16.4	15.4	12.3	11.6
NH_4^+-N	mg N·L⁻¹	48	2.9	1.2	0.2	0.1
NO_3^--N	mg N·L⁻¹	0	12.6	13.4	11.4	10.8
TP	mg P·L⁻¹	7.5	0.72	0.70	0.66	0.70
PO_4^{3-}-P	mg P·L⁻¹	4.86	0.20	0.16	0.06	0.05

注：10 ℃时，各反应器内 MLSS 分别为 2 171 mg SS·L⁻¹(二沉池)、4 147 mg SS·L⁻¹(二沉池)、4 141 mg SS·L⁻¹(二沉池)、8 100 mg SS·L⁻¹(二沉池)；12 ℃时，各反应器内 MLSS 分别为 2 111 mg SS·L⁻¹(二沉池)、4 026 mg SS·L⁻¹(二沉池)、4 020 mg SS·L⁻¹(二沉池)、7862 mg SS·L⁻¹(二沉池)；20 ℃时，各反应器内 MLSS 分别为 1 866 mg SS·L⁻¹(二沉池)、3 535 mg SS·L⁻¹(二沉池)、3 527 mg SS·L⁻¹(二沉池)、6 891 mg SS·L⁻¹(二沉池)；25 ℃时，各反应器内 MLSS 分别为 1 742 mg SS·L⁻¹(二沉池)、3 286 mg SS·L⁻¹(二沉池)、3 277 mg SS·L⁻¹(二沉池)、6 399 mg SS·L⁻¹(二沉池)。

表 5.22 倒置 A²/O 工艺模拟结果(出水 SS=10 mg·L⁻¹)

参数	单位	进水	出水			
			10 ℃	12 ℃	20 ℃	25 ℃
COD	mg COD·L⁻¹	320	34.8	34.8	34.7	34.6
SCOD	mg COD·L⁻¹	128	24.4	24.4	24.4	24.4
SS	mg SS·L⁻¹	185	10	10	10	10
TN	mg N·L⁻¹	60	14.8	13.8	12.0	11.6
NH_4^+-N	mg N·L⁻¹	48	4.1	2.8	0.3	0.1

续表

参数	单位	进水	出水			
			10 ℃	12 ℃	20 ℃	25 ℃
NO_3^--N	mg N·L^{-1}	0	9.9	10.3	11.1	11.0
TP	mg P·L^{-1}	7.5	5.61	5.59	5.90	4.60
PO_4^{3-}-P	mg P·L^{-1}	4.86	5.45	5.44	5.79	4.33

注：10 ℃时，各反应器内 MLSS 分别为 3 516 mg SS·L^{-1}(二沉池)、3 515 mg SS·L^{-1}(二沉池)、3 506 mg SS·L^{-1}(二沉池)、6 844 mg SS·L^{-1}(二沉池)；12 ℃时，各反应器内 MLSS 分别为 3 523 mg SS·L^{-1}(二沉池)、3 522 mg SS·L^{-1}(二沉池)、3 517 mg SS·L^{-1}(二沉池)、6 859 mg SS·L^{-1}(二沉池)；20 ℃时，各反应器内 MLSS 分别为 3 099 mg SS·L^{-1}(二沉池)、3 096 mg SS·L^{-1}(二沉池)、3 090 mg SS·L^{-1}(二沉池)、6 019 mg SS·L^{-1}(二沉池)；25 ℃时，各反应器内 MLSS 分别为 2 920 mg SS·L^{-1}(二沉池)、2 916 mg SS·L^{-1}(二沉池)、2 910 mg SS·L^{-1}(二沉池)、5 666 mg SS·L^{-1}(二沉池)。

因为各工艺出水 SS 统一设定为 10 mg·L^{-1}，所以借表 5.20～表 5.22 中的模拟数据可以直接计算出水 SS 中 COD、N、P 的含量(表 5.23)。

表 5.23　出水 SS 中 COD、N、P 含量

工艺	参数	单位	出水 SS=10 mg·L^{-1}			
			10 ℃	12 ℃	20 ℃	25 ℃
A^2/O	COD	mg COD· mg SS^{-1}	1.01	1.01	0.99	0.98
	N	mg N· mg SS^{-1}	0.078	0.071	0.068	0.066
	P	mg P· mg SS^{-1}	0.048	0.049	0.059	0.064
UCT	COD	mg COD· mg SS^{-1}	1.01	1.01	1.00	0.99
	N	mg N· mg SS^{-1}	0.087	0.075	0.070	0.067
	P	mg P· mg SS^{-1}	0.052	0.054	0.060	0.065
倒置 A^2/O	COD	mg COD· mg SS^{-1}	1.04	1.04	1.03	1.02
	N	mg N· mg SS^{-1}	0.088	0.079	0.074	0.070
	P	mg P· mg SS^{-1}	0.016	0.015	0.011	0.027

2. 模拟结果图示分析

为便于比较三种工艺出水模拟结果，将表 5.21～表 5.23 中的数据绘制成图 5.22 和图 5.23。图 5.22(a)显示，各温度下三种工艺对 COD 的去除几乎一致，出水中溶解性 SCOD≤25 mg·L^{-1}。NH_4^+硝化能力在 20 ℃以下时 UCT 明显高于 A^2/O，比倒置 A^2/O 好许多[图 5.22(b)]。因为各工艺反硝化能力受碳源(COD)限制，20 ℃以下时 UCT 硝化产生的较多的 NO_3^-不能及时反硝化，以至于比其他两个工艺略高 1～3 mg N·L^{-1}[图 5.22(c)]。就 TN 而言，因为各工艺 SS 中所含 N 成分不尽相同，20 ℃以下时倒置 A^2/O 要比其他两个工艺低 1～2 mg N·L^{-1}[图 5.22(d)]。无论是溶解性 PO_4^{3-}还是 TP，倒置 A^2/O 表现均很差，几乎不具有生物除磷能力；而 UCT 在生物除磷方面要胜于 A^2/O[图 5.22(e)与图 5.22(f)]。

图 5.22 显示，倒置 A^2/O 只具有较强的脱氮能力，在生物除磷方面则无所作为。这

是因为倒置 A^2/O 完全违背了要将易降解 COD（VFAs）首先在厌氧单元用于 PAOs/DPB 吸收的原则，以至于用反硝化方式几乎耗尽了 VFAs，导致 PAOs/DPB 无 COD 可以利用，在系统中难以繁殖。显然在同步脱氮除磷方面，倒置 A^2/O 应被禁止应用。否则，P 无法生物去除。

　　UCT 因为避免了回流污泥中 NO$_3^-$ 对厌氧单元 PAOs/DPB 的影响（竞争 VFAs），所以显示出比 A^2/O 较好的生物除磷能力。此外，因 UCT 进入缺氧单元实际存在两个循环（Q_A+Q_R），使实际回流比为 300%，导致 NH$_4^+$ 硝化机会较 A^2/O 无形增加 100%，所以 UCT 的硝化能力好于 A^2/O。尽管 UCT 300% 的缺氧回流比理论上也有助于增加反硝化的机会，但因为碳源（COD）限制而不能将硝化而来的 NO$_3^-$ 及时反硝化。

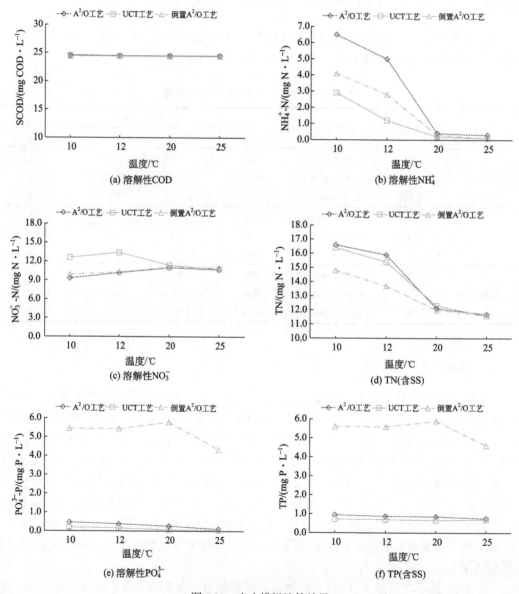

图 5.22　出水模拟计算结果

图 5.23 显示，三种工艺出水 SS 中的 COD 和 N 含量基本相同[图 5.23(a)]，差别在于 P 的含量[图 5.23(b)]。倒置 A²/O 出水 SS 中 P 含量明显很低（约占 SS 总干重的 2%），直接反映出 SS 中并不含 PAOs/DPB。相反，UCT 和 A²/O 出水 SS 中 P 含量高达 5%~6%，且 UCT 要高于 A²/O，这说明两工艺中均存在着相当的 PAOs/DPB，这也是两工艺具有生物高除磷能力的一个旁证。

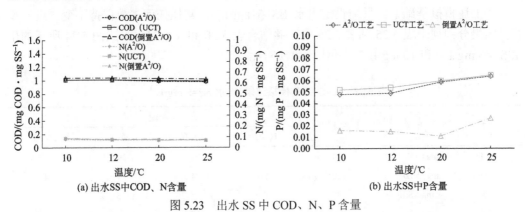

图 5.23　出水 SS 中 COD、N、P 含量

3. 反硝化除磷菌(DPB)除磷贡献率

DPB 首先被发现于 UCT 和 A²/O 工艺之中，这种细菌使用同一碳源即可实现缺氧反硝化吸磷，可以在很大程度上避免以 O₂ 作为唯一电子受体的吸磷现象，不仅节省了脱氮除磷的碳源，也可节省曝气量(郝晓地等，2008; Hao et al.，2001b)。表 5.24 列出了 A²/O 和 UCT 系统聚磷菌(PAOs)吸磷总量及 DPB 在生物吸磷方面的贡献率。表 5.24 显示，A²/O 工艺中 PAOs 在缺氧及好氧单元吸磷总量较 UCT 低 22%~35%；UCT 中 PAOs 的吸磷作用在 20 ℃ 以下时特别明显(>30%)，应主要归功于 DPB 的反硝化除磷现象，低温时表现尤为突出，20 ℃ 以下时比 A²/O 高 12%~14%。换句话说，UCT 工艺生物除磷在很大程度上均以反硝化除磷为主。从这个意义上说，UCT 在同步脱氮除磷方面的性能绝对优于 A²/O。

表 5.24　反硝化除磷贡献率统计结果

衡量指标	A²/O 与 UCT			
	10 ℃	12 ℃	20 ℃	25 ℃
PAOs 吸磷总量(100%)/(mg P·L⁻¹)	9.6/14.8	9.8/15.3	13.8/19.1	16.2/20.8
DPB 贡献率/%	63.8/76.2	63.2/77.1	70.9/80.2	70.1/77.1
专性好氧 PAOs 贡献率/%	36.2/23.8	36.8/22.9	29.1/19.8	29.9/22.9

5.5.4　降低出水 SS 水质效果模拟

尽管 UCT 与 A²/O 具有较好的同步脱氮除磷能力，但限于出水较高的 SS 浓度(10 mg·L⁻¹)，其出水 TP 浓度距离一级 A 标准(TP≤0.5 mg P·L⁻¹)仍然具有一定距离。因此整体提高出水水质(进一步降低 N、P 的浓度)的技术措施显示需要降低出水中 SS 的浓度，这也是 MBR 工艺应运而生的主要理由。其实，设计和运行良好的传统二沉池完全可以达到与 MBR 膜分离几近一致的分离 SS（≤5 mg·L^{-1}）的效果。即使传统二沉池难以胜任将 SS 降至≤5 mg·L^{-1}，后接简单砂滤即可奏效，况且目前还出现了一些所谓的高效沉淀设备。但无论采用何种泥水分离技术，均需要进一步模拟出水 SS=5 mg·L^{-1} 下的出水水质，以考察出水中 N、P 的情况。

在上述模拟基础上，只需设定出水 SS=5 mg·L^{-1}，其他任何参数保持不变。进一步模拟结果分别列于表 5.25 和表 5.26 中，并结合表 5.20 和表 5.21，形成图 5.24 所示的出水 SS=5 mg·L^{-1} 和 10 mg·L^{-1} 下的出水水质对比。

表 5.25　A^2/O 工艺模拟结果（出水 SS=5 mg·L^{-1}）

参数	单位	进水	出水			
			10 ℃	12 ℃	20 ℃	25 ℃
COD	mg COD·L^{-1}	320	29.6	29.6	29.6	29.5
SCOD	mg COD·L^{-1}	128	24.6	24.5	24.5	24.5
SS	mg SS·L^{-1}	185	5	5	5	5
TN	mg N·L^{-1}	60	15.9	15.3	11.9	11.4
NH$_4^+$-N	mg N·L^{-1}	48	6.1	4.7	0.4	0.3
NO$_3^-$-N	mg N·L^{-1}	0	9.5	10.5	11	10.7
TP	mg P·L^{-1}	7.5	0.70	0.63	0.56	0.44
PO$_4^{3-}$-P	mg P·L^{-1}	4.86	0.46	0.38	0.26	0.12

注：10 ℃时，各反应器内 MLSS 分别为 3 698 mg SS·L^{-1}（二沉池）、3 689 mg SS·L^{-1}（二沉池）、3 670 mg SS·L^{-1}（二沉池）、7 184 mg SS·L^{-1}（二沉池）；12 ℃时，各反应器内 MLSS 分别为 3 696 mg SS·L^{-1}（二沉池）、3 687 mg SS·L^{-1}（二沉池）、3 668 mg SS·L^{-1}（二沉池）、7 180 mg SS·L^{-1}（二沉池）；20 ℃时，各反应器内 MLSS 分别为 3 277 mg SS·L^{-1}（二沉池）、3 261 mg SS·L^{-1}（二沉池）、3 251 mg SS·L^{-1}（二沉池）、6 342 mg SS·L^{-1}（二沉池）；25 ℃时，各反应器内 MLSS 分别为 3 066 mg SS·L^{-1}（二沉池）、3 048 mg SS·L^{-1}（二沉池）、3 038 mg SS·L^{-1}（二沉池）、5 923 mg SS·L^{-1}（二沉池）。

表 5.26　UCT 工艺模拟结果（出水 SS=5 mg·L^{-1}）

参数	单位	进水	出水			
			10 ℃	12 ℃	20 ℃	25 ℃
COD	mg COD·L^{-1}	320	29.5	29.5	29.6	29.4
SCOD	mg COD·L^{-1}	128	24.4	24.4	24.5	24.4
SS	mg SS·L^{-1}	185	5	5	5	5
TN	mg N·L^{-1}	60	16.0	15.0	12.1	11.4
NH$_4^+$-N	mg N·L^{-1}	48	2.5	1.0	0.2	0.1
NO$_3^-$-N	mg N·L^{-1}	0	13.0	13.4	11.4	10.8
TP	mg P·L^{-1}	7.5	0.46	0.43	0.37	0.38
PO$_4^{3-}$-P	mg P·L^{-1}	4.86	0.20	0.16	0.06	0.05

注：10 ℃时，各反应器内 MLSS 分别为 2 229 mg SS·L^{-1}（二沉池）、4 263 mg SS·L^{-1}（二沉池）、4 257 mg SS·L^{-1}（二沉池）、8 333 mg SS·L^{-1}（二沉池）；12 ℃时，各反应器内 MLSS 分别为 2 162 mg SS·L^{-1}（二沉池）、4 130 mg SS·L^{-1}（二沉池）、4 123 mg SS·L^{-1}（二沉池）、8 069 mg SS·L^{-1}（二沉池）；20 ℃时，各反应器内 MLSS 分别为 1 916 mg SS·L^{-1}（二沉池）、3 636 mg SS·L^{-1}（二沉池）、3 627 mg SS·L^{-1}（二沉池）、7 092 mg SS·L^{-1}（二沉池）；25 ℃时，各反应器内 MLSS 分别为 1 796 mg SS·L^{-1}（二沉池）、3 394 mg SS·L^{-1}（二沉池）、3 385 mg SS·L^{-1}（二沉池）、6 615 mg SS·L^{-1}（二沉池）。

　　图 5.24 显示，降低出水 SS 后水质效果主要体现在出水 TP[图 5.24(f)]上，效果非常明显，特别针对 UCT，使出水 TP 从＞0.5 mg P·L^{-1} 降至＜0.5 mg P·L^{-1}，已满足一级 A 排放标准(A^2/O 仍难以达标)。这是因为 UCT 中 PAOs/DPB 含量多，SS 中的 P 含量也就相应较高(5%～6%)，因此降低出水 SS 对降低 TP 至关重要。其他出水指标[图 5.24(a)～(e)]没有变化或略有变化，主要受出水 SS 降低后回流污泥浓度有所提高的影响(MLSS 浓度升高约 100 mg·L^{-1})。

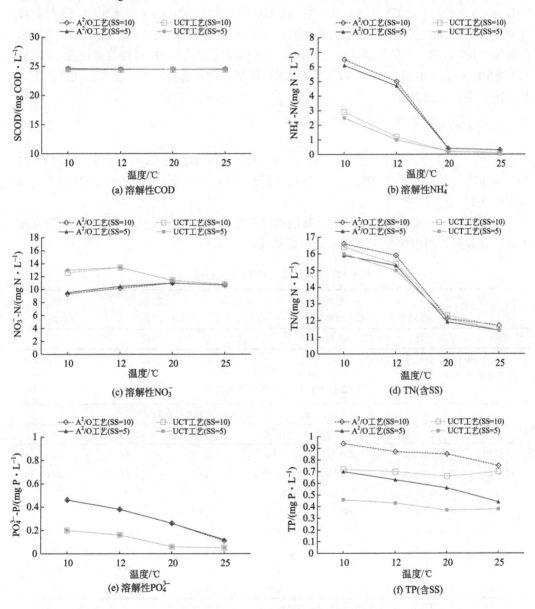

图 5.24　不同 SS 出水下模拟结果

5.5.5　UCT 工艺优化效果模拟

上述系列模拟结果显示，UCT 较 A²/O 工艺在脱氮上好一些，并在除磷方面好很多。然而就特定模拟进水水质而言，即使是 UCT 工艺也仅满足国家一级 A 排放标准，还不能达到京标 B 标准(SS=10 mg·L⁻¹，COD=30 mg·L⁻¹，TN=15 mg N·L⁻¹，NH₄⁺=1.5/2.5 mg N·L⁻¹，TP=0.3 mg P·L⁻¹)，甚至是京标 A 标准(SS=5 mg·L⁻¹，COD=20 mg·L⁻¹，TN=10 mg N·L⁻¹，NH₄⁺=1/1.5 mg N·L⁻¹，TP=0.2 mg P·L⁻¹)(市质监局，2014)。如前分析，除出水 SS 外，设计案例进水 COD 中可降解成分低是反硝化或反硝化除磷的关键性限制因子，导致出水溶解性 N 和 P 的浓度仍然偏高。对此，可从外加碳源(增加 C/P)或侧流磷沉淀(相对提高 C/P)(Smolders et al., 1996)角度解决进水可降解碳源不足的问题。模拟在此方面可以显示出快速比较的作用。

1. 外加碳源

在上述模拟的基础上，对表 5.19 所列 COD 可降解组分(S_A 与 S_F)适当提高(40 mg·L⁻¹)，并相应减小(40 mg·L⁻¹)慢性降解组分(X_S)比例(保持进水总 COD 不变)，详见表 5.27。

以表 5.27 中 COD 组分为依据，其他模型参数不变，在上述出水 SS=5 mg·L⁻¹ 基础上进一步模拟，得出如表 5.28 显示的模拟结果。

表 5.27　调整模型 COD 参数组分划分

项目	S_I/ (mg COD·L⁻¹)	S_A/ (mg COD·L⁻¹)	S_F/ (mg COD·L⁻¹)	X_S/ (mg COD·L⁻¹)	X_I/ (mg COD·L⁻¹)
指标	24	62(32)	82(72)	97(137)	55

注：括号中数据为表 5.23 中的数据。

表 5.28　UCT 工艺外加碳源模拟结果

参数	单位	进水	出水 (SS=5 mg·L⁻¹)			
			10 ℃	12 ℃	20 ℃	25 ℃
COD	mg COD·L⁻¹	320	29.6	29.7	29.6	29.6
SCOD	mg COD·L⁻¹	128	24.5	24.6	24.6	24.6
SS	mg SS·L⁻¹	185	5	5	5	5
TN	mg N·L⁻¹	60	15.1	13.7	11.3	10.9
NH₄⁺-N	mg N·L⁻¹	48	4.5	2.4	0.4	0.2
NO₃⁻-N	mg N·L⁻¹	0	10	10.8	10.4	10.3
TP	mg P·L⁻¹	7.5	0.33	0.29	0.30	0.33
PO₄²⁻-P	mg P·L⁻¹	4.86	0.08	0.03	0.01	0.01

注：10 ℃时，各反应器内 MLSS 分别为 2 163 mg SS·L⁻¹(二沉池)、4 158 mg SS·L⁻¹(二沉池)、4 150 mg SS·L⁻¹(二沉池)、8 129 mg SS·L⁻¹(二沉池)；12 ℃时，各反应器内 MLSS 分别为 2 099 mg SS·L⁻¹(二沉池)、4 029 mg SS·L⁻¹(二沉池)、4 024 mg SS·L⁻¹(二沉池)、7 874 mg SS·L⁻¹(二沉池)；20 ℃时，各反应器内 MLSS 分别为 1 866 mg SS·L⁻¹(二沉池)、3 557 mg SS·L⁻¹(二沉池)、3 550 mg SS·L⁻¹(二沉池)、6 939 mg SS·L⁻¹(二沉池)；25 ℃时，各反应器内 MLSS 分别为 1 743 mg SS·L⁻¹(二沉池)、3 306 mg SS·L⁻¹(二沉池)、3 299 mg SS·L⁻¹(二沉池)、6 444 mg SS·L⁻¹(二沉池)。

2. 侧流磷沉淀

因工艺设计、进水碳源不足等，国内很多污水处理往往通过化学除磷方式才能满足达标排放要求。在实践中，存在前端、后端，甚至曝气池加药几种方式。然而用这些方式要想做到达标排放，不得不过量投加化学药剂，不仅造成运行费用攀高，也会对生物处理带来一定程度的影响（如对硝化细菌及磷细菌的沉淀）。事实上，厌氧单元上清液中释磷作用会导致 PO_4^{3-} 浓度很高（$20\sim40$ mg $P\cdot L^{-1}$），可以采用上清液侧流磷沉淀方式以最少量的药剂投加获得最大沉淀效果的磷沉淀、分离（可回收），沉淀后的上清液继续导入缺氧/好氧单元，完成后续生物除磷（郝晓地等，2011; van Loosdrecht et al., 1998）。这样做可以将化学除磷宏量效果好、生物除磷微量效果佳的特点有机结合起来，化学药剂投加不仅可以起到事半功倍的去除磷的效果，而且具有一石二鸟的作用，也相当于相对提高了生物除磷的 C/P（Smolders et al., 1996）。为此，基于图 5.20 所示的 UCT 工艺，在厌氧池末端增加一上清液侧流磷沉淀/分离单元（图 5.25），取侧流比为进水量（Q_{in}）的 15%；侧流上清液以金属磷酸盐形式沉淀，磷去除率设定为 90%。

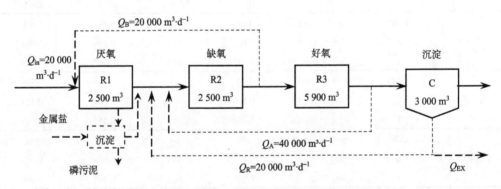

图 5.25　侧流磷沉淀 UCT 模拟工艺流程图

按图 5.25 所示流程工艺模型，其他进水水质和模型参数不变（表 5.18），出水 SS 仍设定为 5 mg·L^{-1}，模拟结果示于表 5.29 中。作为比较，三种模拟工艺出水 SS 中 COD、N、P 含量列入表 5.25 中。

表 5.29　UCT 工艺侧流磷沉淀模拟结果

参数	单位	进水	出水 (SS=5 mg·L^{-1})			
			10 ℃	12 ℃	20 ℃	25 ℃
COD	mg COD·L^{-1}	320	29.6	29.7	29.8	29.6
SCOD	mg COD·L^{-1}	128	24.4	24.5	24.7	24.6
SS	mg SS·L^{-1}	185	5	5	5	5
TN	mg N·L^{-1}	60	15.3	14.6	11.9	11.6
NH$_4^+$-N	mg N·L^{-1}	48	2.3	1.2	0.6	0.4

参数	单位	进水	出水 (SS=5 mg·L⁻¹)			
			10 ℃	12 ℃	20 ℃	25 ℃
NO₃⁻-N	mg N·L⁻¹	0	12.5	12.9	10.9	10.8
TP	mg P·L⁻¹	7.5	0.29	0.24	0.22	0.21
PO₄³⁻-P	mg P·L⁻¹	4.86	0.11	0.05	0.01	0.01

注：10 ℃时，各反应器内 MLSS 分别为 2 438 mg SS·L⁻¹(二沉池)、4 506 mg SS·L⁻¹(二沉池)、4 499 mg SS·L⁻¹(二沉池)、8 821 mg SS·L⁻¹(二沉池)，磷沉淀比为 38.6%；12 ℃时，各反应器内 MLSS 分别为 2 231 mg SS·L⁻¹(二沉池)、4 140 mg SS·L⁻¹(二沉池)、4 134 mg SS·L⁻¹(二沉池)、8 090 mg SS·L⁻¹(二沉池)，磷沉淀比为 39.2%；20 ℃时，各反应器内 MLSS 分别为 1 844 mg SS·L⁻¹(二沉池)、3 492 mg SS·L⁻¹(二沉池)、3 483 mg SS·L⁻¹(二沉池)、6 804 mg SS·L⁻¹(二沉池)，磷沉淀比为 42.8%；25 ℃时，各反应器内 MLSS 分别为 1 742 mg SS·L⁻¹(二沉池)、3 286 mg SS·L⁻¹(二沉池)、3 277 mg SS·L⁻¹(二沉池)、6 399 mg SS·L⁻¹(二沉池)，磷沉淀比为 45.3%。侧流磷沉淀去除约 41.5%的磷。

表 5.30　出水 SS 中 COD、N、P 含量

工艺	参数	单位	出水 SS=5 mg·L⁻¹			
			10 ℃	12 ℃	20 ℃	25 ℃
原始 UCT	COD	mg COD/ mg SS	1.02	1.02	1.02	1.00
	N	mg N/ mg SS	0.101	0.101	0.096	0.092
	P	mg P/ mg SS	0.052	0.054	0.062	0.066
外加碳源	COD	mg COD/ mg SS	1.02	1.02	1.00	1.00
	N	mg N/ mg SS	0.110	0.108	0.104	0.101
	P	mg P/ mg SS	0.050	0.052	0.058	0.064
侧流磷沉淀	COD	mg COD/ mg SS	1.04	1.04	1.02	1.00
	N	mg N/ mg SS	0.105	0.104	0.099	0.089
	P	mg P/ mg SS	0.036	0.038	0.042	0.040

3. 模拟结果图示分析

将表 5.26、表 5.28、表 5.29 中的模拟数据绘制成图 5.26、表 5.30 转换为图 5.27 后可以更容易比较原始 UCT 与外加碳源、侧流磷沉淀的脱氮除磷模拟效果。后两种强化工艺在出水 COD 上无差别是显而易见的[图 5.26(a)]。外加碳源因常规异养菌(OHO)、磷细菌数量增多而使硝化受到一些抑制[图 5.26(b)]，但反硝化/反硝化除磷作用增强[图 5.26(c)]会导致 TN 下降约 1 mg N·L⁻¹[图 5.26(d)]。侧流磷沉淀在脱氮上的作用虽然不及外加碳源，但较原始 UCT 有明显效果(TN 下降约 0.5 mg N·L⁻¹)。其实，外加碳源和侧流磷沉淀的工艺性能强化作用主要表现在除磷上[图 5.26(e)和图 5.26(f)]；两者均能使出水溶解性 PO₄³⁻大幅下降(>50%)，最终致出水 TP 下降至 0.21~0.33 mg P·L⁻¹，特别是侧流磷沉淀均<0.3 mg P·L⁻¹。

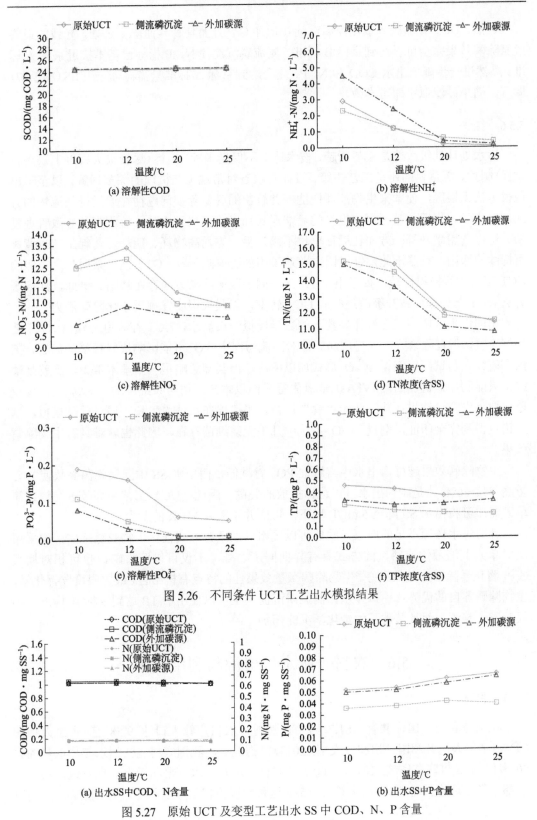

图 5.26　不同条件 UCT 工艺出水模拟结果

图 5.27　原始 UCT 及变型工艺出水 SS 中 COD、N、P 含量

显然，UCT 外加碳源或侧流磷沉淀在增加 C/P 方面具有异曲同工之处，导致的最终脱氮除磷效果完全可以达到京标 B 标准。侧流磷沉淀使 N、P 指标已基本接近京标 A 标准。显然进一步降低出水 COD 和 N、P，完全达到京标 A 标准只需再降一下 SS（图 5.27）即可，简单砂滤似乎即可奏效。

5.5.6 结语

污水处理升级改造是大势所趋，技术选择不仅受国标、地标（尽管很大程度上缺乏科学性）制约，更重要的还是工艺决策、设计者缺乏对常规工艺机理的深刻理解，以至于出现很多认识误区，使本来生物处理便能一并解决的脱氮除磷问题往往通过延长流程的方式，以化学、物理，甚至再加生物的后端形式加以"强化"去除。流程延长导致管理复杂、运行费用攀升等一方面让运行单位不满，另一方面高物耗、能耗、药耗工艺也背离可持续的原则。有鉴于此，针对国内普遍采用的脱氮除磷 A^2/O 工艺，采用与之类似的 UCT 工艺进行模拟比较，揭示出了 A^2/O 在同步脱氮除磷方面存在缺陷。借此，期望既有 A^2/O 工艺处理厂在升级改造时向 UCT 转变，以最大限度发掘反硝化除磷潜力。

相同进水水质、工艺设计参数下的数学模拟结果显示，UCT 在脱氮上较 A^2/O 工艺稍好一些，但在除磷方面优势明显。针对回流污泥中 NO_3^- 可能影响厌氧释磷的问题，国内有研究人员试图以倒置 A^2/O 形式加以解决，但其却忽略了一个基本常识，那就是磷细菌只能利用短链脂肪酸（VFAs），缺氧先行只能以本来应留给磷细菌的 VFAs 让常规反硝化捷足先登，结果让磷细菌无"食"可得，不可能在系统内生长。通过数学模拟，这一论点得到完全印证，倒置 A^2/O 系统中几乎无磷细菌存在，因此也就难具有生物除磷效果。

生物除磷效果越好，出水中溶解性 PO_4^{3-} 就越低，而出水 SS 中因聚磷菌缘故使 P 含量高（5%～6%）才是制约出水 TP 达标排放的关键。因此，UCT 工艺加高效沉淀池或简单砂滤即可将出水 SS 降至 5 mg/L 以下，可能并不需要 MBR 的助力。

针对进水碳源不足的现象，固然可以采用外加碳源方式强化生物脱氮除磷，但采用厌氧单元上清液侧流磷沉淀方式具有异曲同工之处，不仅可以回收磷，也可相对增大 C/P，将化学除磷宏量效果好、生物除磷微量效果佳的特点有机结合，最大限度发挥化学、生物除磷各自的优势。模拟显示，侧流磷沉淀甚至可以使出水 TP 达到京标 A 标准，不仅节省了碳源，而且节省了大量化学沉淀药剂。

5.6 农村"肥水"资源与利用技术

5.6.1 引言

我国是农业大国，共有 261.7 万个自然村，农村户籍人口达 9.58 亿（占总人口的 69%）（中华人民共和国住房和建设部，2017）。据统计，我国农村生活污水年排放量约为 90 多亿 $m^3 \cdot a^{-1}$（鞠昌华等，2016），近 95%的村庄没有排水管渠和污水处理系统，污水一般都未经处理直接排放（鞠昌华等，2016）。这种状况不仅造成农村生活环境脏乱差，而且极易对农村水源造成污染,严重影响农村居民的身体健康和生活质量。《农村人居环境整治三年行动方案》(中共中央办公厅和国务院,2018)指出,改善农村人居环境,建设美丽宜居乡村,是实施乡村振兴战略的一项重要任务。农村生活污水问题需要得到妥善解决,治理任务已迫在眉睫。解决农村污水问题目前主流观点是处理,政府也以处理为己任。

　　纵观历史,农业文明史中昔日乡村很少有当今的污染现象,田园风光、村落如画、树木水印、啼鸟声声等美景几乎充满着整个农业文明时期。究其原因,传统农业耕作中"粪尿返田"的习惯以极为朴素的生态循环方式将排泄物回归土地,用于作物生长养分需要。正是营养物在土地与人和家畜之间的这种良性循环,使得彼时乡村很少出现当今粪尿入水的"黑水"污染现状。

　　显然今日农村污水是现代文明催生的产物,与城市污水如出一辙。那么似乎农村污水也只有走城市污水处理的路子。城市卫生、排水系统(冲水马桶、下水道、污水处理厂)其实只是卫生而已,并不生态,这样的卫生系统使排泄物中的营养物不能回归土地,耕种只得依赖化肥。结果,磷矿几近耗竭、化石能源过度消耗、温室气体明显增多。相形之下,农村传统如厕、粪尿返田方式却是生态的,只是有些卫生瑕疵。从生态角度看,农村污水不是应不应该处理的问题,而是应不应该产生的命题。城市卫生、排水系统木已成舟、远离土地,回归原生态习惯显然不现实,但是解决农村污水问题走什么样的路则面临重大抉择。如果漠视近在咫尺的"肥水"资源,那只有步城市的后尘,将会与当今国家强调的生态文明建设背道而驰、渐行渐远。

　　本节从生态角度出发,对粪尿"肥水"中的养分价值、源分离粪尿及卫生回田、粪尿返田与有机农业、农村污水处理现状、转变政府投资方式等方面内容进行阐述,以维系和恢复原生态农业生产方式,顺应国际上已开始强调的"蓝色经济"发展模式(郝晓地等,2017c)。

5.6.2　粪尿"肥水"中养分价值

　　日均人排尿液体积是生活污水的 1%～2%(Gajurel et al., 2003; Walker and Beadsworth, 2011),而粪便体积仅为尿液体积的 10%(Gajurel et al., 2003)。可见,粪、尿排量与生活灰水量相比微乎其微。表 5.31 显示,粪、尿中所含氮(N)、磷(P)、钾(K)及有机物(COD)分别占污水中相应含量的 97%、90%、66%和 59%。尿液作为粪、尿中养分的主要"浓缩液",主要以尿素(75%～90% N)、PO_4^{3-}(95%～100%

表 5.31　生活污水特征

营养物负荷 /(kg·人$^{-1}$·a^{-1})	灰水 (以 25 000～100 000 L·人$^{-1}$·a^{-1} 计)/%	尿液 (以 500 L·人$^{-1}$·a^{-1} 计)/%	粪便 (以 50 L·人$^{-1}$·a^{-1} 计)/%
N(4～5)	3	87	10
P(0.75)	10	50	40
K(1.8)	34	54	12
COD(30)	41	12	47

资料来源: Gajurel et al., 2003。

P)和 K 离子等极易被植物吸收利用的形式存在(Mihelcic et al., 2011),是农业生产中非常理想的农家肥,也是绿色食品的养分来源。粪便中所含的 P 和 C 对改良土壤结构、增肥保湿具有很好的促进作用(Heinonentanski and Van, 2005)。

每人每年排泄物中所含的 N、P、K 养分分别为 4.4 kg N·a^{-1}、1.5 kg P$_2$O$_5$·a^{-1} 和 1.4 kg K$_2$O·a^{-1}(Gajurel et al., 2003)。研究表明,每人每年产生的尿液可供约 0.5 亩(1 亩≈ 666.67 m^2)农作物生长对养分的需求(Mihelcic et al., 2011);每人每年粪、尿中所含养分与生产 250 kg 谷物所需化肥相当,刚好是一个人 1 年所需谷物消耗量(Heinonentanski and Van, 2005)。目前我国农村实际常住人口约为 5.7 亿(国家统计局, 2017a),每年粪、尿中养分含量达 416.1 万 t·a^{-1}(250.8 万 t·a^{-1} 氮肥、85.5 万 t·a^{-1} 磷肥和 79.8 万 t·a^{-1} 钾肥),相当于 2016 年我国化肥施用折纯量(5 984.1 万 t·a^{-1})(国家统计局, 2017b)的 7%。按照作物对 N 元素的需求(李书田等, 2017;岳现录, 2009),每年仅农村常住人口粪、尿中的养分就可供 836 万 hm^2 的小麦-玉米轮作种植。

5.6.3 粪尿源分离与卫生回田

如果不将体积<2 %的粪、尿混入灰水中,使之以卫生方式返田农用,不仅其中养分可就近利用,而且污水也没有了产生的根源,供只需对生活灰水进行简单处理或将其用于"干地"处理(如旱作灌溉)。传统农村旱厕粪尿回田方式尽管生态,但不太卫生。为此,欧洲一些国家(瑞典、德国等)针对发展中国家设计了基于源分离理念的生态卫生排水系统,并且其在一些国家获得应用和推广(Simha and Ganesapillai, 2017)。从如厕源头将粪便和尿液卫生分离(郝晓地等, 2016b),不仅如同水厕一样解决了旱厕不卫生的问题,而且保留了粪尿中的养分,也就最大限度地避免了农村污水产生问题。在南非,通过回收利用粪尿中养分而从中获利的企业已经出现,尿液被誉为"液体黄金"(Randall and Nadioo, 2018)。

尿液是人体排泄物中所有养分浓缩液。新鲜尿液相对不含病原体,尿液传播疾病的风险主要来自与粪便交叉污染(Karak and Bhattacharyya, 2011; Randall and Nadioo, 2018)。尿液储存>6 个月即可大大降低病原菌含量,并达到农业安全使用的要求(Höglund et al., 2002; Karak and Bhattacharyya, 2011)。粪便不同于尿液,本身带有多种病原微生物,需经过堆肥发酵(传统农业中的沤肥池即此功效)达到无害化后方可使用(Heinonentanski and Van, 2005)。

其实,现代粪尿中药物、激素和重金属残留才是反对粪尿返田最常见的说辞。关于尿液中药物和激素等潜在污染物的负面影响目前尚不清楚,即使是现有污水处理技术也很难有效去除这样的污染物,污水处理后出水灌溉农田同样存在这样的问题(Eggen et al., 2003; Heberer, 2002)。只有利用电渗析和纳滤膜过滤技术方有可能将常见药物残留从尿液/污水中去除(Pronk et al., 2006a; 2006b),也可采用臭氧氧化方式降解药物残留和激素成分(Esplugas et al., 2007)。正常情况下,食物中重金属含量较低,因而排泄物中重金属含量远低于灰水中重金属含量(Vinnerås and Jönsson, 2002)。水环境中高含量的重金属主要来自化工、矿业等行业排放的废水,化肥使用和合成饲料才是土壤重金属的主要来源(Randall et al., 1996)。因此,在市政污水处理不能有效去除药物残留和激素成分的情况下，过度强调粪尿中存在的药物残留和激素成分存在的污染风险的说法显得非常牵强。如果今后市政末端污水处理全部采用电渗析、纳滤膜、臭氧等技术来应对药物残留和激素成分，那么这些技术应用于农村粪尿相同成分处理，在源头岂不显得更加经济、有效？

目前中国农村正在进行厕所革命，但关于"革命的对象"，目前似乎并没有找准。显然，革命的对象应该是针对其卫生方面的负面作用，而不应否定其在生态方面的正面作用，更不应简单重蹈城市的覆辙，代之以冲水马桶方式解决。换句话说，农村厕所革命的结果不应再将"水冲厕所+污水处理"移植于农村。否则，不仅毁掉几千年来形成的粪尿返田的生态习惯，而且政府投资/补贴建设的污水处理设施很可能"晒太阳"（地上式）或者"躲阴凉"（地下式）。目前国际上发展"蓝色经济"（郝晓地等，2017c）的思潮与行动正在悄然兴起，而粪尿返田这一极为朴素的蓝色经济几千年来一直被我们的祖先实践着；历史上似乎不曾有过土壤污染、水污染等现象，也很少听说粪尿传播疾病导致人口锐减、消亡。正是化肥使用才导致大多数农民开始撇弃粪尿种田的习惯，再加上政府部门片面将粪尿返田定义为"陋习"，这才使"肥水"变成"废水"。

5.6.4　粪尿返田与有机农业

粪尿与灰水混合便产生污水，若不经处理，一旦进入水体则有可能导致营养物大量累积而造成水体富营养化和黑臭水体等现象。目前我国农村普遍存在着一种矛盾现象：一方面是"肥水"外流水体，另一方面是种田再施用化肥。农村出现污水并需要处理的原因在于农民弃用昔日"肥水"，像城市人一样切断了食物（营养源）与土地（营养汇）之间的循环，实际走上一条不可持续的"工业"农业，而不是祖先创造的生态农业。

现代农业中大量化学制品（化肥、农药）应用虽然使粮食产量短期获得增产，但长期潜在的隐患已初露端倪，环境污染、生态破坏、资源耗竭、食品安全等问题不断出现，已对人类生存环境和健康构成极大威胁（曹幸穗，2015）。事实上，粪尿"肥水"是一种优质的有机肥，在发展和维系安全无污染的有机农业方面优势明显。将粪尿中的养分纳入自然界物质循环系统是生态文明的基础，不仅可以减少农业对化肥的需求，更为重要的是可以最大限度减少农村污水的产生和处理，避免水环境污染。粪尿返田用于有机农业生产是原生态文明下的产物，即使在现代农业的今天也具有相当的经济、环境与社会效益。

1. 有机农业

现代有机农业是指在生产过程中完全不用或基本不用人工合成化肥、农药、土壤调节剂和畜禽饲料添加剂的农业生产体系，其核心是使用有机肥和生态病虫防治措施，完全弃用化肥、农药（刘世梁等，2015）。可见，中国自给自足小农经济下形成的原生态农业耕作方式实际上就是现代有机农业的雏形，或者说现代有机农业追求的目标与原生态农业殊途同归。正是粪尿返田的原生态耕作习惯才使中国几千年来的土壤肥力和农业生态系统得以稳定维持。弃用粪尿而使之形成污水并处理排放与发展有机农业目标背道而驰，需要悬崖勒马。

2. 经济效益

有机肥是缓释肥，其中营养成分释放与作物吸收往往不能同步，这便产生了有机农业 "成本高、产量低、效益低" 的误区。事实并非如此，在施用同等氮肥的情况下，有机种植产量并不比化肥种植产量低，个别作物产量甚至可达化肥种植的 2~3 倍 (沈茂华等，2010; 宋东涛，2008); 有机作物产量主要与有机种植年限长短有关 (孙红军等，2009; 唐政和陈小香，2012)。有机肥作为缓释肥，其养分释放确实比化肥显得缓慢，导致有机种植前期产量往往较低，但随着种植年限延长，有机种植产量将会逐渐接近化肥种植 (唐政和陈小香，2012)。此外，由于有机作物在生产过程中没有受到污染，与环境更为友善、产品更加安全，其市场销售价格往往是化肥产品的 2~3 倍，甚至有些会达到 10 倍以上，利润空间很大。

华北平原是我国主要的粮食产地之一，主要采用冬小麦-夏玉米轮作方式。河南开封某自然村进行有机作物种植，其经济利益可观，利润分析见表 5.32 (封雪，2012; 农业部，2002; 钱静斐和邱国梁，2015; 田堃，2015; 张建康等，2015)。

表 5.32　有机作物种植模式下经济潜力分析

项目		小麦		玉米		参考文献
		化肥	有机	化肥	有机	
产量/ (kg·亩⁻¹)		500	399	650	500	(封雪，2012)
价格/(元·kg⁻¹)		2.4	5	2.2	4.4	(农业部，2002)
销售额/(元·亩⁻¹)		1 200	1 995	1430	2 200	
成本/ (元·亩⁻¹)	种子	64	76.8	55	66	(钱静斐和邱国梁，2015)
	化肥、农药	163.4	—	225	—	(农业部，2002)
	人工有机管理	—	300	—	300	(田堃，2015)
	常规人工成本	362.6	362.6	466.2	466.2	(农业部，2002)
	机械成本	127	127	105	105	(农业部，2002)
	总成本	717	866.4	851.2	937.2	—
净收益/(元·亩⁻¹)		483	1 128.6	578.8	1262.8	
有机种植增收潜力/%		+134		+118		—

注：化肥方式作物产量与费用来自对农户种植数据的实际调研; 有机作物价格基于 2018 年的市场价格。

有机农业属于劳动力和技术密集型产业，其高成本主要体现在对劳动力需求和有机肥购买两个方面。乡村有着就近可得的大量廉价劳动力，以粪尿这种天然有机肥来发展有机农业可以最大限度降低有机农业的生产成本。表 5.32 显示，尽管有机农业人工成本高于化肥农业，但最终两种种植方式下总投入成本并没有明显的差异。虽然有机农业短期内在产量上处于劣势，但有机农产品的价格远高于化肥农产品，这就使得有机种植最终往往有着远超化肥种植的利润空间。

3. 环境效益

粪尿返田的环境影响远不止最大限度减少农村污水产生而保护水体环境,以及可有效避免处理污水带来的投资、能耗和运行管理上的问题,更为重要的是可以因此而减少对难以再生磷资源的过度需求,并可减少因化肥生产过度耗能而产生的温室气体排放。此外,有机种植方式也可大大减少土壤中甲烷(CH_4)和氮氧化物(N_2O)等温室效应更高的温室气体排放,还对 CO_2 排放具有巨大的封存潜力。

1)缓解磷危机

现代食品生产主要靠大量使用化肥来维系。然而用于磷肥生产的磷矿将在未来 100 年内逐渐耗竭(Elser and Bennett, 2011; Gilbert, 2009),我国已探明的磷矿储量只够维持我们再使用 35 年左右的时间。磷资源作为万物生长所必需的营养元素,因其日益匮乏,其已被美国能源部认同为与镝、钇等同样重要的珍稀元素(Elser and Bennett, 2011)。

人粪尿及动物粪尿中的磷资源在国际上越来越被看重,被誉为人类的"第二磷矿"(郝晓地等, 2010)。从污水和畜禽粪便中回收磷的理念和行动已在欧美等国家相继开展,瑞士已成为世界上第一个立法强制从污水处理中回收磷(2016 年 1 月 1 日起实施)的国家(郝晓地等, 2017b)。未雨绸缪的欧美国家对磷资源的重视与我国目前所强调的农村污水处理简直形成了鲜明对比,或者说也是一种讽刺。我国作为农业大国,祖先创造的粪尿返田的原生态文明习惯不正是欧美国家目前对环境、资源的追求目标?在农村环境治理方面几乎是一张白纸的中国,维持和恢复粪尿返田习惯显然可避免重走西方国家的老路,以最低的成本和代价同时解决农村的环境与资源问题。

2)减少温室气体排放

化肥其实是一种人工合成的耗能肥料,其生产过程中会因耗能产生大量 CO_2 温室气体排放;我国仅与氮肥生产相关的温室气体排放量就占全国温室气体排放总量的 7 %(Zhang et al., 2013)。有机种植在生产过程中禁用化肥,这对由化肥生产造成的人为温室气体具有重要减排意义。如上所述,目前我国农村常住居民排泄物中可回收利用的养分相当于 416.1 万 $t \cdot a^{-1}$ 化肥;目前我国生产氮肥、磷肥、钾肥的平均 CO_2 排放系数分别为 7.8 $t\ CO_2 \cdot t^{-1}$ N、2.3 $t\ CO_2 \cdot t^{-1}$ P_2O_5 和 0.7 $t\ CO_2 \cdot t^{-1}$ K_2O(陈舜等, 2015)。如果农村实际居住人口的粪尿全部返田利用,则可因此而减少化肥生产所导致的温室气体排放量达 2 209 万 $t\ CO_2 \cdot a^{-1}$,几乎与海南省全年温室气体排放量(2 699 万 $t\ CO_2 \cdot a^{-1}$)相当(姚丽芳和周聿喆, 2011)。

此外,农业作为我国温室气体的重要来源,贡献了我国 16%(农业生产直接排放与化肥生产间接排放)的温室气体排放量(田云等, 2012)。农业生产过程中温室气体排放量与农业种植方式有关;研究表明,有机种植方式致全球变暖潜能值普遍低于化肥种植方式(王宏燕等, 2016; Petersen et al., 2006)。目前国际上常用的农业温室气体排放量计算方法主要依据肥料施用量,并未对不同种植方式下温室气体排放量予以区分。为定量比较不同耕作方式对温室气体排放的影响,根据在不同耕作方式下产生的温室气体排放测算(Stalenga and Kawalec, 2008),采用排放通量总外推法(张强等, 2010)分析我国农村粪尿返田对温室气体减排的潜力,数据详见表 5.33。

表 5.33 显示，与化肥种植方式相比，有机种植方式下 CH_4 和 N_2O 排放量均有不同程度减少，单位面积有机种植每年可减少 22%的 CO_2 排放量当量。我国农村如维系粪尿返田，每年可供 836 万 hm^2 土地实施有机种植，则可减少 CH_4 和 N_2O 等温室气体排放量约 381 万 $t\,CO_2 \cdot a^{-1}$。此外，有机种植情况下土壤通过更新和补充有机质来调节土壤有机质平衡，对 CO_2 也有巨大封存潜力。对土壤固碳潜能的研究发现，有机种植下的土壤固碳量约为 $0.4\,t\,C \cdot hm^{-2} \cdot a^{-1}$（刘月仙等，2011），即可减少温室气体排放量 $1.5\,t\,CO_2 \cdot hm^{-2} \cdot a^{-1}$，可使粪尿返田下的有机种植对 CO_2 封存、减排量达 1 254 万 $t\,CO_2 \cdot a^{-1}$；与 CH_4 和 N_2O 减排量加在一起共计 1 635 万 $t\,CO_2 \cdot a^{-1}$。

表 5.33　不同种植方式下温室气体排放潜力

种植方式	N_2O 排放量/(kg·hm^{-2})	CH_4 排放量/(kg·hm^{-2})	折算 CO_2 排放量/(kg·hm^{-2})
有机种植	0.34 (105)	72.3 (1 518)	1 623
化肥种植	1.01 (313)	84.1 (1 766)	2 079
有机种植碳减排潜力/%	−66	−14	−22

注：括号内为折算 CO_2 当量。

由此可见，利用粪尿返田发展有机农业能够减少化肥和农业生产两个领域的双重温室气体排放，每年总减排量可达 3 844 万 $t\,CO_2 \cdot a^{-1}$，占我国农业温室气体排放量（10 亿万 $t\,CO_2 \cdot a^{-1}$）（田云等，2012）的 4%。这种低耗能、低排放、高碳汇的有机农业模式对我国实现温室气体减排目标的贡献不容小觑。

3）社会效益

有机农业作为一种生态健康产业，生产的绿色产品更加安全、健康，因此也大大提升了农产品的附加值，可为农户创造更多的经济利益，也是农户脱贫致富的有效途径之一。在农村，如果粪尿通过返田发展有机农业被重新看作"肥水"而不再混入灰水，这对农村环境的恢复和改善显然具有积极的影响，比形成污水后再处理更加省时、省力、省钱；国家只需鼓励和少量补贴便可驱动农民恢复昔日的粪尿返田习惯，让农民因真正的有机种植而普遍获益，甚至脱贫。往日不受待见的粪尿若能被纳入政府的扶贫政策，卫生返田将会在收集、利用、种植、销售等各个环节为农民带来就业岗位。同时，也可以通过培训、教育等方式来提高农村劳动力素质，并逐渐帮助农民培育出各自绿色农副产品品牌，建立起良好的社会信誉和稳定的销售体系。

5.6.5　农村污水处理现状

多数农户不再把粪尿看作"肥水"，加之一些政府部门也片面强调农村旱厕为陋习，导致农民将粪尿与灰水混合而形成污水，结果导致目前农村环境脏、乱、差的现象。为应对农村污水问题，出现了众多污水处理技术，但归类发现，大多是市政污水处理的微缩版，甚至连市政污水处理备受质疑的 MBR 技术也早在北京很多区、县、农村得以安装。农村污水具有分散、量小的特点，集中处理首先要具备完善的收集、输送系统，即下水道系统。德国 20 世纪 80 年代市政污水处理率达 96 %时，下水道与污水处理设施投资比为 7 : 3，即排水处理系统投资的 70 %用于下水道建设，此比值对低密度的农村来说则更大(Otterpohl, 2001)。可见只强调污水处理而忽视下水管网建设的结果是会普遍存在"远水解不了近渴"的问题，导致即使建成也会出现"晒太阳""躲阴凉"的现象。我国已建农村污水处理设施情况表明，"晒太阳""躲阴凉"现象确实十分普遍；此类报道已不胜枚举(李宪法和许京骐, 2015)。加之农村污水处理设施规模小，运行成本普遍高于市政污水处理，甚至高达 3 元·m^{-3} 以上(刘平养和沈哲, 2014)，这对难以征收污水处理费的农村来说也很难维系正常运行。此外，技术管理也是农村污水处理的短板，将 MBR 等高技术引入农村就好比让农民放卫星一样，简直就是天方夜谭。

5.6.6　转变政府投资方式

我国每年农村污水治理工程政府投资高达上百亿元，且逐年增加。农村污水处理设施"建而不用、建而不管"的普遍现象足以引起我们的反思，否则钱砸下去了，也有人靠"技术"致富了，但坑了的却是国家和农村。因此，政府需要转变观念，相应转变投资、补贴方式。观念转变需要重新审视粪尿返田的原生态文明习惯，肯定"肥水"的生态价值和将之返田的环境效应。只有这样，才可能将用于污水处理的巨额投资"缩水"，以少量经济补贴方式帮助和鼓励农民恢复粪尿返田习惯，直接促进农民发展全生态有机农业。为此，政府应建立相应的生态补偿机制，全面调动财政、税收、行政等政策资源及社会资源，积极引导农民利用粪尿进行有机种植。政府也可通过征收化肥税的方式来补贴粪尿返田。

粪尿卫生返田中病原菌控制最为关键。对此，政府应免费向农户提供科学沤肥、灭菌技术，改变传统简单、粗放的沤肥方式，实现沤肥科学化、标准化。粪尿返田发展有机农业往往在初期存在作物产量低、有机认证门槛高和需要农田生态修复投资等问题，政府在此方面应给予财政支持和政策扶持，以解除农民对有机种植产量低、存在销路风险的担忧。

5.6.7　结语

农村污水处理过度强调传统旱厕在卫生方面的负面作用，完全漠视粪尿作为"肥水"的生态价值。既有农村污水处理设施大多"晒太阳""躲阴凉"的事实说明，处理并不太适合农村，特别是移植城市的处理技术。如果能重新认识粪尿"肥水"的生态价值，并维系和恢复原生态文明下的粪尿返田习惯，不仅可以发展目前趋之若鹜的有机农业，也可防患于未然地从根本上解决污水产生现象，从而最大限度地避免农村污水处理怪象。

源分离粪尿技术可助"肥水"卫生返田；粪尿返田是发展有机农业生产绿色食物的最佳养分；粪尿返田有助于缓解磷危机现象；有机种植不仅可以大大减少因化肥生产耗能排放的 CO_2 温室气体，土壤还可减少 CH_4 和 N_2O 等温室气体排放并封存大量 CO_2；有机种植也可帮助困难地区的农民脱贫，甚至致富。因此，粪尿"肥水"返田有着明显的环境、社会和经济效益。前提是政府部门应该首先转变观念，出台鼓励和扶持政策，变投资污水处理设施为补贴粪尿返田，以"四两拨千斤"的杠杆调节方式驱动和帮助农民卫生返田和有机种植。

　　蓝色经济已成为国际开始倡导的未来发展模式，其核心内容就是发展纳入生态体系的循环经济。这与中华文明 5 000 年历史创造的粪尿返田原生态习惯殊途同归，或者说粪尿返田就是最朴素的蓝色经济。在发达国家发展模式已开始"回头看"的今天，难道我们还是顺着西方老路一味"向前冲"？在我国农村污水治理基本上还是一张白纸之时，绝不是聚焦选择所谓的"适宜"处理技术的最佳时刻，而是应该停下来看看国际，反思自己的关键时刻。不然，走错路、投错资的生态环境代价日后将难以弥补。

参 考 文 献

蔡亮, 杨建州, 白志辉. 2007. 全球膜生物反应器污水处理系统工程应用现状与展望. 水工业市场, (12): 31-36.

蔡文, 骆建明. 2010. 浸入式膜生物反应器中水回用工程应用. 环境科学研究, 23(12): 1553-1558.

曹幸穗. 2015. 大众农学史. 济南: 山东科学技术出版社.

陈珺, 杨琦. 2012. MBR 工艺应用于城市污水处理的技术风险. 中国给水排水, 28(10): 109-111.

陈舜, 逯非, 王效科. 2015. 中国氮磷钾肥制造温室气体排放系数的估算. 生态学报, 35(19): 6371-6383.

丁亚兰. 2000. 国内外废水处理工程设计实例. 北京: 化学工业出版社.

董良飞, 刘姗, 周铭威, 等. 2012. MBR 工艺在无锡三座城市污水厂中的应用分析. 中国给水排水, 28(4): 20-23.

封雪. 2012. 不同栽培方式对小麦产量、土壤肥力特性及养分流失的影响. 南京: 南京农业大学.

郭玉梅, 吴毅辉, 郭昉, 等. 2015. 某污水厂 A²/O 和倒置 A²/O 工艺脱氮除磷性能分析. 环境工程学报, 9(5): 2185-2190.

国家统计局. 2017a. 中华人民共和国 2017 年国民经济和社会发展统计公报. [2018-01-01]. http: //www. stats. gov. cn/tjsj/zxfb/201802/t20180228_1585631. html.

国家统计局. 2017b. 中国统计年鉴. 北京: 中国统计出版社.

郝晓地. 2006. 可持续污水—废物处理技术. 北京: 中国建筑工业出版社.

郝晓地, 安兆伟, 孙晓明, 等. 2013. 悬浮填料强化污水生物处理的实际作用揭示. 中国给水排水, 29(8): 5-9.

郝晓地, 李季, 曹达啟. 2016a. MBR 工艺可持续性能量化评价. 中国给水排水, 32 (7): 14-23.

郝晓地, 李天宇, Loosdrecht M V, 等. 2017c. 蓝色经济下的水技术变革. 中国给水排水, 33(2): 5-12.

郝晓地, 李天宇, 吴远远, 等. 2017a. A²/O 工艺用于污水处理厂升级改造的适宜性探讨. 中国给水排水, (21): 18-24.

郝晓地, 刘然彬, 胡沅胜. 2014a. 污水处理厂"碳中和"评价方法创建与案例分析. 中国给水排水, 30(2): 1-7.

郝晓地, 孟祥挺, 付昆明. 2014b. 新加坡再生水厂能耗目标及其技术发展方向. 中国给水排水, (24): 7-11.

郝晓地, 仇付国, 张璐平, 等. 2007a. 应用数学模拟技术升级改造二级污水处理工艺. 中国给水排水, 23(16): 25-29.

郝晓地, 宋虹苇, 胡沅胜, 等. 2007b. 采用 TUD 模型动态模拟倒置 A²/O 工艺运行工况. 中国给水排水, 23(16): 85-89.

郝晓地, 宋虹苇, 胡沅胜, 等. 2007c. 数学模拟技术用于污水处理工艺的运行诊断与优化. 中国给水排水, 23(14): 94-99.

郝晓地, 宋虹苇, 胡沅胜, 等. 2007d. 数学模拟技术应用中的污水水质(COD)特征化方法. 中国给水排水, 23(13): 7-10.

郝晓地, 宋鑫, Loosdrecht M V, 等. 2017b. 政策驱动欧洲磷回收与再利用. 中国给水排水, 33(8): 35-42.

郝晓地, 王崇臣, 金文标. 2011. 磷危机概观与磷回收技术. 北京: 高等教育出版社.

郝晓地, 衣兰凯, 王崇臣, 等. 2010. 磷回收技术的研发现状及发展趋势. 环境科学学报, 30(5): 897-907.

郝晓地, 张健. 2015. 污水处理的未来: 回归原生态文明. 中国给水排水, 31(20): 1-8.

郝晓地, 赵义, Loosdrecht M V, 等. 2008. 从微观机理认识污水处理厂的节能减排. 中国给水排水, 24(4): 89-94.

郝晓地, 周健, 张健. 2016b. 源分离生态效应及其资源化技术. 中国给水排水, 32(24): 20-27.

郝晓地, 朱向东, 马文瑾, 等. 2009. 模拟评价、优化北京某大型污水处理厂升级改造方案. 中国给水排水, 25(17): 14-19.

鞠昌华, 张卫东, 朱琳, 等. 2016. 我国农村生活污水治理问题及对策研究. 环境保护, 44(6): 49-52.

李书田, 刘晓永, 何萍. 2017. 当前我国农业生产中的养分需求分析. 植物营养与肥料学报, 23(6): 1416-1432.

李斯亮. 2016. A²/O 工艺处理东北小城镇污水的优化运行及效能研究. 哈尔滨: 哈尔滨工业大学.

李宪法, 许京骐. 2015. 北京市农村污水处理设施普遍闲置的反思. 给水排水, (6): 48-50.

李晓佳. 2014-11-18(10). 荷兰 MBR 污水厂关闭提醒了谁? 中国环境报.[2018-01-01]. http://www.stats.gov.cn/tjsj/zxfb/201802/t20180228_1585631.html.

廖敏, 贺琦, 王洪艳. 2014. MBR 膜生物反应器在城镇污水处理厂中的应用. 节能环保, 14(19): 572.

林爽. 2015. 城市污水处理厂 MBR 工艺综合评价研究. 北京: 清华大学.

刘平养, 沈哲. 2014. 基于生命周期的农村生活污水处理的成本有效性研究——以浙江省白石镇为例. 资源科学, 36(12): 2604-2610.

刘世梁, 尹艺洁, 安南南, 等. 2015. 有机产业对生态环境影响的全过程分析与评价体系框架构建. 中国生态农业学报, 23(7): 793-802.

刘月仙, 吴文良, 蔡新颜. 2011. 有机农业发展的低碳机理分析. 中国生态农业学报, 19(2): 441-446.

龙腾锐, 高旭. 2002. 污水生物处理单元能量平衡与分析方法研究与应用. 环境科学学报, 22(5): 683-688.

农业部. 2002. 全国农产品成本收益资料汇编. 北京: 中国物价出版社.

蒲文晶, 刘云杰, 钟大辉, 等. 2014. 膜生物反应器(MBR)技术及其工程应用探讨. 化工科技, 22(4): 81-84.

钱静斐, 邱国梁. 2015. 农户从事有机蔬菜生产的经济效益——基于山东肥城有机花菜种植农户的调研. 江苏农业科学, 43(12): 497-501.

沈茂华, 和文龙, 严少华, 等. 2010. 有机栽培、特别栽培对 4 种蔬菜产量和品质的影响. 江苏农业学报, 26(4): 729-734.

宋东涛. 2008. 三种有机肥在土壤中的转化及对有机蔬菜生长效应的影响. 泰安: 山东农业大学.

孙红军, 李红, 戚建强. 2009. 有机农业在中国. 科技创新导报, (23): 103-104.

谭雪, 石磊, 陈卓琨, 等. 2015. 基于全国 227 个样本的城镇污水处理厂治理全成本分析. 给水排水, 41(5): 30-34.

汤芳, 蒋延梅, 荣颖慧, 等. 2016. 淄博市某城市污水处理厂运行效果分析. 环境工程学报, 10(5): 2175-2183.

唐政, 陈小香. 2012. 有机农业与常规农业作物产量比较研究. 农业环境与发展, 29(4): 7-10.

田堃. 2015. 黑龙江省有机种植现状与效益评估. 哈尔滨: 东北农业大学.

田云, 张俊飚, 李波. 2012. 中国农业碳排放研究: 测算、时空比较及脱钩效应. 资源科学, 34(11): 2097-2105.

王宏燕, 宋冰冰, 聂颖, 等. 2016. 有机种植对盐碱土壤 N_2O、CO_2 排放通量的影响. 浙江农业学报, 28(9): 1580-1587.

魏原青. 2012. 膜生物反应器(MBR)在处理生活污水中的优势与劣势. 科技资讯, (32): 103-106.

姚丽芳, 周聿喆. 2011. 我国温室气体排放的区域现状研究. 上饶师范学院学报, 31(6): 62-67.

叶长兵, 周志明, 吕伟, 等. 2014. A²/O 污水处理工艺研究进展. 中国给水排水, 30(15): 135-138.

原培胜. 2008. 城镇污水处理厂运行成本分析. 环境科学与管理, (1): 107-109.

岳现录. 2009. 华北平原小麦—玉米轮作中有机肥的氮素利用与去向研究. 北京: 中国农业科学院.

张建康, 董广, 张钟, 等. 2015. 有机种植玉米品种比较试验研究. 农业科技通讯, (5): 53-55.

张强, 巨晓棠, 张福锁. 2010. 应用修正的 IPCC2006 方法对中国农田 N_2O 排放量重新估算. 中国生态农业学报, 18(1): 7-13.

张全忠, 韩春梅. 2005. 膜生物反应器的应用现状及存在的问题. 环境科学与管理, 30(4): 42-46.

中共中央办公厅, 国务院. 2018. 农村人居环境整治三年行动方案. [2019-01-01]. http: //www. gov. cn/zhengce/2018-02/05/content_5264056. htm?from=timeline&isappinstalled=0.

中华人民共和国住房和城乡建设部. 2017. 2016 年城乡建设统计公报. 城乡建设, (17): 38-43.

周斌. 2001. 华东地区城市污水处理厂运行成本分析. 中国给水排水, 17(8): 29-30.

Adam C, Schick J, Kratz S, et al. 2008. Phosphorus recovery by thermochemical treatment of sewage sludge ash. Zurich: The CD Proceedings of the 5th IWA Leading-Edge Conference on Water and Wastewater Technologies.

Andersson S, Ek P, Berg M, et al. 2016. Extension of two large wastewater treatment plants in Stockholm using membrane technology. Water Practice & Technology, 11(4): 744-753.

Annaka Y, Hamamoto Y, Akatsu M, et al. 2006. Development of MBR with reduced operational and maintenance costs. Water Science & Technology, 53(3): 53-60.

Bae T H, Tak T M. 2005. Interpretation of fouling characteristics of ultrafiltration membranes during the filtration of membrane bioreactor mixed liquor. Journal of Membrane Science, 264(1-2): 151-160.

Bandini S, Vezzani D. 2003. Nanofiltration modeling: The role of dielectric exclusion in membrane characterization. Chemical Engineering Science, 58(15): 3303-3326.

Barillon B, Martin R S, Langlais C, et al. 2013. Energy efficiency in membrane bioreactors. Water Science & Technology, 67(12): 2685.

Bart V, Thomas M, Ingmar N, et al. 2010. The cost of a large-scale hollow fibre MBR. Water Research, (44): 5274-5283.

Bertanza G, Canato M, Laera G, et al. 2017. A comparison between two full-scale MBR and CAS municipal wastewater treatment plants: Techno-economic-environmental assessment. Environmental Science & Pollution Research, (2): 1-11.

Brdjanovic D, Logemann S, van Loosdrecht M C M, et al. 1998. Influence of temperature on biological phosphorus removal: Process and molecular ecological studies. Water Research, 32(4): 1035-1048.

Brepols C, Schäfer H, Engelhardt N. 2010. Considerations on the design and financial feasibility of full-scale membrane bioreactors for municipal applications. Water Science & Technology, 61(10): 2461-2468.

Cattaneo S, Marciano F, Masotti L, et al. 2008. Improvement in the removal of micropollutants at Porto Marghera industrial wastewaters treatment Plant by MBR Technology. Zurich: The CD Proceedings of the 5th IWA Leading-Edge Conference on Water and Wastewater Technologies.

Cindy W L. 2008. Integrating technology for water reuse. Zurich: The CD Proceedings of the 5th IWA Leading-Edge Conference on Water and Wastewater Technologies.

Cornel P, Schaum C. 2008. Phosphorus recovery from wastewater-needs, technologies and costs. Zurich: The CD Proceedings of the 5th IWA Leading-Edge Conference on Water and Wastewater Technologies.

Cumming S. 2015. Global MBR market flowing at 12. 8% CAGR as new applications, environmental regs push growth, according to BCC research. [2017-8-6]. http://www.prweb.com/releases/2015/07/prweb12827585. htm.

Dalmau M, Atanasova N, Gabarrón S, et al. 2015. Comparison of a deterministic and a data driven model to describe MBR fouling. Chemical Engineering Journal, 260(12): 300-308.

Eggen R I L, Bengtsson B E, Bowmer C T, et al. 2003. Search for the evidence of endocrine disruption in the aquatic environment: Lessons to be learned from joint biological and chemical monitoring in the European project COMPREHEND. Pure and Applied Chemistry, 75(11-12): 2445-2450.

Elser J, Bennett E. 2011. Phosphorus cycle: A broken biogeochemical cycle. Nature, 478(7367): 29-31.

Esplugas S, Bila D M, Krause L G, et al. 2007. Ozonation and advanced oxidation technologies to remove endocrine disrupting chemicals (EDCs) and pharmaceuticals and personal care products (PPCPs) in water effluents. Journal of Hazardous Materials, 149(3): 631-642.

Gabarrón S, Ferrero G, Dalmau M, et al. 2014. Assessment of energy-saving strategies and operational costs in full-scale membrane bioreactors. Journal of Environmental Management, 134(4): 8-14.

Gajurel D R, Li Z, Otterpohl R. 2003. Investigation of the effectiveness of source control sanitation concepts including pre-treatment with Rottebehaelter. Water Science & Technology, 48(1): 111-118.

Gerhard I, Runnebaum B. 1992. The limits of hormone substitution in pollutant exposure and fertility disorders. Zentralbl Gynakol, 114: 593-602.

Gilbert N. 2009. Environment: The disappearing nutrient. Nature, 461(8): 716-718.

Hahner S, Stuermer A, Kreissl M, et al. 2008. Iodometomidate for molecular imaging of adrenocortical cytochrome P450 family 11B enzymes. The Journal of Clinical Endocrinology & Metabolism, 6(93): 2358-2365.

Hamouda M A, Anderson W B, Huck P M. 2009. Decision support systems in water and wastewater treatment process selection and design: A review. Water Science & Technology, 60(7): 1757.

Hao X D, Heijnen J J, van Loosdrecht M C M. 2002. Model-based evaluation of temperature and inflow variation on a partial nitrification-Anammox biofilm process. Water Research, 36(19): 4839-4849.

Hao X D, Li J, Loosdrecht M C M, et al. 2018. A sustainability-based evaluation of membrane bioreactors over conventional activated sludge processes. Journal of Environmental Chemical Engineering, 6(2): 2597-2605.

Hao X D, van Loosdrecht M C M, Meijer S C F, et al. 2001a. Model-based evaluation of a two-sludge system with denitrifying phosphate removal. Journal of Environmental Chemical Engineering, 127(2): 112-118.

Hao X D, van Loosdrecht M C M, Meijer S C F. 2001b. Model-based evaluation of two BNR processes: UCT and A2N. Water Research, 35(12): 2851-2865.

Heberer T. 2002. Occurrence, fate, and removal of pharmaceutical residues in the aquatic environment: A review of recent research data. Toxicology Letters, 131(1-2): 5-17.

Heinonentanski H, Van W C. 2005. Human excreta for plant production. Bioresource Technology, 96(4): 403.

Hernandez F, Molions M, Sala R. 2011. Energy efficiency in Spanish sewage treatment plants: A non-radial DEA approach. The Science of the Total Environment, (409): 2693-2699.

Ho J, Smith S, Roh H K. 2014. Alternative energy efficient membrane bioreactor using reciprocating submerged membrane. Water Science & Technology, 70(12): 1998-2003.

Höglund C, Stenström T A, Ashbolt N. 2002. Microbial risk assessment of source-separated urine used in agriculture. Waste Management & Research, 20(2): 150-161.

Hu M, Zhang T C, Stansbury J, et al. 2015. Contributions of internal and external fouling to transmembrane pressure in MBRs: Experiments and modeling. Journal of Environmental Engineering, 141(6): 04014097.

Huang X, Xiao K, Shen Y. 2010. Recent advances in membrane bioreactor technology for wastewater treatment in China. Frontiers of Environmental Science & Engineering in China, 4(3): 245-271.

Iglesias R, Simón P, Moragas L, et al. 2017. Cost comparison of full-scale water reclamation technologies with an emphasis on membrane bioreactors. Water Science & Technology, 75(11): 2562.

Itokawa H, Thiemig C, Pinnekamp J. 2008. Design and operating experiences of municipal MBRs in Europe. Water Science & Technology, 58(12): 2319-2327.

Itokawa H, Tsuji K, Yamashita K, et al. 2014. Design and operating experiences of full-scale municipal membrane bioreactors in Japan. Water Science & Technology, 69(5): 1088-1093.

Jettten M S M, Horn S J, van Loosdrecht M C M. 1997. Towards a more sustainable municipal wastewater treatment system. Water Science & Technology, 35(9): 171-180.

Judd S. 2008. The status of membrane bioreactor technology. Trends in Biotechnology, 26(2): 109.

Judd S. 2010. MBR book: Arinciples and applications of membrane bioreactors for water and wastewater treatment. Amsterdam: Elsevier.

Judd S. 2015. Henriksdal wastewater treatment plant, Stockholm, will become the world's largest MBR facility.[2017-8-6].http://www.thembrsite.com/news/henriksdal-wastewater-treatment-plant-stockholm-will- become-worlds-largest-mbr-facility.

Judd S. 2018. Largest MBR plants—worldwide. [2019-1-3]. http: //www. thembrsite. com/about-mbrs/largest-mbr-pla- nts.

Jules B, Lier V, Zeeman G. 2008. Advanced methanogenesis in optimised water cycles. Zurich: The CD Proceedings of the 5th IWA Leading-Edge Conference on Water and Wastewater Technologies.

Karak T, Bhattacharyya P. 2011. Human urine as a source of alternative natural fertilizer in agriculture: A flight of fancy or an achievable reality. Resources, Conservation and Recycling, 55(4): 400-408.

Kazner C, Lehnberg K, Kovalova L, et al. 2008. Removal of endocrine disruptors and cytostatics from effluent by nanofiltration in combination with adsorption on powdered activated carbon. Zurich: The CD Proceedings of the 5th IWA Leading-Edge Conference on Water and Wastewater Technologies.

Kim M J, Sankararao B, Yoo C K. 2011. Determination of MBR fouling and chemical cleaning interval using statistical methods applied on dynamic index data. Journal of Membrane Science, 375(1-2): 345-353.

Kraemer J T, Menniti A L, Erdal Z K, et al. 2012. A practitioner's perspective on the application and research needs of membrane bioreactors for municipal wastewater treatment. Bioresource Technology, 122: 2-10.

Krzeminski P, Jh V D G, van Lier J B. 2012. Specific energy consumption of membrane bioreactor (MBR) for sewage treatment. Water Science & Technology, 65(2): 380-392.

Künzle R, Pronk W, Morgenroth E, et al. 2015. An energy-efficient membrane bioreactor for on-site treatment and recovery of wastewater. Journal of Water Sanitation and Hygiene for Development, 5(3): 448-455.

Lay W C L, Lim C, Lee Y, et al. 2017. From R&D to application: Membrane bioreactor technology for water reclamation. Water Practice & Technology, 12(1): 12-24.

Lee Y, Zimmermann S, Gunten U V. 2008. Oxidation of micro-pollutants and removal of phosphate during treatment of municipal wastewaters by ferrate(VI): Comparison with ozonation. Zurich: The CD Proceedings of the 5th IWA Leading-Edge Conference on Water and Wastewater Technologies.

Lehmann A H, Torre J A C, Gonzalez I D C, et al. 2008. Reduction in estrogenic substances pollution using various treatment technologies. Zurich: The CD Proceedings of the 5th IWA Leading-Edge Conference on Water and Wastewater Technologies.

Li J X, Zhang B G, Liu Y. 2016. Global research trends on membrane biological reactor (MBR) for wastewater treatment and reuse from 1982 to 2013: A bibliometric analysis. The Electronic Library, 34(6): 945-957.

Logan B E, Call D, Cheng S. 2008. Improving the rates of hydrogen production by electrohydrogenesis in microbial electrolysis cells(MECs). Zurich: The CD Proceedings of the 5th IWA Leading-Edge Conference on Water and Wastewater Technologies.

Meng F, Chae S R, Drews A, et al. 2009. Recent advances in membrane bioreactors (MBRs): Membrane fouling and membrane material. Water Research, 43(6): 1489-1512.

Meng F, Chae S R, Shin H S, et al. 2012. Recent advances in membrane bioreactors: Configuration development, pollutant elimination, and sludge reduction. Environmental Engineering Science, 29(3): 139-160.

Midorikawa I, Aoki H, Omori A, et al. 2008. Recovery of high purity phosphorus from municipal wastewater secondary effluent by a high-speed adsorbent. Zurich: The CD Proceedings of the 5th IWA Leading-Edge Conference on Water and Wastewater Technologies.

Mihelcic J R, Fry L M, Shaw R. 2011. Global potential of phosphorus recovery from human urine and feces. Chemosphere, 84(6): 832-839.

Muñoz I, Rodríguez A, Rosal R, et al. 2009. Life Cycle Assessment of urban wastewater reuse with ozonation as tertiary treatment: A focus on toxicity-related impacts. Science of the Total Environment, 407(4): 1245-1256.

Nerenberg R, Rittmann B E, Najm I. 2002. Perchlorate reduction in a hydrogen-based membrane-biofilm reactor. Journal of the American Water Works Association, 94(11): 103-114.

Nguyen T, Roddick F A, Fan L. 2012. Biofouling of water treatment membranes: A review of the underlying causes, monitoring techniques and control measures. Membranes, 2(4): 804-840.

Ohtake H, Kuroda A, Kang B M, et al. 2008. New development of phosphorus recovery from wastewaters using biotechnology. Zurich: The CD Proceedings of the 5th IWA Leading-Edge Conference on Water and Wastewater Technologies.

Otterpohl R. 2001. Design of highly efficient source control sanitation and practical experiences. Decentralised Sanitation and Reuse, (2001): 164-179.

Pagilla K. 2009. Sustainable technology for achieving very low nitrogen and phosphorus effluent levels. London: IWA Publishing.

Palmowsk L, Veltmann K, Pinnekamp J. 2010. Energy optimization of large-scale membrane bioreactors Importance of the design flux. Water Energy Interaction of Water Reuse: 139-148.

Petersen S O, Regina K, Pöllinger A, et al. 2006. Nitrous oxide emissions from organic and conventional crop rotations in five European countries. Agriculture Ecosystems & Environment, 112(2): 200-206.

Pierre L C. 2010. Membrane bioreactors and their uses in wastewater treatments. Applied Microbiology and Biotechnology, (88): 1253-1260.

Pisutpaisal N, Koom S P. 2008. Generation of electricity from wastewater under acidic condition. Zurich: The CD Proceedings of the 5th IWA Leading-Edge Conference on Water and Wastewater Technologies.

Pretel R, Shoener B D, Ferrer J, et al. 2015. Navigating environmental, economic, and technological trade-offs in the design and operation of submerged anaerobic membrane bioreactors (AnMBRs). Water Research, 87: 531-541.

Pronk W, Biebow M, Boller M. 2006a. Electrodialysis for recovering salts from a urine solution containing micropollutants. Environmental Science & Technology, 40(7): 2414-2420.

Pronk W, Palmquist H, Biebow M, et al. 2006b. Nanofiltration for the separation of pharmaceuticals from nutrients in source-separated urine. Water Research, 40(7): 1405-1412.

Ramdani A, Dold P, Déléris S, et al. 2010. Biodegradation of the endogenous residue of activated sludge. Water Research, 44(7): 2179-2188.

Ramesh A, Lee D J, Lai J Y. 2007. Membrane biofouling by extracellular polymeric substances or soluble microbial products from membrane bioreactor sludge. Applied Microbiology and Biotechnology, 74(3): 699-707.

Randall D G, NaGimeno G E, Andreu V, et al. 1996. Heavy metals incidence in the application of inorganic fertilizers and pesticides to rice farming soils. Environmental Pollution, 92(1): 19-25.

Randall D G, Naidoo V. 2018. Urine: The liquid gold of wastewater. Journal of Environmental Chemical Engineering, 6(2): 2627-2635.

Rittmann B E, Love N, Siegrist H. 2008a. Making wastewater a sustainable resource. Water 21, 4: 22-23.

Rittmann B E, Lee H S, Zhang H, et al. 2008b. Full-scale application of focused-pulsed pre-treatment for improving biosolids digestion and conversion to methane. Zurich: The CD Proceedings of the 5th IWA Leading-Edge Conference on Water and Wastewater Technologies.

Roest H V D, van Bentem A G N, Schyns P, et al. 2012. Ten years of MBRs development: Lessons learned from the Netherlands (Special Report). Water 21: 25-27.

Royan F. 2012. Membrane multiplier: MBR set for global growth. [2015-6-8]. https: //www. waterworld. com/international/wastewater/article/16201496/membrane-multiplier-mbr-set-for-global-growth.

Santos A, Ma W, Judd S J. 2011. Membrane bioreactors: Two decades of research and implementation. Desalination, 273(1): 148-154.

Sedlak D L, Keenan C R, Lee C. 2008. The oxidation of organic compounds with nanoparticulate iron. Zurich: The CD Proceedings of the 5th IWA Leading-Edge Conference on Water and Wastewater Technologies.

Shea C, Clauwaert P, Verstraete W, et al. 2008. Adapting A denitrifying biocathode for perchlorate reduction. Zurich: The CD Proceedings of the 5th IWA Leading-Edge Conference on Water and Wastewater Technologies.

Simha P, Ganesapillai M. 2017. Ecological Sanitation and nutrient recovery from human urine: How far have we come? A review. Sustainable Environment Research, 27(3): 107-116.

Skinner S. 2017. Interactive map: History of the largest municipal MBR installations. [2018-9-10]. https: // www. thembrsite. com/interactive-map-history-of-municipal-mbr-installations/.

Smolders G J F, van Loosdrecht M C M, Heijnen J J. 1996. Steady state analysis to evaluate the phosphate removal capacity and acetate requirement of biological phosphorus removing mainstream and side-stream process configurations. Water Research, 30(11): 2748-2760.

Stalenga J, Kawalec A. 2008. Emission of greenhouse gases and soil organic matter balance in different farming systems. International Agrophysics, 22(3): 287-290.

Sturgeon S R, Brock J W, Potischman N, et al. 1998. Serum concentrations of organochlorine compounds and endometrial cancer risk. Cancer Causes Control, 9(4): 417-424.

Sun J, Peng L, Yan X, et al. 2016. Reducing aeration energy consumption in a large-scale membrane bioreactor: Process simulation and engineering application. Water Research, 93: 205.

Takiguchi N, Kishino M, Kuroda A, et al. 2004. A laboratory-scale test of anaerobic digestion and methane production after phosphate recovery from waste activated sludge. Journal of Bioscience and Bioengineering, 97: 365-368.

Tilche A, Galatola M. 2008. The potential of bio-methane as bio-fuel/bio-energy for reducing greenhouse gas emissions: A qualitative assessment for europe in a life cycle perspective. Water Science & Technology, 57(11): 1683-1692.

van der Roest H, van Bentem A, Schyns P, et al. 2012. Ten years of MBR development: Lessons learned from the Netherlands. Water, 21: 17-23.

van Loosdrecht M C M, Brandse F A, de Vries A C. 1998. Upgrading of waste water treatment processes for integrated nutrient removal the BCFS© process. Water Science & Technology, 37(9): 209-217.

van Loosdrecht M C M, Brdjanovic D. 2014. Anticipating the next century of wastewater treatment. Science, 344(6191): 1452-1453.

van Loosdrecht M C M, Hao X D, Jetten M S M, et al. 2004. Use of Anammox in urban wastewater treatment. Water Science & Technology, 4 (1): 87-94.

Vinnerås B, Jönsson H. 2002. The performance and potential of faecal separation and urine diversion to recycle plant nutrients in household wastewater. Bioresource Technology, 84(3): 275-282.

von Sonntag C. 2008. Advanced oxidation processes: Mechanistic aspects. Zurich: The CD Proceedings of the 5th IWA Leading-Edge Conference on Water and Wastewater Technologies.

Walker R L, Beadsworth A S. 2011. The potential of source-separated human urine to be used as a partial replacement for synthetic fertilisers. Aspects of Applied Biology, (109): 171-176.

Wozniak T. 2012. Comparison of a conventional municipal plant, and an MBR plant with and without MPE. Desalination & Water Treatment, 47(1-3): 341-352.

Xiao K, Xu Y, Liang S, et al. 2014. Engineering application of membrane bioreactor for wastewater treatment in China: Current state and future prospect. Frontiers of Environmental Science & Engineering, 8(6): 805-819.

Yamamoto K, Hiasa M, Mahmood T, et al. 1989. Direct solid-liquid separation using hollow fiber membrane in an activated sludge aeration tank. Water Science & Technology, (21): 43-54.

Yang Q, Chen J, Zhang F. 2006a. Membrane fouling control in a submerged membrane bioreactor with porous, flexible suspended carriers. Desalination, 189(1-3): 292-302.

Yang W B, Cicek N, Ilg J. 2006b. State-of-the-art of membrane bioreactors: Worldwide research and commercial applications in North America. Journal of Membrane Science, 270(1-2): 201-211.

Zhang W, Dou Z, He P, et al. 2013. New technologies reduce greenhouse gas emissions from nitrogenous fertilizer in China. Proceedings of the National Academy of Sciences of the United States of America, 110(21): 8375-8380.

Zheng X, Zhou Y F, Chen S H, et al. 2010. Survey of MBR market: Trends and perspectives in China. Desalination, 250(2): 609-612.

Zou L, Sanciolo P, Leslie G. 2008. Using MF-NF-RO train to produce low salt and high nutrient value recycled water for agriculture irrigation. Zurich: The CD Proceedings of the 5th IWA Leading-Edge Conference on Water and Wastewater Technologies.